Jetzt helfe ich mir selbst

Motor
buch
Verlag

Umschlagentwurf und Buchgestaltung: Anita Ament.
Umschlagfoto: Archiv Gerhard Axmann.

ISBN 3-613-01619-2

Auflage Nr. 1015907

Die in diesem Buch enthaltenen Ratschläge werden nach bestem Wissen und Gewissen erteilt, jedoch unter Ausschluß jeglicher Haftung.
Dieser Band entspricht dem Kenntnisstand zum Zeitpunkt der Drucklegung. Abweichungen durch Weiterentwicklung der beschriebenen Fahrzeuge, geänderte Anweisungen des Fahrzeug-Herstellers bzw. neuere gesetzliche Bestimmungen sind möglich. Bei einer Neuauflage wird das Buch wieder auf den aktuellen Stand gebracht.
Manuskriptbearbeitung: Redaktion »Jetzt helfe ich mir selbst«.
Fotos: Axmann 201, BMW 1, Bosch 4, Haeberle 2, Lautenschlager 3, Mercedes-Benz 41.
Zeichnungen: Archiv Verfasser 7, Axmann 2, BMW 1, Bosch 2, Lautenschlager 2, Mercedes-Benz 68, Pirelli 1, Uniroyal 1.
Stromlaufpläne: Mercedes-Benz.
Bildgrafik: Sybille Nauck.
Repros: Die Repro, 71732 Tamm.
Satz: Vaihinger Satz + Druck, 71665 Vaihingen.
Druck: Dr. Cantz'sche Druckerei, 73760 Ostfildern.
Bindung: Wilhelm Nething, 73235 Weilheim.
Printed in Germany.

Gerhard Axmann

Mercedes-Benz
C 200 Diesel
C 220 Diesel
C 250 Diesel

ab Juni '93

Motorbuch Verlag
Stuttgart

Inhaltsverzeichnis

Seite

7 **Vorwort**

8 **Die C-Klasse stellt sich vor**

Design, Ausstattung, Fahrwerk, Motoren, Karosserie, Elektrik, Sicherheit, Recycling

22 **Motorraum-Bildseiten**

Die Einzelteile im Motorraum mit Vier- und Fünfzylinder

24 **Das Wartungssystem**

Wartungsintervalle für den Selbstpfleger, Wartungsplan, Elektronik-Diagnose

25 **Der sichere Arbeitsplatz**

Wagen abstützen, Aufbockmöglichkeiten, Wagenheber, Mietwerkstatt

27 **Schmieren aller Teile**

Motoröl, Ölstand, Ölverbrauch, Ölsorten, Ölwechsel, Ölfilter, ATF für Schalt- und Automatikgetriebe

35 **Die Motoren und ihr Innenleben**

Technische Beschreibung, Vierventil-Technik, Lebensdauer, Drehzahlen, Kompressionsdruck, Steuerkette, Zylinderkopfausbau, Lagerschaden, Motorausbau, Riementrieb, Unterdruckpumpe

57 **Die Auspuffanlage**

Einzelteile, Zustandsbeurteilung, Aus- und Einbau

59 **Das Kühlsystem**

Funktion, Kühlflüssigkeit, Frostschutz, Kühler, Thermostat, Wasserpumpe, Kühlerventilator, Störungsbeistand

67 **Alles über Kraftstoff**

Dieselkraftstoff, Kraftstoff im Winter, Abgase, Katalysator, Abgas-Untersuchung

69 **Die Vorglühanlage**

Vorglühzeitrelais, Glühkerzen, Fehlersuche

72 **Vom Tank zur Einspritzpumpe**

Kraftstofftank, Tank-Entlüftung, Geber der Tankanzeige, Kraftstoffleitungen, Kraftstoffvorwärmung, Kraftstoffpumpe, Kraftstoffilter

76 **Die Einspritzanlage**

Verbrennungsverfahren, Einspritzpumpen und Regelung, Spritzversteller, Leerlaufdrehzahl, Leerlaufanhebung, Leerlaufstabilisierung, Motorabstellung, Einspritzdüsen, Zug und Gestänge zur Einspritzpumpe, Luftfilter, Störungsbeistand

95 **Die Kupplung**

Funktion, Kupplungsbetätigung, Kupplung prüfen, Kupplungshydraulik, Kupplungsbetätigung, Aus- und Einbau, Ausrücklager, Störungsbeistand

Seite

Getriebe und Achsantrieb 100

Schaltgetriebe, Getriebegeräusche, Getriebe aus- und einbauen, Automatisches Getriebe, Parksperrenverriegelung, ATF-Stand, Drehmomentwandler, Gelenkwelle, Hinterachsgetriebe, Antriebswellen, ASD

Radaufhängung und Lenkung 111

Vorder- und Hinterradaufhängung, Achsgelenke, Radeinstellung, Radlagerspiel, Stoßdämpfer, Servolenkung, Niveauregulierung, Lenkrad, Airbag

Die Bremsen 127

Funktion, Bremsflüssigkeit, Scheibenbremsen, Trommelbremsen, Feststellbremse, Hauptbremszylinder, Bremskraftverstärker, Bremsschläuche und -leitungen, Störungsbeistände, ABS, ETS

Räder und Reifen 149

Die richtigen Reifen, Reifenbezeichnungen, Felgenbezeichnungen, Radschrauben, Sonderfelgen, Reifendruck, Reifenzustand, Rad-Unwuchten, Radwechsel

Elektrik und Elektronik 156

Elektrik, Elektronik, Halbleiter, Weitere Bauelemente

Elektrische Messungen 158

Meßmethoden, Spannung, Strom und Widerstand messen

Die Batterie 161

Funktion, Batterie-Daten, Batterie-Reserven, Wartungsfreie Batterie, Batterie-Säurestand, Ladezustand, Batterie laden, Start mit leerer Batterie

Die Lichtmaschine 165

Leistung, Ladekontrolle, Spannungsregler, Ladespannung, Schleifkohlen, Fahren mit defekter Lichtmaschine, Störungsbeistand

Der Anlasser 169

Funktion, Ausbau, Schleifkohlen, Störungsbeistand

Die Karosserie-Elektrik 171

Masse, Normung, Leitungen, Karosserie-Elektrik, Einbauorte, Schaltrelais, Sicherungen, Sicherungstabelle

Fehlerdiagnose 178

Diagnosedose, Fehlertabellen

Die Schaltpläne 180

Lesen und Anwenden der Schaltpläne, Teil-Schaltpläne

Die Signaleinrichtungen 199

Blink- und Warnblinkanlage, Bremsleuchten, Hupe, Lichthupe

Seite

202 **Die Beleuchtung**

Ersatzlampen, Scheinwerfer, Scheinwerfer-Einstellung, Leuchtweitenregulierung, Lampenwechsel, Heckleuchte, Leuchten im Wageninnern, Leuchten am Armaturenbrett

211 **Instrumente und Geräte**

Kontrollinstrumente und -leuchten, Kombi-Instrument, Schalter, Zündschloß, Heizbare Heckscheibe, Scheibenwischer und -wascher, Scheinwerfer-Waschanlage, Airbag und Gurtstraffer, Elektrische Spiegelverstellung, Elektrische Fensterheber, Zentralverriegelung, Radio, Antenne, Lautsprecher

229 **Heizung und Lüftung**

Funktion, Elektronische Heizungsregelung, Luftgebläse, Heizungs-/Lüftungsbetätigung, Staubfilter, Klimaanlage

235 **Der Innenraum**

Sitze, Armaturenbrett, Verkleidungen, Sicherheitsgurte

242 **Die Karosserieteile**

Stoßfänger, Motorhaube, Kotflügel, Türen, Schlösser, Fenster, Spiegel, Stoßleisten, Kofferraumdeckel, Schiebedach

253 **Die Werterhaltung**

Wagenunterseite waschen, Wasserablauflöcher, Lackierung, Unterbodenschutz, Rostschutz

255 **Defektsuche mit System**

Fehlerquelle Elektrik, Fehlerquelle Vorglühanlage, Fehlerquelle Kraftstoffversorgung

257 **Werkzeug und andere Hilfen**

Grundausstattung, Flüssige Hilfen, Spezial-Schmierstoffe

259 **Schleppen und Abschleppen**

Abschleppseil, Abschleppstange, Anhängekupplung

261 **Wissenswertes rund um den Mercedes**

265 **Abkürzungsverzeichnis**

266 **Technische Daten**

Motor, Kraftübertragung, Maße und Gewichte, Fahrwerte, Fahrwerk, Elektrische Anlage, Füllmengen

268 **Betriebsstoff-Vorschriften (Auszug)**

269 **Stichwortverzeichnis**

Wartungsplan

innen auf der hinteren Umschlagseite

Wertanlage

Mercedes-Benz-Automobile besitzen eine hohe Wertbeständigkeit. Das zeigt sich sofort am guten Wiederverkaufswert, den selbst recht betagte Exemplare noch erzielen. Daß ein Mercedes ein Wagen ist, der seinem Besitzer lange Zeit Freude bereiten kann, das weiß auch die TÜV-Mängelstatistik zu berichten: In Sachen Rostunempfindlichkeit gehört der Mercedes schon seit vielen Fahrzeuggenerationen zu den Musterknaben, auch ohne werksseitige Durchrostungsgarantie von lächerlichen drei, sechs oder zehn Jahren.
Gute Anlagen also, um den Mercedes zum privaten Langzeit-Auto zu machen. Ein Vorhaben, das auch dieses Buch im Schilde führt, denn nicht immer geht's ohne fachkundige Anleitung.
Ein weiterer Grund, in dieses Buch zu schauen: Information über Ihren Mercedes, der voller fortschrittlicher Technik steckt, über die man sonst kaum etwas im Detail erfährt. Wir denken z. B. an die Vierventil-Technik, die elektronisch geregelten Einspritzpumpen, das serienmäßige ABS-Bremssystem oder die Traktionshilfen, wie ASD bzw. ETS.
Solche Kenntnisse dienen nicht nur der privaten Weiterbildung in Sachen Mercedes-Technik, sondern helfen ganz sicher beim Gespräch mit der Werkstatt.

Damit Sie sich im Innern dieses Bandes leichter zurechtfinden, ist bereits im Inhaltsverzeichnis auf den vorhergehenden Seiten eine kleine Auswahl der Stichworte herausgegriffen, die in den einzelnen Kapiteln zur Sprache kommen. Weitere Orientierungshilfen bietet der Wartungsplan innen auf der hinteren Umschlagseite, das Verzeichnis der Störungsbeistände im Kapitel »Defektsuche« sowie das Stichwortverzeichnis ganz hinten im Buch.
Ebenfalls der besseren Orientierung dient die Buchgestaltung auf den einzelnen Seiten. So sind Passagen, die der Information dienen, stets einspaltig abgedruckt, während reine Arbeitsschritte generell zweispaltig erscheinen. Je nach Interessenlage können Sie sich also mehr dem einen oder dem anderen Wissensgebiet zuwenden.

Natürlich konnten wir uns alle die im Buch genannten Tips und Tricks nicht einfach aus dem Ärmel schütteln. Viele hilfsbereite Menschen aus allen Bereichen der Automobilbranche haben uns deshalb mit Rat und Tat unterstützt. Ihnen wollen wir an dieser Stelle herzlich danken.

Die Verfasser

Vitamin C

Noch mehr Komfort, nutzbarer Raum und Sicherheit sowie hohe Umweltverträglichkeit sind die wesentlichen technologischen Pfeiler der C-Klasse von Mercedes-Benz, die zur Jahresmitte 1993 auf die Straßen Europas rollte. Sie löste dabei mit den Typen Mercedes C 180 bis C 280 sowie C 200 Diesel bis C 250 Diesel die seit 1982 erfolgreich gebaute Baureihe Mercedes 190 (rund 1,9 Millionen Einheiten) ab.

Design- und Ausstattungsidee

Die einen entscheiden beim Auto-Kauf ganz nüchtern und nutzenorientiert, andere lassen sich mehr von Emotionen leiten, bleiben aber doch stets pragmatisch, wieder anderen geht Individualität beim eigenen Auto über alles. In diesem Spannungsfeld der Geschmäcker und Meinungen das richtige Maß zu finden, ist für einen Automobil-Hersteller nicht einfach.
Die Modelle der Mercedes-C-Klasse verknüpfen die verschiedenartigsten Ansprüche. So ist der kleine Mercedes der persönlichste Kompakt-Mercedes, den es je gab. Ab Werk, wohlgemerkt. Neben der klassischen Version werden drei zusätzliche »Lines« angeboten. Für sie wurden die Bezeichnungen »Esprit« sowie »Elegance« und »Sport« gewählt.

Esprit

Jugendlich, frech und mit Mut zu Farben, so zeigt sich die Esprit-Linie. Vor allem innen macht die Esprit-Linie auf sich aufmerksam. Im Mittelteil der Sitze sowie an den Türtafeln sorgen besondere Stoff-Dessins in den

Hier können Sie mischen: Motor und Designlinie bestimmt der Kunde.

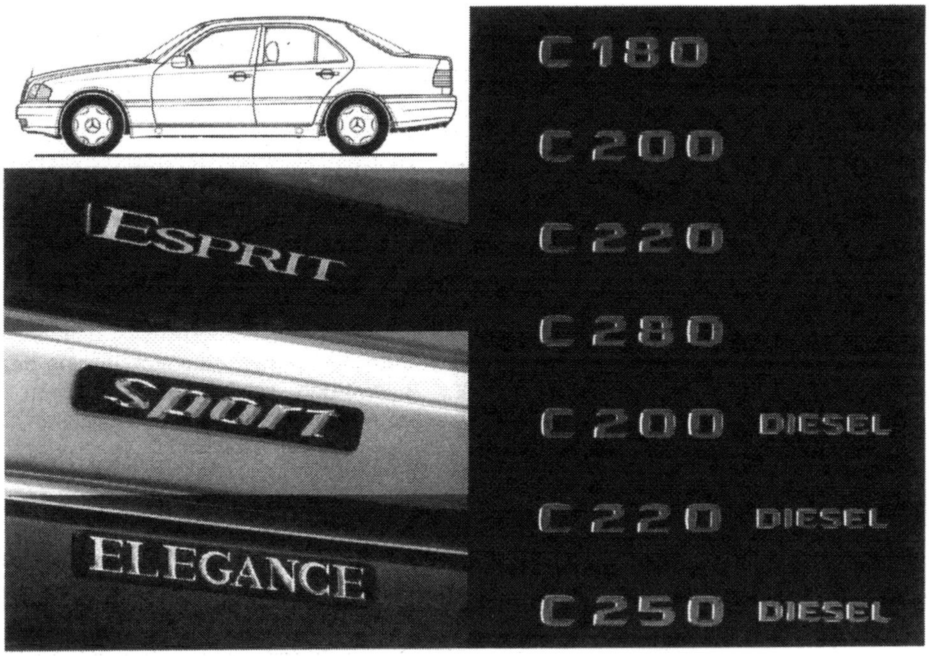

Farben Ultramarin, Rot und Schwarz für eine extravagante Atmosphäre. Der Instrumententräger ist immer schwarz, die Oberflächen der restlichen Zierteile in Türen, Mittelkonsole sowie die Oberkante der Instrumententafel sind diamantgrau softlackiert. Das einzige technische Unterscheidungsmerkmal zur klassischen Version sowie zum Elegance betrifft das Fahrwerk. Es ist beim Esprit um 25 Millimeter tiefergelegt.

Elegance

Wertvoll, vornehm, elegant, so wirkt die Elegance-Linie. Außen wie innen unterscheidet sie sich deutlich von allen anderen Varianten. Auffälligstes Merkmal außen: Die rundum verlaufende Leiste ist in Wagenkontrastfarbe lackiert, eine Chromleiste veredelt die Gesamterscheinung. Auch die Türgriffe haben eine Chromeinlage. Die Zierstäbe an Dach sowie allen Scheiben sind hämatitfarben eloxiert und runden die noble Elegance-Erscheinung ab. Anders als bei Esprit und der klassischen Version fallen die Leuchten-Einheiten aus. Augenfällig sind die bichromatischen Rückleuchten mit ihren weißgrauen Rückfahrleuchten und die weißen Blinker-Deckgläser.
Edel geht es beim Elegance-Mercedes auch innen zu. Denn Holz ist es, das das wertvolle Ambiente wesentlich bestimmt. Es wird für die Zierstäbe auf den Türverkleidungen und für die Brüstung unter dem Windschutzscheiben-Rahmen verwendet, ebenso im Bereich der Mittelkonsole. Ein zusätzlicher Reiz entsteht durch das wohldosierte Spiel mit unterschiedlichen Sitzpolstern und Farben. So sind, je nach gewählten Sitzbezügen, auch die gesamte Instrumenten-Tafel und sonstigen Verkleidungen, einschließlich des Lenkrads, farblich aufeinander abgestimmt.

Der Stärkste: C 36 AMG

Weitere Elegance-spezifische Details: Ein geschlossenes Ablagefach zwischen den Vordersitzen dient als Armlehne, elektrische Fensterheber vorne und hinten, Smog-/Umluftschalter mit Staubfilter, zusätzliche Taschen in den Rückenlehnen der Vordersitze.

Sport

Man sieht es, und beim Fahren spürt man es: Ein um 25 Millimeter tiefergelegter Aufbau und eine straffere Fahrwerksabstimmung prägen die sportliche Linie der Mercedes-C-Klasse. Bei ihr kommen Leichtmetall-Räder im Fünfloch-Design der Dimension 7 J x 15 und Reifen der Größe 205/60 R 15 zum Einsatz. Beim Sport sind Stoßfänger und Seitenschutzleisten in Wagenfarbe lackiert. Die Leuchteneinheiten entsprechen der Elegance-Version. Die Zierstäbe an Dach und Scheiben sind grau pulverbeschichtet. Exklusiv beim Sport fällt die Oberfläche der B-Säule aus. Sie nimmt in ihrer Struktur das technisch wirkende Muster der Innenraum-Zierstäbe auf.
Schwarz ist innen die Grundfarbe der Sport-Version. Sportsitze passen sich dem Gesamthabitus an. Sie sind entweder mit Leder (Sonderausstattung) oder Stoff mit modernen Karo-Dessins bezogen. Natürlich gehört auch ein exklusives Sportlenkrad zu dieser Ausführung. Und überall, wo beim Elegance Edelholz den Innenraum veredelt, kommt beim Sport eloxiertes Aluminium mit einer besonderen Oberflächenstruktur zum Einsatz.

Individual total und Zubehör

Mit Einführung der neuen Modellreihe besteht die Möglichkeit, dem kleinen Mercedes ab Werk ein dynamisches AMG-Outfit, sozusagen als fünfte Designlinie, zu verpassen. Und aus einem eigenen, exklusiven Zubehör-Programm sind sofort zahlreiche Artikel auf Wunsch erhältlich.
Sportlichkeit und Exklusivität sind seit jeher die Attribute, die die Mercedes-Fahrzeuge mit der Zusatzbezeichnung »AMG« auszeichnen. Kenner wissen, was sich hinter den magischen drei Buchstaben verbirgt: Eine weltweit renommierte Automobil-Manufaktur, die sich neben Rennsport-Einsätzen auch um die Erfüllung besonderer automobiler Wünsche kümmert.
AMG hat in enger Abstimmung mit den Mercedes-Designern ein Optik-Paket für die Modelle der C-Klasse entwickelt, das ganz besonderen Ansprüchen gerecht wird. Es umfaßt einen Frontspoiler mit Zusatzscheinwerfern, Seitenschweller, Heckschürze sowie neue, seitliche Schutzleisten. Alle AMG-Karosserie-Teile sind aus PU-RIM gefertigt und in Wagenfarbe lackiert.
Grundsätzlich können alle C-Klasse-Typen mit dem AMG-Optik-Paket ausgerüstet werden. Des weiteren stehen zwei exklusive AMG-Leichtmetall-Räder in den Dimensionen 7 J x 15 (mit Reifen der Größe 205/60 R 15 V) sowie 7,5 J x 17 (mit 225/45 ZR 17) zur Verfügung. Bedingung dafür: Es muß das werksseitige Sportfahrwerk bereits montiert sein.
Oder man wählt gleich den C 36 AMG. Hier kommt zu der Optik eine leistungsgesteigerte Sechszylinder-Variante mit 3,6 Liter Hubraum und 206 kW.
Neben der Möglichkeit, durch den AMG-Look ein Höchstmaß an Individualität und Exklusivität zu erzielen, bietet Mercedes-Benz auch mit einem umfangreichen Zubehör-Katalog die Chance, individuellen Bedürfnissen gerecht zu werden. Innerhalb dieses Sortiments gibt es auch Artikel, wie sie beim Neuwagen-Kauf als Sonderausstattung angeboten werden, zum Beispiel C- und D-Netz-Telefone, Leichtmetall-Räder (in 5-Loch, 8-Loch und 15-Loch-Design), Lederschalthebel, Cassetten-Halter oder Holz-Teile zur Interieur-Veredelung. Weitere Beispiele aus dem sehr reichhaltigen Zubehör-Sortiment sind CD-Halter, Zusatzheizung, Antirutschmatten, Kofferraumwanne, Sonnenrollos, Kühlbox für den Kofferraum und Dachträger-System. Sehr sinnvoll, weil sicher und platzsparend erscheint uns der 7-Liter-Reservekanister in der Felge des Ersatzrades. Auch die Kindersitze sind optimal auf die C-Klasse abgestimmt. Wer sich deutlicher als C-Klasse-Freak bekennen möchte, findet noch Uhren, Krawattennadeln und Manschettenknöpfe im C-Klasse-Look.

Sag' mir, wo das Neue ist ...

Selten ist bei einem Modellwechsel die Liste der Neuerungen so groß wie im Fall des kleinen Mercedes.
Serienmäßig neu sind: Fullsize-Fahrer-Airbag, zusätzliches Frontaloffset-Schutzpaket, integrierter Seitenaufprallschutz, beide unteren Gurtbefestigungen am Sitz, automatische Gurthöhenverstellung auch im Fond, Fahrersitzkissen in der Neigung verstellbar, Sitzhöhenverstellung mit Schrittmechanik, Innenbeleuchtung auch im Fond, beide Außenspiegel elektrisch einstellbar und beheizt, größerer Kunststofftank unter der Fondsitzbank, Fußfeststellbremse mit Warnsummer, Instrumentierung in Durchlicht-Technik und elektronischer Tachometer, links/rechts getrennte Temperaturregelung der Heizung, größerer Kofferraum mit tiefer Ladekante, Fünfgang-Schaltgetriebe, längere Ölwechsel-Intervalle, alle Otto-Motoren mit Vierventil-Technik, elektronisches Motor-Mangagement, variable Nockenwellenverstellung und Resonanz-Schaltsaugrohr, Doppelquerlenker-Voderachse mit »Komfort-Lagerung«, Hinterachsgetriebe und Hydrolager, größere Räder/Reifen (185/65 R 15 bzw. 195/65 R 15).

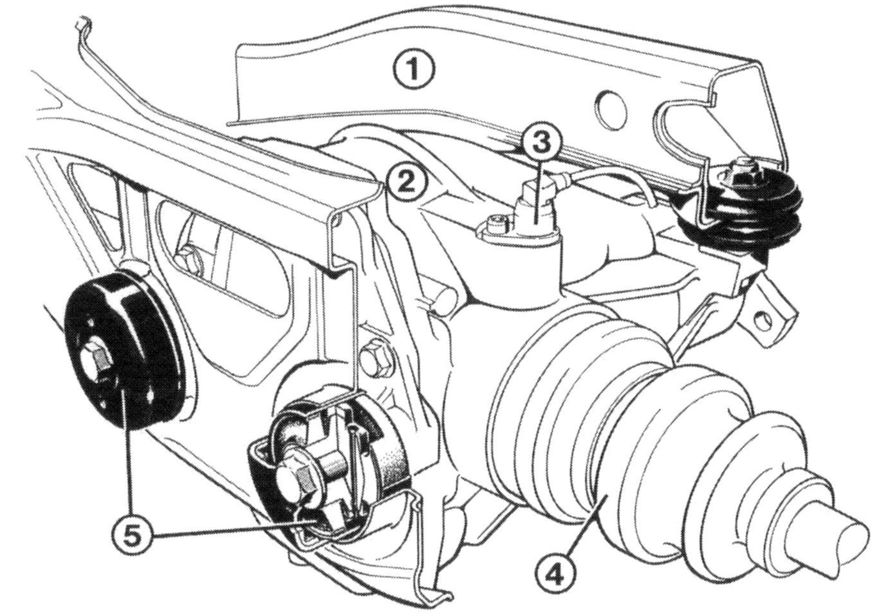

Das Hinterachsgetriebe (2) ist über neuentwickelte Hydrolager (5) am Hinterachsträger (1) montiert. Weiterhin gezeigt: 3 – Drehzahlfühler an einer Hinterachswelle (4) bei ETS.

Zur Grundausstattung gehören u. a. weiterhin: Antiblockiersystem, Gurtstraffer, Servolenkung und Zentralverriegelung sowie ab 1/95 Fahrberechtigungssystem mit Fernbedienung.
Neue Sonderausstattungen sind: Rücksitzlehne ⅓ zu ⅔ umklappbar, Skisack, Klimatisierungsautomatik und Klimaanlage FCKW-frei mit stufenlosem Kältekompressor, automatisch stufenlos abblendbarer Innenspiegel (Zubehör), Multikonturlehne für Vordersitze, pneumatisch abklappbare Kopfstützen im Fond, Staubfilter – auch bei Umluftbetrieb wirksam, Restwärmeschaltung, Umluftschaltung, mechanisch in Längsrichtung verstellbare Lenksäule, elektrische Fensterheber mit Tieflaufsteuerung und Komfortschließung, Schließanlage mit Infrarot-Bedienung, Diebstahlwarnanlage mit Abschlepp- und Innenraumschutz (bis 12/94), Fullsize-Beifahrer-Airbag und Handschuhfach, Soundsystem, Autotelefon in Armlehne integriert, elektrisches Rollo für die Heckscheibe, Ladegutbefestigung mit Netz, CD-Wechsler, elektrisches Schiebe/Hebedach, auch als Glasdach mit Komfortschließung.

Die technischen Details

Karosserie

Rund zehn Jahre nach Einführung der Mercedes-Kompaktklasse setzt die C-Klasse das technische Rezept einer kompakten, komfortablen, sicheren und umweltverträglichen Limousine fort. Die C-Klasse wurde mit folgenden Zielen entwickelt: Höherer Nutzwert, Verbesserung des Innenraumangebots, Erhöhung des Fahrkomforts, Verbesserung von aktiver und passiver Sicherheit, weitere Emissionsverminderung in allen Bereichen, Reduzierung des Kraftstoffverbrauches, Drehmomentoptimierung der Motoren, größtmögliche Recycling-Quote.
Mit die kniffligste Aufgabe lösten die Ingenieure bei der Umsetzung der Maßkonzeption. Einerseits sollte die Karosserie kompakt gehalten werden, andererseits sollten mehr Beinfreiheit im Fond sowie ein größeres Kofferraumvolumen mit Durchlademöglichkeit und niedriger Ladekante verwirklicht werden. Die Sicherheitsingenieure forderten ein Plus an Verformungsweg. Alle Forderungen wurden erfüllt, und das, obwohl die neue Mercedes-Kompakt-Limousine gegenüber dem Typ 190 lediglich um 39 mm in der Länge gewachsen ist.

Neu: Geteilt umklappbare Rücksitzlehne.

Um Sicherheit und Komfort auf Dauer zu garantieren, muß die Karosserie entsprechend steif ausgelegt sein. Auch hier finden sich viele Verbesserungen im Detail. So weist beispielsweise die Stirnwand der C-Klasse weniger Durchbrüche auf, obwohl mehr Elektrik und Elektronik an Bord ist und damit mehr Kabelverbindungen notwendig wurden. Im Heck mußten die Karosseriekonstrukteure dagegen einen Durchbruch mehr kompensieren. Und der war von besonderem Kaliber, denn mit der Realisierung einer auf Wunsch lieferbaren Durchlademöglichkeit vom Kofferraum in den Innenraum gehen wichtige Elemente verloren, die die Karosserie-Steifigkeit beeinflussen. Im Mercedes kompensieren spezielle Verstärkungsprofile rings um die Durchladeöffnung die fehlende Querverbindung der Wand hinter den Fondsitzen. Zusätzlich weist der Querträger vor den Fondsitzen ein geschlossenes Profil auf, was zu erhöhter Quersteifigkeit führt. Last but not least werden so auch neue Maßstäbe in punkto »Durchladesicherheit« gesetzt.
Am elegantesten sind stets Maßnahmen, die das Fahrzeug-Gewicht nicht in die Höhe treiben. Wie beispielsweise die Gestaltung des Heckbodens unter dem Kofferraum, der sich leicht nach außen wölbt. Das bringt Stabilität ohne den Effekt von Zusatzlast. Auch die Verklebung der Front- und Heckscheibe mit der Karosserie trägt zur Stabilisierung des Aufbaus bei.

Kofferraum

Erheblich größer und variabel nutzbar wurde auch der Kofferraum. Durch die V-förmig gestaltete Klappe konnte die Ladekante gegenüber dem Vorgänger um über 14 Zentimeter abgesenkt werden. Der Gepäckraum selbst blieb in der Höhe unverändert, wurde jedoch um 23 Zentimeter länger. Dadurch ergibt sich ein gegenüber dem Vorgänger deutlich vergrößertes Volumen von 430 Litern. Mit der auf Wunsch lieferbaren Durchlademöglichkeit kann der nutzbare Gepäckraum nunmehr bis zu den Vordersitzen erweitert werden. Je nach Transportaufgabe und Passagierzahl können dabei die zwei Teile der Fondlehne im Verhältnis ⅓ zu ⅔ umgeklappt werden. Die Entriegelung der Lehnenteile erfolgt zugunsten erhöhten Diebstahl-Schutzes ausschließlich vom Kofferraum aus. Der Bedienhebel sitzt griffgünstig an der Oberkante der Kofferraum-Öffnung und kann damit auch bei vollem Gepäckabteil erreicht werden. Sowohl bei einteiliger Rückwand als auch mit Durchlade-Einrichtung kann ein Skisack kombiniert werden. Er ist im Bereich der Fondarmlehne fixiert und reicht bis zur Ablage zwischen den Vordersitzen. Anstelle der normalen, durch Sicken biegesteifen Rückwand ist ein doppelschaliger Rahmen aus Stahlblech mit ausreißfesten Schlössern und Scharnieren eingeschweißt. Der Rücken der klappbaren Fondlehne besteht gleichfalls aus biegesteifem, stark versicktem Stahlblech.

Tank

Mit der Durchlade-Einrichtung mußte allerdings ein neuer Platz für den Tank gefunden werden. Es galt also, für die C-Klasse eine neue Lösung zu entwickeln, die den hohen Mercedes-Ansprüchen nach Sicherheit genügen kann. Ergebnis: Im C-Modell sitzt der 62-Liter-Kunststofftank ebenfalls aufprallgeschützt vor der Hinterachse unter den Fondsitzen. Durch einen doppelschaligen Rahmen aus Stahlblech wurde auch die Sicherheit bei einem Heckaufprall gewährleistet.

Instrumententafel

Aus guten Gründen verzichteten die Mercedes-Designer wieder auf eine betont fahrerorientierte Cockpit-Gestaltung, wie sie einige Hersteller durch Abdrehen der Schaltertafel im Bereich der Mittelkonsole bevorzugen. Bei Mercedes kann sich stattdessen auch der Beifahrer als gleichwertiges Mitglied der Fahrgemeinschaft fühlen. Mit dem Vorteil, daß ein sowohl für Fahrer und Beifahrer gleichermaßen positives Raumerlebnis erzielt wird und die gute Zugänglichkeit so wichtiger Funktionsbereiche wie Heizung/Lüftung oder Warnblinkanlage und Radio für beide Frontpassagiere gewährleistet ist. Beste ergonomische Ergebnisse sind auch ohne ein einengendes Halbkreis-Cockpit erzielbar sind. Hinzu kommen Forschungserkenntnisse der Mercedes-Sicherheitsingenieure. Im Falle eines Offset-Frontalcrashs bestünde die Gefahr, daß der Beifahrer bei schweren Frontalkollisionen auf das im Mittelkonsolen-Bereich herausstehende Verkleidungsteil mit dem Kopf aufschlägt.

Fahrzeugelektrik

Hier sind folgende Besonderheiten erwähnenswert: Startsperre bei Fahrzeugen mit Diebstahlschutz (Unterbrechung der Klemme 50), seit 1/95 umfangreiches elektronisches Fahrberechtigungssystem, elektronischer Tachometer (Tachowelle entfällt), Öldruckanzeige ist entfallen, Digitalanzeige für Kilometer- und Zeitangaben, Flachstecksicherungen im Sicherungskasten, Glühlampenkontrolle für Standlicht, Abblendlicht und Bremslicht, Radio mit integriertem Überblendregler und auf Sonderwunsch mit Soundanlage oder CD-Spieler kombiniert. Weiterhin ist ein Autotelefon mit Freisprechanlage erhältlich. Die Batterie ist im Kofferraum angeordnet – dies hat den Vorteil, daß die Batterie kälter bleibt und so eine längere Lebensdauer möglich ist. Die Scheinwerfer sind mit sogenannten Freiformreflektoren ausgestattet. Hierbei wird für Abblend-, Fern- und Nebellicht ein gemeinsamer Reflektor mit jeweils eigenen Reflektorflächen verwendet. Bei Fernlicht bleibt zur besseren Ausleuchtung das Abblendlicht zugeschaltet.

Instrumente

Die Anzeige-Elemente der C-Klasse unterliegen der Haus-Philosophie, die lautet: So wenig wie möglich, so viel wie nötig. Die in einen schlanken Instrumenten-Träger integrierten Anzeigenfelder wirken bewußt schlicht. Kontrolleuchten sind auf den ersten Blick nicht erkennbar, weil sie im Normalbetrieb vollständig ausgeblendet

Letzte Feinarbeiten an der Karosserie im Wasserkanal. An kleinen Luftblasen werden Verwirbelungen erkannt.

sind. Grund dafür ist die neue Durchlicht-Technik, die die einzelnen Felder unter normalen Bedingungen unsichtbar macht. Neu ist im übrigen auch, daß eine Kontrolleuchte vor zu geringem Ölstand warnt und ein akustisches Signal ertönt, wenn beim Start die Feststellbremse noch eingerastet ist.

Fahrwerk

Mit der Raumlenker-Hinterachse hat die C-Klasse von der Baureihe 190 eine nach wie vor unübertroffene Konstruktion geerbt. Sie blieb, bis auf kleine Details, unverändert. Ausnahmen betreffen die Anpassungen an die vergrößerte Spurweite sowie das jetzt mit hydraulisch gedämpften Gummilagern abgestützte Hinterachs-Mittelstück. Dadurch konnten sowohl Geräusch- als auch Schwingungskomfort nochmals deutlich verbessert werden.
Eine Neukonstruktion ist dagegen die Doppelquerlenker-Vorderachse. Prinzipiell ist eine solche Konstruktion einer Dämpferbeinachse im Abrollkomfort überlegen, weil der Stoßdämpfer keine Führungsaufgaben übernehmen muß und damit auch keine Biegemomente übertragen werden. Die Kinematik ähnelt jener der Vorderachse der Mercedes-S-Klasse und schafft ideale Voraussetzungen für komfortables Abrollen, präzise Radführung und Lenkung. Der neue kleine Mercedes hat mit diesem aufwendigen Fahrwerk die Meßlatte sowohl in punkto Fahrsicherheit als auch beim Fahrkomfort zweifellos in seiner Klasse ein beachtliches Stück höher gelegt.

Motoren

Als weltweit erster Automobilhersteller führt Mercedes-Benz in der C-Klasse auch die Vierventil-Technik bei Dieselmotoren ein. Diese Technik verknüpft dabei eine Reihe von Vorteilen miteinander: Bis zu 30% weniger Partikel im Abgas und bis zu 20% verbessertes Leistungs- und Drehmomentangebot in allen Drehzahlbereichen. Dazu kommt ein deutlich erweitertes nutzbares Drehzahlband. Resultat im Fahrbetrieb: In punkto Fahrdynamik unterscheiden sich die vierventiligen Selbstzünder nunmehr kaum noch von entsprechend hubraumstarken Benzinmotoren. Die Vierventil-Diesel kommen in allen Diesel-Modellen mit Ausnahme dem

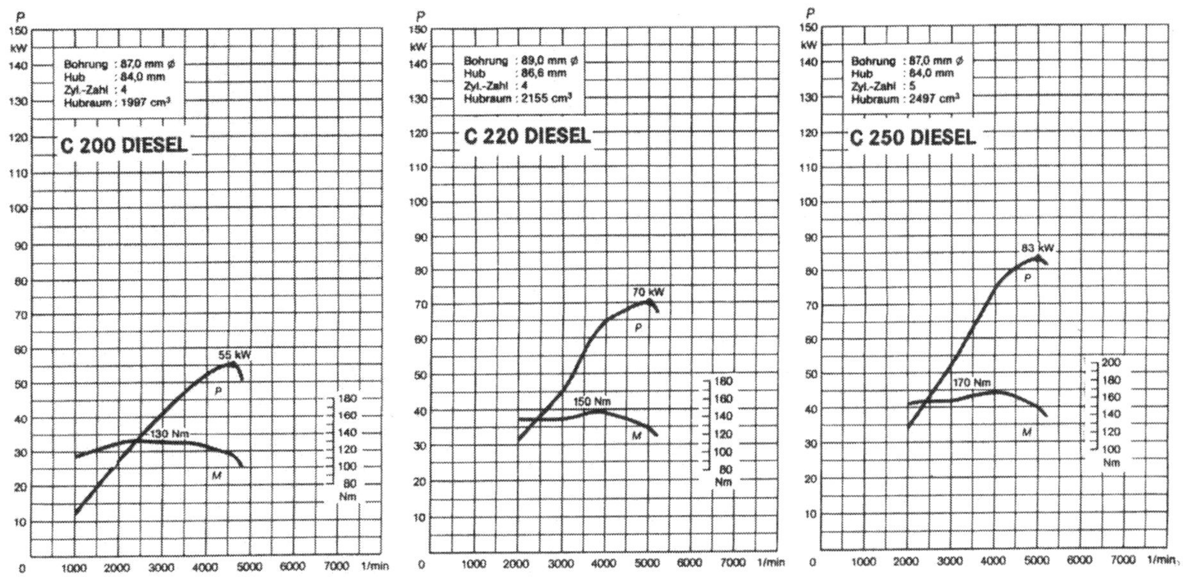

Die Leistung in kW und das Drehmoment in Nm sind hier für die verschiedenen Motoren über der Drehzahl in Diagrammen aufgezeichnet.

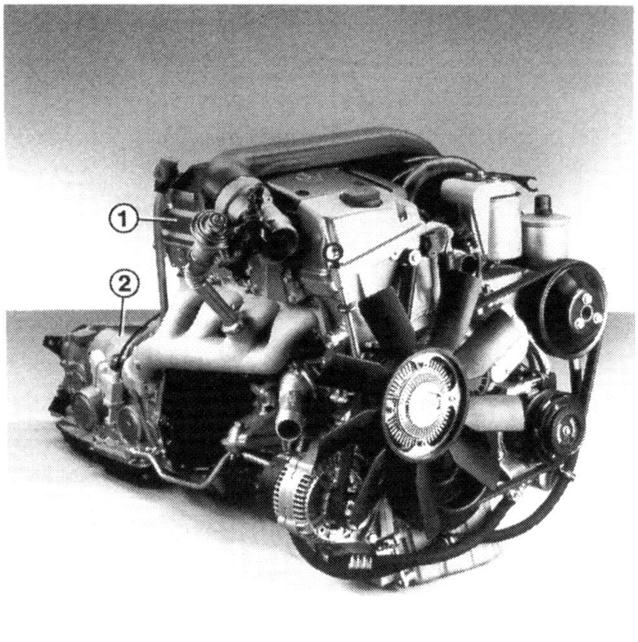

Motor des C 220 Diesel. Mit Position »1« ist der Vierventil-Zylinderkopf bezeichnet, Position »2« zeigt auf das Automatikgetriebe.

Motor des C 250 Diesel: 1 – Vierventil-Zylinderkopf; 2 – Abgasrückführung; 3 – Automatikgetriebe; 4 – Zylinderkopfhaube; 5 – Klimakompressor; 6 – Kurbelgehäuse.

C 200 Diesel zum Einsatz. Dieses Modell wird vom bewährten Zweiventiler-Motor aus dem 190 D angetrieben. Natürlich wurde der Motor zum Einbau in die C-Klasse modifiziert.
Zum prinzipiellen Vierventil-Vorteil, der besseren Beatmung des Motors, kommt bei den Vierventil-Motoren ein weiterer hinzu: Das Mercedes-Benz-Vorkammerverfahren und die Vierventil-Technik ergänzen sich auf ideale Weise. Durch die Kombination beider Techniken ist eine zentrale Position der »Neun-Loch-Vorkammer« im Brennraum möglich. Dadurch ergeben sich erhebliche Vorteile beim Verbrennungsablauf, was im Ergebnis Schadstoffemission, Verbrauch und Drehmoment nachhaltig verbessert. Die 1989 eingeführte Schrägeinspritzung wurde auch für die Vierventil-Motoren übernommen.
Neben dem sehr sauber verbrennenden Mercedes-Vorkammerverfahren trägt auch die serienmäßige Abgasrückführung sowie der Oxidations-Katalysator zur Verringerung der Schadstoffemissionen bei. Alle Diesel-Motoren der C-Klasse unterbieten die strenge »Töpfer-Norm« von 0,08 Gramm Partikel pro Kilometer deutlich. Dabei wuchs die Motorleistung beträchtlich.

C 200 Diesel

Als Diesel-Basis-Aggregat arbeitet beim C 200 der bewährte und leicht geänderte Zweiventil-Motor mit zwei Liter Hubraum. Mit neuem Ansaugsystem, geänderten Steuerzeiten und Modifikationen in der Einspritzanlage konnte das Drehmoment über fast den gesamten Drehzahlbereich leicht angehoben werden. Das Maximum beträgt 130 Nm bei 2000/min. Die Nennleistung ist 55 kW. Auf sparsamem Niveau bleibt der Verbrauch: 5,0 l bei 90 km/h, 6,8 l bei 120 km/h und 8,2 l im Stadtverkehr. Die Einspritzanlage besteht aus der altbewärten Vierstempel-Einspritzpumpe mit mechanischem Regler.

C 220 Diesel

Eine gute Mischung von Wirtschaftlichkeit, ausgewogenen Fahrleistungen und günstigem Verbrauch ist der C 220. Mit 2,2 Liter Hubraum erreicht der Motor 70 kW und ein Drehmoment von 150 Nm bei 3100 bis 4500/min. Das Fahrzeug erreicht 175 km/h Höchstgeschwindigkeit und beschleunigt in 16,3 Sekunden auf Tempo 100. Der Verbrauch: 5,3 l bei 90 km/h, 6,9 l bei 120 km/h und 8,5 l im Stadtverkehr.
Eine Neuentwicklung ist die Einspritzanlage. Sie besteht erstmals aus einer Verteiler-Einspritzpumpe, die vollelektronisch unter anderem die Kraftstoffmenge und den Einspritzzeitpunkt bestimmt. Dazu wacht ein elektronisches Steuergerät, unterstützt von vielen Sensoren, über den Motor. Die ganze System heißt EDC (**E**lectronic **D**iesel **C**ontrol). Insgesamt greift der Rechner im Steuergerät auf rund 50 Kennfelder zurück, um für jede Betriebssituation das bestmögliche Verhalten des Motors hinsichtlich Abgasentwicklung und Drehmomentabgabe sicherzustellen. Ebenso werden Abgasrückführung und Saugrohrdruck im Sinne bester Emissionswerte überwacht und geregelt. Im Leerlauf sorgt die EDC für einen guten Rundlauf ohne Aufschaukeleffekte.

C 250 Diesel

Dieses Modell ist für alle Fahrer, die Dieselfahren mit behäbiger Leistungsentfaltung verbinden, eine echte Überraschung: Mit dem kräftigen Vierventil-Fünfzylinder ist er so schnell wie Benziner-Modelle. Mit 83 kW und einem Drehmoment von 170 Nm bei 2800 bis 4600/min erledigt der C 250 Diesel die Beschleunigung auf Tempo 100 in nur 15 Sekunden, die Höchstgeschwindigkeit beträgt 190 km/h.
Die Einspritzanlage besteht aus einer Fünfstempel-Reihenpumpe mit der beim C 220 Diesel beschriebenen EDC. Jedoch werden Förderbeginn und Einspritzzeitpunkt weiterhin durch mechanische Komponenten bestimmt. Alle anderen Funktionen erfolgen vollelektronisch.

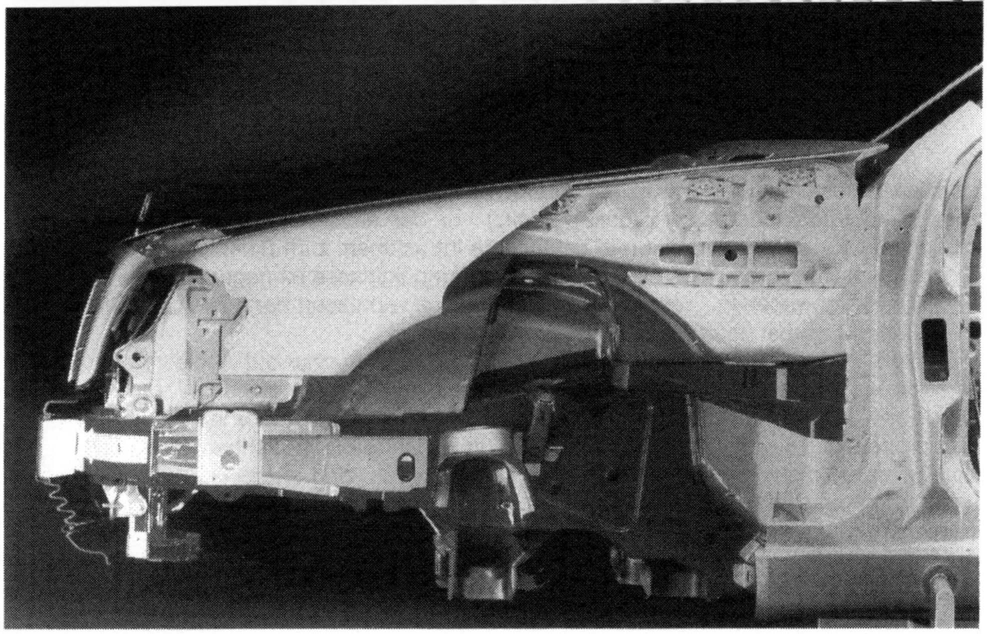

Verbindung zwischen Vorbau und Innenraum durch den Gabelträger.

Getriebe

Alle Modelle der C-Baureihe verfügen serienmäßig über ein Fünfgang-Schaltgetriebe. Durch ein neues Lagerkonzept konnte die Schaltbarkeit, insbesondere des synchronisierten Rückwärtsgangs, verbessert werden.
Die Gesamtübersetzung von Getriebe und Hinterachse sorgt dafür, daß die Höchstgeschwindigkeit stets im obersten Gang erreicht wird.
Auf Wunsch ist für alle Modelle auch die bewährte Viergang-Wandler-Automatik lieferbar. Bis Juni '94 steht das automatische Sperrdifferential ASD zur Verfügung. Das elektronische Traktions-System (ETS) ersetzt ab Juni '94 das automatische Sperrdifferential ASD.

Rundherum sicher

Die Sicherheitsexperten von Mercedes-Benz handeln nach der Maxime: Passive Sicherheit entsteht aus der Summe aller Details. Sie ist vergleichbar mit einem Puzzle und ist ein Werk einzelner, aufeinander abgestimmter Elemente. Bestmögliche Sicherheit muß bei einem Fahrzeug rundum gewährleistet sein. Wie bei einem Puzzle darf auch bei der Sicherheit kein Teil fehlen, wobei einzelne Teile für sich genommen weitgehend wertlos sind – nur das Gesamtbild zählt. Bei Mercedes-Benz nennt man diesen integrierten Rundumschutz ICASIS (**I**ntegrated **CA**r **S**afety **I**mpact **S**ystem).
Sicherheit beginnt vorn. Beginnen wir daher zunächst mit der Betrachtung der Frontal-Crash-Sicherheit des kleinen Mercedes. Klar ist: Die Sicherheit für den Frontal-Crash beginnt im Falle der C-Klasse schon dort, wo hinter dem aufwendigen Stoßfängersystem der sogenannte Rohbau-Querträger zusammen mit den vorderen Längsträgern einen stabilen Zugverband bildet. Der großvolumige, kastenförmige Querträger aus hochfestem Stahlblech verbindet dabei die beiden Längsträger und reicht bis zu den äußersten Fahrzeugecken.
Doch damit nicht genug. Dreiecksförmige Stege an seinen Enden stützen sich an den Radlaufblechen ab. Und genau dieser Kunstgriff erlaubt die Verformung von nicht direkt beaufschlagten Vorbauzonen und erhöht so die wichtige Energieaufnahme bei Kollisionen mit sogenannter geringer Überdeckung, einer sehr häufigen

Häufigste Unfallart ist der versetzte Frontalunfall. Durch umfangreiche Versuchsreihen bleibt nichts dem Zufall überlassen.

Unfallart. Zum verstärkten Schutz der unteren Extremitäten der Insassen dient in diesem Fall übrigens auch der zusätzliche Pedalboden-Querträger. Der sitzt vor der äußerst stabilen Stirnwand zwischen vorderem und seitlichem Längsträger und hilft mit, gefährliche Intrusionen, zum Beispiel das Eindringen der Vorderräder, zu unterbinden. Der Vorbau der neuen Mercedes-Kompaktklasse ist gegenüber der Vorgängerbaureihe um rund 22 Millimeter gewachsen. Diese größere Vorbaulänge verbessert dann auch das Crashverhalten bei Frontalkollisionen noch einmal deutlich.
Wirft man einen Blick unter die Motorhaube, so werden Kenner auf Anhieb feststellen, wie aufgeräumt jede einzelne Version wirkt. Ein schöner Motorraum sollte auch ein sicherer Motorraum sein. Bei der C-Klasse wurde viel konstruktive Raffinesse darauf verwendet, die im Motorraum untergebrachten Aggregate so anzuordnen, daß sie im Falle eines Unfalls die umgebende Blech-Ziehharmonika bei ihrer energie-absorbierenden Faltarbeit nicht behindern. Dies geschieht dadurch, daß starre Bauteile aneinander vorbeigleiten oder nach oben herausklappen. Damit wird, so sagen die Mercedes-Sicherheitsexperten, eine Blockbildung verhindert.
Auch die wichtige Schnittstelle Vorbau zu Fahrgastzelle wurde weiter optimiert. Um die Crash-Kräfte noch besser in nicht direkt betroffene Fahrzeugteile weiterleiten zu können, erhielten die Mercedes-typischen Gabelträger sowie die konisch ausgeformten vorderen Längsträger eine Fortsetzung durch direkt auf dem Fahrzeugboden aufgesetzte Trägerprofile. Diese werden wiederum durch den formstabilen Tunnel verstärkt. Mit zusätzlicher Profilierung und aufgesetzten Querbrücken wird er als eigenständiges Konstruktionselement separat der Rohbaustruktur hinzugefügt. Er bildet sozusagen das Rückgrat des Autos und steht auch für andere Crash-Konfigurationen gerade.
Auch beim Seitenaufprall bietet nur ein Gesamtpaket wirksamen Schutz. Es beginnt bereits mit der Fahrzeugstruktur, und zwar dort, wo sie nicht so fotogen ist: ganz innen. Das ist beim C-Modell zunächst das Rückgrat – der eingesetzte Tunnel mit seinen vier Querbrücken. Ebenso vielfältig wie wirksam führen die Wege dabei nach außen, zum Beispiel über vordere und hintere Sitz-Querträger, die sich im Schweller als Schottwände fortsetzen und über Tunnelbrücken auf der anderen Seite abstützen, oder über den mit versteifenden Sicken gespickten Wagenboden.
Die jetzt einseitig hergestellte Außenschale der Seitenwand hat keine Fügestellen, was die Festigkeit verbessert. A-, B- und C-Säulen sind dreischalig aufgebaut und somit sehr biegesteif. Speziell der B-Säulenfuß ist großflächig und massiv mit dem seitlichen Längsträger verbunden. Der gesamte Querverband wird ergänzt durch eine Reihe weiterer hochfester Querversteifungen, z. B. unter der Frontscheibe und unter der Instrumententafel. Auch die Sitzrahmen sind in Querrichtung versteift. Zum integrierten Seitenaufprallschutz gehören auch die äußerst stabilen Türschlösser und Scharniere. Denn selbst die bestgepanzerte Tür nutzt recht wenig, wenn sie schon bei einem kräftigen Tritt ins Haus fällt. Die Türen der Mercedes-C-Klasse tragen innen Verkleidungen mit wirksamen Deformationselementen, was in Verbindung mit einer speziellen Formgebung mögliche Insassenbelastungen reduziert. Kritische Bereiche, wie die Bordkante, sind zusätzlich mit stoßabsorbierendem Schaum abgepolstert. Im unteren Türbereich sind zusätzlich Flankenschutz-Verstärkungen angeordnet.

Airbag

Serienmäßig hat er seinen Platz in der C-Klasse: ein Fullsize-Fahrer-Airbag. Seit März '94 ist auch auf der Beifahrerseite ein Airbag serienmäßig. Der Erkenntnis folgend, daß der Airbag nur das letzte Glied in einer aufeinander abgestimmten Sicherheitskette sein kann, gehören dazu genauso Gurtstraffer (bei Mercedes-Benz mit pyrotechnischer Auslösung seit 1984 Standard) an den vorderen Sitzen wie ein weiter verbessertes

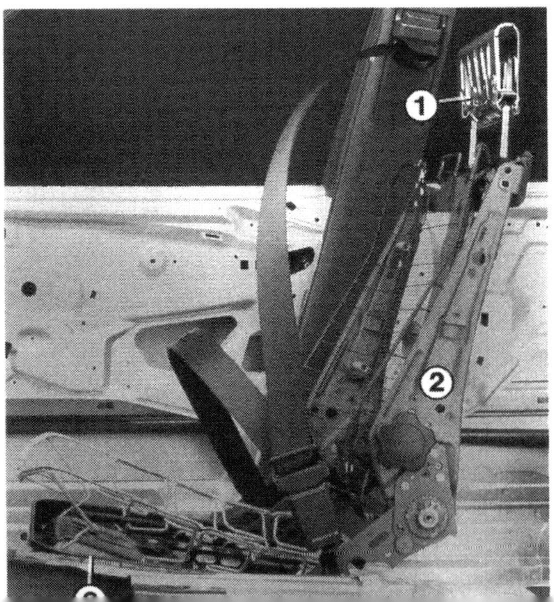

Links: Leichtbau und Sicherheit im Sitz: 1 – Kopfstütze, 2 – Lehnenrahmen, 3 – Bodenblech.
Unten: Versuchsreihe für den Seitenaufprall. Hierbei steht das Fahrzeug, und auf einem Schlitten rast der »Unfallgegner« herbei.

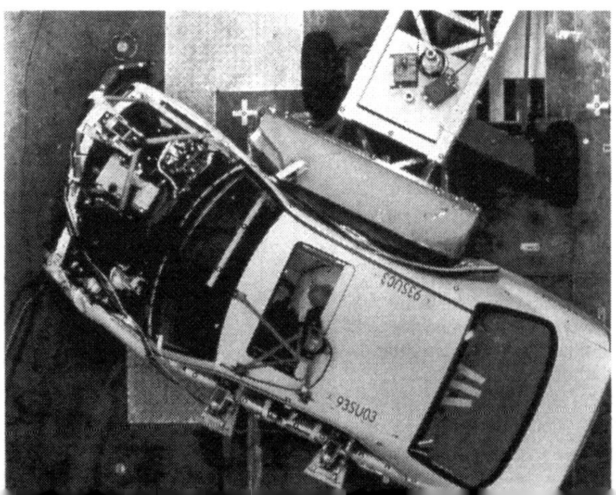

Hier müssen die Dachsäulen beweisen, ob sie einem Überschlag standhalten.

Gurtsystem mit Befestigung der unteren Verankerungspunkte am Sitzrahmen. Die oberen Gurtanlenkpunkte an der B-Säule besitzen die bewährte Höhenverstellung in drei Stufen. Wer hinten sitzt, bekommt seine optimale Gurtführung sogar automatisch. Neu in der Kompakt-Klasse ist ein Beifahrer-Airbag. Dabei gelang es, sogar Platz für ein Handschuhfach zu schaffen. Und das, obwohl in den Airbag-Gehäusen sogenannte Fullsize-Luftsäcke auf ihren lebensrettenden Einsatz warten. Denn Mercedes-Benz ist sich sicher: Manche wichtigen Dinge erfordern einfach die Fullsize-Lösung.

Komfort-Dimensionen

Neben der weiter erhöhten passiven Sicherheit ist es vor allem die Innenraum-Größe, die gegenüber der Vorgänger-Baureihe 190 zugenommen hat. Besonders die Beinfreiheit im Fond nahm deutlich zu. Aber auch im Schulter- und Kopfbereich steht jetzt mehr Raum zur Verfügung. Ebenso wurde die Sitzposition von Fahrer und Beifahrer orthopädisch verbessert. Bei der C-Klasse stehen vorne und hinten knapp drei Zentimeter mehr Schulterbreite und rund zwei Zentimeter mehr Kopffreiheit zur Verfügung. Auf Größe achtete man auch noch an anderer Stelle. Selbst sehr ausladende Schuhgrößen wurden bei der Entwicklung berücksichtigt, und der Fußraum hat sowohl an Höhe wie an Breite gewonnen.

Sitze

Die Absenkung des Fahrerbodens um zwei Zentimeter ermöglicht allen Passagieren einschließlich dem Fahrer, aufrechter und damit orthopädisch günstiger zu sitzen. Die beim Vorgänger ohnehin schon überdurchschnittliche Längsverstellung der Sitze wurde nochmals um 52 mm erweitert.
Über eine Schrittmechanik kann der Fahrersitz auch in der Höhe verstellt werden. Die trickreiche Einrichtung sieht dabei eine Rasten-Einstellung vor, die den Sitz stufenweise nach oben oder unten rücken läßt, je nachdem, ob am Hebel gezogen oder gedrückt wird. Die Kinematik folgt zudem ergonomischen Gesichtspunkten: Im oberen Verstellbereich bleibt die Sitzebene flacher, im unteren Bereich wird sie steiler. Außerdem kann die Neigung der Sitzfläche noch getrennt eingestellt werden.

Beim Heckunfall werden Stoßfänger und Kofferraum »zusammengefaltet«, damit dort möglichst viel Energie vernichtet wird.

Auf Wunsch läßt sich dieser hohe Sitzkomfort sogar noch weiter verfeinern. Zum einen mit der elektrischen Sitzverstellung mit Speichermöglichkeit, zum anderen mit der Multikontur-Lehne, die in dieser Fahrzeugklasse einzigartig ist. Vier Luftkammern im Lendenbereich sowie jeweils eine an den Randwülsten ermöglichen es, Lordosenabstützung und Seitenführung individuell einzustellen.
In der mittleren Mercedes-Klasse bewähren sich seit langem die auf Wunsch lieferbaren und pneumatisch abklappbaren Kopfstützen im Fond. Mit einem kleinen, aber höchst angenehmen Unterschied finden sie sich nun auch in der C-Klasse wieder. Dabei liegt die Schwenkachse der Kopfstützen – völlig ungewöhnlich – oben. Der Vorteil: Kopf und Nacken liegen optimal auf, was gleichermaßen Komfort und Sicherheit erhöht.

Heizung, Lüftung, Klimaanlage

Wirklicher Komfort im Innenraum kann nur entstehen, wenn ein angenehmes Raumklima herrscht. Die C-Klasse von Mercedes-Benz verfügt über eine äußerst wirkungsvolle Heizungsanlage mit individueller elektronischer Regelung für Fahrer- und Beifahrerseite. Die jeweils gewählte Temperatureinstellung im Innenraum wird durch Sensoren und einen Mikroprozessor überwacht. Staubfilter und Umluftschaltung, die als Sonderausstattung geordert werden können, sind auch Bestandteile der Klimaanlage. Neben ihrer grundsätzlichen Funktion, bei hohen Außentemperaturen zu kühlen, kann sie bei niedrigeren Außentemperaturen auch zur Luftentfeuchtung genutzt werden. Die Klimaanlage umfaßt eine Restwärmeschaltung, die auf Knopfdruck auch bei abgeschaltetem Motor noch warmes Wasser durch die Heizung zirkulieren läßt.
Noch komfortabler läßt sich C-Klasse-Atmosphäre natürlich mit Hilfe der Klimatisierungsautomatik gestalten. Auch sie beinhaltet Staubfilter, Umluft- und Restwärmeschaltung. Ihr Vorteil liegt darin, daß man die einmal vorgewählte Einstellung im Prinzip das ganze Jahr über nicht mehr korrigieren muß.
Die Klimatisierungsautomatik regelt darüber hinaus nicht nur das Temperaturniveau, sondern auch die Luftmenge selbsttätig. Die Regelung läßt sich weder von Veränderungen der Fahrgeschwindigkeit noch von der Außentemperatur irritieren. Die Anlage arbeitet dabei im sogenannten Re-Heat-Betrieb. Der luftentfeuchtende Effekt ist damit stets vorhanden.

Auto und Umweltschutz

Heute schon muß der Konstrukteur bei der Konzeption eines neuen Autos an dessen Ende denken: Recycling heißt dabei das Stichwort. Bereits die Kunststoff-Stoßfänger eines Mercedes 190 eignen sich vorzüglich zur Wiederaufbereitung und -verwendung als Verkleidungsteile. Bei einem deutlich unter dem Durchschnitt liegenden Kunststoffanteil von acht Prozent ist ein Anteil von zwölf Prozent als Recyclat-Bauteile freigegeben. Dazu gehören zum Beispiel die Auskleidungen von Radlauf und Gepäckraum, die Reserverad-Halterung und der Halter für den Wagenheber, der Handschuhkasten und die Motorraumverkleidung. Beim Einsatz von Kunststoffen erhalten recyclingfreundliche Materialien den Vorzug. So wird beispielsweise für die Stoßfänger-Aufprallelemente alternativ zum Polyurethan (PUR) das recyclingfreundlichere Polypropylen (PP) verwendet.
Um möglichst viele Kunststoffe später einer sinnvollen Wiederverwertung zuführen zu können, wurde bereits bei der Konstruktion des neuen kleinen Mercedes auf eine möglichst einfache Demontage geachtet, z.B. die Schallisolationsmatten aus anschmiegsamem Schaumstoff (bisher waren Schmelzfolien unlösbar mit dem Bodenblech verbunden) oder die ausknöpfbare Motorhaubenverkleidung (bisher verklebt). Außerdem sind alle Kunststoff-Teile mit mehr als 100 g Gewicht so gekennzeichnet, daß ein sortenreines Recycling möglich ist.
Doch nicht nur bei den Kunststoffen dachten die Mercedes-Ingenieure an eine fachgerechte Entsorgung. Auch das Kupfer in den immer zahlreicheren Stromkabeln zählt zum Recycling-Programm, dabei ist Kupfer ein wertvolles Metall, das bei der Wiedergewinnung von hochwertigem Stahl stören kann. Daher wurde der Kabelbaum in einer H-Struktur verlegt und kann bei der Entsorgung nach Kappen der Verbindungen mit einem Handgriff entfernt werden. Sowohl der Eisenschrott als auch das Kupfer können optimal weiterverarbeitet werden.
Was in der Konstruktion beginnt, setzt sich in der Produktion fort. Beispiel FCKW-Ausstieg. Er wurde mit Einführung der C-Klasse bei Mercedes-Benz zu 100 Prozent vollzogen. Nicht nur die Klimaanlagen aller Mercedes-Modelle sind FCKW-frei, auch PUR-Schäume und andere ehemals »schwarzen Schafe« werden ohne das umweltschädliche Gas hergestellt. Neben den FCKW wurden auch die CKW und andere Problemstoffe, wie Asbest oder Cadmium, völlig ersetzt.

Lackierung

Umweltfreundliche Wasserlacke sind im Vormarsch, und durch vielfältige Maßnahmen werden Lösemittel reduziert, Abluft und Abwasser gereinigt, Abfälle vermieden und der Energieverbrauch verringert. Zum Beispiel gibt die C-Klasse den Startschuß für eine im großtechnischen Maßstab bisher einmalige Biofilter-Anlage bei der Leichtmetallgießerei. Die Biofilter-Anlage besteht aus drei insgesamt 500 m^2 großen Wannen auf dem Dach der Gießerei. Darin liegen natürliche Materialien, wie vorkompostiertes Holz, Rinde, Torf und Heidekraut. Bei einer Luftfeuchtigkeit von null bis zehn Prozent bilden sie einen idealen Nährboden für Mikroorganismen. Diese Bakterien reinigen rund 80000 m^3 Abluft pro Stunde bei einem Wirkungsgrad von über 80%. Effekt: Mit lästigen Gerüchen ist es vorbei.

Die in der Mercedes-C-Klasse verwendeten recycelbaren Kunststoffe mit einem Gewicht von mehr als 100 g sind bezeichnet.

Weitere Umweltentlastungen: Emissionsfreie Pulverlackierung von Kurbelgehäusen, nahezu FCKW-freie Reinigung und Konservierung, Verzicht auf Chrom VI bei der Vorbehandlung von Teilen, Wiederverwendung von Lackabfällen bei der Achslackierung.

Motoren

Bei den Benzinern der Mercedes-C-Klasse kommt ein Abgas-Reinigungssystem der dritten Generation zum Einsatz. Insbesondere die Dauer der Warmlaufphase konnte dabei durch Isolation der Abgasrohre und Erzeugung besonders heißer Abgase wesentlich verkürzt werden. Der C 280 ist zusätzlich mit einer erstmals elektrisch betriebenen Sekundärluftpumpe ausgestattet. Sie bläst in den ersten 90 bis 120 Sekunden nach dem Kaltstart zusätzlich Frischluft in den Auslaßkanal. Dadurch werden Kohlenwasserstoffe und Kohlenmonoxid nachverbrannt, die Gase werden noch heißer, die Folge ist eine weitere Verkürzung des Warmlaufs. Die Katalysatoren selbst nahmen an Volumen zu, was sich auf Reinigungswirkung, Langzeitstabilität und Verbrauch günstig auswirkt.
Trotz bis zu 130 kg mehr Gewicht und deutlich besseren Fahrleistungen ist der Kraftstoffverbrauch etwas gesunken.

Service

Eine andere Maßnahme, die mit der C-Klasse eingeführt wird, ist gleichermaßen Umweltschutz pur wie für Mercedes-Kunden kostensenkend. Das Stichwort dazu heißt Erhöhung der Service-Intervalle von 10000 auf 15000 Kilometer. In Kombination mit reduzierten Wartungsumfängen ergeben sich auf diese Weise um bis zu 40% niedrigere Wartungskosten. Nicht zu unterschätzen ist aber auch der geringere Öl-Verbrauch, denn durch diese Maßnahme fällt in den Werkstätten rund ein Drittel weniger Altöl an. Angesichts einer im Jahr 1991 errechneten Ölmenge von fünf Millionen Liter bei den 103 Niederlassungsbetrieben von Mercedes-Benz ergibt sich dadurch ein gewaltiges Spar-Potential.

Geräuschminderung

Die Verbesserungen zur Geräuschminderung begannen an den Motoren. Sie wurden einer umfangreichen Analyse unterzogen, um den Lärmquellen auf die Schliche zu kommen. Alle Lagerspiele wurden untersucht und möglichst eingeengt, vor allem an Kurbelwellen- und Pleuellagern. Das Kolbengewicht wurde gesenkt und der Kettenantrieb für die Nockenwelle optimiert. Die Form der Nockenwelle ist für einen weichen Motorlauf ausgelegt. Kleineres Ventilspiel und schwächere Ventilfedern senken die Geräusche ebenfalls. Der Luftfilter ist jetzt in einem steiferen Gehäuse untergebracht, und dieses ist akustisch über ein Gummielement im Luftkanal vom Motor abgekoppelt.
Die Lagerung von Motor und Getriebe geschieht vorn in Hydrolagern und hinten am Getriebe über ein genau abgestimmtes Gummilager. Erheblicher Aufwand wurde an der Kupplung und am restlichen Antriebsstrang geleistet. Einige Motoren erhalten ein Zweimassen-Schwungrad, welches die Übertragung von Motorschwingungen auf den restlichen Antrieb verhindert. Die Mitnehmerscheibe der Kupplung wurde mit größerer Verdrehelastizität versehen. Auf der Gelenkwelle ist vorn ein Biege-Drehschwingungstilger eingebaut. Die Verbindung der zweiteiligen Kardanwelle erfolgt an Getriebe und Hinterachsantrieb über drehelastische Elastomer-Gelenkscheiben. Eine höhere Bedeutung für die Geräuschminderung hat eine recht versteckte Neuerung: Erstmals verwendet Mercedes zwei hydraulisch gedämpfte Gummilager zur Lagerung des Differentials am Hinterachsträger. Der Hinterachsträger ist über sehr große Gummilager mit der Karosserie verbunden. Weiterhin erhielt die C-Klasse Einrohr-Gasdruckstoßdämpfer mit Trennkolben, die selbst bei höchster Belastung nicht poltern sollen.

Schon vor der Produktion wurde an die letzte Stunde gedacht: Sämtliche Wertstoffe sind ausgebaut und werden größtenteils wiederverwertet.

Altwagenrecycling

Verpackungsverordnung, Kreislauf-Wirtschaftsgesetz, Duales System: In Deutschland wird scheinbar Ernst gemacht, Rohstoffquellen zu schonen und Müllberge nicht im bisherigen Stil weiter wachsen zu lassen. Das gilt auch für Autos. Konzepte sind in Vorbereitung, Materialien aus Altwagen weit mehr als bisher der Wiederverwertung zuzuführen, zu »recyclen«.
Seit 1992 nehmen bei Mercedes-Benz alle Niederlassungen, Händler und Vertragspartner alte, noch komplette Personenwagen zur umweltschonenden Entsorgung entgegen.
Neuerdings beschränken sich die Überlegungen nicht mehr nur auf das gesamte Auto, sondern zunehmend auch auf Teile, die bei Wartung und Reparatur anfallen. Öle, Kühl- und Bremsflüssigkeiten beispielsweise, Kältemittel aus Klimaanlagen, aber auch Batterien oder Katalysatoren werden schon lange aufbereitet. Mercedes läßt bereits seit 1978 sogenannte Zweitraffinate als Motorenöl zu – also wieder aufbereitetes Öl. Seit 1985 wird Kältemittel, seit 1987 Bremsflüssigkeit von Spezialbetrieben regeneriert.
Bei Unfallreparaturen bleiben große Mengen weiterer Teile zurück. Allein bei den 1276 Mercedes-Benz-Betrieben in Deutschland fallen jedes Jahr etwa 200000 Stoßfänger an, 30000 Radkappen, 170000 Glasscheiben oder 110000 Batterien. Bisher wurden solche Teile mehr oder (meist) weniger ungeordnet über den örtlichen Schrotthandel entsorgt. Alte Akkus beispielsweise werden zu über 95% recycelt – das in ihnen enthaltene Blei ist wertvoll, es läßt sich vollständig wiedergewinnen. Bei den übrigen Teilen soll die Rate ähnlich hoch werden.

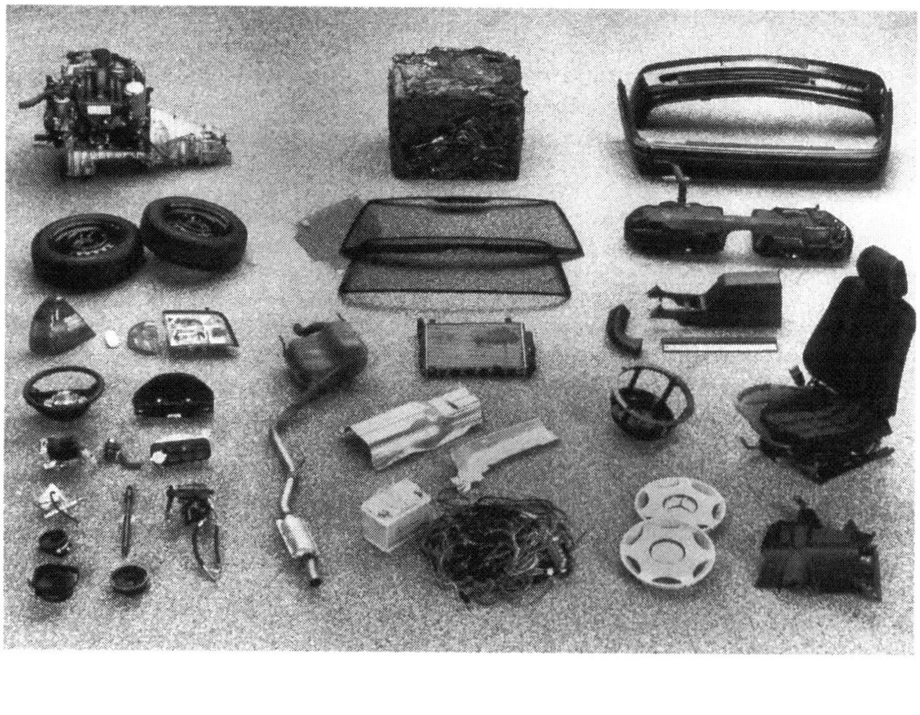

Der traurige Rest eines C-Klässlers – aber immerhin nach Wertstoffen getrennt.

Das Lager ausgedienter Stoßfänger bei einem Partner des Mercedes-Recycling-Systems.

Seit November '93 läuft unter dem Kürzel »MeRSy« das **Me**rcedes **R**ecycling-**Sy**stem. Mercedes-Benz vergab das Einsammeln und Verwerten der ausgemusterten Teile an einen Dienstleister. Partner ist die Firma Renz System Transport (RST). In Herrenberg unweit von Stuttgart unterhält RST eine Leitstelle für den bundesweiten Entsorgungs-Verbund sowie eine Pilotanlage für Demontage und wertstoffgerechte Sortierung der Altmaterialien.

Die Werkstätten sammeln Altmaterialien in Containern. Demontage-Arbeiten sind nicht nötig. Entsorgungsbedarf wird lediglich bei Renz angemeldet. Entsorgt wird prompt, selbstverständlich nicht nur aus Herrenberg, sondern von weiteren elf Systempartnern. Diese operieren von sogenannten Vorverarbeitungszentren, die bereits bundesweit eingerichtet sind. Ihre Zahl soll noch steigen, sobald das System voll angelaufen ist: Kurze Fahrstrecken und bedarfsgerechte Fahrpläne steigern die Effizienz und schonen die Umwelt.

Die Vorverarbeitungszentren trennen die Materielien sortenrein, shreddern sie, soweit erforderlich, und transportieren die dann angefallenen Mengen zu den Aufarbeitungs-Betrieben. Alle Arbeitsschritte werden kontrolliert und dokumentiert, so daß die Werkstatt lückenlos die ordnungsgemäße Entsorgung nachweisen kann.

Übersicht

Modell	Werksbezeichnung	Motor	Schaltgetriebe	Automatikgetriebe	Servo-Lenkgetriebe
C 200 Diesel	202.120	601.913	717.416	722.425	765.950/765.922 (Sport)
C 220 Diesel	202.121	604.910	717.416	722.426	765.950/765.922 (Sport)
C 250 Diesel	202.125	605.910	717.417	722.427	765.950/765.922 (Sport)

Vierzylinder C 200 Diesel

Der Motorraum beim C 200 Diesel zeigt: 1 – Luftfilter; 2 – Kühlmittel-Ausgleichsbehälter; 3 – Abdeckung über Aggregateraum rechts, darunter sind die meisten elektronischen Steuergeräte untergebracht; 5 – Abdeckgitter rechts; 6 – Ölfilter; 7 – Abdeckgitter links; 8 – Bremsflüssigkeitsbehälter; 9 – Relaiskasten; 10 – Sicherungskasten; 11 – Stützpunkt Klemme 30 und 15 ungesichert; 12 – Waschwasserbehälter; 13 – Hydraulikeinheit für ABS/ETS; 14 – Gaszug; 15 – Pumpe mit Ölvorratsbehälter der Servolenkung; 16 – Kühler, 17 – Lüfterhaube; 18 – Querrohr für Ansaugluft vom Luftfilter zum Saugrohr.

Fünfzylinder C 250 Diesel

Im Motorraum des Fünfzylinders C 250 Diesel wurden das Querrohr für Ansaugluft vom Luftfilter zum Saugrohr und die Abdeckung auf der Zylinderkopfhaube ausgebaut. Bezeichnet sind: 1 – Luftkanal zum Luftfilter; 2 – Gehäuse für Drucksteuerklappe; 3 – Aggregateraum rechts mit elektronischen Steuergeräten; 4 – Ölabscheider der Kurbelgehäuse-Entlüftung; 5 – Einspritzdüse; 6 – Gaszug; 7 – Temperaturgeber; 8 – Sollwertgeber für Gaspedalstellung; 9 – Unterdruckschlauch mit Rückschlagventil zum Bremskraftverstärker; 10 – Einspritzpumpe ERE; 11 – Saugrohr aus Kunststoff; 12 – Kraftstoffilter, ohne Abstellschraube.

Bald wartungsfrei?

Mit Einführung der C-Klasse wurden die Wartungsintervalle geändert: Ölservice oder Pflegedienst alle 15000 km bzw. einmal jährlich und Wartungsdienst alle 30000 km bzw. alle zwei Jahre. Dabei standen besonders der Gedanke Umweltverträglichkeit und Kostenreduzierung im Vordergrund. Schonung der Umwelt und Verminderung der Entsorgungsmengen waren Entwicklungsziele, die ohne Nachteile für die Fahrzeugsicherheit und die Zuverlässigkeit verwirklicht werden sollten.
So braucht z.B. die Leerlaufdrehzahl nicht mehr geprüft zu werden, ein Ölwechsel beim Schaltgetriebe entfällt ebenso wie die Abnützungskontrolle der Kupplung. Die Ölstände im Schaltgetriebe, automatischen Getriebe und im Hinterachsdifferential werden nicht mehr kontrolliert, weil diese Aggregate ja keine Ölverbraucher sind. Eine Sichtprüfung auf Undichtigkeit genügt. Der Luftfiltereinsatz wird nur noch alle 90000 km bzw. alle vier Jahre erneuert. Das Einstellen der Feststellbremse entfällt durch den Einbau eines automatischen Seilzuglängen-Ausgleiches.

Wartungsplan für den Selbsthelfer

In der hinteren Umschlagseite finden Sie den Wartungsplan. Kommt Ihnen dieser Plan auf den ersten Blick lang und arbeitsintensiv vor? Lassen Sie sich nicht beeindrucken, denn wenn Sie Ihren Wagen erst ein- oder zweimal stur nach Liste gewartet haben, werden Sie feststellen, daß die meisten Punkte mit wenigen Handgriffen erledigt werden können. Kopieren Sie sich den Wartungsplan, damit Sie jeden Punkt gleich streichen können. Ganz oben im Wartungsplan finden Sie einige Arbeiten unter der Überschrift **»Ständige Kontrollen«** aufgeführt. Diese Punkte immer wieder durchführen. Dies muß eigentlich **jeder** bewerkstelligen können, der sich hinter ein Lenkrad setzt. In wenigen Minuten ist die Arbeit getan.

Wer soll was machen?

Fast alle Wartungsarbeiten am Mercedes können Sie selbst ausführen. Die Selbsthelfer-Ampel weist Ihnen dabei den richtigen Weg:
Grün: Freie Fahrt für den Selbsthelfer. Diese Arbeit können Sie mit den Kenntnissen aus diesem Buch fachgerecht ausführen und Geld sparen.
Gelb: Die Arbeit ist zwar nicht schwierig, doch es fehlen meist die nötigen Einrichtungen. An der Tankstelle sind Sie in diesem Fall am besten aufgehoben.
Rot: Halt, hier lassen Sie am besten die Werkstatt ran. Spezielle Werkzeuge oder Meßgeräte sind erforderlich, der Aufwand an Eigenarbeit lohnt sich nicht, weil die Werkstatt wesentlich schneller arbeitet oder weitergehende Kenntnisse erforderlich sind.

Einschränkungen in der Garantiezeit

Solange Ihr Wagen noch jünger als ein Jahr ist oder wenn ein Austauschmotor eingebaut wurde, verlangt das Werk, daß die entsprechenden Wartungsarbeiten termingerecht in einer Mercedes-Werkstatt erledigt werden. Andernfalls können auch berechtigte Garantieansprüche abgelehnt werden. Außerdem ist die Mercedes-Touring-Garantie nur dann vier Jahre lang gültig, wenn das Wartungsheft pünktlich ausgefüllt wurde.

HHT für die umfangreiche Elektronik

Der **H**and-**H**eld-**T**ester (HHT) erlaubt die schnelle und zielsichere Lokalisierung und Bewertung defekter elektronischer Bauteile. Eine Vielzahl diagnosefähiger Elektronik-Systeme – vom ABS bis zur elektronisch gesteuerten Klimaanlage – ist in unseren Fahrzeugen eingebaut. Die jeweiligen Steuergeräte sind an die Diagnosedose im Motorraum angeschlossen (Seite 179). Mit dem Hand-Held-Tester steht den Werkstätten ein Fehlerdiagnose-Gerät mit Einsatzmöglichkeiten in der Annahme, der Reparatur, der Endabnahme und bei Probefahrten zur Verfügung. Per Tastendruck aktiviert der Anwender das Prüfprogramm, welches im auswechselbaren Prüfmodul enthalten ist. Die beim Kurztest als fehlerhaft erkannten elektronischen Systeme können in weiteren Diagnoseschritten analysiert werden. Die Fehlerursache wird auf dem Display angezeigt.
Es lassen sich über die Steuergeräte der elektronischen Fahrzeugsysteme auch Fehler abrufen, die beim Fahrbetrieb sporadisch aufgetreten, zum Zeitpunkt des Werkstatt-Aufenthalts aber nicht mehr feststellbar sind. So erhält man Informationen, die bislang verborgen blieben. Dazu werden die Betriebszustände von Motor bzw. Fahrzeug beim Auftreten des Fehlers gespeichert. Tritt ein Fehler wiederholt auf, werden die Umgebungsdaten beim ersten und letzten Auftreten gespeichert sowie dessen Häufigkeit mitgezählt.

Veranstaltungsort

Wenn die Autopflege Hobby bleiben soll, müssen die äußeren Voraussetzungen stimmen. Das gilt auch für die Wahl des Pflegeplatzes: Beim Suchen nach heruntergefallenen Kleinteilen auf Rasenplätzen verliert man schnell die Lust am Basteln.

Wagen immer abstützen!

Wagenheber sind – wie ihr Name schon sagt – nur dazu da, das Fahrzeug anzuheben. Das gilt generell für alle Wagenhebertypen. Sie sind keine ausreichende Abstützung für Arbeiten an der Wagenunterseite! **Lassen Sie es auch in der größten Eile nie an der fachgerechten Abstützung des aufgebockten Fahrzeugs fehlen!** Sonst kann die eigenhändige Reparatur das Leben kosten. Zum richtigen Abstützen gehört natürlich auch das Unterlegen der Räder mit Steinen oder Holzkeilen, damit der Wagen beim Anheben nicht wegrollen kann.

Womit abstützen?

Hohlbocksteine haben sich als eine preisgünstige Abstützmöglichkeit erwiesen. Doch sie dürfen weder feucht noch rissig sein, sonst könnten sie unter Belastung in sich zusammenbrechen. Zwischen Stein und Karosserie muß ein Brett gelegt werden, damit sich die Last gleichmäßg über den ganzen Stein verteilen kann. Der Hohlblockstein selbst muß mit den Öffnungen senkrecht auf ebenem und tragfähigem Grund (Beton oder Asphalt) stehen.

Unterstellböcke stellen eine ideale Ergänzung zum Rangierwagenheber dar. Bei allen anderen Hebern – aber auch bei seitlich angesetztem Rangierheber – besteht die Gefahr, daß der auf der gegenüberliegenden Seite angesetzte Dreibeinbock einfach zur Seite weggedrückt wird.

Auffahrrampen sind die schnellste Aufbockmöglichkeit, da kein Wagenheber gebraucht wird. Auch steht der Wagen dann absolut sicher.

Wagenheber

Bordwagenheber: Er schafft nur eine geringe Hubhöhe, und das auch nur nach langem Kurbeln, wodurch er letztlich ein Notbehelf für unterwegs bleibt. Kleines Brettchen zum Unterlegen mitnehmen, damit sich der Wagenheberfuß nicht in den Untergrund drücken kann.

Scherenwagenheber: Hiervon ist nur eine stabile Ausführung ratsam. Er schafft eine größere Hubhühe bei geringerer Kurbelarbeit.

Vor dem Einsetzen des Bordwagenhebers (2) in eines der Einsteckrohre (1) in den Längsschwellern mit einem Schraubendreher die Abdekkung (3) heraushebeln.

Wagenheber (1) nur an die Gummipuffer vorn und hinten in den Längsschwellern ansetzen. Nur dann unter dem Fahrzeug arbeiten, wenn es mit Unterstellböcken (2) gesichert ist.

Hydraulischer Stempelwagenheber: Er kann den Wagen sehr schnell und bequem anheben. Doch vor dem Kauf die Hubhöhe kontrollieren! Eine zu kurze Ausführung kann die Räder nicht weit genug vom Boden abheben. Ein zu hoher Heber läßt sich erst gar nicht am Wagenboden ansetzen.
Rangierwagenheber: Günstig ist ein Heber mit zusätzlichem Fußpedal zum Hochpumpen. Für den Heimwerker gut geeignet ist ein kurzer, kleiner Rangierheber, der sich leicht verstauen läßt. Beachten Sie aber, daß sich ein Heber mit zu kleinen Rädern unter Last nicht mehr bewegen läßt.

Die Mietwerkstatt

Steht Ihnen zu Hause oder im Bekanntenkreis kein geeigneter Platz zum Autobasteln zur Verfügung oder muß im Winter bei Eiseskälte im Freien geschraubt werden? Dann sollten Sie sich in einer Mietwerkstatt einquartieren. Dort gibt es Hebebühnen, Gruben sowie teilweise auch Spezialwerkzeug, und die Arbeitsräume sind winters beheizt. Mit freien Plätzen in der Mietwerkstatt ist unter der Woche eher zu rechnen als am Wochenende, wenn alle Autobastler zum Werkzeug greifen.
Die Rechnung muß aber auch in der Mietwerkstatt stimmen; Sie müssen Ihre Zeit scharf kalkulieren. Nur wenn die Arbeit flott von der Hand geht und evtl. ein Helfer mitarbeitet, lohnt sich die Eigenarbeit. Wenn Sie eine umfangreiche Reparatur erstmals selbst ausführen, kann das Experiment durch die Summe der angesammelten Stunden teurer werden als der Arbeitspreis in der Fachwerkstatt.
Mietwerkstätten existieren oft ziemlich im Verborgenen, vor allem in kleineren Städten. Bisweilen haben solche Hobby-Werkstätten auch nur ein kurzes Leben. Achten Sie bei der Suche auf entsprechende Anzeigen im Autoteil der Tageszeitung bzw. in Anzeigenblättern oder fragen Sie andere Autobastler bzw. bei Ihrer Stamm-Tankstelle.

Vorn in der Mitte den Wagenheber nur am Vorderachsträger (1) ansetzen. 2 – Wärmetauscher Motoröl/Kühlmittel (je nach Motor); 3 – Ölwanne.

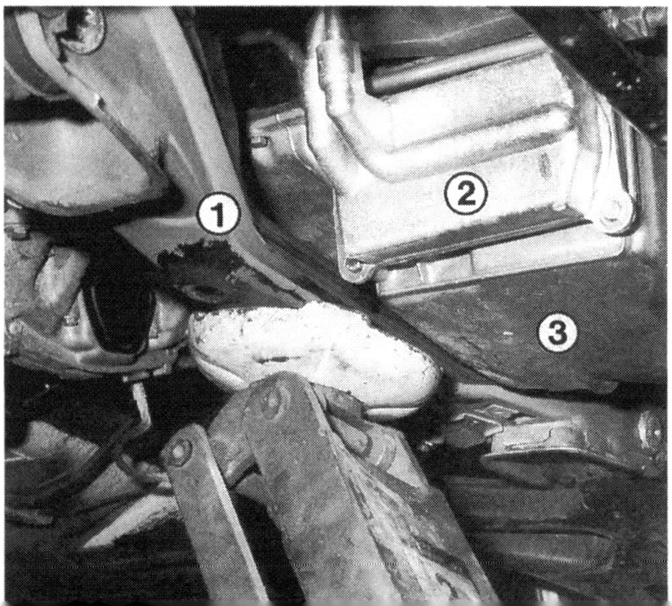

Hinten in der Mitte den Wagenheber (1) am Hinterachsgetriebe (2) ansetzen.

Schmiermaxe

Motoröl hat es schwer! Es muß viele verschiedene Eigenschaften besitzen und soll selbst noch bei extremen und extremsten Bedingungen seine Schmierfähigkeit behalten. Auch soll es möglichst langsam altern, damit lange Ölwechselintervalle realisiert werden können.

Motorölstand prüfen

Ständige Kontrolle

- Den Peilstab sollten Sie nach jedem zweiten Volltanken ziehen. Dazu:
- Wagen auf waagrechtem Untergrund abstellen.
- Nach dem Abstellen des vorher warmgefahrenen Motors mindestens fünf Minuten warten, damit alles Öl in die Ölwanne abtropfen kann. Besser ist die Kontrolle vor dem ersten Start bei kaltem Motor.
- Peilstab an der Grifföse herausziehen, mit sauberem, fusselfreien Lappen oder Papiertuch abwischen, bis zum Anschlag wieder hineinschieben, kurz warten und erneut herausziehen.
- An der Peilstabspitze können Sie nun den Ölstand ablesen: Der Pegel muß sich **zwischen den Markierungen** befinden; dann ist alles in Ordnung.
- Reicht die Schmiermittelmenge nur noch bis zur unteren Markierung, muß Motoröl bis zur oberen Peilstabmarke nachgefüllt werden.
- Die Ölmenge zwischen unterer und oberer Peilstabmarke beträgt **ca. 2 Liter**.

Darf man Öle mischen?

Die Motorölsorten aller Hersteller lassen sich ohne Gefahr mischen, auch Einbereichs- mit Mehrbereichsölen. Diese Mischbarkeit ohne schädliche Folgen ist eine Grundforderung der internationalen Öl-Normen. Entscheidend ist lediglich, ob die **Spezifikation** für den Mercedes ausreicht – doch davon später.

Fingerzeig: Wegen ihrer doch sehr unterschiedlichen Eigenschaften raten wir vom Mischen von Mineralöl mit synthetischem Öl ab, obwohl das theoretisch ohne nachteilige Folgen möglich sein muß.

Ölverbrauch

Ein Teil des Motoröls verbrennt bei seiner Schmiertätigkeit. Ölverbrauch ist also völlig natürlich. Gut eingefahrene Motoren kommen mit **0,2 Liter Öl auf 1000 km** aus, bei Mercedes gilt als **höchstzulässiger Wert** ein Verbrauch von **1,5 Liter je 1000 km**, was aber tatsächlich als die Obergrenze des Vertretbaren anzusehen ist.

Ölverbrauch messen

Wenn Sie den Ölverbrauch exakt messen wollen, muß der Wagen jeweils auf einer absolut waagrechten Stelle stehen und der Motor mindestens fünf Minuten stillstehen.
Am einfachsten geht das vor dem ersten Start. Dann wird der Ölstand ganz genau angezeigt, da über Nacht alles Öl in die Ölwanne zurückgesickert ist.

Die Differenz am Ölmeßstab (2) zwischen »MIN« und »MAX« (Pfeile) beträgt 2 Liter. Das Motoröl kann über das Meßstabführungsrohr (1) abgesaugt werden. Dieses hat dafür einen großen Durchmesser und reicht bis kurz vor den Ölwannenboden.

Zu hoher Ölverbrauch

Wieviel Öl Ihr Mercedes verbraucht, hängt von folgenden Umständen ab:

- ○ Ölverlust wird häufig mit Ölverbrauch verwechselt. Bevor also der Ölverbrauch kritisiert wird, müssen erst die illegalen Ölquellen beseitigt werden (Sichtprüfung des Motors, auch von unten).
- ○ Wer Öl bis weit über die obere Peilstabmarke einfüllt, hat automatisch höheren Ölverbrauch, denn der übrige Schmierstoff wird zur Kurbelgehäuse-Entlüftung hinausgeblasen.
- ○ Mehrbereichsöl, das zu lange im Motor bleibt, hat einen höheren Nachfüllbedarf.
- ○ Scharfe Fahrweise treibt nicht nur den Kraftstoffkonsum in die Höhe. Nach unseren Erfahrungen hängt auch der Ölverbrauch davon ab, ob bevorzugt in den höchsten Drehzahlen gefahren wird.
- ○ Einlaufvorgang noch nicht abgeschlossen (mindestens 5000 km).
- ○ Defekt im Motor; z.B. Ventilschaftabdichtungen defekt, Spiel zwischen Ventilführung und Ventilschaft zu groß, Kolbenringe falsch eingebaut oder schadhaft, beschädigte Zylinderwand durch Kolbenfresser.

Die Ölqualität

Ölspezifikationen

Zahlreiche Institutionen, aber auch einzelne Automobilhersteller haben es sich zur Aufgabe gemacht, Schmierstoffe nach unterschiedlichen, aber letztlich doch ähnlichen Prüfbedingungen zu erproben. Mit Erfolg geprüfte Öle dürfen als Qualitätsnachweis die erreichte Spezifikation auf der Verpackung tragen.
Mercedes akzeptiert lediglich die Qualitätsprüfungen der Vereinigung der Automobilhersteller der Europäischen Gemeinschaft (CCMC). Keine Sonderzusätze verwenden. Sie können zu erhöhtem Verschleiß oder zu Motorschäden führen.

Die richtige Ölspezifikation

Mercedes gibt für seine Dieselmotoren ausdrücklich nur die folgenden Ölspezifikationen frei:

- ○ CCMC–D4
- ○ CCMC–D5
- ○ CCMC–PD2
- ○ API CE oder CF-4 (Öle nach API jedoch nur, wenn Öle nach CCMC nicht zur Verfügung stehen)

Egal, ob Sie das Motoröl teuer an der Tankstelle oder billig im Supermarkt kaufen, auf der Verpackung muß mindestens **eine** der geforderten Ölspezifikationen aufgedruckt sein.

Fingerzeig: Öle mit der Bezeichnung CCMC–G4/G5 oder API SG sind reine Benzinmotorenöle und somit für Ihren Diesel-Mercedes ungeeignet. Anders ist das bei Ölen mit Doppelbezeichnung, z.B. CCMC–G4/PD2. Diese Öle sind für beide Motorentypen geeignet.

Zähflüssigkeit des Öls

Damit der Anlasser den kalten Motor durchdrehen kann, darf das Öl keinen großen Widerstand dagegensetzen. Außerdem soll es schnellstmöglich an die Schmierstellen gelangen; dazu muß es dünnflüssig sein. Bei hohen Temperaturen und Drehzahlen muß der Schmiersaft dagegen ausreichend zäh sein, damit der Schmierfilm nicht abreißt. Mineralöl ist leider umgekehrt veranlagt. Bei Kälte ist es zäh, mit zunehmender Erwärmung dagegen leichtflüssig. Das Öl und die vorherrschenden Betriebstemperaturen des Motors müssen daher genau aufeinander abgestimmt werden.
Das Fließverhalten, also die Dick- oder Dünnflüssigkeit des Motoröls, wird durch die Viskositätsklasse angegeben. Die entsprechenden Klassen wurden von der amerikanischen **S**ociety of **A**utomotive **E**ngineers (SAE) festgelegt.
Die Viskositätsklassen reichen von den mit **W** gekennzeichneten Winterölen SAE 5 W, 10 W, 15 W über die Übergangsstufe SAE 20W/20 zu den Sommerölen SAE 30, 40 und 50.

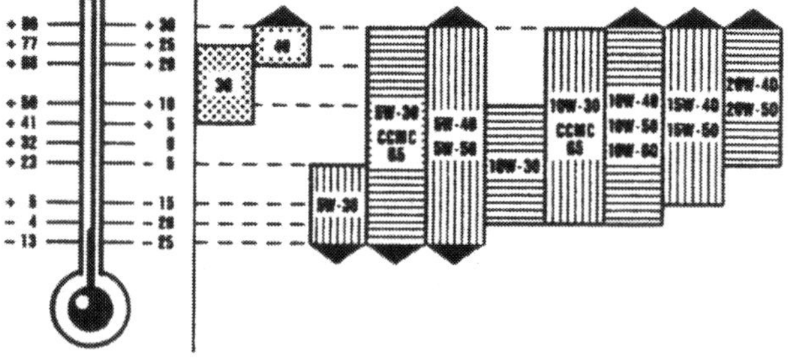

**Die Tabelle zeigt die Ölviskositäts-Empfehlungen von Mercedes-Benz. Die genannten Temperaturen verstehen sich als Dauertemperaturen. Kurzzeitige Temperaturschwankungen spielen also keine Rolle.
Als Ganzjahresöl kann 10 W–40 (bzw. 50) oder 15 W–40 (50) verwendet werden.**

Zum Erreichen der Ölablaßschraube muß bei zuerst die untere Motorraumabdeckung (1) abgeschraubt werden. Dazu vorn und hinten je zwei Blechschrauben SW 8 herausdrehen.

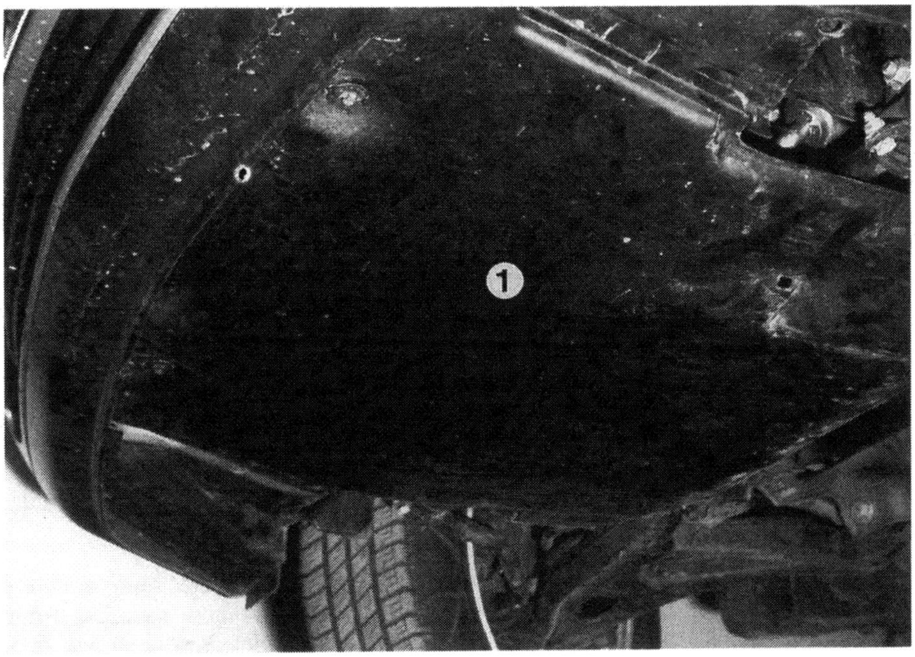

Mehrbereichsöl ist Standard

Mehrbereichsöle sind Motoröle, die mehrere der genannten Viskositätsklassen überspannen. Öle mit nur einer Viskositätsklasse nennt man Einbereichsöle, doch die gibt Mercedes mittlerweile schon gar nicht mehr frei, da sie nicht ins Mercedes-Wartungssystem passen und auch mittlerweile an der Tankstelle kaum noch erhältlich sind.
Das Standard-Motoröl ist heute Mehrbereichsöl. Es besitzt Viskositätsindex-(VI-)Verbesserer – lange Molekülketten, die beim Erhitzen quellen und beim Abkühlen wieder schrumpfen. Das Öl kann sich damit den Temperaturen elastisch anpassen und mehrere Viskositätsklassen überspannen. Ein Öl SAE 15 W–50 entspricht bei einer Temperatur von –15° C der Zähflüssigkeitsklasse 15 W und bei 100° C der Klasse 50.
Problematisch ist bei mineralischen Mehrbereichsölen, daß die Molekülketten ihrer Viskositäts-Verbesserer bei hoher Alterung regelrecht kleingehackt (abgeschert) werden können. Dann ist die obere Zähflüssigkeitsklasse nicht mehr gesichert, das Öl also nicht mehr in vollem Umfang temperaturbeständig.

Die richtige Ölviskosität

Bei welchen Temperaturen der Mercedes-Motor welche Öl-Zähflüssigkeit verlangt, zeigt die **Grafik links**. Für mitteleuropäische Verhältnisse ist nach dieser Tabelle das Öl **15 W–40** am besten geeignet.

Das richtige Motoröl für Ihren Mercedes

Hier die Zusammenfassung der Kriterien für den Kauf des richtigen Motoröls. Das Öl muß haben:

- Die richtige **Ölspezifikation**. Etikettenschwindel auf der Packung ist da äußerst selten, denn die Ölfirmen überwachen sich gegenseitig.
- Die richtige **Ölviskosität** (Zähflüssigkeit). Sie hängt von der überwiegenden Außentemperatur ab und kann aus der Grafik links entnommen werden.

Fingerzeig: Faktoren, wie Ölpreis oder Herkunft (Herstellername), sagen nichts über die Verwendbarkeit aus!

Leichtlauföle

Leichtlauf- oder Kraftstoffsparöle sind teurer als herkömmliche Mehrbereichsöle. Die in kaltem Zustand sehr dünnflüssigen Leichtlauf-Schmierstoffe verringern vor allem in der Warmlaufphase und im Kurzstreckenverkehr die innere Reibung im Motor, setzen ihm also weniger Widerstand entgegen. Man kann realistisch mit einer Kraftstoffverbrauchs-Einsparung von rund 3% rechnen. Diese Ersparnis macht sich nur bei einem Motor bezahlt, der einen geringen Ölverbrauch hat.
Mercedes gibt Leichtlauföle für Außentemperaturen von –30° bis +30° C frei, was für die hiesigen Klimaverhältnisse völlig ausreichend ist. Kurzfristige Überschreitungen der Temperaturgrenzen werden toleriert. Genauer nimmt man die Auswahl der Leichtlauf-Schmierstoffe: Sie müssen der Qualitätsstufe CCMC–D5 entsprechen und **vom Werks-Kundendienst freigegeben** sein. Die Freigabeliste liegt der Mercedes-Vertragswerkstatt vor; einen Auszug aus der Tabelle finden Sie am Ende des Buches.

Alles über den Ölwechsel

Wo Öl wechseln?

○ In den Werkstätten kostet der Ölwechsel nach unseren Erfahrungen das meiste Geld, weil nur sehr teure Ölsorten vorrätig sind. Außerdem ist der Motor oft schon wieder kalt, bis das alte Öl abgelassen wird, so daß nicht aller Schmutz herausgeschwemmt wird. Manche Werkstätten berechnen die Arbeit für den Ölfilterwechsel zusätzlich zum Ölpreis.
○ An Tankstellen kommt der Wagen dagegen meist sofort dran. Sie können auch ein billigeres Öl aus dem Tankstellen-Verkaufsprogramm auswählen, und im Ölpreis ist die Arbeit des Tankwarts inbegriffen.
○ Gegen den SB-Ölwechsel mit Absauggerät an der Tankstelle bestehen keine Bedenken, vorausgesetzt der Ölfilter wird ebenfalls ausgetauscht.
○ Ölwechsel zu Hause lohnt sich nur, wenn Sie das Öl preisgünstig einkaufen (Zubehörhandel, Großmarkt, Warenhaus oder Mitnahme-Öl an der Tankstelle).

Wie oft Öl wechseln?

○ Mercedes-Benz verlangt laut Wartungsplan einen Ölwechsel alle 15000 km. Diese Empfehlung wollen wir weitergeben, denn durchschnittlich einen Ölwechsel im Jahr wird wohl jeder gern vornehmen, der von seinem Motor eine hohe Lebensdauer erwartet.
○ Wenn der Wagen hauptsächlich auf Langstrecken gefahren wird, dürfen schon auch einmal 16000 km zusammenkommen, doch mehr würden wir nicht wagen.
○ Bei überwiedendem Stadt- oder Kurzstreckenverkehr mit vielen Kaltstarts wird das Öl stärker beansprucht, und der Öl- und Filterwechsel sollte nach 10000–12000 km erfolgen.

Wohin mit dem Altöl?

In Zeiten zunehmenden Umweltbewußtseins dürften die Folgen von Altöl im Grundwasser mit der entsprechenden Gefährdung des Trinkwassers mittlerweile jedem bekannt sein. Die ordnungsgemäße Beseitigung des beim Ölwechsel abgelassenen Altöls ist dank der Abfall-Gesetzgebung ganz einfach: Man kann es kostenlos dort abgeben, wo man Motoröl gekauft hat. Der Handel ist zur Rücknahme verpflichtet, als Kaufbeweis müssen Sie nur die entsprechende Quittung vorlegen.
Noch einfacher haben Sie es, wenn Sie die Ölabsaugstation an der Tankstelle benutzen, dann brauchen Sie mit dem Altöl gar nicht herumzuhantieren, es gelangt sicher in den Altöltank.

Fingerzeige: Das beim Ölwechsel anfallende Altöl wird von spezialisierten Firmen bei Tankstellen, Werkstätten usw. eingesammelt und der Wiederverarbeitung zugeführt. Voraussetzung für die Verarbeitung des Altöls ist, daß keine Fremdstoffe beigemischt sind, andernfalls ist das Altöl lediglich noch Abfall, dessen Beseitigung Geld kostet.
Der alte Ölfiltereinsatz darf nicht in die Mülltonne wandern, sondern muß – wie übrigens auch ölgetränkte Lappen – zum Sondermüll gegeben werden. Die Adresse der Sammelstelle erfahren Sie von der Gemeindeverwaltung.

Motoröl und Ölfilter wechseln

Wartung Nr. 1

Modell	C 200 Diesel	C 220 Diesel	C 250 Diesel
Einfüllmenge mit Ölfilterwechsel	6,0 Liter	6,5 Liter	7,0 Liter

Zum Austausch des Ölfilters alle 15000 km den Deckel (1) abnehmen. Dazu die Schrauben (2) abschrauben. Filter samt Deckel anheben und kurz warten, bis das Öl aus dem Filtergehäuse in die Ölwanne geflossen ist. Deckel mit neuer Dichtung montieren.

Am tiefsten Punkt der Ölwanne sitzt die Ölablaßschraube (2). Diese nur mit einem Ringschlüssel drehen. Darüber ist der Geber für die Ölstandskontrolle (1) in die Ölwanne eingeschraubt.

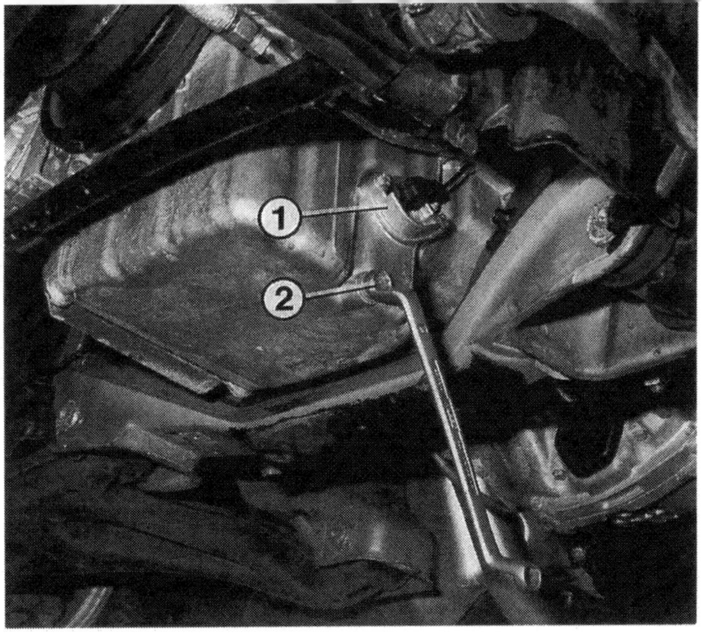

Zusätzlich zu der in der Tabelle auf der gegenüberliegenden Seite genannten Ölmenge besorgen Sie sich für diese Arbeit noch:

○ Neuen Dichtring für die Ölablaßschraube (meist dem Ölfilter beigepackt).
○ Neuen Ölfiltereinsatz.
○ Auffanggefäß für das Altöl. Ein alter Ölkanister mit herausgeschnittener Seitenwand oder eine ausgediente Spülschüssel leisten hier gute Dienste.
○ Ein Altölkanister dient zum Wegschaffen des Altöls.
○ Mit einer Ölkanne erleichtert man sich das Einfüllen des frischen Motoröls.

● Vor dem Beginn der Arbeit Motor warmfahren (ca. 10 Minuten Fahrt).
● Zum Ölfilterwechsel die beiden Muttern oben am Deckel abschrauben.
● Den Deckel mit dem daran befestigten Rücklaufrohr abnehmen. Durch eine freiwerdende Bohrung kann nun das Öl im Filtergehäuse in den Motor zurückfließen.
● Deckel vollends abnehmen und die Filterpatrone austauschen.
● Das Rücklaufrohr ohne Gewalt durch den Filter schieben. Ansonsten könnte eine Dichtung im Filter herausgedrückt werden, die sich vor das Standrohr am Fuß des Ölfiltergehäuses legen könnte.
● Deckelschrauben mit 20–25 Nm festziehen.
● Zum Ölwechsel das Fahrzeug vorn etwas anheben.
● Öleinfülldeckel von der Zylinderkopfhaube abnehmen.
● Ölablaßschraube unten in der Ölwanne etwas lösen. Dazu ggf. Abdeckung unten ausbauen.
● Kleine Wanne unterschieben und Schraube vollends herausdrehen. Vorsicht, das heiße Öl kommt im Bogen schwungvoll herausgeflossen!
● Wenn das Öl ausgelaufen ist, Ablaßschraube zusammen mit einem neuen Dichtring in die Ölwanne hineinschrauben. Behutsam festdrehen (25 Nm).

Hilfsmittel, die den Selbst-Ölwechsel erleichtern:
1 – Trichter zum Umfüllen des Altöls;
2 – neues Motoröl in ausreichender Menge;
3 – Öleinfüllkanne;
4 – Altölkanister;
5 – Ölkanister mit herausgeschnittener Seitenwand zum Auffangen des Ablaßöls;
6 – Ölfilterpatrone oder Ölfiltereinsatz (je nach Motor);
7 – Spannbandschlüssel zum Lösen des Ölfilters oder Hazet SW 74/14.

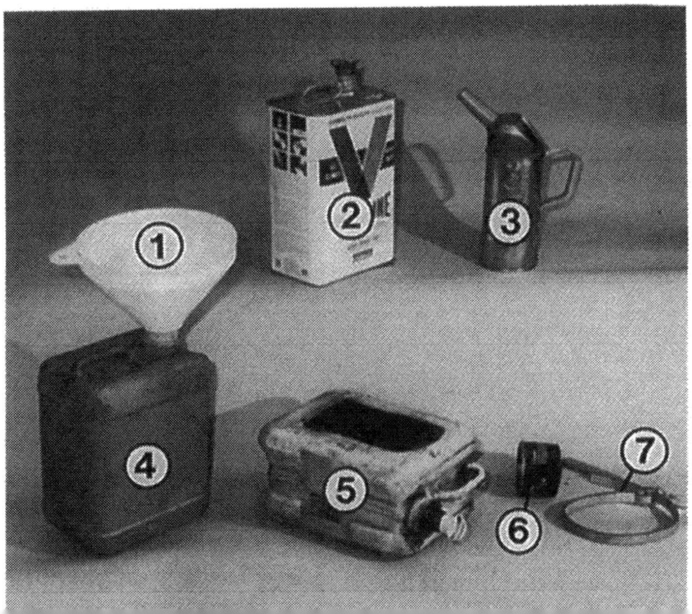

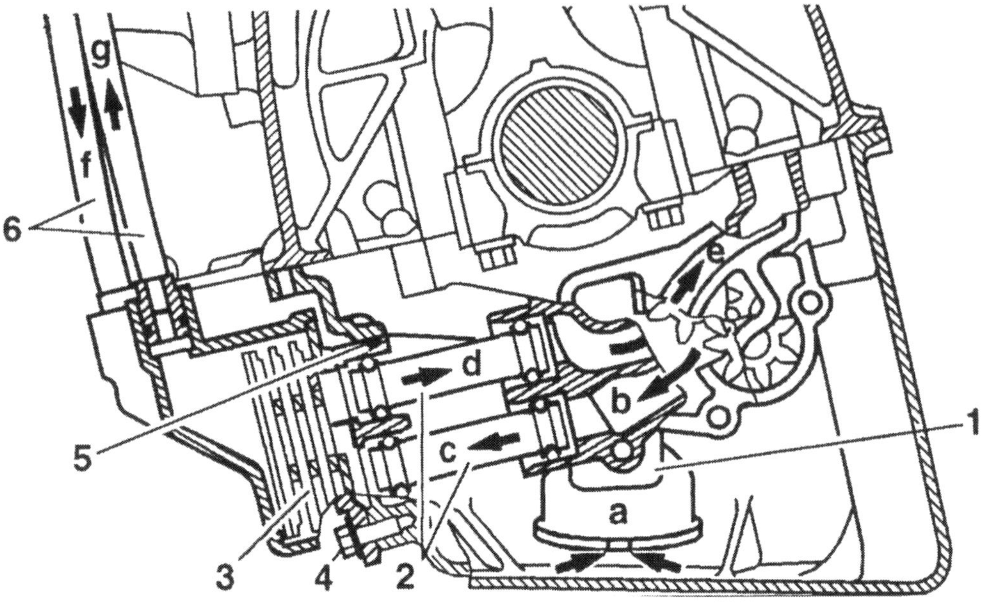

Schnitt durch die Ölwanne mit Ölkühler:
1 – Ölpumpe;
2 – Verbindungsrohre mit O-Ringen;
3 – Öl/Kühlmittel-Wärmetauscher;
4 – Schraube;
5 – O-Ring;
6 – Verbindungsrohre.
Die Pfeile bedeuten:
a – von der Ölwanne zur Ölpumpe;
b – von der Ölpumpe;
c – zum Öl/Kühlmittel-Wärmetauscher;
d – zurück zur Ölpumpe;
e – zum Ölfilter;
f – Kühlmittel von der Wasserpumpe;
g – Kühlmittel vom Öl/Kühlmittel-Wärmetauscher.

Motoröl absaugen

Für dieses saubere und schnelle Verfahren sind unsere Motoren bereits gut vorbereitet. Das Führungsrohr für den Ölpeilstab hat einen recht großen Durchmesser, und es ragt bis an den tiefsten Punkt in der Ölwanne. Das Absaugen kann deshalb direkt über das Führungsrohr erfolgen. Eine besondere Absaugsonde ist nicht erforderlich – der Absaugschlauch wird einfach oben auf das Führungsrohr gesteckt. Vor dem Absaugen den Öleinfülldeckel von der Zylinderkopfhaube abnehmen. Ölfilterwechsel nicht vergessen!

ATF-Stand im Schaltgetriebe kontrollieren

Im Getriebe wird das Schmiermittel names ATF nicht wie im Motor verbraucht, sondern kann allenfalls durch undichte Stellen ins Freie gelangen. Werksseitig ist das Getriebe mit einer Dauerfüllung versehen. Zeigt das Getriebegehäuse von außen keine feuchtigkeitsdurchtränkte Schmutzkruste, ist nicht mit ATF-Verlust zu rechnen. Wer's genau wissen will, macht beim Schaltgetriebe die Probe an der Kontroll- und Einfüllschraube, siehe Bild rechts oben.

- Fahrzeug waagrecht aufbocken.
- Schraube herausdrehen.
- Läuft nun bereits etwas ATF heraus, stimmt der Flüssigkeitsstand.
- Ansonsten Finger in das Schraubengewinde stekken und fühlen, ob die Schmierflüssigkeit bis an die Öffnung heranreicht: Ausreichender Flüssigkeitsstand.
- Bei größerem Flüssigkeitsmangel an der Tankstelle oder in der Werkstatt die vorgeschriebene ATF-Sorte einfüllen lassen (Gesamt-Füllmenge ca. 1,5 Liter).

ATF für Schalt- und Automatikgetriebe

Das Getriebe unserer C-Modelle wird – gleichgültig ob Schalt- oder Automatikgetriebe – nur mit **ATF** (= Automatic Transmission Fluid) befüllt, einer Flüssigkeit, die ursprünglich nur für automatische Getriebe gedacht war.
Ein beliebiges Fabrikat darf es aber nicht sein. Deshalb hat Mercedes eine Freigabeliste erstellt (Blatt 236.2–236.7). Einen Auszug daraus finden Sie am Ende des Buches.

Hier ist das Automatikgetriebe von unten gezeigt. Zum Öl- und Filterwechsel die Ablaßschraube (3) in der Getriebeölwanne (1) herausdrehen. Anschließend Ölwanne (1) abschrauben, um an den Filter darunter zu gelangen: Weiterhin gezeigt:
2 – Startsperrschalter;
4 – Seitenabstützung der Auspuffanlage.

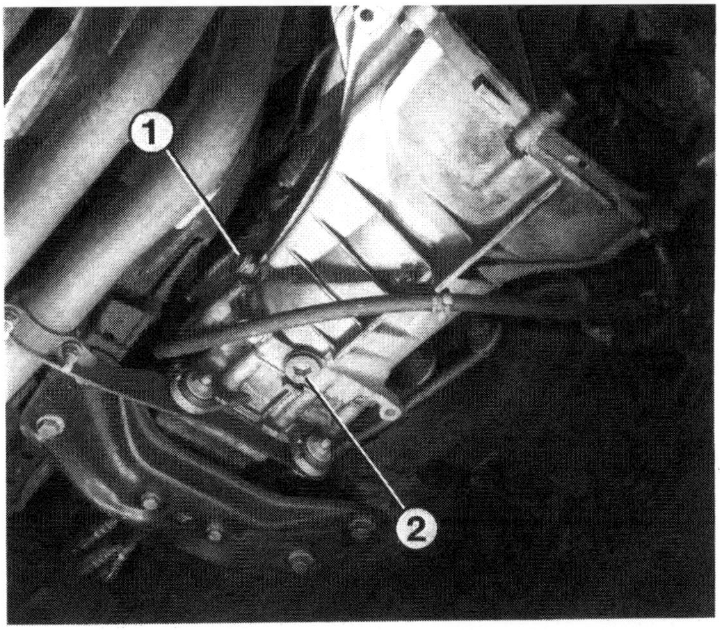

Ölablaß- (2) und Ölstandskontrollschraube (1) am Schaltgetriebe.

Ölstand im Differential

Auch das Differential kann Öl (Hypoid-Getriebeöl SAE 90) nur durch Undichtigkeit verlieren. Finden Sie ständig Ölspuren auf Ihrem Fahrzeugabstellplatz, könnte es erforderlich sein, den Ölstand einmal zu überprüfen. Dazu die Kontroll- und Einfüllschraube (Abb. unten) herausdrehen. Der Ölstand muß bis an die Unterkante der Öffnung reichen.

Flüssigkeits- und Filterwechsel am Automatik-Getriebe

Wartung Nr. 26

Alle 60000 km muß die ATF und ihr Filter ersetzt werden. Fährt man fast nur im Kurzstreckenverkehr, viel mit Hänger oder viel Bergstrecken, wird ein Austausch schon nach 30000 km nötig. Welche ATF verwendet werden darf, steht in den Betriebsstoff-Vorschriften (Blatt 236.4, 236.6 und 236.7). Für den Flüssigkeits- und Filterwechsel werden 5,5 Liter ATF benötigt.

- Motor aus. Wählhebel in Stellung »P« bringen.
- Fahrzeug möglichst waagrecht anheben oder über Grube fahren.
- Auffanggefäß bereithalten und Ablaßschraube (Abb. Seite 31) aus der Ölwanne drehen.
- Motor weiterdrehen, bis die Ablaßschraube am Drehmomentwandler erreicht werden kann. Herausdrehen und ATF ablassen.
- Ölwanne abschrauben und Ölfilter austauschen.
- Ölwanne reinigen und wieder montieren (8 Nm).
- Ablaßschrauben in Ölwanne und Wandler mit 14 Nm festdrehen.
- Mit Trichter bei stehendem Motor 4–5 Liter ATF einfüllen.
- Feststellbremse betätigen. Motor in Wählhebelstellung »P« im Stand drehen lassen und den Rest langsam vollends einfüllen.
- Getriebe zweimal durchschalten und wieder in Stellung »P« bringen. Kontrolle des Flüssigkeitsstands durchführen.

Ölablaß- (2) und Ölstandskontrollschraube (1) am Hinterachsdifferential. Weiterhin gezeigt:
3 – Drehzahlfühler;
4 – Verschraubung der Hinterachswelle.

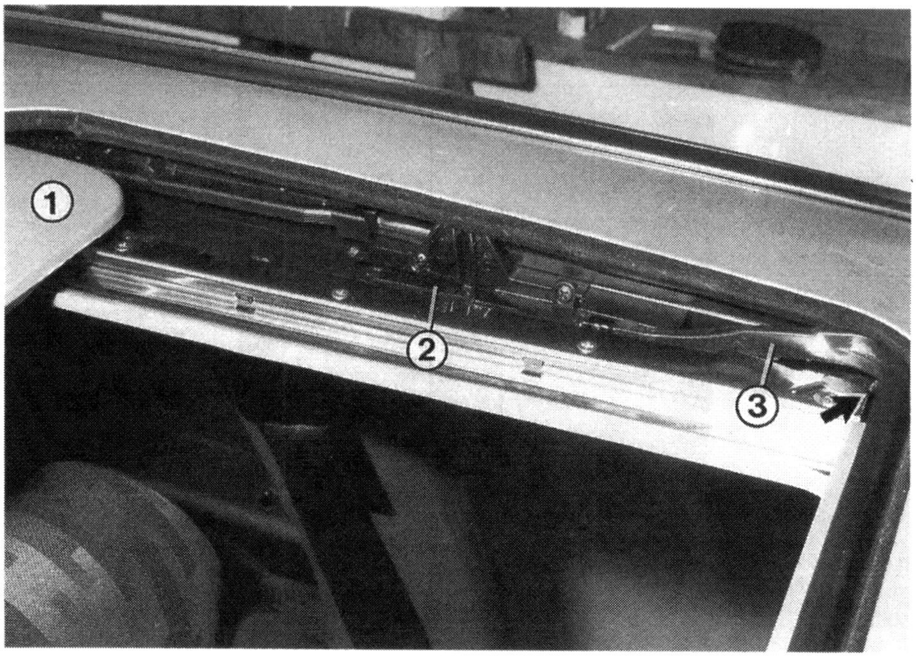

Gelegentlich muß auch das Schiebedach (1) gepflegt werden. Dazu alte Schmiermittelreste abwischen und mit Gleitpaste neu schmieren. Der Pfeil zeigt auf einen der Wasserabläufe, die nicht verstopft sein dürfen. Weiterhin gezeigt:
2 – Führungsstück;
3 – Windkante zur Geräuschverringerung.

Schmierarbeiten

Wartung Nr. 20 und 34

Neben dem Motor gibt es noch eine ganze Reihe anderer Schmierstellen am Fahrzeug, die regelmäßig gewartet werden wollen. Wer sich einmal im Jahr einige Minuten Zeit dafür nimmt, verhindert vorzeitigen Teileverschleiß. Es wird jedoch nicht nur Geld gespart, wenn z. B. die Schließzylinder länger halten, vielmehr wird auch gefährlichen Situationen vorgebeugt, die beispielsweise durch ein klemmendes Gasgestänge entstehen könnten.

○ **Gasgestänge und -wellen schmieren:** Drücken Sie – natürlich bei stehendem Motor – auf das Gaspedal bzw. lassen Sie das einen Helfer tun. Beobachten Sie, was sich da so alles bewegt. Schmieren Sie die Gelenkstellen, die Lagerstellen und die blanken Seilzugenden mit dem Fett »Molykote Longterm 2« (Werksempfehlung). Die Kugelgelenke werden leicht eingefettet. Wellenlagerungen in Leichtmetall dürfen nicht geschmiert werden. Schmutzteile, die an den Schmiermitteln kleben bleiben, könnten die Lagerstellen schnell ausschleifen.

○ **Automatischer Bremsseil-Längenausgleich:** Hinteres Sitzkissen ausbauen. Abdeckblech abschrauben. Von einem Helfer die Feststellbremse treten lassen. Bewegliche Teile und die Enden des Seilzuges schmieren.

○ **Motorhaube:** Die Scharniere und die beweglichen Teile der Haubenentriegelung werden mit Öl oder Fett geschmiert.

○ **Schließzylinder** an Türen und Hecklappe werden nach unseren Erfahrungen am besten mit Rostlöser-Isolierspray geschmiert. Dadurch werden die Teile vor Rost geschützt und Feuchtigkeit verdrängt, so daß das Schloß im Winter auch nicht einfrieren kann. Geeignet ist z. B. auch Silikonspray.

○ **Schiebedach:** Gleitschienen reinigen und wieder neu einfetten. Hierzu ist Silikonpaste ganz gut geeignet oder die Mercedes-Gleitpaste 001 989 14 51.

Fingerzeig: Türscharniere, -schlösser und die Gelenke der Außenspiegel sind an Ihrem Mercedes wartungsfrei.

Sichtkontrolle Fahrzeugunterseite

Wartung Nr. 15

Bei dieser Arbeit sollen Motor, Getriebe, Bremsleitungen, Leitungen von Servolenkung und Niveauregulierung, Einspritz- und Kraftstoffleitungen, Stoßdämpfer, Dämpferbeine usw. bewußt auf undichte Stellen abgesucht werden. Flüssigkeitsverluste deuten oft auf einen baldigen Ausfall des jeweiligen Aggregates hin. In den entsprechenden Kapiteln hier im Buch finden Sie weitere Hinweise.
Grundsätzlich gilt: Immer wenn Sie Flecken und Tropfen auf dem Standplatz Ihres Mercedes finden, müssen Sie den Ursachen nachgehen.

Vier oder fünf

Mit einem Zylinder wird der Mann zur noblen Erscheinung. Weit davon entfernt ist er dagegen, wenn er mit einem Einzylinder-Gefährt auftaucht. Drum gibt's im Mercedes Zylinder nach Wahl – den Vierzylinder (Werksbezeichnung M 601 bzw. M 604) und den Fünfzylinder (M 605).

Welcher Motor ist eingebaut?

Hier ist in erster Linie die Motornummer zu prüfen. Sie ist in den Zylinderblock eingeschlagen. Außerdem ist im Motorraum ein Motordatenschild eingeklebt. Alle Motoren sind mit hydraulischem Ventilspielausgleich, Abgasrückführung und Oxidations-Katalysator ausgestattet.

Modell	Motor	Zylinder	Ventile pro Zylinder	Verdichtungsverhältnis ε	Hubraum cm^3	Bohrung/Hub mm	Ausführung Einspritzanlage	Leistung kW bei 1/min	Drehmoment Nm bei 1/min
C 200 Diesel	601.913	4	2	22	1997	87,0/84,0	[1]	55/4600	130 2000–3600
C 220 Diesel	604.910	4	4	22	2155	89,0/86,6	EVE	70/5000	150 3100–4500
C 250 Diesel	605.910	5	4	22	2497	87,0/84,0	ERE	83/5000	170 2800–4600

[1] Reiheneinspritzpumpe mit mechanischem Regler

Neuen Motor einfahren

Die ersten 1500 km sollte ein neuer Motor schonend eingefahren werden. Zwar sind die Oberflächen an den Lagern, Nocken usw. so hochwertig, daß eine nachträgliche Glättung kaum mehr möglich ist, doch die Oberflächen der Zylinderwände oder Kolben können noch eine gewisse Rauhigkeit aufweisen. Durch eine kurze Einlaufzeit sollen diese letzten Unebenheiten beseitigt werden. Zum Einfahren bewegt man den Mercedes am besten mit wechselnden Geschwindigkeiten und Drehzahlen. Die Höchstgeschwindigkeit eines jeden Ganges nur zu zwei Dritteln ausfahren. Bei Fahrzeugen mit Automatik-Getriebe möglichst in Wählhebelstellung »D« fahren. Kein Übergas (Kickdown) geben. Nach der Einfahrzeit die Drehzahlen allmählich steigern.

Warum Vierventil-Technik?

Eines der Grundprobleme des Viertaktmotors ist es, die Zylinder während des Ansaugtakts mit der ausreichenden Menge Verbrennungsluft zu füllen. Das Problem vergrößert sich mit steigender Drehzahl, weil ja die Ventil-Öffnungszeiten dadurch immer kürzer werden. Der Techniker spricht von Füllungsverlusten.
Dem zu begegnen, wählt man den Ventildurchmesser so groß als möglich. Denn nur so kann mehr Verbrennungsluft einströmen. Diesem Bestreben setzt jedoch der Brennraumdurchmesser Grenzen.

Am ausgebauten Zylinderkopf ist die Anordnung von Ventilen und Vorkammer gut zu erkennen.

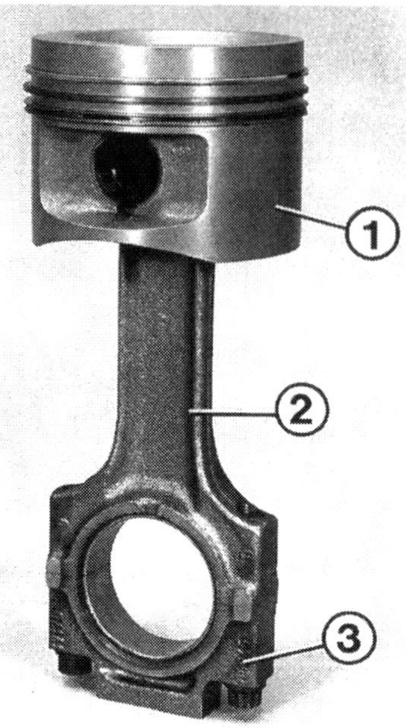

Das Bild zeigt den Kolben (1) mit den drei Kolbenringen im oberen Drittel des sogenannten Kolbenhemds, also der Seitenfläche des Kolbens. Ferner zu sehen das Pleuel (2) mit aufgeschraubten Pleuellagerdeckel (3).

Hier fußt nun der Grundgedanke der Vierventil-Technik: Vier Ventilteller addieren sich zu einer insgesamt größeren Öffnungsfläche als zwei noch so große – jeweils auf dieselbe Brennraumgröße bezogen.

Vorteile der Vierventil-Technik

Kaum ein Automobilhersteller entschließt sich zu teuren Mehraufwendungen an seinen Fahrzeugmodellen, wenn sich nicht gleichzeitig mehrere Vorteile daraus ergeben. Und die gibt es tatsächlich:

- Vier Ventile ermöglichen größere Durchlaßquerschnitte für Frisch- und Abgas. Das freiere Atmen kommt der Motorleistung und damit auch dem Kraftstoffverbrauch zugute. So hat ein Vierventiler einen um ca. 8% geringeren spezifischen Kraftstoffverbrauch im Vergleich zum Zweiventiler.
- Vierventiler besitzen kleinere Ventile, dadurch geringere bewegte Massen, was schnelleres Reagieren des Ventiltriebs zur Folge hat. Angenehmer Nebeneffekt: Man benötigt weniger straffe Ventilfedern zum Schließen der Ventile.
- Die kleineren Ventile kühlen sich während der Schließzeiten über die Ventilsitze besser ab als große Ventile. Daher geringere thermische Probleme.
- Vierventiler-Motoren sind auf Grund der Brennraumverhältnisse unempfindlicher gegenüber klopfender Verbrennung. Sie vertragen ein etwas höheres Verdichtungsverhältnis.
- Die Zündkerze kann beim Vierventiler optimal in Brennraummitte plaziert werden.

Die Einzelteile des Motors

Wer sich für die Funktion des Motors interessiert, findet im folgenden die wichtigsten Teile herausgegriffen und beschrieben, bevor wir zu den Wartungs- und Reparaturarbeiten kommen.

Kolben und Zylinder

Die aus Leichtmetall gegossenen Kolben besitzen eine Stahleinlage, welche die Wärmedehnung verringert. Im oberen Drittel jedes Kolbens sind drei Kolbenringe elastisch in entsprechende Nuten im Kolben eingebettet. Sie drücken federnd gegen die Zylinderwand. Die beiden oberen Kolbenringe verwehren dem Gasgemisch den Weg aus dem Verbrennungsraum nach unten ins Kurbelgehäuse, während der untere Ölabstreifring verhindert, daß allzuviel Schmiersaft vom Kurbelgehäuse in den Brennraum gelangt.
Die Zylinder, in denen die Kolben auf und ab laufen, sind in das Graugußmaterial des Motorblocks eingearbeitet. Die Zylinderbohrungen sind im sogenannten Kreuzschliff gehont (geschliffen). Die Wandungen dürfen nicht völlig glatt sein, weil sonst das zur Schmierung notwendige Öl nicht daran haften kann. Die Bohrungen der Zylinder sind um 0,02 mm weiter als die zugehörigen Kolben. Bis zu drei Mal können die Zylinderlaufbahnen bei Motorüberholungen ausgeschliffen werden – auf ein Zwischenmaß sowie auf ein erstes und ein zweites Übermaß.

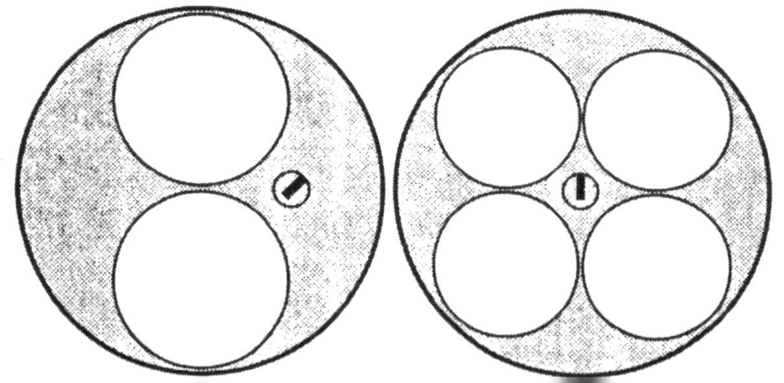

Die Vorteile des Vierventiler-Prinzips liegt auf der Hand: Im kreisrunden Zylinder lassen sich zwei Ventilkreise nicht beliebig vergrößern. Bald stoßen sie aneinander, während rechts und links ungenutzter Raum bleibt. Vier kleine Kreise kann man dagegen vergleichsweise elegant unterbringen und erreicht dadurch einen insgesamt größeren Öffnungsquerschnitt.

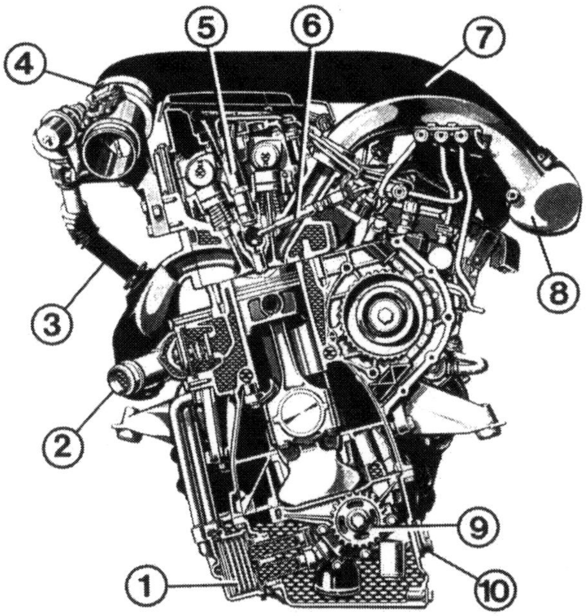

Der Querschnitt zeigt: 1 – Ölkühler; 2 – Thermostatgehäuse; 3 – Abgasrückführung; 4 – Drucksteuerklappe; 5 – Einspritzdüse; 6 – Glühkerze; 7 – Querrohr; 8 – Saugrohr; 9 – Ölpumpe; 10 – Ölstandsgeber.

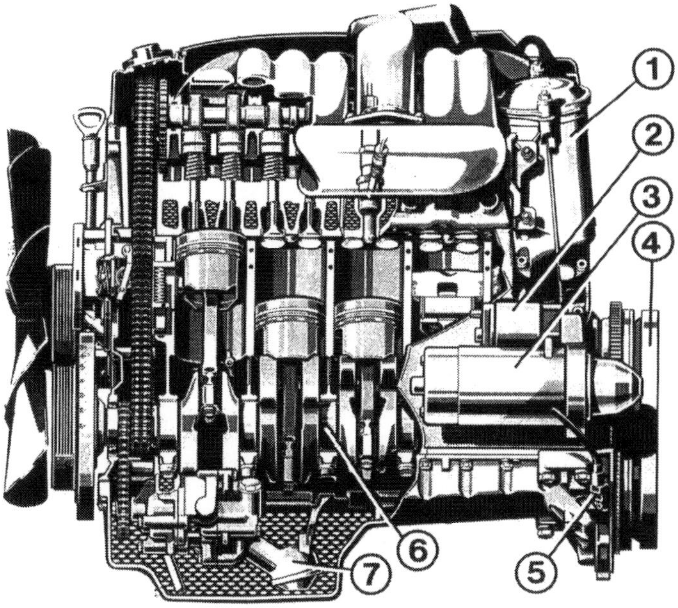

Der Vierzylindermotor im Längsschnitt: 1 – Ölfiltergehäuse; 2 – Magnetschalter; 3 – Anlasser; 4 – Schwungrad; 5 – Drehzahlgeber; 6 – Kurbelwelle; 7 – Ölansaugrohr.

Die Kurbelwelle

Die Kurbelwelle muß die geradlinige Bewegung der in den Zylindern auf und ab laufenden Kolben in eine Drehbewegung umzusetzen. Die zu den Kolben führenden Verbindungsstangen – die Pleuel – wirken deshalb versetzt zur Mittelachse der Welle. Die einzelnen Kurbeln sind auch zueinander versetzt angeordnet, und zwar jeweils im Winkel von 90° beim Vierzylinder bzw. 72° beim Fünfzylinder. Für vibrationsarmen Lauf sitzen gegenüber den Kurbelzapfen Gegengewichte. Um ein Durchbiegen der Kurbelwelle im Betrieb zu vermeiden, ist sie an mehreren Stellen im Motorblock gelagert. Jede Kurbel wird beidseitig durch ein Motorlager gestützt. In Fahrtrichtung hinten sitzt auf der Kurbelwelle eine Scheibe mit dem Zahnkranz für das Ritzel des Anlassers. Das ist entweder das Schwungrad, auf welchem die Kupplung und damit die Verbindung zum Getriebe montiert wird, oder die Mitnehmerscheibe, an die der Drehmomentwandler der Automatik geschraubt ist.
Am anderen Ende der Kurbelwelle sind die Kettenräder für Nockenwellen- und Ölpumpenantrieb sowie die Riemenscheibe für den Keilrippenriemen angeschraubt. Ebenfalls am vorderen Ende der Kurbelwelle ist der Schwingungsdämpfer befestigt – eine große, auf einer harten Gummieinlage gelagerte Metallscheibe.

Zweimassen-Schwungrad

Der C 250 Diesel in Schaltgetriebeversion ist mit einem Zweimassen-Schwungrad ausgestattet. Sinn dieser Einrichtung ist es, die bei Motorlauf an der Kurbelwelle bestehenden Drehschwingungen – sie entstehen durch die nacheinander zündenden Zylinder – nicht an den Antrieb weiterzugeben. So werden die durch die Schwingungen entstehenden Geräusche vermieden.
Der Aufbau des Zweimassen-Schwungrades sieht folgendermaßen aus: Fest mit der Kurbelwelle ist der vordere Teil des Schwungrades verschraubt. Darauf ist ein Drehschwingungsdämpfer montiert, der aus einem ausgeklügelten Feder-/Dämpfersystem besteht. Der hintere Teil des Schwungrades ist an diesem Schwingungsdämpfer befestigt, hat also keinerlei starre Verbindung zum Vorderteil und damit zur Kurbelwelle.

Die Pleuel

Die Pleuel sind mit auswechselbaren Lagerschalen auf den Kurbelwellenzapfen montiert. In ihrem anderen Ende tragen sie Bronzebuchsen für die Kolbenbolzen, die schwimmend gelagert sind.

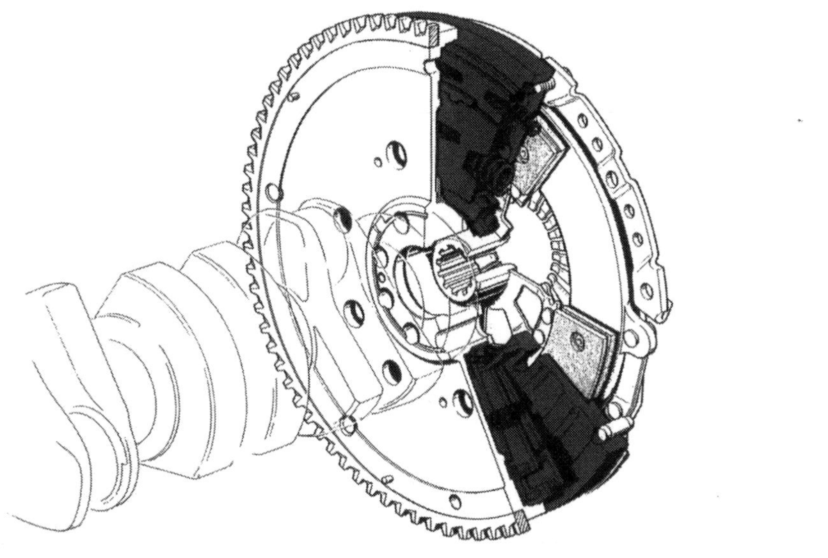

Das Zweimassen-Schwungrad ist hier als Schnittbild zu sehen. Es ist rot dargestellt und besteht aus dem vorderen Teil (links im Bild) und dem Drehschwingungsdämpfer (rot dargestellt). Dahinter ist die Kupplungs-Mitnehmerscheibe und die am Zweimassen-Schwungrad festgeschraubte Kupplungs-Druckplatte zu sehen.

Die Ölwanne

Den Abschluß des Motors nach unten besorgt die Ölwanne aus Leichtmetall. Ihr Boden ist so geformt, daß er waagrecht steht, obwohl der Motor um 15° geneigt eingebaut ist. Im Öl-Sammelraum steckt die Ölablaßschraube. Das im Sammelraum zusammenfließende Öl wird vom Ansaugschnorchel der Ölpumpe angesaugt und startet von dort zu einer weiteren Runde durch den Motor. Ein Ölstandsgeber ist seitlich in die Ölwanne eingebaut.

Der Aus- und Einbau der Ölwanne kann bei eingebautem Motor durchgeführt werden. Allerdings ist die umfangreiche Arbeit nur etwas für Könner. Im folgenden Abschnitt wird in groben Schritten der Ausbau beschrieben.

Ölwanne ausbauen

- Geräuschkapsel ausbauen und Motoröl ablassen.
- Alle vorderen Motorlagerstellen losschrauben.
- Masseleitung am Getriebe und weitere Leitungen zum Ölstandsgeber und ggf. zum Drehzahlgeber Starterzahnkranz lösen.
- Stabilisatorlagerungen an den Längsträgern losschrauben.
- Lüfterhaube hinter dem Kühler lösen und über den Ventilatorflügel hängen.
- Motor an seiner vorderen Aufhängeöse anheben.
- Ölwanne losschrauben.
- Kettenrad an der Ölpumpe losschrauben.
- Ölpumpe ausbauen.
- Stabilisator nach unten ziehen oder ausbauen.
- Ölwanne nach vorn herausnehmen.
- Vor dem Einbau die Trennflächen an Ölwanne und Zylinderblock reinigen.
- Ölwanne mit neuer Dichtung montieren. Schrauben gleichmäßig anziehen: M 6 mit 10 Nm, M 8 mit 25 Nm.

Der Steuergehäusedeckel

Dieses Leichtmetallteil sitzt an der Vorderseite des Motors. Es ist z. B. beim C 200 Diesel oben mit zwei Schrauben am Zylinderkopf, unten mit fünf Schrauben an der Ölwanne und ansonsten mit 14 unterschiedlich langen Schrauben mit dem Zylinderkopf verschraubt. Hinter dem Deckel läuft die Duplexkette und die Antriebskette der Ölpumpe. Auch Spann- und Gleitschienen finden sich hinter dem Deckel. Außen sind viele Aggregate mit dem Steuergehäusedeckel verschraubt. Im einzelnen sind dies: Spanneinrichtung des Keilrippenriemens, Wasserpumpe, Kraftstoffilter, Pumpe der Servolenkung, Unterdruckpumpe und Einspritzpumpe.

Querrohr für Ansaugluft ausbauen

Bevor man die Zylinderkopfhaube oder die Abdeckung über den Einspritzdüsen (Vierventil-Motoren) ausbauen kann, das Querrohr zwischen Drucksteuerklappengehäuse und Saugrohr demontieren.

- TORX-Schrauben zum Saugrohr lösen.
- Haltewinkel rechts am Zylinderkopf komplett ausbauen.
- Zum Einsetzen des Querrohrs in das Drucksteuerklappengehäuse mit einigen Tropfen Spiritus »schmieren«.

Die Zylinderkopfhaube

Dieses Teil besteht aus Leichtmetall. Der Öleinfülldeckel sitzt oben in der Haube. Die Abdichtung der Zylinderkopfhaube besorgt eine langlebige Gummi-Profildichtung. Bei den Vierventil-Motoren ist eine weitere Abdeckung über den zentral angeordneten Einspritzdüsen angeschraubt. Diese dient auch zur Geräuschreduzierung.

Will man das Querrohr (2) am Gehäuse (3) der Drucksteuerklappe einstecken, helfen einige Tropfen Spiritus (1) als Schmiermittel.

Der Motorraum ist nach unten mit einer Geräuschkapselung verschlossen. Je nach Arbeit die Abdeckung unter dem Motor (1) oder unter dem Getriebe (2) losschrauben (Pfeile).

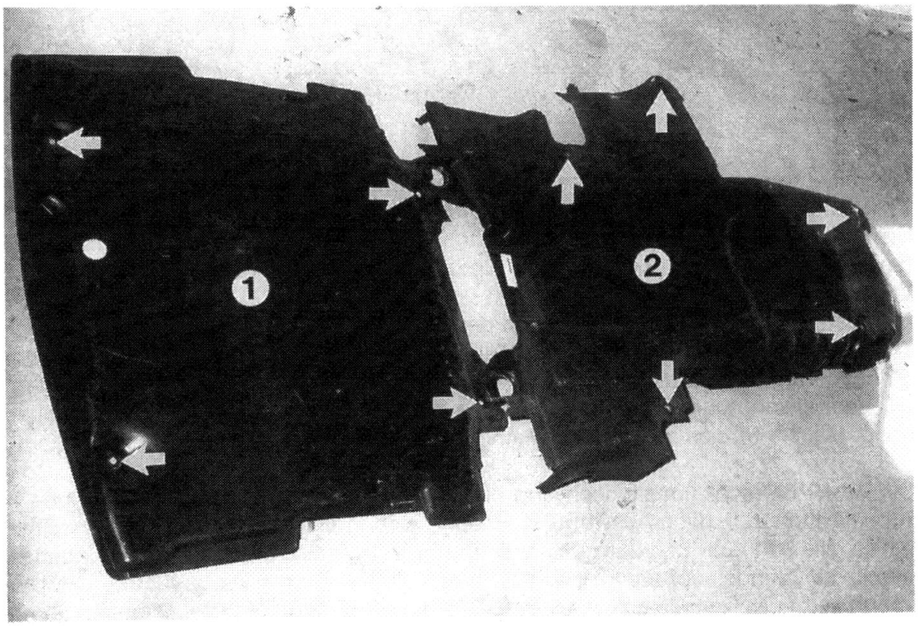

- Gestänge zur Drucksteuerklappe einseitig vom Kugelkopf abheben.
- Querrohr für Ansaugluft ausbauen.
- Bei den Vierventil-Motoren die Abdeckung über den Einspritzdüsen ausbauen.

Zylinderkopfhaube ausbauen

- Schrauben herausdrehen und Haube abnehmen.
- Beim Einbau Dichtung auf Beschädigungen kontrollieren.
- Zylinderkopfhaube aufsetzen. Schrauben in zwei Stufen bis 10 Nm festdrehen.

Der Zylinderkopf

Dieses Teil ist gewissermaßen der Deckel des Motors. Er ist aus einer Leichtmetall-Legierung gegossen. In verschiedenen Kanälen strömen das Motorkühlmittel, das Motoröl, die Verbrennungsluft sowie die Auspuffgase. In Bohrungen stecken die Glühkerzen, die Einspritzdüsen, die Vorkammern, die Ventilführungen und die Tassenstößel. Die Nockenwelle(n) ist/sind oben im Zylinderkopf gelagert. Der Auspuffkrümmer und die langen Saugrohre aus Kunststoff sind außen am Zylinderkopf montiert. Links am Zylinderkopf sind verschiedene temperaturabhängige Schalter, Geber und Ventile eingeschraubt.
Weil die Verbrennungsluft von der einen Motorseite in die Brennräume strömt und die Abgase den Motor auf der gegenüberliegenden Seite wieder verlassen, spricht man von einem »Querstromkopf«. Der Gasstrom wird am wenigsten umgelenkt.
Ein Leichtmetall-Zylinderkopf kann sich bei Kühlungsmangel sowie bei unsachgemäßer Behandlung (Montagereihenfolge der Zylinderkopfschrauben nicht eingehalten oder Ausbau des heißen Zylinderkopfes) leichter verziehen als ein Graugußkopf, doch dafür ist er leichter und kann aufgenommene Verbrennungswärme schneller an das Kühlmittel abgeben.
Die Ventilsitze aus Hartmetall sind ein ringförmiges Gegenstück zum Ventilteller. Sie helfen mit, den Brennraum bei geschlossenen Ventilen gut abzudichten, und sie verhindern, daß sich die Ventilteller in das weiche Leichtmetall eindrücken.
Eine Überprüfung des Zylinderkopfes im eingebauten Zustand ist kaum möglich. Nur ein Riß, durch den

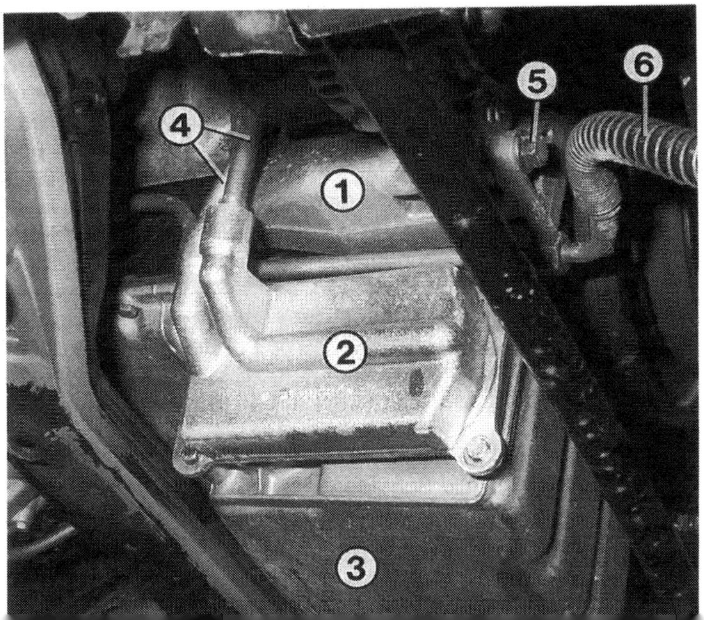

Die rechte Motorseite von unten gezeigt:
1 – Halter für Lichtmaschine;
2 – Ölkühler;
3 – Ölwanne;
4 – Kühlmittelrohre;
5 – Befestigung Lichtmaschine unten;
6 – Ölleitung vom Automatikgetriebe.

Kühlmittel sickert, könnte auf einen Zylinderkopfschaden hinweisen. Für weitere Prüfungen muß man den Zylinderkopf ausbauen. Dies braucht in aller Regel nur dann gemacht zu werden, wenn Sie größere Schäden beheben wollen. Beispielsweise, wenn nach längerer Fahrt ohne ausreichende Kühlung die Zylinderkopfdichtung durchgebrannt ist oder wenn der Motor schlechte Kompressionswerte zeigt und die Ursache in Richtung Ventilsitze vermutet wird.
Einen stark überhitzten Zylinderkopf in der Werkstatt auf Verzug prüfen lassen. Suchen Sie den ausgebauten Zylinderkopf auch nach kleinen Rissen ab. Bisweilen findet man welche im Brennraum zwischen den Ventilen. Sind die Ventilsitze undicht, müssen die Ventile eingeschliffen werden. In besonders schweren Fällen müssen die Ventilsitzringe und die Ventile erneuert werden. Vielleicht ist auch der Austausch von einzelnen Ventilen nötig. Meist trifft dies auf die thermisch stärker belasteten Auslaßventile zu.

Zylinderkopf ausbauen

Die Arbeit ist recht umfangreich und nichts für Ungeübte. Unsere Beschreibung nennt nur die wichtigsten Arbeitsschritte. Je nach Ausstattung ergeben sich in unwesentlichen Dingen weitere Arbeiten. Grundsätzlich gilt es, alle Schraub- und Schlauchverbindungen sowie alle elektrischen Leitungen zum Zylinderkopf zu lösen, damit der Zylinderkopf samt Auspuffkrümmer abgenommen werden kann. Um Unsicherheiten beim Einbau vorzubeugen, sollten Sie ggf. lieber einige Teile bezeichnen. Das Losschrauben des Zylinderkopfes darf nur bei abgekühltem Motor erfolgen.

- Minusklemme an der Batterie lösen.
- Motorhaube öffnen.
- Kühlmittel ablassen.
- Luftfilter ausbauen.
- Querrohr für Ansaugluft und Gehäuse für Drucksteuerklappe ausbauen.
- Keilrippenriemen entspannen und abnehmen. Stoßdämpfer der Riemenspannvorrichtung oben losschrauben.
- Bei Fahrzeugen mit Niveauregulierung die Druckpumpe losschrauben.
- Ölmeßstab-Führungsrohr oben losschrauben.
- Kühlmittelschläuche vom Austrittstutzen an der vorderen linken Motorecke lösen.
- Gaszug vom Halter lösen.
- Kraftstoffleitungen am Kraftstoffilter abschrauben und Filter komplett ausbauen.
- Auspuff am Auspuffkrümmer losschrauben.
- Einspritzleitungen ausbauen.
- Saugrohr ausbauen.
- Kabel zu den Glühkerzen abschrauben.
- Zylinderkopfhaube ausbauen.
- Den Motor so drehen, daß der 1. Zylinder auf OT steht. Zu diesem Arbeitsschritt die weiteren Hinweise unter »Zünd-OT-Stellung des 1. Zylinders« beachten.
- Nockenwelle(n) ausbauen.
- Gleitschiene der Steuerkette im Zylinderkopf ausbauen. Dazu die Keilrippenriemen-Spannvorrichtung losschrauben und die Gleitschienen-Befestigungsbolzen herausziehen.
- Die vorderen beiden Zylinderkopfschrauben (M 8) herausdrehen.
- Alle weiteren Zylinderkopfschrauben in der umgekehrten Reihenfolge des Anziehens lösen, siehe Schema auf der gegenüberliegenden Seite oben.
- Zylinderkopf abheben. Trennflächen reinigen.

Zylinderkopf einbauen

- Neue Zylinderkopfdichtung auflegen.
- Zylinderkopf ansetzen, dabei auf richtigen Sitz in den Fixierhülsen achten.
- Die unterschiedlich langen Zylinderkopfschrauben (M 10) messen.
- Es handelt sich um Dehnschrauben, deren Schraubenschaft sich um höchstens 2,0 mm in die Länge gezogen haben darf.
- Ist dieses Maß überschritten, neue Schrauben verwenden. Neu sind die Schrauben (ohne Kopf) 80, 102 und 115 mm lang.
- Schraubengewinde und Anlageflächen am Schraubenkopf einölen.
- Schrauben entsprechend ihrer Länge in die Bohrungen im Zylinderkopf stecken.
- Schrauben stufenweise und in der richtigen Reihenfolge anziehen (siehe Anzugsschema auf der gegenüberliegenden Seite oben).
- **1. Anzugsstufe:** Alle Schrauben mit **15 Nm** anziehen.
- **2. Anzugsstufe: 35 Nm.**
- **3. Anzugsstufe:** Alle Schrauben um **90° weiterdrehen**. Dazu das Werkzeug z. B. in Längsrichtung ansetzen und so lange drehen, bis es quer zur Fahrtrichtung steht.
- Jetzt **10 Minuten warten**, damit sich die Zylinderkopfdichtung setzen kann.
- **4. Anzugsstufe:** Die Schrauben nochmals um **90° weiterdrehen**. Der Zylinderkopf wird später nicht mehr nachgezogen.
- Die Schrauben (M 8) vorn am Zylinderkopf einsetzen und mit 25 Nm festdrehen.
- Gleitschiene der Steuerkette wieder montieren.
- Nockenwelle(n) einbauen.
- Kettenspanner einschrauben.
- Motor an der Kurbelwelle um zwei Umdrehungen weiter vorwärts drehen. Grundstellung von Kurbelwelle und Nockenwelle(n) kontrollieren.
- Der weitere Einbau erfolgt in umgekehrter Ausbaufolge.

Die Zylinderkopfschrauben müssen in der numerierten Reihenfolge, beginnend mit 1, angezogen werden. Die Schrauben »a« und »b« zuletzt mit 25 Nm festdrehen.
1 – Fünfzylinder;
2 – Vierzylinder.

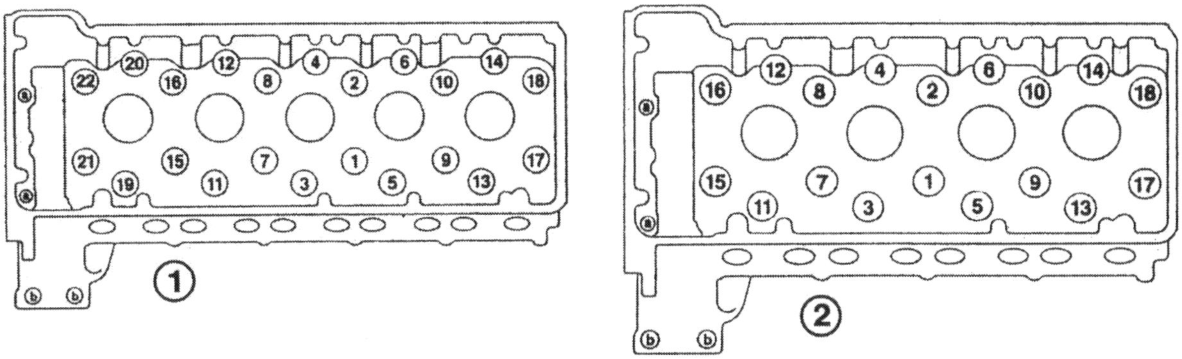

Die Grundeinstellung der beiden Nockenwellen beim Vierventil-Motor: 1. Zylinder auf Zünd-OT stellen und Einlaß-Nockenwelle mit Fixierstift (A) durch die Kontrollbohrung (B = 6,75 mm) im Nockenwellenlagerdeckel und Nockenwellenflansch fixieren. Die Bohrungen (C) in den Nockenwellenrädern müssen sich gegenüberstehen. Weiter bedeuten:
3 – Nockenwellenlagerdeckel;
5 – Zahnrad der Auslaß-Nockenwelle;
6 – Zahnrad der Einlaß-Nockenwelle;
7 – Nockenwellenrad für Steuerkette;
8 – Zylinderstift ∅ 5 mm;
9 – Innen-TORX-Schraube T 40.

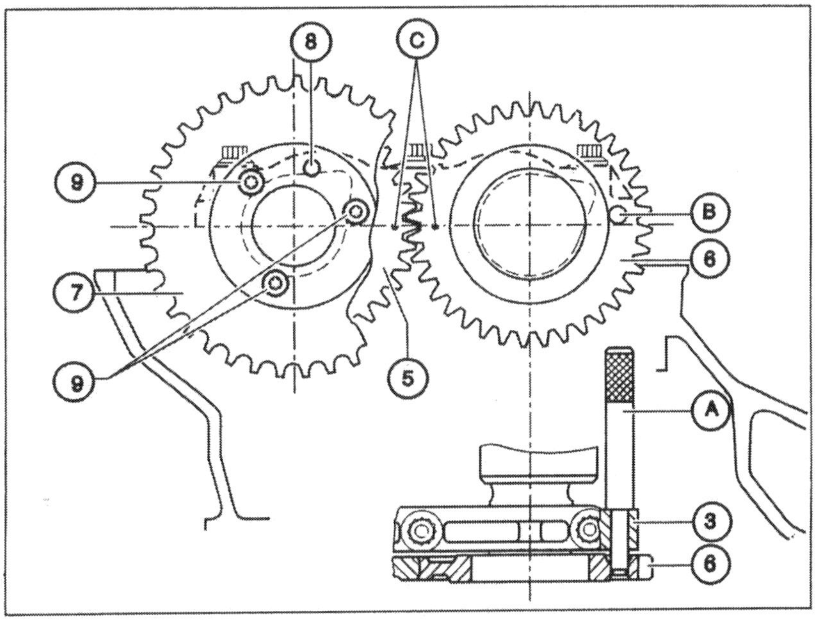

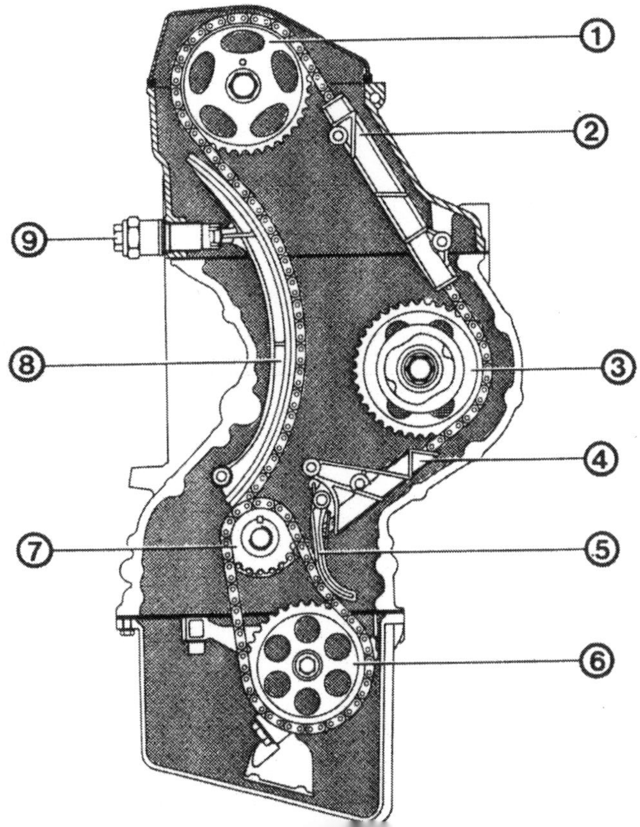

So verläuft die Steuerkette vorn am Motor des C 200 Diesel. Es bedeuten:
1 – Nockenwellenrad;
2, 4 – Gleitschienen;
3 – Spritzversteller;
5 – Kettenspanner der Ölpumpenkette;
6 – Ölpumpenrad;
7 – Kurbelwellenrad;
8 – Spannschiene;
9 – Kettenspanner.
Die Steuerzeiten stimmen, wenn Nocken- und Kurbelwelle in einer bestimmten Stellung zueinander stehen (siehe Seite 46 unten). Bei richtiger Stellung stehen auch der Mitnehmerkeil im Kurbelwellenrad und der Fixierstift im Nockenwellenrad senkrecht oben.

Die Nockenwelle(n)

Beim C 200 Diesel ist die Nockenwelle oben im Zylinderkopf gelagert. Das untere Teil der Lagerstellen ist direkt in den Zylinderkopf eingearbeitet, die obere Hälfte bilden abschraubbare Lagerdeckel. Bei den Vierventil-Motoren sind die beiden Nockenwellen in einem besonderen Nockenwellengehäuse gelagert.
Der Antrieb der Nockenwelle(n) erfolgt über eine Duplex-Steuerkette von der Kurbelwelle. Die beiden Nockenwellen der Vierventil-Motoren sind über eine Verzahnung verbunden. Das Kettenrad vorn an der Nockenwelle hat doppelt so viele Zähne wie das Kettenrad unten an der Kurbelwelle, dadurch dreht sich die Nockenwelle mit halber Kurbelwellendrehzahl. Entsprechend der Zylinderzahl sind die Nockenwellen unterschiedlich lang.
Die Nockenwellen übernehmen die Aufgabe, die Ventile in einer bestimmten Reihenfolge und für eine bestimmte Dauer zu öffnen. Die entsprechenden Öffnungs- und Schließzeiten werden in Winkelgrad der Kurbelwelle angegeben. Wie die Ventile von der bzw. den Nockenwelle(n) aus über die Tassenstößel geöffnet und geschlossen werden, zeigen die Zeichnungen rechts.
Zur Gewichtsersparnis sind die Nockenwellen hohl. Über eine Nut vorn werden sie in Längsrichtung gehalten.
Eine Prüfung der Nockenwelle(n) ist teilweise bei abgenommener Zylinderkopfhaube möglich. Achten Sie darauf, daß die Nockenbahnen keine starken Riefen oder ähnliche Beschädigungen aufweisen. Will man die Leichtgängigkeit der Nockenwelle prüfen (vielleicht ist die Welle verbogen oder eine Lagerstelle verschlissen), muß man das Kettenrad und alle Tassenstößel ausbauen und die Nockenwelle von Hand drehen.

Nockenwelle(n) aus- und einbauen

● Zylinderkopfhaube ausbauen.
● Motor an der Kurbelwelle vorwärts drehen, bis der 1. Zylinder auf Zünd-OT steht.
● Kettenspanner am großen Sechskant komplett ausbauen.
● Steuerkette und Kettenrad zueinander kennzeichnen oder mit Draht zusammenbinden.
● Kettenrad losschrauben. Dazu die Nockenwelle gegenhalten. Bei Fahrzeugen mit Niveauregulierung erst die Druckpumpe ausbauen.
● Achtung! Kurbelwelle nicht drehen, sonst werden die Ventilteller verbogen.
● Nockenwelle nach oben abnehmen.
● Vor dem Einbau der Nockenwelle auf die Scheibe zur Längsfixierung der Nockenwelle achten. Sie muß richtig in ihrer Nut sitzen und darf keine Verschleißerscheinungen aufweisen.
● Eingeölte Nockenwelle in den Zylinderkopf einsetzen. Beim Vierventil-Motor Nockenwellen zueinander ausrichten.
● Die Lagerdeckel wieder an ihren ursprünglichen Platz ansetzen und die Schrauben in mehreren Schritten gleichmäßig bis auf 25 Nm festdrehen. Dies ist **unbedingt** zu beachten, damit die Nockenwelle nicht durch den Gegendruck der Ventilfedern verkantet und ggf. beim Festschrauben verbogen oder abgebrochen wird.
● Kettenrad mit aufgelegter Kette wieder auf die Nockenwelle ansetzen und Schraube leicht von Hand festdrehen. Zum Ansetzen ggf. Nockenwelle leicht drehen, so daß der Stift in seine Bohrung paßt.
● Kettenspanner einbauen (80 Nm).
● Zentrale Befestigungsschrauben des Kettenrades festdrehen (45 Nm). Dabei wie beim Lösen der Schraube gegenhalten. Aufpassen, daß der Motor beim Anziehen nicht verdreht wird, denn dabei kann leicht die Steuerkette am Kurbelwellenritzel überspringen.
● Motor an der Kurbelwelle um zwei Umdrehungen vorwärts drehen, bis wieder die Zünd-OT-Marke des 1. Zylinders erreicht ist. Stellung der Nockenwelle prüfen.
● Zylinderkopfhaube montieren.

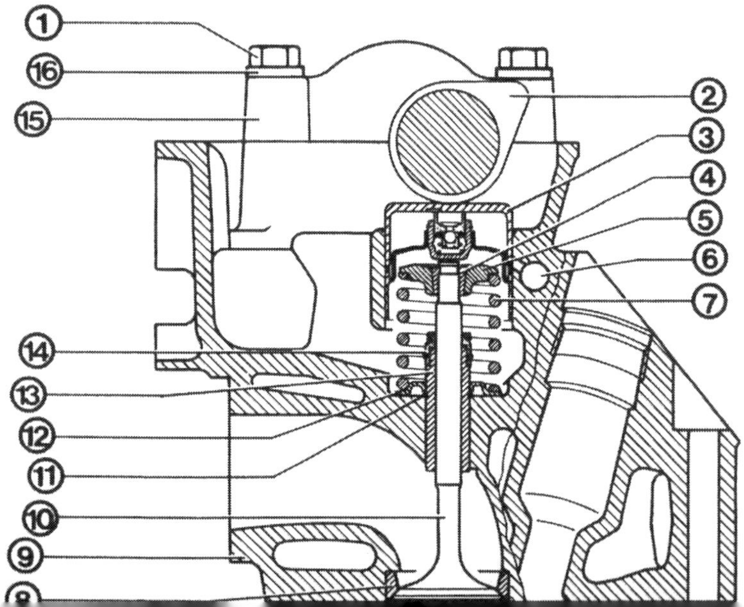

Die Schnittzeichnung durch den Zylinderkopf in der Ebene eines Auslaßventils beim C 200 Diesel zeigt folgendes:
1 – Schraube;
2 – Nockenwelle;
3 – Tassenstößel mit hydraulischem Ventilspiel-Ausgleichselement;
4 – Ventilkeile;
5 – Ventilfederteller;
6 – Ölkanal;
7 – Ventilfeder;
8 – Ventilsitzring;
9 – Zylinderkopf;
10 – Auslaßventil;
11 – Sicherungsring für Ventilführung;
12 – Druckring;
13 – Ventilführung;
14 – Ventilschaftabdichtung;
15 – Lagerdeckel;
16 – Scheibe.

In dieser Schnittzeichnung am Zylinderkopf sind gezeigt:
1 – Abdeckung der Zylinderkopfhaube;
2 – Zylinderkopfhaube;
3 – Einspritzleitung;
4 – Leckölleitungen;
5 – O-Ring;
6 – Auslaß-Nockenwelle;
7 – Einlaß-Nockenwelle;
8 – Nockenwellengehäuse mit Lagerdeckel;
9 – Buchse der Schachtabdekkung;
10 – O-Ring;
11 – Düsenhalter;
12 – O-Ring der Nockenwellengehäuse-Abdichtung;
13 – Gewindering;
14 – Düsenplättchen;
15 – Vorkammer;
16 – Stabglühkerze;
17 – Motorblock;
18 – Zylinderkopf;
A – Auslaßkanal;
E – Einlaßkanal.

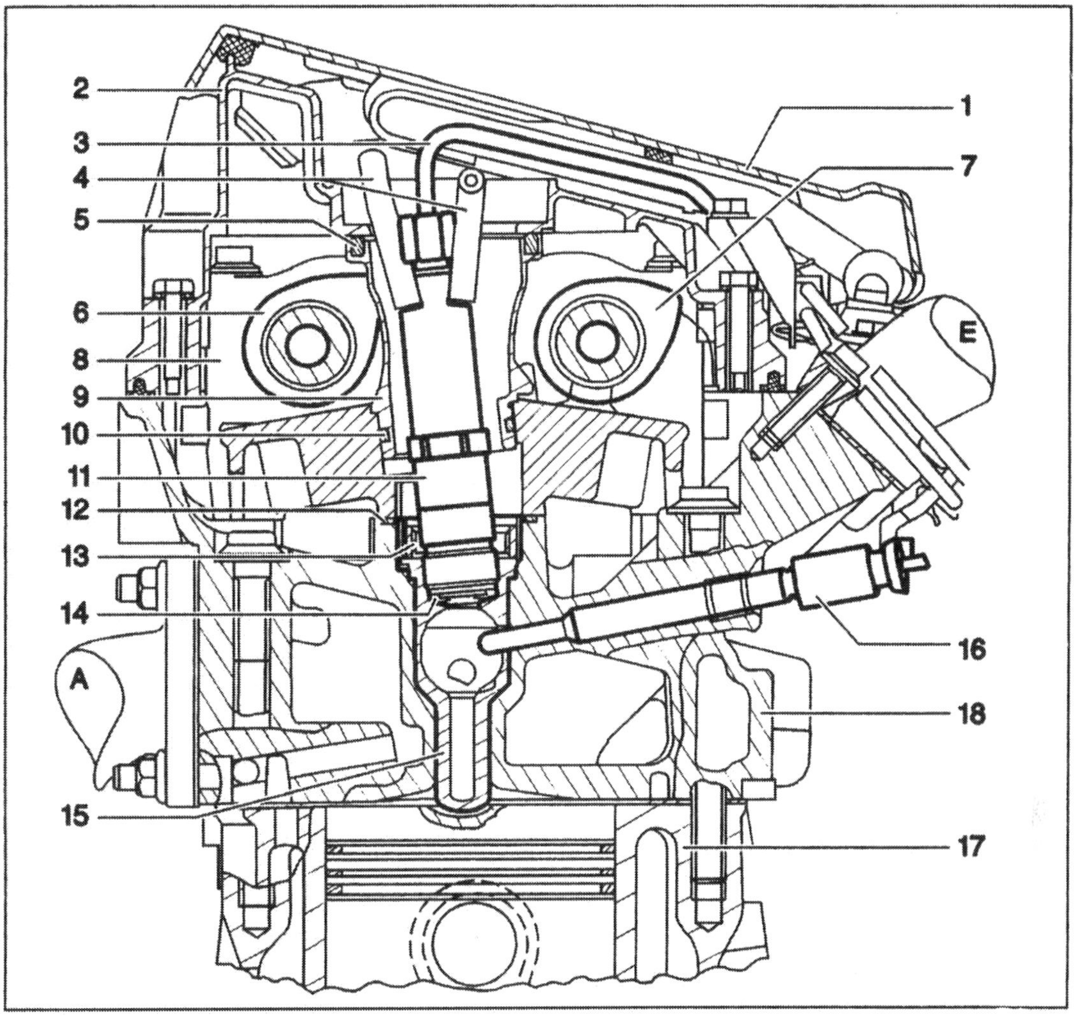

Die Zylinderkopfdichtung

Die Dichtung zwischen Motorblock und Zylinderkopf hat einen schweren Stand: Sie hat dafür zu sorgen, daß die Verbrennungsräume und die Kanäle für Kühlmittel und Öl voneinander getrennt bleiben. Dabei muß sie enormen Temperatur- und Druckschwankungen widerstehen.

In der Schnittzeichnung des Ventiltriebs beim Vierventil-Motor sind bezeichnet:
1 – Auslaß-Nockenwelle;
2 – Einlaß-Nockenwelle;
3 – Tassenstößel mit hydraulischen Ventilspiel-Ausgleichselementen;
4 – oberer Ventilfederteller;
5 – Ventilkeil dreirillig;
6 – Ventilfeder;
7 – Ventilschaftabdichtung;
8 – unterer Ventilfederteller;
9 – Ventilführung;
10 – Auslaßventil;
11 – Einlaßventil;
12 – Ventilsitzring auslaßseitig;
13 – Ventilsitzring einlaßseitig;
A – Auslaßkanal;
E – Einlaßkanal.

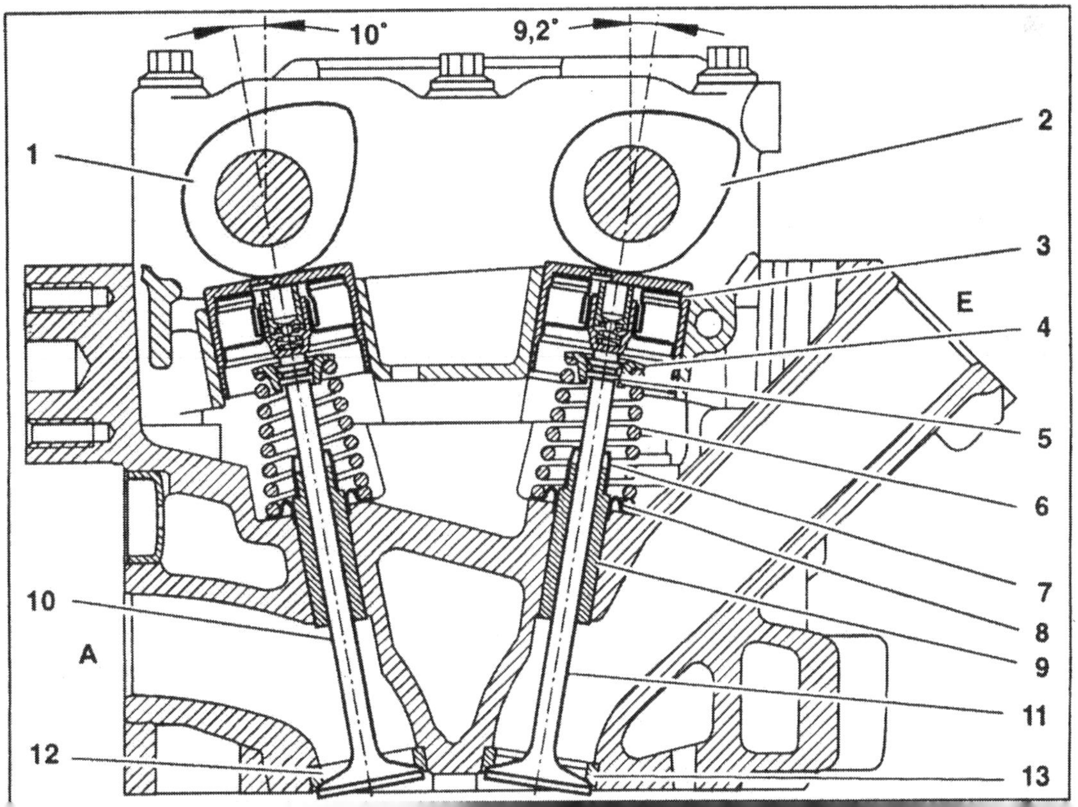

Störungsbeistand

Zylinderkopfdichtung

Häufigster Schaden im Bereich Zylinderkopf ist eine defekte Zylinderkopfdichtung. Dieser Defekt tritt meistens als Folge von Überhitzung auf.

Erkennungsmerkmal	Ursache/Besonderheiten
A Kühlflüssigkeitsstand nimmt stetig langsam ab	Kühlmittel gelangt in sehr geringer Menge in die Brennräume. Diese Erscheinung kann sich ohne weitere Merkmale über längere Zeit hinziehen. Andere Möglichkeit: Kühlanlage undicht
B Beträchtlicher Kühlmittelverlust. Der Wagen zieht bei Betriebstemperatur einen weißen Abgasschleier hinter sich her	Kühlmittel dringt in großer Menge in einen Verbrennungsraum, verdampft dort und entweicht als weiße Fahne durch den Auspuff
C Aus dem geöffneten Ausgleichsbehälter bzw. Kühler steigen bei laufendem Motor Luftblasen auf oder beim Öffnen des Verschlußdeckels sprudelt eine größere Menge Kühlmittel heraus	Verbrennungsgase werden ins Kühlsystem gedrückt. Aus der Öffnung des Kühlers riecht es nach Abgasen
D In Regenbogenfarben schillernde Verfärbung oder schwarze Verfärbung an der Oberfläche des Kühlmittels	Öl aus dem Schmierkreislauf gelangt ins Kühlsystem
E Grau oder braun aussehende Emulsion am herausgezogenen Ölpeilstab oder Öl von Wasserbläschen durchsetzt	Kühlflüssigkeit ist in den Schmierkreislauf geraten. Achtung: Wasser im Motoröl kann einen Lagerschaden verursachen. Zylinderkopfdichtung sofort wechseln (lassen). Motor nicht mehr starten; Wagen zur Reparatur abschleppen

Fingerzeige: Ist nach einem Schaden an der Zylinderkopfdichtung Öl ins Kühlsystem gelangt, muß der Kühler gespült werden. Dazu 2 Liter Kühlerreinigungsmittel (z.B. Solvethane) in die ausgebauten Teile einfüllen und kräftig schütteln. Kühlsystem anschließend durch mehrmaliges Neubefüllen mit heißem Wasser komplett durchspülen.
Kühlerreinigungsmittel nach dem Gebrauch zum Sondermüll geben.
Ähnliche Symptome wie bei einer defekten Zylinderkopfdichtung entstehen auch durch kleine Risse im Zylinderkopf oder im schlimmsten Fall im Motorblock. Wenn also trotz eines offensichtlichen Defekts die Zylinderkopfdichtung nach der Demontage keine Schäden zeigt, muß ein Motor-Instandsetzungsbetrieb den Zylinderkopf unter Druck prüfen.

Der Kettenspanner

Der seitlich rechts in den Zylinderkopf eingeschraubte Kettenspanner drückt über die Spannschiene auf die Steuerkette. Seine Druckkraft setzt sich zusammen aus der Kraft der eingebauten Feder und dem Druck des Motoröls, das ständig durch den Kettenspanner gepumpt wird. Das Öl im Spanner dämpft auch stoßartige Belastungen beim Schlagen der Kette.
Ein defekter Kettenspanner kann nicht repariert werden. Wenn Sie einen Schaden am Spanner feststellen, hilft nur der Einbau eines neuen Spanners. Vor dem Einbau muß der Kettenspanner erst mit Motoröl gefüllt werden, damit er im eingebauten Zustand gleich kräftig unter Druck steht.

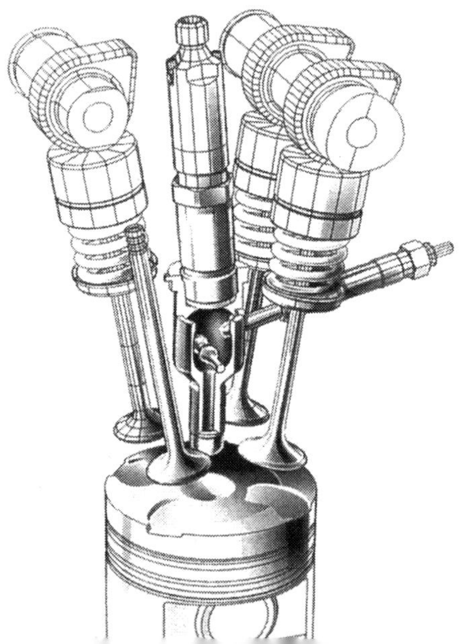

Ventilanordnung am Zylinderkopf mit Vierventil-Technik. Durch die Schrägstellung der Einspritzdüse zur Vorkammer wird das Abgasverhalten verbessert (»Schrägeinspritzung«). Die Glühkerze ist seitlich angeordnet.

Hier ist die Zylinderkopfhaube ausgebaut:
1 – Auslaß-Nockenwelle mit Zahnrad und Steuerkette;
2 – Einlaß-Nockenwelle mit Verzahnung;
3 – Feder für Riemenspannvorrichtung;
4 – Zylinderkopf;
5 – Stoßdämpfer der Riemenspannvorrichtung.

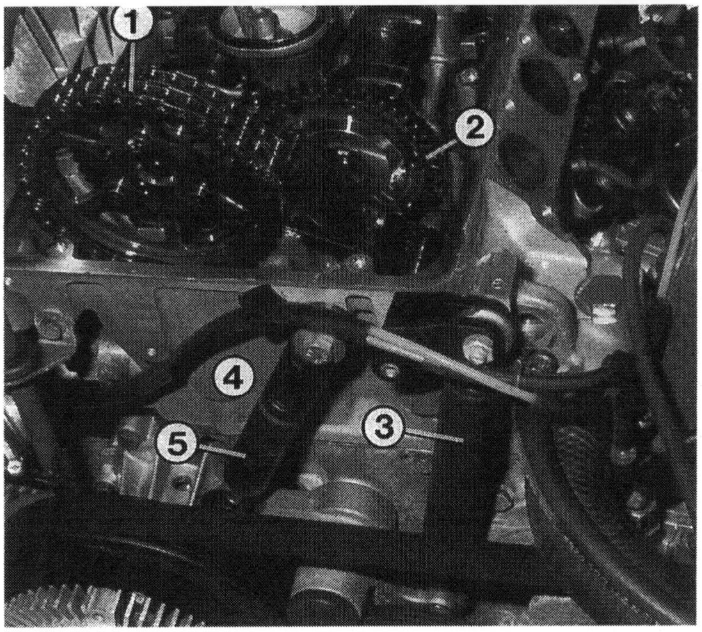

Kettenspanner aus- und einbauen

- Kettenspanner zum Ausbau nur am großen Sechskant verdrehen. Wird am kleineren Sechskant gedreht, zerlegt sich der Kettenspanner in seine Einzelteile.
- Neuen oder leeren Kettenspanner vor dem Einbau füllen.
- Zum Füllen eine Dose mit dünnflüssigem Motoröl (SAE 10 oder erwärmtes Öl) verwenden.
- Kettenspanner mit dem Druckbolzen nach unten ins Öl tauchen und rund zehn Mal kräftig bis zum Anschlag durchdrücken. Der volle Spanner läßt sich nur noch langsam und mit großer Kraft zusammendrücken.
- Zum Einbau neuen Dichtring verwenden.
- Kettenspanner mit 80 Nm festdrehen.

Die Steuerkette

Nockenwelle(n) und Einspritzpumpe werden von der Kurbelwelle über eine endlose Duplex-Steuerkette angetrieben. Die Kettenräder der Nockenwelle(n) und am Spritzversteller der Einspritzpumpe haben doppelt so viele Zähne wie das Kettenrad auf der Kurbelwelle. Dadurch drehen Nockenwelle(n) und Einspritzpumpe, entsprechend der Arbeitsweise von Viertaktmotoren, mit halber Kurbelwellen-Drehzahl.
Auf der Zugseite ist die wartungsfreie Steuerkette durch zwei Gleitschienen geführt. Auf der anderen Seite läuft sie über eine lange Spannschiene, die vom Kettenspanner gegen die Kette gedrückt wird. Bei Laufgeräuschen der Steuerkette oder wenn die Zylinderkopfhaube ohnehin ausgebaut ist, sollte der Verschleißzustand der Kette beurteilt werden.
Die Steuerkette wird bei Verschleiß immer länger. Diese Längung führt zu deutlichen Verschleißspuren an den Zähnen am Nockenwellen-Kettenrad. In extremen Fällen brechen die Zähne ab, und die Steuerkette springt über. Wird der Schaden rechtzeitig erkannt, genügt es, Steuerkette und Nockenwellen-Kettenrad zu ersetzen. Bei fortgeschrittenem Verschleiß den Steuergehäusedeckel ausbauen und alle Kettenräder, Schienen sowie den Kettenspanner erneuern.

Hier gezeigt:
1 – Auslaß-Nockenwelle;
2 – Einlaß-Nockenwelle;
3 – Schacht für Einspritzdüse;
4 – Nockenwellengehäuse mit Lagerdeckel;
5 – Zylinderkopfschraube.

Zur Zünd-OT-Stellung des 1. Zylinders beim C 200 Diesel müssen sich die Kerbe im Bund der Nockenwelle (1) und die Nase (2) am vordersten Nockenwellen-Lagerdeckel (3) gegenüberstehen.

Steuerkette ersetzen

- Alle Einspritzdüsen ausbauen, damit sich der Motor leicht durchdrehen läßt.
- Zylinderkopfhaube und Kettenspanner ausbauen.
- Kettenkasten mit einem Lappen abdecken. Oben am Nockenwellen-Kettenrad ein Glied der Kette aufschleifen.
- Neue Kette mit dem Schloß an die alte Kette anhängen und den Motor langsam vorwärts drehen. Dabei alte Kette oben herausziehen.
- Neue Kette mit dem Schloß schließen.
- Stellung von Nocken- und Kurbelwelle prüfen. Förderbeginn der Einspritzpumpe neu einstellen lassen.

Motor durchdrehen

Für manche Arbeiten ist es erforderlich, den Motor durchzudrehen. Das macht man am besten am vorderen Kurbelwellenende. Dort findet man in der Mitte der Riemenscheibe eine große Sechskantschraube. Mit einer Rätsche und eingesteckter 27-mm-Stecknuß erreicht man die Schraube. Beim Drehen des Motors beachten:

- Die »Zündung« ausschalten – der Motor kann nicht anspringen.
- Die Kurbelwelle darf nur in Vorwärtsrichtung weitergedreht werden, d.h. im Uhrzeigersinn, wenn man von vorne auf den Motor schaut.
- Motor niemals an der Schraube des Nockenwellen-Kettenrades drehen, denn hierbei könnte die Steuerkette überspringen.
- Will man den Motor ohne Widerstand drehen, muß man alle Einspritzdüsen ausbauen.
- Bei Fahrzeugen mit Schaltgetriebe kann man zum Durchdrehen des Motors auch den 3. Gang einlegen und dann das Fahrzeug vorwärts ruckeln.

Stellung der Nockenwelle zur Kurbelwelle prüfen

Wann die Ventile öffnen und Schließen müssen, damit der Motor auf gute Leistung kommt, wird zum einen bestimmt durch die Form der Nocken (hier nicht von Interesse, da nicht veränderbar) und zum anderen von der Stellung der Nockenwelle zur Kurbelwelle. War beispielsweise das Nockenwellen-Kettenrad ausgebaut, anschließend so prüfen:

- Bei abgenommener Zylinderkopfhaube, aber mit montiertem Kettenspanner den Motor an der Kurbelwelle vorwärts drehen. Genau auf Zünd-OT des 1. Zylinders stellen.
- **C 200 Diesel:** In dieser Stellung muß die Kerbe vorn an der Nockenwelle genau mit der kleinen Nase am Lagerdeckel bündig stehen (Abbildung oben).
- **Vierventil-Motoren:** Der Fixierstift muß passen und die Körnerschläge müssen sich gegenüberstehen.
- Stimmt die Stellung nicht, Kettenspanner und Nockenwellen-Kettenrad nochmals ausbauen und anschließend die Kette entsprechend versetzt wieder auflegen.
- Motor nochmals um zwei Umdrehungen an der Kurbelwelle weiterdrehen und erneut prüfen.

Fingerzeig: Wird die Kette um einen Zahn versetzt aufgelegt, ergibt dies einen Fehler von 20° an der Kurbelwelle.

Zünd-OT-Stellung des 1. Zylinders

Zu verschiedenen Arbeiten an Motor und Einspritzpumpe muß der Kolben im Zylinder 1 im Oberen Totpunkt (OT) stehen – d.h. er muß sich am oberen Ende der Zylinderlaufbahn befinden. Beim Viertaktmotor (also auch dem Dieselmotor) kommt der Kolben bei jedem Arbeitszyklus zweimal in den OT: einmal beim Komprimieren der angesaugten Luft, das zweite Mal beim Hinausdrücken der Verbrennungsgase. Stellt man den Motor an der Kurbelwelle auf OT, muß man sich also weiter die Frage stellen, ob nun am 1. Zylinder gerade komprimiert wurde oder ob lediglich die Abgase ausgestoßen worden sind. Erscheint irgendwo der Hinweis »1. Zylinder auf Zünd-OT stellen«, meint man immer den OT nach erfolgter Kompression. Man benötigt deshalb ein weiteres Zeichen, um den Motor in diese »Grundstellung« drehen zu können:

○ **C 200 Diesel:** Bei abgenommener Zylinderkopfhaube sieht man nach der Stellung der Nockenwelle. In der »Grundstellung« steht die Kerbe in der Nockenwelle gegenüber der Nase am Lagerdeckel.

○ **Vierventil-Motoren:** Der Fixierstift muß gesteckt werden können und die Körnerschläge müssen sich gegenüberstehen.

Hydraulischer Ventilspielausgleich

Bei unserem modernen Dieselmotor brauchen keine Ventile mehr eingestellt zu werden. Dies kommt der Wartungsfreundlichkeit und der Zuverlässigkeit zugute. Der Ventiltrieb arbeitet auch leiser und verschleißärmer, weil die Nockenwelle(n) und die weiteren Teile des Ventiltriebs ständig spielfrei aneinander gleiten.
Alle diese Vorzüge verdanken wir den hydraulischen Ventilspiel-Ausgleichselementen, die in den Tassenstößeln untergebracht sind. Die Elemente werden über Bohrungen im Zylinderkopf und in den Tassenstößeln mit Motoröl versorgt. Der Ventilspielausgleich geschieht durch Öl-Volumensänderungen im sogenannten Arbeitsraum. Das Öl gelangt über eine Bohrung mit Kugelventil in den Arbeitsraum. Wird ein Tassenstößel vom Nocken auf der Nockenwelle nicht nach unten gedrückt (Aus- oder Einlaßventil geschlossen), öffnet das Kugelventil, und die Ölmenge im Arbeitsraum kann sich entsprechend der Längenänderung des Ventilschaftes ändern. Wird ein Tassenstößel durch einen Nocken belastet, schließt das Kugelventil, und das Ölpolster im Arbeitsraum wirkt als hydraulisch starre Verbindung.

Wozu Ventilspielausgleich?

Durch die Erwärmung des Motors werden die Einzelteile des Ventiltriebs länger. Hauptsächlich sind dies die Ventilschäfte, die im unteren Bereich besonders heiß werden. Ohne Ausgleichselemente würden die Ventile schließlich so lang sein, daß der Ventilteller den Ventilsitz nicht mehr erreicht. Das Ventil schließt nicht mehr. Für den Motor hat das fatale Folgen: Die sehr heiß werdenden Auslaßventile können dann ihre Wärme nicht mehr an die Sitzringe abgeben. Die Ränder der Ventilteller brennen ein und reißen nach einiger Zeit; das Ventil wird unbrauchbar. Unterstützt wird dieser Zerfall von den heißen Gasen, die ständig am undichten Ventilsitz vorbeistreichen. Das bittere Ende: Der Motor verliert an Leistung, früher oder später müssen die Ventile ersetzt und der Zylinderkopf überholt werden.

Ausgleichselemente prüfen

● Für ca. fünf Minuten den Motor mit 3000/min drehen lassen.
● Zylinderkopfhaube ausbauen.
● Motor an der Kurbelwelle drehen, bis der Nocken gegenüber dem zu prüfenden Tassenstößel steht, d.h. der Grundkreis der Nockenbahn muß am Tassenstößel anliegen.
● Jeden Tassenstößel wie folgt prüfen: Mit einem Dorn auf den Tassenstößel drücken und dabei auf das Absinken achten.
● Sinkt einer der Tassenstößel im Vergleich auffallend schnell und widerstandslos ab, ist sein Ausgleichselement schadhaft oder die Ölversorgung zum Tassenstößel verstopft.

Das Schmiersystem

Im Motor verlangt eine ganze Reihe von Lagerstellen und Reibpartnern nach Schmierung. Das Motoröl muß

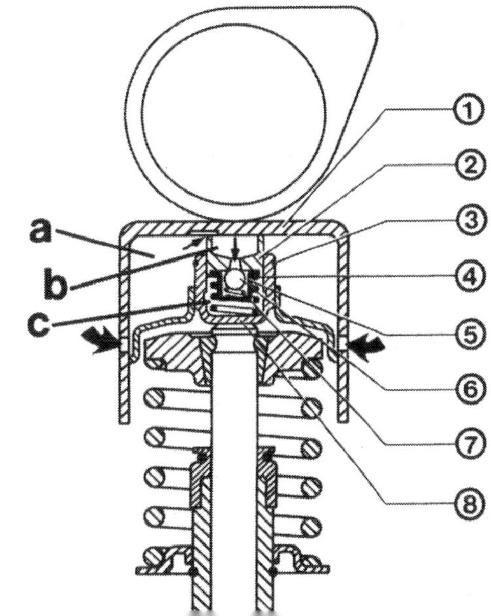

Die Zeichung zeigt die Arbeitsweise der hydraulischen Ventilspiel-Ausgleichselemente. Über Bohrungen im Ventilstößel (1) gelangt das Motoröl in den Ventilstößelraum »a«, weiter in den kleinen Vorratsraum »b« und ggf. über das Kugelventil in den Arbeitsraum »c«. Weiter bedeuten:
2 – Druckbolzen;
3 – Sicherungsring;
4 und 7 – Druckfeder;
5 – Kugelführung;
6 – Kugel;
8 – Führungshülse.

Die Tassenstößel werden überprüft, indem man mit einem Bolzen nacheinander alle Tassenstößel (2, 3 usw.) nach unten drückt und ihr Absinken beobachtet. Der jeweils zu prüfende Tassenstößel darf dabei nicht durch die Nockenspitze (1) belastet sein.

dorthin unter Druck gepumpt werden – von der Ölpumpe. Sie saugt den Schmiersaft durch einen siebbewehrten Schnorchel an und drückt ihn in den Hauptstromfilter. Ist das Filterpapier von Schmutz zugesetzt, weil der Filtereinsatz nicht rechtzeitig gewechselt wurde, tritt ein Sicherheitsventil in Aktion. Es öffnet, der Filter wird umgangen, die Ölversorgung ist sichergestellt. Allerdings bewirkt ungefiltertes Motoröl höheren Verschleiß an den Lagerstellen. Vom Filter aus gelangt das schmierfähige Naß über Bohrungen im Zylinderblock zu den Kurbelwellen- bzw. Pleuellagern, den Lagern der Nebenwelle und den Lagerstellen des Ventiltriebs im Zylinderkopf. Dort austretendes Öl kann wegen der Schräglage des Motors an der tiefsten Stelle des Zylinderkopfes durch eine Bohrung schnell und ohne sich weiter zu erwärmen in die Ölwanne zurücklaufen.
Die Zylinderwandungen und Kolbenbolzen werden übrigens von Spritzöl geschmiert, das an den Pleueln austritt. Die Kolbenböden werden von unten mit Öl besprüht, das aber hier nicht zur Schmierung, sondern zur Kühlung herangezogen wird.

Die Ölpumpe

Ganz unten in der Ölwanne sitzt wohl das wichtigste Zusatzaggregat des Motors: die Ölpumpe. Sie sorgt dafür, daß alle schmierbedürftigen Stellen – und das sind nicht wenige – mit dem nötigen Druck die richtige Menge des lebenswichtigen Schmiersaftes erhalten. Angetrieben wird sie über einen Kettentrieb von der Kurbelwelle. Die Pumpleistung der Zahnrad-Ölpumpe ist je nach Motorgröße unterschiedlich, was durch verschieden breite Zahnräder erreicht wird. Die Ölpumpe ist mit einem Regelventil ausgestattet, das den Öldruck auf maximal 5 bar begrenzt. Der Ansaugschnorchel der Ölpumpe ragt in das Ölsammelbecken der Ölwanne. Von der Ölpumpe gelangt das Öl zum Ölfilter.
Obwohl das Ganze recht selbstverständlich aussieht, wird da unten in der Ölwanne Schwerstarbeit geleistet: Mehr als 30 Liter liefert so eine Ölpumpe in der Minute bei Vollgas – und das ohne Wartungsanspruch, denn sie schmiert sich selbst.

Öltemperatur

In modernen Motoren geht man davon aus, daß die Öltemperatur stets im zulässigen Bereich bleibt. Zu Vergleichszwecken interessant ist die Motoröltemperatur am Ölfilterflansch oder in der Ölwanne; dort ist der

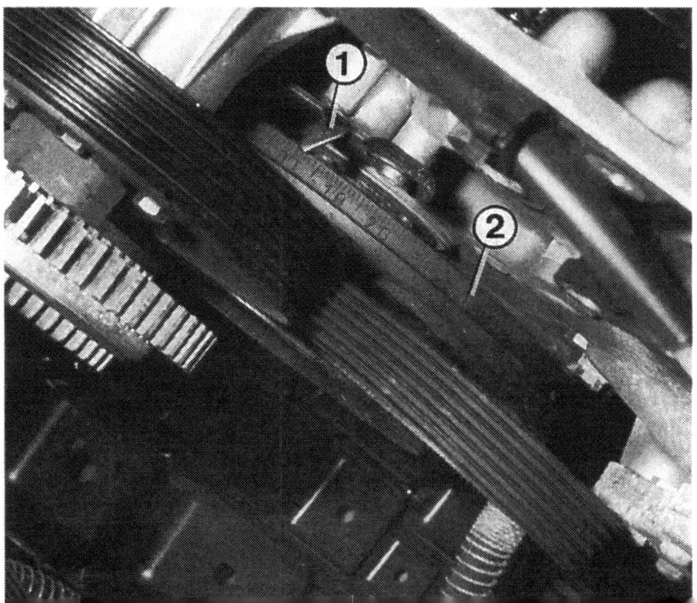

Die Gradeinteilung (2) an der Schwungscheibe vorn am Motor hat eine OT-Marke. Bezugspunkt ist der Zeiger (1).
Will man den Zünd-OT des 1. Zylinders finden, den Öleinfülldeckel abnehmen und nachsehen, wie die Nockenspitzen am ersten Zylinder stehen: Im Zünd-OT des ersten Zylinders stehen sie nach oben.

Schmiersaft am kühlsten. Dagegen können an den Kolbenringen Temperaturen von bis zu 300° C auftreten. Falls Sie nachträglich einen Ölthermometer eingebaut haben: 150° C in der Ölwanne gelten als höchstzulässige Temperatur. Voraussetzung ist dabei allerdings ein hochwertiges Motoröl.
Schädlich für den Motor ist auch eine zu niedrige Öltemperatur. Das Öl hat dann seine volle Schmierfähigkeit noch nicht erreicht. Deshalb sollten Sie nach Möglichkeit den Motor nach dem Kaltstart nicht hoch drehen lassen, bis das Öl etwa 60° C erreicht hat. Für den Mercedes gilt als Anhaltspunkt, daß das Motoröl gegenüber dem Kühlmittel etwa doppelt so lange braucht, bevor es seine Betriebstemperatur erreicht hat.

Öldruck

Nur im Falle einer Störung wird üblicherweise der Öldruck kontrolliert: Im **Leerlauf** soll er **0,5–2,0 bar** betragen, bei **Höchstdrehzahl 4,0–6,0 bar**. Natürlich beziehen sich diese Werte auf den **betriebswarmen Motor**, denn bei kaltem, zähflüssigem Öl ist der Druck schon im Leerlauf relativ hoch.
Wer den Öldruck messen will, muß unten am Ölfiltergehäuse die Verschlußschraube ausbauen und dort den früher üblichen Öldruckgeber einbauen. Mit einem Ohmmeter kann folgendes gemessen werden:

Öldruck bar	0	1,0	2,0	3,0
Widerstand Ω	10	69	129	184

Da bei richtigem Ölstand der Öldruck praktisch über viele Fahrzeug-Generationen immer gestimmt hat, wird in der C-Klasse jetzt auf eine Öldruckanzeige verzichtet. Die Ölstands-Kontrollanzeige muß dafür genauer im Auge behalten werden. Wer elektrisch beschlagen ist, kann mit den vorangegangenen Angaben auch eine Öldruckanzeige nachrüsten.

Die Ölstandskontrolle

Ein Ölstandsgeber seitlich in der Ölwanne überwacht den Ölinhalt Ihres Motors. Diese Einrichtung befreit Sie aber nicht von der Ölstandskontrolle mit dem Peilstab – nur diese ist völlig zuverlässig.
Die Ölstandskontrolle im Kombi-Instrument leuchtet dann auf, wenn sich der Ölstand im unteren Peilstabdrittel befindet. Damit es aber nicht zu Fehlanzeigen kommt, sorgt einmal eine Verzögerungsschaltung dafür, daß die Lampe nur dann aufleuchtet, wenn 60 Sekunden lang Ölmangel gemeldet wird. Weiterhin muß für eine zuverlässige Anzeige das Öl dünnflüssig genug sein. Eine Bimetall-Schnappscheibe unten am Ölstandsgeber öffnet erst bei 60° C. Erst dann kann sich der Ölspiegel im becherförmigen Geber ändern.
Beim Einschalten der Zündung leuchtet die Kontrollampe schwach auf (Lampenkontrolle) und verlöscht bei laufendem Motor. Wenn bei Ölmangel die Lampe aufleuchtet, genügt es, beim nächsten Tanken einen Liter Öl nachzufüllen.

Ölstandskontrolle prüfen

- **Kontrolleuchte leuchtet bei richtigem Ölstand und laufendem Motor ständig auf:** Stecker vom Ölstandsgeber in der Ölwanne ausstecken.
- Mit einem Ohmmeter zwischen Steckanschluß am Geber und Masse prüfen.
- Bei Unterbrechung (∞ Ω) den Geber ausbauen und erneuern.
- Wird am Geber Durchgang (0 Ω) festgestellt, den Leitungsverlauf zum Kombi-Instrument auf Unterbrechung prüfen.
- Sind Geber und Leitungsverlauf in Ordnung, kann noch eine Unterbrechung im Kombi-Instrument den Fehler verursachen.
- **Kontrolleuchte leuchtet bei eingeschalteter Zündung nicht auf:** Vermutlich ist die Glühlampe durchgebrannt.
- Kombi-Instrument ausbauen und Lampe erneuern.
- **Kontrolle leuchtet bei laufendem Motor, einer Öltemperatur von mehr als 60° C und einem Ölstand unter der MIN-Marke nicht auf:** Kabel am Ölstandsgeber abziehen.
- Widerstand zwischen Geberanschluß und Masse messen.
- Bei den oben genannten Bedingungen müßte der Geber seinen Kontakt geöffnet haben. Es muß Unterbrechung (∞ Ω) gemessen werden.
- Brennt die Lampe nicht, obwohl der Kontakt im Geber unterbrochen ist, muß die Lampe durchgebrannt sein.
- Hat der Kontakt im Geber nicht geöffnet, den Geber ausbauen, prüfen und ggf. ersetzen.

Die Kurbelgehäuse-Entlüftung

Selbst völlig intakte Motoren blasen in der Minute 50 bis 70 Liter Verbrennungsgase an den Kolbenringen vorbei ins Kurbelgehäuse. Dieser Druck muß aus dem Motor entweichen können, damit die Dichtungen nicht zu stark beansprucht werden.
Das geschieht über die Kurbelgehäuse-Entlüftung. Die giftigen Gase aus dem Motorinnern werden zum Schutz der Umwelt in den Ansaugtrakt des Motors zurückgeleitet und von dort aus zur vollständigen Verbrennung nochmals vom Motor angesaugt.

Motor auf Öldichtheit kontrollieren

- Geräuschkapsel unten ausbauen.
- Betrachten Sie den Motor von oben und unten.
- Geringfügig ölfeuchte Stellen sind nicht bedenklich, alle Motoren »schwitzen« gelegentlich etwas Schmiermittel aus.
- Ölflecken unter dem geparkten Wagen und deutlichen Ölnässen sollten Sie aber auf den Grund gehen.
- Motor mit einem Dampfstrahlgerät und Motorreiniger an der Tankstelle oder in einem Reinigungspark säubern.
- Nach einer Probefahrt von wenigen Kilometern wird kontrolliert, wo Öl austritt.

Mögliche Leckstellen

An welchen Stellen beim Mercedes-Motor Öl austreten kann, finden Sie hier aufgezählt:

- ○ Abdichtungen der Kurbelwelle vorn und hinten
- ○ Steuergehäusedeckel ganz vorn am Motor
- ○ Verschlußschraube für den Kettenspanner
- ○ Zylinderkopfdeckeldichtung
- ○ Zylinderkopfdichtung
- ○ Ölfiltergehäuse
- ○ Ölwannendichtung

Fingerzeig: Tankstellen und Reinigungsparks haben Dampfstrahlgeräte zur Selbstbedienung. Wer den Motorreiniger selbst mitbringt, kommt so zu einer preiswerten Motorwäsche.

Die Motorlebensdauer

Mercedes-Motoren sind als langlebig bekannt – sie können ohne weiteres 180000 km und mehr erreichen. Allerdings entscheidet der Fahrer durch seinen Umgang mit der Maschine, ob sie ein biblisches Alter erreicht oder ob der Exitus schon früh erfolgt. Von Bedeutung ist hierbei die Motoröltemperatur. Während die Kühlmittel-Temperaturanzeige schon relativ früh Betriebstemperatur signalisiert, ist das Motoröl frühestens nach etwa 10 Minuten Fahrt völlig einwandfrei schmierfähig.

Moderne Dieselmotoren sind zwar so gebaut, daß sie möglichst vielen Beanspruchungen standhalten, doch gelten immer noch die dieseltypischen Einsatzbedingungen, welche die Motoren besonders lieben: Möglichst konstante Betriebstemperatur und Fahren im mittleren Drehzahlbereich. Wird der Diesel als Taxi (Motor wird selten kalt) oder als Langstreckenfahrzeug benützt, dürfte der Motor wohl mindestens 200000 km halten. Bei einem reinen Kurzstreckenfahrzeug mit sehr vielen Kaltstarts könnte es einmal vorkommen, daß die Kompression schon um 120000 km für den Kaltstart nicht mehr ausreichend ist und ein Motortausch fällig wird.

Drehzahlen

Ein Verbrennungsmotor gibt seine höchste Leistung bei einer bestimmten Drehzahl ab – der sogenannten **Nenndrehzahl**. Höher als diese hinauszudrehen bringt keine Mehrleistung, sondern allenfalls besseres Anschließen an den nächsten Getriebe-Gang, was aber nur für die maximale Beschleunigung entscheidend ist. Für eher geruhsames Fahren hält man den Motor möglichst im **Drehzahlbereich des größten Drehmoments**. Dort ist die beste Durchzugskraft vorhanden.

Die **Höchstdrehzahl** zeigt, daß man dem Motor in Sachen Drehfreudigkeit einiges abverlangen kann. Denn die Ventile werden über Tassenstößel direkt von der/den obenliegenden Nockenwelle(n) betätigt. Dabei sind nur geringe Massen zu bewegen, was hohe Drehzahlen ohne Gefahr für den Ventiltrieb gestattet.

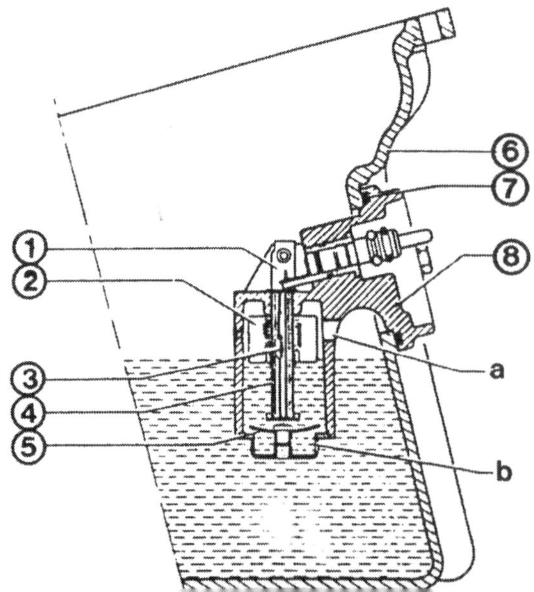

In die Ölwanne ist ein Ölstandsgeber eingebaut. Es bedeuten:
1 – Ölstandsgeber;
2 – Schwimmer mit Magnet;
3 – Reed-Kontakt;
4 – Schwimmerführung;
5 – Bimetall-Schnappscheibe;
6 – Ölwanne;
7 – Dichtring;
8 – Ölstandsgeber;
a – Belüftungsbohrung;
b – Ablaufbohrung.

Zur Kompressionsdruckprüfung alle Einspritzdüsenhalter (1) ausbauen. Dazu die Leckölleitungen abziehen und die Einspritzleitungen (3) abschrauben. Der Druckprüfer (2) wird über ein selbstgefertigtes Anschlußstück in die Bohrungen der Düsenhalter eingeschraubt. Beim Vierventiler erst die Abdeckung auf Zylinderkopfhaube und Querrohr ausbauen.

Kompressionsdruck prüfen

Die Messung des Kompressionsdrucks in den Motorzylindern gibt Aufschluß darüber, ob Ventile und Kolbenringe gut abdichten. Leistung, Kaltstartverhalten, Öl- und Kraftstoffverbrauch sowie die Rauchentwicklung unseres Dieselmotors hängen davon ab.
In der Werkstatt benutzt man für die Druckmessung Prüfgeräte mit einlegbaren Meßkärtchen. Außerdem besitzt man das passende Anschlußstück, um den Druckprüfer an die Vorkammer anzuschließen. Falls Sie den Kompressionsdruck jedoch mit einem der billigen Prüfgerät für Heimwerker messen wollen, beachten Sie folgendes: Der Druckprüfer muß einen Meßbereich bis ca. 30 bar haben. Außerdem muß er zum Einschrauben in Zündkerzengewinde geeignet sein. Das erforderliche Anschlußstück können Sie selbst anfertigen. Dazu besorgen Sie sich von einem Schrottmotor eine Einspritzdüse (bei allen Mercedes-Motoren ist das Gewindeteil des Einspritzdüsenhalters seit Jahren gleich), zerlegen die Einspritzdüse und lassen an das untere Gewindeteil eine Buchse mit Zündkerzengewinde (M 14 × 1,25) anschweißen zum Einschrauben des Kompressionsdruckprüfers. Der Kompressionsdruck wird bei warmem Motor über die Vorkammern gemessen.

- C 200/250 D: Motor starten und durch Drehen des Abstellers am Kraftstoffilter wieder abstellen.
- Beim C 220 Diesel benötigen Sie einen Fernstartschalter.
- Einspritzdüsen ausbauen.
- Leerlauf einlegen.
- Motor mit dem Anlasser durchdrehen, um Rückstände aus den Brennräumen zu blasen.
- Kompressionsdruckprüfer mit einem Anschlußstück in die Vorkammer einschrauben.
- Motor mit dem Anlasser einige Umdrehungen durchdrehen lassen und den Kompressionsdruck des entsprechenden Zylinders ablesen.
- Nacheinander alle Zylinder messen.

Kompressionsdruck beurteilen

Bei betriebswarmem Motor beträgt der Kompressionsdruck normalerweise **26–32 bar**. Als **Mindestkompressionsdruck** gelten **18 bar**. Die einzelnen Zylinder sollen nicht mehr als 3 bar voneinander abweichen.
Zu niedriger Kompressionsdruck kommt von: Schäden an den Ventilen, Kolben- und Kolbenringverschleiß, festsitzende Kolbenringen (nach langen Standzeiten) oder unrunden Zylindern durch Kolbenklemmer.
Bei zu niedrigem Kompressionsdruck können Sie den Schaden am Motor lokalisieren, indem Sie mit einer Spritzkanne etwas Öl in die Bohrungen der Einspritzdüsen träufeln und anschließend den Kompressionsdruck nochmals prüfen. Sind die Werte weiterhin schlecht, liegt es an den Ventilen. Erhalten Sie bessere Ergebnisse, liegt es an den Kolbenringen oder an den Zylindern. Das Öl dichtet kurzfristig Kolben und Zylinderwände besser ab, die komprimierte Luft kann dann, sofern der Fehler dort zu suchen war, nicht mehr entweichen.

Druckverlusttest

Geübte Fachleute können mit diesem Test recht genau sagen, woran der Motor krankt. Zur Messung muß der Motor warm sein. Alle Einspritzdüsen, der Luftfilterdeckel, der Öleinfüllverschluß und der Verschlußdeckel des Kühlsystems werden ausgebaut. Zur Prüfung muß der Kolben des zu messende Zylinders auf seinen Oberen Totpunkt gestellt werden. Das Prüfgerät selbst wird an die Vorkammer des jeweiligen Zylinders und an eine Druckluftanlage angeschlossen. Eine Manometerskala wird geeicht, bevor man die Luft in den Brennraum strömen läßt. Verliert der Brennraum Druck, wird dies vom Manometer in Prozent angezeigt. Der Gesamtdruckverlust darf höchstens 25% betragen, wobei an den Ventilen und der Zylinderkopfdichtung 10% und an den Kolbenringen 20% entweichen dürfen. Durch Abhorchen kann man feststellen, ob die Luft über die Saugrohre, den Auspuffkrümmer, den Öleinfülldeckel, das Kühlsystem oder über die Vorkammer des benachbarten Zylinders entweicht.

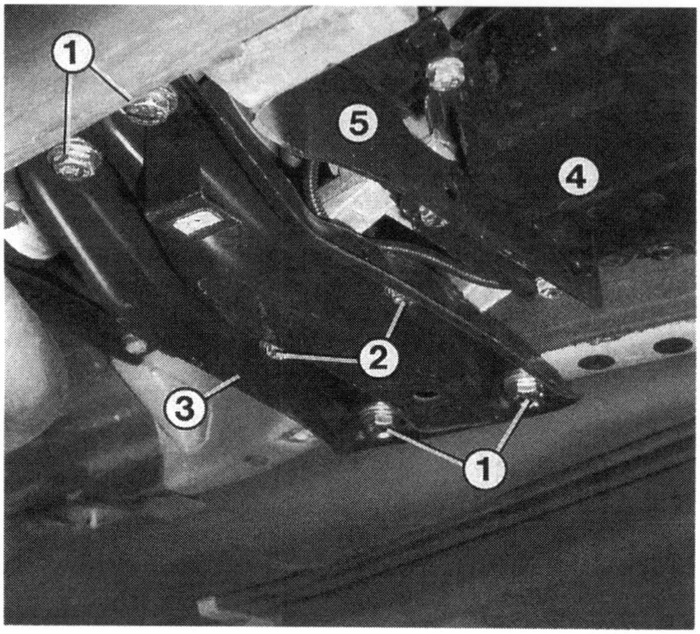

Bei Ausbau von Motor und Getriebe muß der Querträger (3) hinter dem Getriebe (4) ausgebaut werden.
1 – Schrauben Querträger an Karosserie;
2 – Schrauben hinteres Motorlager an Querträger;
5 – Seitenabstützung der Auspuffanlage.

Lagerschaden

Klopfgeräusche aus dem Motorraum, die mit wärmer werdendem Öl lauter werden, sind Anzeichen für einen Lagerschaden. Als Ursachen kommen in Frage:
- Mangelnde Schmierung durch zu niedrigen Ölstand.
- Wasser im Motoröl als Folge einer defekten Zylinderkopfdichtung.
- Zu hohe Drehzahlen bei kaltem Motor und daher zähflüssigem Öl.
- Abgerissener Schmierfilm bei hohen Öltemperaturen, evtl. durch falsche Ölviskosität.

Maßnahmen bei einem Lagerschaden

Um es vorweg zu nehmen – fast immer sind die Gleitlager der Pleuel defekt. Wenn Sie ein defektes Pleuellager bereits im Frühstadium erkennen, kann der Austausch der Lagerschalen genügen. Deshalb:
- Bei harten Klopfgeräuschen aus dem Motorraum den Motor **sofort abstellen**.
- Motor nicht mehr starten, Wagen jetzt in die Werkstatt schleppen lassen.
- Ist der Motor noch jünger als 100 000 km, kann sich eine Teilreparatur lohnen:
- Ölwanne ausbauen und Lagerdeckel aller Pleuellager abschrauben lassen.
- Sind nur einzelne Lagerschalen beschädigt, die Zapfen der Kurbelwelle aber noch glatt, reicht Austauschen der Lagerschalen.
- Eventuell muß anhaftendes Lagermetall vom Kurbelwellenzapfen entfernt werden.
- In jedem Fall die Pleuelbohrung am defekten Lager vermessen lassen.

Fingerzeig: Die Verdichtungs- und Verbrennungsdrücke sind im Dieselmotor sehr groß. Störungen an der Einspritzpumpe oder an den Einspritzdüsen erzeugen deshalb häufig furchteinflößende Geräusche, die den Besitzer meist einen Lagerschaden vermuten lassen. Beraten Sie sich lieber noch mit dem Einspritzungsfachmann, z.B. bei einem Bosch-Dienst. Verschwindet das Geräusch beim Öffnen einer Überwurfmutter an den Einspritzdüsen, die Düse ausbauen und prüfen.

Zum Abnehmen des Keilrippenriemens muß dieser entspannt werden. Hierzu die Mutter (2) von der quer im Zylinderkopf steckenden Schraube losdrehen. Dann einen Metallstab (1; z.B. Radschraubenschlüssel aus dem Bordwerkzeug) in die Bohrung im Spannbügel stecken und den Bügel nach unten hebeln. Die Schraube etwas zurückschieben und die Zugfeder (3) entspannen. Weiterhin: 4 – Stoßdämpfer.

Die Zeichnung zeigt die Teile der Spanneinrichtung für den Keilrippenriemen:
1 – Spannhebel;
2 – Mutter;
3 – Zugfeder;
4 – Spannrolle;
5 – Verschlußdeckel;
6 – Spannrollenhebel;
7 – Stoßdämpfer;
8 – obere Stoßdämpferbefestigung.

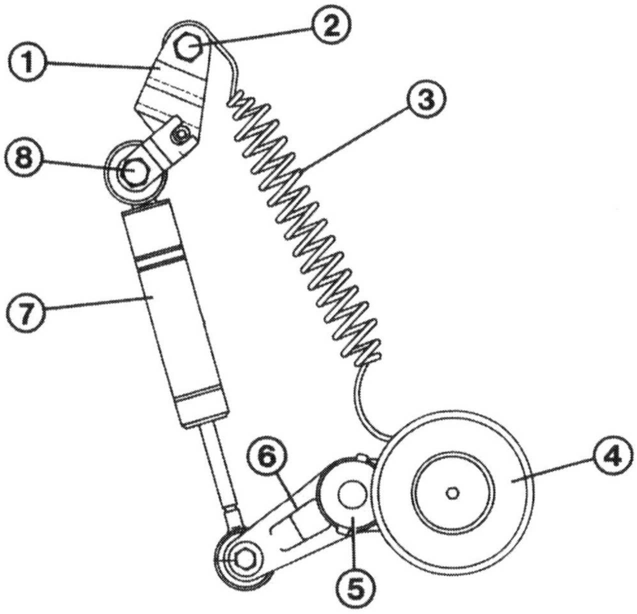

Motor aus- und einbauen

Der Motor wird mit dem Getriebe nach oben aus dem Motorraum gehoben. Dazu brauchen Sie einen Flaschenzug und einen Raum, in dem er stabil und in ausreichender Höhe aufgehängt werden kann. Günstig ist auch ein »vorbelasteter« Helfer.

Ausbau

- Batterie-Massekabel im Kofferraum abklemmen.
- Auspuffrohre von Auspuffkrümmer und Getriebestütze abbauen.
- Motorhaube in Montagestellung bringen. Dazu Verriegelungen an den Haubenscharnieren betätigen.
- Untere Motorraumabdeckung ausbauen.
- Kühlmittel ablassen. Wasserschläuche abnehmen. Kühler ausbauen. Blechbrücke über Kühler ausbauen.
- Bei Klimaanlage Schutzplatte z. B. aus Holz (ca. 40 x 70 cm) vor dem Kondensator anbringen.
- Motoröl ablassen.
- Bei Automatik Leitungen am Ölkühler abschrauben und verschließen.
- Lüfter ausbauen.
- Querrohr für Ansaugluft ausbauen.
- Bei Klimaanlage den Keilrippenriemen ausbauen. Kompressor vom Motor losschrauben und mit Leitungen seitlich unten im Motorraum befestigen.
- Öl aus dem Vorratsbehälter der Servolenkung absaugen. Ölleitungen an der Servopumpe abschrauben.
- Gaszug lösen.
- Unterdruckleitungen und Heizungsschläuche abschrauben.
- Alle elektrischen Kabel am Motorleitungssatz lösen.
- Hinten am Motor eine Blechtafel vor die Zwischenwand einschieben.
- Leitungen an der Lichtmaschine lösen.
- Leitungen am Anlasser lösen.
- Masseleitung zum Getriebe lösen.
- Schaltgetriebe: Leitung zur Kupplungsbetätigung losschrauben.
- Automatik: Am Getriebe elektrische Leitungen abnehmen. Am Startsperrschalter weißen Kunststoff-Sicherungsring nach oben verdrehen. Stecker vorsichtig mit zwei Schraubendrehern abhebeln.
- Auspuffanlage an Krümmer und Getriebe abschrauben.
- Schaltstangen an den Getriebeschalthebeln lösen.
- Gelenkwelle am Getriebe abschrauben. Die Gelenkscheibe verbleibt auf der Welle.
- Schrauben am Gelenkwellen-Zwischenlager etwas lösen.
- Klemmutter an Gelenkwelle (SW 41 und 46) lösen und Gelenkwelle so weit wie möglich zusammenschieben.
- Motor an hinterer und vorderer Aufhängeöse so einhängen, daß er waagrecht angehoben wird.
- Getriebe mit Wagenheber abstützen.
- Querträger hinten am Getriebe ausbauen. Dazu die Schrauben zum Getriebe und zum Fahrzeugboden herausdrehen.
- Vordere Motorlager von unten losschrauben.
- Beim Anheben muß der Motor zunehmend schräg nach hinten gekippt werden, um schließlich mit verschiedenen Schräglagen aus dem Motorraum gehoben werden zu können. Die Werkstatt benützt hierfür einen sogenannten Motordirigenten, mit welchem die Kettenlängen vorn und hinten selbsthemmend ständig verstellt werden. Man kann Motor und Getriebe beim Anheben zwischendurch auf einen sicheren (!) Unterbau absetzen und die hintere Kette länger hängen.

Einbau

Sinngemäß wird in umgekehrter Reihenfolge des Ausbaus vorgegangen. Dabei gilt es einige Punkte besonders zu beachten:

- Generell alle selbstsichernden Muttern durch neue ersetzen.
- Beachten Sie beim Einbau des Motors, daß keine Kabel, Leitungen oder Schläuche eingeklemmt werden.
- Anzugsdrehmomente der Schrauben beachten.
- Ausrücklager auf Verschleiß prüfen; wenn es rauh läuft, ersetzen, wie im Kapitel »Die Kupplung« beschrieben.
- Ausrücklager und Verzahnung der Antriebswelle schmieren (siehe Kapitel »Die Kupplung«).
- Verschleiß der Kupplungs-Mitnehmerscheibe prüfen.
- Motoraufhängung zwecks spannungsfreiem Einbau noch nicht endgültig festziehen.
- Motor erst mit noch losen Schrauben kräftig hin- und herrütteln. Erst dann die Schrauben festziehen.
- Auspuff spannungsfrei einbauen.
- Kühlsystem befüllen und entlüften.
- Motoröl einfüllen.
- Zuletzt noch folgende Punkte vor, während bzw. nach der Probefahrt kontrollieren: Funktionieren Instrumente und Anzeigen? Arbeitet die Lenkanlage richtig? Tritt auch nirgends Öl, Kraftstoff oder Kühlmittel aus?

Anzugs-drehmomente

Bauteil	Nm
Gelenkwellenzwischenlager	25
Klimakompressor an Motor	25
Motorlager vorn	25
Motorlager hinten an Getriebe	25
Ölleitung an Ölkühler	30
Hochdruckschlauch an Servopumpe	30
Klemmutter an Gelenkwelle	35
Querträger hinten an Karosserie	40
Rücklaufleitung an Servopumpe	40
Gelenkscheibe an Getriebeflansch	45

Der Riementrieb

Die Zeichnungen unten zeigen, wie sämtliche Aggregate an der Frontseite des Motors mit nur einem Riemen angetrieben werden. Dieser sogenannte Keilrippenriemen wird durch eine automatische Spannvorrichtung mit Spannfeder gespannt. Weiterhin ist ein kleiner Stoßdämpfer am Spannhebel eingebaut. Je nach Ausstattung mit oder ohne Klimaanlage hat der Riemen unterschiedliche Längen und Laufschemata. Der langlebige Keilrippenriemen sollte nach ca. 30000 km auf seinen Zustand untersucht werden. Einen Ersatzriemen immer im Fahrzeug mitführen.

Keilrippenriemen prüfen

Wartung Nr. 19

- Riemen mit Kreide kennzeichnen.
- »Zündung« ausschalten.
- Motor weiterdrehen, bis der Riemen eine Runde gelaufen ist.

Bei folgenden Schäden muß der Riemen erneuert werden:

- ○ Gummiknollen, starke Verschmutzung zwischen den Rippen,
- ○ Rippen oben spitz (neu sind sie trapezförmig),
- ○ zwischen den Rippen hellere Stellen (Gewebe teilweise sichtbar),
- ○ Querrisse über mehrere Rippen, Rippen teilweise ausgerissen,
- ○ ausgefranste Seiten, Querrisse auf dem glatten Rücken.

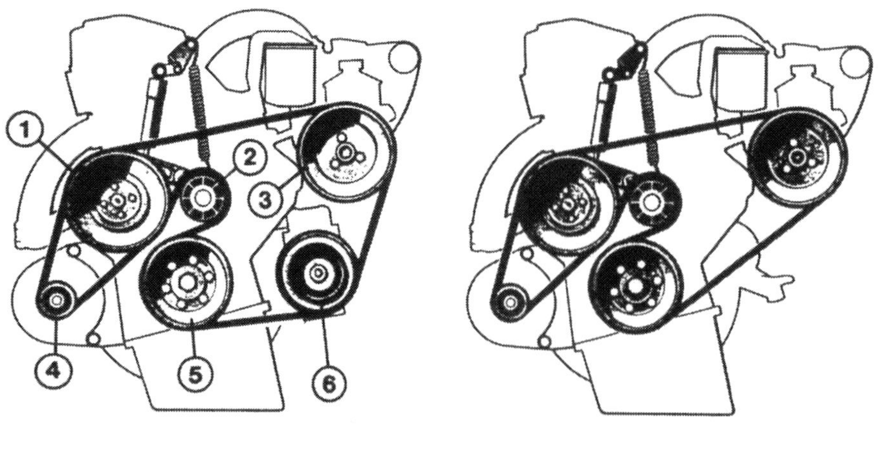

Hier ist das Laufschema des Keilrippenriemens dargestellt. Bis zu sechs Riemenscheiben können eingebaut sein:
1 – Wasserpumpe;
2 – Spannrolle;
3 – Servolenkung;
4 – Lichtmaschine;
5 – Kurbelwelle;
6 – Klimakompressor.

An der Motorfrontseite sitzt die Unterruckpumpe (3). Weiterhin sind gezeigt:
1 – Unterdruckleitung zum Bremskraftverstärker;
2 – Unterdruckanschluß für verschiedene Unterdrucksysteme.

● Mutter oben an der Federaufhängung abschrauben. Jetzt einen Hebel oben in den Federspannhebel stecken und diesen so entlasten, daß seine Befestigungsschraube zurückgeschoben werden kann.
● Federspannhebel loslassen.
● Spannrolle etwas zurückdrücken und den Keilrippenriemen von den Rollen abnehmen.
● Riemen zwischen Lüfterflügel und Lüfterhaube durchfädeln und abnehmen. Man kann hierzu auch die Lüfterhaube vom Kühler lösen und dann zwischen Lüfterhaube und Kühler zum Keilrippenriemen durchgreifen.

Riemen erneuern

● Vor dem Einbau eines neuen Riemens die Riemenscheiben und die Spannvorrichtung auf Lagerspiel und grobe Unebenheiten prüfen.
● Neuen Riemen rund um den Lüfterflügel führen.
● Keilrippenriemen in der Ziffernfolge der Laufschemata auflegen, d.h. mit »1« beginnen.
● Riemen spannen. Dazu die Spannfeder mit einem Hebel so weit spannen, bis sich die Schraube vorn am Zylinderkopf wieder durch den Spannhebel stekken läßt. Mutter festdrehen.

Spannvorrichtung ausbauen

● Lüfterhaube und Lüfterflügel ausbauen (Kapitel »Die Kühlanlage«).
● Riemen entspannen und abnehmen, wie beschrieben.
● Schraube an der oberen Stoßdämpferbefestigung herausdrehen.
● Verschlußdeckel am Drehpunkt des Spannrollenhebels entfernen.
● Schraube herausdrehen und mit der Sicherungsscheibe abnehmen.
● Spannrollenhebel zusammen mit der Zugfeder und dem Stoßdämpfer vom Lagerbolzen ziehen.

Fingerzeig: Ist der Stoßdämpfer defekt, wird der Riementrieb störend laut. Zur Prüfung Motor starten und Motorhaube öffnen. Zur weiteren Fehlersuche Keilrippenriemen abnehmen und den Motor maximal 30 Sekunden (Wasserpumpe steht) laufen lassen. Ist das Geräusch verschwunden, den Stoßdämpfer erneuern. Bleibt das Geräusch, z.B. Steuerkette prüfen.

Gerissener Riemen

Leuchtet plötzlich während der Fahrt die rote Ladekontrolleuchte auf und haben Sie vielleicht gehört, daß im Motorraum kurz etwas gegen das Blech schlug, ist sicher der Keilrippenriemen gerissen – anhalten und nachsehen.
Falls ja, **dürfen Sie auf keinen Fall weiterfahren!** Durch die Wasserpumpe ist der Kühlmittelumlauf unterbrochen, und im Motorblock gerät das stillstehende Kühlmittel sofort ins Kochen, was einen schweren Motorschaden zur Folge haben kann. Auch Langsamfahrversuche sind sträflicher Leichtsinn. Deshalb sofort einen neuen Riemen montieren oder den Mercedes abschleppen lassen.

Die Unterdruckpumpe

Anders als Benzinmotoren erzeugen Dieselmotoren beim Ansaugen keinen brauchbaren starken Unterdruck, wie er für den Bremskraftverstärker und andere Nebenaggregate gebraucht wird. Deshalb besitzt der Diesel-Mercedes zur Unterdruckversorgung eine doppelt wirkende Kolbenunterdruckpumpe. Sie ist vorn am Motor angeschraubt und wird über eine Kurvenbahn vor der Einspritzpumpe angetrieben. Oben an der Pumpe ist der dicke Schlauch zum Bremskraftverstärker angeschraubt. Daneben steckt ein dünner Schlkauch zur Versorgung anderer Nebenaggregate.

Hier ist die Riemenspannvorrichtung ausgebaut. Es sind bezeichnet:
1 – Zylinderkopf;
2 – Lagerung für Spannrollenhebel;
3 – Unterdruckpumpe.

Unterdruckpumpe schadhaft?

Muß man bei kurzem Pedalweg sehr stark auf das Bremspedal treten, damit sich die gewohnte Bremswirkung einstellt, könnte eine defekte Unterdurckpumpe die Ursache sein.

- Zur Prüfung den Schlauch zum Bremskraftverstärker lösen und bei laufendem Motor fühlen, ob Unterdruck anliegt (Saugwirkung).
- Hell klingende, drehzahlabhängige Laufgeräusche aus Richtung Unterdruckpumpe könnten von einem defekten Antrieb stammen.
- Pumpe abschrauben (sechs Schrauben) und die Laufrolle auf Leichtgängigkeit prüfen.
- Eine defekte Unterdruckpumpe wird komplett ausgetauscht.

Schlußakkord

Unangenehmes muß schnell verschwinden. Doch auf saubere Weise. Und ohne allzuviel Aufhebens zu verursachen. Die Auspuffanlage leitet die Abgase nach hinten, reinigt sie mit dem Katalysator und dämpft das Verbrennungsgeräusch.
Bei der Ausführung der Anlage wurde auf eine strömungsgünstige äußere Form und auf einen möglichst flächenglatten Einbau im Unterboden geachtet. So konnte der Luftwiderstand am Fahrzeugboden recht klein gehalten werden. Die Rohrabmessungen sowie die Ausführung der Schalldämpfer sind auf die jeweilige Motorleistung abgestimmt.

Die Teile der Auspuffanlage

Bei allen Motorversionen besteht die Auspuffanlage aus folgenden Teilen (von vorn nach hinten):
○ **Vordere Auspuffanlage mit Katalysator:** Vorn ist die Anlage an den Krümmer geflanscht. Seitlich ist sie elastisch gegen das Getriebe abgestützt. Eine Flanschverbindung mit Dichtring stellt die Verbindung zur weiteren Auspuffanlage her.
○ **Hintere Auspuffanlage mit Mittel- und Nachschalldämpfer:** Die Aufhängung erfolgt über zwei Gummilager zum Wagenboden.
○ Die Langlebigkeit der Auspuffanlage soll durch die Verwendung von feueraluminisiertem Stahlblech für die Schalldämpfer und das Endrohr gewährleistet sein. Der vordere Teil besteht aus rostfreien Blechen.

Auspuffanlage prüfen

Die Lebensdauer der Auspuffanlage ist begrenzt. Von außen nagen Spritzwasser und Streusalz am Blech, während Kondenswasser, das bei Kurzstreckenbetrieb entsteht, die innere Korrosion fördert. Steinschlag und Aufsetzer im Gelände sowie starke Motorschwingungen (etwa durch eine schadhafte Motorlagerung) wirken ebenso lebensverkürzend. Einen durchgerosteten Auspuff hört man am »sportlichen« Klang (der Schall wird nur noch teilweise gedämpft).

- Nur das vordere Auspuffrohr ist fest mit dem Antriebsblock verbunden.
- Ansonsten ist die Anlage beweglich. Sie hängt in schwingungsdämpfenden Gummilagern. Diese müssen auf Brüchigkeit, Einrisse oder sonstige Beschädigungen überprüft und ggf. ersetzt werden.
- Ob die Auspuffanlage dicht ist, läßt sich leicht prüfen: Mit einem Lappen bei laufendem Motor das Auspuffende zuhalten.
- Die undichten Stellen lassen sich durch das zischende Geräusch leicht entdecken.
- Achten Sie auf den Verbindungsflansch und auf die Verschraubungen der Rohre am Auspuffkrümmer.

Auspuffanlage erneuern

Der Nachschalldämpfer kann einzeln ersetzt werden. Dazu hintere Auspuffanlage ausbauen und so auseinandersägen, daß sich an der Rohrsteckverbindung eine Einstecktiefe von ca. 80 mm ergibt.

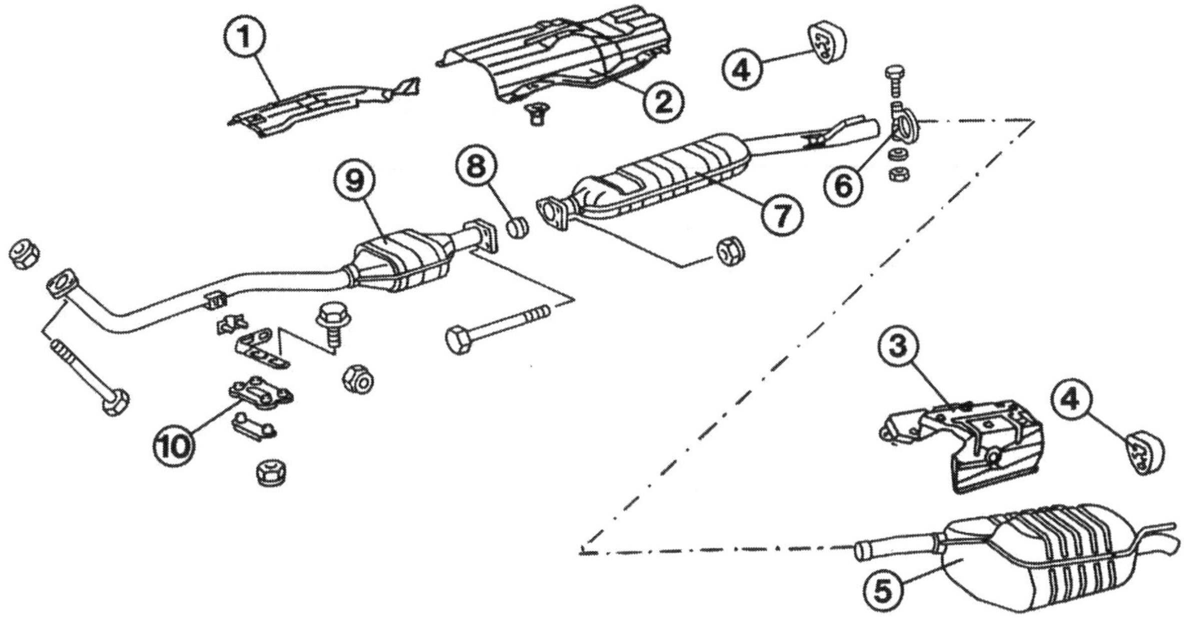

1, 2, 3 – Wärmeabschirmbleche; 4 – Gummiaufhängung; 5 – Nachschalldämpfer; 6 – Klemmschelle zum Austausch-Nachschalldämpfer; 7 – Mittelschalldämpfer; 8 – Flanschverbindung mit Dichtring; 9 – Auspuffanlage vorn mit Kat; 10 – Seitenabstützung mit Gummiplatte.

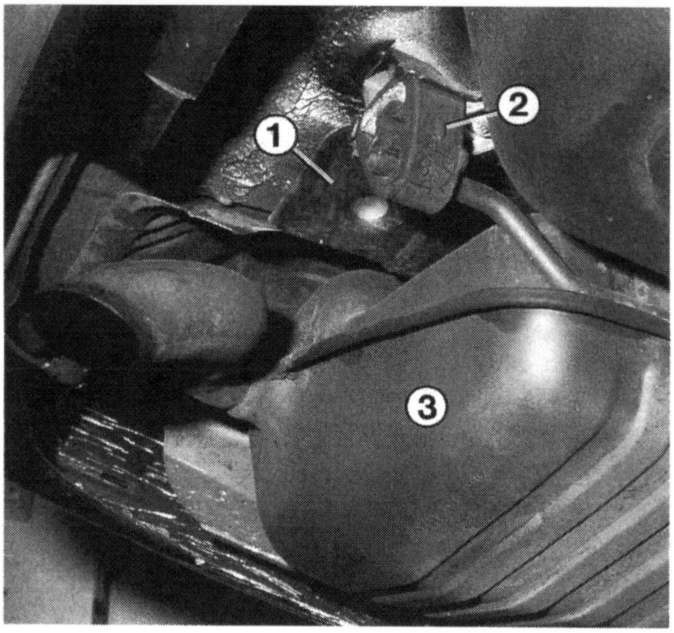

1 – Anschlaggummi; 2 – Gummiaufhängung; 3 – Nachschalldämpfer.

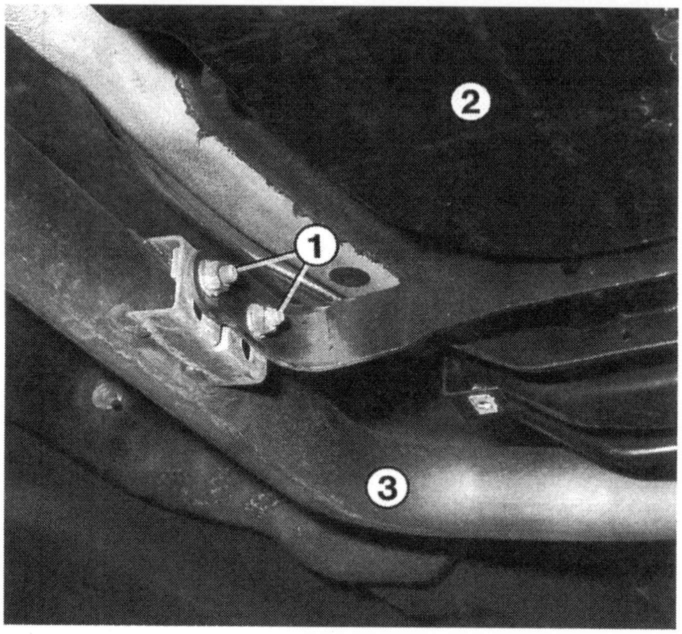

1 – Muttern (20 Nm) der Seitenabstützung zum Getriebe (2); 3 – Auspuffrohr.

Auspuffanlage erneuern

- Fahrzeug so weit anheben, daß genügend Arbeitsraum entsteht. Fahrzeug sichern!
- Untere Motorraumabdeckung ausbauen.
- Vorderes Auspuffrohr am Auspuffkrümmer abschrauben.
- Flansch am Ende des Auspuffrohrs aufschrauben.
- Gummiaufhängungen an den Schalldämpfern lösen.
- Soll nur der hintere Teil der Anlage ausgebaut werden, kann das vordere Rohr montiert bleiben.
- Bei der Montage beachten: Anlageflächen des Dichtrings an der Flanschverbindung ggf. von Verbrennungsrückständen sauber schmirgeln. Aufhängungsteile prüfen und ggf. erneuern.
- Den Flansch am Auspuffkrümmer gleichmäßig anziehen.
- Selbstsichernde Muttern immer erneuern. Alle Muttern und Schrauben werden mit 20 Nm festgedreht.

Fingerzeige: Wir raten zum Kauf der teuren Original-Auspuffanlage. Paßform, Blechstärken und Stopfgrad der Schalldämpfer sind optimal. Die vordere Auspuffanlage mit Katalysator ist als Tauschteil erhältlich. Die Edelmetalle im Kat werden wiedergewonnen.
Die Teile der Auspuffanlage immer zunächst lose vormontieren und dann ausrichten. Danach Schraubverbindungen festdrehen, um so Brummgeräusche und Spannungsrisse zu vermeiden.
Beim Einbau die Schraubverbindungen mit Kupferfett bestreichen, damit sich die Verschraubungen später wieder gut lösen lassen.

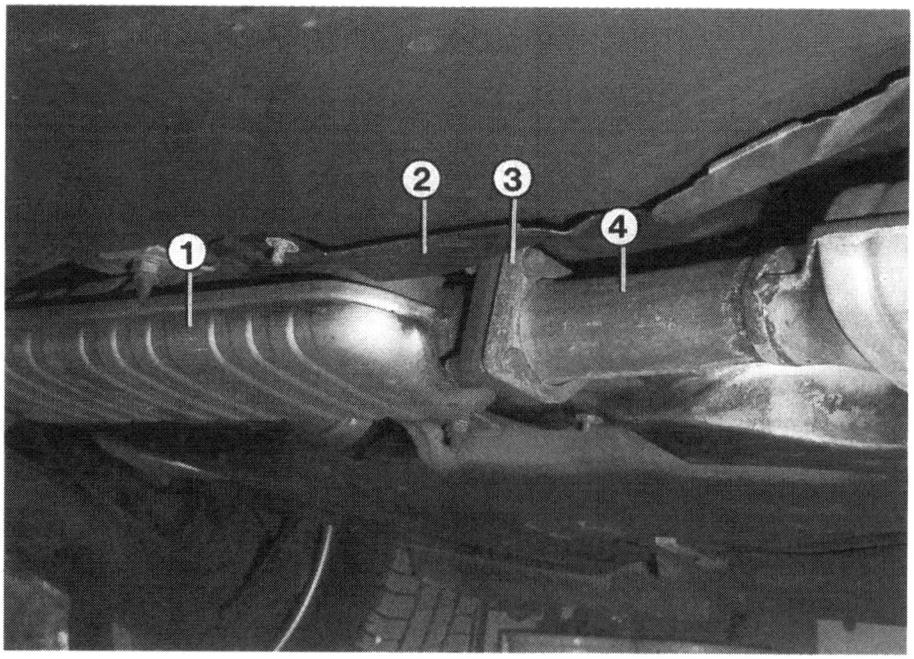

1 – Mittelschalldämpfer; 2 – Wärmeabschirmblech; 3 – Flanschverbindung; 4 – vordere Auspuffanlage.

Cool bleiben

Bei der Verbrennung von Kraftstoff und Luft wird es dem Motor ausgesprochen warm ums Herz. Denn außer der Kraft für die Fortbewegung entsteht Wärme. Zwar ist der Dieselmotor in diesem Punkt den Benzinern überlegen, aber dennoch ist die Ausbeute nur wie folgt: ⅓ Kraft, ⅔ Wärme. Diese Wärme gilt es über das Kühlmittel abzuführen. Um Gewicht zu sparen und damit der Motor schnell auf Betriebstemperatur kommt, ist die Kühlmittelmenge recht klein.

So wird gekühlt

Die Zeichnung unten zeigt das Kühlsystem in Ihrem Mercedes. Das Kühlmittel wird ständig von der Wasserpumpe vorn am Motor durch die Kanäle und Schläuche gepumpt. Angetrieben wird die Wasserpumpe wie auch die anderen Nebenaggregate über den Keilrippenriemen von der Kurbelwelle aus.
Geregelt wird das Kühlsystem vom Thermostat. Dieser ist hinter der Wasserpumpe zu finden. Je nach erforderlicher Kühlleistung wird der Kühlmitteldurchfluß durch den Kühler vom Thermostat gesteuert. Man unterscheidet Warmlaufphase (Kühlmittelweg durch den Kühler gesperrt), Normalbetrieb (unterschiedlicher Durchfluß des Kühlers) und Maximalkühlung (das gesamte Kühlmittel muß durch den Kühler).
Um die Abkühlung des Kühlmittels beim Durchfluß durch den Kühler noch zu verbessern, sitzt hinter dem Kühler ein großer Lüfterflügel. Dieser unterstützt den Fahrtwind, indem er zusätzlich kräftig Luft durch den Kühler saugt, sobald er durch seine Lüfterkupplung mit der Antriebswelle verbunden ist. Das Zuschalten des Lüfters besorgt eine Visko-Kupplung. Um nicht unnötig Motorleistung zu verbrauchen, wird der Lüfter nur dann zugeschaltet, wenn er wirklich erforderlich ist.
Ihr Mercedes besitzt ein Kühlsystem mit separatem Ausgleichsbehälter rechts im Motorraum. Unten ist in den Behälter ein Kühlmittelstandsgeber eingebaut. Sein Kontakt schließt, und eine Kontrollampe im Kombi-Instrument leuchtet auf, sobald das Kühlmittel unter die »MIN«-Marke abgesunken ist. Durch die Ausgleichsleitung unten am Behälter wird entweder Kühlmittel abgesaugt oder zurückgedrückt; je nach dem Kühlmittelvolumen im restlichen System. Ein Silikatvorrat im Behälter verhindert Aluminiumkorrosion. Die obere Leitung ist die Entlüftungsleitung. Das Kühlsystem entlüftet sich beim Befüllen über ein Kugelventil am Thermostat selbständig. Der Verschlußdeckel auf dem Ausgleichsbehälter regelt den Druck im Kühlsystem. Der Überlaufschlauch vom Einfüllstutzen des Ausgleichsbehälters leitet das giftige Kühlmittel nicht einfach ins Freie, sondern in einen Überlaufbehälter im rechten Radlauf.

Das Überdruck-Kühlsystem

Um die Wirkung des Kühlmittels noch zu steigern, baut sich im Kühlsystem mit zunehmender Erwärmung ein Druck bis 1,4 bar auf. Dafür sorgt die federbelastete Platte im Verschlußdeckel auf dem Ausgleichsbehälter. Durch diesen Druck, aber auch durch die Beigabe des Gefrierschutzes steigt der Siedepunkt des Kühlmittels auf etwa 126°C.

Kühlsystem der C-Klasse:
1 – Kühlmittel-Ausgleichsbehälter;
1a – Silikatvorrat;
2 – Kühler;
3 – Kühlmittel-Temperaturregler (betriebswarmer Motor);
4 – Wasserpumpe;
5 – Öl-Kühlmittel-Wärmetauscher;
6 – Heizungswärmetauscher;
7 – Entlüftungsleitung zum Kühlmittel-Ausgleichsbehälter;
A3 – Duoventil;
y1 – Ventil links;
y2 – Ventil rechts;
A – Kühlmittel-Rücklauf;
B – Kühlmittel-Vorlauf;
C – Entlüftungsleitung;
M – Motor;
S – Behälter der Scheibenwaschwasser, kühlmittelbeheizt.

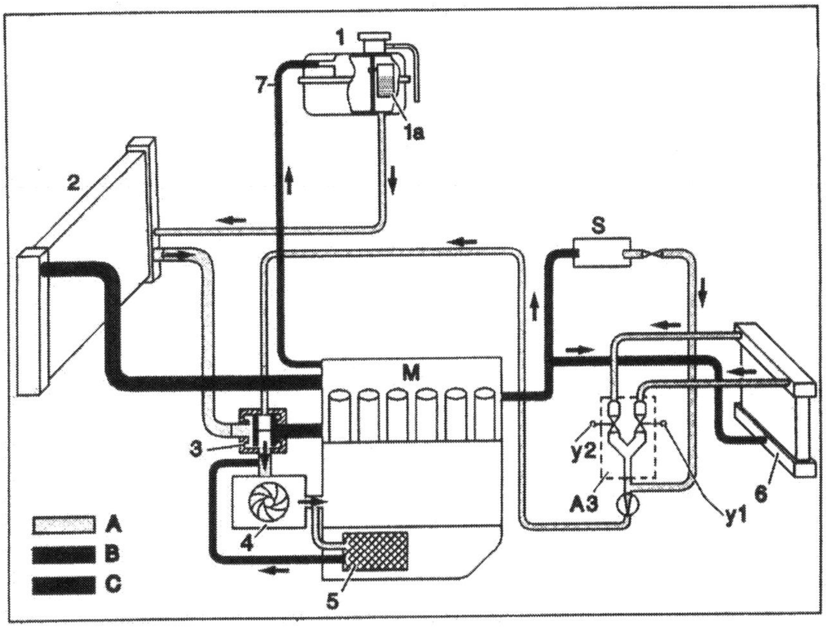

In der Abbildung sind folgende Teile beziffert:
1 – Ausgleichsleitung;
2 – Ausgleichsbehälter;
3 – Kühlmittelstandsgeber;
4 – Kühlmittelschlauch;
5 – Lagerung oberer Querlenker.

Bei Überschreitung des Maximaldrucks öffnet die Verschlußplatte und läßt unter eindrucksvollem Gezisch meist schon dampfförmiges Kühlmittel entweichen.

Fingerzeig: Am Verschlußdeckel finden Sie die Kennzahl »140«. Diese besagt, wieviel Überdruck im System aufgebaut werden kann (1,4 bar). Im Ersatzfall Deckel mit der Kennzahl »140« einbauen.

Der Thermostat

Dieser temperaturabhängige Regler steuert den Strom des Kühlmittels. Eine mit Wachs gefüllte Büchse und eine Feder sorgen dafür, daß sich die beiden Ventilplatten am Thermostat wunschgemäß bewegen.
○ **Warmlaufphase bis ca. 87° C:** Das Hauptventil am Thermostat versperrt den Weg zum Kühler. Das Kurzschlußventil auf der anderen Seite läßt Kühlmittel gleich wieder zur Wasserpumpe strömen. Von dort gelangt es wieder in den Motor. Dieser sogenannte »Kleine Kreislauf« dient dem möglichst schnellen Erwärmen von Motor und Heizung.
○ **Normalbetrieb bei 87–102° C:** Der Durchfluß durch den Kühler wird teilweise freigegeben, und der direkte Weg zur Wasserpumpe bleibt mehr oder weniger weit geöffnet. So wird bewirkt, daß sich kalte Flüssigkeit vom Kühler mit etwas warmem Kühlmittel vermischt, bevor es in den Motor gepumpt wird. Ein »Kälteschock« für den Motor wird verhindert.

Vor der kalten Zeit den Gefrierschutz des Kühlmittels prüfen. Dazu bei abgekühltem Motor (!) den Verschlußdeckel (3) am Ausgleichsbehälter (2) abschrauben. Mit dem Prüfgerät (1) etwas Kühlmittel ansaugen.

○ **Maximale Kühlung ab ca. 102° C:** Das Hauptventil ist ganz geöffnet, das Kurzschlußventil voll geschlossen. Das gesamte Kühlmittel durchströmt den Kühler.

<u>Fingerzeig:</u> Es hat keinen Sinn, zur besseren Kühlung den Thermostat auszubauen, denn dadurch wird ja auch die Kurzschlußstrecke freigegeben. Es stellt sich die gleiche Kühlwirkung wie bei Normalbetrieb ein.

Störungen am Thermostat

○ **Der Thermostat öffnet nicht**, weil er klemmt oder eine Ventilplatte festklebt. Obwohl die Temperaturanzeige schon die rote Marke überschritten hat, fühlt sich der Kühler immer noch kalt an. Warten Sie, bis sich der Motor abgekühlt hat, schrauben Sie das Thermostatgehäuse auf und bauen Sie den Thermostat aus. Wenn Sie einige Zeit ohne Thermostat fahren, schadet dies Ihrem Motor nicht. Wer hingegen mit geschlossenem Thermostat weiterfährt, riskiert einen gewaltigen Motorschaden. So kann die Zylinderkopfdichtung durchbrennen, der Zylinderkopf kann sich verziehen oder gar Risse bekommen.
○ **Thermostat schließt nicht** mehr richtig, weil ihn ein Fremdkörper verklemmt hat. In diesem Fall wird der Kühler nach dem Kaltstart gleich warm wie beispielsweise das Thermostatgehäuse. Die Fahrzeugheizung kommt nur langsam in Schwung. Ersetzen Sie baldmöglichst den Thermostat, denn auf Dauer ist es unwirtschaftlich und für den Motor schädlich, wenn er seine Arbeitstemperatur nicht mehr erreicht.

Thermostat ausbauen

- Warten, bis sich das Kühlmittel genügend abgekühlt hat, dann den Verschlußdeckel abnehmen.
- Wenn kein Kühlmittel verloren gehen soll, Kühlmittel unten am Kühler ablassen.
- Deckel vom Thermostatgehäuse losschrauben (drei Schrauben) und zur Seite schwenken.
- Thermostat mit Deckel abnehmen. Merken Sie sich dessen Einbaulage (Rippe und Einbuchtung) für den Wiedereinbau.
- Beweglichkeit des Entlüfterventils kontrollieren.
- Gehäusedeckel mit neuem O-Ring montieren (10 Nm).
- Wurde unterwegs nur Wasser nachgefüllt, bald den Gefrier- und Korrosionsschutz prüfen.

Thermostat prüfen

Mit einem Einmachthermometer können Sie selbst prüfen, ob der Thermostat bei der richtigen Temperatur öffnet. Hängen Sie ihn dazu in einen Wassertopf und erhitzen Sie das Wasser. Bei ca. 87° C soll der Thermostat zu öffnen beginnen. Bei kochendem Wasser soll er voll offen sein (8 mm Mindesthub).

Das Kühlmittel

Etwa 7,0 Liter faßt das Kühlsystem. Das werksseitig eingefüllte Kühlmittel besteht aus 56% Wasser und 44% Gefrier- und Korrosionsschutzmittel. Das Kühlmittel kann so bis –30° C nicht einfrieren, und es ist genügend Korrosionsschutz darin enthalten. Durch die Gefrierschutzanteile erhöht sich der Siedepunkt des Kühlmittels um etwa 10° C (auf insgesamt 126° C bei Betriebsdruck).
Beim Erneuern des Kühlmittels alle drei Jahre müssen mindestens 30% Gefrier- und Korrosionsschutz beigegeben werden, weil ansonsten kein ausreichender Korrosionsschutz besteht. Es kommt bevorzugt an den Leichtmetallteilen zu Schäden.

Rechts am Dieselmotor sind zu finden:
1 – Auspuffkrümmer;
2 – Kettenspanner für Steuerkette;
3 – Wasserpumpe;
4 – Deckel auf Thermostatgehäuse.

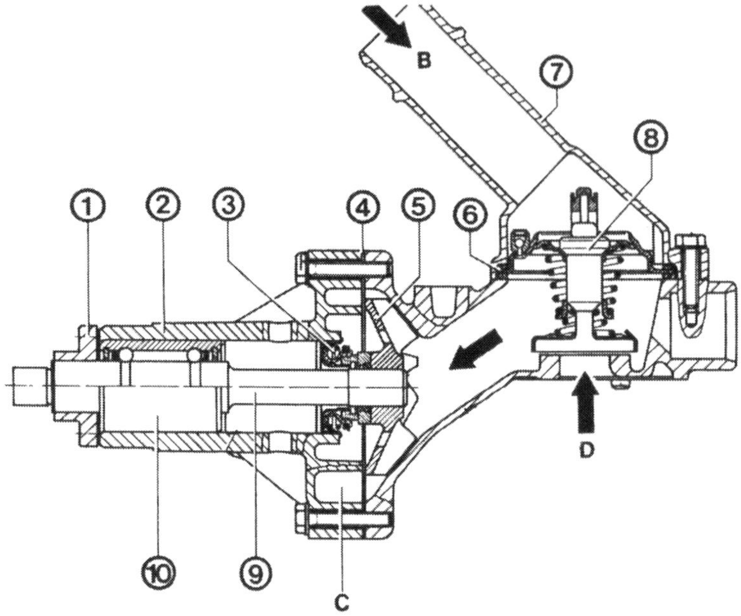

Seitlich rechts am Motor sind Wasserpumpe und Thermostat hintereinander angeordnet. Kühlmittelwege:
B – vom Kühler;
C – zum Motor;
D – vom Motor.
Weiterhin bedeuten:
1 – Flansch für Riemenscheibe;
2 – Pumpengehäuse;
3 – Kassettendichtung;
4 – Dichtung;
5 – Flügelrad;
6 – Dichtring;
7 – Thermostatdeckel;
8 – Thermostat.

Fingerzeig: Mercedes-Benz erlaubt nur die Verwendung des hauseigenen Frostschutzmittels. Im Zweifelsfall die Betriebsstoff-Vorschriften in der Vertragswerkstatt einsehen. Vielleicht wurden im Lauf der Zeit noch andere Fabrikate freigegeben. Bei Schäden an den Leichtmetallteilen des Motors oder in den dünnen Röhrchen des Kühlers erlischt die Garantie.

Stand der Kühlflüssigkeit und Frostschutz prüfen

Ständige Kontrolle und Wartung Nr. 6

○ Das kalte Kühlmittel muß bis zur Markierung am Ausgleichsbehälter reichen (ca. 20 mm unter Deckel). Zusätzlich wird der Kühlmittelstand zuverlässig durch eine Kontrollampe im Kombi-Instrument überwacht.
○ Vor den ersten Frostnächten den Verschlußdeckel am Ausgleichsbehälter abnehmen und mit einem Tester prüfen. Bis −30°C muß der Gefrierschutz reichen.

Fingerzeige: Den Verschlußdeckel auf dem Ausgleichsbehälter nur bei einer Temperatur unter 90°C öffnen. Deckel erst bis zur ersten Raste lösen, Druckabbau abwarten und abnehmen.
Zum Ergänzen kleiner Kühlmittelverluste normales Wasser verwenden. Mit völlig kalkfreiem Wasser, Regenwasser, destilliertem oder entsalztem Wasser tun Sie der Kühlanlage keinen Gefallen, weil diese Wasserarten korrosiver wirken.
Falls Sie unterwegs erhebliche Wassermengen verloren haben, soll bei heißer Maschine kein kaltes Wasser nachgegossen werden, denn der Zylinderkopf kann sich verziehen oder gar Spannungsrisse bekommen. Kleinere Wassermengen dürfen auch bei warmem Motor nachgegossen werden.

Kühlflüssigkeit wechseln

Wartung Nr. 35

Mit der Zeit werden die Korrosionsschutzzugaben im Kühlmittel unwirksam, deshalb das Kühlmittel alle drei Jahre unbedingt austauschen. Hierfür besorgen Sie sich das Frostschutzmittel in einer Mercedes-Werkstatt.

Oben links am Zylinderkopf sind bezeichnet:
1 – Einspritzpumpe EVE;
2 – Steckanschluß zur Glühkerze;
3 – Temperaturgeber;
4 – Temperaturschalter bei Klimaanlage.

● Nach der Tabelle sauberes Wasser und Frostschutzmittel in einer Kanne vermischen.
● Kühlmittel in eine Auffangwanne ablassen.
● Kühlmittel in den Ausgleichsbehälter einfüllen.
● Abgelassenes Kühlmittel in ein gesondertes Gefäß füllen und zum Sondermüll geben (Annahmestelle bei der Gemeindeverwaltung erfragen).

Motor	Kühlmittelmenge	Frostfestigkeit bis −30°C		Frostfestigkeit bis −45°C	
		Frostschutzmittel	Wasser	Frostschutzmittel	Wasser
Alle	7,0 l	3,0 l	4,0 l	4,0 l	3,0 l

Kühlmittel ablassen und einfüllen

● Verschlußdeckel am Ausgleichsbehälter stufenweise öffnen.
● Untere Motorraumabdeckung ausbauen.
● Ablaßschraube am Kühler unten öffnen. Auf den Auslaufstutzen zum Auffangen ein Schlauchstück aufstecken (ca. 12 mm Innendurchmesser).
● Auf die Ablaßschraube rechts am Zylinderblock einen Schlauch aufstecken (Innendurchmesser ca. 14 mm) und Schraube lösen.
● Kühlmittel in Auffangwanne ablaufen lassen.
● Ablaßschrauben wieder zudrehen (am Motor 30 Nm).
● Kühlmittel langsam in den Ausgleichsbehälter einfüllen, bis es an die Markierung reicht.
● Motor laufen lassen und stoßweise Gas geben, bis der Thermostat öffnet (ca. 87°C). Während der Erwärmung des Motors bei ca. 60°C den Verschlußdeckel am Ausgleichsbehälter schließen.
● Kühlmittelstand bis zur Markierung am Ausgleichsbehälter ergänzen.

Kühlsystem prüfen

Wartung Nr. 7

● An Kühler, Wasserpumpe, Thermostatgehäuse, Ausgleichsbehälter und Heizung nachsehen, ob alle Kühlmittelschläuche weit genug auf den Stutzen sitzen und die Schlauchbinder festgezogen sind.
● Die Gummischläuche dürfen nicht hart, spröde oder gar schon eingerissen sein. Gealterte Schläuche werden meist dann undicht oder platzen, wenn im Kühlsystem der volle Druck herrscht.
● Ist der Kühler undicht? Vielleicht ist eines der dünnen Röhrchen zwischen den Lamellen beschädigt. Irgendwo ein Riß in den Wasserkästen?
● Der Thermostat muß richtig arbeiten.
● Visko-Lüfterkupplung in Ordnung?
● Die Wasserpumpe kann undicht werden, wenn ihr Wellendichtring verschlissen ist. Dann tropft aus einer Bohrung unterhalb der Pumpe Kühlmittel aus (durch Riemenscheibe verdeckt). Die Wasserpumpe muß ausgetauscht werden.
● Wie Sie schon gelesen haben, regelt der Verschlußdeckel am Ausgleichsbehälter den Druck im Kühlsystem. Die Gummidichtungen am Verschlußdeckel dürfen nicht eingerissen oder spröde sein.
● Sind die Kühlmittelschläuche nach dem Abkühlen zusammengeschrumpft, ist das Unterdruckventil im Verschlußdeckel schadhaft.

Fingerzeig: Wird unterwegs ein Wasserschlauch undicht, hilft festes Klebeband weiter, das man mehrfach um das gesäuberte und trockene Schlauchstück wickelt. Noch besser ist das »Pannenband«

1 – Kühlmittel-Ablaßschraube rechts im Motorblock.

Ablaßschraube (1) und Schlauchstutzen (2) am Kühler.

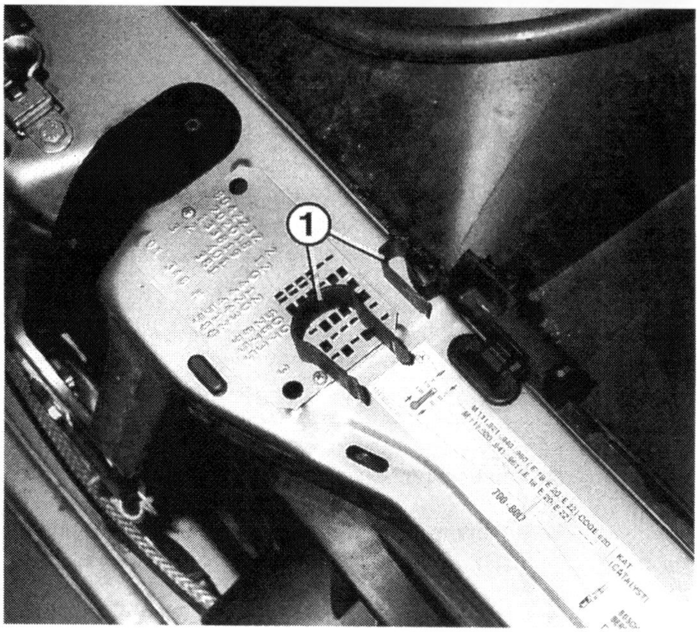

Will man die Lüfterhaube oder den Kühler ausbauen, müssen die Federklemmen (1) aus der Querbrücke mit einem Schraubendreher herausgehebelt werden.

von Weyer, Düsseldorf oder Holt's »Hoseweld Bandage«. Beide kleben auf den Gummischläuchen besser. Da aber eine solche Bandage den Betriebsüberdruck des Kühlsystems nicht aushält, dreht man den Verschlußdeckel am Ausgleichsbehälter nicht ganz fest – der Überdruck kann so entweichen. Temperaturanzeige beobachten.

Der Kühler

Alle Modelle sind mit einem Leichtmetall-Kühler ausgestattet. Die beiden Kunststoff-Wasserkästen sind durch ein Mittelteil aus Leichtmetall miteinander verbunden. Darin ist eine Vielzahl von dünnwandigen Röhrchen untergebracht. Kühllamellen um diese Röhrchen verbessern den Wärmeaustausch. Die Kühler wie auch die Lüfterhauben sind unterschiedlich groß. Bei Fahrzeugen mit Automatikgetriebe ist in einem Wasserkasten noch der Getriebeölkühler eingebaut. Unten am Kühler finden Sie die Ablaßschraube für das Kühlmittel.
Gelegentlich sollten Sie die Kühlerlamellen von Insektenresten reinigen. Hierzu die Insektenteile mit einem eiweißlösenden Mittel einsprühen und anschließend abwaschen. Einen minimal undichten Kühler kann man in der Mercedes- oder in einer Kühlerwerkstatt abdichten lassen.

Kühler ausbauen

- Kühlmittel ablassen.
- Bei Automatikgetriebe Ölleitungen mit Schraubzwingen o. ä. abklemmen und die Leitungen am Kühler abschrauben.
- Kühlmittelschläuche lösen.
- Federklemmen oben am Kühler herausziehen.
- Blechteil über dem Kühler ausbauen.
- Lüfterhaube vom Kühler lösen. Einteilige Lüfterhaube über dem Lüfterflügel ablegen. Teilbare Lüfterhaube vollends ausbauen.
- Kühler abnehmen.
- Beim Einbau in umgekehrter Reihenfolge die Ölleitungen bei einem Fahrzeug mit Automatikgetriebe mit 20 Nm anziehen.
- Auf richtigen Sitz der Gummitüllen am Kühler und auf die Haltelaschen der Lüfterhaube achten.

Lüfterhaube ausbauen

Abhängig von der Motorlänge (Zylinderzahl) und vom Baujahr sind unterschiedliche Lüfterhauben eingebaut.

- Ggf. Schlauchleitung zum Kühlmittel-Ausgleichsbehälter von der Lüfterhaube ausstecken und seitlich losschrauben.
- Federklemmen zwischen Lüfterhaube und Kühler lösen.
- Lüfterhaube vom Kühler aushängen.
- Einteilige Lüfterhaube bzw. ausgerasteten Ring der zweiteiligen Lüfterhaube über dem Lüfterflügel ablegen. Zum weiteren Ausbau entweder den Lüfterflügel (drei Schrauben; 10 Nm) oder den Kühler ausbauen.

Die Wasserpumpe

Die Wasserpumpe ist vorn rechts am Motor zu finden. Sie ist zweiteilig und besteht aus Pumpenteil und Wasserpumpengehäuse. Das Gehäuse ist seitlich am Zylinderblock angeschraubt. Hinten im Wasserpumpengehäuse ist noch der Thermostat eingebaut.
Der Pumpenteil besteht aus einer Welle mit Lagerkörper und Kassettendichtring, einem Flügelrad und einem Flansch für die Riemenscheibe am anderen Wellenende. Tropft Kühlmittel unten aus der Wasserpumpe, ist der Kassettendichtring verschlissen, und der Pumpenteil muß erneuert werden.

Wasserpumpe ausbauen

- Kühlmittel ablassen.
- Lüfterhaube und Kühler ausbauen.
- Lüfterflügel abschrauben (drei Schrauben; Anzugsdrehmoment 10 Nm).
- Keilrippenriemen entspannen und abnehmen.
- Visko-Lüfterkupplung ausbauen. Dazu SW-36-Mutter abschrauben (**Linksgewinde!**) und gegenhalten (Anziehen mit 45 Nm).
- Lichtmaschine und Halteplatte ausbauen.
- Kühlmittelleitungen zum Wasserpumpengehäuse lösen.
- Wasserpumpe abschrauben.

Visko-Lüfterkupplung

Diese Kupplung sitzt in der Mitte des Lüfterflügels. Die Kupplung wird temperaturabhängig von einem Bimetallstreifen gesteuert. Je nach Umgebungstemperatur sorgt eine Silikonölfüllung dafür, daß sich der Lüfterflügel bedarfsgerecht mitdreht. Bei kaltem Motor ist praktisch ausgekuppelt, und es wird keine Motorleistung durch den Lüfter verbraucht. Die Lüfterdrehzahl bleibt unter 1000/min – das Silikonöl befindet sich im Vorratsraum. Ab einer Umgebungstemperatur von ca. 85°C am Bimetallstreifen gibt ein Schaltstift den Weg des Öls in den Arbeitsraum frei, es wird eingekuppelt. Die Lüfterdrehzahl ändert sich im unteren Drehzahlbereich mit der Motordrehzahl. Bei höheren Motordrehzahlen überschreitet der Lüfter 3300/min nicht.

Visko-Lüfterkupplung prüfen

- Betriebswarmen Motor bei geschlossener Motorhaube mit ca. 3000/min drehen lassen.
- Bei einer Kühlmitteltemperatur von 88–95°C schaltet die Lüfterkupplung zu.
- Man kann das Losbrausen des Lüfters deutlich am Kühlergrill hören.

Die Temperaturanzeige

Das Anzeigeinstrument im Kombi-Instrument erhält über Sicherung Nr. 6 bei eingeschalteter Zündung Plusstrom. Der andere Anschluß des Anzeigeinstruments führt über eine grüne Leitung zum Temperaturgeber am Motor. Je nach Temperatur ändert der Temperaturgeber seinen Widerstand. So wird der unterschiedliche Zeigerausschlag gesteuert. Ursachen bei Störungen wie folgt suchen:

- Sicherung prüfen, wenn nichts angezeigt wird.
- Bei intakter Sicherung das Kabel am Geber ausstecken und kurz gegen Masse halten (Zündung eingeschaltet). Die Anzeige müßte jetzt voll ausschlagen. Tut sie dies bei vorher regungslosem Zeiger, ist der Temperaturgeber defekt.
- Erfolgt immer noch keine Anzeige, könnte das Anzeigeinstrument defekt sein. Kombi-Instrument ausbauen. Direkt an die Anschlüsse der Temperaturanzeige kurz Masse anlegen (Stecker 1, Anschluß 16). Schlägt der Zeiger nicht aus, das Instrument austauschen.
- Hat die Temperaturanzeige voll ausgeschlagen, obwohl das Kabel am Temperaturgeber ausgesteckt ist, hat das grüne Kabel irgendwo Masseschluß.

Bei ausgehängter Lüfterhaube zu erkennen:
1 – Lüfterflügel;
2 – Befestigungsschrauben;
3 – Bimetallstreifen der Visko-Kupplung.

Die Kühlmittelstands-Kontrolle

Diese Einrichtung befreit Sie nicht von der Kontrolle laut Wartungsplan, ist aber eine wertvolle Hilfe bei plötzlichem Kühlmittelverlust. Bei eingeschalteter Zündung und Motorstillstand leuchtet die Kontrollampe im Kombi-Instrument schwach auf (zur Selbstkontrolle). Stimmt der Kühlmittelstand, verlöscht die Lampe bei laufendem Motor. Leuchtet sie dagegen auf, fehlt Kühlmittel. Die Kontrolleinrichtung wird vom Geber im Ausgleichsbehälter gesteuert. Sein Kontakt wird von einem Schwimmer betätigt. Fehlt Kühlmittel, wird der Kontakt geschlossen. Störungen können eine durchgebrannte Glühlampe, ein defekter Geber oder eine Leitungsunterbrechung verursachen.

○ Leuchtet bei eingeschalteter Zündung die Kontrolleuchte nicht schwach auf, ist sie wahrscheinlich durchgebrannt.

○ Verlöscht die Lampe bei laufendem Motor und richtigem Kühlmittelstand nicht, so ist eher der Geber defekt. Dieser Verdacht wird bestätigt, wenn durch Abziehen des Leitungssteckers am Geber die Lampe verlöscht. Dann Geber ausbauen, Schwimmer auf Leichtgängigkeit prüfen und das Schalten des Kontakts prüfen. Ggf. Geber ersetzen.

Störungsbeistand

Motor ist zu heiß

Steigt die Anzeigenadel über die rote Marke (122°C), anhalten, Motor abstellen und folgendes prüfen:

○ Steigt die Anzeige nur kurzfristig bis zur roten Marke, gilt dies für die folgenden Betriebszustände als normal: Vollgas, Berg- oder Kolonnenfahrt bei großer Hitze, nach Abstellen eines recht heißen Motors; im Stau mit Automatikgetriebe (wegen Ölkühler, Abhilfe: öfters nach »N« schalten).

○ Stillstand der Wasserpumpe, weil der Keilrippenriemen zu locker oder gerissen ist?

○ Kühlmittelstand in Ordnung?

○ Klemmt der Thermostat? Dann fühlt sich der Kühler kalt an, während z. B. das Thermostatgehäuse schon sehr heiß ist.

○ Schaltet die Visko-Kupplung?

○ Sind alle vorherigen Punkte in Ordnung, ist der Kühler verstopft und muß erneuert werden.

Nahrungsversorgung

Dieselfahrer freuen sich über den günstigen Kraftstoffverbrauch. Doch ist es auch wichtig, z. B. das Fließverhalten des Dieselkraftstoffes bei tiefen Temperaturen zu kennen.

Der Dieselkraftstoff

Ihr Diesel-Mercedes benötigt Diesel-Kraftstoff mit einer CZ von mindestens 45. Was bedeutet dieses CZ? CZ steht für »Cetan-Zahl« und ist das Maß für die Zündwilligkeit des Kraftstoffes. Sie ist eine reine Verhältniszahl und wird wie folgt ermittelt: Dem sehr zündwilligen Kraftstoff Cetan wurde die Zahl 100 zugeordnet, einem überaus zündträgen Vergleichskraftstoff (Methylnaphthalin) die Ziffer 0. Die Cetanzahl gibt nun an, wieviel Volumenprozent Cetan sich in einem Gemisch mit dem Vergleichskraftstoff befinden müssen, das die gleiche Zündwilligkeit besitzt wie der zu messende Kraftstoff – in unserem Fall der Dieselkraftstoff. Ob die gleiche Zündwilligkeit vorliegt, wird in einem genormten Prüfdieselmotor ausprobiert. Weiterhin enthalten:

- **Zündbeschleuniger:** Erhöht mit der Cetanzahl die Zündwilligkeit.
- **Oxidationsinhibitor:** Verbessert die Lagerstabilität.
- **Anti-Schaum:** Verhinderung störender Schaumbildung beim Tanken.
- **Anti-Smoke:** Durch katalytische Wirkung vollständigere Verbrennung von Kohlenstoffpartikeln.
- **Detergent/Dispersant:** Vermindert Ablagerungen im Einspritzsystem.
- **Leitfähigkeitsverbesserer:** Verhinderung von elektrostatischen Aufladungen.
- **Metalldeaktivatoren:** Deaktivierung von Cu-Ionen, die als Oxidations-Katalysatoren wirken.
- **Fließverbesserer/Anti-Setting:** Verbessert Fließfähigkeit bei Kälte (Filtrierfähigkeit, Wachsabsetzverhalten).
- **Aromastoffe:** Sollen spezifischen Geruch neutralisieren/überdecken.
- **Abbrennhilfen:** Reduzieren die Ruß-Abbrenntemperatur in Partikelfiltern.
- **Biozide:** Vermeiden Bakterien-Wachstum.
- **Verschleißschutz:** Verbessert Schmierung der Kraftstoffpumpe.

Fingerzeig: Die oft gestellte Frage, wieso im Dieselmotor kein Ottokraftstoff verwendet werden kann, läßt sich einfach beantworten: Die im vorigen Abschnitt angesprochene Zündwilligkeit des Kraftstoffes soll im Ottomotor niedrig, im Dieselmotor dagegen hoch sein. Kraftstoff mit hoher Zündwilligkeit hätte im Ottomotor schädliches Klingeln und Klopfen zur Folge. Der Kraftstoff würde sich also schon während der Aufwärtsbewegung des Kolbens selbsttätig entzünden und nicht mehr lange auf das Startsignal der Zündkerze warten.

Dieselkraftstoff im Winter

Den Mercedes-Dieselfahrer braucht dieses Problem inzwischen nur noch am Rand zu interessieren, denn die Kraftstoffanlage ist mit einer Diesel-Vorwärmung ausgestattet. Die Anlage arbeitet nach unseren Erfahrungen so zuverlässig, daß selbst nach mehreren Frostnächten unter –30° C nicht mit dem Eindicken des Kraftstoffes zu rechnen ist. Sogenannte Fließverbesserer erhalten auch bei Minusgraden die Fließfähigkeit, so daß der Dieselfahrer mit dem Problem des Versulzens gar nicht in Berührung kommt. Wie folgt ist der Dieselkraftstoff an den Tankstellen »eingestellt«:

Sommer-Dieselkraftstoff ist gewissermaßen »naturbelassen«. Er würde schon stocken, wenn das Thermometer unter –2° C fällt.

Übergangs-Diesel wird im Frühjahr und im Herbst verkauft. Er soll Sicherheit schaffen, wenn die Quecksilbersäule unerwartet nach unten rutscht. Bestenfalls ist er noch bei –8° bis –10° C filtergängig.

Winterkraftstoff muß laut DIN-Norm bis mindestens –12° C brauchbar sein. Die Tankstellen bieten jedoch zumeist eine weit frostfestere Ware an: –15° C ist nahezu überall die Regel; meist sind die Kraftstoffe sogar bis –22° C kältesicher.

Folgende Mittel eignen sich zusätzlich als Fließverbesserer im Winter:

- Beste und unproblematischste Möglichkeit ist die Zugabe eines **Dieselkraftstoff-Zusatzmittels**, z. B. Autol Desolite D/DW, LM Fließfit, Valvoline Winterfit oder Veedol Diesel Aktiv. Doch Vorsicht! Bei den bis –22° C frostfesten Kraftstoffen bringt das Beimengen von Fließverbesserern nur noch in Einzelfällen Vorteile.
- Zweite Möglichkeit ist das Beimengen von **bleifreiem Normalbenzin** (keinesfalls Super, denn es verschlechtert die Zündwilligkeit). Soll Sommerkraftstoff von 0° bis –15° C und herkömmlicher Winterkraftstoff von

−15° bis −25°C einsatzfähig bleiben, so empfiehlt sich ein Zusatz von höchstens 30% Normalbenzin. Bezogen auf den randvollen 62-Liter-Tank wären das also maximal 18 Liter Benzin. Erreicht die Temperatur nicht die genannten Minus-Werte, gießen Sie natürlich entsprechend weniger zu. Mit diesem Gemisch läuft der Motor natürlich sehr unwirtschaftlich, und er springt auch schlechter an. Außerdem bekommt er einen ungewohnt harten Motorlauf. Entsprechend hoch ist auch der Verschleiß beim Betrieb mit diesem Kraftstoff-Gemisch. Tanken Sie deshalb, sobald es die Temperaturen erlauben, wieder Dieselkraftstoff dazu.

Abgase

Die Kraftstoffverbrennung erfolgt im Dieselmotor wegen der hohen Verdichtung und des Luftüberschusses recht wirtschaftlich und – mit Einschränkungen – umweltfreundlich. Es werden sehr geringe Mengen an Kohlenmonoxid (CO) und Stickoxid (NO_x) im Abgas nachgewiesen. Nur mit Katalysator können Fahrzeuge mit Benzinmotor die niedrigen Werte von Dieselfahrzeugen erreichen. Darüber hinaus ist der Dieselkraftstoff bleifrei und entsprechend dem Verbrauch entsteht weniger CO_2.
Wenngleich Dieselfahrzeuge mit der sehr günstigen CO-, HC- und NO_x-Emission im Vergleich zum Benziner als vorbildlich schadstoffarm gelten können, gibt es doch noch Vorbehalte. So werden die Rußemission (Partikel) und der Anteil von Schwefeldioxid (SO_2) kritisiert. Weiterhin gibt es eine Diskussion über die Frage, in welchem Maße Dieselabgase wegen der ringförmigen Kohlenstoffverbindungen (sogenannte Aromate) krebsfördernd sind.

Oxidations-Katalysator

Serienmäßig ist ein Oxidations-Katalysator eingebaut. Das Kat-Gehäuse und die Rohre sind aus Edelstahl gefertigt. Die Edelmetallbeschichtung des Katalysators aktiviert im Abgas eine Nachoxidation, wobei Kohlenwasserstoffe (HC) und Kohlenmonoxid (CO) zu Kohlendioxid (CO_2) und Wasser (H_2O) umgewandelt werden. Durch diesen Vorgang wird auch der Partikelausstoß verringert. Die Rußpartikel können sich nicht mehr an Kohlenwasserstoffverbindungen anlagern und so ins Freie gelangen.

Abgas-Untersuchung (AU)

Wartung Nr. 22

Seit 1993 müssen Diesel-Fahrzeuge drei Jahre nach der Erstzulassung und dann regelmäßig alle zwei Jahre zur Abgas-Untersuchung (kurz: AU). Dabei wird der Ruß-Anteil im Abgas gemessen. Die sogenannte Trübungsmessung mit dem Verbrennungstester gibt Aufschluß darüber, ob die Rauchentwicklung noch im zulässigen Rahmen ist. Hierzu wird der Motor viermal hintereinander auf Höchstdrehzahl hochgedreht – ein Vorgang der manchem Besitzer kalte Schauer über den Rücken laufen läßt. Achten Sie unbedingt darauf, daß der Motor betriebswarm ist, damit er hierbei keinen Schaden erleidet. Starker Auspuffrauch bedeutet normalerweise entweder schlechte Motoreinstellung oder fortgeschrittener Einspritzdüsen- oder Motorverschleiß.
Als Selbstpfleger können Sie schon einge Vorarbeit leisten, damit Ihr Mercedes Diesel die Prüfung besteht: Zum Prüfungsumfang gehört eine Sichtprüfung der Auspuffanlage, diese muß also intakt und dicht sein. Ein verschmutzter Luftfilter behindert das Ansaugen von Verbrennungsluft, deshalb ggf. den Filter auswechseln. So gerüstet können Sie die AU entweder in der Werkstatt oder zusammen mit der Haupt-Untersuchung beim DEKRA oder TÜV vornehmen lassen.

Das Innere des Oxidations-Katalysators: 1 – Gehäuse; 2 – Drahtgeflecht; 3 – Monolith.

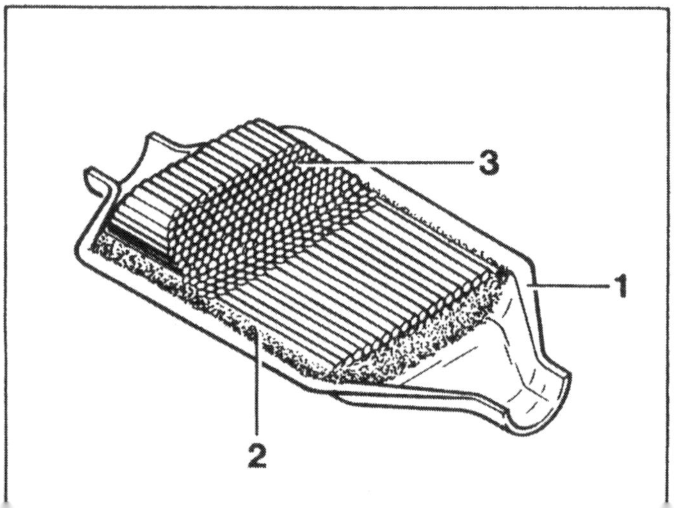

Umsetzung der Schadstoffe im Oxidations-Katalysator.

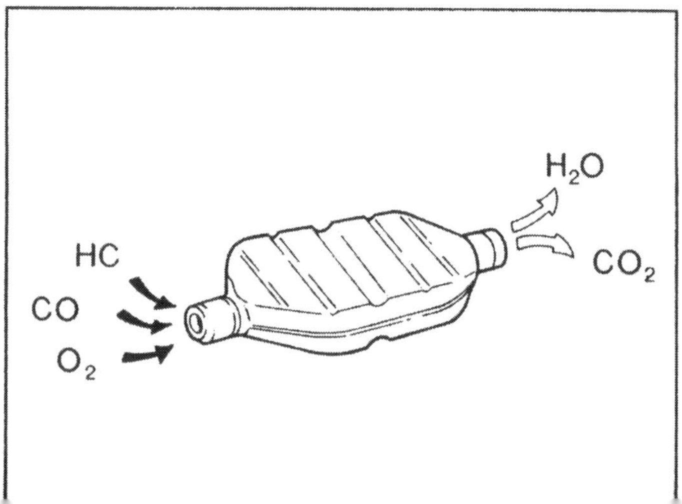

Blitzstart

Früher konnte man den Dieselfahrer schon von weitem erkennen. Nach dem Einsteigen dauerte es meist einige Zeit, ehe der Motor losnagelte. Der Fahrer saß dabei ruhig hinterm Lenkrad (»Diesel-Gedenkminute«). Dank der parallel geschalteten Stabglühkerzen braucht Ihr Diesel-Mercedes nur noch wenige Sekunden für das Vorglühen.
Beim laufendem Dieselmotor entzündet sich der Kraftstoff an der hoch verdichteten und somit sehr heißen Verbrennungsluft. Doch beim Kaltstart kommt die Selbstzündung von allein nicht in Schwung. Die Selbst-Entzündungstemperatur wird nicht erreicht, weil sich die Luft schnell wieder an den kalten Teilen des Motors abkühlt. Die Glühkerzen, welche seitlich in die Vorkammern ragen, sorgen hilfreich für das Entflammen der Kraftstoffteilchen.

Funktion der Vorglühanlage

Wie Sie im Schaltplan (z.B. Seite 184) sehen können, besteht die Vorglühanlage aus folgenden drei Hauptteilen: den Stabglühkerzen, dem Vorglühzeitrelais und der Kontrolleuchte im Kombi-Instrument.
Beim Einschalten der Zündung wird das Vorglühzeitrelais über Klemme 15 angesteuert. Ein Leistungsrelais schaltet den starken Strom von Klemme 30 (Plus) zu den Glühkerzen (über einen Sicherungsautomat abgesichert). Die Glühkerzen sind parallel geschaltet, und jede ist für eine Spannung von 11,5 Volt ausgelegt. Beim Einschalten fließen durch jede Glühkerze ca. 30 Ampere. Eine Regelwicklung in der Glühkerze verringert den Strom nach etwa 10 Sekunden auf 8–15 Ampere. So werden die Glühkerzen gegen Durchbrennen geschützt. Durch den starken Stromduchfluß erreichen die Glühkerzen nach rund 10 Sekunden 900°C und nach 30 Sekunden ihre Maximaltemperatur von 1180°C.
Die Vorglühdauer bestimmt das Vorglühzeitrelais. Hierzu besitzt es einen eingebauten Temperaturgeber, mit welchem die Umgebungstemperatur erfaßt wird. Bei −30°C wird ca. 25 Sekunden, bei +20°C etwa 4 Sekunden und bei +40°C etwa 2 Sekunden vorgeglüht. Sobald ausreichend vorgeglüht ist, wird die Startbereitschaft durch Verlöschen der Kontrollampe im Kombi-Instrument angezeigt. Wird der Motor nach Verlöschen der Lampe nicht gestartet, sorgt eine Sicherheitsschaltung dafür, daß der Strom durch die Glühkerzen nach weiteren 20–25 Sekunden abgeschaltet wird. Erfolgt ein Start nach dieser Zeit, schaltet sich die Vorglühanlage während des Anlasserdrehens wieder hinzu. Diese Ansteuerung erfolgt über Klemme 50.

Die Glühkerzen

Die Stabglühkerzen werden durch einen Mikroprozessor im Vorglühzeitrelais einzeln gesteuert. Zusätzlich werden die Glühkerzen während der Fahrt mit einem geringen Prüfstrom überwacht. Der Ausfall einer oder mehrerer Glühkerzen wird bei laufendem Motor durch das Aufleuchten der Vorglüh-Kontrolleuchte für etwa eine Minute angezeigt. Ist der Motor angesprungen, beginnt die Nachglühzeit – es wird bis zu 180 Sekunden weitergeglüht, sofern die Kühlmitteltemperatur nicht schon über 40°C gestiegen ist. Sinn des Nachglühens ist es, das harte Verbrennungsgeräusch der noch kalten Maschine zu mildern und die Abgaswerte in der Kaltlaufphase zu verbessern. Falls der Temperaturgeber hinten am Zylinderkopf defekt ist, wird grundsätzlich 30 Sekunden lang nachgeglüht.
Die Glühkerzen für die Vierventil-Motoren unterschieden sich wesentlich von denen des C 200 Diesel. Sie sind deutlich länger (Gesamtlänge 120 mm) und die Stromleitung ist über einen runden Steckanschluß verbunden statt geschraubt. Der Heizstab in der Vorkammer ist 28 mm lang.

Das Vorglühzeitrelais

Dieses Relais ist im Motorraum am linken Radlauf angeschraubt. Nach Abnehmen der Schutzkappe erreicht man die beiden Steckverbindungen. Das Vorglühzeitrelais hat folgende Aufgaben zu erfüllen:

- Das Leistungsrelais schaltet den Glühstrom ein und aus.
- Absichern des hohen Glühstromes durch einen Sicherungsautomat.
- Die Kontrollampe wird ausgeschaltet, sobald der Motor startbereit ist.
- Eine Sicherheitsschaltung schaltet den Glühstrom aus, wenn die Zündung länger als 20–50 Sekunden eingeschaltet bleibt (von der Umgebungstemperatur abhängig).
- Fehler in der Vorglühanlage werden dadurch angezeigt, daß die Kontrollampe nach dem Einschalten der Zündung nicht aufleuchtet.

Selbstkontrolle

Folgende Fehler können vorliegen, wenn beim Einschalten der Zündung die Vorglüh-Kontrolleuchte im Kombi-Instrument nicht aufleuchtet:

- ○ Stromversorgung an Klemme 30 zum Vorglühzeitrelais unterbrochen
- ○ Leistungsrelais defekt
- ○ Unterbrechung einer oder mehrerer Leitungen zu den Glühkerzen
- ○ Eine oder mehrere Glühkerzen durchgebrannt
- ○ Kontrollampe im Kombi-Instrument oder Zuleitung dorthin unterbrochen

Die Glühkerzen

Die Glühkerzen für Ihren Mercedes wurden von Bosch entwickelt. Es sind sogenannte Schnellstart-Stabglühkerzen. Im Glührohr, welches in die Vorkammer ragt, sind hintereinander die Heiz- und Regelwicklung angeordnet. Mit steigender Temperatur erhöht sich der Widerstand der Regelwicklung. Dadurch wird der Strom von 30 Ampere auf 8–15 Ampere heruntergeregelt.
Bei den hohen Temperaturen, denen die Glühkerzen ständig ausgesetzt sind, kann eine Glühkerzue schon einmal ausfallen. Besonders Störungen an den Einspritzdüsen, zu geringer Einspritzdruck oder falscher Förderbeginn können weitere Ursachen für den Ausfall von Glühkerzen sein.
Die richtigen Glühkerzen für Ihren Diesel tragen abhängig von Baujahr und Motorleistung unterschiedliche Bezeichnungen (Heizelementlänge verschieden). Ersatzteilkauf nur mit Fahrzeugschein!

Glühkerzen aus- und einbauen

- ● Um die schlecht zugänglichen Glühkerzen seitlich links in Zylinderkopf erreichen zu können, braucht man eine ⅜"-Rätsche mit Kreuzgelenk und diversen Verlängerungen.
- ● Rundstecker an der Glühkerze abziehen.
- ● Glühkerze herausdrehen.
- ● Beim Einbau die Glühkerze mit 20 Nm festdrehen.

Fehlersuche an der Vorglühanlage

Startet der kalte Motor nicht oder nur sehr schlecht, oder leuchtet beim Einschalten der Zündung die Vorglüh-Kontrollampe im Kombi-Instrument nicht auf, müssen Sie den Fehler in der Vorglühanlage suchen und beheben. Systematisches Vorgehen und das Schaltschema erleichtern die Fehlersuche. Geprüft wird mit einer Prüflampe oder durch gezieltes Überbrücken bestimmter Leitungen. Die verschiedenen Prüfungen werden an den beiden Steckverbindungen am Vorglühzeitrelais vorgenommen, die nach dem Abnehmen der Abdeckung erreicht werden können.

Vorglüh-Kontrolllampe durchgebrannt?

Leuchtet die Kontrollampe nicht auf, obwohl der Motor gut anspringt, kann die Lampe defekt sein. Zum Prüfen:

- ● Kleineren Stecker am Vorglühzeitrelais ausstecken.
- ● Zündung einschalten.
- ● Buchse 3 im Stecker mit Masse verbinden. Das Lämpchen im Kombi-Instrument muß jetzt brennen.
- ● Wenn nicht, Leitungsverlauf prüfen oder Lämpchen austauschen.

1 – Vorglühzeitrelais unter Waschwasserbehälter; 2 – Prüflampe zum Testen der Glühkerzen am Mehrfachstecker (3); 4 – Stecker für Leitungen zu Temperaturgeber und Kontrollämpchen.

Die Glühkerzen (1) sind unter dem Saugrohr zu finden. Noch bezeichnet: 2 – Schnellverschluß für Kraftstoffleitung; 3 – Kraftstoff-Wärmetauscher.

Mit einer Prüflampe (2) findet man eine durchgebrannte Glühkerze schnell heraus:
1 – Steckanschluß zur Glühkerze (3);
4 – Temperaturgeber.

Störungen

Spannungen am Vorglühzeitrelais

Läßt sich der Motor nicht starten und die Vorglüh-Kontrollampe leuchtet nicht auf, zunächst die Stromversorgung am Vorglühzeitrelais prüfen:

- An der geschraubten roten Leitung muß ständig Strom anliegen (Klemme 30).
- Bei eingeschalteter Zündung muß an Klemme 15 Plusstrom vorhanden sein. An Buchse 1 in der kleineren Steckverbindung prüfen.
- Während der Anlasser dreht, muß auch an der Klemme 50 Strom nachgewiesen werden können (Buchse 2).

Fließt Strom zu den Glühkerzen?

Nach dem Einschalten der Zündung muß während der Vorglühzeit Strom zu allen Glühkerzen fließen.

- Größeren Stecker mit den Zuleitungen zu den Glühkerzen am Vorglühzeitrelais ausstecken.
- Prüflampe an Masse anklemmen.
- Prüfspitze nacheinander an alle Anschlußstifte am Relais halten. Nach dem Einschalten der Zündung muß während der Vorglühzeit an jedem Anschluß Plusstrom vorhanden sein.
- Während der Prüfung muß ein Helfer die Zündung immer wieder aus- und einschalten, damit der Vorglühvorgang immer wieder gestartet wird.
- Kommt kein Strom aus dem Vorglühzeitrelais, obwohl die anderen Spannungen nachgewiesen wurden, so muß es ausgetauscht werden.

Glühkerze durchgebrannt?

Leuchtet die Vorglüh-Kontrollampe nicht auf, kann auch zumindest eine Glühkerze durchgebrannt sein. Springt der Motor trotzdem unwillig an, läuft er zunächst nicht auf allen Zylindern. Im nicht vorgeglühten Zylinder beginnt die Selbstzündung etwas später.

- Zum Ausfindigmachen der defekten Glühkerze den größeren Stecker mit den Zuleitungen zu den Glühkerzen am Vorglühzeitrelais ausstecken.
- Prüflampe mit der einen Seite an Plus anschließen (z.B. an der geschraubten roten Leitung).
- Mit der Prüfspitze nacheinander die Anschlußbuchsen im Stecker abtasten.
- Dort wo die Lampe nicht aufleuchtet, ist die Glühkerze defekt. Im Schaltschema sehen Sie, welches Kabel zu welcher Glühkerze führt. G 1 sitzt ganz vorn im 1. Zylinder.

<u>Fingerzeige:</u> Hat man zum Aufsuchen einer durchgebrannten Glühkerze keine Prüflampe zur Hand, kann man die defekte Glühkerze auch durch Funkenprobe ermitteln. Zuleitungsstecker am Vorglühzeitrelais abziehen und mit einem Hilfskabel, welches mit Plus verbunden ist (z.B. am Batteriepol), nacheinander die Steckerbuchsen abtasten. Wo es nicht funkt, ist die Glühkerze durchgebrannt.
Funktioniert die Vorglühanlage nicht, können Sie durch Anschleppen versuchen, den Motor zu starten. Der Motorstart kann allerdings einen Kilometer auf sich warten lassen. Versuchen Sie beim Anschleppen, die Motordrehzahl recht hoch zu bringen, z.B. im 2. Gang mit 40 km/h schleppen lassen (Vorsicht!).
Ist das Vorglühzeitrelais unterwegs ausgefallen, können Sie alle Leitungen zu den Glühkerzen zusammenschließen und dann für 10–20 Sekunden mit dem Pluspol der Batterie verbinden.

Nahrungskette

Für viele Arbeiten muß man wissen, wie der Dieselkraftstoff vom Tank zur Einspritzpumpe fließt. Die Zeichnungen der sogenannten Niederdruckseite der Einspritzanlage helfen hierbei weiter (siehe Kapitel »Die Diesel-Einspritzanlage«). Sie ist je nach Motor verschieden.
Von der starken, selbst ansaugenden Kraftstoffpumpe wird der Kraftstoff aus dem Tank angesaugt. Dabei durchfließt er ein Siebfilter unten im Tank und ein Vor- und Feinfilter im Motorraum. Je nach Außentemperatur entscheidet der Thermostat der Diesel-Vorwärmung, ob der Kraftstoff noch über den Wärmetauscher geleitet wird, bevor er die Kraftstoffpumpe erreicht. Von der Pumpe geht's weiter zum Kraftstoffilter und von da zur Einspritzpumpe. Ein kleiner Teil Kraftstoff fließt vom dritten Anschluß am Filter bereits wieder zurück zum Tank. Durch eine Drossel im Filteroberteil (bei EVE in der Einspritzpumpe) wird aber erreicht, daß dies wirklich nur ein kleiner Teil ist und die Einspritzpumpe nicht zu kurz kommt.
Nicht der ganze Kraftstoff, der über die Einspritzleitungen zu den Düsen gepumpt wird, kommt zum Verbrauch. Die sogenannte Leckölleitung führt den übrigen Kraftstoff zu den anderen Rücklaufleitungen.

Der Tank

Unter dem Wagenboden etwa in Höhe des Rücksitzes ist im C-Klasse-Mercedes der **62 Liter** fassende Kunststoff-Tank untergebracht, ca. 7 Liter davon sind Reserve. Dort ist er besonders gut geschützt – auch ein schwerer Heckaufprall kann ihm nichts anhaben.
Interessant ist die zerklüftete Form des Kraftstoffbehälters, die es ermöglicht, alle in diesem Bereich vorhandenen freien Ecken für ein möglichst großes Tankvolumen auszunutzen. Nachteil dieser Form: Es bedarf einiger Tricks, um ihn leer zu bekommen. So sind im Tank beide Kammern über Saugleitungen miteinander verbunden. Außerdem gestaltet sich der Ausbau des Tanks recht aufwendig. Der komplette Tankinhalt muß abgesaugt werden. Hierzu sind nur bestimmte Pumpen zugelassen. Weiterhin ist die Hinterachse auszubauen. Wir empfehlen, diese Arbeit – sollte sie wirklich einmal notwendig werden – der Werkstatt zu überlassen.

Fingerzeig: Bevor Sie irgendwelche Arbeiten an der Kraftstoffanlage in Angriff nehmen, sollten Sie das Batterie-Massekabel abnehmen.

Wozu Tank-Entlüftung?

Wichtig für den einwandfreien Kraftstoffnachschub ist die Belüftung des Tanks: In dem Maß, wie Kraftstoff verbraucht wird, muß Luft nachströmen können, sonst würde sich im Tank ein Unterdruck bilden, und der Kraftstofffluß würde stocken. Ferner muß der Tank belüftet werden, um dem Inhalt Gelegenheit zum Ausdehnen bei Erwärmung zu geben. Auch muß beim Betanken genug Luft aus dem Tank austreten können, damit der hineingeschüttete Kraftstoff nicht wieder zum Einfüllstutzen heraussprudelt.

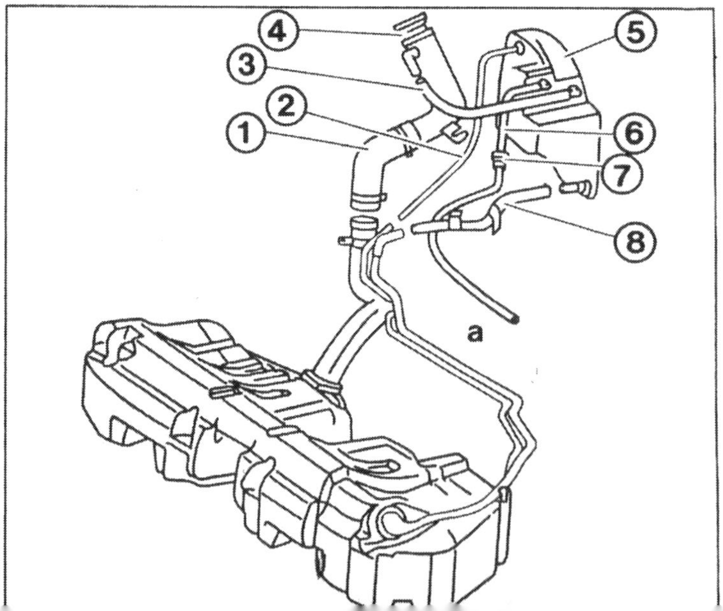

Hier ist der Tank und das Entlüftungssystem gezeigt:
1 – Einfüllrohr;
2 – Be- und Entlüftung vom Tank;
3 – Entlüftung zum Einfüllstutzen (4);
5 – Ausgleichsbehälter;
6 – Be- und Entlüftungsleitung zum Lüftungsventil (7);
8 – Entlüftung beim Tanken;
a – Entlüftung ins Freie.

Die Tank-Entlüftung

○ Drei Entlüftungsleitungen führen zum Ausgleichsbehälter, der – versteckt unter einer Kunststoffabdeckung – im Radkasten des rechten Hinterrades sitzt. Der Ausgleichsbehälter kann bei Ausdehnung (durch Wärme) ein gewisses Kraftstoffvolumen aufnehmen. Zusätzlich kondensiert in ihm auch schon ein Teil der Kraftstoffdämpfe, die aus dem Tank austreten.
○ Zwei Entlüftungsleitungen kommen direkt vom Tank, wo ihre Enden im Tank-Innern an die höchsten Stellen herangeführt sind – also an die Stellen, an denen sich Luft sammelt.
○ Die dritte Leitung kommt direkt vom Tankeinfüllstutzen, also auch von einem hochgelegenen Punkt der Tankanlage.
○ Der Ausgleichsbehälter selbst muß natürlich auch entlüftet werden. Dessen Entlüftungsleitung führt über ein Ventil ins Freie.
○ Unabhängig von den vorgenannten Leitungen läßt die dicke Schnell-Entlüftungsleitung ausschließlich beim Betanken Luft aus dem Tank-Innern zum Einfüllstutzen strömen.

Geber für die Tankanzeige

Der Mercedes besitzt in jeder Kammer des Tanks einen Hebeltankgeber, die rechts und links auf der Rückseite einer Verschlußplatte von unten in den Kraftstoffbehälter eingesetzt sind. Beide Tankgeber zusammen melden die Flüssigkeitsmenge auf elektrischem Weg an die auswertende Elektronik des Kombi-Instruments.

Tankgeber prüfen

Die Prüfung des Tankgebers fällt mit der Prüfung des Tankanzeige zusammen, den entsprechenden Schaltplan finden Sie auf Seite 188.

Die Kraftstoffleitungen

Die Leitungen sind aus besonders druckfestem Material gefertigt. Zudem sind sie an allen Verbindungsstellen mit Klemmschellen, Schraubschellen oder mit stabilen Verschraubungen gesichert.

Kraftstoffleitungen und -schläuche ausbauen

● Sauberkeit ist oberstes Gebot bei Arbeiten an der Kraftstoffanlage. Zumindest den Bereich, in dem gearbeitet wird, vorher reinigen, damit kein Schmutz in die offenen Leitungen gelangen kann.
● Zum Lösen von **Klemmschellen** mit einer Zange die Blechschlaufe an ihrem Umfang plattdrücken. Dadurch weitet sich die Klemmschelle, und der Kraftstoffschlauch kann unter Drehbewegungen abgezogen werden.
● Andere Möglichkeit: Blechschlaufe mit einem schmalen Schraubendreher weiten.
● Danach kleinen Gabelschlüssel am Schlauchende ansetzen und damit abdrücken.
● Beim Einbau sollten Sie statt der Klemmschellen solche zum Schrauben verwenden.
● **Schraubschellen** (Schlauchbänder) können natürlich wiederverwendet werden. Beim Anziehen nicht zuviel Kraft anwenden, sonst rutscht die Verzahnung durch, und die Schraubschelle ist unbrauchbar.

Sichtkontrolle Fahrzeugunterseite

Wartung Nr. 15

Riecht es am Abstellplatz des Wagens nach Diesel, tritt dies irgendwo aus einer Leitung oder an einem Bauteil

Bei den Reiheneinspritzpumpen ist die Kraftstoffpumpe seitlich zu finden. Weiterhin:
1 – Kraftstoffleitung Druckseite;
2 – Saugseite,
3 – Schnellverschluß.

der Kraftstoffanlage aus. Zur Suche einer Undichtigkeit sollte der Wagen über Nacht an einem trockenen, sauberen Platz gestanden haben.

- Flecken unter dem Wagenboden?
- Wenn nicht, Motor starten und einige Minuten laufen lassen.
- Nach dem Abstellen erneut kontrollieren.
- Falls nichts sichtbar ist, sämtliche Leitungen verfolgen und auf Dieselgeruch bzw. auf Verfleckungen achten.

Fingerzeige: Teilweise sind die Kraftstoffleitungen mit Hohlschrauben montiert. Diese gefühlvoll festdrehen und immer neue Dichtringe verwenden.
Die Schnellverschlüsse an Einspritzpumpe usw. müssen kräftig aufgedrückt und gesichert sein.

Die Kraftstoffpumpe

Bei den Reiheneinspritzpumpen (C 200/250 Diesel) ist die Kraftstoffpumpe seitlich an die Einspritzpumpe angeflanscht. Von einem Nocken auf der Einspritzpumpenwelle wird über einen Druckstift der Pumpenkolben gedrückt. Eine Feder drückt ihn wieder zurück.
Die beiden Pumpenventile öffnen und schließen im Wechsel, abhängig von der Bewegungsrichtung des Pumpenkolbens. Bei Modellen mit Verteilereinspritzpumpe (EVE) ist die Kraftstoffpumpe unsichtbar in der Einspritzpumpe verborgen.
Alle Pumpen haben eine so große Förderleistung, daß sie auch nach leergefahrenem Tank wieder selbst ansaugen. Die früher bei Dieselfahrzeugen übliche Handpumpe gibt es schon lange nicht mehr.

Kraftstoffpumpe prüfen

Die geförderte Kraftstoffmenge muß in der Rücklaufleitung gemessen werden.

- Kraftstoff-Rücklaufleitung im Motorraum abnehmen und in einen Meßbecher hängen.
- **C 200 Diesel:** Zündschlüssel abziehen, damit die Motorabstellung arbeitet und somit der Motor nicht anspringen kann.
- Anlasser mit einem Hilfskabel für 30 Sekunden drehen lassen.
- Bei guter Batterie muß die geförderte Menge mindestens 0,15 Liter betragen.
- **C 220/250 Diesel:** Motor starten. Bei Leerlaufdrehzahl müssen 0,25 Liter in 15 Sekunden gefördert werden.
- **Alle:** Wenn der Wert nicht erreicht wird, neue Kraftstoffpumpe einbauen.

Der Kraftstoff-Wärmetauscher

Diese Einrichtung, noch zusätzlich unterstützt von der starken Kraftstoffpumpe, soll die Betriebssicherheit des Mercedes-Diesel selbst bei Temperaturen weit unter −25°C garantieren. Hierzu wird der Kraftstoff abhängig von der Stellung des Thermostatreglers über einen Wärmetauscher geleitet. Der Wärmeaustausch erfolgt durch das schnell warm werdende Kühlmittel im Zylinderkopf. Unter +18°C fließt aller Kraftstoff über den Wärmetauscher, zwischen +18 und +30°C stellt sich ein Mischbetrieb ein, und bei höheren Temperaturen wird der Wärmetauscher nicht mehr durchflossen. Die Temperaturangaben beziehen sich auf den Thermostatregler im Motorraum.

Bei ausgebautem Saugrohr gut erkennbar:
1 – Kraftstoffleitung vom Tank;
2 – Kraftstoffrücklauf zum Tank;
3 – Lenkgetriebe;
4 – Kraftstoff-Wärmetauscher;
5 – Temperaturgeber;
6 – Magnetschalter des Anlassers.

Der Schnitt am Krtaftstoff-Wärmetauscher (60) zeigt folgendes:
1 – Zylinderkopf;
60/1 – Thermostat;
90/1 – Zulaufleitung kalter Kraftstoff;
90/2 – Rücklaufleitung vorgewärmter Kraftstoff;
A – Kraftstoff;
B – Kühlmittel.

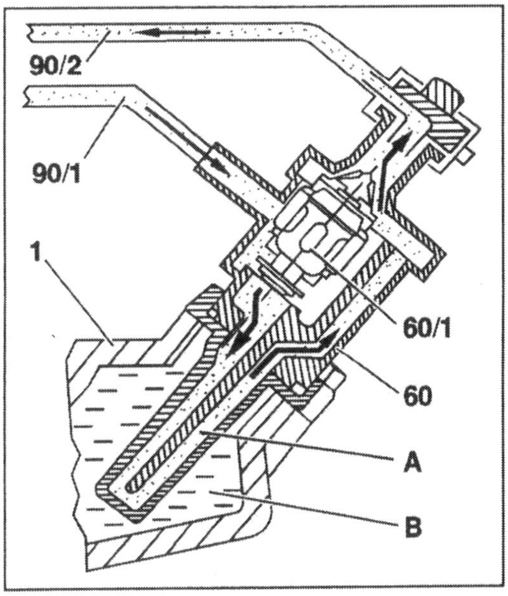

Kraftstoffilter ersetzen

Wartung Nr. 28

Die Einspritzpumpe und die Einspritzdüsen sind sehr empfindlich gegen Verunreinigungen. Selbst kleinste Fremdkörper müssen aus dem Kraftstoff gefiltert werden.
Verunreinigungen stammen meist aus dem Tank einer Zapfstation. Etwa dann, wenn Sie getankt haben, als die Erdtanks eben frisch befüllt wurden. Dadurch können Schmutzpartikel und auch Kondenswasser aufgewirbelt werden und über den Zapfhahn in Ihren Tank gelangen. Deshalb an frisch belieferten Tankstellen möglichst nicht auftanken. Bei allen Modellen ist ein Kraftstoffilter eingesetzt, der alle 90 000 km ausgewechselt werden soll.

- Unterdruckleitung zum Bremskraftverstärker am Halter aushängen.
- Filterpatrone mit einem Spannbandschlüssel (Ölfilterschlüssel) abschrauben bzw. die große Mutter unter dem Absteller aufdrehen.
- Filterpatrone unten wegnehmen.
- Neue Patrone ansetzen und Schraube mit neuem O-Ring und Dichtring montieren.
- Schraube bzw. Patrone gefühlvoll festdrehen.

Kraftstoff-Vorfilter prüfen

Wartung Nr. 29

- Schraube am Vorfilter lösen.
- Halteblech für Kraftstoffleitung abnehmen. Leitung ausstecken.
- Vorfilter aus dem Kraftstoffiltergehäuse ziehen.
- Verschmutzten Filter auswaschen oder vorsichtig ausblasen.

In dieser Abbildung sind beziffert:
1 – Kraftstoffzulauf;
2 – Halteblech für Vorfilter (5);
3 – Motor-Abstellschraube (nicht alle Modelle);
4 – Kraftstoffilter (Wechselpatrone).

Mit Hochdruck

Der lange anhaltende Erfolg der sparsamen Diesel-Pkw wäre nicht möglich gewesen ohne die ständige Verbesserung der Einspritzanlage. Durch Weiterentwicklungen an Einspritzpumpe, Einspritzpumpen-Regler sowie Einspritzdüsen und durch Verfeinerung des Verbrennungsverfahrens wurde der Diesel immer »salonfähiger«.

Übersicht

Motor/Modell	Einspritzpumpe	Einspritzdruck	Ausführung*	Kraftstoffpumpe	Einspritzdüsen (Halter) Bosch/Lucas
601.913/ C 200 Diesel	PES 4 M 55 C 320 RS 183 (Bosch)	> 100 bar 115–125 bar (neu)	mechanischer Regler, Spritzversteller, PLA, ADA, ARA	FP/KG 24 M 150	DN 0 SD 310/NB 001 R (KLA 27 S 55/LDC-004 R 01)
604.910/ C 220 Diesel	R 86 40 A 030 A (Lucas)	> 100 bar 115–125 bar (neu)	EDS	in Verteiler-Einspritzpumpe	–/BDN 0 SD 68 91 C (–/LDC-001 R 03)
605.910/ C 250 Diesel	PES 5 M 55 C 320 RS 202 (Bosch)	> 100 bar 115–125 bar (neu)	EDS Spritzversteller	FP/KG 24 M 152	DN 0 SD 310/NB 001 R (KCE 27 S 3/LDC-001 R 02)

* Erklärung der Abkürzungen hinten im Buch

Das Prinzip

Wie bei allen Hubkolbenmotoren laufen auch beim Diesel die Kolben in den Zylinder auf und ab. Doch auf ihrem Weg nach unten – dem Ansaugtakt – wird nur Luft angesaugt. Dies geschieht ohne die bremsende Wirkung einer Drosselklappe, so daß sehr viel Luft in die Zylinder gelangt. Bei der anschließenden Aufwärtsbewegung des Kolbens wird die Luft auf ca. 28 bar Überdruck verdichtet, wobei sie sich auf ca. 700°C erhitzt. In die glühend heiße Luft wird nun der Dieselkraftstoff fein zerstäubt mit etwa 100 bar eingespritzt. Die Kraftstofftröpfchen entzünden sich sofort von selbst – daher auch die Bezeichnung »Selbstzünder« für den Dieselmotor. Wann und wieviel Luft eingespritzt wird, bestimmt die Einspritzpumpe, die ihrerseits noch vom angebauten Regler und vom Spritzversteller beeinflußt wird.

Das Verbrennungsverfahren

Die Wahl des Verbrennungsverfahrens bestimmt beim Dieselmotor ganz wesentlich dessen Eigenschaften. Es besteht die Möglichkeit, daß sich alle eingespritzten Kraftstofftröpfchen im heißen Brennraum schlagartig entzünden (Direkteinspritzung). Dabei kommt es zu einem harten Laufgeräusch und durch die unvermittelt ablaufende Entflammung zu hoher Beanspruchung der Motorlager. Bei Diesel-Motoren für Personenwagen

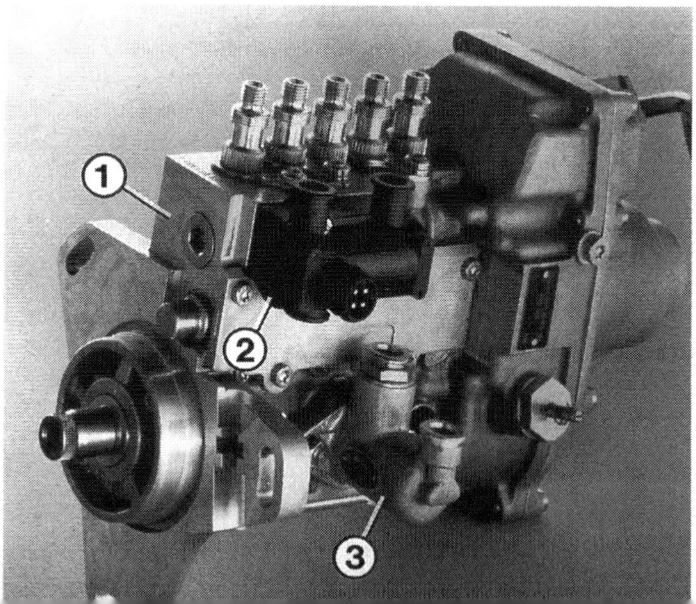

Die Einspritzpumpe ERE (1) ist beim C 250 Diesel eingebaut. Sie ist mit einem elektronisch geregelten Mengensteller ausgestattet. Weiter bezeichnet:
2 – elektrohydraulischer Absteller;
3 – Kraftstoffpumpe.

Die Einspritzpumpe mit elektronischer Leerlaufdrehzahl-Regelung (ELR) und Antiruckelaufschaltung (ARA) beim C 200 Diesel:
1 – Einspritzpumpe;
2 – Regler;
3 – Kraftstoffpumpe;
6 – Unterdruckdose Stop;
103 – Druckdose ALDA;
Y 22 – Stellmagnet ELR;
Y 22/3 – Stellmagnet ARA.

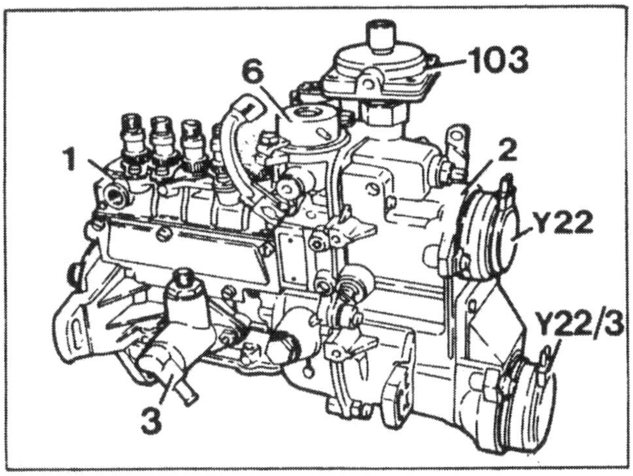

wird deshalb der Arbeitsraum meist geteilt: In einer Kammer im Zylinderkopf läßt man die Verbrennung beginnen und lenkt die »Feuerfront« dann zum Brennraum im Kolben weiter. Die Motorbauer müssen sich nun zwischen dem Vorkammer- oder dem Wirbelkammer-Verfahren entscheiden. Aber auch die Direkteinspritzung kommt im Pkw zunehmend zur Anwendung.
Bei Motoren mit Direkteinspritzung in den Brennraum ist keine Kammer vorhanden – der Brennraum ist einteilig. Besonders in der Kaltlaufphase und beim Beschleunigen sind Direkteinspritzer sehr laut. Einen Vorteil hat die Direkteinspritzung: Gegenüber anderen Dieselmotoren werden nochmals runde 20% weniger Kraftstoff verbraucht.
Bei Motoren mit Wirbelkammer ist der Brennraum geteilt. Die Wirbelkammer sitzt im Zylinder und ist über eine weite Öffnung – den sogenannten Schußkanal – mit dem Brennraum verbunden. Strebt der Kolben beim Verdichtungshub aufwärts, wird die Luft in die Wirbelkammer gedrückt. Dort entsteht durch die Ausformung der Kammer ein Luftwirbel. Der eingespritzte Kraftstoff wird gut vermischt, und zunächst erfolgt die Verbrennung nur in der Wirbelkammer. Über den Schußkanal pflanzt sie sich fort. Motoren mit Wirbelkammern sind günstig im Verbrauch und eignen sich gut für Drehzahlen oberhalb 5000/min.
Auch beim Vorkammer-Verfahren, wie es bei unserem Mercedes-Motor verwendet wird, ist der Arbeitsraum geteilt – die Vorkammer steckt oben im Zylinderkopf. Doch ist die Vorkammer im Gegensatz zur Wirbelkammer weit stärker vom restlichen Brennraum abgeteilt. Nur durch feine Bohrungen gelangt die Verbrennung aus der Vorkammer. Folgende Vorteile bietet das Vorkammer-Verfahren unseres Motors:

- ○ Hohe Lebensdauer infolge niedriger Bauteilbelastung durch den langsamen Verbrennungsdruckanstieg und durch niedrige Spitzendrücke
- ○ Ruhiger Motorlauf, da Druckanstieg und Spritzdruck wesentliche Geräuschverursacher sind
- ○ Guter Verbrennungsgrad und somit schadstoffarme Abgase
- ○ Nach dem Kaltstart keine Weiß- und Blaurauchbildung
- ○ Gute Leistung über einen weiten Drehzahlbereich

Die Einspritzpumpen

alle Modelle

Von der Einspritzpumpe wird der richtige Einspritzzeitpunkt bestimmt, und die einzuspritzende Kraftstoffmenge wird von ihr dosiert. Weiterhin wird der erforderliche hohe Einspritzdruck (ca. 120 bar) aufgebaut. Man kann sagen, daß die Einspritzpumpe gewissermaßen das Herz der Einspritzanlage ist.

Erstmals bei einem Mercedes kommt eine Verteilereinspritzpumpe EVE (1) beim C 220 Diesel zum Einbau. Einspritzzeitpunkt und Kraftstoffmenge werden elektronisch bestimmt.

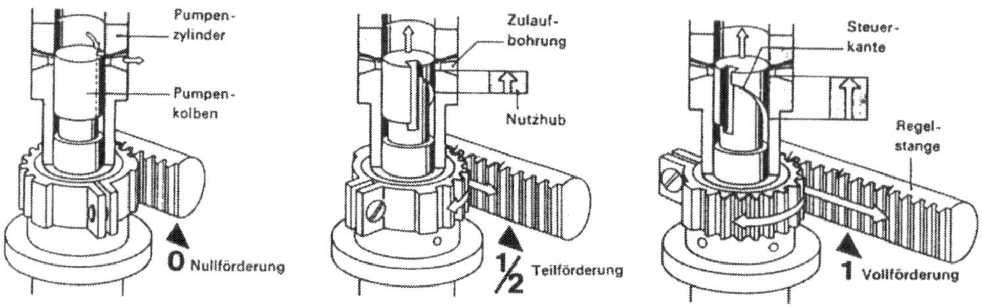

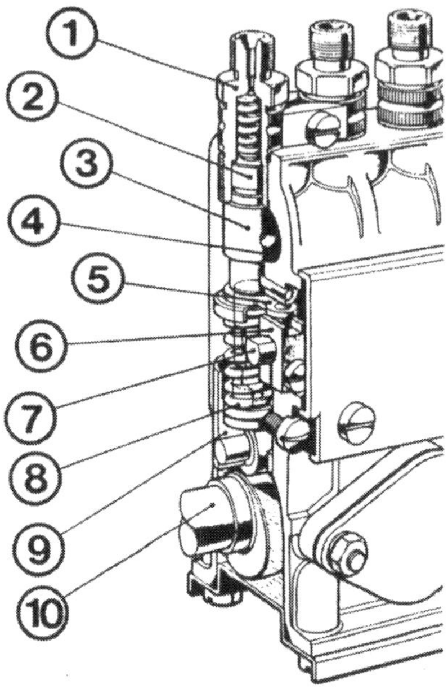

<u>Oben:</u> Durch Verdrehen der Pumpenkolben mit der Regelstange werden verschiedene Kraftstoffmengen gefördert. Obwohl der Pumpenhub immer gleich ist, kann der sogenannte Nutz- oder Förderhub verändert werden. Nullförderung: Der Raum über dem Pumpenkolben bleibt über eine Nut offen. Teilförderung: Die schräge Steuerkante regelt, wie lange der Pumpenraum geschlossen bleibt und somit gefördert wird. Vollförderung: Über den gesamten Kolbenhub wird Kraftstoff zu den Einspritzdüsen gepumpt.
<u>Rechts:</u> Ein Pumpenelement der Reiheneinspritzpumpe: 1 – Anschlußnippel der Einspritzleitungen; 2 – Druckventil; 3 – Pumpenzylinder; 4 – Kraftstoffvorratsraum; 5 – Verstellhebel der Regelhülse (zum Verdrehen der Pumpenkolben); 6 – Klemmstück; 7 – Regelstange (wird vom Regler hinten an der Einspritzpumpe hin- und hergeschoben); 8 – Kolbenfeder; 9 – Rollenstößel; 10 – Nockenwelle.

Beim Motor im C 200/C 250 Diesel kommt eine Reihen-Einspritzpumpe zum Einsatz. Beim C 220 Diesel ist eine Verteiler-Einspritzpumpe von Lucas eingebaut. Alle Einspritzpumpen sind seitlich links am Motor angeordnet und werden über die Steuerkette von der Kurbelwelle angetrieben. Dabei drehen sie sich mit halber Kurbelwellen-Drehzahl.

Reihen-Einspritzpumpe

C 200/250 Diesel

Die Reihen-Einspritzpumpe hat für jeden Motorzylinder ein eigenes Pumpenelement, das der jeweiligen Einspritzdüse über eine dickwandige Stahlleitung (Einspritzleitung) den unter hohem Druck stehenden Kraftstoff zupumpt. Dabei ist es interessant zu wissen, daß der Kraftstoff nicht mehr absolut hart ist, sondern sich ähnlich wie Luft etwas verdichtet und auch federt. Dieses Verhalten macht die Einspritzerei nicht eben einfacher, denn es entstehen dynamische Probleme, welche nach den Gesetzen der Akustik ablaufen.
Unten in der Einspritzpumpe verläuft eine Nockenwelle. Von ihrem Nocken werden die Pumpenelemente entsprechend der Zündfolge nacheinander betätigt. Jedes Pumpenelement besteht im Wesentlichen aus: Druckventil, Pumpenzylinder, Pumpenkolben, Kolben-Verdrehhülse und Kolbenfeder. Was passiert nun im einzelnen? Solange der Pumpenkolben ganz unten steht, füllt sich der Pumpenraum über eine Zulaufleitung mit Kraftstoff. Wird dann der Kolben gegen die Kolbenfeder nach oben gedrückt, verschließt er Zulauf- und Steuerbohrung, und der Druck im Kraftstoff steigt. Schließlich öffnet das Druckventil oben im Pumpenelement, und eine Druckwelle läuft mit Schallgeschwindigkeit durch die Einspritzleitung zur Einspritzdüse.
Wird der »Öffnungsdruck« von ca. 120 bar erreicht, hebt die Düsennadel unten in der Einspritzdüse ab, und der Kraftstoff sprüht durch die freigewordene Austrittsöffnung in die Vorkammer. Nun wird so lange Kraftstoff eingespritzt, bis der Kolben mit seiner untenliegenden Steuerkante die Steuerbohrung wieder freigibt. Jetzt bricht erst der Druck im Pumpenraum zusammen. Das Druckventil schließt, läßt aber kurz vorher noch eine

C 200 Diesel: 1 – Unterdruckdose Motor-Absteller; 2 – Pumpenelement (links) bzw. ALDA-Dose (rechts); 3 – Unterdruckdose Leerlaufanhebung; 4 – Drucksteuerventil (Automatik); 5 – Schlauch.

1 – Einspritzpumpe;
6 – Unterdruckdose Stop;
60 – Abgasrückführventil;
62b – Drossel mit Filter;
65 – Unterdruck-Steuerventil;
67 – Unterdruckpumpe;
99 – Drucksteuerklappe;
100 – Unterdruckdose Drucksteuerklappe;
105 – Saugrohr;
105a – Drucksteuerklappen-Gehäuse;
105b – Ansaugluft-Verbindungleitung;
110 – Auspuffkrümmer;
128a – Thermoventil 30°C schließt;
136 – Schwungrad;
224 – Gaspedal;
B11/8 – Kühlmittel-Temperaturgeber Nachglühen;
L3 – Drehzahlgeber Starterzahnkranz;
N22 – Steuergerät Klimakompressor-Abschaltung;
N8/2 – Steuergerät ARA;
N37 – Steuergerät ARF;
S27/6 – Mikroschalter Klimakompressor-Abschaltung;
Y22/3 – Stellmagnet ARA;
Y27 – Umschaltventil ARF;
Y28 – Umschaltventil Drucksteuerklappe;
a – Belüftung;
b – Nebenverbraucher;
c – Schlüsselabstellung.

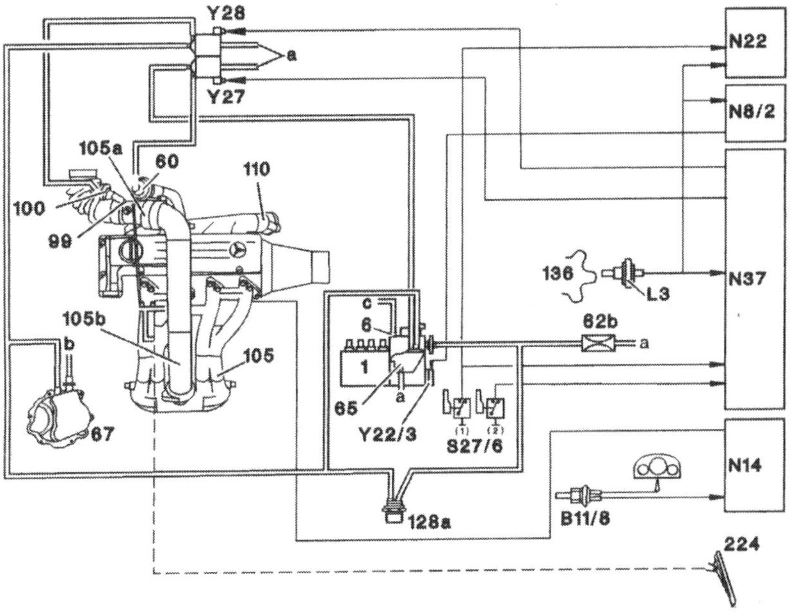

kleine Kraftstoffmenge aus der Einspritzleitung zum Pumpenraum zurückfließen. Dadurch bricht auch der Druck in der Einspritzleitung und in der Einspritzdüse schlagartig zusammen. Die Düse schließt schnell und exakt. Außerdem werden Druckschwankungen vermieden, so daß es selbst bei hohen Drehzahlen nicht zu »Nachspritzern« kommen kann.

Da der Hub des Pumpenkolbens immer gleich groß ist, verwendet man zur Dosierung der Kraftstoffmenge folgenden Trick: Der Pumpenkolben hat eine schräg angeschliffenen Steuerkante, und der Kolben kann mit einer Hülse verdreht werden. Je nach Stellung des Kolbens bleibt die Steuerbohrung zum Pumpenraum und damit der Pumpenraum selbst unterschiedlich lang verschlossen. Den Weg, welchen der Kolben bei geschlossener Steuerbohrung zurücklegt, nennt man auch den Nutzhub. Je größer der Nutzhub, um so mehr Kraftstoff wird eingespritzt.

Die Kolben-Verdrehhülsen aller Pumpenelemente sind über einen kurzen Verstellhebel mit der Regelstange der Einspritzpumpe verbunden. Bei der Herstellung der Pumpe werden die Verdrehhülsen der Kolben so eingestellt, daß alle Pumpenelemente gleich viel Kraftstoff fördern.

Die Regelstange ist also das entscheidende Bauteil der Einspritzpumpe, an welchem die Kraftstoffdosierung erfolgt. Je nach Stellung der Regelstange unterscheidet man folgende Fördermengen: Null-, Teil- oder Vollförderung. Doch die Regelstange der Einspritzpumpe ist nicht einfach mit dem Gaspedal verbunden – der Regler ist dazwischengeschaltet. Beim C 200 Diesel ist es ein mechanischer Regler und beim C 250 Diesel ein elektronisch gesteuertes Mengenstellwerk.

Der Leerlauf

Der kalte Dieselmotor geht nach dem Anspringen sofort wieder aus oder dreht äußerst unrund, wenn seine Leerlaufdrehzahl nicht erhöht wird. Früher mußte der Fahrer mit einer kleinen Flügelschraube im Armaturenbrett die Leerlaufdrehzahl korrigieren. Heute übernimmt eine pneumatische Leerlaufanhebung – das EDS – diese Aufgabe.

Aggregateraum rechts im Motorraum beim C 220 Diesel:
1 – Steuergerät Kickdown-Abschaltung bei Automatik;
2 – Steckverbindung;
3 – Duoventil für Heizung;
4 – Überspannungsschutz;
5 – Umschaltventil ARF;
6 – Filter in Belüftungsleitung;
7 – Diagnosedose.

Einspritzanlage beim C 200 Diesel

Der Motor des C 200 Diesel ist mit einer mechanisch geregelten Reiheneinspritzpumpe ausgestattet, wie sie schon seit Jahren zum Einsatz kommt. Zur Verbesserung der Abgase ist ein Oxidations-Katalysator und eine Abgasrückführung eingebaut. Bei Fahrzeugen mit Schaltgetriebe befindet sich ein sogenannter ARA- (Anti-Ruckel-Aufschaltung) Stellmagnet am mechanischen Regler der Einspritzpumpe. Abgasrückführung und ARA sind pneumatisch bzw. elektronisch arbeitende System mit eigenen Steuergeräten im Aggregateraum rechts. Die Steuergeräte sind diagnosefähig. Die Abgasrückführung erfolgt ab ca. 2 Minuten nach dem Motorstart bei Drehzahlen zwischen 1000 und 3000/min. In Vollgasstellung bleibt die Abgasrückführung aus. Dazu ist am Regler der Einspritzpumpe ein Mikroschalter eingebaut, der kurz vor Erreichen der Vollgasstellung die Abgasrückführung abschaltet. Eine Kraftstoff-Vorwärmung mit Thermostat und Wärmetauscher im Zylinderkopf sorgen für Betriebssicherheit im Winter. Am Kraftstoffilter ist oben einen Drehknopf zu finden, mit dem der Motor abgestellt werden kann.
Zwischen Luftfilter und dem Querrohr für Ansaugluft ist das Drucksteuerklappengehäuse eingebaut. Außen ist daran eine Unterdruckdose zum Bewegen der Drucksteuerklappe und das Abgasrückführungsventil mit dem Vebindungsrohr zum Auspuffkrümmer erkennbar.

Regler der Einspritzpumpe

C 200 Diesel

Dieses Bauteil ist hinten an der Einspritzpumpe zu finden und besteht »innerlich« aus einer verwirrenden Anordnung von verschiedenen Hebeln und Federn. Ein Fliehkraftregler auf den hinteren Enden der Einspritzpumpen-Nockenwelle, eine Unterdruckdose zur Motorabstellung und eine Unterdruckdose zur Leerlaufanhebung wirken unterschiedlich auf den Reglermechanismus ein. Letztendlich wird durch den Regler aber immer die Stellung der Reglerstange verändert, d.h. die Kraftstoffmenge und damit die Motordrehzahl wird geregelt. Der mechanische Regler ist deshalb erforderlich, weil der Motor auf der Ansaugseite keinerlei Luftdrosselung hat und so keine Möglichkeit bietet, eine Drehzahlregelung dort anzubringen. Beim Dieselmotor gibt es keine Regelstangenstellung, in welcher die Drehzahl konstant bleibt. Im Leerlauf könnt z.B. die Drehzahl plötzlich bis zum Stillstand fallen oder aber bis zur Selbstzerstörung des Motors ansteigen.
Der Regler im C 200 Diesel arbeitet im Wesentlichen als ein Leerlauf- und Enddrehzahlregler. Im Teil- und Vollastbereich wird die Regelstange nur vom Gaspedal aus betätigt. Dieses ist über den Gaszug mit dem Verstellhebel am Regler verbunden. Im einzelnen wird am Regler folgendes bewirkt:

- Bei einer Drehzahl von 5150/min wird die Regelstange auf Nullförderung gestellt – der Dieselmotor regelt ab.
- Mit der Unterdruckdose zur Motorabstellung wird die Regelstange auf Nullförderung gestellt, sobald sich die Membran durch Unterdruck nach oben wölbt.
- Bei einer Kühlmitteltemperatur unter +30°C wird die Leerlaufdrehzahl um etwa 100/min angehoben. Dies geschieht mit einer weiteren Unterdruckdose außen am Regler. Diese ändert den Anschlag der Leerlaufeinstellung. Durch Hinein- oder Herausdrehen dieser Dose wird auch die Leerlaufdrehzahl eingestellt.

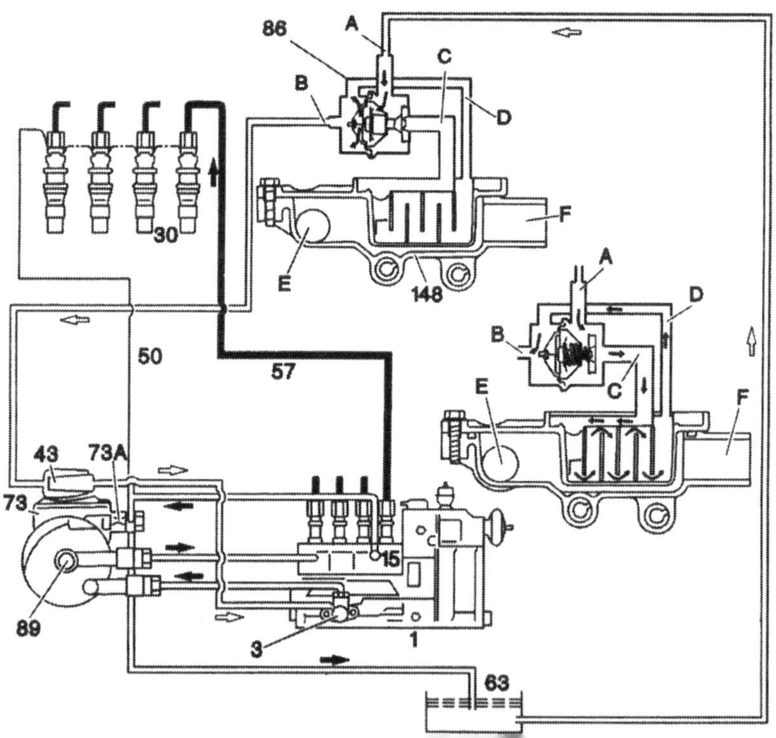

Kraftstoffkreislauf beim C 200 Diesel:
1 – Einspritzpumpe;
3 – Kraftstoffpumpe;
15 – Überströmventil;
30 – Einspritzdüsen;
43 – Kraftstoffvorfilter;
50 – Leckölschlauch;
57 – Einspritzleitung 4. Zylinder;
63 – Tank;
73a – Drosselbohrung im Kraftstoffilter-Oberteil;
86 – Kraftstoffthermostat geschlossen (Kraftstoff wird nicht vorgewärmt);
89 – Absteller;
148 – Kraftstoff-Wärmetauscher;
A – Zulauf vom Tank;
B – Leitung zur Kraftstoffpumpe;
C – Vorlauf zum Wärmetauscher;
D – Rücklauf vom Wärmetauscher;
E – Kühlmitteleintritt;
F – Kühlmittelaustritt.

In der Zeichnung ist der mechanische Fliehkraftregeler der Einspritzpumpe beim C 200 Diesel dargestellt:
1 – Unterdruckdose Stop;
2 – Kontermutter;
3 – Unterdruckdose Leerlaufanhebung (durch Verdrehen wird die Leerlauf-Grunddrehzahl eingestellt);
4 – Anschlagschraube Leerlauffördermenge;
5 – Verstellhebel;
6 – Einstellschraube für Vorspannung Reglerfeder;
7 – Umlenkhebel;
8 – Einstellschraube Vollast;
9 – drehender Fliehkraftgeber (Drehzahlerfassung);
10 – Regelstange;
11 – Anschlaghebel;
12 – Führungshebel.

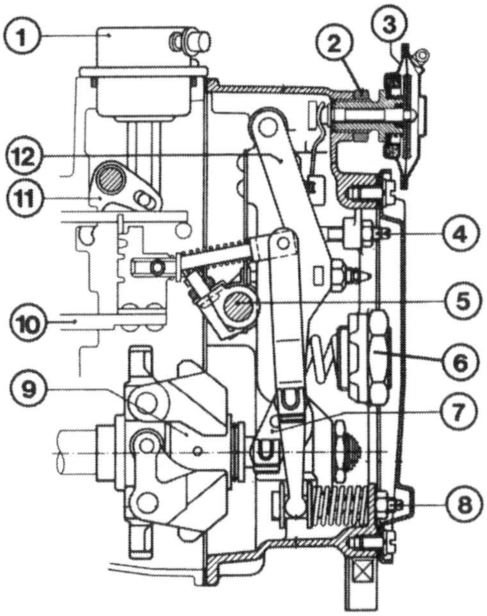

○ Über ein verzwicktes Hin und Her von Hebeln und Federn wird die Leerlaufdrehzahl konstant gehalten. Erhöht sich die Leerlaufdrehzahl im Schiebebetrieb, wird die Regelstange auf Nullförderung gestellt.
○ Zum Start des Motors stellt der Regler die Regelstange auf Vollförderung.
○ Mit abnehmender Luftdichte wird die Vollast-Einspritzmenge verringert, was den »Höhenrauch« des Diesels unterbindet. Dazu verstellt die ADA-Dose oben an der Einspritzpumpe den Vollast-Anschlag entsprechend dem Höhendruck.

Der Spritzversteller

C 200/250 Diesel

Beim Einspritzen wird die Einspritzdüse durch eine Druckwelle geöffnet, die mit Schallgeschwindigkeit durch die Einspritzleitungen läuft. Die benötigte Zeit ist stets gleich und von der Motordrehzahl unabhängig. Dreht der Motor also recht hoch, würde die Einspritzung ohne Ausgleich eigentlich zu spät erfolgen.
Gleiche Überlegungen gelten bei der Entzündung des Kraftstoffes. Unabhängig von der Motordrehzahl baut sich der maximale Verbrennungsdruck stets nach der gleichen Zeit auf. Mit steigender Motordrehzahl muß deshalb immer etwas früher eingespritzt werden, damit die größte Leistung stets erreicht wird.
Das Vorverlegen des Einspritzzeitpunkts (Förderbeginn) ab ca. 1500/min übernimmt der automatische, drehzahlabhängige Spritzversteller. Dieser ist zweiteilig, beide Teile sind verdrehbar zueinander gelagert. Fliehgewichte mit Gegenfedern wandern bei steigender Drehzahl auf einer Kurvenbahn nach außen und verdrehen so die beiden Teile. Das innere Teil des Spritzverstellers ist mit der Nockenwelle der Einspritzpumpe verschraubt. Über das äußere Teil läuft die Steuerkette, die für den Antrieb des Spritzverstellers sorgt. Vorn ist er noch mit einer Kurvenbahn ausgestattet, welche zum Antrieb der Unterdruckpumpe gebraucht wird. Der Spritzversteller ist wartungsfrei.

Pneumatische Leerlaufanhebung

C 200 Diesel

Diese Einrichtung wirkt über eine Unterdruckdose auf den Leerlaufanschlag im Regler der Einspritzpumpe. Bei Kühlmitteltemperaturen unter +30°C wird die Leerlaufdrehzahl um ca. 100/min erhöht. Das Schema auf Seite 79 zeigt, wie die Unterdruckdose am Reglergehäuse über ein Thermoventil angesteuert wird. Hat das Thermoventil in der Unterdruckleitung zur Unterdruckpumpe geöffnet, wirkt der Unterdruck in der Unterdruckdose, und die Leerlaufanhebung findet statt. Schließt das Ventil, wird die Unterdruckdose über eine Belüftungsleitung belüftet und die Drehzahlanhebung aufgehoben.
Sollte eine Prüfung ergeben, daß die Unterdruckdose am Regler defekt ist, kann man diese nicht selbst austauschen, denn dazu muß man den Regler zerlegen und ihn anschließend neu einstellen.

Pneumatische Leerlaufanhebung prüfen

Zur Prüfung die Zeichnung auf Seite 79 ansehen. Die Prüfung besteht aus einigen Blasproben in die abgezogenen Leitungen.
● Leitung zur Unterdruckdose ausstecken. Weder Durchblasen noch Ansaugen ist bei intakter Membran möglich.
● Bei einer Kühlmitteltemperatur unter +30°C muß das Ventil in der Unterdruckleitung Durchgang haben. Bei höherer Temperatur muß es geschlossen sein. Das Ventil sitzt seitlich links im Zylinderkopf.
● Wird an die Leitung zur Unterdruckdose ein Unterdruck von 0,5 bar angelegt (kräftig ansaugen), muß die Leerlaufdrehzahl um 100/min ansteigen.

Antiruckelaufschaltung (ARA)

C 200 Diesel

Bei Fahrzeugen mit Schaltgetriebe ist diese Einrichtung eingebaut. Ein Stellmagnet an der Einspritzpumpe verringert im richtigen Augenblick die Einspritzmenge und wirkt so der Ruckelneigung entgegen. Der Stellmagnet wird von einem elektronischen Steuergerät angesteuert. Dieses erkennt über einen Drehzahlgeber am Anlasserzahnkranz Drehzahlschwankungen bzw. Ungleichförmigkeiten bei jeder einzelnen Motorumdrehung. Treten im elektrischen System Fehler auf, werden diese vom Steuergerät erkannt und für die Werkstattdiagnose gespeichert. Weiterhin kann das System in der Mercedes-Benz-Werkstatt über verschiedene Abgleichstecker optimiert werden. So kann gegen schlechte Beschleunigung und gegen Motorruckeln gezielt vorgegangen werden.

Unterdruckabstellung

C 200 Diesel

Der Dieselmotor kann mit dem Zündschlüssel abgestellt werden. Dies ist gar nicht so selbstverständlich, denn es gibt bei unserem »Selbstzünder« keine Zündanlage, die man einfach ausschalten könnte. Früher wurden Dieselmotoren immer über einen besonderen Absteller oder einen Druckknopf abgestellt. Das Schema unten zeigt, wie der Motor des C 200 Diesel abgestellt wird.

Auch hierbei benützt man den Unterdruck. Der Unterdruck wird über eine braune Schlauchleitung zu einem Ventil hinten am Zündschloß geführt. Durch eine Kurvenscheibe, die vom Zündschlüssel verdreht wird, wird das Ventil betätigt. Das Ventil öffnet, wenn Sie den Zündschlüssel zum Abstellen des Motors nach links drehen. Der Unterdruck gelangt über die braun/blaue Leitung zur Unterdruckdose oben an der Einspritzpumpe. Die Membrane in der Unterdruckdose wird nach oben gezogen, und über einen Hebel wird die Regelstange der Einspritzpumpe auf Nullförderung gestellt – der Motor geht aus. Die Regelstange kann auch mit dem Absteller auf dem Kraftstoffilter auf Nullförderung gestellt werden.

Unterdruckabstellung prüfen

Läßt sich der Motor nicht mehr mit dem Zündschlüssel abstellen oder springt er nicht an, muß die Unterdruckabstellung überprüft werden. Neben Schäden am Ventil des Zündschlosses oder an der Unterdruckdose können auch ausgesteckte Unterdruckleitungen die Störungsursache sein.

- Leitungsverläufe überprüfen. Alle Leitungen eingesteckt? Alle Gummisteckverbindungen dicht?
- Ventil im Zündschloß prüfen: Braun/blaue Schlauchleitung an der Verbindung über dem Bremskraftverstärker ausstecken. Motor starten und prüfen, ob am Leitungsstück Richtung Innenraum Unterdruck fühlbar ist.
- Die Drossel in der braunen Leitung muß in beiden Richtungen durchgängig sein.
- Unterdruckdose prüfen: Braun/blaue Leitung wie oben ausstecken. Bei laufendem Motor kräftig am Leitungsstück Richtung Unterdruckdose ansaugen – der Motor muß ausgehen.

Fingerzeig: Wird das Ventil am Zündschloß beim Schlüsseldreh nicht geschlossen (z.B. wegen loser Kurvenscheibe), bleibt der Unterdruck in der Unterdruckdose bestehen, und der Motor kann nicht anspringen. In diesem Fall einfach die Leitung an der Unterdruckdose ausstecken. Die Abstellung ist dann zwar nicht mehr funktionsfähig, aber immerhin springt der Motor an. Den Motor vorübergehend mit dem Absteller auf dem Kraftstoffilter abstellen.

Unterdruckdose der Motorabstellung ersetzen

- Luftfilter ausbauen.
- Beide Halter der Unterdruckdose ausbauen.
- Zum Ausbau die Dose etwas anheben, dann nach hinten zum Motor hin abkippen und herausziehen.
- Beim Einbau der Dose den Stop-Hebel drücken und die Verbindungsstange der Unterdruckdose in die Wippe des Stop-Hebels einrasten lassen (Einspritzpumpe mit Stip-Hebel).
- Beide Halter wieder montieren.

Einspritzanlage beim C 220 Diesel

Die Einspritzanlage ist mit dem elektronisch geregelten Verteiler-Einspritzsystem EVE ausgestattet. EVE bedeutet: **E**lektronisch geregeltes **V**erteiler-**E**inspritzsystem. Die zwei wichtigsten Bauteile des EVE-Systems

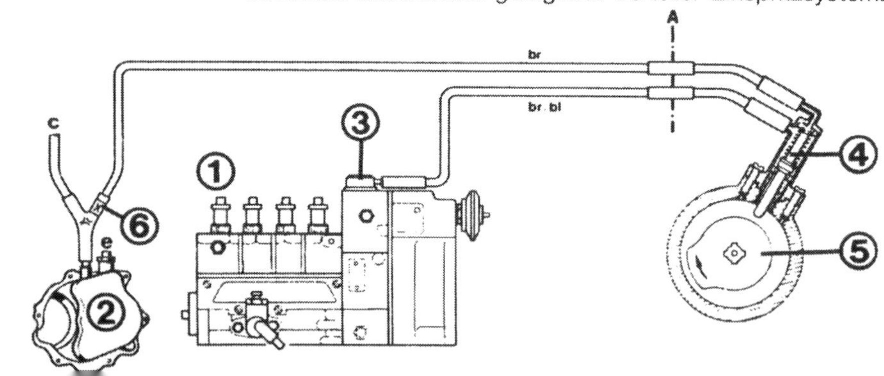

Die pneumatische Motorabstellung beim C 200 Diesel.
1 – Einspritzpumpe;
2 – Unterdruckpumpe;
3 – Unterdruckdose Stop;
4 – Ventil am Zündschloß;
5 – Kurvenscheibe (wird vom Zündschlüssel mitgedreht);
6 – Drossel;
A – Zwischenwand;
c – übrige Verbraucher;
e – zum Bremskraftverstärker.

Die Einspritzanlage beim C 220 Diesel:
Ae34 – Dieselkontrolleuchte EDC;
B1/4 – Kühlmittel-Temperaturgeber;
B28 – Ansaugluft-Temperaturgeber;
K1/2 – Relais Überspannungsschutz;
L5/6 – Positionsgeber Kurbelwelle;
N3/8 – Steuergerät;
R25/2 – Sollwertgeber;
S9/1 – Bremslichtschalter;
S16/1 – Startsperr- und Rückfahrlichtschalter;
Y23/2 – Verteilereinspritzpumpe EVE.

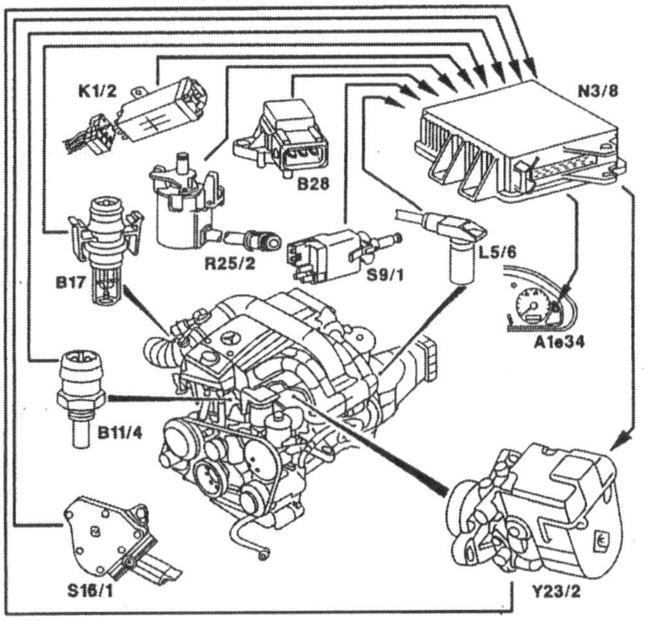

sind: die Verteiler-Einspritzpumpe und das sehr umfangreiche elektronische Steuersystem mit diagnosefähigem Steuergerät. Die Einspritzmengen- und Förderbeginnregelung erfolgt durch die Verteiler-Einspritzpumpe EVE in Abhängigkeit von Motorbetriebszustand, Gaspedalstellung, Luftdruck, Ansaugluft-Temperatur und den abgelegten Kennfeldern im Steuergerät. Das Abstellen des Motors übernimmt ebenfalls die Verteiler-Einspritzpumpe. Zur Verbesserung der Abgase ist ein Oxidations-Katalysator und eine Abgasrückführung eingebaut. Die Vorglühanlage hat ein separates Steuergerät mit Nachglühung. Die Glühkerzen sind wegen der Vierventil-Technik verlängert.

Steuergerät C 220 Diesel

Das Steuergerät ist im Aggregateraum rechts eingebaut. Es wird vom Überspannungsschutz daneben mit Spannung versorgt. Das Steuergerät erfaßt die Eingangssignale und steuert entsprechend den Betriebsbedingungen die Ausgänge an. Dabei hat das Steuergerät folgende Aufgaben: Kraftstoffmengenregelung, Förderbeginnregelung, Steuerung der Abgasrückführung, Steuerung des Tempomats bei Automatik, Diagnose, Überwachung der Ein- und Ausgänge, Fehlerspeicher und Ersatzwertbildung bei Signalausfall.
Eingangssignale kommen von folgenden Gebern: Positionsgeber an der Kurbelwelle, Positionsgeber Verteilerwelle, Positionsgeber Nockenring, Sollwertgeber für Gaspedalstellung, Saugrohrdruckgeber, Temperaturgeber Ansaugluft, Temperaturgeber Kühlmittel, Temperaturgeber Kraftstoff (in der Pumpe), Bremslichtschalter, Geschwindigkeitssignal vom ABS-Steuergerät und dem Startsperr- und Rückfahrlichtschalter bei Automatik.
Folgende Ausgänge werden angesteuert: Druckwandler Druckregelklappe, ARF-Umschaltventil, Umschaltventile für Modulierdruck und Schaltpunktanhebung bei Automatik, Dieselkontrolleuchte EDC im Kombi-Instrument (Electronic Diesel Control), Klimaanlagensteuerung und Fehlerausgabe an Prüfkupplung für Diagnose.
Fehlerspeicherung: Alle Ein-/Ausgänge werden bei Betrieb laufend geprüft. Liegen Fehler länger als ca. eine halbe Sekunde vor, werden sie gespeichert. Schwerwiegende Fehler, die länger als eine Sekunde anliegen, bringen die EDC-Kontrolleuchte im Kombi-Instrument zum Aufleuchten. Manche Fehler werden vom Steuer-

Folgende Bauteile sind hier gezeigt:
1 – Gehäuse für Drucksteuerklappe;
2 – Unterdruckdose zur Betätigung der Drucksteuerklappe;
3 – Unterdruckleitung Drucksteuerklappe;
4 – Unterdruckleitung ARF;
5 – ARF-Ventil;
6 – Abgasrohr vom Auspuffkrümmer.

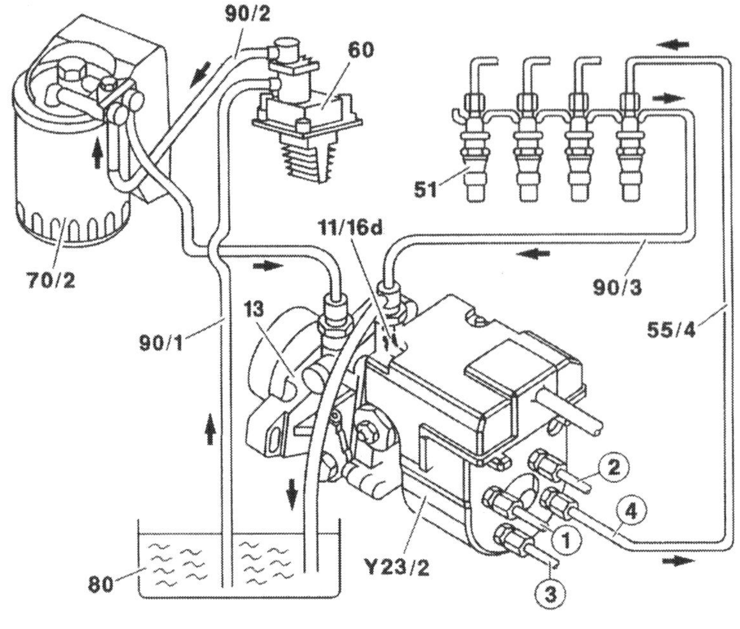

Kraftstoffkreislauf beim C 220 Diesel:
11/16d – Entlüftungsdrossel (nicht sichtbar);
13 – Kraftstoffpumpe (nicht sichtbar);
51 – Düsenhalterkombination;
55/4 – Einspritzleitung Zylinder 1;
60 – Kraftstoff-Wärmetauscher;
70/2 – Kraftstoffhauptfilter;
80 – Tank;
90/1 – Zulaufleitung kalter Kraftstoff;
90/2 – Rücklaufleitung vorgewärmter Kraftstoff;
90/3 – Leckölschlauch;
Y23/2 – Verteiler-Einspritzpumpe EVE.

gerät selbständig gelöscht, sobald sie nicht mehr vorhanden sind, bleiben jedoch im Fehlerspeicher erhalten. Leuchtet die EDC-Kontrolleuchte, müssen Sie in die Werkstatt fahren, damit dort der genaue Fehler ausgelesen und anschließend der Fehlerspeicher wieder gelöscht wird.
Ersatzwerte: Das Steuergerät bildet bei Ausfall von wichtigen Eingangssignalen einen Ersatzwert, damit weitergefahren werden kann. Dabei sind folgende Effekte möglich: Leistungsminderung, Drehzahlreduzierung, Abschalten von Rundlaufregelung, Abgasrückführung und Tempomat (Automatik).

Kraftstoff-versorgung C 220 Diesel

Die Kraftstoffpumpe in der Verteilereinspritzpumpe saugt den Kraftstoff über den Kraftstoff-Wärmetauscher und den Kraftstoffilter an. Zum Entlüften dient eine Drossel im Verteilerpumpengehäuse. Die Kraftstoff-Vorwärmung besteht aus Kraftstoff-Wärmetauscher mit Thermostat am Zylinderkopf. Um einen störungsfreien Betrieb mit Winterdieselkraftstoff in der Regel bis mindestens –25°C Außentemperatur zu gewährleisten, muß der Dieselkraftstoff vorgewärmt werden. Der Thermostat schaltet hierzu wie folgt: Volle Vorwärmung bis +18°C (Kraftstoff-Temperatur), Mischbetrieb von +18 bis +30°C (Kraftstoff-Temperatur). Der Kraftstoffilter besteht aus einem Metallgehäuse mit Papierfiltereinsatz (sehr kleine Porengröße) und dem Absteller oben. Ein Vorfilter ist seitlich angeordnet.
Die Kraftstoffpumpe ist eine sogenannte Flügelzellenpumpe und in der Verteilerpumpe eingebaut. Ein Gehäuse steht exzentrisch zur Antriebswelle. Dadurch ist das Volumen hinter den vier Flügeln verschieden groß. Am größten Volumen wird Kraftstoff durch den Einlaßschlitz angesaugt. Der Kraftstoff ist zwischen zwei Flügeln eingeschlossen und wird bei sich weiterdrehender Pumpe in den Bereich des Auslaßschlitzes befördert, wobei sich das Volumen verkleinert. Der Kraftstoff wird vom Flügel in den Auslaßschlitz gedrückt. Dreht der Motor über 500/min, wird der Förderdruck durch ein Druckregelventil mit Kolben und Feder auf ca. 8 bar begrenzt. Der Förderdruck muß möglichst hoch und konstant sein, damit die verschiedenen hydraulischen Pumpenbauteile richtig versorgt sind. Beim Starten entlüftet sich das Kraftstoffsystem durch die Förderleistung der Flügelzellenpumpe und die Entlüftungsdrossel in der Verteilerpumpe selbsttätig. Anlasser ununterbrochen drehen lassen, bis der Motor startet, sonst klappt die Entlüfterei nicht!

In dieser Abbildung sind beziffert:
1 – Ölabscheider der Kurbelgehäuse-Entlüftung;
2 – Einspritzleitung;
3 – Halter für Einspritzleitung;
4 – Leckölleitung zum Rücklauf;
5 – TORX-Schraube zur Saugrohrbefestigung;
6 – Saugrohr aus Kunststoff.

Rechts: 1 – Verteilung der Unterdruckleitungen für die verschiedenen Systeme im Fahrzeug.

Mitte links: 1 – Saugrohrdruckgeber beim C 220/250 Diesel; 2 – Rückschlagventil in Unterdruckschlauch zum Bremskraftverstärker.
Mitte rechts: Unter dem Luftfiltergehäuse (2) befindet sich der Unterdruckwandler (1) für z. B. die Unterdruckdose (3) der Druckregelklappe.
Unten links: 1 – Vorkammer, mit Innenvielzahn-Gewindering festgeschraubt; 2 – Einspritzdüse.
Unten rechts: Mit einem Ringschlüssel SW 22 können die Einspritzdüsen (2) gelöst werden. Zuvor Hülsen (1) abziehen.

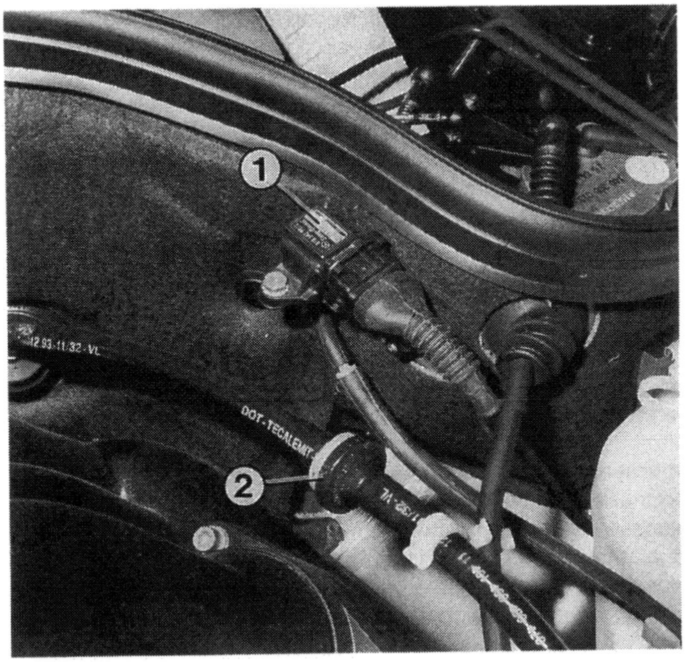

Verteiler-Einspritzpumpe

C 220 Diesel

Ihre Aufgabe ist es, den Kraftstoff unter sehr hohem Druck und in der richtigen Menge in Abhängigkeit von der Last zum richtigen Zeitpunkt zu den Einspritzdüsen zu fördern. In der Pumpe ist auch die Kraftstoffpumpe sowie ein Temperaturgeber für den Kraftstoff untergebracht. Außen sitzen elektromagnetische Ventile – eines zum Abstellen des Motors und ein weiteres zum Verstellen des Förderbeginns.
Um den hohen Einspritzdruck aufzubauen, wird eine Verteilerwelle mit sehr genauen Bohrungen von der Antriebswelle über Klauen angetrieben.
Zum Füllen mit Diesel ist der Kanal der Verteilerwelle mit einem Zulaufkanal des Verteilerkopfes verbunden, somit werden die zwei Förderkolben vom Kraftstoffdruck (ca. 8 bar) auseinandergedrückt, bis die beiden Gleitschuhe die Klauen berühren. Während die Verteilerwelle sich weiterdreht, verschließt sie den Zulaufkanal und öffnet den Hochdruckkanal. Im Verteilerkopf sind vier Zulaufkanäle und vier Hochdruckkanäle gebohrt. Sobald die Gleitrollen auf den Nockenring aufsetzen und die Förderkolben sich zur Mitte bewegen, beginnt die Hochdruckförerung. Ist der Düsenöffnungsdruck von ca. 120 bar erreicht, wird eingespritzt.
Die eingespritzte Kraftstoffmenge wird durch den Hub der Förderkolben bestimmt. Durch die Verteilerwelle z.B. in Richtung »a« (obere Zeichnung auf der gegenüberliegenden Seite) axial verschoben, wandern die Gleitschuhe nach innen, und der Raum für den Kraftstoff verkleinert sich. Das axiale Verstellen der Verteilerwelle wird von zwei Magnetventilen und der Rückstellfeder Mengenregelung bestimmt. Soll weniger Diesel gefördert werden, öffnet das Zulaufventil, und das Rücklaufventil schließt. Dadurch steigt der Mengenregeldruck und die Verteilerwelle wandert in Richtung »a«. Soll mehr Diesel gefördert werden, steuert man die Magnetventile umgekehrt an. Folglich baut sich der Mengenregeldruck ab, und die Feder drückt die Verteilerwelle in Richtung »b«. Am Anschlag wird die Vollastmenge an Kraftstoff gefördert.
Der Förderbeginn, also der Einspritzzeitpunkt wird durch die Stellung des Nockenringes gegenüber dem Verteilerkopf festgelegt. Dreht sich der Nockenring entgegen der Drehrichtung, verstellt sich der Förderbeginn in Richtung »früh«. Soll die Einspritzung später erfolgen, muß der Nockenring in Drehrichtung verstellt werden. Das Drehen des Nockenringes um die Verteilerwellenachse wird vom Verstellventil und der Rückstellfeder Förderkolben bestimmt. Zum Verstellen in Richtung »früh« wird das Verstellventil geöffnet. Der Förderbeginn-Regeldruck steigt und der Förderbeginn-Verstellkolben bewegt sich nach links. Umgekehrt wird er durch die Feder nach rechts gedrückt, wenn das Verstellventil schließt und der Förderbeginn-Regeldruck abfällt.
Das Abschaltventil an der Einspritzpumpe dient zum Abstellen des Motors. Es besteht aus einem Magnetanker mit Dichtsitz und einer Rückstellfeder. Wenn an der Spule nicht 12 V Spannung vom Steuergerät EVE anliegen, drückt die Rückstellfeder den Magnetanker mit seiner Flachdichtung auf den Dichtungssitz, der Kraftstofffluß wird unterbrochen, und es wird kein Kraftstoff mehr eingespritzt.
Zur Schmierung ist die Verteiler-Einspritzpumpe an den Motorölkreislauf angeschlossen.

Motor abstellen C 220 Diesel

Das Ausschalten der Zündung wird vom Steuergerät an Klemme 15 erkannt. Durch eine Selbsthalteschaltung bleibt das Steuergerät EVE über den Überspannungsschutz weiter mit Klemme 30 verbunden.
Das Abschaltventil wird vom Steuergerät geschlossen und so die Kraftstoffzufuhr unterbrochen. Anschließend prüft das Steuergerät, ob der Motor steht. Wenn ja, unterbricht nun der Überspannungsschutz die Spannungsversorgung der Einspritzanlage. Läuft der Motor weiter, wird er über die Mengenregulierung abgeschaltet und auf ein defektes Abschaltventil geschlossen (Eintrag in Fehlerspeicher). Außerdem kann der Motor mit dem Absteller oben am Kraftstoffilter von Hand abgeschaltet werden.

Einspritzanlage beim C 250 Diesel

Die Einspritzanlage ist mit einer elektronisch geregelten Reihen-Einspritzpumpe ERE ausgestattet. ERE bedeutet: **E**lektronisch geregeltes **R**eihen-**E**inspritzsystem. Die beiden wichtigsten Bauteile des ERE-Systems sind die Reihen-Einspritzpumpe und die zusätzliche elektronische Einspritzmengenregelung. Die Mengenregelung erfolgt durch das an der Einspritzpumpe angebrachte Mengenstellwerk ERE, welches von einem elektronischen Steuergerät in Abhängigkeit von Gaspedalstellung, Motorbetriebszustand, Luftdruck, Ansaugluft-Temperatur und den abgelegten Kennfeldern im Steuergerät angesteuert wird.
Das Mengenstellwerk ERE ersetzt den mechanischen Regler an der Einspritzpumpe, wie er früher üblich war.
Zum Abstellen des Motors dient ein elektrohydraulischer Absteller seitlich an der Einspritzpumpe.
Die Vorverlagerung des Einspritzbeginns bei höheren Drehzahlen übernimmt ein mechanischer Spritzversteller.
Zur Verbesserung der Abgase ist ein Oxidations-Katalysator und eine Abgasrückführung eingebaut. Die Vorglühanlage hat ein separates Steuergerät.

Steuergerät C 250 Diesel

Das Steuergerät ist im Aggregateraum rechts eingebaut. Es wird vom Überspannungsschutz daneben mit Spannung versorgt. Das Steuergerät erfaßt die Eingangssignale und steuert entsprechend den Betriebsbedingungen die Ausgänge an. Dabei hat das Steuergerät folgende Aufgaben: Kraftstoffversorgung, Einspritzmen-

Schnitt an der Verteiler-Einspritzpumpe EVE:
11/1 – Verteilerwelle; 11/2 – Förderkolben; 11/3 – Gleitschuh; 11/4 – Gleitrolle; 11/5 – Nockenring; 11/6 – Auslaßventil; 11/8 – Rückstellfeder Mengenregelung; 11/9 – Kraftstoffsieb; 11/10 – Förderbeginn Verstellkolben; 11/11 – Rückstellfeder Förderkolben; 11/15 – Verteilerkopf; 11/16a – Drossel; 11/16b – Drossel; 11/16c – Drossel; 11/16d – Entlüftungsdrossel; 13/3 – Antriebswelle; 13/3a – Klauen der Antriebswelle; 13/7 – Druckregelventil; Y23/2l1 – Positionsgeber Nockenring; Y23/2l2 – Positionsgeber Verteilerwelle; Y23/2y1 – Abschaltventil; Y23/2y2 – Rücklaufventil; Y23/2y3 – Verstellventil; Y23/2y4 – Zulaufventil.

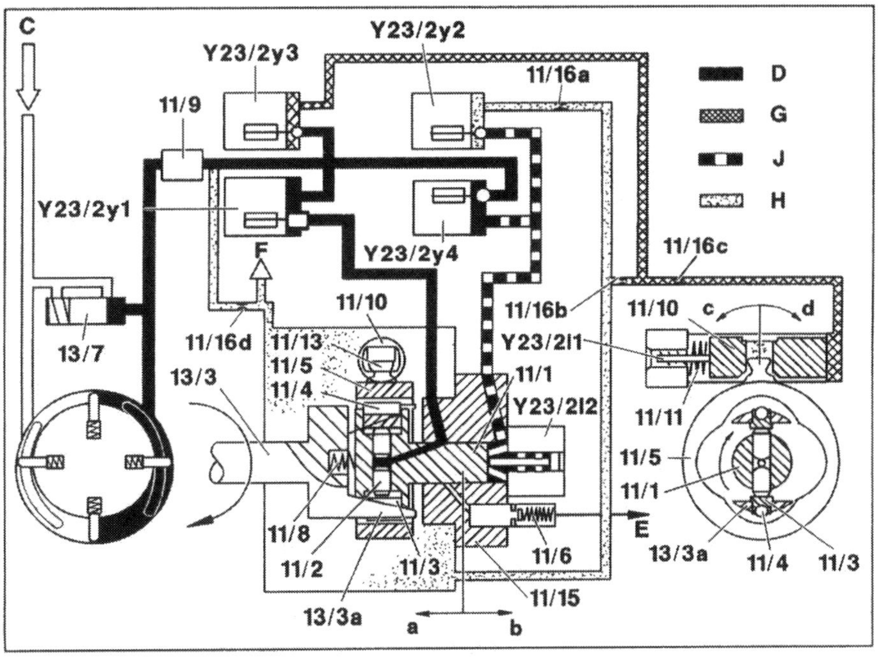

Die Buchstaben bezeichnen: a – Richtung Stop; b – Richtung Vollast; c – Richtung »früh« Vorverstellung; d – Richtung »spät« Rückstellung; C – Kraftstoffzulauf; D – Förderdruck; E – Hochdruck zur Einspritzdüse; F – zum Tank; G – Förderbeginn-Regeldruck; H – Pumpen-Innenraumdruck; J – Mengenregeldruck.

genregelung, Steuerung der Abgasrückführung, Steuerung des Tempomats bei Automatik, Diagnose, Überwachung der Ein- und Ausgänge, Fehlerspeicher und Ersatzwertbildung bei Signalausfall.

Eingangssignale kommen von folgenden Gebern: Positionsgeber an der Kurbelwelle (beim Anlasser), Positionsgeber am Anlasserzahnkranz (unten an Getriebeglocke), Regelweggeber, Sollwertgeber für Gaspedalstellung, Saugrohrdruckgeber, Temperaturgeber Ansaugluft, Temperaturgeber Kühlmittel, Temperaturgeber Kraftstoff (in der Pumpe), Bremslichtschalter, Geschwindigkeitssignal vom Steuergerät ABS, Schalter am Kupplungspedal und dem Startsperr- und Rückfahrlichtschalter bei Automatik.

Folgende Ausgänge werden angesteuert: Absteller, Mengenstellwerk, Umschaltventil ARF, Druckwandler Druckregelklappe, Umschaltventile für Modulierdruck und Schaltpunktanhebung bei Automatik, Dieselkontrollleuchte EDC im Kombi-Instrument (Electronic Diesel Control), Klimaanlagensteuerung und Fehlerausgabe an Prüfkupplung für Diagnose.

Fehlerspeicherung: Alle Ein-/Ausgänge werden bei Betrieb ständig geprüft. Liegen Fehler länger als ca. eine halbe Sekunde vor, werden sie gespeichert. Schwerwiegende Fehler, die länger als eine Sekunde anliegen, bringen die EDC-Kontrolleuchte im Kombi-Instrument zum Aufleuchten. Manche Fehler werden vom Steuergerät selbständig gelöscht sobald sie nicht mehr vorhanden sind, bleiben jedoch im Fehlerspeicher erhalten. Leuchtet die EDC-Kontrolleuchte, müssen Sie in die Werkstatt fahren, damit dort der genaue Fehler ausgelesen und anschließend der Fehlerspeicher wieder gelöscht wird. Das Steuergerät bildet bei Ausfall von wichtigen Eingangssignalen einen Ersatzwert, damit weitergefahren werden kann. Dabei kann es zu Leistungsminderung, Drehzahlreduzierung, Motorlaufunruhe, und Tempomatausfall (Automatik) kommen.

Kraftstoffkreislauf bei laufendem Motor beim C 250 Diesel:
10 – Einspritzpumpe; 13 – Kraftstoffpumpe; 15 – Überströmdrossel mit Rückschlagventil; 50 – Einspritzdüse; 55 – Einspritzleitung; 60 – Kraftstoff-Wärmetauscher; 70/1 – Kraftstoffvorfilter; 70/2 – Kraftstoffhauptfilter; 70/8 – Drossel im Filteroberteil; 80 – Tank; 90/1 – Saugleitung zum Kraftstoff-Wärmetauscher; 90/2 – Saugleitung vom Kraftstoff-Wärmetauscher zum Kraftstoffvorfilter; 90/3 – Rücklauf (Leckkraftstoff); Y1/1 – elektrohydraulischer Absteller ERE; Y23/1 – Mengenstellwerk ERE.

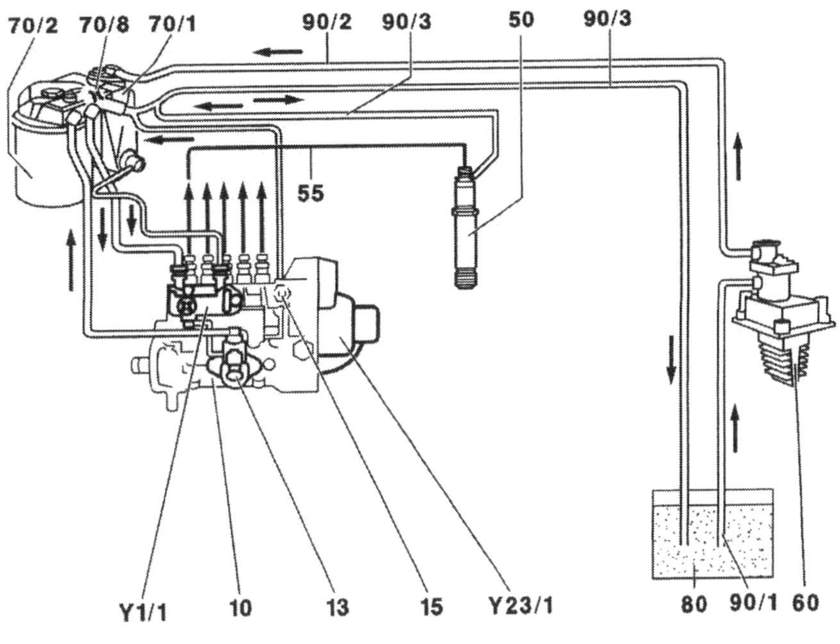

Mengenstellwerk C 250 Diesel

Dieses Bauteil ersetzt den mechanischen Regler der Reihen-Einspritzpumpe. Es befindet sich hinten am Pumpengehäuse und bewegt die Regelstange hin und her. Das Mengenstellwerk wird vom Steuergerät über eine Rechteckspannung mit ca. 190 Hz angesteuert. Je nach Motordrehzahl kann die Frequenz bis zu 300 Hz ansteigen. Dadurch ändert sich die Kraft des Stellmagnets. Dieser drückt über seinen Anker die Regelstange gegen die Kraft der Rückstellfeder in Richtung »Start« bzw. »Vollast«. Der Regelweg beträgt hierbei 19,5 mm.

Kraftstoff-versorgung C 250 Diesel

Die Kraftstoffpumpe ist seitlich an der Reiheninspritzpumpe angeflanscht. Sie saugt den Kraftstoff über den Kraftstoff-Wärmetauscher und den Kraftstoffilter an. Zum Entlüften dient eine Drossel mit Rückschlagventil im Saugraum der Einspritzpumpe.

Die Kraftstoff-Vorwärmung besteht aus dem Kraftstoff-Wärmetauscher mit Thermostat am Zylinderkopf. Um einen störungsfreien Betrieb mit Winterdieselkraftstoff in der Regel bis mindestens –25° C Außentemperatur zu gewährleisten, muß der Dieselkraftstoff vorgewärmt werden. Der Thermostat schaltet hierzu wie folgt: Volle Vorwärmung bis +18° C (Kraftstoff-Temperatur), Mischbetrieb von +18 bis +30° C (Kraftstoff-Temperatur). Der Kraftstoffilter besteht aus einem Metallgehäuse mit Papierfiltereinsatz (sehr kleine Porengröße) und dem Absteller oben. Ein Vorfilter ist seitlich angeordnet.

Motor abstellen C 250 Diesel

Mit besonderer Technik wird der Motor des C 250 Diesel abgestellt. Das Ausschalten der Zündung wird vom Steuergerät an Klemme 15 erkannt. Durch eine Selbsthalteschaltung bleibt das Steuergerät über den Überspannungsschutz weiter mit Klemme 30 verbunden, bis der Motor steht. Zum Abstellen wird die Spule vom Steuergerät stromlos geschaltet. Eine Rückstellfeder drückt den Magnetanker in der Spule zurück, und beide Kugelventile schalten um. Nun saugt die Kraftstoffpumpe den Kraftstoff von der Einspritzpumpe weg. Der abgesaugte Kraftstoff wird über den Kraftstoffhauptfilter, den elektrohydraulischen Absteller, den Kraftstoffvorfilter und den Kraftstoff-Wärmetauscher in den Tank zurückgepumpt.

Weitere Bauteile bei EDS

C 220/250 Diesel

Temperaturgeber Kühlmittel: Er ist vorn am Zylinderkopf eingeschraubt und meldet dem Steuergerät die Kühlmittel-Temperatur. Der Widerstand beträgt bei 80° C ca. 300 Ω und bei 20° C ca. 2,5 kΩ.
Temperaturgeber Kraftstoff: Er ist beim C 220 Diesel in der Einspritzpumpe eingebaut und dort in der Spule des Positionsgebers Verteilerwelle eingegossen. Beim C 250 Diesel ist er im Absteller eingebaut. Der Temperaturgeber Kraftstoff dient zur Erfassung der Kraftstoff-Temperatur für die Berechnung der Kraftstoffdichte. Weiterhin bildet er ein Ersatzsignal, wenn der Temperaturgeber Kühlmittel ausfällt.
Temperaturgeber Ansaugluft: Das Signal hilft bei der Berechnug der Luftmasse und ist für die Einspritzmengenregelung, Rauchbegrenzung, Steuerung der Abgasrückführung und zur Ansaugdruckregelung erforderlich. Der Widerstand beträgt bei 20° C ca. 6 kΩ und bei 40° C ca. 2,6 kΩ.
Positionsgeber Kurbelwelle: Dient zur Erfassung von Motordrehzahl und Kurbelwellenstellung und ist an der Getriebeglocke über dem Anlasser angeordnet. Die vier (C 220 Diesel) bzw. fünf (C 250 Diesel) Segmente am Schwungrad erzeugen bei laufendem Motor im Positionsgeber eine Wechselspannung. Höhere Motordrehzahl entspricht höherer Spannung. Kommt die Segmentvorderkante am Geber vorbei, entsteht ein positiver Spannungssprung – an der Hinterkante ein negativer Spannungssprung.
Positionsgeber am Anlasserzahnkranz (unten an Getriebeglocke): Er ist nur beim C 250 Diesel eingebaut und ermittelt die Motordrehzahl.

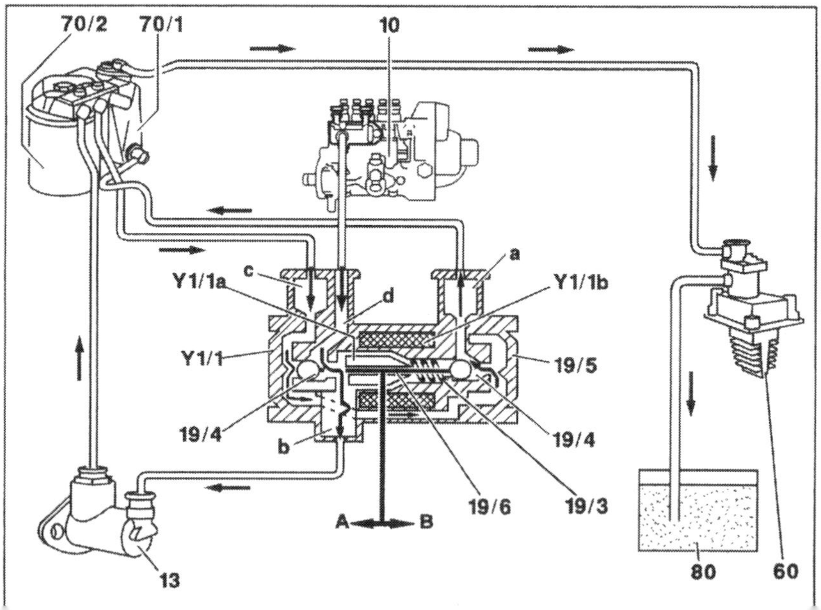

Besonderer Trick beim Abstellen des C 250 Diesel: Der Kraftstoff wird aus dem Innenraum der Kraftstoff-Einspritzpumpe (10) über den elektrohydraulischen Absteller ERE (Y1/1) von der Kraftstoffpumpe abgesaugt und zum Tank zuurückgepumpt. Die Bedeutung der übrigen Bauteile finden Sie auf der Vorseite.

1 – Gehäuse für Druckregelklappe;
2 – Temperaturgeber Ansaugluft;
3 – Unterdruckdose zur Betätigung der Drucksteuerklappe;
4 – Unterdruckdose ARF.

Sollwertgeber: Die Einspritzpumpe hat kein Gasgestänge zum Gaspedal mehr. Ein Sollwertgeber (auch Pedalwertgeber genannt) ist beim Sicherungskasten montiert und über einen Bowdenzug mit dem Gaspedal verbunden. Im Sollwertgeber sind ein Drehpotentiometer, ein Leerlaufkontakt und Rückstellfedern untergebracht. Bei Automatik ist neben dem Sollwertgeber noch ein Ventil zur Modulierdruck-Umschaltung des Getriebes eingebaut.
Bremslichtschalter: Beim Bremsen erhält das Steuergerät ein Signal und schaltet ggf. den Tempomat aus.
Schalter am Kupplungspedal: Beim C 250 Diesel erhält das Steuergerät vom Schalter Kupplungspedal beim Betätigen des Kupplungspedals ein Signal und erkennt daran, daß ein Schaltvorgang eingeleitet wird, und die Ruckeldämpfung wird aktiv.
Saugrohrdruckgeber: Er ist seitlich links im Motorraum angeordnet und über eine Schlauchleitung mit dem Saugrohr verbunden. Der Saugrohrdruck wird für folgende Funktionen benötigt: Vollastmengenbegrenzung, Abgasrückführung (ARF) und Ansaugdruckregelung.
Positionsgeber Verteilerwelle, C 220 Diesel: Er erfaßt die Längsverschiebung der Verteilerwelle in Bezug zur Antriebswelle und besteht aus einer Spule mit Kern. Der Kern ist in die hohle Verteilerwelle geschraubt. Er verändert die Induktivität der Spule in Abhängigkeit von seiner Längsverschiebung. Dies ist die wichtigste Steuergröße für Kraftstoffmengenregelung.
Positionsgeber Nockenring, C 220 Diesel: Auch dieser Geber besteht aus einer Spule mit Kern. Der Kern steckt im Verstellkolben. Die Spule ist fest im Gehäuse der Verteiler-Einspritzpumpe eingebaut. Da die Drehbewegung des Nockenringes vom Verstellkolben in eine Hin- und Herbewegung umgewandelt wird, stellt die Induktivität des Systems ein Maß für die Position des Nockenringes dar. Darüber wird der Förderbeginn erkannt.
Regelweggeber, C 250 Diesel: Er muß für das Steuergerät die Stellung der Regelstange erfassen. Der Regelweggeber ist im Mengenstellwerk der Reihen-Einspritzpumpe eingebaut. Die Regelstange wird beim Einschalten der Zündung vom Mengenstellwerk in Startstellung gebracht (max. 19,5 mm Regelweg). Beim Bewegen ändert sich der Abstand zwischen Spule und Kurzschlußring und damit die Induktivität des Systems.

Beim C 220 Diesel mit Automatik finden Sie:
1 – Steuerdruckzug;
2 – Gaszug zum Sollwertgeber;
3 – Einstellzeiger;
4 – Anschlüsse Wischermotor;
5 – Stecker Bremsbelagverschleißanzeige;
6 – Stecker Drehzahlgeber;
7 – Drucksteuerventil.

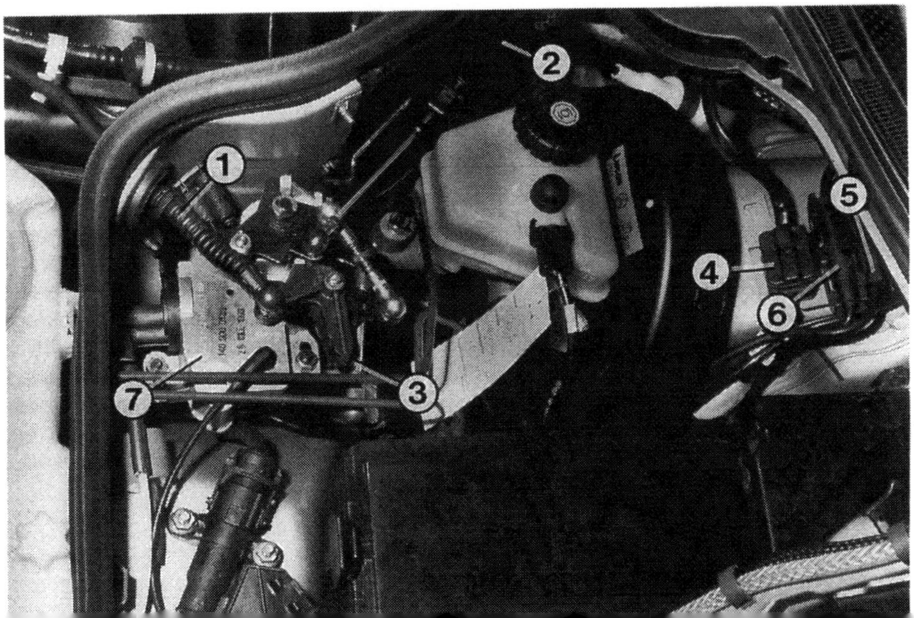

C 200 Diesel:
1 – Gaszug-Anschlagfeder;
2 – Verbindungsstange zur Drucksteuerklappe;
3 – Rolle in Kurvenbahn;
4 – Verbindungsstange zur Einspritzpumpe;
5 – Saugrohr;
6 – Einstellschraube.

Verschiedene Betriebszustände C 220/250 Diesel

Start: Unabhängig von der Gaspedalstellung, aber abhängig von Temperaturen bekommt der Motor seine Startmenge an Diesel zugeteilt. Erst ab 600/min (abhängig von der Kühlmitteltemperatur) kann vom Gaspedal aus die Drehzahl geregelt werden. Je höher die Kühlmitteltemperatur ist, desto kleiner ist die Startmenge.
Leerlauf: Der Positionsgeber Kurbelwelle gibt ein drehzahlabhängiges Wechselspannungssignal an das Steuergerät. Dieses erkennt die Motordrehzahl, führt anhand der gespeicherten Kennlinie einen Soll-/Ist-Vergleich durch und regelt über die Einspritzmenge die Motordrehzahl.
Rundlaufregelung: Deren Aufgabe ist es, Laufunruhen (Schütteln) zu verhindern. Dazu wird das Drehzahlsignal vom Positionsgeber Kurbelwelle genau auf Motordrehzahl-Unruhen untersucht. Bei erkannter Laufunruhe werden die Einspritzmengen für jeden einzelnen Zylinder so geändert, daß sich wieder ein gleichmäßiger Motorlauf einstellt. Die Leerlaufdrehzahl bleibt dabei aber konstant.
Vollastmenge: Neben der mechanisch vorgegeben maximalen Fördermenge der Einspritzpumpe wird die Kraftstoffmenge kurz begrenzt. Dadurch raucht das Fahrzeug beim Beschleunigen weniger. Auch bei defekten Bauteilen im Einspritzsystem (EDC-Leuchte brennt) wird die Vollastmenge begrenzt.
Schubabschaltung: Im Schiebebetrieb, welchen das Steuergerät aus verschiedenen Gebersignalen erkennt, wird kein Kraftstoff eingespritzt.
Kompressorsteuerung: Bei niederen Drehzahlen (unter ca. 1100/min) und mehr als 90% Motorlast wird der Kompressor der Klimaanlage kurze Zeit ausgeschaltet, damit beim Anfahren die gesamte Motorleistung zur Verfügung steht. Der Klimakompressor benötigt bis zu 9 kW.

Abgas-Rückführung

Bei den hohen Brennraumtemperaturen im Dieselmotor steigt unweigerlich der Anteil der Stickoxide im Abgas. Eine Möglichkeit zum Absenken der Temperaturen in den Brennräumen ist die Einleitung von Abgasen. Aus dem Abgasstrom des Motors wird durch ein ventilgeregeltes System ein Teil abgezweigt. Die Menge wird je nach Motorbelastung dosiert und ins Saugrohr hinter der Drucksteuerklappe zurückgeleitet. Da das Abgas kaum noch verbrennungsfähige Anteile enthält, kann es nicht nochmals verbrannt werden. Es verringert aber den Zustrom frischer Verbrennungsluft und bewirkt so eine Absenkung der Temperaturen im Verbrennungsraum und damit eine Verringerung des Stickoxidanteils.

Abgasverbesserung bei EDS

Damit weniger Stickoxide, Kohlenwasserstoffe und Rußpartikel ausgestoßen werden, sind eine Abgasrückführung, eine Ansaugdruckregelung und ein Oxidations-Katalysator eingebaut.
Die Abgasrückführung tritt bei warmem Motor und Drehzahlen unter 3500/min in Aktion. Abhängig von den verschiedenen Gebersignalen bestimmt das Steuergerät aus den Kennfeldern die zurückgeführte Gasmenge. Dazu wird das Umschaltventil angesteuert, damit Saugrohrunterdruck zum Abgasrückführventil gelangen kann. Dadurch öffnet ein Ventil den Kanal vom Auspuffkrümmer zur Ansaugseite.
Um einen optimalen Motorbetrieb in Bezug auf Verbrauch, NO_x, HC und Partikelemission zu erhalten, wird der Saugrohrdruck im Teillastbereich (nicht bei Vollast oder Schub) durch eine Druckregelklappe auf der Ansaugseite vermindert. Dabei muß der Motor warm sein, die Ansaugluft zwischen 15 und 45°C liegen und die Drehzahl kleiner als 3500/min sein. Im Steuergerät sind Kennlinien für den gewünschten Saugrohrunterdruck abgelegt. Diese Werte werden mit dem augenblicklichen Saugrohrunterdruck verglichen, der vom Saugrohrdruckgeber gemeldet wird. Bei Bedarf wird der Druckwandler elektrisch angesteuert, der dann die Unterdruckdose der Druckregelklappe mit Unterdruck ansteuert. Durch die Verstellung der Druckregelklappe wird der gewünschte Druck im Saugrohr erreicht.

Einspritzpumpe aus- und einbauen

Für diese Arbeit werden folgende Sonderwerkzeuge gebraucht: Montagekorb (Mercedes-Nr. 601 589 05 14 00) und eine Blockierschraube (C 200/250 Diesel: 601 589 05 21 00, C 220 Diesel: 604 589 00 21 00).

- Querrohr für Ansaugluft ausbauen.
- Lüfterhaube und Lüfterflügel ausbauen.
- Saugrohr ausbauen.
- Keilrippenriemen und Spannvorrichtung ausbauen.
- Unterdruckpumpe ausbauen.
- Geräuschkapselung vorn ausbauen.
- Einspritzleitungen ausbauen. Alle Clips und Halter gleich wieder befestigen.
- Montagekorb vorn einsetzen und zentrale Schraube lösen (Linksgewinde!). Nur an der Kurbelwelle gegenhalten.
- Öleinfülldeckel öffnen und Motor so drehen, daß der Zünd-OT am 1. Zylinder in etwa erreicht ist. Die Marken an den Nockenwellen sind dann sichtbar und der Zeiger vorn auf der Kurbelwelle steht ca. auf »O«.
- Jetzt den Motor auf genau 14° **nach** Zünd-OT stellen.
- Kraftstoffleitungen an der Einspritzpumpe lösen.
- Unterdruckleitungen zur Leerlaufanhebung, zur Motorabstelung usw. abziehen.
- Gasgestänge am Verstellhebel der Einspritzpumpe aushängen.
- Elektrische Anschlüsse lösen.
- Drei Befestigungsschrauben der Einspritzpumpe herausdrehen. Zusätzlich die Schraube an der Stütze zur Förderbeginn-Einstellung lösen.
- Einspritzpumpe nach hinten herausnehmen.
- Beim Einbau in sinngemäß umgekehrter Reihenfolge beachten, daß der Motor weiterhin auf 14° nach Zünd-OT des 1. Zylinders stehen muß.
- Auch die Einspritzpumpe muß in einer genau bestimmten Stellung stehen, wenn sie eingebaut wird: Die Verschlußschraube seitlich an der Pumpe herausdrehen und die Nockenwelle der Pumpe so lange drehen, bis die Nase des Reglers an der Bohrung sichtbar wird.
- Nase auf Bohrungsmitte stellen und eine Blokkierschraube statt der Verschlußschraube eindrehen.
- Sobald die Einspritzpumpe festgeschraubt ist, Blockierschraube wieder entfernen!
- Förderbeginn einstellen lassen.

Fingerzeig: Nach Montagearbeiten an den Einspritzleitungen müssen die unscheinbaren Kunststoffclips wieder möglichst nahe an den Radien der Einspritzleitungen montiert werden. So werden Vibrationsrisse verhindert.

Einspritzzeitpunkt prüfen

Wann der Kraftstoff in den mit heißer, hochverdichteter Luft gefüllten Brennraum eingespritzt wird, ist für den Motorlauf und die Leistungsausbeute von entscheidender Bedeutung. Wie bei der Zündzeitpunkt-Einstellung bei Fahrzeugen mit Benzinmotor erfolgt die Einstellung am 1. Zylinder. Da die Einspritzung eine kurze Zeit dauert, wird so eingestellt, daß der Einspritzvorgang gerade beginnt. Man spricht daher auch vom »Förderbeginn der Einspritzpumpe einstellen«. Der Einspritzzeitpunkt verstellt sich durch die Längung der Steuerkette. Auch nach Montagearbeiten (z. B. Einspritzpumpe erneuert) oder bei Beanstandungen an der Einspritzanlage (z. B. Glühkerzen immer wieder defekt), muß geprüft und ggf. eingestellt werden. Der Wartungsplan sieht keine regelmäßige Überprüfung der Einstellung vor.

Schnellverschluß (1) mit O-Ring in der Kraftstoffleitung (3) vom Kraftstoff-Wärmetauscher (2).

C 220/250 Diesel: 1 – Gaszug; 2 – Einstellschraube; 3 – Sollwertgeber; 4 – Steckverbindung; 5 – obere Stoßdämpferbefestigung.

Die Überprüfung des Förderbeginns kann nur in der Werkstatt oder bei einem Bosch-Dienst durchgeführt werden. Andere Methoden sind zu ungenau.
Man bringt elektrische Positionsgeber an der Einspritzpumpe und an der Schwungscheibe vorn am Motor an. Diese werden an ein Digital-Prüfgerät angeschlossen. Zur Prüfung läßt man den Motor laufen und liest den Wert am Prüfgerät ab. Muß die Einstellung berichtigt werden, löst man die Einspritzpumpe so weit, daßman sie etwas schwenken kann. Bei laufendem motor wird dann die Einspritzpumpe an der Verstellspindel vorn entsprechend verdreht. Der Förderbeginn muß bei 25° vor OT des 1. Zylinders liegen.
Neben der Einstellung bei laufendem Motor (sollte angestrebt werden) gibt es noch zwei andere Prüfmethoden, allerdings bei stehendem Motor. Doch auch hierbei werden Geber, Prüfgerät oder Hochdruckpumpe gebraucht, wie sie nur die Diesel-Spezialisten besitzen.

Die Einspritzdüsen

Die Einspritzdüsen sind gewissermaßen die letzte Station der Einspritzung. Sie stecken oben im Zylinderkopf und haben die Aufgabe, den Kraftstoff in die Vorkammer einzuspritzen. Bei einem Druck von 115–125 bar hebt die Düsennadel unten in der Einspritzdüse von ihrem Sitz ab und gibt die Austrittsöffnung für den Kraftstoff frei. Es handelt sich um sogenannte Flächenzapfendüsen, d. h. der kleine Zapfen an der Düsennadel ist nicht ganz rund, sondern hat an einer Stelle seitlich eine kleine Fläche angeschliffen.
Eine kräftige Feder in der Einspritzdüse sorgt dafür, daß die Düsennadel nach dem Einspritzen auch wieder dicht schließt und der hohe Verbrennungsdruck nicht ins Kraftstoffsystem zurückschlägt. Die Kühlung und Schmierung der Düsennadel besorgt der Kraftstoff. Da beim Einspritzen nicht der gesamte herbeigepumpte Kraftstoff eingespritzt wird, besitzt jede Einspritzdüse zwei kleine Schlauchanschlüsse, durch die das sogenannten Lecköl (nicht benötigter Kraftstoff) zurückfließt. Die Niederdruck-Schemata zeigen, wie dieser Kraftstoff letztendlich wieder in den Tank gelangt.
Wurde eine Einspritzdüse aus dem Zylinderkopf ausgebaut, so kann sie weiter zerlegt werden. Dabei kommt eine Einstellscheibe zum Vorschein. Mit diesen Scheiben werden alle Einspritzdüsen eines Motors auf den gleichen Abspritzdruck eingestellt, damit der Motor möglichst runddreht.
Dieses notwendige Einstellen erschwert die Selbsthilfe etwas: Düsenkörper und -nadel sind zwar handelsübliche Ersatzteile und ihr Austausch ist nicht so schwierig, doch die notwendige Druckeinstellung kann nur in der Werkstatt oder beim Bosch-Dienst vorgenommen werden. Nur in Notfällen kann man nach dem Austausch von Düsenkörper und -nadel für einige Kilometer auf die Druckeinstellung verzichten. Man baut die vorhandene Einstellscheibe wieder ein und hofft, daß der Druck so ungefähr hinkommt. In manchen Fällen genügt es auch, wenn man die Düsennadel reinigt.

Einspritzdüsen schadhaft?

Störungen an den Einspritzdüsen haben meist beeindruckende Anzeichen: Der Motor läuft sehr hart, es entstehen lagerschadenähnliche Geräusche, der Motor nagelt laut, und teilweise verlassen eine Menge schwarz/blaue Rauchschwaden das Auspuffrohr.
Bei solchen Anzeichen den Motor im Leerlauf drehen lassen und nacheinander die Einspritzleitungen oben an den Einspritzdüsen lösen. An dem Zylinder, wo sich dadurch Besserung zeigt, ist vermutlich die Einspritzdüse gstört.
Zu Störungen an den Einspritzdüsen kann es durch Schmutzkörnchen kommen. Oder nach langen Standzeiten des Motors kann die Düsennadel im Düsenkörper fetgeklebt sein. Bei sehr lang gelaufenen Düsen ändert sich mit der Zeit der Abspritzdruck. Ergibt eine Prüfung in der Werkstatt, daß die Einspritzdüse schon vor 100 bar öffnet, muß sie erneuert werden.

Einspritzdüsen ausbauen und zerlegen

● C 220/250 Diesel: Querrohr für Ansaugluft und Abdeckung über den Einspritzdüsen ausbauen.
● Einspritzleitung an der auszubauenden Düse abschrauben.
● Leckölleitungen abziehen.
● Mit einem Rohrsteckschlüssel die Einspritzdüse am unteren Sechskant herausschrauben.
● Auf das Düsenplättchen achten. Man erreicht es bei ausgebauter Düse – es liegt auf der Vorkammer. Laut Werksempfehlung soll das Düsenplättchen immer erneuert werden, bevor die Einspritzdüse wieder eingebaut wird.
● Zum Zerlegen der Einspritzdüse den oberen Sechskant in einen Schraubstock spannen, dabei auf die Anschlüsse der Leckölleitungen achten. Mit einem Schraubenschlüssel die Düse auseinanderschrauben.
● Teile nicht vertauschen!
● Die Düsennadel und der Düsenkörper können vorsichtig mit einer Messingbürste von Verbrennungsrückständen saubergebürstet werden.
● Gleitprüfung: Wenn man den Düsenkörper in einem Gefäß senkrecht unter gefilterten Dieselkraftstoff hält, muß die Düsennadel durch ihr Gewicht in den Düsenkörper gleiten.
● Nach dem Zusammenbau der Düse in richtiger Reihenfolge diese wieder in den Zylinderkopf einschrauben und mit 70–80 Nm festdrehen.
● Die Einspritzleitungen werden mit 10–15 Nm an den Einspritzdüsen festgeschraubt.

Schrägeinspritzung

Ein Schritt zur weiteren Minimierung der Partikelemission gelang Mercedes-Benz. Durch Verbessungen im Verbrennungsablauf konnte der Partikelausstoß der Dieselmotoren im Mittel nochmals um 40% verringert werden, ohne daß in den sonstigen Eigenschaften Kompromisse eingegangen werden mußten.
Konstruktiv wurde dieses Ergebnis durch eine Vorkammer mit Schrägeinspritzung erreicht. Neben der Einspritzrichtung spielen Anordnung und Form des Kugelstiftes in der Vorkammer eine wichtige Rolle für die bessere Verbrennung. Durch die Stellung dieses besonders geformten Stiftes bekommt die Luft, die beim Komprimieren aus dem Zylinder in die Vorkammer strömt, einen genau definierten Drall. In die Strömungsrichtung wird in einem Winkel von 5° der Kraftstoff eingespritzt. Daran angepaßt wurde auch die Anordnung der Glühkerze, die im Abwind des Luftstromes sitzt und so den Verbrennungsablauf nicht stört.

Leerlauf prüfen

C 200 Diesel

Nur beim C 200 Diesel ist ein Einstellen möglich. Es wird ein genauer Drehzahlmesser gebraucht. Die Werkstatt mißt die Drehzahl mit einem besonderen OT-Geber, der zur Prüfung neben der Schwungscheibe am vorderen Kurbelwellenende montiert wird. Leerlaufänderungen haben beim Dieselmotor ihre Ursachen selten in der Einspritzanlage oder am Motor selbst. Öfters ist ein verbogenes oder schwergängiges Gasgestänge schuld.

- Zur Prüfung Drehzahlmesser anschließen.
- Gasgestänge auf Leichtgängigkeit und Zustand prüfen.
- Gasgestänge zur Einspritzpumpe am Umlenkhebel aushängen (Kühlmitteltemperatur über 60°C).
- Die Leerlaufdrehzahl muß 700–800/min betragen.
- Zur Einstellung die Unterdruckdose zur Leerlaufanhebung verdrehen. Dazu Kontermutter lösen.

Gaszug aus- und einbauen

- C 200 Diesel: Gaszug vom Hebel über der Einspritzpumpe lösen.
- C 220/250 Diesel: Kugelkopf am Umlenkhebel des Sollwertgebers abdrücken. Bowdenzug vom Halter lösen.
- Abdeckung im Fahrerfußraum ausbauen.
- Bowdenzug am Gaspedal lösen. Dazu Feder aushängen und Halter mit Spreizschloß herausziehen.
- Bowdenzug zum Motorraum drücken. Gummitülle nicht ans Blech drücken. Wenn sie Risse hat, Tülle ersetzen.
- Einstellen bei Schaltgetriebe: Einstellschraube drehen, bis der Umlenkhebel den Leerlaufanschlag erreicht. Dann Vollastanschlag unter dem Gaspedal durch Drehen ausrasten und herausziehen.
- Gas geben, bis der Umlenkhebel beim Sollwertgeber den Vollastanschlag erreicht. Vollastanschlag zum Einrasten zurückdrehen.
- Einstellen bei Automatikgetriebe: Gaspedal bis zur Anlage am Kickdownschalter (nicht betätigen) drücken.
- Einstellschraube am Zug drehen, bis der Umlenkhebel am Vollastanschlag anliegt.
- Gaspedal loslassen. Mutter hinter dem Gaspedal drehen, bis der Umlenkhebel den Leerlaufanschlag erreicht.
- Der Steuerdruckzug zum Getriebe ist richtig eingestellt, wenn sich die beiden Spitzen gegenüberstehen.
- Andernfalls Verbindungsstange verdrehen. Unterdrucksteuerventil lösen und entgegen dem Uhrzeigersinn drehen.
- Zurückdrehen, bis Widerstand sprübar wird, dann festschrauben.

Der Luftfilter

Seine Verbrennungsluft saugt der Mercedes durch einen Luftfilter an. Dort werden die Staub- und Schmutzteilchen herausgefiltert, sonst könnten sie in die Verbrennungsräume gelangen und dort Schaden stiften. Eine weitere Aufgabe des Filters ist die Dämpfung der Ansauggeräusche.

Luftfiltereinsatz wechseln

Wartung Nr. 30

Nach ca. 45000 km empfehlen wir die Reinigung des Papierfiltereinsatzes von gröberer Verschmutzung. Mercedes ordnet den Wechsel des Filtereinsatzes alle 90000 km an. Andererseits muß bei häufigen Fahrten über staubige Straßen der Filter öfters gereinigt und früher ersetzt werden.

- Ansaugschlauch vorn unten am Luftfilter abziehen.
- Papierfiltereinsatz ausbauen. Dazu Spannbügel am Luftfilter lösen und Deckel anheben.
- Zum Reinigen zwischendurch den Filter auf harter Unterlage ausklopfen, damit sich die groben Schmutzteilchen lösen.
- Soll auch der feine Staub entfernt werden, muß mit Druckluft seitlich an den Filterlamellen vorbeigeblasen werden. Niemals den Preßluftstrahl direkt auf

das Filterpapier richten! Sonst drückt sich ein Teil der Staubkörnchen fest in die Filterporen.

- Filtergehäuse mit sauberem Lappen auswischen.
- Filter wieder einbauen bzw. Filter erneuern.

Störungsbeistand

Einspritzanlage

Auch wenn Sie in Eigenregie an der Einspritzpumpe des Mercedes nicht viel selbst reparieren können, ist es doch wichtig zu wissen, was die Ursache der Störung sein kann. Sie können der Werkstatt besser Hinweise geben. Nachfolgend eine Zusammenstellung der möglichen Störungen und Hinweise auf die Ursachen.

Die Störung	– ihre Ursache	– ihre Abhilfe
A Motor springt schlecht oder überhaupt nicht an	1 Tank leer	Auftanken
	2 Nicht lange genug vorgeglüht	Vorglühen, bis Kontrollampe verlöscht
	3 Leerlaufanhebung oder EDS defekt	Prüfen lassen
	4 Vorglühanlage defekt	Defekt beheben
	5 Motorabstellung gestört	Überprüfen lassen
	6 Nach leergefahrenem Tank noch Luft im Kraftstoffsystem	Anlasser betätigen, bis sich die Anlage selbst entlüftet hat
	7 Kraftstoffversorgung ganz oder teilweise unzureichend. Prüfen, ob an den Einspritzdüsen Diesel ankommt	Teile der Kraftstoffversorgung überprüfen
	8 Nach arktischen Frostnächten: Kraftstofffilter mit Paraffinkristallen verstopft	Fahrzeug einige Stunden in eine beheizte Garage stellen. Funktioniert die Kraftstoff-Vorwärmung?
	9 Förderbeginn der Einspritzpumpe verstellt	Einstellen lassen
	10 Eine oder mehrere Einspritzdüsen defekt, verschmutzt oder Abspritzdruck falsch	Prüfen und ggf. erneuern lassen
	11 Einspritzpumpe defekt	Austauschpumpe einbauen lassen
	12 Kompressionsdruck des Motors zu niedrig	Messen lassen
B Motor hat schlechten oder unregelmäßigen Leerlauf	1 Leerlaufdrehzahl falsch eingestellt (nur C 200 Diesel)	Prüfen und einstellen lassen
	2 Gaszug falsch eingestellt bzw. Gasgestänge schwergängig oder verbogen	Einstellung überprüfen bzw. Gestänge schmieren
	3 Motorlager lose oder defekt	Festziehen bzw. erneuern
	4 Siehe A 3, 6, 9, 10, 11 und 12	
	5 Kraftstoffleitung oder Leckölleitung im Motorraum undicht	Bei laufendem Motor undichte Stellen suchen
C Starker schwarzer, weißer oder blauer Auspuffrauch	1 Motor nicht betriebswarm	Bei warmen Motor nochmals prüfen
	2 Zu viel Gas bei niedriger Drehzahl	Einzelne Gänge beim Fahren etwas höher ausdrehen
	3 Luftfilter stark verschmutzt	Reinigen bzw. auswechseln
	4 Höchstdrehzahl verstellt	Prüfen lassen
	5 Einspritzdüsen tropfen	Prüfen lassen bzw. auswechseln
	6 Zu geringer Einspritzdruck	Messen lassen
	7 Siehe A 9, 11 und 12	
D Schlechte Leistung, zu geringe Höchstgeschwindigkeit	1 Gaspedalweg zu kurz	Evtl. zusätzlich eingelegte Bodenmatten zu hoch
	2 Gaszug oder Gasgestänge falsch eingestellt	Einstellen
	3 Verstellhebel an der Einspritzpumpe lose	Befestigen
	4 Höchstdrehzahl wird nicht erreicht	Messen oder ggf. einstellen lassen. Evtl. Regler der Einspritzpumpe gestört
	5 Auspuffanlage defekt	Verengte oder beschädigte Teile ersetzen
	6 Siehe A 7, 9, 11 und 12	
E Kraftstoffverbrauch zu hoch	1 Kraftstoffanlage undicht	Alle Schläuche, Leitungen, Filter und Einspritzpumpe auf Dichtheit prüfen
	2 Leerlaufdrehzahl zu hoch (nur C 200 Diesel)	Einstellen lassen
	3 Siehe A 3, 9, 11 und 12	
	4 Siehe C 5 und 6	

Reibereien

Die Kupplung verkuppelt Motor und Getriebe. Doch nicht auf immer und ewig. Denn für den Schaltvorgang brauchen beide wieder etwas Abstand – Trennung auf Zeit. Reibereien entstehen beim Anfahren: Der laufende Motor muß sanft mit den zunächst noch stehenden Teilen des Antriebs Kontakt aufnehmen.

Funktion der Kupplung

Die Kraftübertragung zwischen Motor und Getriebe erfolgt durch die Kupplung. Die arbeitet ausschließlich mit Reibung, und das kann man sich so vorstellen: Zwei Anlageflächen nehmen eine dritte in die Zange und halten sie so stark fest, daß sie sich mit den beiden anderen mitdrehen muß. Trick der Sache ist der, daß diese Verbindung jederzeit gelöst werden kann, denn sonst könnten beide Teile genauso gut miteinander verschraubt werden. Um die Teile beim Namen zu nennen: Fest mit dem Motor verbunden sind das **Schwungrad** und die federbelastete **Druckplatte**. Dazwischen eingeklemmt ist die **Mitnehmerscheibe**, die mit der Getriebewelle fest verzahnt ist.
Eine weitere wichtige Funktion hat das **Ausrücklager** zu erfüllen: Beim Niedertreten des Kupplungspedals wird es mittels der Kupplungsbetätigung gegen die Druckplatte gepreßt und übernimmt nun gewissermaßen die Federkraft der Druckplatte. Die Mitnehmerscheibe ist dadurch aus ihrer Zwangslage befreit und kann sich zwischen Druckplatte und Schwungrad frei drehen. Motor und Getriebe sind kraftmäßig getrennt.
Wird das Kupplungspedal wieder losgelassen, quetscht die Tellerfeder der Druckplatte die Mitnehmerscheibe an das Schwungrad, und aus ist's mit der Freiheit. Alle drei Teile stellen nun eine feste, kraftschlüssige Verbindung dar. Die Motorkraft kann auf den Antrieb übertragen werden.

Die Kupplungsbetätigung

Die Kraft, die wir zum Niedertreten des Kupplungspedals aufwenden, muß zum Ausrücklager übertragen werden. Das erfolgt im Mercedes hydraulisch – wie bei der Bremse. Während Sie das Kupplungspedal niedertreten, verdrängt der Kolben im Geberzylinder (am Kupplungspedal) eine gewisse Flüssigkeitsmenge und drückt sie zum Nehmerzylinder (am Getriebe). Dort tritt der Kolben ein Stück aus dem Zylinder heraus und bewegt so das Ausrücklager.

Lebensdauer der Kupplung

Es gibt Fahrer, die bereits nach 15000 km eine neue Kupplung brauchen, andere bringen es dagegen auf mehr als 150000 km. Eine hohe Laufzeit erreicht man, wenn der Wagen vorwiegend auf Langstrecken gefahren und die Kupplung vernünftig behandelt wird. Wer mit seinem Wagen hauptsächlich im Stadtverkehr fahren muß – wobei auch die Kupplung viel öfter getreten wird –, kann kaum so lange mit den ersten Kupplungsbelägen auskommen wie ein Langstreckenfahrer.

Schnitt am Zweimassen-Schwungrad:
1 – Primär-Schwungmasse;
2 – Sekundär-Schwungmasse;
3 – äußerer Federdämpfer;
4 – innerer Federdämpfer;
5 – Reibeinrichtung;
6 – Abstandsbolzen Primär-Schwungmasse/Dämpfersystem;
7 – Abstandsbolzen Sekundär-Schwungmasse/Dämpfersystem;
8 – Zahnkranz;
9, 11 – Rillenkugellager;
10 – Paßstift;
12 – Dehnschraube (40 Nm + 90° Drehwinkel).

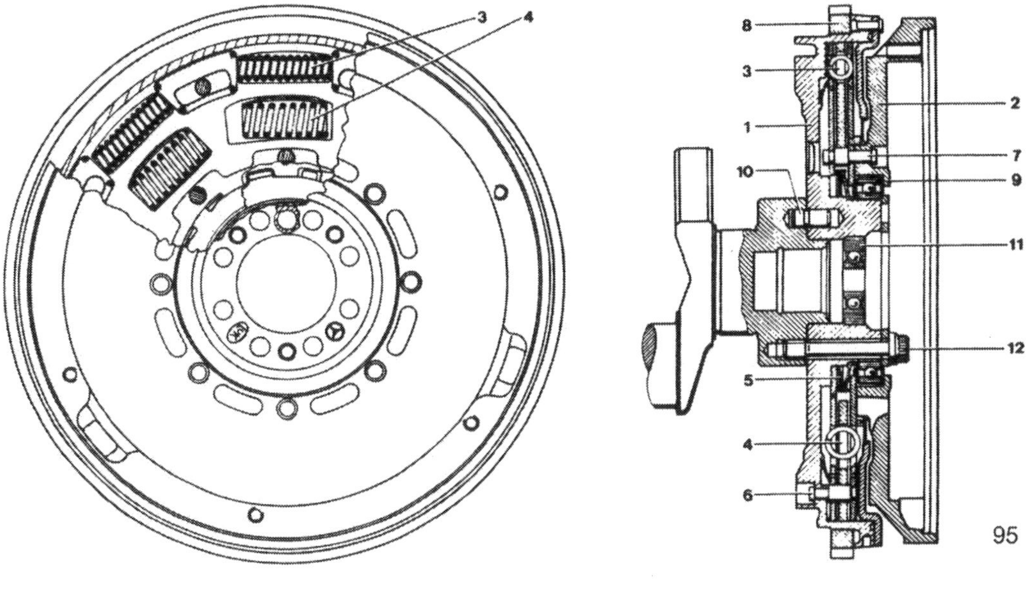

Wie im Abschnitt »Funktion der Kupplung« angesprochen, bewirkt jedes Einkuppeln, daß die Beläge der Mitnehmerscheibe an ihren Gegenreibflächen schleifen und dabei heiß werden. Besonders verschleißfördernd ist hierbei das Anfahren mit hoher Motordrehzahl – Kavalierstart genannt –, Anfahren im 2. Gang, »Herummogeln« an Kreuzungen im 2. oder 3. Gang mit teilweise getretenem Kupplungspedal oder das »In-der-Waage-halten« an einer Steigung.

Auskuppeln beim Halt an der Kreuzung?

Recht verbreitet ist die Angewohnheit, mit eingelegtem 1. Gang und durchgetretenem Kupplungspedal an der roten Ampel zu warten. Mancher fürchtet, den Gang nicht gleich einlegen zu können, wenn das grüne Licht den Weg freigibt. Wenn auch kein direkter oder sofort meßbarer Schaden entsteht, so beansprucht das Auskuppeln doch das Ausrücklager und bewirkt so wieder Verschleiß. Je öfter und länger das vor den vielen Ampeln geschieht, desto früher ist dieses Lager abgenutzt.

Kupplung selbst prüfen

Das erste Anzeichen für einen Defekt ist, wenn die Kupplung durchrutscht. Eine schleifende Kupplung bemerken Sie beim Fahren zuerst im höchsten Gang unter Last. Der Motor dreht hoch, ohne daß die Fahrgeschwindigkeit in gleichem Maß zunimmt. Neue Kupplungsbeläge (einer auf jeder Seite der Mitnehmerscheibe) sind 3,6–4,0 mm dick, die Mindestdicke beträgt 2,6–3,0 mm. Dies kann natürlich nur bei ausgebauter Mitnehmerscheibe messen. Einen weiteren Hinweis über den Verschleiß kann man über die Pedalkraft zum Niedertreten der Kupplung erhalten: bei neuen Belägen beträgt sie 90–110 N und bei einer um 2 mm dünneren Mitnehmerscheibe 120–140 N. Einen gewissen Aufschluß kann noch folgende Methode geben, die Sie aber nur gelegentlich anwenden sollten:

Schleift die Kupplung?

- Feststellbremse treten, Motor starten.
- 3. Gang einlegen, langsam einkuppeln und Gas geben.
- Bei einwandfreier Feststellbremse müßte der Motor abgewürgt werden.
- Dreht er durch, wird ein Kupplungstausch fällig.

Trennt die Kupplung richtig?

Läßt sich das Getriebe auch bei warmem Motor nur schwer durchschalten oder wird der Schaltvorgang sogar von kratzenden oder krachenden Geräuschen »untermalt«, trennt wahrscheinlich die Kupplung nicht mehr richtig. Nur selten ist dieser Effekt auf ein schadhaftes Getriebe zurückzuführen. Um sicherzugehen, machen wir die Probe:

- Motor im Leerlauf drehen lassen.
- Kupplungspedal voll durchtreten, etwa drei Sekunden warten, dann versuchen den 1. oder den Rückwärtsgang einzulegen:
- Läßt sich der Gang nur schwer oder sogar unter Kratzen einlegen, trennt die Kupplung nicht mehr sauber. Die Mitnehmerscheibe läuft also nicht ganz frei.
- Kratzgeräusche werden von der Synchronisation weitgehend unterdrückt. Auch der Rückwärtsgang ist synchronisiert.
- Ursachen für nicht trennende Kupplung finden Sie im »Störungsbeistand« am Ende des Kapitels.

Nachstellfreie Kupplung

Vielleicht haben Sie bislang einen Wagen gefahren, bei dem regelmäßig das sogenannte Kupplungsspiel nachgestellt werden mußte. Bei der hydraulischen Kupplungsbetätigung des Mercedes ist das nicht mehr nötig, denn hier stellt sich der Ausrückweg entsprechend dem Verschleiß der Mitnehmerscheibe selbsttätig nach.

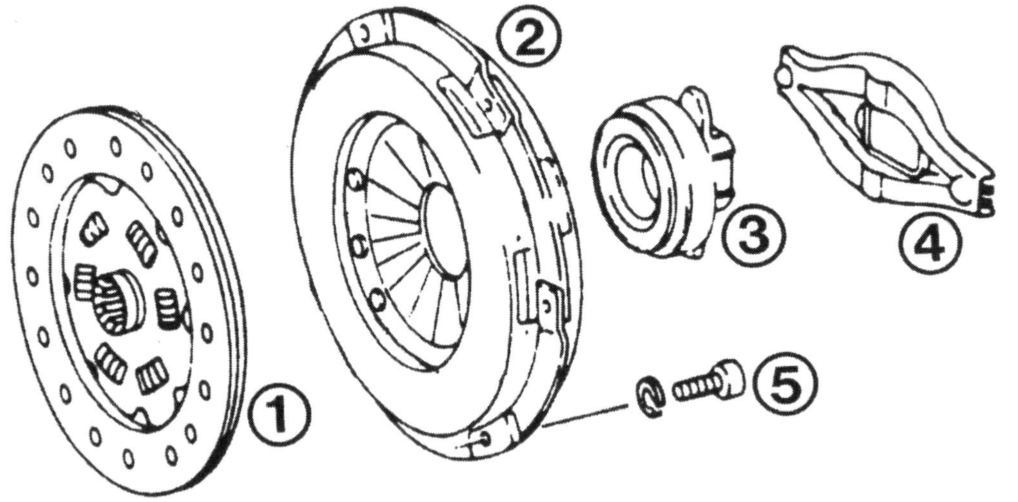

Teile der Kupplung: 1 – Mitnehmerscheibe; 2 – Druckplatte; 3 – Ausrücklager; 4 – Ausrückhebel; 5 – Befestigungsschraube der Druckplatte.

Die Mitnehmerscheibe für das Zweimassen-Schwungrad besteht nur noch aus Nabe, Mitnehmerblech und Belägen. Die Federn sind durch den Aufbau des Schwungrades überflüssig.

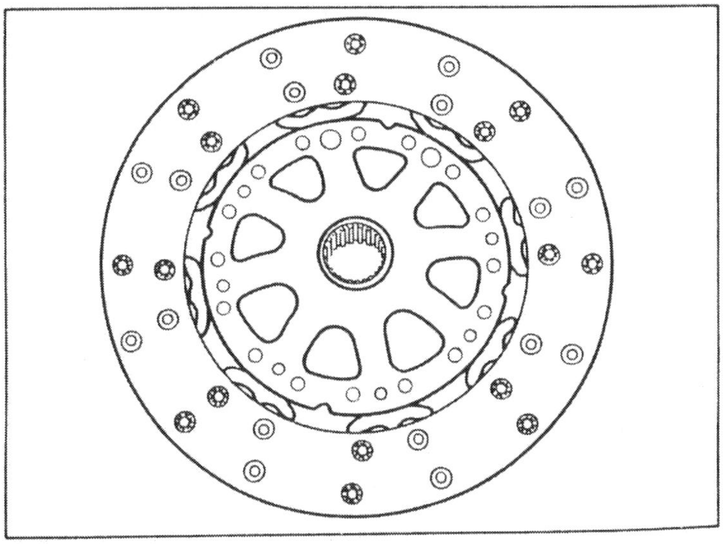

Fingerzeig: Die Kupplungshydraulik bezieht ihre Flüssigkeit zwar auch aus dem Bremsflüssigkeitsbehälter, doch droht bei einem Leck in diesem Bereich der Bremsanlage keine Gefahr. Der Entnahmestutzen zur Kupplungshydraulik ist relativ hoch am Behälter angebracht, so daß immer ein ausreichender Flüssigkeitsrest für die Bremse zurückbleibt.

Kupplungshydraulik defekt?

Ob die hydraulische Kupplungsbetätigung funktioniert, prüfen Sie gewissermaßen bei jedem Auskuppeln:

- Wenn die Kupplung richtig trennt, ist in jedem Fall auch die Kupplungshydraulik in Ordnung.
- Trennt sie dagegen schlecht oder fällt das Pedal ohne Widerstand durch, ist sicher Luft in die hydraulische Anlage geraten.
- Nur Entlüften hilft da nicht – die Leckstelle muß ausfindig gemacht und repariert werden.
- Jetzt können Sie entlüften. Andere Ursachen für nicht trennende Kupplung finden im »Störungsbeistand« am Ende des Kapitels.
- Wer eine vorbeugende Untersuchung der Kupplungshydraulik vornehmen will, sucht nach Spuren von Bremsflüssigkeit am Geberzylinder (oberhalb des Kupplungspedals) und am Nehmerzylinder (am Getriebe).
- Ölfeuchte Kupplungszylinder sind undicht und müssen ausgetauscht werden.
- Am Nehmerzylinder wird's jedoch schwierig mit der Kontrolle: Bei Undichtigkeiten leckt er ins Innere der Kupplungsglocke, und dort läßt sich die Herkunft des Ölschmutzes, der an der Trennfuge Motor/Getriebe austreten muß, nur schwer lokalisieren.

Kupplungs-Geberzylinder ausbauen

- Verbindungsschlauch zum Geberzylinder mit einer Schlauchklemme abdrücken.
- Armaturenbrettverkleidung links unten abbauen (Kapitel »Der Innenraum«).
- Leitung vom Geberzylinder abschrauben. Bremsflüssigkeit aus Leitung auffangen.
- Rückzugfeder aushängen.
- Kupplungspedal drücken. Übertotpunktfeder ausbauen. Dazu Sicherungsring entfernen. Lage von Sicherungsring, Druckstange, Federteller und Zylinder genau merken!
- Beide Haltemuttern lösen und Zylinder abnehmen.
- Gleitflächen der Druckstange mit »Molykote Longterm 2« fetten.
- Bremsflüssigkeitsstand prüfen.

Kupplungs-Nehmerzylinder ausbauen

- Leitung am Nehmerzylinder abschrauben und mit Gummikappe (z.B. vom vorderen Bremsenentlüftungsventil) verschließen.
- Zwei Schrauben lösen, Nehmerzylinder mit Druckstange abnehmen, dabei auf Beilage achten.
- Druckstange des Zylinders vor dem Einsetzen vorne mit etwas hitzebeständigem Fett »Molykote Longterm 2« fetten.
- Beilage mit Nut zur Getriebeglocke montieren.
- Die Druckstange muß im kugelförmigen Bereich des Ausrückhebels anliegen.
- Bremsflüssigkeitsstand prüfen.
- Kupplungshydraulik entlüften.

Kupplungshydraulik entlüften

Wer das in der Werkstatt übliche Entlüftungsgerät nicht zur Verfügung hat, entlüftet die Kupplungshydraulik so wie die Bremsen oder – fast ohne Kleckerei – nach der folgenden Methode:

- Entlüftungsnippel einer Vorderradbremse und Nippel des Kupplungs-Nehmerzylinders je ½ Umdrehungen öffnen.
- Beide Nippel mit einem Schlauch verbinden.
- Bremspedal jetzt mehrmals langsam und behutsam niedertreten, damit Bremsflüssigkeit von der Vorderradbremse durch die Kupplungshydraulik gedrückt wird. Langsam treten.
- Flüssigkeitsstand im Bremsflüssigkeits-Vorratsbehälter im Auge behalten.
- Wenn keine Luftbläschen mehr aus der Kupplungshydraulik aufsteigen, werden beide Entlüftungsnippel zugedreht und der Schlauch abgenommen.
- Bremsflüssigkeitsstand kontrollieren!

Fahren mit defekter Kupplungsbetätigung

Sollte unterwegs die hydraulische Kupplungsbetätigung ausfallen, so muß das noch nicht das Ende der Reise bedeuten. Ein nahes Ziel oder die nächste Werkstatt kann man auch ohne Kupplung erreichen. Man kann sogar hoch- bzw. herunterschalten. Voraussetzung ist feinfühliger Umgang mit dem Gaspedal und Schalthebel, besonders beim Herunterschalten.

Gang herausnehmen: Gas wegnehmen und bei langsamer werdender Fahrt oder bei leicht abgebremsten Wagen Schalthebel in Richtung Leerlauf drücken.

Anfahren: Motor ausschalten, 1. Gang einlegen und Anlasser betätigen. Der Mercedes ruckelt los und setzt sich in Bewegung. Den kalten Motor sollten Sie hierzu erst etwas warmlaufen lassen. Wer während der Fahrt nicht schalten will, fährt auf diese Weise in der Ebene im 2. Gang an.

Hochschalten: Im 1. Gang mit dem Anlasser anfahren. 1. Gang nur knapp über Leerlaufdrehzahl hinausdrehen. Gas etwas zurücknehmen, Schalthebel in Leerlaufstellung ziehen. Gaspedal loslassen und den Schalthebel mit leichter Hand in Richtung des 2. Gangs drücken. Bei richtiger Motor- und Getriebedrehzahl rutscht der Gang fast von selbst hinein. Wenn Sie zu lange gewartet haben, müssen Sie ein ganz klein wenig Gas geben, damit sich der Gang ohne Zähneknirschen einlegen läßt. Hat es nicht geklappt, halten Sie noch einmal an und versuchen das Ganze von neuem. In die weiteren Gänge wird auf die gleiche Weise hochgeschaltet.Am leichtesten geht es in sehr niedrigen Geschwindigkeiten: In den 2. Gang bei höchstens 20 km/h, in den 3. bei 25 km/h, in den 4. bei 35 km/h und in den 5. bei 45 km/h.

Herunterschalten: Hierbei muß die Motordrehzahl angehoben werden, damit sich der nächstniedrige Gang einlegen läßt. Fuß etwas vom Gas, Gang herausnehmen, behutsam Gas zugeben und gleichzeitig den Schalthebel in Richtung des neuen Gangs drücken. Bei richtiger Motordrehzahl rutscht der Gang fast ohne Nachdruck hinein. Auch das Herunterschalten geschieht am besten wieder bei niedrigen Geschwindigkeiten und Drehzahlen.

Kupplung ausbauen

Der Ausbau der Kupplung ist eine aufwendige Arbeit. Jedes der verschleißempfindlichen Teile, wie Mitnehmerscheibe, Druckplatte und Ausrücklager, sollte deshalb schon beim kleinsten Zweifel an seiner Funktionstüchtigkeit ausgetauscht werden. Sonst besteht die Gefahr, daß dieselbe Arbeit bald wieder ins Haus steht. Noch besser: Kompletten Kupplungssatz einbauen. An speziellen Werkzeugen wird für diese Arbeit ein Zentrierdorn für die Mitnehmerscheibe gebraucht. Dieser Dorn ist nichts anderes als das Ende einer Getriebe-Antriebswelle (ersatzweise kann auch ein passender Stahlstift verwendet werden).

- Getriebe ausbauen.
- Noch in eingebautem Zustand kontrollieren: Stehen die Spitzen der Tellerfeder (im »Zentrum« der Kupplung) schön parallel zur übrigen Druckplatte oder bilden sie an einer Seite ein Tal? Höchstens 0,8 mm Absenkung sind zulässig.
- Sechs Halteschrauben der Druckplatte zunächst nur eine Umdrehung lösen, damit sich die Druckplatte entspannt.
- Schrauben vollends herausdrehen, Druckplatte und Mitnehmerscheibe abnehmen.
- Mitnehmerscheibe prüfen: Ist noch genügend Belagstärke vorhanden? Einseitige Abnutzung dürfen die Beläge ebenso wenig aufweisen wie Risse. Festen Sitz der Torsionsdämpfer-Federn und der Belagniete prüfen. Im Zweifelsfall: Mitnehmerscheibe ersetzen.
- Druckplatte prüfen: Die Planlaufabweichung der Tellerfederspitzen wurde bereits kontrolliert. Darüber hinaus: Sind alle Niete noch fest? Sind die Blattfedern unter dem Anlagering in Ordnung? Ist der Anlagering selbst frei von Rissen und Riefen?
- Außerdem darf der Ring nicht zur Mitte hin durchgebogen sein (Metallineal auflegen), sondern er muß absolut plan sein. Sonst Druckplatte auswechseln.
- Ausrücklager auf Leichtgängigkeit und Geräusch prüfen.

Kupplung einbauen

Austretendes Motor- und Getriebeöl kann die neue Kupplung bald wieder lahmlegen. Deshalb auf Ölspuren im Kupplungsbereich achten, ggf. Dichtringe der Kurbelwelle bzw. der Getriebe-Eingangswelle ersetzen.

- Fahrzeuge ohne Zweimassen-Schwungrad: Getriebe-Eingangswelle mit »Molykote Longterm 2« im Bereich der Verzahnung leicht einfetten. Bei Zweimassen-Schwungrad ist die Nabe der Mitnehmerscheibe vernickelt und darf nicht geschmiert werden.
- An neuer Druckplatte das Korrosionsschutzwachs vollständig entfernen.
- Mitnehmerscheibe so auflegen, daß die flachere Seite der Kupplungsscheibe zum Schwungrad zeigt.
- Druckplatte ins Schwungrad einsetzen.
- Halteschrauben lose eindrehen und Mitnehmerscheibe zentrieren. Sie muß genau mittig auf dem Schwungrad sitzen, damit anschließend die Getriebewelle eingeführt werden kann. Dazu den Zentrierdorn oder Behelfswerkzeug verwenden.
- Schrauben – in mindestens zwei Durchgängen – nacheinander bis auf 25 Nm anziehen.
- Ausrücklager prüfen, Lagerungen und Führungen des Ausrücklagers fetten (siehe »Ausrücklager ausbauen«).

Das Ausrücklager

Das Ausrücklager wird beim Durchdrücken des Kupplungspedals vom Ausrückhebel auf die Tellerfederspitzen der Kupplungs-Druckplatte gepreßt. Die Kupplung wird dadurch entlastet.
Dieses Drucklager ist wartungsfrei. Ist es defekt, macht es sich durch Mahlgeräusche bei getretener Kupplung bemerkbar. Deswegen muß es jedoch nicht sofort ausgewechselt werden. Man kann die Arbeit bis zum nächsten Kupplungswechsel aufschieben.

Ausrücklager ausbauen

- Getriebe ausbauen.
- Ausrücklager von Getriebewelle abziehen.
- Ausrückhebel samt Lager nach vorn abziehen.
- Lager vom Hebel trennen.
- Vor dem Einbau des neuen Ausrücklagers die Nut am Innendurchmesser des Lagers mit »Molykote Longterm 2« fetten, ebenso die beiden Auflagepunkte am Ausrückhebel.
- Ausrücklager auf Getriebewelle schieben und verdrehen, bis es richtig am Ausrückhebel sitzt.

Störungsbeistand

Kupplung

Die Störung	– ihre Ursache	– ihre Abhilfe
A Kupplung rutscht	1 Kupplungsbeläge abgenutzt	Mitnehmerscheibe ersetzen
	2 Anpreßdruck der Kupplung zu gering	Kupplungsdruckplatte ersetzen
	3 Belag verölt	Mitnehmerscheibe und defekte Getriebe- oder Kurbelwellendichtung ersetzen
	4 Kupplung wurde überhitzt	Defekte Teile ersetzen
	5 Druckstange im Nehmerzylinder klemmt	Prüfen, Nehmerzylinder ersetzen
B Kupplung trennt nicht	1 Luft in der Kupplungshydraulik	Defektes Teil ersetzen, entlüften, Bremsflüssigkeitsstand prüfen
	2 Mitnehmerscheibe hat Schlag	Mitnehmerscheibe richten oder ersetzen
	3 Mitnehmerscheibe verzogen oder Belag gebrochen	Mitnehmerscheibe ersetzen
	4 Mitnehmerscheibe klemmt auf Getriebewelle	Gangbar machen, Kerbverzahnung schmieren
	5 Belag nach sehr langer Standzeit an Schwungscheibe festgerostet	Anfahren, wie unter »Fahren mit defekter Kupplungsbetätigung« beschrieben. Kupplung dauernd durchtreten. Gaspedal ruckartig durchtreten und loslassen, um die Kupplung loszubrechen. Andernfalls ausbauen
	6 Tangential-Blattfedern der Druckplatte gebrochen	Druckplatte ersetzen
	7 Fußmatte begrenzt den Pedalweg	Entfernen oder ausschneiden
	8 Geberzylinder innen undicht, Bremsflüssigkeit strömt im Behälter zurück	Behälter beobachten, während Pedal getreten wird, ggf. Geberzylinder ersetzen
C Kupplung trennt nicht und rutscht gleichzeitig durch	Kupplungsdruckplatte defekt	Druckplatte auswechseln
D Kupplung rupft	1 Motor- oder Getriebeaufhängung defekt	Motor- oder Getriebelager ersetzen
	2 Unebenheiten auf der Anlagefläche von Schwungscheibe oder Druckplatte	Defektes Teil ersetzen
	3 Falsche Beläge	Mitnehmerscheibe ersetzen
E Kupplungsgeräusche	1 Unwucht der Kupplungsdruckplatte bzw. Mitnehmerscheibe	Kupplungsdruckplatte bzw. Mitnehmerscheibe ersetzen
	2 Torsions-Dämpferfeder defekt	Mitnehmerscheibe ersetzen
	3 Ausrücklager defekt	Ausrücklager ersetzen
	4 Nietverbindungen in der Kupplung locker	Kupplungsdruckplatte ersetzen
F Pedal läßt sich schwer und ruckartig drücken	1 Ausrücklager klemmt auf Welle	Gangbar machen bzw. ersetzen
	2 Kolben des Geberzylinders klemmt	Geberzylinder ersetzen
H Pedal kommt spät oder nicht heraus	1 Siehe B 1	
	2 Pedal klemmt	Prüfen
	3 Druckschlauch vor Geberzylinder verengt	Ausrichten bzw. erneuern
	4 Nehmerzylinder klemmt	Erneuern

Anpassung

Die Unterteilung in mehrere Getriebegänge entspricht den verschiedenen Geschwindigkeitsbereichen, die unser Auto zu fahren in der Lage ist. Hätten wir nur den ersten Gang – wir könnten kaum schneller als 50 km/h fahren. Und wäre nur der fünfte Gang vorhanden, dann könnten wir nicht anfahren und müßten schon vor dem kleinsten Berg kapitulieren.
Das liegt an folgendem: Der Hubkolben-Verbrennungsmotor – und einen solchen haben wir im Mercedes – gibt nur in einem engen Drehzahlbereich genügend Kraft ab. Deshalb müssen wir mit den Gängen die Drehzahl an die Geschwindigkeit und Fahrbedingungen anpassen.
Nicht variabel ist hingegen das Übersetzungsverhältnis des Hinterachsantriebs. Zum Ausgleich der unterschiedlichen Wegstrecken, die bei Kurvenfahrt von den Antriebsrädern zurückgelegt werden, dient das Differential – ebenfalls Teil des Achsantriebs.

Welches Getriebe ist eingebaut?

Im C-Klasse Diesel ist entweder ein Fünfgang-Schaltgetriebe oder ein Automatikgetriebe mit vier Fahrstufen eingebaut.
Verschiedene Hinterachsübersetzungen übernehmen neben dem Getriebe die Anpassung an den jeweiligen Fahrzeugtyp.

Typ	Schalt-getriebe	Übersetzung 1./2./3./4./5./R-Gang	Hinterachs-Übersetzung	Automatik-getriebe	Übersetzung 1./2./3./4./R-Gang	Hinterachs-Übersetzung
C 200 Diesel	717.416	3,91/2,17/1,37/1,0/0,81/4,27	3,91	722.425	4,25/2,41/1,49/1,0/5,67	3,23
C 220 Diesel	717.416	3,91/2,17/1,37/1,0/0,81/4,27	3,91	722.426	4,25/2,41/1,49/1,0/5,67	3,23
C 250 Diesel	717.417	3,91/2,17/1,37/1,0/0,81/4,27	3,64	722.427	4,25/2,41/1,49/1,0/5,67	3,07

Das Schaltgetriebe

Die Motorleistung wird über die Kupplung auf die Eingangswelle des Schaltgetriebes geleitet. Auf dieser Eingangs- oder Antriebswelle sitzen 6 Zahnräder, die mit 6 dazu passenden Zahnrädern auf der sogenannten Abtriebswelle ständig im Eingriff stehen. Diese Zahnräder können frei umlaufen, bis eines von ihnen beim Schalten eines bestimmten Ganges mit seinem entsprechenden Gegenrad auf der Antriebswelle gekuppelt wird.
Das Verhältnis der Zähnezahlen des jeweiligen Zahnradpaars ergibt die betreffende Übersetzungsstufe. Die Zahnräder auf der Antriebs- und Abtriebswelle sind auf »Nadeln« (stiftartige Rollen) gelagert. Es besteht also keine starre Verbindung zwischen Wellen und Rädern. Die Zahnräder bleiben, wie schon erwähnt, immer im Eingriff.

Die Abbildung zeigt Teile des Schaltgetriebes und der Kupplungsbetätigung:
1 – Schalthebel (Rückwärts- bzw. 5. Gang);
2 – Hauptwelle;
3 – Ausrückhebel;
4 – Druckplatte;
5 – Schwungscheibe;
6 – Ausrücklager;
7 – Nehmerzylinder;
8 – Nebenwelle;
10 – Gelenkwellenflansch.

Schnitt durch das 5-Gang-Getriebe:
1 – Zweimassen-Schwungrad;
2 – Mitnehmerscheibe;
3 – Kupplungs-Druckplatte;
4 – Ausrücklager;
5 – Getriebegehäuse mit Versteifungen;
6 – Rillenlager auf Hauptwelle;
7 – Gelenkwellenflansch;
8 – Motor- und Getriebelagerung hinten;
9 – Ablaßschraube;
10 – Nebenwelle.

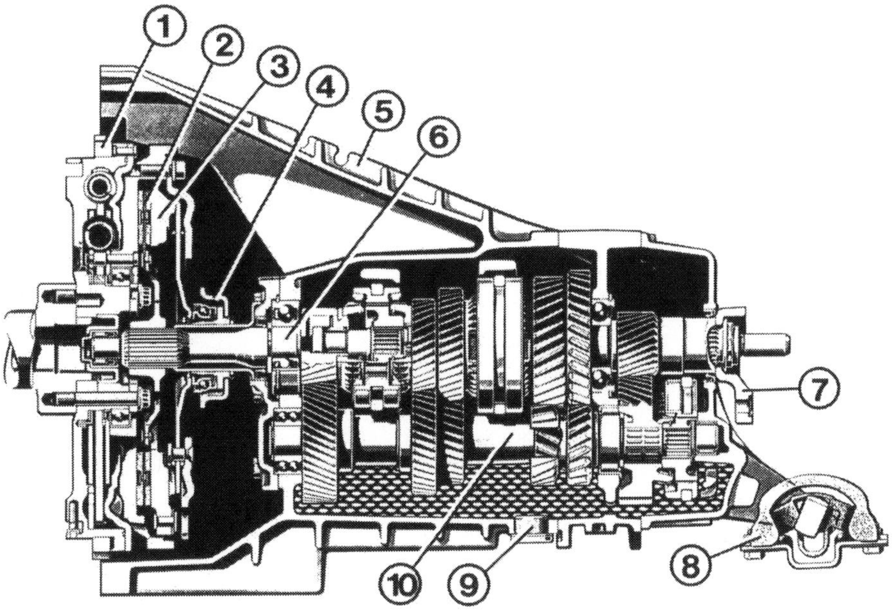

Beim Gangwechsel wird nicht etwa eine Verbindung zwischen den Zahnrädern, sondern zwischen Zahnrad und Welle hergestellt. Um die Drehzahlen von Welle und Zahnrad einander anzugleichen, läßt man einen Teil der Welle gegen einen Teil der anderen Welle über Reibelemente schleifen. Durch die Reibung wird die schnellere Welle abgebremst, bis bei Gleichlauf eine kraftübertragende Verbindung hergestellt werden kann. Da die Synchronisation für diese Drehzahlanpassung einen Sekundenbruchteil braucht, soll man besonders bei kaltem Motor und noch steifem Getriebeöl den Schalthebel nicht gewaltsam »durchreißen«.

Schaltungs-Probleme

Spiel in der Schaltbetätigung rührt nicht von einem defekten Getriebe, sondern kommt meist von ausgeschlagenen Gelenk- bzw. Gummibuchsen in der Übertragung vom Schalthebel zum Getriebe. Im Zweifelsfall diese Teile von der Wagenunterseite her kontrollieren. Einstellmöglichkeiten für die Schaltbetätigung gibt es.

- Dazu Hebel unter dem Schaltmechanismus mit durchgestecktem Bohrer ausrichten.
- Schaltstangen am Getriebe lösen.
- Der Hebel am Getriebe muß in der Mittelstellung stehen, wenn man die Schaltstange wieder einsetzt.
- Ansonsten Länge der Schaltstange einstellen.

Störungsbeistand

Getriebegeräusche

Im Lauf der Zeit kann das Getriebe durch Geräuschentwicklung auf sich aufmerksam machen. Dann sollten Sie zuerst nach dem Ölstand im Getriebe sehen.

○ Tritt ein **heulendes Geräusch in einem Gang** auf und verändert sich der Ton beim Gasgeben und Gaswegnehmen, dürfte die Verzahnung des betreffenden Gangradpaares verschlissen sein.

○ Treten **Geräusche in allen Gängen** auf, liegt es an den Getriebe-Wellenlagern.

○ **Rauhe, mahlende Geräusche**, die erst bei warmem Getriebe hörbar werden, weisen auf schlagende Synchronringe hin. Bei dünnflüssiger werdendem Öl wird dieses immer an derselben Stelle vom Synchronring weggedrückt.

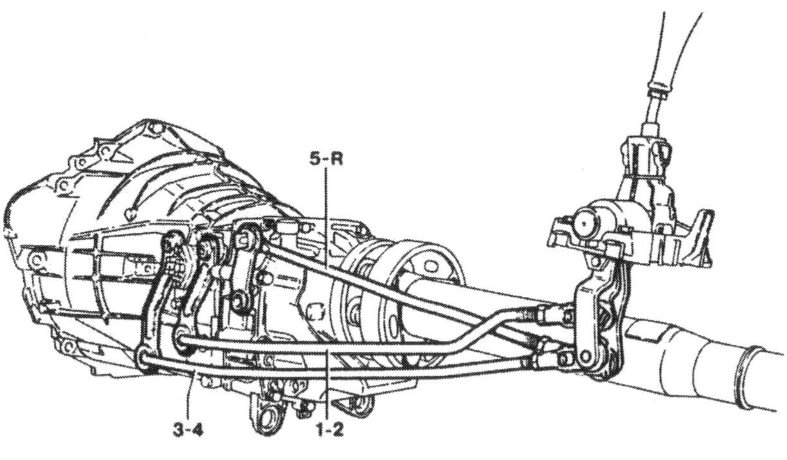

Anordnung der Schaltstangen zwischen Schalthebel und 5-Gang-Getriebe.

Fingerzeig: Werkstätten wagen sich nur selten an die Reparatur oder Überholung eines Getriebes, sondern raten lieber zu einem Austauschaggregat. Preiswerter ist in den meisten Fällen der Einbau einer gebrauchten Schaltbox von der Autoverwertung. Achten Sie dabei auf die richtige Getriebe-Version. Zusätzliche Hilfe bieten die Getriebebezeichnung bzw. die Kennbuchstaben, die am Getriebegehäuse eingeschlagen sind.

Getriebe ausbauen

Der Wagen muß so aufgebockt werden, daß Sie an der Wagenunterseite bequem arbeiten können.
Bei vielen Wagen ist das Getriebe mit sogenannten TORX-Schrauben – der Schraubenkopf sieht aus wie ein Stern – am Motor befestigt. Dann benötigen Sie an zusätzlichem Werkzeug die zugehörigen TORX-Steckeinsätze für den Rätschenkasten in den Größen T10 und T14.

- Massekabel an der Batterie abnehmen.
- Im Motorraum zwischen Motor und hinterer Wand eine Blechtafel oder ein Brett stellen. Im weiteren Verlauf der Arbeit wird der Motor sich gegen die Blechwand abstützen, dabei soll er die Zwischenwand bzw. die Bremsleitungen nicht beschädigen.
- Motorabdeckung unten ausbauen.
- Auspuff am Getriebe abschrauben.
- Wärme-Abschirmblech über dem Schalldämpfer vom Wagenboden entfernen.
- Große Klemmutter (SW 41/42) beim Zwischenlager der Gelenkwelle lösen, damit die Gelenkwelle später etwas zusammengeschoben werden kann.
- Nach Anzeichnen der Lage Befestigungsschrauben des Gelenkwellen-Zwischenlagers etwas lösen.
- Gelenkwelle am Getriebe abschrauben. Die Gummi-Gelenkscheibe muß an der Gelenkwelle verbleiben.
- Gelenkwelle so weit wie möglich nach hinten verschieben.
- Hintere Aufhängungen der Auspuffanlage aushängen und die Auspuffanlage vorsichtig ablassen.
- Den Auspuff nicht einfach herunterhängenlassen, sondern mit einem Draht aufhängen.
- Nehmerzylinder der Kupplungsbetätigung am Getriebe losschrauben und herausziehen.
- Drei Schaltstangen lösen und die Schaltstangen von den Hebeln ziehen.
- Bei Automatikgetriebe elektrische Leitungen ausstecken und Stecker am Startsperrschalter abziehen. Steuerdruckzug lösen.
- Schrauben am Anlasserflansch herausdrehen.
- Getriebe mit einem Wagenheber abstützen.
- Lagerung des Getriebes vom Querträger lösen.
- Querträger vom Wagenboden losschrauben und abnehmen.
- Wagenheber unter dem Getriebe vorsichtig ablassen, damit Motor und Getriebe nach hinten kippen.
- Alle Schrauben zwischen Kupplungsgehäuse und Motor herausdrehen.
- Eine der oberen Schrauben als letztes lösen.
- Getriebe waagrecht nach hinten ziehen und abnehmen.

Getriebe einbauen

- Der Einbau des Getriebes erfolgt in sinngemäß umgekehrter Reihenfolge.
- Zuerst den Nehmerzylinder mit Zuleitung oben über das Getriebe legen.
- Zur Montage einen Gang einlegen. Beim Vordrükken des Getriebes in Richtung Motor das Getriebe am Gelenkwellenflansch drehen, damit die Hauptwelle leichter in die Kupplungsscheibe rutscht.
- Gelenkwelle wieder auseinanderziehen und am Getriebe anschrauben.
- Gelenkwellen-Zwischenlager festschrauben (25 Nm) und die Klemmutter auf der Welle mit 30–40 Nm anziehen.
- Auspuffanlage hinten wieder einhängen und dann am Getriebe montieren.

Anzugs-Drehomente

Bauteil		Nm
Getriebe (Kupplungsglocke) an Motor	Sechskantschrauben M 8	22–27
	M 10	47–51
	M 11	66–82
	TORX-Schrauben M 8	20–24
	M 10	38–47
	M 12	64–80
Gummilager hinten an Querträger		25
Getriebeträger an Karosserie		45

Das Automatikgetriebe

Auf Wunsch ist der Mercedes mit einem Viergang-Automatikgetriebe ausgestattet. Um die Kriechneigung des Fahrzeugs im Leerlauf zu verringern, schaltet die Automatik bei Leerlauf in den 2. Gang. Bei leichtem Gasgeben wird auch im 2. Gang angefahren. Erst bei starkem Gasgeben schaltet das Getriebe in den 1. Gang zurück. Im weiteren funktioniert das Getriebe wie folgt:
Zwischen Motor und Viergang-Getriebe ist ein hydraulischer Wandler geschaltet, in dem das Drehmoment des Motors auf Schaufelräder übertragen wird. Bei laufendem Motor versetzt das mit ihm gekuppelte Pumpenrad

Links: Die Gelenkstücke der Schaltstangen (1, 2, 3) sind mit Federklemmen an den Schalthebeln befestigt. Zum Ein- und Ausbau Schraubendreher verwenden. Rechts: Die Schalthebel am Schaltmechanismus werden mit einem Bohrer (3) ausgerichtet.

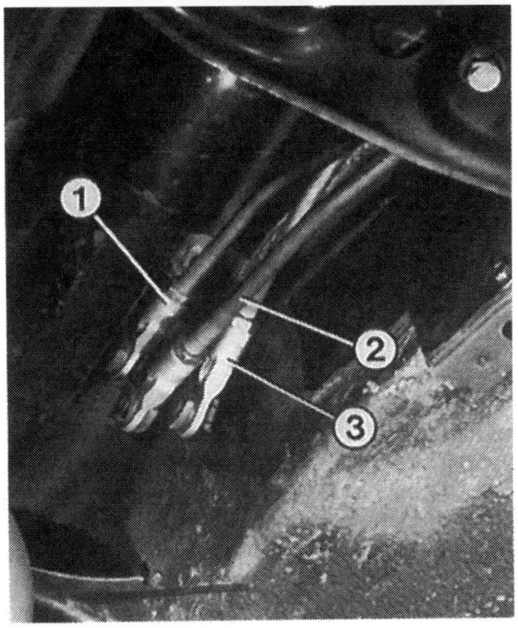

die Wandlerflüssigkeit (ATF) in eine Drehbewegung und schleudert sie nach außen gegen das Wandlergehäuse. Dabei trifft die Flüssigkeit auf das sogenannte Leitrad, das den ATF-Strom in die vorgesehene Richtung lenkt und das mit dem Getriebe verbundene Turbinenrad in Drehung versetzt. Weil die Zahnräder des Planetengetriebes dauernd im Eingriff stehen und die Wandlerflüssigkeit bei laufendem Motor immer versucht – durch den Motor in Drehung versetzt – das Getriebe und damit auch die Antriebsräder zu bewegen, »kriecht« der Wagen im Leerlauf, muß also mit der Fuß- oder Feststellbremse gehalten werden.
Die Übersetzungsänderung erfolgt beim automatischen Getriebe durch Zusammenschalten verschiedener Zahnräder unter Betätigung von Kupplungen und Bremsbändern durch das hydraulische Steuersystem. Das geschieht je nach Gaspedalstellung und Motordrehzahl.

Funktion der Getriebeautomatik

○ In der Wählhebelstellung »D« wird bei Teilgas so früh wie möglich hochgeschaltet. Das Fahrzeug beschleunigt langsam, was Kraftstoff spart und gemütliches Fahren fördert. In Stellung »D« stehen alle Gänge zur Verfügung – diese Stellung werden Sie zumeist eingelegt haben.
○ In den Stellungen »2« und »3« wird nur bis in den 2. bzw. 3. Gang hochgeschaltet. Bei Steigungen diese Bereiche wählen, wenn der Motor durchzugsstark drehen soll. Die Automatik schaltet herunter, wenn Sie beispielsweise im Gefälle diese Stellungen wählen, um die Bremswirkung des Motors auszunutzen. Damit der Motor im Schub aber nicht überdreht wird, auf den Drehzahlmesser achten.
○ In die Stellungen »P« (Parksperre) und »R« (Rückwärtsgang) nur bei stehendem Fahrzeug schalten. Hartes, verschleißförderndes Rucken wird so vermieden.
○ Wählhebelstellung »N« bedeutet Leerlauf. Der Wagen kann frei herumgeschoben oder abgeschleppt werden (Hinweise Seite 260 beachten).
○ Bei »Kickdown« (Gaspedal voll durchgetreten) werden die Gänge bis kurz vor die Höchstdrehzahl ausgedreht. Auch wird ggf. zurückgeschaltet, um so die größtmögliche Beschleunigung zu erreichen. Über das elektromagnetische Kickdownventil am Getriebe wird das hydraulische Steuersystem so beeinflußt, daß hochgeschaltet wird.

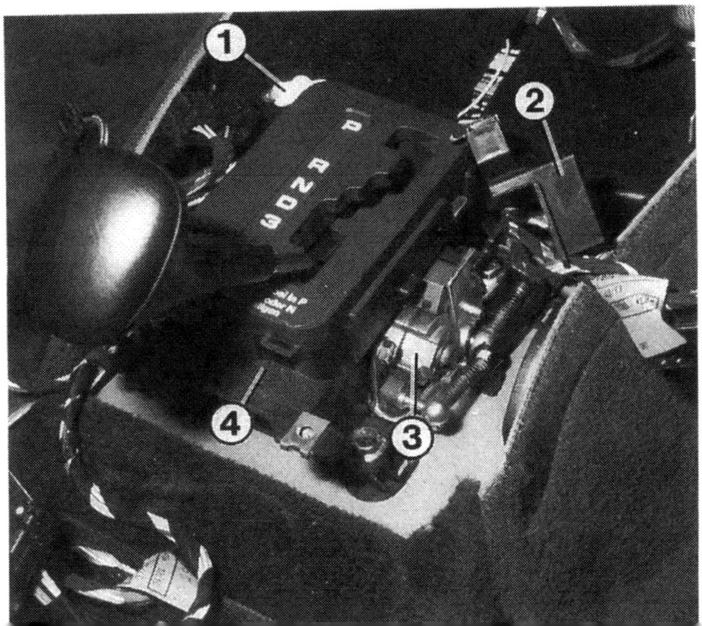

Bei ausgebauter Mittelkonsole erreichbar (mit Automatik):
1 – Lämpchen zur Beleuchtung der Schaltkulisse;
2 – Abdeckung;
3 – Parksperrenverriegelung;
4 – Schaltmechanismus.

Fingerzeige: Beim Herunterschalten von Hand (Bremsschaltung) die Marken im Tachometer beachten. Wird durch zu frühes Schalten der Motor überdreht, können im Extremfall die Kolben an die Ventile anstoßen.
Achten Sie darauf, daß Sie, unangeschnallte Kinder oder ein Hund den Wählhebel nicht versehentlich bewegen.
Ein Anschleppen mit Automatikgetriebe ist nicht möglich. Bei leerer Batterie o.ä. kann nur Starthilfe weiterhelfen.

Abschleppen mit Automatikgetriebe

Das Automatik-Fahrzeug darf nicht unbedacht abgeschleppt werden, weil sonst das Getriebe mangels ausreichender Schmierung Schaden nimmt. Zum Abschleppen ist nur eine Geschwindigkeit von maximal 50 km/h erlaubt. Auch die Schleppstrecke ist begrenzt: Es dürfen nicht mehr als 50 km auf diese Weise zurückgelegt werden. Wenn Sie einen Abschleppdienst rufen, machen Sie gleich darauf aufmerksam, daß ein Tieflader geschickt wird, auf den der Mercedes verladen werden kann. Notlösung, wenn über eine längere Strekce geschleppt werden muß: Gelenkwelle am Differential abschrauben.

Automatikgetriebe prüfen

Bei der Prüfung der Funktion und besonders bei notwendigen Reparaturen am Getriebe sind dem Selbstpfleger enge Grenzen gesetzt. Schnell wird hierzu Spezialgerät und gezielte Erfahrung nötig.
Nachfolgend eine Aufzählung von eher einfachen Prüfungen, mit denen Sie Fehler besser einkreisen oder gar beheben können:
○ Der ATF-Stand ist bei Störungen als erstes zu prüfen.
○ Auf einer Probefahrt können die Schaltpunkte überprüft werden.
○ Die Einstellung des Steuerzuges zwischen Getriebe und Gasgestänge ist eine wichtige Voraussetzung für fehlerfreie Arbeitsweise.
○ Druckmessungen von Arbeits-, Regler- und Modulierdruck sind Werkstattsache. Manche Druckwerte können verstellt werden.
○ Beurteilen der Schaltvorgänge. Die Leerlaufdrehzahl muß exakt stimmen, sonst ist keine Beurteilung möglich.

Schaltpunkte prüfen

Auf einer Probefahrt die Werte vergleichen. Wählhebel in Stellung »D« bringen. Die Schaltpunkte sind in km/h bei Vollgas (nicht Kickdown) angegeben:

Modell	Hochschalten			Zurückschalten		
	1.–2.	2.–3.	3.–4.	4.–3.	3.–2.	2.–1.
C 200 Diesel	31	61	100	76	38	14
C 220 Diesel	34	63	106	70	39	16
C 250 Diesel	39	71	120	89	44	18

Steuerzug einstellen

● Die Kunststoffspitzen (Pfeile) an Kulissenhebel und Schlepphebel müssen sich gegenüberstehen.

● Wenn erforderlich, an der Einstellschraube des Steuerzuges einstellen (siehe Seite 89 unten).

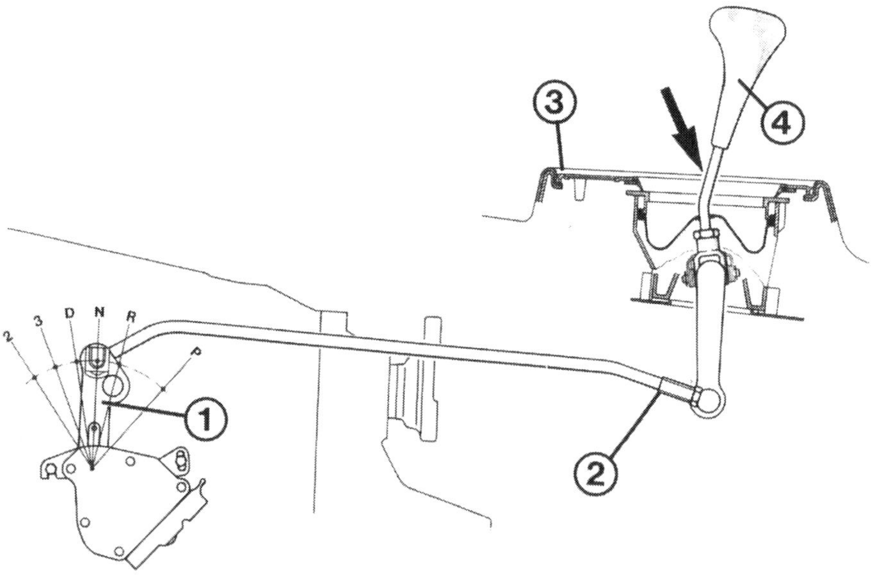

Schaltung bei automatischem Getriebe:
1 – Schalthebel am Getriebe, er betätigt auch den darunter erkennbaren Startsperrschalter;
2 – Schaltstange mit einstellbarem Gelenkstück;
3 – Schaltkulisse;
4 – Wählhebel für die jeweilige Fahrstufe.
Schaltung einstellen: In Stellung »N« muß der Wählhebel ca. 1 mm Abstand zum vorderen »N«-Anschlag (Pfeil) haben. Sonst die Länge der Schaltstange entsprechend verstellen.

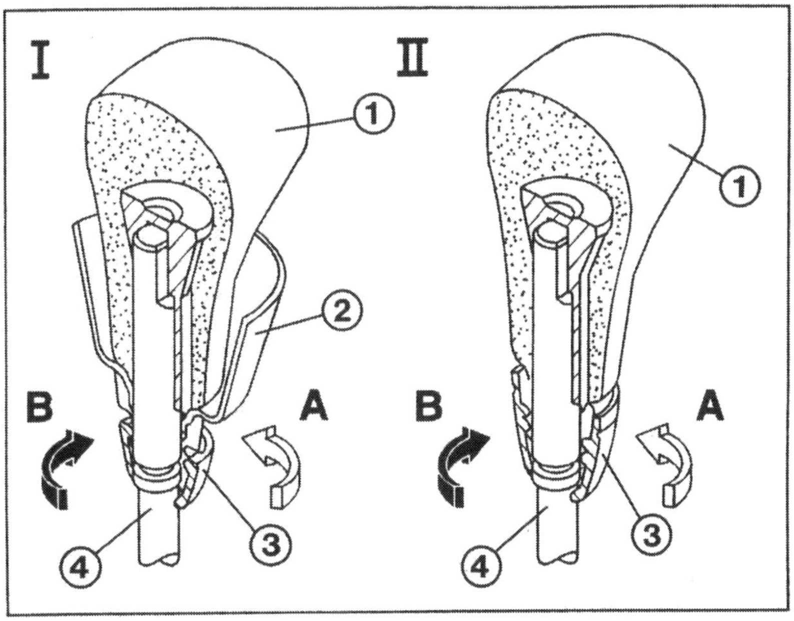

Griff am Schalthebel ein- und ausbauen:
A – Klemmleiste drehen zum Lösen des Griffes;
B – Griff befestigen;
I – mechanisches Getriebe;
II – automatisches Getriebe;
1 – Schalt- bzw. Wählhebelgriff;
2 – Manschette (nur MG);
3 – Klemmstück;
4 – Schalt- bzw. Wählhebel.

Beurteilen der Schaltvorgänge

○ **Hochschalten:** Bei Teilgas ist der Gangwechsel kaum wahrnehmbar; bei Vollgas oder Kickdown werden die Übergänge zwar etwas deutlicher, doch stets muß der höhere Gang geschmeidig fassen. Kurzes Hochdrehen beim Gangwechsel deutet auf Fehler hin, die genauer untersucht werden müssen.

○ **Herunterschalten:** Ohne Gas (beim Ausrollenlassen) kaum spürbar bei sehr niedrigen Geschwindigkeiten. Ein Stoß ist beim Rückschalten mit Teil- oder Vollgas normal. Das Zurückschalten ohne Gas mit dem Wählhebel dauert ein bis zwei Sekunden. Wird beim zwangsweisen Zurückschalten mit dem Wählhebel gleichzeitig Gas gegeben, erfolgt der Gangwechsel ohne Verzögerung. Beim Zurückschalten mit Gas entsteht viel Wärme im Getriebe, deshalb solches Schalten nur einmal in 15 Sekunden durchführen.

Startsperrschalter

Damit beim Motorstart ein Fahrzeug mit Automatikgetriebe nicht sofort losfährt, können diese Fahrzeuge nur gestartet werden, wenn keine Fahrstufe eingelegt ist. Dazu muß sich der Wählhebel in Stellung »P« oder »N« befinden. Der sogenannte Startsperrschalter seitlich links am Automatikgetriebe unterbricht beim Einlegen einer Fahrstufe die violett/weiße Leitung (Klemme 50) zwischen Zündschloß und Anlasser.

Startsperrschalter defekt

Läßt sich ein Fahrzeug mit Automatikgetriebe nicht mehr starten, kann dies am Startsperrschalter, den entsprechenden Zuleitungen oder an seiner mechanischen Betätigung liegen. Notfalls wie folgt vorgehen:

Bei automatischem Getriebe finden Sie den Peilstab (1) für den ATF-Stand hinten rechts am Zylinderkopf. Vor dem Herausziehen den Verschlußbügel (2) hochklappen.

● Feststellbremse kräftig treten.
● Zündschlüssel in Startstellung drehen und gleichzeitig den Wählhebel etwas hin- und herbewegen.
● Läuft der Anlasser immer noch nicht los, im Motorraum mit einem Hilfskabel direkt den Pluspol der Batterie zur Steckverbindung Klemme 50 vor dem Anlasser überbrücken. Der Anlasser dreht sofort los. Dabei unbedingt Wählhebel auf »N« oder »D« stellen und Fußbremse treten, damit Ihr Fahrzeug nicht sofort losfährt (Verletzungsgefahr!).

Parksperrenverriegelung

Der Wählhebel ist gegen unbefugtes Bedienen mit einer Parksperrenverriegelung ausgestattet. Dazu sind Zündschloß und Bremspedal über Seilzüge mit dem Wählhebel verbunden. Aus der »P«-Stellung kann der Wählhebel nur bewegt werden, wenn das Bremspedal getreten ist und der Zündschlüssel auf Stellung »1« steht. Zum Abziehen des Zündschlüssels muß die »P«-Stellung gewählt werden.

Parksperrenverriegelung einstellen

Ein Seilzug ist am Lenkschloß angeschraubt, und ein weiterer Seilzug ist am Betätigungshebel des Bremspedals eingehängt. Beide sind knickfrei bis zum Wählhebel verlegt. Zum Einstellen (siehe Abbildung unten):
● Wählhebel in Stellung »P« und Zündschlüssel auf Stellung »0« bringen.
● Wählhebel mit Kunststoffkeil festklemmen.
● Kugelnippel des Seilzugs zum Lenkschloß einclipsen und am Halter einführen.
● Seilzug an der Hülse nach hinten ziehen, bis der Sperrhebel »44B« am Nocken »48« anliegt.
● Kugelnippel des Seilzugs zum Bremspedal einclipsen und einführen.
● Seilzug an der Ummantelung nach hinten ziehen, bis der Sperrhebel »44L« am Nocken »48« anliegt. Befestigungsschraube mit 5 Nm anziehen.
● Funktion prüfen: Zündschlüssel in Stellung »1« drehen, Bremspedal treten. Die Sperrhebel »44B« und »44L« müssen aus dem Nocken »48« vollständig ausrasten, so daß sich der Wählhebel widerstandslos in Stellung »N« bewegen läßt.

ATF-Stand prüfen

Bei Schaltproblemen empfiehlt es sich, sofort nach dem ATF-Stand im Automatikgetriebe zu sehen. Zum Abwischen des Peilstabs nur einen sauberes, fusselfreies Tuch benutzen, denn schon kleinste Verschmutzungen schaden dem Getriebe. Ist die Flüssigkeit schwarz oder riecht sie verbrannt, läßt dies auf einen Getriebeschaden schließen. Wenn etwas Flüssigkeit fehlt, wird durch die Peilstaböffnung nachgegossen. Verwenden Sie nur ATF, das die Bezeichnung »Dexron B« trägt (Auskunft über freigegebene Marken erteilt Ihre Mercedes-Werkstatt).
Keinesfalls darf zu viel ATF ins Getriebe gefüllt werden. Die Differenzmenge zwischen den Markierungen beträgt 0,3 Liter. Zu viel eingefüllte ATF wieder absaugen.
● Feststellbremse treten und Wählhebelstellung »P« einlegen.
● Motor starten und eine bis zwei Minuten im Leerlauf drehen lassen.
● Verschluß am Peilstab lösen, Peilstab herausziehen und abwischen.
● Zur Messung Peilstab so einsetzen, daß die Markierungen zum Fahrzeugheck stehen. Dies verhindert ein Verwischen beim Herausziehen.
● Bei betriebswarmem Getriebe (ca. 80°C) muß sich der ATF-Stand zwischen der »MIN«- und »MAX«-Marke befinden.
● Bei einer Getriebetemperatur von ca. 25°C darf der Flüssigkeitsstand nur bis etwa 12 mm unter die »MIN«-Marke reichen.

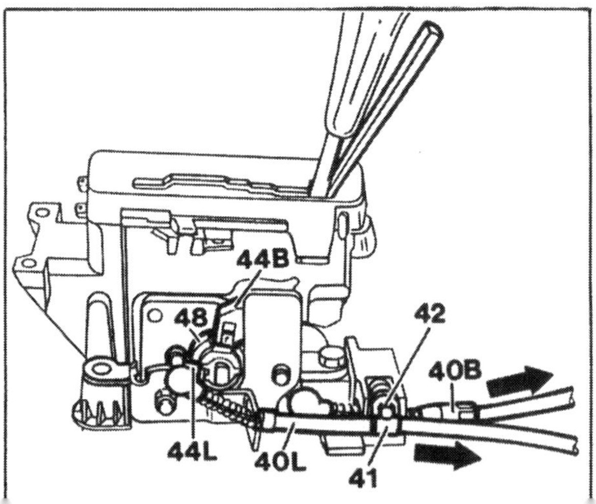

Teile der Parksperrenverriegelung:
40B – Zug zum Lenkschloß;
40L – Zug zum Bremspedal;
41, 42 – Zugbefestigung;
44B, 44L – Sperrhebel;
48 – Nocken.

Störungsbeistand

Automatik-getriebe

Beanstandung	Ursache
1 Ruckartige Schaltübergänge beim Einlegen der Fahrstufen »D« oder »R« aus der Leerlaufstellung »N«	Leerlaufdrehzahl zu hoch
2 Starkes Kriechen im Leerlauf bei eingelegtem Fahrbereich	Siehe unter 1
3 Fahrzeug setzt sich bei eingelegtem Fahrbereich nicht in Bewegung, kein Antrieb in allen Gängen	ATF-Stand zu niedrig
4 Langgezogene, schleifende Schaltübergänge	Siehe unter 3
5 Sehr spätes Hochschalten bei Teilgas	Kickdownschalter prüfen

Die Gelenkwelle

Nach dem Getriebe folgt die Gelenkwelle, welche die Motorkraft zum Hinterachsantrieb (Differential) weiterleitet. Die Welle verläuft in Fahrzeugmitte in einem Tunnel. Sie ist zweiteilig und besitzt dort, wo die beiden Teile verbunden sind, ein Zwischenlager. Damit die Welle keine lästigen Brummgeräusche erzeugt, ist sie ausgewuchtet. An den Enden ist die Welle über elastische Gelenkscheiben am Getriebe bzw. am Hinterachsantrieb angeflanscht.

Gelenkwelle aus- und einbauen

- Wagen anheben und sichern.
- Motorabdeckung unten ausbauen.
- Damit die Gelenkwelle nach dem Einbau nicht unrund läuft, die Einbaulage wie folgt kennzeichnen:
1. Am Hinterachsgetriebe den Flansch zu Gelenkwelle markieren.
2. Am Getriebe Gelenkwelle, Schwingungstilger (runde Metallscheibe) und die Gelenkscheibe zueinander kennzeichnen.
- Hinteren Teil der Auspuffanlage ausbauen.
- Schrauben am Mittellager etwas lösen, nachdem zuvor die Lage gekennzeichnet wurde.
- Querbrücke vom Mitteltunnel abschrauben.
- Abschirmbleche über dem Auspuff abbauen.
- Klemmutter SW 41/42 am Schiebestück der Gelenkwelle lösen.
- Gelenkwelle vom Getriebeflansch so abschrauben, daß die Gelenkscheibe auf der Welle verbleibt (Schraubenkopf SW 15, Mutter SW 17).
- Gelenkwelle vom Flansch am Hinterachsantrieb lösen (drei Schrauben SW 15, Muttern SW 17). Die Gelenkscheibe bleibt an der Welle montiert.
- Welle durch leichtes Klopfen vom Flansch lösen, falls diese etwas anklebt.
- Welle etwas zusammenschieben und von den Flanschen abnehmen.
- Hinteren Wellenteil nach unten hängen lassen.
- Mittellager losschrauben.
- Gelenkwelle nach hinten aus dem Mitteltunnel herausnehmen.
- Zentrierhülsen aus der Mitte der Flansch losheben.
- Beim Einbau die Zentrierhülsen mit viel Mehrzweckfett einsetzen (Hohlräume füllen).
- Welle zuerst am Getriebeflansch lose vormontieren (Markierungen beachten). Neue Muttern verwenden.
- Mittellager lose vormontieren.
- Unter Beachtung der Markierungen Welle am hinteren Flansch festschrauben. Die neuen selbstsichernden Muttern werden mit 45 Nm angezogen.
- Welle vorn festschrauben (25 Nm).
- Zwischenlager mit 25 Nm anziehen. Das Fahrzeug muß dabei mit den Hinterrädern auf dem Boden stehen. Bei entlasteter Hinterachse nur festschrauben, wenn vorher Markierungen angebracht wurden.
- Klemmutter SW 41/42 mit 30–40 Nm festschrauben.

Störungsbeistand

Gelenkwelle

○ **Vibrationen und Brummgeräusche** deuten auf Störungen im Rundlauf der Welle: Fehlende Wuchtbleche lassen darauf schließen, daß die Wuchtung nicht mehr stimmt. Beide Wellenhälften werden zusammen

Schnitt durch die Hinterachswelle: 37a – Hinterachswelle; 37b – Gelenkring außen; 37c – Gelenkring innen; 37d – Gelenknabe; 37e – Kugel; 37f – Kugelkäfig; 37g – Sicherungsring; 37h – Abschlußdeckel; 37i – Manschettenkappe; 37k – Schlauchschelle; 37l – Gummimanschette.

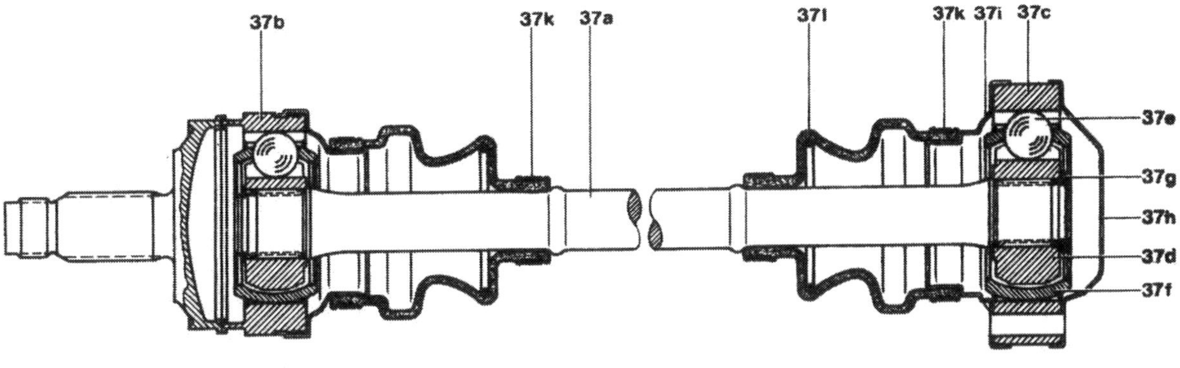

gewuchtet. Trennen der Teile ohne Kennzeichnung der Einbaulage der Teile zueinander macht die Wuchtung unwirksam.
Weitere Möglichkeiten für Brummgeräusche: Defektes Gummigelenk, ausgeschlagenes Mittellager, verschlissene Gelenkscheiben. Betreffende Teile ersetzen bzw. Austauschwelle einbauen.
○ Die beiden Gelenkscheiben dürfen keine Risse haben oder spröde sein. Die Hülsen dürfen nicht lose in den Scheiben sitzen oder unrund ausgeweitet sein. Auch die Bohrungen im Getriebe- und Hinterachsflansch dürfen nicht ausgeweitet sein.
○ **Pfeifgeräusche** können von einem defekten Mittellager herrühren.
○ **Rassel- und Schabgeräusche** haben meist ihre Ursache in zu großem Spiel am Schiebestück (Verbindung der Wellenhälften), oder die Zentrierhülsen vorn oder hinten laufen »trocken«.

Fingerzeig: Sollen hinteres und vorderes Teil der Gelenkwelle getrennt werden, muß die Stellung der Teile zueinander zuvor mit Körner- oder Farbpunkten markiert sein. Sonst stimmt beim anschließenden Zusammenbau die Wuchtung nicht mehr. Wurden versehentlich beide Teile ohne Markierung getrennt, bauen Sie die Welle immer wieder etwas versetzt ein, bis die Brummgeräusche am günstigsten sind. Verzahnung am Schiebestück fetten.

Das Hinterachsdifferential

Es lenkt die Antriebskraft über Kegel- und Tellerrad gewissermaßen rechtwinklig um die Ecke und über zwei Achswellen zu den Hinterädern. Es paßt durch seine Übersetzung die Drehzahl der Getriebe-Abtriebswelle der erforderlichen Raddrehzahl an und gleicht bei Kurvenfahrt die unterschiedlichen Radwege des inneren und äußeren Rades durch sein Kegelradgetriebe (Differential) aus. Zum Hinterachsantrieb gehören auch die Hinterachswellen. Sie übertragen die Antriebskraft auf die Räder. Entsprechend den Federbewegungen der Radaufhängung müssen die Hinterachswellen Längenunterschiede ausgleichen und die Federbewegung des Rades mitmachen.
Bei ASD (**A**utomatisches **S**perr-**D**ifferential (siehe Seite 110) ist ein besonderes Differential eingebaut. Im Juni '94 wurde das ASD durch das ETS (**E**lektronisches **T**raktions-**S**ystem) abgelöst. Beschreibung im Kapitel »Die Bremsen«.

Hinterachswelle ausbauen

● Radkappe bzw. Leichtmetallrad abnehmen.
● Zwölfkantmutter (SW 30) in der Radmitte losschrauben. Dazu von Helfer Fußbremse treten lassen.
● Auf der linken Seite hinteren Teil der Auspuffanlage ausbauen.
● Querstrebe ausbauen.
● Am Hinterachsantrieb (Differential) die Innenvielzahnschrauben herausdrehen. Vor dem Einstecken des Werkzeugs (Hazet-Nr. XZN 990 lg-10) den Schraubenkopf mit einem kleinen Schraubendreher von Verschmutzungen reinigen, damit das Werkzeug möglichst weit eingesteckt werden kann.
● Losgeschraubte Hinterachswelle zusammenschieben und nach oben vom Flansch wegschwenken. Bei etwas angehobener Radführung (Welle waagrecht) geht das Abnehmen am besten.
● Außen die Achswelle aus dem Hinterachsflansch ziehen bzw. mit leichtem Schlagen nachhelfen. Sitzt die Achswelle sehr fest, muß sie mit einem Ausdrükker demontiert werden.
● Die Anlagefläche der Welle am inneren Verbindungsflansch muß zum Einbau sauber sein.
● Innenvielzahnschruaben nur ein Mal verwenden. Einölen und dann mit 70 Nm festziehen.
● Die Zwölfkantmutter darf ebenfalls nur ein Mal verwendet werden. Wenn sie mit 200–240 Nm festgezogen worden ist, muß die Mutter gesichert werden. Dazu den Bund der Mutter in die Aussparungen auf der Welle quetschen.

Hinterachswellen schadhaft?

Die Gleichlaufgelenke an den Antriebswellen sind zwar sehr robust, doch kann eingedrungener Schmutz zum vorzeitigen Verschleiß eines Gelenks führen. Defekte Gelenke knacken beim Anfahren oder beim Rückwärtsfahren. Selbst beim Hin- und Herschieben des Wagens können die Knackgeräusche hörbar werden. Bei fortgeschrittenem Verschleiß steigert sich das Knacken zu einem regelrechten Schlagen.
Zeigen sich solche Zeichen, ist es gar nicht einfach herauszufinden, von welchem der vier Gelenke die Geräusche stammen. Deshalb beide Wellen ausbauen und von Hand prüfen, ob sich die Gelenke geschmeidig und ruckfrei bewegen lassen.
Nach dem Ausbau einer Hinterachswelle können die Gummimanschetten und das innere Gleichlaufgelenk ersetzt werden. Der Austausch des äußeren Gelenks ist nicht möglich – dann muß die Hinterachswelle ersetzt werden.

Manschetten prüfen

Gelegentlich sollten Sie die Gummimanschetten an den Gelenken der Hinterachswellen prüfen, denn eindringender Schmutz oder Feuchtigkeit zerstört die Gelenke schnell.

Teile der Gelenkwelle:
1 – Zentrierhülse;
2 – Gelenkscheibe vorn;
3 – Schraube 45 Nm;
4 – Wellenteil vorn;
5 – Klemmutter;
6 – Gummimanschette;
7 – Lager;
8 – Schraube 25 Nm;
9 – Wellenteil hinten;
10 – Gelenkscheibe hinten.

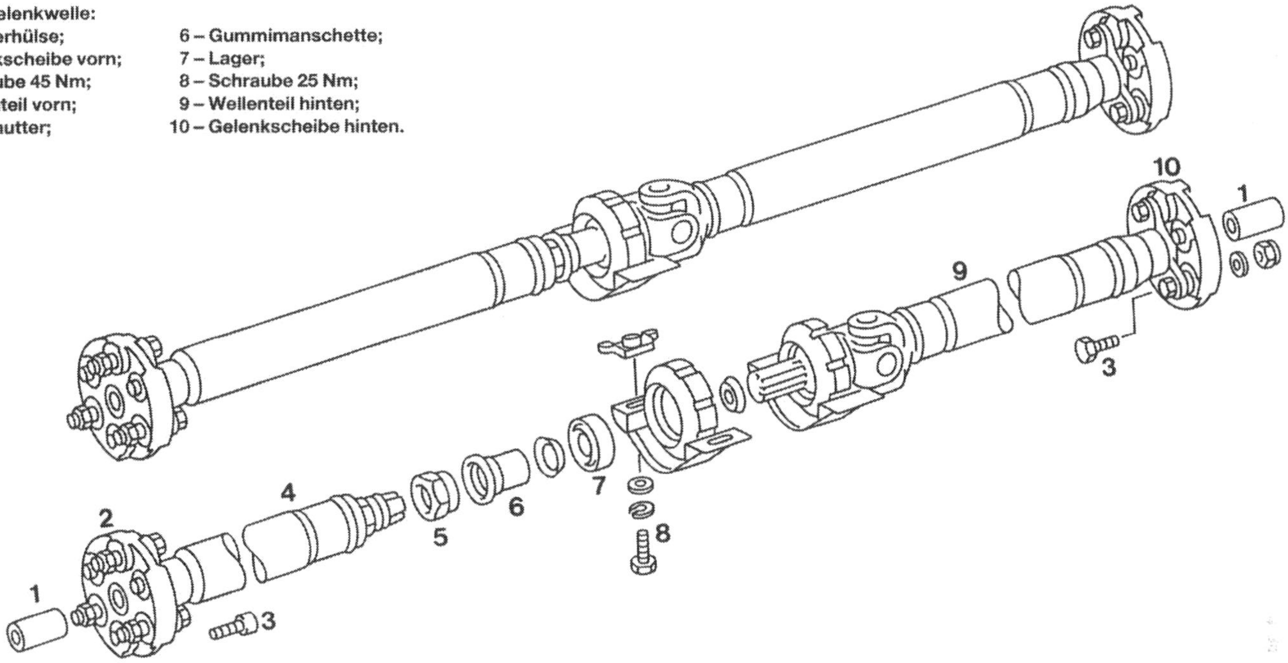

● Zur Prüfung die Hinterräder nacheinander anheben und am Rad drehen, während man unter dem Fahrzeug prüft.
● Risse oder spröde Stellen vorhanden?
● Die Spannbänder müssen fest sitzen.

● Dunkle Fettspuren sind ein Alarmsignal. Eine beschädigte Manschette schnellstens ersetzen. Dazu die Hinterachswelle ausbauen und zerlegen.

Hinterachswelle zerlegen

● Hinterachswelle ausbauen.
● Großes Schlauchband der inneren Manschette lösen.
● Blechdeckel mit einem Durchschlag vom Gelenk losschlagen und abnehmen. Auf die gleiche Weise die Kappe der Manschette von der anderen Seite des Gelenks entfernen.
● Manschette zurückschieben und das Fett vom Gelenk abwischen.
● Sprengring abnehmen.
● Welle in einen Schraubstock spannen und das Gelenk mit einem Durchschlag von der Welle lösen. Dazu gleichmäßig verteilt auf den Gelenk-Innenring schlagen.
● Wenn erforderlich, können nun die Manschetten und das Gelenk getauscht werden. Die entsprechenden Reparatursätze enthalten neue Schlauchbänder, einen neuen Sprengring und die erforderliche Menge des speziellen Fließfettes, mit dem das Gelenk beim Zusammenbau großzügig eingeschmiert wird (100 g pro Gelenk).
● Bevor die Blechringe wieder über den Außenring des Gelenks montiert werden, deren Innenrand mit einem dauerelastischen Dichtmittel bestreichen.

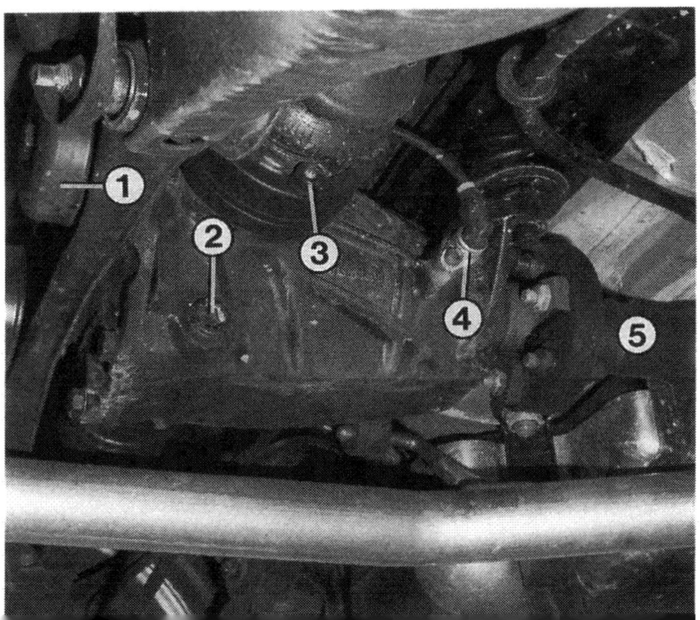

Teile am Hinterachsdifferential:
1 – hydraulische Lager;
2 – Ölablaßschraube;
3 – Befestigungsschraube der Hinterachswelle;
4 – Drehzahlgeber für ABS (bei ASR/ETS ist über jeder Hinterachswelle ein Drehzahlgeber eingebaut);
5 – Gelenkwelle.

Automatisches Sperr-Differential (ASD)

Beim bis Juni '94 lieferbaren ASD kann es bei rutschigem Untergrund nicht mehr vorkommen, daß ein Hinterrad einzeln durchdreht und deshalb nicht mehr angefahren werden kann. Erkennt die ASD-Elektronik, daß die mittlere Hinterraddrehzahl 2–4 km/h größer ist als die mittlere Vorderraddrehzahl, wird ein Magnetventil angesteuert. Dadurch gelangt Hydrauliköldruck mit ca. 30 bar zum ASD und sperrt dieses. Nicht mehr gesperrt wird das ASD aus Fahrstabilitätsgründen über 38 km/h (gemessen an den Vorderrädern), im Schubbetrieb und beim Bremsen. Die Hauptbauteile des ASD haben folgende Aufgaben:

○ **Hinterachsdifferential:** Es hat ohne Hydraulikdruck bereits 35% Sperrwirkung. Gelangt Öldruck zu den Ringkolben am ASD, bewegen sich beide Verbindungsflansche etwas nach außen und pressen so die Lamellenkupplungen zusammen. Der Sperrgrad beträgt dann ca. 100%.

○ **Hydraulikeinheit:** Rechts vor der Hinterachse unter einer Abdeckung ist dieses Teil eingebaut. Es regelt den Öldruck von der Pumpe vorn am Zylinderkopf (gleiche Pumpe wie bei der Niveauregulierung) von ca. 200 bar auf etwa 30 bar ein. In einem Druckspeicher werden diese 30 bar bevorratet. Ist der Speicher voll, schaltet ein Ventil in der Hydraulikeinheit um und läßt zuviel gefördertes Öl zum Ölbehälter im Motorraum zurückfließen. Bei einem Fahrzeug mit Niveauregulierung ist in dieser Leitung der Niveauregler eingebaut. Schaltet das Magnetventil an der Hydraulikeinheit, gelangt der Öldruck von ca. 30 bar zum ASD.

Steuergerät: Es ist im Aggregateraum rechts eingebaut und trägt die Aufschrift »ASD«. Das Steuergerät verarbeitet die Informationen von den Drehzahlgebern und schaltet ggf. Masse zum Magnetventil. Dadurch gelangt der Öldruck zum ASD.

Das Steuergerät verfügt über einen Fehlerspeicher. Fehler an den elektrischen Bauteilen des ASD werden gespeichert und können abgefragt werden.

○ **Drehzahlgeber:** An jedem Vorderrad und am Hinterachsdifferential sind die gleichen Drehzahlgeber wie beim ABS im Einsatz. Die Drehzahlsignale gelangen zum ASD-Steuergerät, nachdem sie bereits im ABS-Steuergerät umgeformt wurden.

○ **Funktionsanzeige:** Die Anzeige im Tachometer leuchtet grundsätzlich immer auf, wenn die Raddrehzahl-Differenz zwischen Vorder- und Hinterrädern größer als 2–4 km/h ist. Die Kontrolleuchte kann also auch über 38 km/h aufleuchten, obwohl das ASD hier nicht mehr gesperrt wird. Dem Fahrer zeigt das Aufleuchten, daß Radschlupf auftritt und er seine Fahrweise besser anpassen muß.

Die Helligkeit der Funktionsanzeige ist bei eingeschaltetem Licht geringer.

○ **Kontrolleuchte:** Leuchtet die gelbe »ASD«-Leuchte im Kombi-Instrument bei laufendem Motor, ist das ASD wegen einer elektrischen Störung außer Funktion. Fehlerspeicher in der Werkstatt abfragen lassen.

○ **Bremslichtschalter:** Der Bremslichtschalter hat zwei Kontakte. Beim Bremsen schließt ein Kontakt, dadurch leuchtet das Bremslicht, und das ASD-Steuergerät wird informiert (ASD abgeschaltet). Der zweite Kontakt öffnet beim Bremsen und unterbricht so die Spannungsversorgung zum Magnetventil aus Sicherheitsgründen zusätzlich, denn mit gesperrtem ASD darf nicht gebremst werden. Das Fahrzeug würde leicht ausbrechen.

Ausgleichsgetriebe (ASD): 20 – Ausgleichsgetriebegehäuse; 22a – Reibscheibe mit einseitigem Belag; 22b – Reibscheibe ohne Belag; 22c – Reibscheibe mit beidseitigem Belag; 23 – Hinterachswellenrad; 24 – Kugelscheibe; 25 – Ausgleichskegelrad; 26 – Ausgleichsbolzen; 27 – Spannhülse; 30 – Sicherungsring.

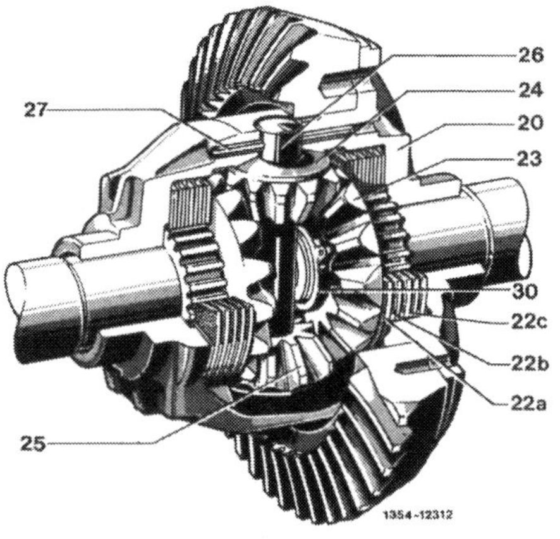

Hinterachsdifferential (ASD): 30 – Sicherungsring; 33b – Verbindungsflansch; 37h – Abschlußdeckel; 60 – Ringzylinder; 61 – Ringkolben; 62 – Kugellager; 63 – Manschette; 64 –Ölleitblech; 65 – Hydraulikleitung; 65a – Spannhülse; 66, 68 – O-Ringe; 67 – Entlüfter; 69 – Radialdichtring.

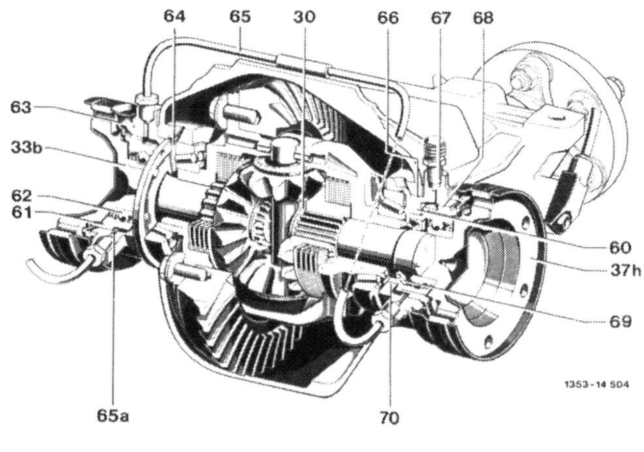

Untergrund-Bewegung

Die Karosserie steht mit der gefederten Radaufhängung sozusagen auf allen Vieren. Dazu gehört auch die Lenkung. Alles zusammen bildet das »Fahrwerk«, von dem der oberflächliche Betrachter nichts sieht.

Die Vorderradaufhängung

In unseren C-Klasse-Modellen kommt eine neu entwickelte Doppelquerlenker-Achse zum Einsatz. Dieses aufwendige Konstruktionsprinzip bietet ausgezeichnete Voraussetzungen für guten Abrollkomfort und Radführung. Außerdem ist gegenüber Federbeinachsen der Stoßdämpfer einfacher zu erneuern. Alle Querlenker sind über große Gummi-Elemente mit der Karosserie verbunden. Der lange geschmiedete Achsschenkel mit Lenkhebel ist oben und unten mit Gelenken an den Querlenkern befestigt. Der Ausfederungsweg des oberen Querlenkers wird durch einen Blechbügel begrenzt, dadurch kann die Radaufhängung bei ausgebautem Stoßdämpfer nicht so weit absinken, daß Schäden an den Gelenken entstehen. Am unteren Querlenker sind Gummilager und Traggelenk austauschbar – oben nicht. Die Schrauben durch die Gummilager des unteren Querlenkers können nicht verdreht werden, z. B. für Sturz- oder Nachlaufeinstellung. Im Reparaturfall sind sie durch besondere Einstellschrauben mit Exzenterscheiben zu ersetzen. Die Federn sind je nach Fahrzeugniveau unterschiedlich lang.

Die Hinterradaufhängung

Jedes Hinterrad wird durch fünf unabhängige, aber wohlüberlegt im Raum angeordnete Lenker geführt. Diese Lenker lassen nur solche Radbewegungen zu, die die Fahreigenschaften nicht verschlechtern. Bei der Anordnung der fünf Lenker hat der Konstrukteur vielfältige Eingriffsmöglichkeiten, um den besten Kompromiß zwischen guten Fahreigenschaften und angenehmem Fahrkomfort zu bestimmen. Dies ist gar nicht so einfach, denn wird die Federung zu weich gewählt, verschlechtert sich das Fahrverhalten durch Mitlenk-Effekte der Räder. Umgekehrt beklagen sich die Insassen, wenn die Federung zu hart ist.
Die Teile der hinteren Radaufhängung sind alle an einem breiten Achsträger befestigt, welcher über vier großvolumige Gummilager mit dem Fahrzeugboden verbunden ist. In der Mitte ist der Hinterachsantrieb angeschraubt. Alle fünf Lenker (Federlenker, Zugstrebe, Schubstrebe, Sturzstrebe und Spurstange) sind außen und innen elastisch mit dem Achsträger bzw. der Radaufhängung verbunden. Nachfolgend kurz die Vorteile der Raumlenker-Hinterradaufhängung.

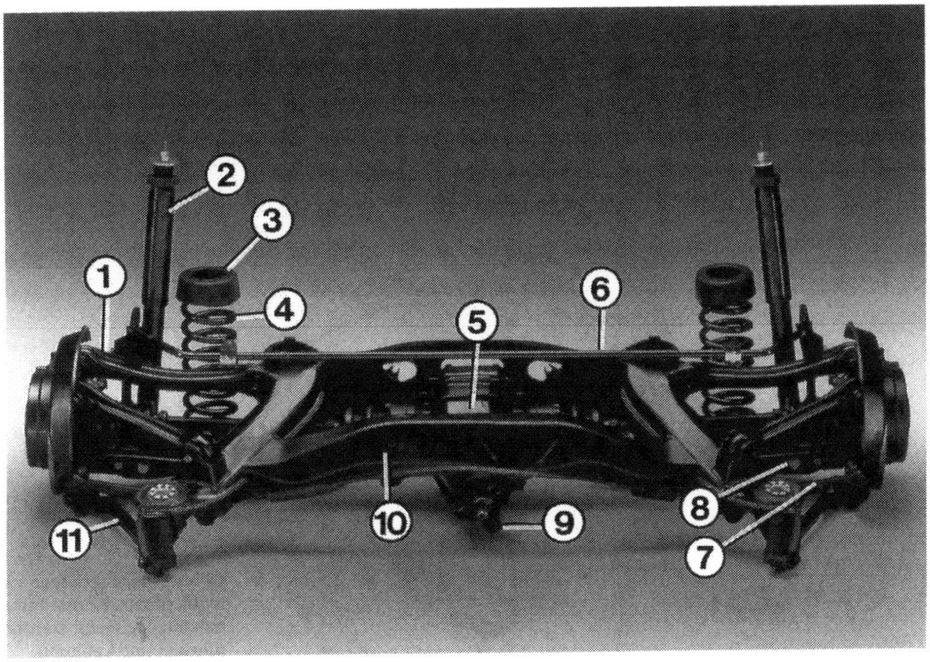

Die Hinterachse:
1 – Sturzstrebe;
2 – Stoßdämpfer;
3 – Federlager oben;
4 – Feder;
5 – Hinterachsdifferential;
6 – Drehstab;
7 – Spurstrebe;
8 – Federlenker;
9 – Gelenkwellenflansch;
10 – Hinterachsträger;
11 – Schubstrebe.

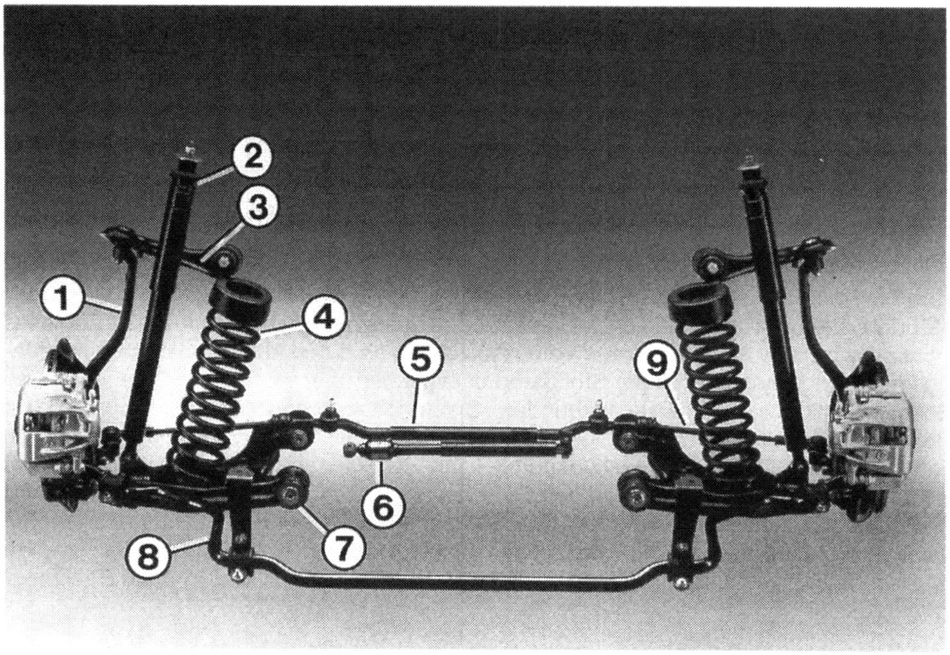

Die Vorderachse:
1 – Achsschenkel;
2 – Stoßdämpfer;
3 – Querlenker oben;
4 – Feder;
5 – Spurstange mitte;
6 – Lenkungsdämpfer;
7 – Querlenker unten;
8 – Drehstab;
9 – Spurstange außen.

○ Zusammen mit der Doppelquerlenker-Vorderradaufhängung entsteht ein Fahrverhalten, das weitestgehend von Seitenführungs-, Brems- oder Antriebskräften unabhängig ist.
○ Obwohl der Federweg mit 230 mm recht groß ist, entstehen über den halben Federweg fast keine Lenkfehler durch Spurweiten- oder Vorspuränderungen. Die Folge ist ausgezeichneter Geradeauslauf.
○ Der negative Sturz sorgt für eine gute Seitenführung. Er wird über den gesamten Federweg niemals positiv.
○ Die beim Bremsen oder Beschleunigen entstehenden Momente am Fahrzeugheck werden zu 60% abgefangen. Dadurch hebt sich das Heck beim Bremsen kaum an und taucht beim Beschleunigen nicht ein.
○ Durch die dreifache Gummi-Isolation zwischen Rad und Karosserie sind im Innenraum kaum Abrollgeräusche zu vernehmen.
○ Wenig Reaktionen bei Lastwechsel. Beispielsweise wird bei plötzlichem Gaswegnehmen in den Kurven eine Verkleinerung des gefahrenen Kurvenradius verhindert.
○ Die Radstellung kann durch verstellbare Lenker korrigiert werden.

Eigenarbeiten an Fahrwerk und Lenkung

Fahrwerk und Lenkung sind für die Verkehrssicherheit von entscheidender Bedeutung. Eigenarbeiten an diesen Teilen sollte wirklich nur derenige vornehmen, der sich seiner Sache völlig sicher ist. Andere sind mit derartigen Instandsetzungsarbeiten in einer Fachwerkstatt besser aufgehoben.

Eine Vorderaufhängung in der Perspektive: Die Kinematik dieses Konstruktionsprinzips, bietet gute Voraussetzungen für komfortables Abrollen, präzise Radführung und Lenkung.

Blick in den linken Radkasten vorn:
1 – Achsschenkel;
2 – Traggelenk oben;
3 – Stoßdämpfer;
4 – Querlenker oben;
5 – Leitungen von Drehzahlgeber und Bremsbelagfühler.
Die Pfeile zeigen auf die Befestigungsschrauben (3 Stück) des Lenkgetriebes. Eine weitere Schraube ist vom Bremsschlauch verdeckt.

Wer jedoch unbedingt an diesen Teilen schrauben will, sollte wenigstens nicht blindlings arbeiten, sondern die Arbeitsbeschreibungen dieses Kapitels gründlich lesen und verstehen.

Vorderradaufhängung aus- und einbauen

Für diese Arbeit werden Federspanner und Konusabdrücker gebraucht. Außerdem ist anschließend die Radeinstellung zu überprüfen.

- Untere Motorraumabdeckung ausbauen.
- Im Motorraum Stoßdämpfer lösen. Dazu Muttern abdrehen.
- Steckverbindungen für Belagverschleiß und Drehzahlgeber ausstecken. Leitungen zum Vorderrad durchziehen.
- Fahrzeug aufbocken, sichern und Vorderrad ausbauen.
- Querlenker wieder auf stabilen Unterbau absetzen, so daß die Radaufhängung einfedert. Federspanner sicher ansetzen.
- Fahrzeug wieder anheben. Federspanner so weit zusammenziehen, daß die Feder ganz von ihrer Auflage abhebt. Je nach verwendetem Federspanner ist es möglich, die Feder jetzt herauszunehmen. Höchste Vorsicht beim Umgang mit der gespannten Feder!
- Bremsschlauch von der Leitung trennen. Stellung von Leitung und Schlauch zueinander kennzeichnen, damit der Schlauch nicht verdreht montiert wird und dadurch beim Einfedern oder Lenken scheuert. Leitung gegen Auslaufen z.B. mit Gummikappe von Entlüftungsventil verschließen. Nach dem Einbau die Bremsen entlüften.
- Drehstab vom Querlenker abschrauben. Dazu selbstsichernde Muttern lösen.
- Spurstange vom Achsschenkel lösen. Selbstsichernde Mutter abschrauben und Konus abdrükken. Gummikappe am Spurstangengelenk i.O.?
- Oberes Gelenk zwischen Achsschenkel und oberem Querlenker mit Abzieher lösen.
- Querlenker abstützen und von Karosserie abschrauben. Sind dort Schrauben mit Sechskantkopf eingebaut, so sind dies Exzenterschrauben und -scheiben zur Korrektur der Radeinstellung. Vor dem Lösen alle Teile und deren Lage zur Anlage mit einer Reißnadel und Farbtupfern genau kennzeichnen.
- Unteres Traggelenk ersetzen, wenn die Gummimanschette defekt ist. Dazu selbstsichernde Mutter lösen und Gelenk vom Querlenker abdrücken.
- Gelenk prüfen. Dazu ca. 15 cm langes Rohr auf Bolzen stecken und bewegen. Dies muß ohne Spiel, ohne Klemmen und Knarren möglich sein. Der Spanndraht um die Manschette muß in Ordnung sein.
- Einbau in umgekehrter Reihenfolge.
- Neue selbstsichernde Muttern verwenden! Drehmomente: Stoßdämpfer oben 15 Nm und Kontermutter 30 Nm, Stoßdämpfer unten 55 Nm, Bremsschlauch 15 Nm, Drehstab 20 Nm, Spurstange 50 Nm, oberes Traggelenk 45 Nm, unteres Traggelenk an Achschenkel 105 Nm, unteres Traggelenk an Querlenker 100 Nm, Querlenker an Karosserie 150 Nm.

Fingerzeig: Der Drehstab und die Exzenterschrauben an der inneren Querlenkerlagerung dürfen erst festgezogen werden, wenn das Fahrzeug auf den Vorderrädern steht, sonst kann es zu Geräuschen und zu einer falschen Radeinstellung kommen.

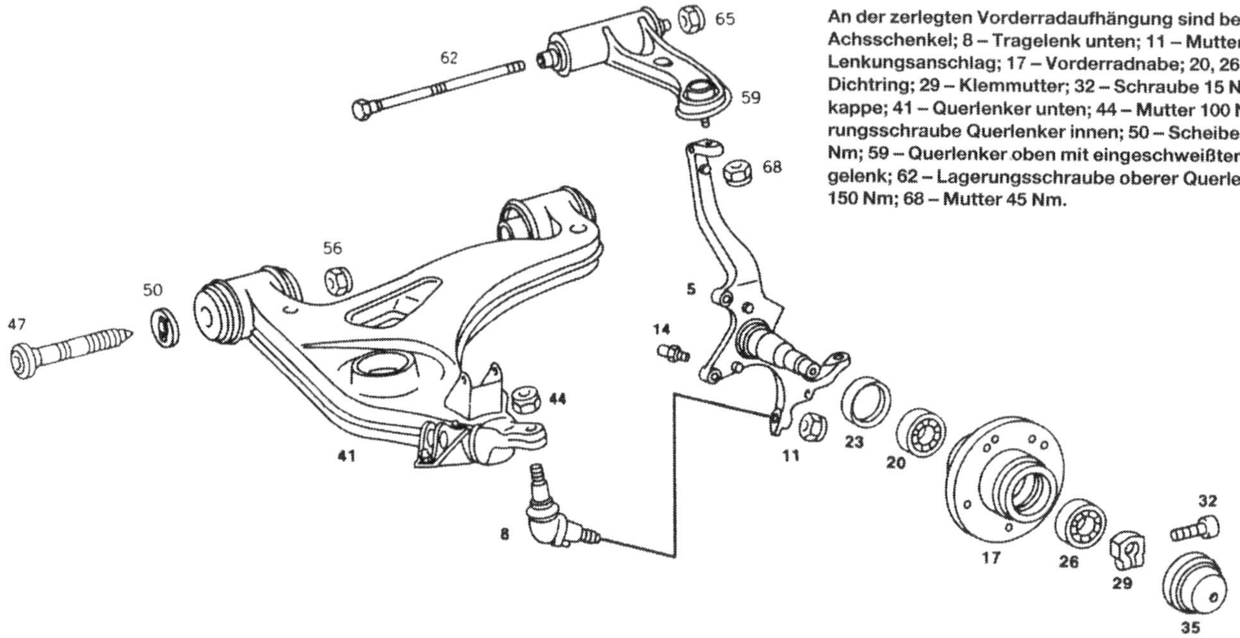

An der zerlegten Vorderradaufhängung sind bezeichnet: 5 – Achsschenkel; 8 – Tragelenk unten; 11 – Mutter 105 Nm; 14 – Lenkungsanschlag; 17 – Vorderradnabe; 20, 26 – Lager; 23 – Dichtring; 29 – Klemmutter; 32 – Schraube 15 Nm; 35 – Nabenkappe; 41 – Querlenker unten; 44 – Mutter 100 Nm; 47 – Lagerungsschraube Querlenker innen; 50 – Scheibe; 56 – Mutter 150 Nm; 59 – Querlenker oben mit eingeschweißtem oberem Traggelenk; 62 – Lagerungsschraube oberer Querlenker; 65 – Mutter 150 Nm; 68 – Mutter 45 Nm.

Oberen Querlenker ausbauen

- Vorderrad ausbauen.
- Unteren Querlenker auf stabilen Unterbau absetzen, so daß die Radaufhängung etwas einfedert.
- Federspanner an Vorderfeder sicher ansetzen.
- Mutter am oberen Traggelenk abschrauben.
- Gelenk mit Abzieher aus dem Achsschenkel herausdrücken.
- Achsschenkel gegen seitliches Wegkippen mit Draht sichern. An Leitungen, Bremsschlauch etc. darf nicht gezogen werden.
- Im Motorraum lange Schraube quer durch den Lenker ausbauen. Dazu je nach Fahrzeugseite Waschwasserbehälter, Luftfilter etc. ausbauen. Rechts außerdem Steuergeräte ausbauen (zuvor Batterie abklemmen).
- Oberen Querlenker erneuern, wenn die Manschette am Gelenk gerissen ist.
- Gelenk prüfen. Dazu ca. 15 cm langes Rohr auf Bolzen stecken und bewegen. Dies muß ohne Spiel, ohne Klemmen und Knarren möglich sein.
- Beim Einbau neue selbstsichernde Muttern verwenden! Oberes Traggelenk an Achsschenkel 45 Nm, Schraube oben Querlenker an Karosserie 55 Nm, Vorderrad 110 Nm.

Radeinstellung messen

Nach einer harten Bordsteinberührung, einem Unfall, bestimmten Reparaturarbeiten an der Radaufhängung oder ganz einfach im Verdachtsfall wird die Radeinstellung vermessen. Was die einzelnen Größen dabei sagen, erklärt der folgende Abschnitt. Das Vermessen geht jedoch nur auf einem optischen Achsmeßstand.
Zur Messung muß der Wagen »fahrfertig« auf den Rädern stehen. Das sich dabei einstellende Fahrzeugniveau wird bei Mercedes über die »Kugelpunktlage« definiert. Bei Fahrzeugen mit Niveauregulierung, Sportfahrwerk,

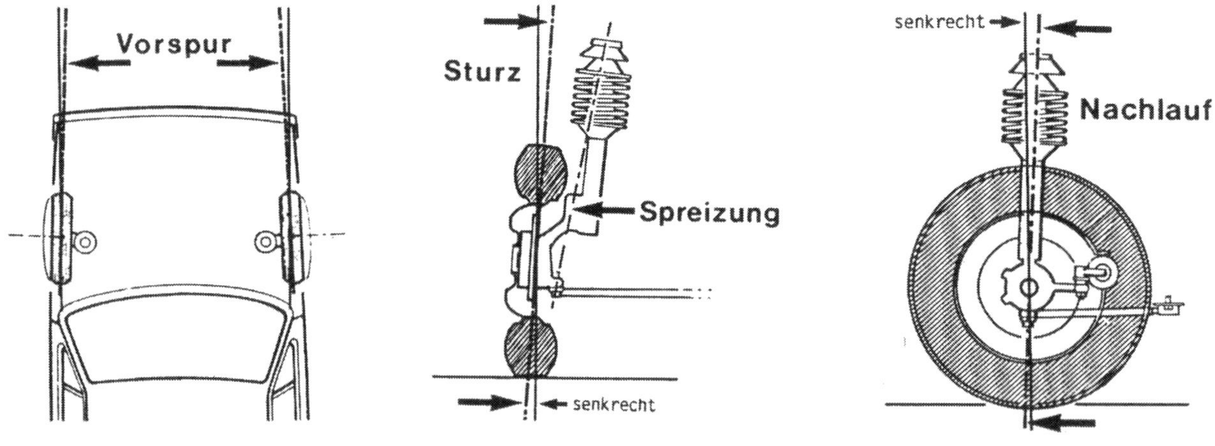

Zum besseren Verständnis der verschiedenen Grundbegriffe bei der Radeinstellung sollen die Zeichnungen beitragen.

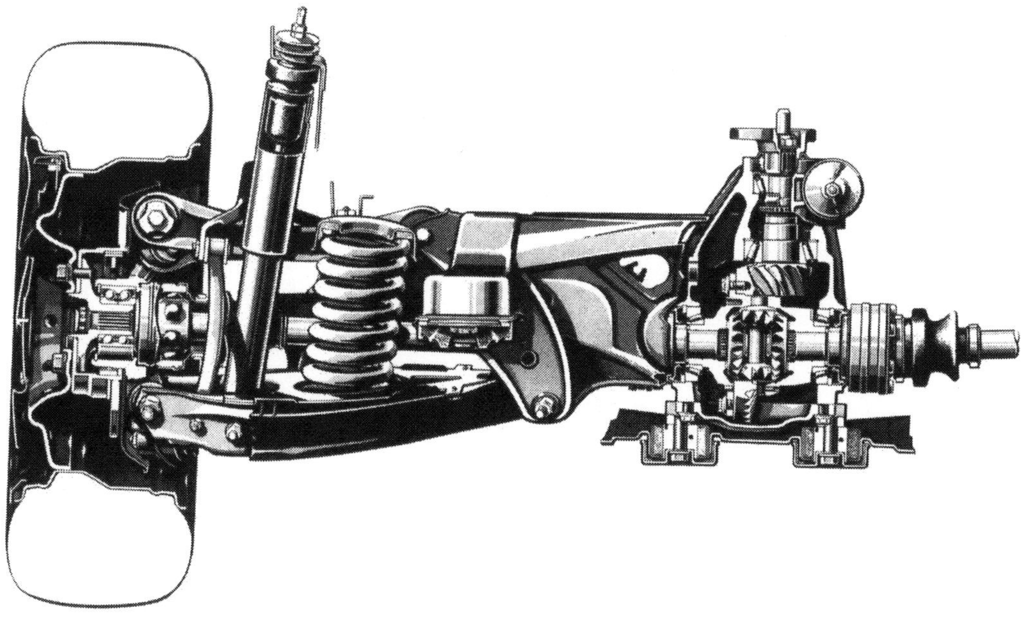

Schnittzeichnung durch Hinterachse und Achsantrieb.

härterer Federung etc. gelten unterschiedliche Werte, die ganze Tabellenbücher füllen. Deshalb würden wir zur Kontrolle der Radeinstellung z. B. einen Reifendienst o. ä. akzeptieren. Zur eigentlichen Einstellung würden wir jedoch eine geübte Mercedes-Werkstatt oder gar eine Niederlassung aufsuchen.

Vorderradaufhängung	Classic, Elegance	Sport, Esprit
Sturz	−0°30′ (±20′)	−0°50′ (±20′)
Nachlauf	4°55′ (±30′)	5°30′ (±30′)
Vorspur	+0°25′ (±10′)	+0°25′ (±10′)
Spurdifferenzwinkel	−1° (±30′)	+0°50′ (±30′)
maximaler Lenkeinschlag	43°	43°
Hinterradaufhängung		
Vorspur	$0°25'^{+10'}_{-5'}$	

Was bedeutet die Radeinstellung?

Die Vorderräder müssen für ein sicheres Fahrverhalten in Längs- und Seitenrichtung in bestimmten Winkelstellungen stehen. Damit Sie sich unter der Bezeichnung »Lenkgeometrie« etwas vorstellen können, haben wir hier die Begriffe mit einer entsprechenden Erläuterung zusammengestellt:

Vorspur: Bei Geradeausfahrt stehen die Räder vorn geringfügig enger zusammen als hinten. Sie rollen gewissermaßen aufeinander zu. Das ist die Vorspur. Genau parallel stehende Räder haben nämlich das Bestreben, auseinanderzulaufen. Die Reibung zwischen Rad und Straße möchte das linke Rad nach links weg und das rechte nach rechts drücken. Durch die Vorspur laufen die Räder parallel ohne das Bestreben, seitlich wegzuziehen. Beim Hineinlenken des Wagens in eine Kurve geht die Vorspur durch die trapezförmige Anordnung des Lenkgestänges in »Nachspur« über. Das kurveninnere Rad schwenkt stärker herum als das kurvenäußere. Dies ist auch notwendig, weil ja in einer Kurve die inneren Räder einen engeren Kreis fahren müssen als die äußeren. Das ergibt automatisch eine Unterstützung der Lenkbewegung und der Lenkkräfte.

Sturz: So nennt man die leichte Auswärtsneigung der Vorderräder – oben im Radkasten haben sie beim Mercedes einen engeren Abstand voneinander als unten am Boden. Das heißt in der Fachsprache »negativer« Sturz. Das Rad stemmt sich gewissermaßen gegen die Kurvenaußenseite.

Spreizung: Sie gehört zum Sturz. Spreizung ist die geringfügige Neigung der Schwenkachse, um die beim Lenken die Räder samt Aufhängung schwenken. Beide Schwenkachsen haben oben einen kleineren Abstand voneinander als unten. Sturz und Spreizung verhindern zusätzlich das Flattern der Räder. Ferner erleichtern sie das Einschlagen der Räder.

Nachlauf: Darunter versteht man die Schrägstellung der Schwenkachse in Fahrzeuglängsrichtung. Das hilft ebenfalls, den Geradeauslauf zu stabilisieren und Flattern der Vorderräder zu verhindern. Außerdem bewirkt er eine Rückstellung der Lenkung nach Kurven.

1 – Querlenker oben;
2 – Achsschenkel;
3 – Bremsscheibe, hier innenbelüftet;
4 – Bremssattel;
5 – Bremssattelträger;
6 – Drehstab;
7 – Querlenker unten;
8 – Feder.

Erkennungsmerkmale für falsche Radeinstellung

Wenn Sie fehlerhafter Lenkgeometrie beim Fahren auf die Schliche kommen wollen, müssen Sie zuerst sicherstellen, daß beide Vorderreifen dieselbe Reifensorte, Profiltiefe und den vorgeschriebenen Luftdruck aufweisen.

○ **Stehen die Lenkradspeichen** bei Geradeausfahrt **symmetrisch?** Ein schiefsitzendes Lenkrad ist oft das Zeichen für falsche Spureinstellung.

○ **Unruhiger Geradeauslauf**; er ist besonders gut auf schnee- oder eisglattem Untergrund zu erkennen, wenn die Reifen wenig Haftung haben.

○ **Zieht der Mercedes** auf völlig ebener Fahrbahn und bei losgelassenem Lenkrad **zur Seite?**

○ **Stellt sich die Lenkung** nach Kurven wieder **von selbst in Geradeausstellung?**

○ Schauen Sie sich die **Vorderräder** aus fünf bis zehn Meter Entfernung an – **stehen** sie **in Geradeausstellung symmetrisch** zueinander?

○ Ist das **Reifenprofil einseitig abgenutzt?** Bei scharfer Fahrweise ist es allerdings nicht ungewöhnlich, daß an beiden Vorderreifen die Außenkanten stärkere Verschleißspuren zeigen als innen.

○ Eine **verbeulte Felge** deutet auf eine harte Bordsteinberührung, wodurch die Geometrie der Vorderradaufhängung aus dem Winkel geraten kann.

○ **Weitere Ursachen** für fehlerhafte Stellung der Räder können verschlissene Gelenke bzw. Gummilager sein oder unsachgemäße Unfallreparaturen.

Einstellen der Vorderradlager:
1 – Klemmutter;
2 – Nabenkappe;
3 – Achsstummel.

Vorderradaufhängung von innen betrachtet:
1 – Feder;
2 – Stoßdämpfer;
3 – Traggelenk unten;
4 – Drehstablagerung;
5 – Querlenker unten.

Radlagerspiel prüfen

Die Räder laufen vorn auf Schrägrollenlagern und hinten auf zweireihigen Kugellagern, die – mit Dauerfett montiert – für weitaus mehr als 100 000 km gut sind. Defekte Lager machen durch Laufgeräusche auf sich aufmerksam, die meist bei Kurvenfahrt lauter werden. Heimtückischerweise kann nicht immer genau definiert werden, welches Lager einer Achse laut ist. Deshalb möglichst beide ersetzen.

Auch Radlagerspiel ist eine Verschleißerscheinung. Das prüft man so:

- Fassen Sie nacheinander die fest am Boden stehenden Räder oben und versuchen Sie, diese quer zum Wagen zu bewegen.
- Bei einwandfreien Lagern darf praktisch keine »Luft« vorhanden sein.
- Ist Spiel spürbar, von Helfer kräftig die Fußbremse treten lassen und nochmals am Rad rütteln: Ist kein Spiel mehr vorhanden, lag es nur am Radlager. Trotzdem noch Spiel: Die Radaufhängung muß kontrolliert werden.
- Defekte hintere Radlager müssen ausgetauscht werden. Eine Nachstellmöglichkeit gibt es dort nicht.

Die gezeigte Tandempumpe hat zwei Pumpenelemente. Eine Flügelzellenpumpe versorgt die Servolenkung bis ca. 90 bar und eine davor angeordnete Radialkolbenpumpe die Niveauregulierung und das ASD/ETS (Drücke bis über 200 bar). Es bedeuten:
1 – Gehäuse;
2 – Kolbeneinsätze;
3 – Antriebswelle;
4 – Exzenter;
5 – Kolben;
6 – Druckfeder;
7 – Laufring;
8 – Abscherstift;
9 – Rückschlagdichtband;
10, 12, 16, 17, 20 – O-Ring;
11 – Radialdichtung;
13 – Fixierstift;
15 – Lager;
18 – Paßbolzen;
19 – Lagerbüchse mit Gleitlager;
21 – Servopumpe;
35 – Ölbehälter der Servolenkung.

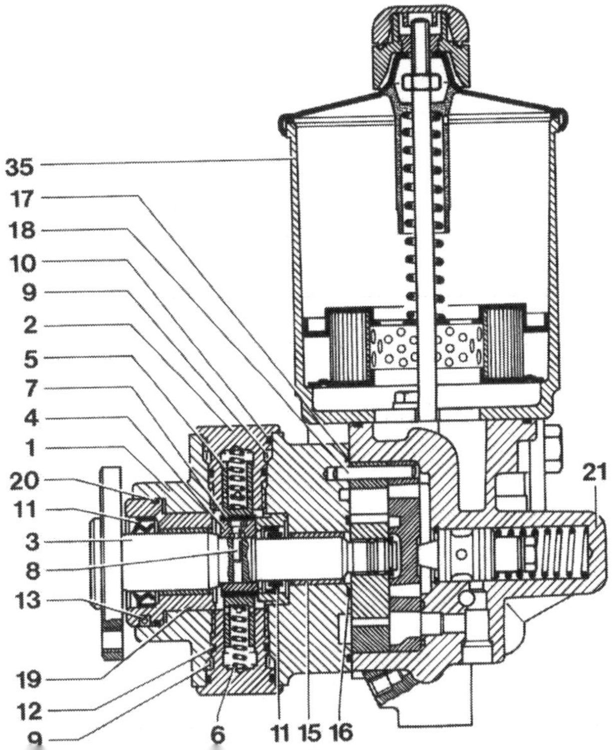

Spiel der Vorderradlager einstellen

- Fahrzeug aufbocken und entsprechendes Vorderrad abnehmen.
- Nabenkappe in der Radmitte mit einem Meißel ringsum gleichmäßig lösen und abnehmen.
- Vorderrad wieder mit drei Schrauben montieren.
- Klemmutter am Radlager wo weit festdrehen, bis gerade kein Lagerspiel mehr spürbar ist. Rad dabei drehen. Mercedes empfiehlt das Einstellen mit einer Meßuhr. Dabei darf sich die Radnabe um 0,01–0,02 mm axial verschieben lassen.
- Bevor man die Nabenkappe wieder einbaut, prüfen, ob sie genug Hochtemperatur-Wälzlagerfett enthält. Sie sollte etwa bis zum Bördelrand gefüllt sein. Eine 150-g-Tube ist unter der Teile-Nr. 001 989 23 51/10 erhältlich.
- Nabenkappe mit einem passenden Rohrstück aufschlagen.
- Vorderrad montieren. Fahrzeug ablassen und Radschrauben festziehen (110 Nm).

Vorderes Radlager ersetzen

Zu dieser umfangreichen und nicht einfachen Arbeit muß die Vorderradnabe ausgebaut werden. Bei Schäden an den Kegelrollenlagern sollte man stets das innere und äußere Lager sowie den Dichtring ersetzen. Beim Zusammenbau werden pro Vorderradnabe 60 g Hochtemperatur-Wälzlagerfett gebraucht.

- Fahrzeug aufbocken und Vorderrad abnehmen.
- Nabenkappe entfernen.
- Bremssattel und Bremsscheibe ausbauen.
- Innensechskantschraube der Klemmutter lösen und Klemmutter vom Achsschenkelzapfen drehen.
- Vorderradnabe abnehmen, ggf. durch leichtes Klopfen mit einem Kunststoffhammer nachhelfen.
- Fett aus der Vorderradnabe und vom Achschenkel wischen.
- Dichtring mit einem Schraubendreher hinten aus der Nabe hebeln.
- Nabe auflegen und die beiden Lagerringe mit einem Durchschlag gleichmäßig aus dem Sitz in der Vorderradnabe klopfen.
- Lagerinnenring des inneren Lagers durch vorsichtiges und gleichmäßige Klopfen mittels Durchschlag vom Achsschenkelzapfen entfernen. Oder Ring vorsichtig durchschleifen.
- Achsschenkel prüfen: Er darf keine Blaufärbung zeigen oder Rillen am Dichtring aufweisen.
- Neuen Lagerring über den Achsschenkelzapfen schieben und behutsam mit Rohrstück bis zum Anschlag vorklopfen.
- Äußere Lagerringe an ihrem Sitz in der Vorderradnabe ansetzen und mit einem dicken Bolzen, der etwa den Außendurchmesser der Lagerringe hat, bis zum Anschlag hineinklopfen.
- Die Nabeninnenseite und das innere Lager kräftig einfetten.
- Dichtring in die Vorderradnabe montieren.
- Vorderradnabe auf den Achsschenkelzapfen schieben und das gefettete äußere Lager, die Scheibe und die Klemmutter montieren.
- Radlagerspiel einstellen und Klemmutter durch Anziehen der Innensechskantschraube sichern.
- Ggf. die Kontaktfeder zur Nabenkappe erneuern und die Nabenkappe aufstecken (mit 15 g Fettfüllung).
- Bremsscheibe, Bremssattel und Vorderrad einbauen.
- Nach dem Ablassen des Fahrzeugs Radschrauben festziehen.

Stoßdämpfer prüfen

Nachlassende Dämpfwirkung wird oft unbewußt durch verändertes Fahrverhalten ausgeglichen. Als Anhaltspunkt können Sie den Reifenverschleiß heranziehen, der ja auch vom Fahrertemperament abhängt: Nach drei verschlissenen Reifensätzen besitzen die Serienstoßdämpfer nur noch die Hälfte ihrer ursprünglichen Wirkung; sie sind somit reif zum Austausch.

Ein total ausgefallener Stoßdämpfer läßt sich durch die bekannte »Schaukelmethode« im Stand erkennen. Karosserie am betreffenden Rad aufschaukeln und plötzlich loslassen: Die Federbewegung müßte sofort gedämpft werden. Wenn nicht, ist der Stoßdämpfertausch schon längst überfällig.

Ein genaueres Bild über den Stoßdämpferzustand liefert ein spezieller Prüfstand. Die Ausschwingbewegungen der zuvor in Schwingung versetzten Fahrzeugachse werden auf ein Diagramm aufgezeichnet. Dazu darf das Stoßdämpferöl nicht zu kalt sein, sonst wird das Meßergebnis verfälscht. Anhand des Diagramms hat man einen Anhaltspunkt über die Funktionsfähigkeit der Stoßdämpfer. Solche Prüfstände finden Sie in manchen Werkstätten oder TÜV- bzw. DEKRA-Prüfstellen. Autoclubs haben mobile Prüfstationen im »Wandereinsatz«.

Störungsbeistand

Stoßdämpfer

Es gibt einige untrügliche Anzeichen für nachlassende Stoßdämpferwirkung:

- **Poltergeräusche** während der Fahrt.
- **Flatternde Lenkung**, weil die Räder keinen ständigen Bodenkontakt haben.
- Die **Karosserie schwingt weiter** nach Überfahren von Unebenheiten.
- **»Schwammiges« Verhalten** in Kurven, weil die kurveninneren Räder nicht genügend auf den Boden gedrückt und die äußeren nicht stark genug entlastet werden.

Bei ausgebauter Kofferraumverkleidung gelangen Sie an die obere Befestigung (1) der hinteren Stoßdämpfer.

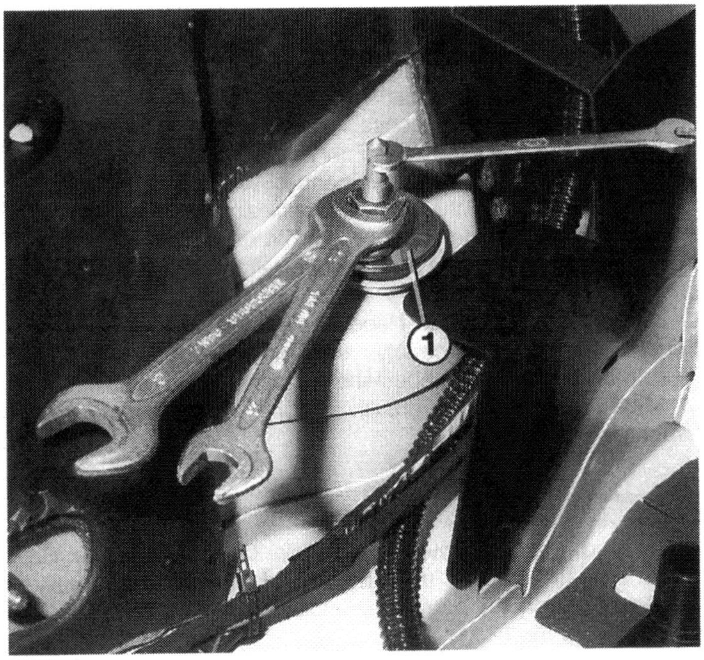

○ **Springende Räder**; das muß freilich ein neben- oder hinterherfahrender Begleiter beobachten.
○ **Ungleichmäßige Abnutzung der Reifen** und erhöhter Reifenverschleiß.
○ **Erhebliche Ölspuren** außen am Stoßdämpfer. Geringe Leckverluste sind dagegen normal.

Ausgebaute Stoßdämpfer prüfen

● Von der Kolbenstange Schutzhülse, Gummis und Abstandshülse abnehmen.
● Die Kolbenstange auf Riefen und Verbiegen kontrollieren. Eine verbogene Kolbenstange klemmt beim Einschieben.
● Im Stoßdämpfer sind Gas- und Ölraum durch einen Trennkolben getrennt. Ölvorrat wie folgt prüfen: Kolbenstange bis zur Anlage am Trennkolben einschieben und den Weg an der Kolbenstange messen. Neue Stoßdämpfer haben hier 0–2 mm Luft – die Austauschgrenze liegt bei 20 mm.
● Kolbenstange in Einbaulage des Stoßdämpfers eindrücken und loslassen, dabei dürfen keine Klopf- oder Zischgeräusch hörbar sein.
● Stoßdämpfer können einzeln ersetzt werden, nur die Farbkennzeichnung (z.B. orange »V3«) muß gleich sein. Bei älteren Stoßdämpfern jedoch sinnvollerweise beide Dämpfer erneuern.

Vordere/hintere Stoßdämpfer ausbauen

● **Vorn:** Im Motorraum rechts Abdeckung abnehmen. Je nach Fahrzeugausstattung weitere Teile vor oberer Stoßdämpferbefestigung abbauen.
● **Hinten:** Kofferraumverkleidung ausbauen.
● **Alle:** Zuerst obere Befestigung des Stoßdämpfers lösen. Beim Lösen darf sich die Kolbenstange nicht drehen, gegenhalten. Mercedes verwendet einen langen Rohrsteckschlüssel SW 17 mit oben angeschweißten Hebeln, in welchem ein weiteres Rohr zum Gegenhalten der Kolbenstange steckt. Diesen Schlüssel selbst anfertigen.
● Oben Teller und Gummilager abnehmen.
● Fahrzeug anheben, sichern und Rad abnehmen. Hinweis: Das Fahrzeug muß entweder auf den Rädern stehen oder die jeweilige Radaufhängung muß abgestützt werden.
● Schraube am Querlenker lösen. An der Hinterradaufhängung dazu die Verkleidung abnehmen.
● Radaufhängung auf stabilen Unterbau etwas absetzen. Stoßdämpfer herausnehmen.
● Beim Einbauen in umgekehrter Folge neue selbstsichernde Muttern verwenden.
● Stoßdämpferteile oben aufsetzen. Stoßdämpfer so einsetzen, daß seine Farbkennzeichnung lesbar ist.
● Untere Verschraubung mit 55 Nm andrehen.
● Oben die erste Mutter so weit aufschrauben, bis sie an der Abstandshülse anliegt, dann mit 15 Nm festschrauben.
● Obere Mutter mit 30 Nm kontern, dabei mit Gabelschlüssel SW 17 gegenhalten.
● Rad mit 110 Nm festschrauben.

Niveauregulierung

Die Anlage hält das Fahrzeugheck unabhängig von der Belastung stets auf gleicher Höhe. Bei Urlaubsfahrten mit vollem Kofferraum und mit Wohnwagen oder bei vergleichbaren Belastungen ergibt sich zusätzliche Fahrsicherheit, und der Fahrkomfort bleibt erhalten.

Bei Fahrzeugen mit Niveauregulierung ist die Öldruckpumpe direkt hinter der Pumpe für die Servolenkung angeordnet. Man spricht auch von einer Tandempumpe, weil beide Pumpen von einer Welle angetrieben werden. Die Pumpe saugt Hydrauliköl vom Ölbehälter an und kann bei entsprechendem Widerstand einen Öldruck von bis zu 200 bar erzeugen. Das unter Druck gesetzte Hydrauliköl fließt von der Pumpe zum Niveauregler an der Hinterachse. Dieser ist mit dem Drehstab der Hinterradaufhängung verbunden und erkennt so den Belastungszustand des Fahrzeugs. Entsprechend öffnet oder verschließt er dem Öldruck verschiedene Wege. Der Niveauregler kann folgende Stellungen einnehmen:

○ **Füllen:** Wird das Fahrzeug stark beladen, wandert der Hebel am Regler nach oben und leitet das Öl in die Federspeicher. Das Heck hebt sich, bis der Hebel wieder in Mittelstellung steht. Ist das Fahrzeug so stark beladen, daß die Stellung nicht mehr erreicht wird, begrenzt ein Sicherheitsventil den Druck in den Federspeichern auf ca. 150 bar.

○ **Leeren:** Hier steht der Hebel am Regler ganz unten. Wird das Heck entlastet, kann Öldruck aus den Federspeichern zum Ölbehälter entweichen – das Heck senkt sich. In den Federspeichern bleibt aber ein Restdruck von ca. 30 bar bestehen, damit die Dämpferwirkung erhalten bleibt.

○ **Mittelstellung:** Das Hydrauliköl strömt jetzt praktisch drucklos von der Pumpe über den Niveauregler zum Ölbehälter.

Niveauregulierung prüfen

Wartung Nr. 18

○ **Ölstand:** Links im Motorraum sitzt der Ölvorratsbehälter. Bei normal belastetem Fahrzeug muß der Ölstand zwischen »MIN« und »MAX« stehen. Zum Nachfüllen Hydrauliköl von der Mercedes-Werkstatt nehmen. Dabei auf die am Ölbehälter angegebene Ölsorte achten. Hydrauliköl für verbesserten Komfort verwenden (Teile-Nr. 000 989 91 03 für 1-Liter-Dose).

○ **Dichtheit:** Bei ständigem Ölverlust folgende Teile nachsehen: Vorratsbehälter, Pumpe, Niveauregler, Federspeicher und Anschlüsse an den Dämpfern. Bei laufendem Motor läßt sich eine Leckstelle bisweilen besser finden.

Fingerzeige: Verletzungsgefahr durch Drucköl beachten. Vor dem Lösen von Leitungen die Verbindungsstange zum Niveauregler abschrauben und den Hebel zum Druckabbau auf »Leeren« stellen. Die Druckölpumpe versorgt auch das ASD (bis Juni '94).

Radaufhängungen prüfen

Wartung Nr. 16

○ **Vorn:** Nacheinander beide Seiten prüfen. Dazu das jeweilige Vorderrad ausbauen. Die Stoßdämpfer dürfen außen nicht ölfeucht sein. Ist die Schutzmanschette oben in Ordnung? Die Feder darf nicht gebrochen sein. Bisweilen bricht bei älteren Fahrzeugen die oberste oder unterste Windung ab. Der Querlenker darf nicht durch Geländeaufsetzer verformt sein. Ist der Stabilisator lose oder sind die Staubkappen an den Kugelgelenken der Spurstangen bzw. unten am Achsschenkel spröde oder gerissen? Schmutz und Nässe führen zu schnellem Gelenkverschleiß. Eine gerissene Staubkappe darf nur an einem Spurstangenkopf getauscht werden. Ein verschmutztes Traggelenk unbedingt erneuern lassen. Es ist in den Querlenker eingepreßt.

Hinten: Sinngemäß gleich wird auch bei der Kontrolle der hinteren Radaufhängungen vorgegangen. Die Stoßdämpfer müssen außen trocken sein. Sämtliche Gummilagerungen der Lenker sollten nicht spröde sein.

1 – Pumpe für Servolenkung mit Ölvorratsbehälter, bei Fahrzeugen mit ASD/Niveauregulierung ist eine Tandempumpe eingebaut;
2 – Anschluß Rücklauf vom Lenkgetriebe;
3 – Anschluß Drucköl zum Lenkgetriebe.

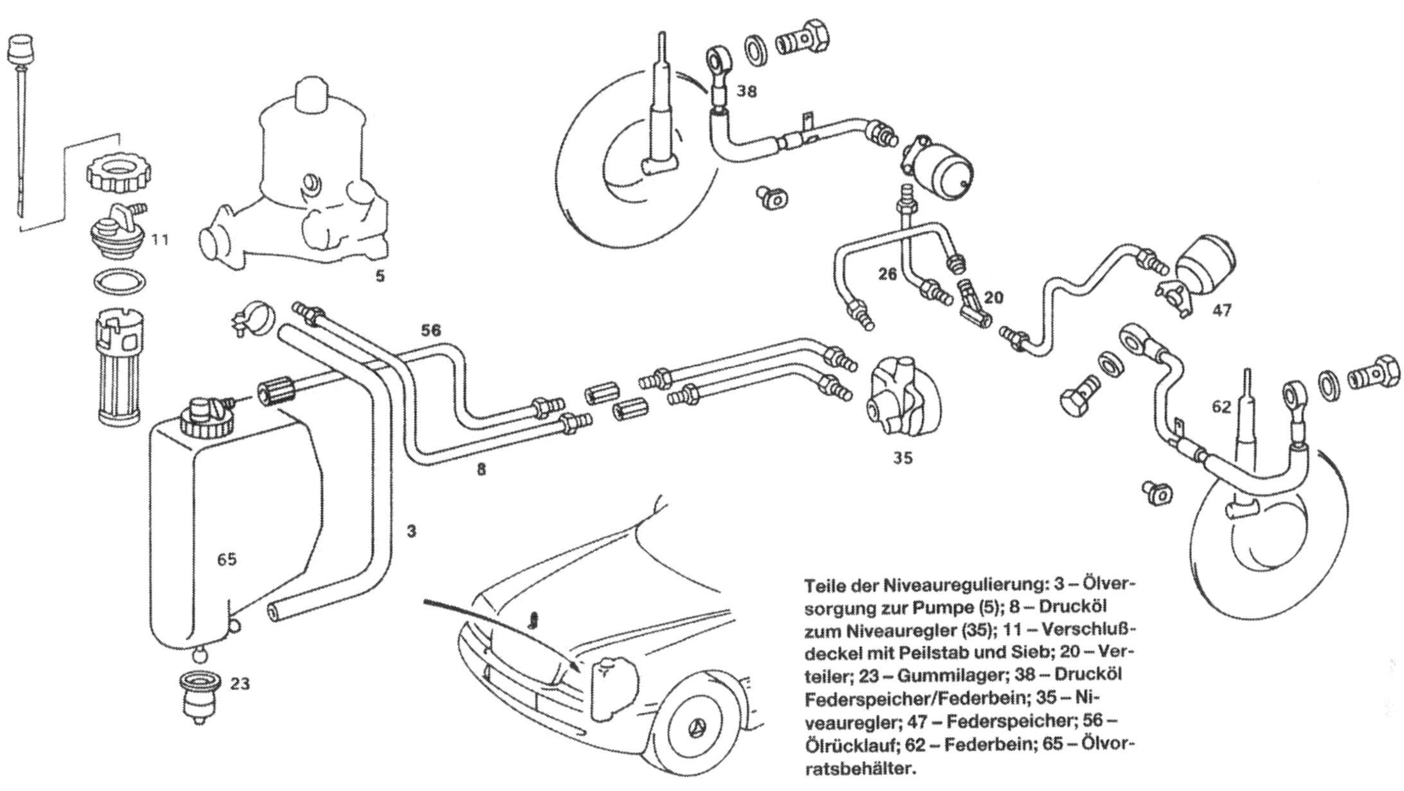

Teile der Niveauregulierung: 3 – Ölversorgung zur Pumpe (5); 8 – Drucköl zum Niveauregler (35); 11 – Verschlußdeckel mit Peilstab und Sieb; 20 – Verteiler; 23 – Gummilager; 38 – Drucköl Federspeicher/Federbein; 35 – Niveauregler; 47 – Federspeicher; 56 – Ölrücklauf; 62 – Federbein; 65 – Ölvorratsbehälter.

Die Lenkung

Der Mercedes ist serienmäßig mit einer Servolenkung ausgestattet. Die Servopumpe seitlich links am Motor sorgt für den notwendigen Öldruck von 95–110 bar. Angetrieben wird die Pumpe über den Keilrippenriemen von der Kurbelwelle. Im Lenkgetriebe wird ein Arbeitskolben abhängig von Ihren Drehungen am Lenkrad entsprechend verschoben. Ein Steuerventil lenkt dabei den Ölstrom so zum Arbeitskolben, daß die jeweilige Bewegungsrichtung des Arbeitskolbens durch den Öldruck unterstützt wird.
Die Kolbenbewegungen werden über eine Verzahnung in Drehbewegungen der Lenkwelle übertragen. Außen am Lenkgetriebe ist an der Lenkwelle der sogenannte Lenkstockhebel angeschraubt. Von dort führt eine Spurstange direkt zum linken Vorderrad. Nach rechts führt die mittlere Spurstange zum Lenkzwischenhebel, dann folgt die rechte Spurstange zum Vorderrad. Parallel zur mittleren Spurstange ist der Lenkungsdämpfer angeordnet. Er verhindert, daß Fahrbahnstöße bis zum Lenkrad durchdringen und dämpft außerdem Schwingungen der Lenkung. Vom Lenkgestänge können nur die äußeren Spurstangenköpfe einzeln ersetzt werden. Ansonsten sind Spurstangen und Gelenke eine Baueinheit. Dadurch ergibt sich eine direkte Verbindung zu den Rädern, was wiederum die Lenkpräzision beim Fahren erhöht.

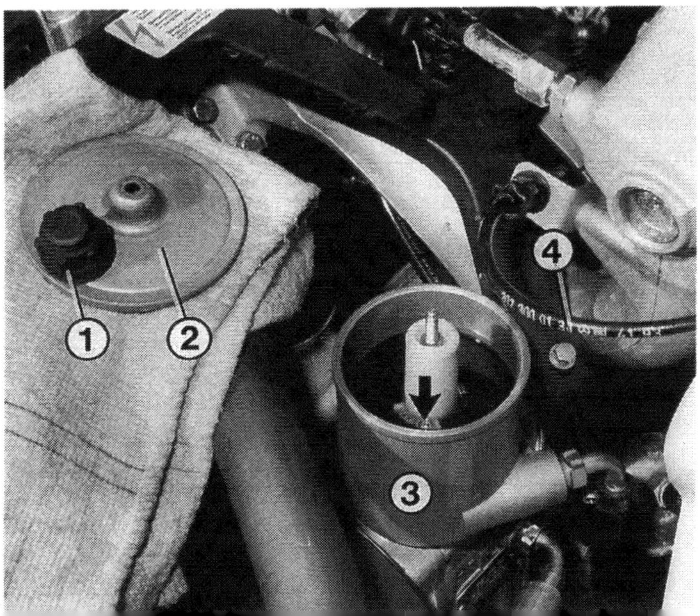

Verschlußschraube (1) abschrauben und den Deckel (2) vom Ölvorratsbehälter (3) über der Pumpe abnehmen. Der Ölstand muß bis zur Markierung (Pfeil) reichen. Weiterhin: 4 – Gaszug.

Lenkung überprüfen

Wartung Nr. 10 und 17

○ **Lenkungsspiel:** Die Lenkung muß von Anschlag zu Anschlag spielfrei arbeiten. Zur Kontrolle auf etwaiges Lenkungsspiel öffnet man das linke Seitenfenster, startet den Motor und stellt sich neben den Wagen. Jetzt durchs Fenster greifen, das Lenkrad kurz hin und her drehen und beobachten, ob sich das linke Vorderrad aus der Geradeausstellung mitbewegt (25 mm Spiel am Lenkrad sind zulässig). Achten Sie besonders auf den Felgenrand, denn die Reifen sind elastisch und können zunächst einen Teil des Einschlags »schlucken«, ehe sie sich bewegen.

○ **Spurstangenköpfe:** Wenn die Spurstangenköpfe an den Enden der Spurstangen verschlissen sind, führt dies zu Lenkungsspiel. Ob die Spurstangenköpfe »Luft« haben, fühlt man, während ein Helfer das Lenkrad zügig hin und her dreht. Sind die Schutzkappen der Spurstangengelenke defekt, wird meist bald ein neues Gelenk fällig. Man kann die Staubkappen austauschen, doch ist dies nur dann sinnvoll, wenn das Gelenk noch keinen Schaden genommen hat. Andernfalls lieber gleich den Spurstangenkopf ersetzen.

○ **Lenkungsdämpfer:** Flattern im Lenkrad, besonders beim Durchfahren von Kurven mit unebener Fahrbahn, kann auf einen verschlissenen Dämpfer hinweisen. Ölspuren außen am Dämpfergehäuse lassen auf einen schlechten Dämpfer schließen. Man kann auch ein Dämpferende losschrauben und dann den Dämpfer prüfen. Bei schnellem Hin- und Herbewegen darf über den gesamten Dämpferweg kein Leerweg spürbar werden.

○ **Ölstand:** Vorne links am Motor sitzt die Pumpe mit dem Vorratsbehälter. Bei warmem Motor muß der ATF-Stand bis zur Markierung im Behälter reichen. Die Gummischraube in der Deckelmitte lösen und den Deckel abnehmen. Muß bei der Kontrolle alle 20000 km immer ATF nachgegossen werden, sollte man nach der Ursache forschen.

○ **Dichtheit:** Wenn die Lenkung beim Einschlagen »grunzt« und bei schnellem Einschlagen schwergängig ist, dürfte sie undicht sein. Sämtliche Schlauchanschlüsse prüfen. Deckel am Ölbehälter abnehmen und von einem Helfer das Lenkrad von Anschlag zu Anschlag drehen lassen. Es dürfen keine Blasen aus dem Behälter aufsteigen.

Lenkung nachziehen

Wartung Nr. 27

● Alle 60000 km die drei Befestigungsschrauben des Lenkgetriebes am Rahmenlängsträger prüfen.

● Linkes Vorderrad ausbauen. Dazu Fahrzeug aufbocken und sichern.

● Die drei Schrauben müssen mit einem Drehmoment von 70–80 Nm festgedreht sein.

● Vorderrad mit 110 Nm anschrauben.

Spurstangenkopf austauschen

Die Spurstangenköpfe der äußeren Spurstangen können ersetzt werden. Zum Ausbau wird ein Konus-Abdrücker gebraucht. Beim Ersatzteilkauf muß angegeben werden, wo der zu ersetzende Spurstangenkopf sitzt, denn je nach Lage ist am Schaft ein Links- oder Rechtsgewinde eingeschnitten. Die selbstsichernden Muttern müssen ebenfalls erneuert werden.

Bei ausgebautem Lenkrad zu sehen:
1 – Lenksäule, oben mit Kerbmarke;
2 – Leitungen zum Lenkrad;
3 – Kontaktspirale zum Lenkrad, muß beim Einbau in der Mitte stehen;
4 – Steckanschluß zum Airbag.

Lenksäule mit mechanischer Längsverstellung:
1 – Zündschloß;
2 – Betätigung für Seilzug zur Sperreinrichtung;
3 – Seilzug;
4 – Längenausgleich;
5 – Wellrohr für Energieaufnahme beim Unfall.

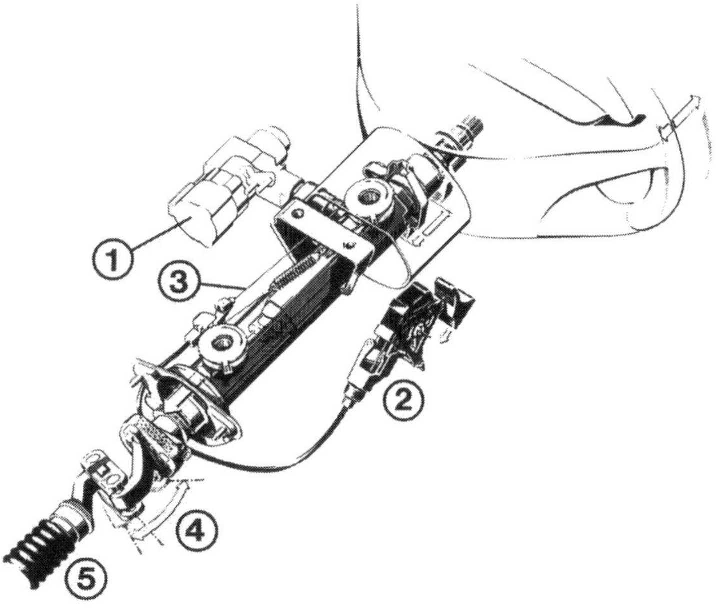

Bei ausgebautem Spurstangenkopf kann auch dessen Schutzkappe und die Manschette innen an der Spurstange erneuert werden.

- Spurstange vom Achsschenkel abschrauben. Dabei ggf. Kugelbolzen am Innensechskant gegenhalten.
- Kugelbolzen aus dem Lenkhebel am Achsschenkel mit Abzieher herausdrücken.
- Klemmkonusring lösen. Einschraublänge des Spurstangenkopfes messen. Spurstangenkopf abschrauben. Lenkstange am Sechskant gegenhalten, damit die Manschette innen nicht verschränkt wird.
- Zum Einbau neue selbstsichernde Mutter verwenden. Drehmomente: Mutter am Achsschenkel 50 Nm, Klemmkonusring 50 Nm.
- Nach der Reparatur sofort zum Einstellen der Vorspur fahren. Die ungefähre Längenermittlung der Spurstange ist für längeren Fahrbetrieb nicht ausreichend. Geben Sie bei der Radeinstellung an, wo der Spurstangenkopf gewechselt wurde.

Die Lenksäule

Bei einem Frontaufprall kann sich die Lenksäule Ihres Mercedes um ca. 20 cm zusammenschieben, ohne daß sich die Lenkradposition wesentlich verändert. Dies wird größtenteils durch ein Wellrohr im unteren Teil erreicht. Das obere Mantelrohr ist entweder in feststehender Ausführung oder als Sonderausstattung mit mechanischer Längsverstellung zu haben. In der großen Hup-/Polsterplatte im Lenkrad ist serienmäßig ein

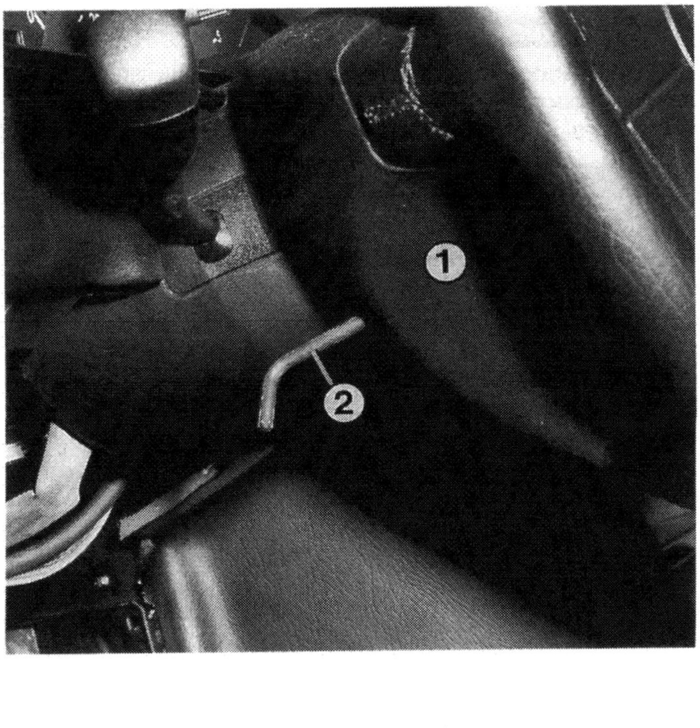

Die Polsterplatte im Lenkrad (1) mit Airbag kann mit einem Werkzeug für TORX-Schrauben (2) ausgebaut werden.

Airbag eingebaut. Die elektrische Verbindung zu Airbag und Hupe wird über eine Kontaktspirale hergestellt. Diese ersetzt die etwas weniger zuverlässigen Schleifkontakte.

Lenkrad ausbauen

Das Lenkrad ist mit einer Senkkopfschraube mit Innensechskant auf die Lenksäule geschraubt. Mercedes-Benz empfiehlt, die Schraube jedes Mal zu erneuern. Ihr Anzugsmoment beträgt 80 Nm. Zum Lösen und Festschrauben des Lenkrades das Lenkschloß einrasten lassen, wobei ein Helfer das Lenkrad **festhalten muß**, sonst wird das Lenkradschloß evtl. beschädigt. Stellung von Lenksäule und Lenkrad beachten: Die Kerbe in der Lenksäule dorthin ausrichten, wo am Vielzahn in der Lenkradnabe ein Zahn fehlt.

- Sicherheitsvorschriften für den Airbag beachten, siehe unten.
- Minuspol-Klemme an der Batterie lösen.
- Verstellbare Lenksäule ganz zusammenschieben.
- Von Rückseite der Hupplatte mit TORX-Schlüssel (z.B. Hazet 2092-05) zwei Schrauben herausdrehen.
- Airbag abnehmen. Dazu Leitung ausstecken. Beim Aufstecken auf Einrasten achten.
- Airbag vorsichtig behandeln. Am besten gleich sicher im Kofferraum verstauen. Polsterplatte mit dem Polster nach oben vorsichtig ablegen (stoßempfindlich!). Fällt die Platte aus mehr als 50 cm herunter, ist sie schrottreif. Sie muß in der Werkstatt abgegeben werden, die dann die Platte in einem Spezialbehälter ans Werk schickt, wo die Sprengladung entschärft wird.
- Weitere Steckverbindung lösen.
- Lenkrad waagrecht stellen. Lenkschloß einrasten und Helfer zum Gegenhalten rufen.
- Senkschraube in Lenkradmitte losschrauben.
- Lenkrad abziehen, dabei auf Markierung achten.
- Beim Einbau darf das Lenkrad max. um einen Zahn zur Markierung umgesetzt werden, sonst funktioniert Blinkerrückstellung nicht mehr richtig. Fährt das Fahrzeug dabei immer noch nicht geradeaus, Vorspur einstellen lassen.

Airbag

Der Mercedes ist serienmäßig auf der Fahrerseite mit Airbag ausgerüstet, was an der großen Prallplatte mit der Aufschrift »SRS« erkennbar ist. Unter dieser befindet sich ein Luftsack, der bei Unfällen von einer kleinen Menge Fest-Treibstoff gezündet wird. Die Zündung erfolgt bei einem Aufprall mit mindestens 18 km/h auf ein starres Hindernis bzw. vergleichbar höherer Geschwindigkeit bei Kollision zweier Fahrzeuge. Wie stark der Aufprall ist, erkennt das Steuergerät auf dem Mitteltunnel hinter der Mittelkonsole. Das Steuergerät ist diagnosefähig. Es löst ggf. auch die »Zündpille« im Lenkrad aus.
Schutz bietet der Airbag übrigens nur in Verbindung mit Sicherheitsgurten – er kann sie nicht ersetzen. Er bewahrt nur vor Kopfverletzungen, hervorgerufen durch den Lenkradkranz.
Seit Juni '94 gehört auch der Beifahrer-Airbag zum Serienumfang des C-Klasse-Mercedes.

Sicherheitsvorschriften

Die Gasgeneratoren der Airbags und Gurtstrammer (Kapitel »Der Innenraum«) unterliegen den Bestimmungen des Sprengstoffgesetzes. Der Umgang damit ist nur Fachkräften gestattet, denen die Sicherheitsbestimmungen bekannt sind.

Das Lenkrad ist mit einer selbstsichernden Innensechskant-Senkkopfschraube (1) befestigt. Beim Lösen/Festdrehen muß ein Helfer kräftig am Lenkrad gegenhalten. Schraube erneuern oder mit Schraubensicherungsmittel montieren. Lenkrad und Lenksäule sind zueinander gekennzeichnet (Kerbe und ausgeschliffene Zähne). Weiterhin:
2 – Steckverbindung zum Airbag.

Dieser Anblick bleibt Ihnen hoffentlich beim eigenen Wagen erspart. Ein Fest-Treibstoffladung bläst den Airbag in wenigen Millisekunden auf. Dabei reißt die Polsterplatte an den Einkerbungen auf.

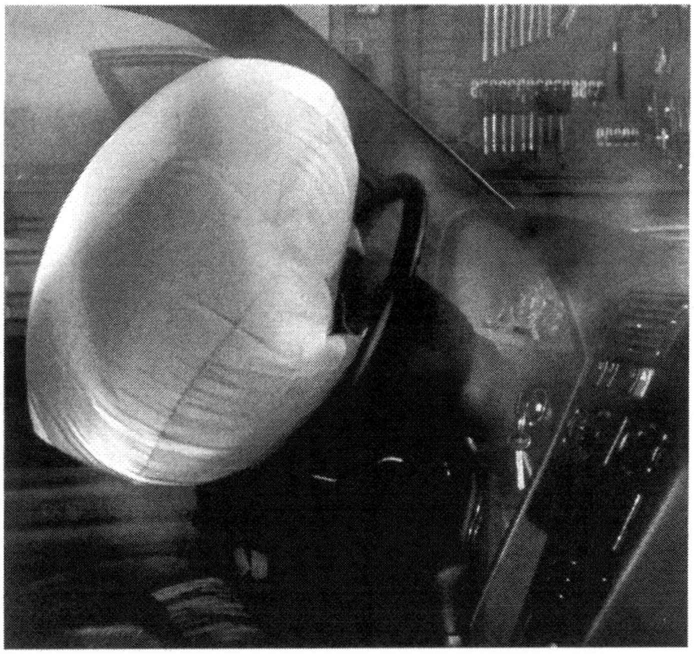

Besonders wichtig aus dem Katalog der Vorsichtsmaßnahmen sind die folgenden:

- ○ Zu Arbeiten am Airbag Batterie abklemmen und Minuspol zusätzlich abdecken.
- ○ Bei Arbeitsunterbrechung Airbag nie unbeaufsichtigt lassen.
- ○ Airbag-Einheit nur mit Prallplatte (Polsterplatte) nach oben ablegen.
- ○ Zu Schweißarbeiten am Wagen Batterie abklemmen.
- ○ Nach Unfall alle Komponenten des Systems ersetzen.
- ○ Fahrzeug-Verschrottung nur nach Vorschrift!

Funktion der Servolenkung prüfen

Auch bei ausgefallener Servounterstützung bleibt der Mercedes lenkfähig. Die Lenkung ist dann eben erheblich schwerer zu bedienen. Das eigentliche Gefahrenmoment ist jedoch der Schreck, wenn die Lenkunterstützung während der Fahrt plötzlich ausfällt.

● Die Servounterstützung funktioniert einwandfrei, wenn sich das Lenkrad bei laufendem Motor erheblich leichter drehen läßt als bei stehendem.

● Außerdem muß sich das Lenkrad von Anschlag zu Anschlag ruckfrei durchdrehen lassen.

● Wurde im Vorratsbehälter der Servolenkung abgesunkener Flüssigkeitsstand festgestellt, Dichtheit der Anlage prüfen.

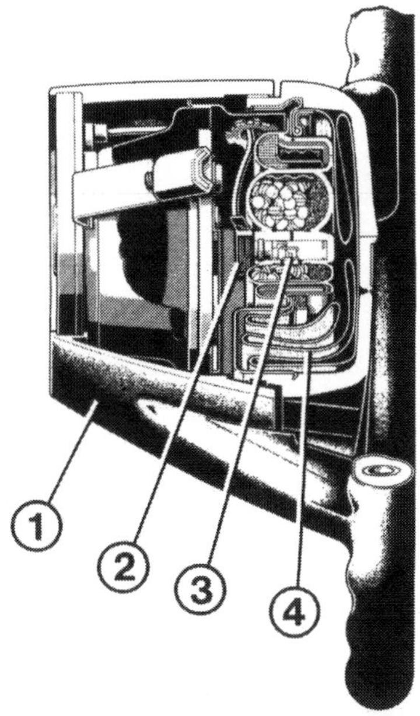

Dieser Schnitt am Airbag-Lenkrad läßt den Aufbau des Sicherheitssystems erkennen:
1 – Lenkrad;
2 – Anschlußstecker;
3 – Zündpille mit tablettenförmigem Fest-Treibstoff;
4 – zusammengefalteter Airbag.

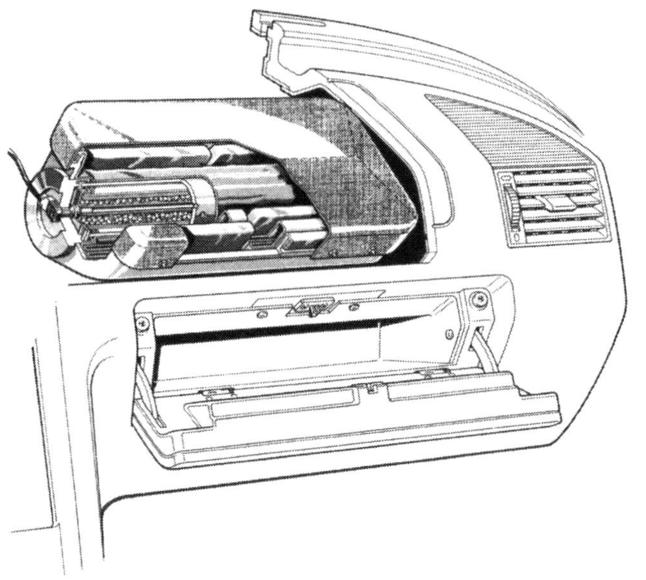

Der Beifahrer-Airbag: Seine kompakte Bauweise erlaubt es, ein kleines Handschuhfach darunter anzuordnen. Der Airbag wird von einem rohrförmigen Gasgenerator mit Zündpille und Fest-Treibstoff aufgeblasen.

Lenkungs-hydraulik entlüften

Befüllt und entlüftet werden muß das Lenksystem, wenn Einzelteile des Hydrauliksystems austauscht wurden und deshalb die Hydraulikflüssigkeit abgelassen werden mußte. Die einmal abgelassene Flüssigkeit darf nicht wieder verwendet werden. Eingefüllt wird ATF, siehe die Betriebsstoffliste hinten im Buch.

- Bei stehendem Motor Vorratsbehälter mit frischer ATF bis zur Peilstabmarke »MAX« auffüllen.
- Zum Entlüften Motor starten und Lenkrad je zwei Mal nach links und nach rechts zum Anschlag drehen.
- Motor abstellen und ATF bis zur »MAX«-Marke auffüllen.

Störungsbeistand

Servolenkung

Die Störung	– ihre Ursache	– ihre Abhilfe
A ATF-Stand im Behälter zu niedrig	1 Eingeschlossene Luft im Hydrauliksystem hat sich selbst ausgeschieden	ATF bis »MAX«-Marke auffüllen
	2 Undichtigkeiten im Hydrauliksystem	Leitungsanschlüsse nachziehen; neue Dichtungen einsetzen. Hydraulikpumpe bzw. Lenkgetriebe ausbauen und abdichten lassen
B Lenkung ist schwergängig	1 Förderdruck der Pumpe ist zu gering	Druck prüfen lassen. Ggf. Überdruckventil der Pumpe oder komplette Pumpe ersetzen
	2 Lenkgetriebe defekt	Ersetzen lassen
	3 ATF-Stand zu niedrig	Auffüllen und entlüften
	3 Keilrippenriemen lose oder gerissen	Prüfen, ggf. erneuern
C Lenkgeräusche	1 Flüssigkeit mit Luftbläschen durchsetzt	Luftbläschen entweichen lassen, Undichtigkeit ermitteln, ATF auffüllen, entlüften
	2 Saugseitige Verschraubung der Pumpe undicht	Dichtungen ersetzen, Verschraubungen nachziehen
	3 Keilrippenriemen lose	Spannvorrichtung prüfen

Stillgestanden!

Sind die Dinge erst einmal ins Rollen gebracht, tut man sich oft schwer, die Bewegung wieder aufzuhalten. Anders bei Ihrem Mercedes: Seine Bewegungsenergie ist – in den Grenzen der physikalischen Möglichkeiten – dank großzügig dimensionierter Bremsen leicht zu zügeln.

Eigenarbeiten an der Bremse

Bei einer so wichtigen Einrichtung wie den Bremsen kann keine Kontrolle zu viel sein! Wenn Sie also in diesem Bereich zwischendurch mal nach dem Rechten sehen, haben Sie Ihre Wartungsaufgaben sicher besser erfüllt, als derjenige, der seinen Wagen einmal jährlich zur Wartung bringt. Denn gerade vor einer Urlaubsfahrt oder bei schon älteren Fahrzeugen sind verstärkte Kontrollen ratsam.
Andererseits erfordern Reparaturen im Bereich Bremsen ein erhöhtes Verantwortungsbewußtsein. Mit unserem Bremsenkapitel haben wir dem Selbstpfleger die Möglichkeit gegeben, z.B. auch Arbeiten an der Bremshydraulik durchzuführen. In solchen Fällen muß jeder Bastler für sich entscheiden, ob sein Kenntnisstand für eine verantwortungsvolle Ausführung dieser Arbeiten ausreicht. Beachten Sie die "Arbeitstips" weiter hinten!

So funktioniert die Bremse

○ Wenn Sie auf das Bremspedal treten, preßt eine mit dem Pedal verbundene Druckstange zwei hintereinanderliegende Kolben in den Hauptbremszylinder (hinten links im Motorraum).
○ Die Kolben verdrängen die im Zylinder eingeschlossene Bremsflüssigkeit. Der so entstandene hydraulische Druck in der Bremsanlage wird über Rohr- und Schlauchleitungen zu den Bremssätteln weitergeleitet.
○ In den Bremsen drücken Kolben die Bremsklötze beidseitig gegen die Bremsscheiben und klemmen diese mehr oder weniger fest.
○ Den Flüssigkeitsdruck übertragen zwei voneinander unabhängige Leitungssysteme (Bremskreise), und zwar für die Vorderräder und die Hinterräder getrennt. Fällt ein Bremskreis aus, so hat das keine Wirkung auf den anderen Bremskreis.
○ Fällt der hintere Bremskreis aus, ist der Bremspedalweg länger, und Sie müssen wesentlich stärker aufs Bremspedal treten. Mit den vorderen Bremsen, die ohnehin die meiste Energie vernichten, bringen Sie den Wagen jedoch sicher zum Stehen. Einen längeren Bremsweg müssen Sie einkalkulieren.

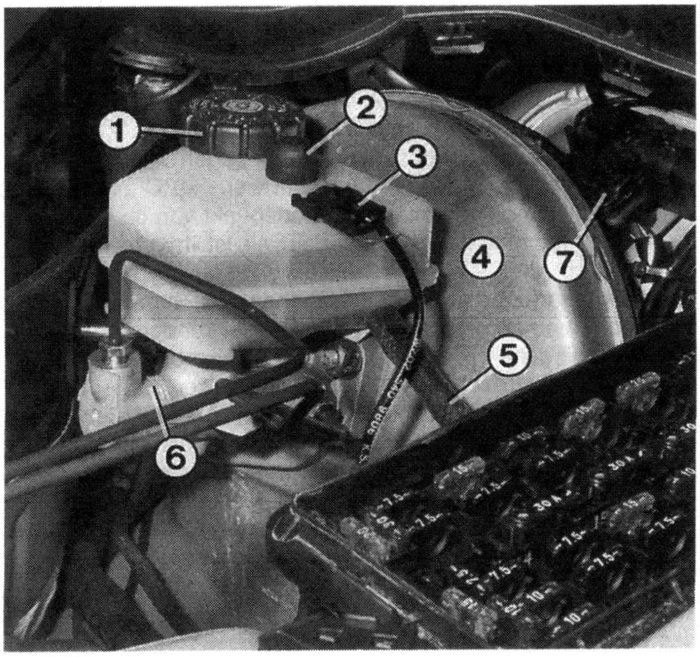

Links hinten im Motorraum zu finden:
1 – Verschlußdeckel auf Bremsflüssigkeitsbehälter;
2 – Gummikappe über Testschalter zum Prüfen der Bremskontrolleuchte;
3 – Anschluß für Niveaugeber;
4 – Bremskraftverstärker;
5 – Bremsflüssigkeitsversorgung für Kupplungsbetätigung;
6 – Hauptbremszylinder;
7 – Steckverbindung Wischermotor.

○ Fällt der vordere Bremskreis aus, wird auch hier der Pedalweg länger, doch die Bremswirkung ist miserabel. Der Bremsweg verlängert sich auch mit ABS um das Dreifache, also äußerste Vorsicht!
○ Die Feststellbremse wirkt über Seilzüge auf die Hinterräder. Hinten sind eigens für die Feststellbremse kleine Trommelbremsen in die Bremsscheiben eingearbeitet. Mit Drücken der Feststellbremse werden die Bremsbacken gegen die Bremsfläche der Trommel gepreßt. Unter der Rücksitzbank ist ein automatischer Seilzuglängenausgleich untergebracht. Beim Fahren mit betätiger Feststellbremse ertönt ein Warnsignal (wie bei eingeschaltetem Licht).
○ Bei Fahrzeugen mit ABS (serienmäßig) und mit ETS (für alle C-Modelle Sonderausstattung ab ca. 6/94) ist in die Bremsleitungen zu den Radbremsen die Hydraulikeinheit zwischengeschaltet. Bei ETS können auch die Hinterräder vom System einzeln gebremst werden.

Fingerzeig: Obwohl nur ein Bremsflüssigkeitsbehälter vorhanden ist, kann bei einem undichten Bremskreis nicht die gesamte Bremsflüssigkeit auslaufen, denn der Behälter ist durch eine Zwischenwand in zwei Kammern geteilt.

Bremsen prüfen

Wartung Nr. 4

- Zuerst eine Vollbremsung bei Schrittgeschwindigkeit.
- Am Gummiabrieb auf der Straße sehen Sie bei gleich langen Spuren, daß die Bremsen gleichmäßig ziehen. Das geht auch mit Antiblockiersystem, denn ABS regelt unter ca. 8 km/h nicht.
- Gleiche Prüfung mit der Feststellbremsebremse. Beim Treten des Pedals gleichzeitig Entriegelungsknopf gezogen halten.
- Für die Bremsenprüfung bei höheren Geschwindigkeiten brauchen Sie eine ebene Strecke.
- Nun aus etwa 50 km/h bei losgelassenem Lenkrad, aber mit griffbereiten Händen zuerst sanft und dann scharf bis zum Stillstand abbremsen.
- Bei vollem Pedaldruck spüren Sie die Regelschwingungen des ABS-Systems – das ist normal.
- Zieht der Wagen beim Bremsen nach links, ist eine der rechten Radbremsen nicht in Ordnung. Das Auto zieht in Richtung des stärker gebremsten Rades. Ursachen siehe Störungsbeistand am Ende des Kapitels.
- Lassen Sie den Mercedes ein schwaches Gefälle hinunterrollen, um festzustellen, ob die Räder leichtgängig sind.
- Nach der Probefahrt machen Sie die Handprobe:
- Ist eine Felge auf der einen Wagenseite wärmer als auf der anderen Seite?
- Ursachen können sein ein verklemmter Bremssattel oder eine schwergängige Feststellbremse sein.
- Bei aufgebocktem Wagen prüfen, welches Rad schwergängig ist.
- Zündung einschalten und auf ebenem Boden Feststellbremse lösen. Jetzt nacheinander beide Kontakte am Bremsflüssigkeitsbehälter betätigen, dazu auf Gummikappen drücken. Die Warnleuchte muß dabei aufleuchten.
- Ein Bremsentest auf dem Rollenprüfstand empfiehlt sich alle 30000 km. Fahrvorschriften für ASD und ETS sollten bekannt sein.

Die Bremsflüssigkeit

Diese gelbliche – übrigens giftige und gegen Autolack aggressive – Flüssigkeit greift die Metall- und Gummiteile nicht an. Sie bleibt selbst bei −40°C noch ausreichend dünnflüssig, und sie hat trotz ihrer Dünnflüssigkeit den extrem hohen Siedepunkt von ca. 260°C.
Ihr Nachteil: Sie nimmt gern Wasser auf, sie ist »hygroskopisch«. Und das Wasser kann tatsächlich – z.B. über die Luftfeuchtigkeit – in die Bremsflüssigkeit gelangen: Über den Vorratsbehälter sowie durch mikroskopische Undichtigkeiten an den Bremsschläuchen und Gummimanschetten. Solche Wasseraufnahme führt nicht nur zu Korrosion an den Metallteilen der Anlage, sondern bewirkt ein rapides Absinken des Siedepunkts. Bei nur 2,5% Wassergehalt liegt der Siedepunkt nur noch bei 150°C. Das ist bei starker Belastung der Bremsen gefährlich, weil sie sich dann sehr stark aufheizen. In der Nähe der erhitzten Bremsen können sich Dampfblasen in der Hydraulikflüssigkeit bilden. Die lassen sich zusammenpressen – das Bremspedal kann tief durchgetreten werden; manchmal tritt man sogar ins Leere! In diesem Fall kann bisweilen noch schnelles Pumpen mit dem Bremspedal helfen. Besonders gefährlich ist dieser Effekt nach dem Abstellen des Wagens nach starker Bremsbeanspruchung. Mangels Fahrtwind heizt sich die Bremsenumgebung noch stärker auf; die höchste Temperatur herrscht nach etwa 15 Minuten Standzeit. Erst nach etwa einer halben Stunde ist wieder die normale Bremsflüssigkeitstemperatur erreicht.
Vorbeugend schreibt der Wartungplan daher den Wechsel der Bremsflüssigkeit (Mindestanforderung Spezifikation DOT 4) alle zwei Jahre vor. Nur die in der Betriebsstoffliste am Ende des Buches aufgeführten sind für das Bremssystem des Mercedes zulässig.

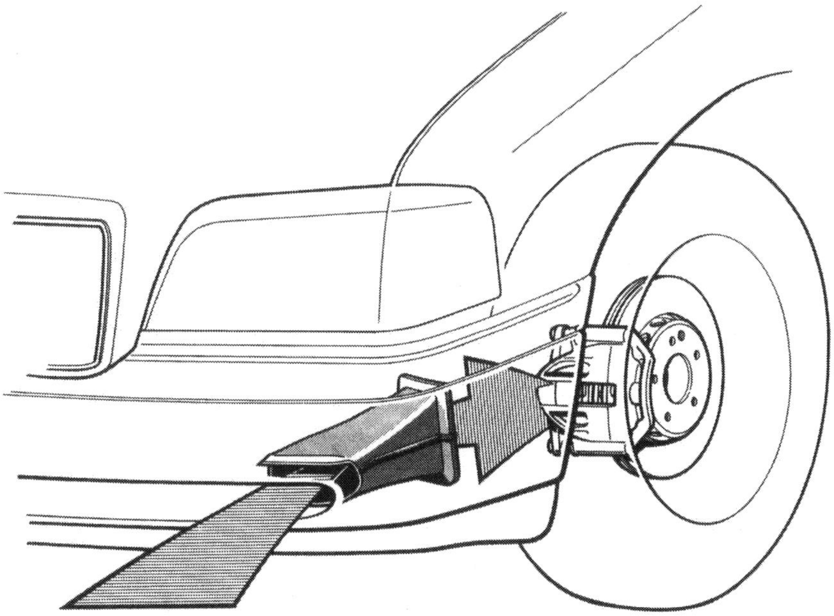

Spezielle Luftführungskanäle und Leitbleche sorgen für gute Belüftung und Kühlung der Vorderradlager und Vorderradbremsen.

Stand der Bremsflüssigkeit prüfen

Ständige Kontrolle

● Zu niedriger Bremsflüssigkeitsstand wird beim Mercedes zwar auch durch die Bremsenkontrollleuchte am Armaturenbrett angezeigt, doch die Sichtkontrolle sollten Sie nicht auslassen:

● Motorhaube öffnen und den Bremsflüssigkeits-Vorratsbehälter evtl. mit einem Lappen reinigen.

● Im durchscheinenden Flüssigkeitsbehälter muß der Bremsflüssigkeitsstand zwischen den Markierungen »MIN« und »MAX« stehen. Dann ist alles in Ordnung. Nicht nachfüllen, solange die »MIN«-Marke nicht unterschritten ist.

Bremsflüssigkeitsstand zu niedrig?

Sind die Scheibenbremsbeläge schon etwas abgenutzt, tendiert der Flüssigkeitsspiegel eher zur unteren Markierung; sind sie neu, steht er weiter oben. Das ist völlig normal, denn die bei abgenutzten Belägen schon etwas weiter herausgetretenen Kolben der Scheibenbremse hinterlassen in den Zylindern der Bremssättel ein größeres Volumen, das sich mit Bremsflüssigkeit füllt. Erfahrene Monteure machem sich diesen Umstand zu Nutze – die Bremsbelagdicke wird über den Stand der Bremsflüssigkeit bewertet. Allerdings darf dann zwischendurch nicht nachgefüllt worden sein.
Kritisch wird es, wenn die Bremsflüssigkeit in einem Behälterteil unter »MIN« abgesunken ist. Da sie nicht

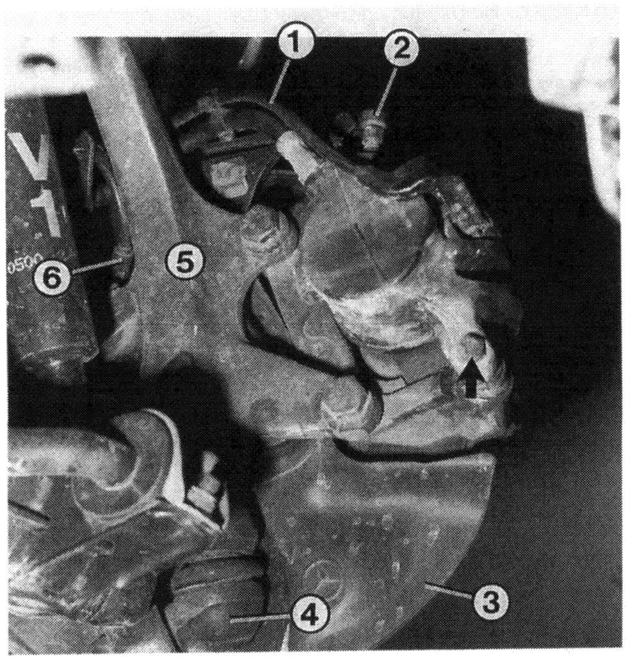

Vorderer Bremssattel von innen betrachtet. Der Pfeil zeigt auf die selbstsichernde Schraube am unteren Gleitlager. Weiterhin:
1 – Leitung zum Bremsbelagfühler;
2 – Entlüftungsventil mit Gummikappe;
3 – Bremsabdeckblech;
4 – Traggelenk unten;
5 – Achsschenkel;
6 – Drehzahlgeber.

verdunstet oder verbraucht wird, muß sie durch ein Leck ausgetreten sein. Also schleunigst nach der Ursache suchen (siehe folgenden Wartungspunkt), bevor Sie irgendwann ins Leere treten. Nachfüllen ist Augenwischerei!

Fingerzeig: Bei einem Defekt in der Kupplungshydraulik von Schaltgetriebe-Wagen kann der Pegel im Bremsflüssigkeitsbehälter erheblich absinken. Grund: Die Kupplungshydraulik deckt ihren Flüssigkeitsvorrat aus dem Bremsflüssigkeitsbehälter. Der Abzweig zur Kupplungshydraulik sitzt jedoch recht weit oben im Behälter, so daß bei einem Leck im Bereich Kupplung niemals die Bremswirkung gefährdet ist.

Bremsanlage auf Undichtigkeiten und Beschädigungen überprüfen

Wartung Nr. 8

Zur Kontrolle muß die Wagenunterseite trocken sein, damit Sie undichte Stellen erkennen können. Bremsflüssigkeit kriecht auch unter Schmutz. Feuchtdunkle Stellen oder schwarzer Schmutz lassen eine Undichtigkeit vermuten.

- Kontrollieren Sie sämtliche Anschluß- und Verbindungsstellen; auch die Bremssättel und den Hauptbremszylinder.
- Die Bremsschläuche dürfen weder feucht noch aufgequollen, rissig oder angescheuert sein. Sonst auswechseln.
- Die Bremsleitungen sind zum Schutz gegen Rost mit einer Kunststoffschicht überzogen. Wird diese Schutzschicht beschädigt, kann es zu Rostansatz kommen. Deshalb die Leitungen nie mit Schraubendreher, Schmirgelleinen oder Drahtbürste säubern, sondern einen alten Lappen nehmen.
- Ist die Schutzschicht beschädigt, auf die blanken Stellen Rostschutzgrundierung streichen.
- Leitungen mit Rostnarben und solche, die plattgedrückt sind, müssen ersetzt werden.
- Sind Schutzkappen auf sämtlichen Entlüftungsventilen? Sie sitzen jeweils oben an den Bremssätteln.
- Die Bremsdruckprobe können Sie provisorisch selbst machen: Treten Sie voll aufs Bremspedal.
- Es darf auch nach einigen Minuten der vollen Belastung nicht nachgeben, sonst ist eine Manschette im Hauptbremszylinder defekt.
- Durch die undichte Manschette sinkt der Flüssigkeitsstand im Behälter nicht, sondern die unter Druck gesetzte Flüssigkeit mogelt sich an einem Kolben des Hauptbremszylinders vorbei auf die drucklose Seite.
- Undichte Stellen an den Kolbenmanschetten lassen sich allerdings nur bei einer genauen Druckprüfung in der Werkstatt ermitteln.

Bremsflüssigkeit wechseln

Wartung Nr. 32

Nicht nur die schon erwähnte Gefahr von Dampfblasen macht den Bremsflüssigkeitswechsel erforderlich, sondern auch die vom aufgenommenen Wasser verursachte Korrosionsgefahr in den Bremszylindern und -leitungen. Beim Flüssigkeitswechsel geht man wie beim Entlüften vor. Gebraucht werden 1–2 Liter neue

Teile einer Vorderradbremse: 1 – Entlüftungsschraube mit Gummikappe; 2 – Kolbendichtung; 3 – Staubschutzmanschette; 4 – Wärmeschutzblech; 5 – Selbstsichernde Schraube am Gleitlager (35 Nm); 6 – Staubmanschette; 7 – Sechskantschraube zur Bremssattelbefestigung am Achsschenkel (115 Nm); 8 – Bremsklötze; 9 – Sicherungsschraube (10 Nm); 10 – Bremsscheibe; 11 – Vorderradnabe; 12 – Bremsenabdeckblech.

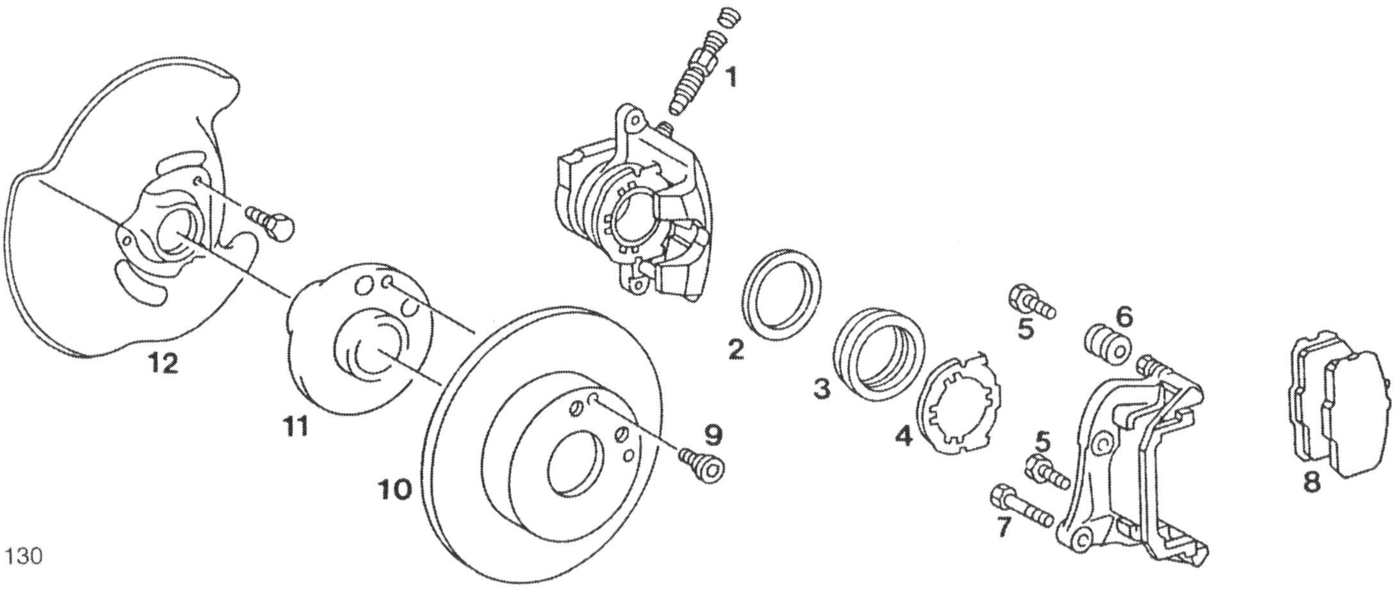

Beim Austausch der vorderen Bremsklötze müssen Sie beachten:
16 – Federbügel, diese parallel zum Bremsklotz ausrichten;
18 – Bremsklötze, sie dürfen nur satzweise (vier Stück) erneuert werden. Hintere Bremsklötze immer prüfen, wenn vorne ausgetauscht wird;
20 – Zylindergehäuse, es ist oben und unten an Gleitbolzen beweglich gelagert. Am unteren Gleitlager losschrauben. Dazu selbstsichernde Schraube (22) herausdrehen (Drehmoment 35 Nm);
21 – Bremsträger, er ist fest mit dem Achsschenkel verschraubt;
25 – Belagfühler, berührt er die Bremsscheibe, leuchtet die Verschleißanzeige im Kombi-Instrument auf.

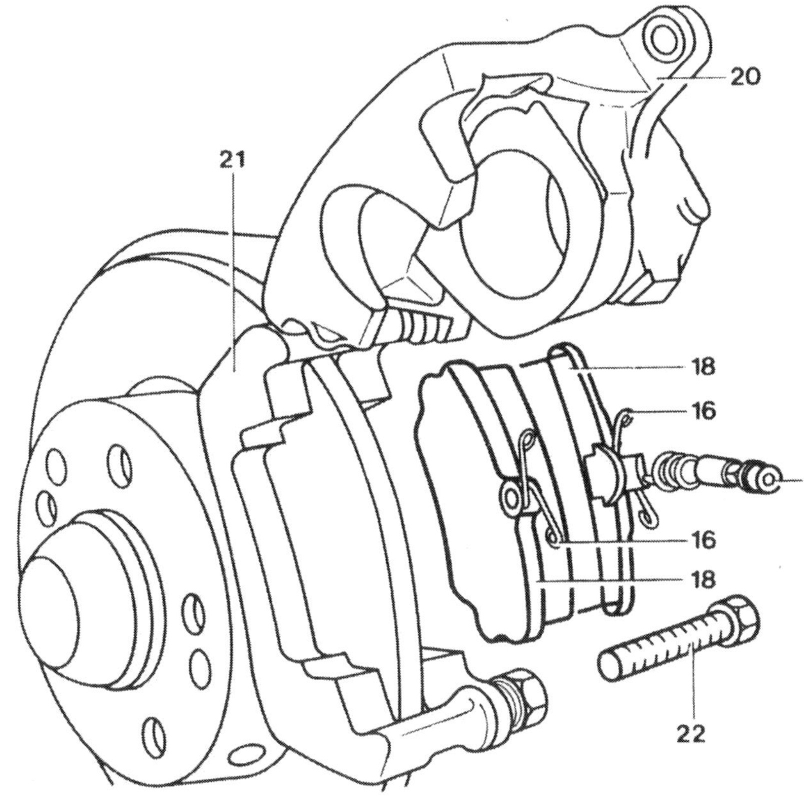

Bremsflüssigkeit. Für diese Arbeit sind Sie in der Werkstatt gut aufgehoben. Wer unbedingt den Ehrgeiz zum Selbermachen hat, geht ähnlich wie beim Entlüften vor:

- Vorratsbehälter der Bremsflüssigkeit mit einer alten Injektionsspritze entleeren und gleich neu befüllen. Zuvor jedoch Flüssigkeitsstand anzeichnen.
- An jedem Bremssattel das Entlüftungsventil öffnen und ca. zehn Mal das Bremspedal durchtreten. Dabei jedes Mal das Ventil schließen und das Pedal langsam herauskommen lassen.
- Vorgeschriebene Reihenfolge: Hinten rechts, hinten links, vorn rechts und zuletzt vorn links.
- Bei Wagen mit Schaltgetriebe zusätzlich die Bremsflüssigkeit im Leitungsstrang der hydraulischen Kupplungsbetätigung wechseln. Dazu am Nehmerzylinder das Entlüftungsventil benutzen.
- Bremsflüssigkeit im Vorratsbehälter wieder auf den gleichen Stand zwischen »MIN« und »MAX« auffüllen.
- Motor starten und Bremspedal mehrmals treten.

Fingerzeig: Bremsflüssigkeit ist giftig! Deshalb gebrauchte Bremsflüssigkeit nie in den Ausguß kippen. Auch im Altölfaß hat sie nichts verloren, denn das macht ein Recycling unmöglich. Alte Bremsflüssigkeit nur in einem eigenen Gefäß zum Sondermüll geben.

Die Scheibenbremsen

Zusammen mit dem Rad dreht sich eine Stahlscheibe frei im Luftstrom. Sogenannte Bremssättel umfassen sattelförmig die Scheiben. Beim Tritt auf das Bremspedal drücken Kolben die Bremsbeläge gegen die Scheiben – es wird gebremst. Dabei werden die Bremsscheiben recht heiß. Durch den Fahrtwind werden die Scheibenbremsen ständig gekühlt. Für noch bessere Kühlung ist vorn ein Luftleitkanal eingebaut. Belagabrieb wird gleich weggeblasen, und ohne besondere Mechanik stellen sich die Scheibenbremsen selbst nach.

Die Scheibenbremse bei Nässe

Bei starkem Regen werden auch die offen liegenden Bremsscheiben naß, weshalb die Bremswirkung einen Sekundenbruchteil verspätet einsetzt. Die Feuchtigkeit zwischen Bremsscheiben und -klötzen muß erst zum Verdampfen gebracht werden. In streusalzreichen Wintern tritt diese Erscheinung verstärkt auf, wenn die auf Bremsbelägen und -scheiben sitzende Salzschicht beim Bremsen erst abgeschliffen werden muß.
Nach Fahrten im Regen oder bei winterlicher Streusalznässe sollten Sie vor mehrtägigem Abstellen des

Vorderradbremse:
1 – Entlüftungsventil;
2 – unteres Gleitlager des Bremssattels;
Pfeile – mindestens 2 mm müssen die Beläge dick sein. Der äußere Belag hat einen Belagstärkefühler.

Wagens die Bremsen trockenfahren, um Rostansatz auf den Bremsscheiben bzw. das Festkleben der Beläge zu vermeiden. Es genügt, die letzten 100 Meter Wegstrecke mit dauernd getretenem Bremspedal zu fahren.

Die Bremssättel

Vorn sind sogenannte Faustsättel eingebaut. Diese Ausführung hat nur einen Bremskolben. Der Bremssattel ist über zwei Gleitbolzen mit dem Bremsträger verbunden. Kleine Bewegungen des Bremssattels bewirken, daß beide Bremsklötze gleich stark gegen die Bremsscheibe gedrückt werden. Der Bremsträger ist mit zwei selbstsichernden Schrauben an den Achsschenkel geschraubt. Hinten sind Festsättel eingebaut, die direkt mit dem Achsschenkel verschraubt sind. Hier hat jeder Bremsklotz einen eigenen Bremskolben.
Wirken die Bremsen einer Achse ungleich, liegt dies oft an den Bremssätteln:

○ Möglich ist, daß die Bremskolben wegen Rostbildung in ihren Bohrungen klemmen. Dazu kommt es vor allem dann, wenn die Staubschutz-Manschette beim Austausch der Bremsklötze beschädigt wurde. Staub und Salzwasser zerstören schnell die glatten Oberflächen der Bremskolben-Bohrungen. Im äußeren Bereich der Bohrungen ist der Rostansatz stärker, weil dorthin die Bremskolben nur bei fast abgeschliffenen Bremsklötzen gelangen. Dementsprechend häufig wirken die Bremsen bevorzugt bei weit abgenützten Bremsklötzen einseitig. Durch den Einbau neuer, dickerer Bremsklötze kann man deshalb ungleichmäßiges Bremsen kurzfristig beheben. Besser ist es, solche Bremssättel paarweise zu ersetzen.

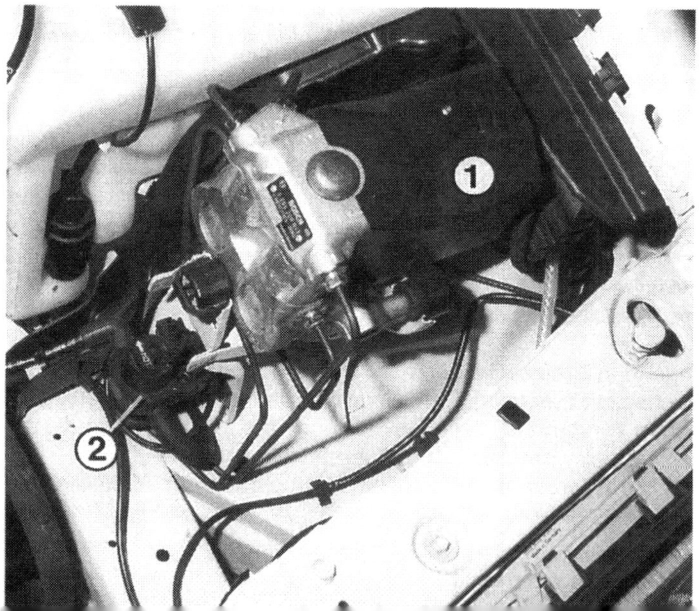

Hinter dem linken Frontscheinwerfer:
1 – Hydraulikeinheit für ABS/ASR oder ETS;
2 – elektrisches Regenerierventil bei Motoren mit HFM-Motronic.

Die Hinterradbremse besteht aus Bremsscheibe und feststehendem Bremssattel (1). Weiterhin:
2 – Entlüftungsschraube;
Pfeile unten: Mindestbelagstärke 2 mm;
Pfeile rechts: Haltestifte mit Durchschlag aus dem Bremssattel treiben.

○ An den vorderen Faustsätteln kann es auch sein, daß die beiden Gleitbolzen wegen starker Verschmutzung oder Rostansatz klemmen. Eine beschädigte Staubmanschette könnte darauf hindeuten. Ggf. den Faustsattel vom Bremsträger losschrauben und die Gleitbolzen prüfen. Es gibt einen Reparatursatz.

Bremsklötze kontrollieren

Wartung Nr. 12

Für denjenigen, der seine Bremsanlage selbst wartet, ist diese Arbeit mit die wichtigste. Die Bremsklötze der Vorderachse verschleißen bei Automatik-Fahrzeugen schneller. Im Kombi-Instrument ist eine Bremsbelag-Verschleißanzeige zu finden. Diese leuchtet beim Bremsen auf, wenn der bremskolbenseitige Bremsbelag einer Vorderradbremse weniger als **3,5 mm** dick ist. Von dem neu ca. 14 mm dicken Belag ist dann so viel abgeschliffen, daß alle vier vorderen Bremsklötze erneuert werden müssen. Die hinteren Bremsklötze immer dann prüfen, wenn vorne neue eingebaut werden.

- Jeweiliges Rad abmontieren.
- **Vorn:** Minimal **2,0 mm.** Bei mehr als 2,0 mm unterschied zwischen den beiden Belägen, Faustsattel überholen bzw. Gleitlager prüfen.
- **Hinten** sind **2,0 mm** Restbelag die Austauschgrenze. Neue Bremsbeläge sind 11,0 mm dick.
- Bremsbeläge austauschen, wenn sie fettig sind.
- **Achtung!** Erneuert man die Bremsbeläge nicht spätestens bei 2,0 mm Belagrest, wandern die Bremskolben zu weit nach außen und die Bremssättel können beschädigt werden.

Fußpedal (1) der Feststellbremse links im Fahrerfußraum:
2 – Sperrhebel, mit Auslösegriff im Armaturenbrett über Zug verbunden;
3 – Bremsseil vorn;
4 – Schalter für Kontrolleuchte und Warnsummer.

Hier ist der Austausch der vorderen Bremsklötze gezeigt. Das Zylindergehäuse (2) ist am unteren Gleitlager (4) losgeschraubt und nach oben geschwenkt. Die Bremsklötze sind vom Bremsträger ausgebaut. Der äußere Bremsklotz (3) ist mit einem Bremsbelagfühler (1) ausgestattet. Die selbstsichernde Schraube (5) vom unteren Gleitlager jedesmal erneuern oder mit Schraubensicherungsmittel montieren.

Bremsklötze erneuern

Nur wenn Sie Original-Bremsklötze oder entsprechende Marken-Bremsklötze (z.B. von ATE) einbauen, bleibt der Bremsweg erhalten, die Lebensdauer wie gewohnt und es kommt kaum zu nervtötendem Quietschen. Bremsbeläge können unterschiedlich hart hergestellt werden. So sind z.B. Taxibeläge eher hart, weil Lebensdauer mehr gefragt ist als optimale Verzögerung aus höchsten Geschwindigkeiten bei geringem Pedaldruck. Beläge für den Motorsport sind umgekehrt, eher weicher. Mercedes hat nach vielen Versuchsreihen die Belagbeschaffenheit bezüglich Lebensdauer, Bremskomfort usw. entsprechend für Ihren Wagen festgelegt. Bei jedem Bremsklotztausch folgendes beachten:

○ Es müssen stets alle vier Bremsklötze einer Achse ersetzt werden, damit die Bremswirkung gleichmäßig bleibt.

○ Die Bremsscheiben werden auf Verschleiß und Zustand geprüft. Sie dürfen keine Risse oder tiefen Rillen haben (siehe »Bremsscheiben erneuern«).

○ Die Staubkappen und die Gängigkeit der Bremskolben in den Bremssätteln prüfen.

○ Wenn die Bremsklötze ausgebaut sind, keinesfalls auf das Bremspedal treten, sonst wandern die Bremskolben aus ihren Bohrungen.

Austausch vorn

- Wagen aufbocken und sichern. Vorderrad abmontieren.
- Mit einem Schraubendreher die Verrastungen des Plastikdeckels über der Steckverbindung zum Belagfühler anheben. Den Deckel aufklappen und die Steckverbindung lösen.
- Am unteren Gleitlager des Bremssattels die Sechskantschraube herausdrehen. Dabei mit einem Gabelschlüssel am Sechskant an der Gummimanschette gegenhalten.
- Bremssattel um das obere Gleitlager nach außen kippen. Bremssattel mit einem Draht aufhängen, damit der Bremsschlauch nicht gezogen wird.
- Fühler vom inneren Bremsklotz lösen.
- Den Sitz der Bremsklötze reinigen.
- Staubkappe vor dem Bremskolben auf Beschädigungen prüfen. Ggf. ersetzen, denn eindringender Schmutz führt sehr schnell zum Klemmen des Bremskolbens.
- Den Bremskolben ohne Verkanten zurückdrücken. Dabei auf den Stand der Bremsflüssigkeit im Vorratsbehälter achten.
- Bremsklötze einsetzen.
- Die Federn an der Vorderkante parallel zu den Belägen ausrichten.
- Fühler einsetzen.
- Bremssattel zurückschwenken und mit neuer selbstsichernder Schraube festschrauben (35 Nm).
- Kabel zum Fühler wieder einstecken. Auf Verlegung des Kabels achten und den Verschlußdeckel schließen.
- Vorderrad vormontieren, Wagen ablassen und Vorderrad anziehen (110 Nm).
- Bremsklötze auf der anderen Wagenseite ersetzen.
- Stand der Bremsflüssigkeit prüfen.

So können mit einer Zange die Bremskolben mit Hilfe der Bremsklötze (1) in die Bremssättel (2) zurückgedrückt werden.

Fingerzeig: Lenkeinschlag während des Belagwechsels nur am Lenkrad ändern. Keinesfalls am herausgeklappten Bremssattel die Lenkung herumhebeln, denn dadurch verbiegt sich der Gleitbolzen der Bremssattellagerung. Wie wenn Luft im Bremssystem ist, fühlt sich bei verbogenen Gleitbolzen das Bremspedal weich und federnd an.

Austausch hinten

- Wagen aufbocken und sichern. Hinterrad abnehmen.
- Haltestifte mit einem Durchschlag aus dem Bremssattel treiben und die Feder abnehmen.
- Eine Rohrzange zwischen der Bremsbelag-Trägerplatte und Bremssattel ansetzen und den Bremsklotz zurückdrücken.
- Mit einem Montiereisen oder einem kräftigen Schraubendreher zwischen Bremsbelag und Bremsscheibe durch vorsichtiges Hebeln den alten Belag vollends zurückdrücken.
- Lassen Sie zum Zurückdrücken des einen Bremsklotzes immer den gegenüberliegenden eingebaut. Beachten Sie, daß dabei der Bremsflüssigkeitsbehälter nicht überläuft.
- Ist der Bremsklotz so weit zurückgedrückt, daß ein neuer, dickerer montiert werden könnte, Bremsklotz ausbauen.
- Den Schacht von altem Belagabrieb reinigen. Darauf achten, daß dabei die Manschetten um den Bremskolben nicht beschädigt wird.
- Den neuen Bremsklotz mit den Spezialschmiermitteln von Mercedes leicht einfetten und in seinen Schacht am Bremssattel schieben.
- Den zweiten Bremsklotz auf die gleiche Weise austauschen.
- Feder ansetzen und die Haltestifte wieder montieren. Mit dem Durchschlag die Stifte gefühlvoll bis zum Anschlag in den Bremssattel klopfen.
- Rad montieren. Wagen ablassen und Rad mit 110 Nm festziehen. Bremsklötze der anderen Hinterradbremse ersetzen.
- Stand der Bremsflüssigkeit prüfen.

Achtung! Bremspedal mehrmals durchtreten, bis sich der normale Pedalweg einstellt. Wird das nicht gemacht, bleibt die Bremswirkung bei der ersten Bremsung nach dem Austausch aus!
Neue Bremsbeläge müssen vorsichtig eingebremst werden! Dazu das Fahrzeug aus 80 km/h auf 40 km/h bei geringem Pedaldruck mehrmals abbremsen.

Bremssattel ausbauen

- Fahrzeug aufbocken, sichern und Rad abmontieren.
- Vor Kabel zur Belagverschleiß-Anzeige unter dem Deckel die Steckverbindung lösen.
- Entlüftungsventil öffnen, Bremspedal einmal niedertreten und in dieser Stellung fixieren (siehe »Arbeitstips«).
- Verbindung des Bremsschlauches zur Bremsleitung an der Karosserie lösen.
- Drehzahlgeber abschrauben.
- Die beiden Sechskantschrauben zum Achsschenkel herausdrehen.
- Zum Einbau eines Bremssattels müssen stets neue selbstsichernde Schrauben verwendet werden.

● Vorn werden die Schrauben zwischen Bremsträger und Achsschenkel mit 115 Nm angezogen. Hinten zieht man die Schrauben zum Achsschenkel mit 50 Nm an.
● Lassen sich die Schrauben schwer eindrehen, Kleberreste mit Gewindebohrer entfernen (vorn: M 12; hinten: M 10).
● Muß man den Bremssattel nur deshalb ausbauen, weil man z.B. eine Bremsscheibe ersetzen will, braucht der Bremsschlauch nicht gelöst zu werden. Dann einfach nur die Schrauben zum Achsschenkel lösen. Den Bremssattel nicht am Bremsschlauch hängen lassen, sondern ihn mit einem Drahtstück festbinden.
● Wurde ein Bremsschlauch gelöst, das Hydrauliksystem also geöffnet, muß nach dem Zusammenbau die Bremsanlage entlüftet werden.

Der Bremskraftverstärker

Scheibenbremsen wirken nicht selbstverstärkend, so daß Sie eine hohe Fußkraft aufbringen müßten, wenn Ihr Fahrzeug keinen Bremskraftverstärker hätte. Diese Hilfseinrichtung sitzt links im Motorraum hinter dem Hauptbremszylinder. Die zusätzliche Bremskraft erzeugt eine große Membran, die sich beim Bremsen durch den Unterdruck von der Unterdruckpumpe kraftvoll in Richtung Hauptbremszylinder bewegt und dort mit auf dessen Kolben drückt.

Bremskraftverstärker prüfen

● Bremspedal mehrmals durchtreten und zuletzt unten halten. Wenn Sie jetzt den Motor starten, muß sich das Pedal noch ein Stück weiter absenken. Dann ist alles in Ordnung.
● Motor laufen lassen und das Premspedal treten. Nun den Motor abstellen – das Bremspedal darf nicht nach oben zu drücken beginnen.
● Den Motor laufen lassen und wieder abstellen. Das Pedal mehrmals durchtreten. Beim ersten Mal muß der Pedalweg am größten sein und nach und nach kleiner werden.
● Arbeitet der Bremskraftverstärker nicht richtig, kann dies an einem undichten Unterdruckschlauch, einem defekten Rückschlagventil oder einer schadhaften Unterdruckpumpe liegen.
● Rückschlagventil prüfen: Am Bremskraftverstärker den dicken Unterdruckschlauch zum Motor abschrauben. Hineinblasen muß möglich sein, Ansaugen dagegen nicht.
● Beim Ventiltausch die Einbaurichtung beachten.
● Ein defekter Bremskraftverstärker muß komplett erneuert werden.
● Zum Prüfen der Unterdruckpumpe den dicken Schlauch abschrauben. Bei laufendem Motor muß am Schlauchanschluß Unterdruck anliegen.

Bremsscheiben erneuern

Als Reibpartner der Bremsbeläge unterliegen die Bremsscheiben ständigem Verschleiß und müssen deshalb bei Erreichen der Austauschgrenze, bei tiefen Riefen und bei schlechtem Tragbild paarweise erneuert werden. Es gelten folgende Maße für die Dicke:

		vorn	hinten
Dicke (neu)	mm	12,0	9,0
Austauschgrenze	mm	10,0	7,3
Max. Seitenschlag	mm	0,12	0,15

● Zum Ausbau einer Bremsscheibe Fahrzeug aufbocken und sichern.
● Rad abmontieren.
● Bremssattel abschrauben und mit Draht so befestigen, daß der Bremsschlauch nicht auf Zug belastet wird.
● Innensechskantschraube zur Befestigung der Bremsscheibe losdrehen.
● Feststellbremse lösen, wenn die hintere Bremsscheibe abgenommen werden soll.
● Bremsscheibe abnehmen. Durch Hammerschläge lösen, wenn die Bremsscheibe in der Mitte festgerostet ist.
● Neue Bremsscheibe ansetzen und mit der Innensechskantschraube festschrauben. Auf den richtigen Sitz der Paßstifte achten.
● Hinten den Sitz am Hinterachswellenflansch mit hitzebeständigem Kupferfett leicht einreiben.
● Neue Bremsscheiben nach dem Einbau mit Verdünnung abreiben, um die ölige Schutzschicht zu entfernen.
● Bremssattel mit neuen selbstsichernden Schrauben einbauen (Anzugsdrehmoment vorn 115 Nm; hinten 50 Nm).
● Weiter in umgekehrter Ausbaufolge. Radschrauben mit 110 Nm festziehen.
● Wurden hinten neue Bremsscheiben eingebaut, Einstellung der Feststellbremse überprüfen.

Achtung bei selbstsichernden Schrauben! Hier wurde im Mercedes eine besondere Technik angewendet – die Schrauben sind mikroverkapselt. Dies bedeutet, daß sich in den Gewindegängen ein Schrauben-Sicherungsmittel befindet. Dieses härtet aber nicht aus, weil auf der Oberfläche ein schützender Film gebildet wurde. Erst wenn die Schraube festgezogen wird, zerreißt dieser Film, und das Sicherungsmittel wirkt. Solche Schrauben dürfen nur ein Mal verwendet werden. In den Arbeitsbeschreibungen wird darauf hingewiesen. Beispielsweise beim Austausch der Bremsklötze oder zum Lenkradeinbau braucht man neue Schrauben.
Will man eine durch Mikroverkapselung selbstsichernde Schraube (3) nochmals verwenden, reinigt man ihre Gewindegänge mit der Drahtbürste (1) und trägt vor dem Einschrauben ein Schrauben-Sicherungsmittel (2) aus dem Zubehörhandel auf.

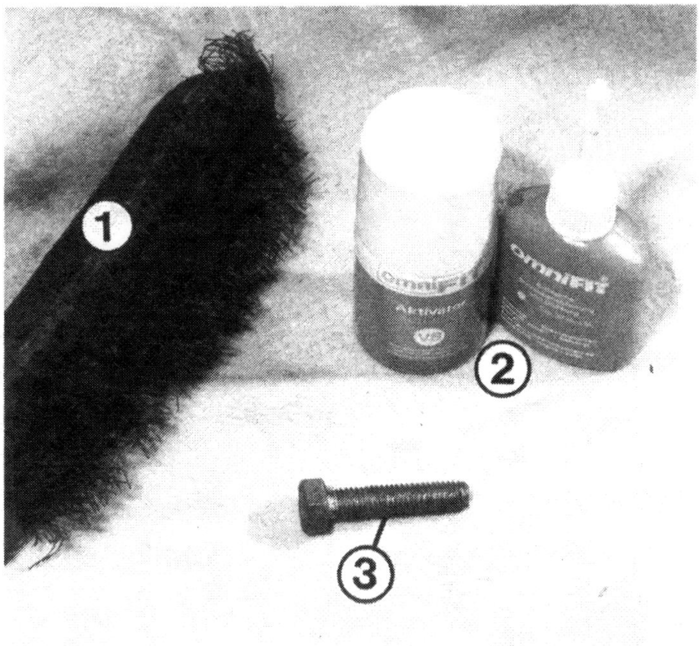

Der Hauptbremszylinder

Er ist gewissermaßen der Chef im Bremssystem. Seine Kolben bauen den Druck in der Bremsflüssigkeit auf, der dann über Bremsleitungen und -schläuche zu den einzelnen Radbremsen gelangt. Der Hauptbremszylinder kann undicht werden. Dann läßt sich das Bremspedal bei großem Fußdruck immer tiefer treten. Außerdem ist meist das Gehäuse des Bremskraftverstärkers unterhalb des angeflanschten Hauptbremszylinders feucht. Ein neuer Hauptbremszylinder oder seine Überholung (Reparatursatz) wird fällig.

Hauptbremszylinder ausbauen

- Bremsflüssigkeits-Behälter leersaugen (z. B. mit alter 100-ml-Arztspritze).
- Steckverbindung zum Behälter und die Schlauchleitung zur Kupplungsbetätigung (nicht bei Automatik-Getriebe) bzw. ASR ausstecken.
- Den Behälter abnehmen. Bohrungen abdecken.
- Bremsleitungsanschlüsse losschrauben. Sofort alle Bremsleitungen mit Gummikappe und am Bremszylinder die Öffnung mit Blindstopfen verschließen.
- Die beiden Muttern am Flansch zum Bremskraftverstärker lösen. Den Dichtring immer erneuern.
- Neuen Hauptbremszylinder mit 15 Nm festschrauben. Bremsleitungen mit 10 Nm anziehen.
- Bremsflüssigkeitsbehälter füllen.
- Bremsanlage entlüften.

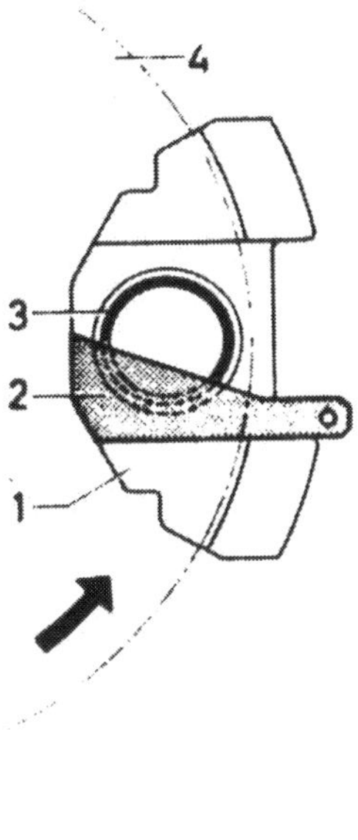

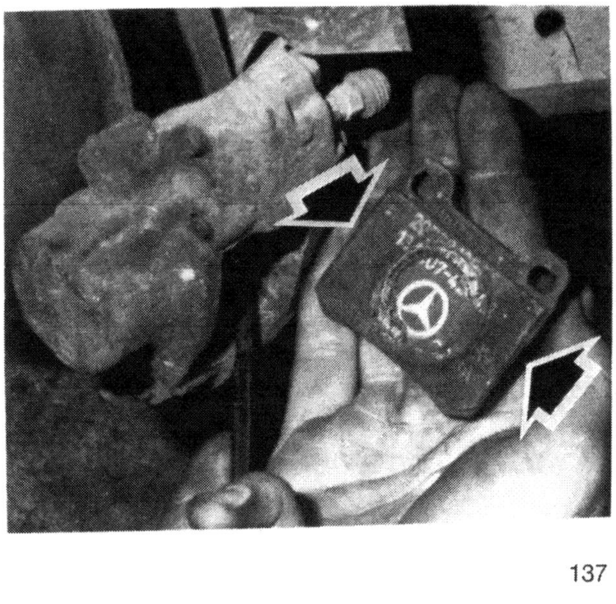

Links: Der Bremskolben (3) muß so im Bremssattel (1) gedreht sein, daß die Bremsscheibe (4) auf den Absatz im Bremskolben zudreht (Pfeil). Die Einstelllehre (2) gibt's z. B. bei ATE-Vertretungen.
Rechts: Bei quietschenden Bremsen oder beim Einbau neuer Bremsklötze die Bremsklotz-Schächte und die Seiten der Bremsklotz-Trägerplatten (Pfeil) reinigen und dünn Spezialschmiermittel (DB-Nr. 001 989 10 51) auftragen.

Zum Ausbau einer vorderen Bremsscheibe muß der Bremsträger (2) samt Bremssattel (1) vom Achsschenkel losgeschraubt werden. Weiterhin: 3 – Befestigungsschraube der Bremsscheibe; 4 – Nabenkappe; Pfeil – Sitz der Bremsscheibe zur Vorderradnabe schmieren.

Bremsleitungen ausbauen

- Überwurfmutter der Bremsleitung losdrehen. Hierzu Gegenverschraubung – z.B. an einem Bremsschlauch – festhalten.
- Ist die Mutter auf der Leitung angerostet, wodurch sich diese mitdreht, muß die Leitung in jedem Fall erneuert werden. Die dünnwandigen Rohre knikken schnell ab.
- Zum Lösen der Leitungsanschlüsse kann folgender Trick weiterhelfen, wenn das betreffende Leitungsstück ohnehin ausgewechselt werden soll:
- Bremsleitung nahe der Verschraubung abzwicken und dann die Schraube mit einer Sechskant-Stecknuß losdrehen.
- Muß eine neue Bremsleitung noch etwas zurechtgebogen werden, darf dies nur in einem großen Radius geschehen. Andernfalls knickt das dünne Rohr ab.
- Innenseite des Bogens beim Biegen mit dem Daumen unterstützen. So können Sie sich langsam dem Radius entlang arbeiten.
- Evtl. vorhandene Schutzschläuche bzw. -tüllen nicht vergessen.
- Bremsleitungen in ihren Abstandshaltern verlegen.
- Anzugsdrehmoment: Bremsleitung an Bremsschlauch 14 Nm, Bremsleitung an Hauptbremszylinder, Verteiler ca. 10 Nm.
- Bremsanlage entlüften.

Hier ist ein hinterer Bremssattel und die Bremsscheibe ausgebaut. 1 – Hinterachswellenflansch; 2 – Bundmutter zur Hinterachswelle; 3 – Befestigungsschraube für Bremsscheibe (4); 5 – Niederhaltefeder für Bremsbacke.

Hier wird das Entlüften an einer vorderen Radbremse gezeigt. Kunststoffschlauch auf das Entlüftungsventil (1) stecken. Das andere Schlauchende in ein Glasgefäß mit etwas Bremsflüssigkeit hängen. Dann das Entlüftungsventil öffnen. Jeder Bremssattel ist mit einem Entlüftungsventil ausgestattet.

Bremsschläuche ausbauen

- Zuerst die Überwurfmutter der betreffenden Bremsleitung losdrehen. Dabei darauf achten, daß sich die Leitung nicht verdreht. Am Bremsschlauch gegenhalten.
- Ist ein Bremsschlauch mit einem Blechhalter an der Karosserie befestigt, dann ist er mit einem Blechbügel gegen Hin- und Herrutschen gesichert. Beim Zusammenbau darf dieser sogenannte Schlauchhalter nicht vergessen werden.
- Beim Einbau den Schlauch immer zuerst am Bremssattel festschrauben, 18 Nm.
- Dann die Verschraubung Bremsleitung/Bremsschlauch anziehen, 14 Nm.
- Der Bremsschlauch darf nicht in sich verdreht sein. Zur Kontrolle dient der Farbstreifen oder Gummianguß entlang des Schlauches.
- Sofort nach der Reparatur kontrollieren, ob der Schlauch bei Federbewegungen und maximalen Lenkeinschlägen irgendwo scheuern kann.
- Die Kontrolle nach einer längeren Fahrtstrecke wiederholen.

Wichtige Arbeitstips

○ Wenn Sie das Hydrauliksystem der Bremsanlage irgendwo öffnen, tropft ständig Bremsflüssigkeit aus. Behindertes Arbeiten und unnötiges Nachfüllen sind die Folge. Dies können Sie wie folgt verhindern: Vor der entsprechenden Arbeit immer zuerst die Entlüftungsschraube der jeweiligen Radbremse öffnen. Nun das Bremspedal durchtreten und in dieser Stellung halten. Verwenden Sie zum Niederhalten eine Holzlatte, deren

Teile der hinteren Trommelbremse:
1 – Bremssattel;
11 – Abdeckblech;
20 – Bremsbacken;
21 – Druckstück;
22 – Verstellmutter;
24 – Niederhaltefedern;
26 – Bolzen;
27 – Spreizschloß;
29 – Rückzugfeder oben;
31 – Rückzugfeder unten, Lage der unterschiedlichen Ösen beachten.

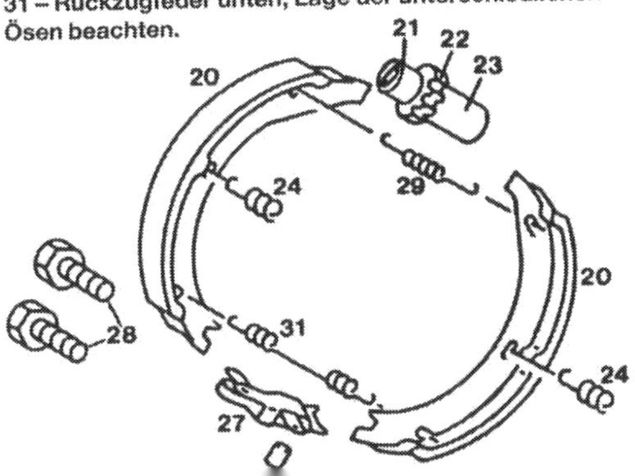

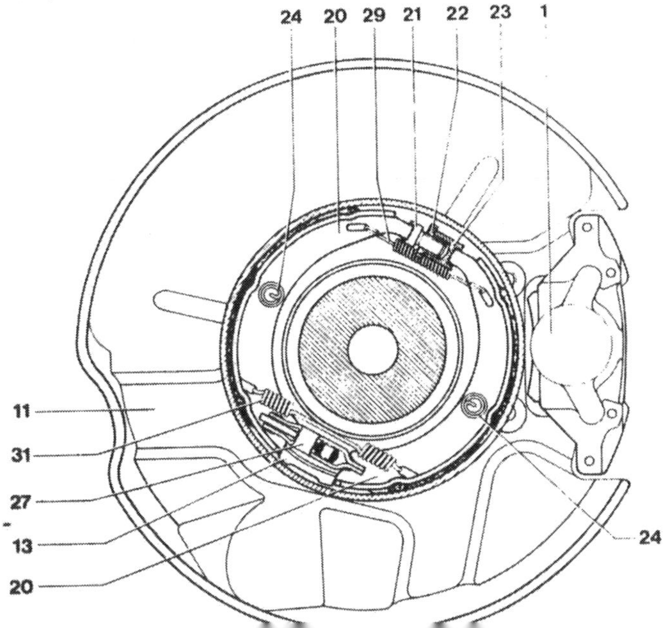

Länge Sie zuvor bestimmt haben und die Sie zwischen Pedal und Fahrersitz klemmen. Die Kolben im Hauptbremszylinder verschließen nun die Nachlauf-Bohrungen, so daß Bremsflüssigkeit nicht mehr nachfließen kann.

○ Zu Überholungsarbeiten an den Bremssätteln oder den Bremskolben darf zum Schmieren keinesfalls Öl oder Fett verwendet werden. Die Bremsflüssigkeit darf damit nicht in Berührung kommen. Außerdem wird Schmierfett bei Erwärmung dünnflüssig, so daß es zwischen die Reibfläche der Bremse fließen kann. Es werden meist Spezialschmierstoffe erforderlich, die aber entsprechenden Reparatursätzen beigepackt sind. Zum Einbau eines Bremskolbens wird beispielsweise als Schmiermittel Bremszylinder-Paste (von ATE) verwendet. Diese Schmiermittel wird auch auf die Innenseite neuer Staubschutz-Manschetten aufgetragen.

○ Ein Bremssattel, welcher nach der Überholung gänzlich von Bremsflüssigkeit entleert ist, kann beim Entlüften große Schwierigkeiten aufwerfen. Trotz Pedalpumpen strömt einfach keine Bremsflüssigkeit nach. Behelfen Sie sich so: Nach dem Anbau eines Bremssattels das obere Ende des Bremsschlauches noch nicht an die Bremsleitung schrauben. Nun durch die geöffnete Entlüfterschraube solange Bremsflüssigkeit einpumpen, bis diese oben am Bremsschlauch austritt. Anschließend den Bremsschlauch und das Entlüftungsventil festdrehen. Bremsanlage entlüften! Zum Einpumpen der Bremsflüssigkeit verwenden Sie ein neues Plastikfläschchen, das mit Bremsflüssigkeit gefüllt wird und welches man über ein durchsichtiges Schlauchstück mit dem Entlüftungsventil verbindet. Dann das Fläschechen umgekehrt hochhalten und die Bremsflüssigkeit ohne Luftblasen in den Bremssattel pumpen.

○ Vorsicht mit Bremsflüssigkeit! Lacke werden angegriffen, und sie ist sehr giftig.

○ Nach Arbeiten an der Bremshydraulik grundsätzlich eine Bremsdruckprüfung durchführen: Dazu Bremspedal mehrere Male kräftig betätigen. Dann bei laufendem Motor das Bremspedal nochmals kräftig drücken (200–300 N). Der Druck muß gehalten werden, d.h. das Bremspedal bleibt »hart«.

Bremsanlage entlüften

Können Sie nach einer Reparatur das Bremspedal bis zum Bodenblech durchtreten oder läßt sich das Pedal federnd immer weiter treten? Ist der Pedalweg viel zu lang und wird er durch mehrfaches Pumpen mit dem Bremspedal kürzer? Dann befindet sich Luft im Bremssystem. Entlüftet werden muß immer nach einer Reparatur an der Bremshydraulik. Ist Bremsflüssigkeit ausgelaufen, tritt dadurch immer Luft ins Bremssystem. Fahrzeuge mit ETS müssen in der Werkstatt entlüftet werden. Dort »fährt« man mit dem ETS-Steuergerät ein Entlüftungs-Programm.

Das Entlüften macht die Werkstatt mit einem Entlüftungsgerät, doch klappt es auch mit der althergebrachten Methode:

● Stand der Bremsflüssigkeit am Behälter kennzeichnen.

● Bremsflüssigkeits-Behälter im Motorraum mit frischer Bremsflüssigkeit füllen und während des Entlüftens ständig darauf achten, daß rechtzeitig vor der Entleerung des Behälters nachgegossen wird. Sonst wird erneut Luft angesaugt, und mit der Arbeit muß wieder von vorn begonnen werden.

● Staubkappe vom Entlüftungsventil der rechten Hinterradbremse abziehen.

● Durchsichtigen Schlauch über das Entlüftungsventil stecken und das andere Ende in ein halb mit Bremsflüssigkeit gefülltes Glasgefäß halten.

● Entlüftungsventil etwas aufdrehen.

● Bremspedal von einem Helfer durchtreten lassen.

● Entlüftungsventil wieder etwas zudrehen, wenn der Helfer das Pedal wieder zurückkommen läßt. So wird keine Luft über das Gewinde des Entlüftungsventils angesaugt. Das Bremspedal langsam herauskommen lassen, damit Bremsflüssigkeit nachströmen kann.

● Beim erneuten Niedertreten das Ventil wieder öffnen. Vorgang so lange wiederholen, bis keine Luftblasen mehr durch den Schlauch kommen. Entlüftungsventil schließen und Staubkappe aufstecken.

● An den anderen Radbremsen gleich vorgehen. In folgender Reihenfolge weiter entlüften: Linke Hinterradbremse, rechte Vorderradbremse und zuletzt linke Vorderradbremse.

● War das Bremssystem stark entleert, also viel Luft im System, das gesamte Entlüften nochmals wiederholen.

● Bremsflüssigkeits-Behälter bis zur »angebrachten« Markierung auffüllen, mindestens aber bis zur »MIN«-Marke.

Feststellbremse

Die hintere Bremsscheibe ist so geformt, daß sie auf der Innenseite noch Platz für eine herkömmliche Trommelbremse bietet. Wenn das Pedal im Fahrerfußraum getreten wird, spannt sich das vordere Bremsseil. Dieses führt zum automatischen Seilzug-Ausgleich unter dem Rücksitz. Von dort verläuft je ein Bremsseil zur jeweiligen Hinterradbremse. Die Bremsbacken werden durch einen Spreizhebel auseinanderbewegt.

Zum Erneuern der Bremsseile oder der Bremsbacken muß der automatische Seilzug-Ausgleich vorgespannt

Bei herausgenommener hinterer Sitzbank finden Sie in Fahrzeugmitte unter einem Abdeckblech (2) den automatischen Seilzug-Ausgleich. Das Einstellen der Bremsseile entfällt dadurch. Allerdings muß der Ausgleich für verschiedene Arbeiten mit einem Innensechskantschlüssel (1) vorgespannt und anschließend wieder ausgerastet werden. Diese kann durch das Langloch (vorspannen) und das hintere runde Loch geschehen (ausrasten).

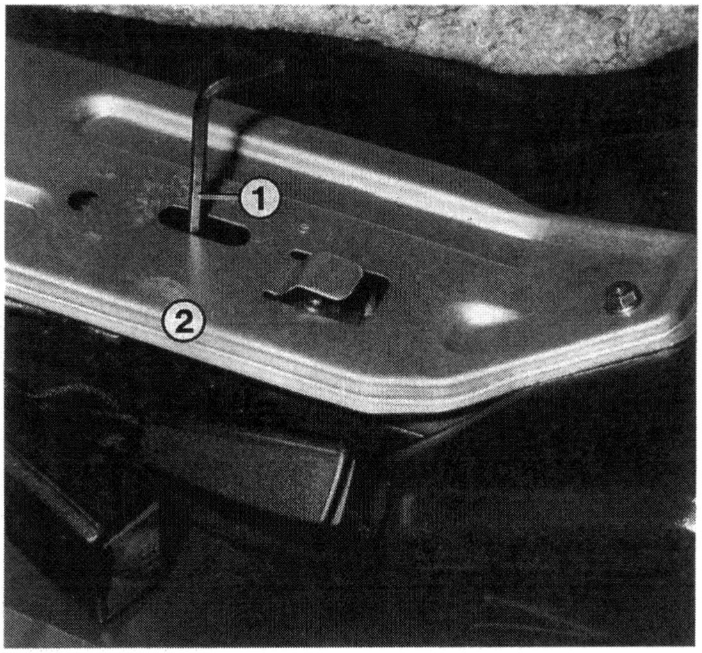

und anschließend wieder entspannt werden. Ist die Bremse zu heiß geworden und sind dadurch die Bremsbacken verbrannt, müssen unbedingt alle Federn an den Bremsbacken und die Bremsbacken selbst erneuert werden.

Feststellbremse prüfen/einstellen

Wartung Nr. 11

Kann das Pedal um fünf Rasten hineingetreten werden, ohne daß sich eine ausreichende Bremswirkung zeigt, muß die Einstellung erfolgen. Eingestellt wird an den Stellrädern der Bremsbacken-Nachstellvorrichtungen, die sich innerhalb der Bremstrommeln befinden.

- Den Wagen am besten so anheben, daß beide Hinterräder abgehoben haben. Fahrzeug sichern!
- Radschraubenlöcher so stellen, daß sie 45° nach hinten oben stehen. Jetzt können Sie mit einem Schraubendreher (4–5 mm breit) die Stellräder erreichen.
- Leichtmetallräder abschrauben. Mit 110 Nm später anschrauben.
- Feststellbremse lösen und Stellräder so verdrehen, daß sich das Hinterrad gerade nicht mehr drehen läßt. Dann wieder um 5–6 Zähne lösen. Zum Lösen müssen Sie links von oben nach unten und rechts von unten nach oben hebeln.
- Bremspedal mehrmals kräftig treten und den Weg beachten.
- Lösen der Hinterräder kontrollieren.

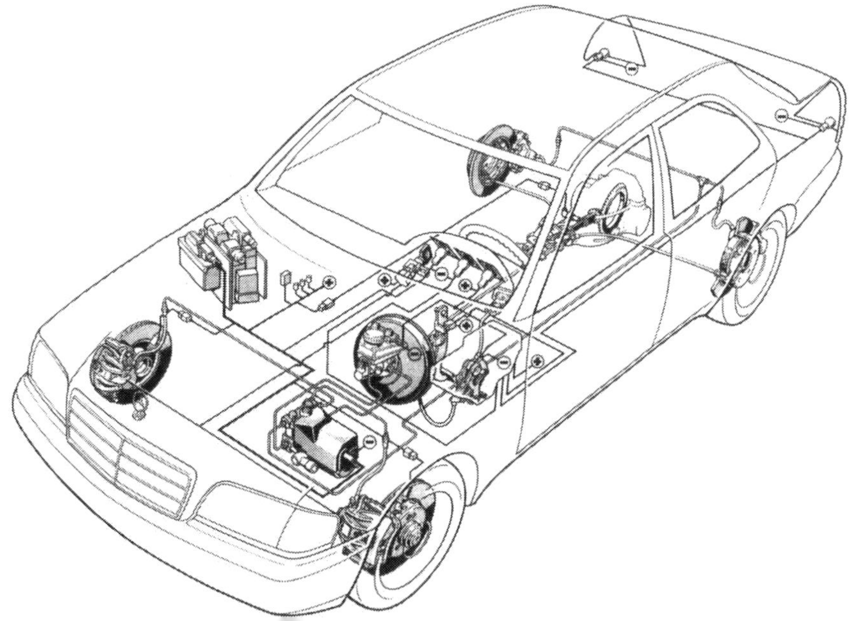

Bauteile der Betriebsbremse mit serienmäßigem ABS im Fahrzeug.

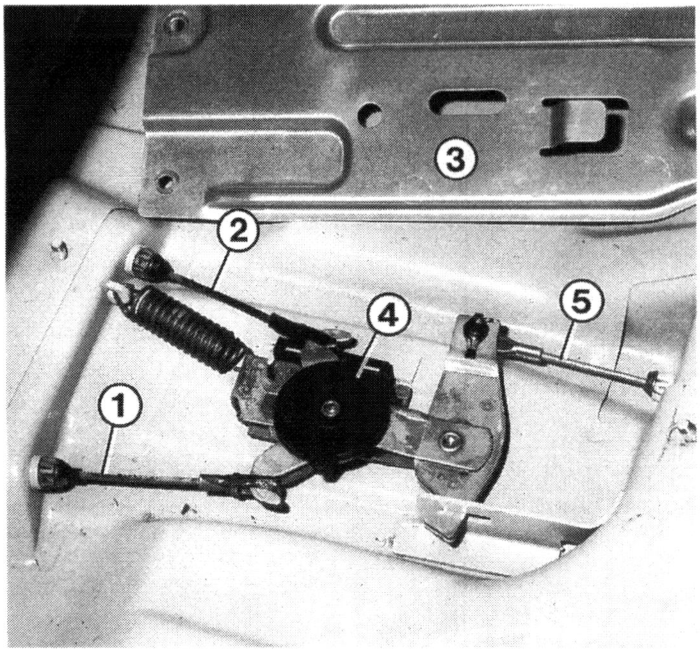

Automatischer Seilzugausgleich (4) unter dem hinteren Sitzkissen:
1 – Seilzug zum rechten Hinterrad;
2 – Seilzug zum linken Hinterrad;
3 – Abdeckblech;
5 – vorderes Bremsseil.

Bremsbacken ausbauen

- Fahrzeug anheben, sichern und Hinterrad ausbauen.
- Bremsscheibe ausbauen.
- Sitzkissen hinten herausnehmen.
- In der Mitte Abdeckblech über dem automatischen Seilzugausgleich ausbauen.
- Seilzugausgleich vorspannen: Innnensechskantschlüssel in der Mitte einsetzen und ca. ½ Umdrehung nach rechts drehen. Dabei gleichzeitig nach hinten drücken, bis der Rastenexzenter mit seiner Nase in die Feder einrastet. Später wird diese Raste wieder mit einem Schraubendreher gelöst.
- Durch die großen Bohrungen im Hinterachswellenflansch die beiden Niederhaltefedern und die untere Rückzugfeder der Bremsbacken aushängen.
- Bremsbacken aushängen.
- Bremsbacken weit auseinanderziehen und abnehmen.
- Rückzugfeder aus der Nachstellvorrichtung aushängen. Bremsbacken auseinandernehmen.
- Vor dem Einbau in umgekehrter Reihenfolge sämtliche Gleit- und Lagerstellen sowie das Gewinde der Nachstellvorrichtung mit Kupferfett einreiben.
- Einstellvorrichtung ganz zurückstellen.
- Treten beim Zusammenbau Unsicherheiten bezüglich der Einbaulage auf, Bremsscheibe der anderen Wagenseite abnehmen und vergleichen.
- Seilzug-Ausgleich entspannen, wie oben beschrieben.
- Feststellbremse einstellen.

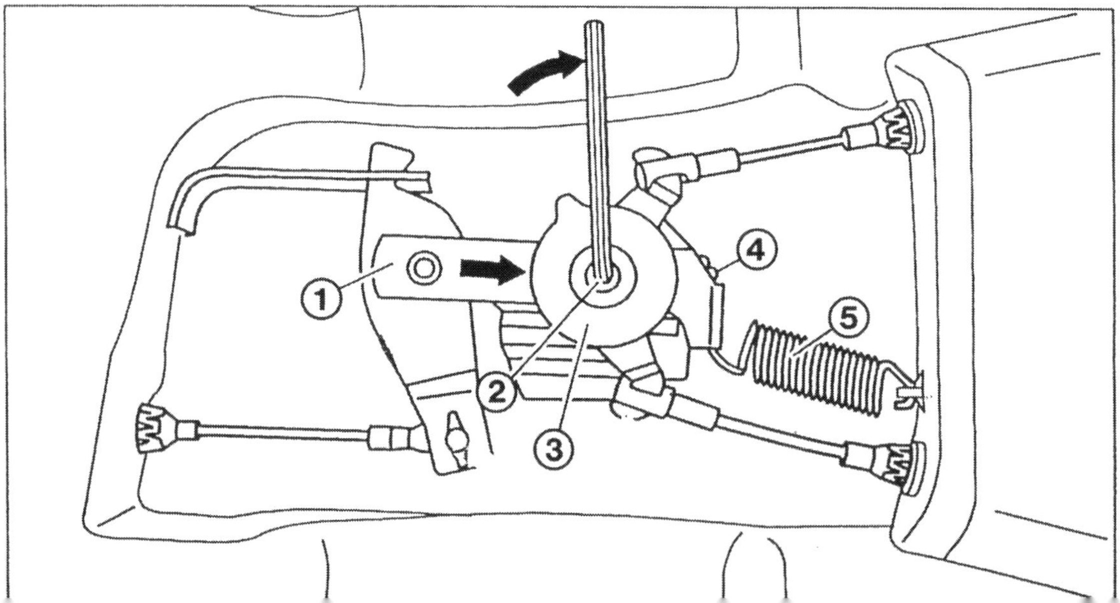

1 – Seilzugausgleich;
2 – Rastenbolzen;
3 – Rastenexzenter;
4 – Feder;
5 – Rückzugfeder;
Pfeile – vorspannen. Zum Lösen Feder ausrasten.

Hinterradbremse bei ausgebauter Bremsscheibe:
1 – Niederhaltefeder für Bremsbacke (2);
3 – Verstellmutter am Spreizschloß, mit Schraubendreher von außen verdrehbar;
4 – Abdeckblech;
5 – Bremsbacke;
6 – Hinterachswellenflansch.

Bremsseil ersetzen

Wenn das Bremsseil in seiner Umhüllung festgerostet oder sehr schwergängig ist, kann dies die Ursache für ungleiches Ziehen der Feststellbremse sein. Bei hohem Fahrzeugalter gleich beide hinteren Bremsseile ersetzen.

- Fahrzeug anheben, sichern und Hinterrad ausbauen.
- Bremsscheibe ausbauen.
- Sitzkissen hinten herausnehmen.
- In der Mitte Abdeckblech über dem automatischen Seilzugausgleich ausbauen.
- Seilzugausgleich vorspannen: Innensechskantschlüssel in der Mitte einsetzen und ca. ½ Umdrehung nach rechts drehen. Dabei gleichzeitig nach hinten drücken, bis der Rastenexzenter mit seiner Nase in die Feder einrastet. Später wird diese Raste wieder mit einem Schraubendreher gelöst.
- Rückzugfeder aushängen.
- Vorderes Bremsseil vom Hebel lösen und Hebel aushängen.
- Hintere Bremsseile am Hebel aushängen, ausclipsen und zur Fahrzeugunterseite durchschieben.
- Hintere Bremsseile vom Spreizhebel zwischen den Bremsbacken aushängen. Dazu Bolzen ausbauen.
- Selbstsichernde Schraube innen am Radträger abschrauben. Seilzug abnehmen.
- Nach dem Einbau automatischen Seilzugausgleich entspannen (siehe oben) und die Feststellbremse einstellen.

So erreichen Sie die Verstellmutter am Spreizschloß bei montiertem Rad (1). Eine Radschraube herausdrehen. Der Pfeil zeigt in Fahrtrichtung.

Das Antiblockiersystem

Serienmäßig ist Ihr Mercedes mit einem Antiblockiersystem (ABS) ausgerüstet. Das aufwendige System leistet einen bedeutenden Beitrag zur Fahrsicherheit, da beim Bremsen die beiden Vorderradbremsen einzeln (rund 70% der Bremsarbeit wird durch die Vorderradbremsen übernommen) und die Hinterradbremsen zusammen geregelt werden und die Räder nicht mehr blockieren können.
Mit dem ABS haben Sie ein System im Auto, daß ca. 30 Jahre Entwicklung auf dem Buckel hat. Als damals – man schrieb das Jahr 1959 – der sogenannte »Heckflossen-Mercedes« auf den Markt kam, hatte sich bei Mercedes-Benz die Meinung durchgesetzt, daß blockierende Räder ein entscheidendes Sicherheitsrisiko seien. Die Idee lag nahe, die Blockierneigung mit Hilfe automatischer Regelung zu verhindern. Das von Mercedes und Bosch entwickelte ABS wurde dann 1979 weltweit zum ersten Mal in einem Auto angeboten. Bis 1990 sind zwei Millionen ABS-Systeme verkauft worden.

○ Der Bremsweg wird kürzer, weil das ABS immer für optimale »Stotterbremsung« sorgt und so ein Rutschen der Räder nicht mehr möglich ist.

○ Das Fahrzeug bricht nicht aus der Spur, weil sich die Räder selbst bei Vollbremsung auf Glatteis immer noch etwas drehen und so das Fahrzeug führen.

○ Auch wenn das Heck lenkt, kommt der Dreher: Entgegen der landläufig verbreiteten Meinung, daß bei einer Vollbremsung nur die blockierten Vorderräder bei gezielten Ausweichmanövern hilflos im Radhaus stehen, müssen Sie wissen, daß auch blockierende Hinterräder beim Bremsen unmittelbar zum Ausbrechen führen. Das Fahrzeug dreht sich in diesem Fall nicht nur bei zügiger Kurvenfahrt um die Hochachse, sondern auch bei schlichter Geradeaus-Bremsung.

Teile des ABS

○ **Hydraulikeinheit**; die Einheit ist vorn links im Motorraum zwischen den Bremsleitungen vom Hauptbremszylinder und den Bremsleitungen zu den Radbremsen eingebaut. Entsprechend den Befehlen vom elektronischen Steuergerät wird der Druck zu den Radbremsen entweder konstant gehalten, verringert oder wieder aufgebaut. Höher als der Druck, den Sie über das Bremspedal im Hauptbremszylinder erzeugen, kann der Druck aber nicht erhöht werden. Für die Druckregelung sind drei schnell schaltende Magnetventile zuständig. Zwei davon für je eine Vorderradbremse und eines für den hinteren Bremskreis. Sind die Magnetventile stromlos, wird der Druck erhöht. Fließt der Maximalstrom, erfolgt eine Druckreduzierung, und bei mittlerer Stromstärke wird der Druck gehalten. Besonders interessant ist die Druckabbauphase: Weil man die Bremsflüssigkeit, welche vom Hauptbremszylinder hergedrückt wird, zum Druckabbau nicht einfach irgendwohin entweichen lassen kann (das Bremspedal würde sich als Folge ganz durchtreten lassen), pumpt man die Bremsflüssigkeit mit einer kräftigen Rückförderpumpe zum Hauptbremszylinder zurück. Sie merken dies am Bremspedal, das leicht zu pulsieren beginnt, wenn die Rückförderpumpe läuft, das ABS also in Aktion tritt. Bei genauem Hinhören vernehmen Sie auch die Pumpgeräusche. Durch Geräuschdämpfer in der Hydraulikeinheit wird das Geräusch unterdrückt.
Oben an der Hydraulikeinheit finden Sie neben der Steckverbindung noch zwei Relais – das größere schaltet den Strom zur Rückförderpumpe; über das kleinere Relais werden die Magnetventile angesteuert.

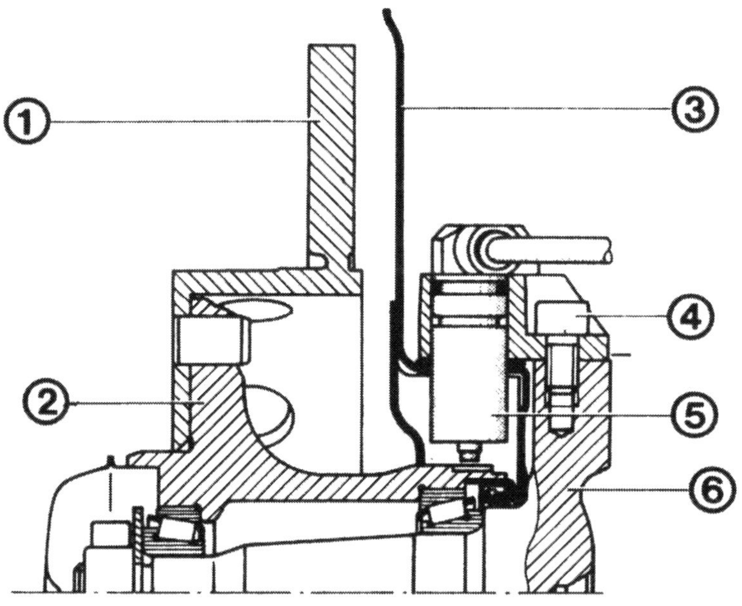

So sind die vorderen Drehzahlgeber eingebaut:
1 – Bremsscheibe;
2 – Vorderradnabe;
3 – Abdeckblech;
4 – Innensechskantschraube (25 Nm);
5 – Drehzahlgeber;
6 – Achsschenkel.

So wird die Raddrehzahl gemessen: Dreht der Rotor (4) am Magnetkern (3) des Drehzahlgebers (1) vorbei, ensteht in der Spule (2) eine Wechselspannung. Ihre Frequenz ist von der Rotor- bzw. Raddrehzahl abhängig. Über ein Koaxialkabel (5) wird die Spannung zum Steuergerät geführt.

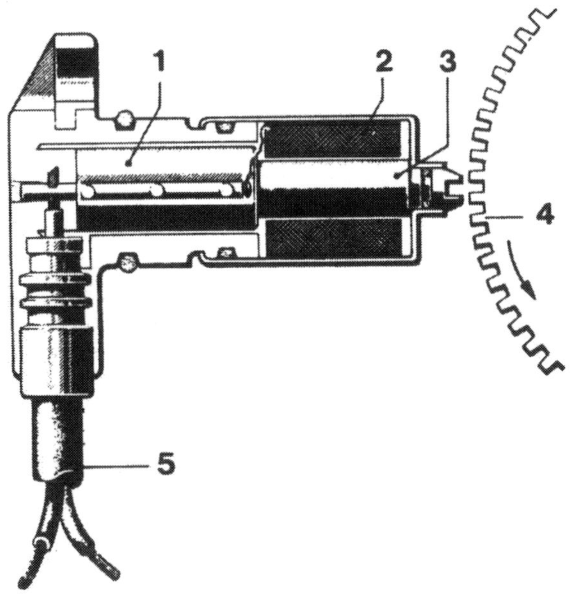

Bei Fahrzeugen ab 6/94 ist eine andere Hydraulikeinheit eingebaut, weil diese noch ETS-Aufgaben erfüllen muß.

○ **Drehzahlgeber** erfassen die Drehzahlen eines jeden Vorderrades und der Hinterräder. Vorn sind die Geber am Achsschenkel montiert. Hinten sitzt der Geber am Differential. Die Geber versorgen die Steuerelektronik mit den nötigen Informationen, damit diese wiederum die Hydraulikeinheit ansteuern kann. Die Drehzahlgeber bestehen aus einem Magnetkern und einer Spule. Sie sind in geringem Abstand zu einer Zahnscheibe montiert. Dreht sich die Zahnscheibe, entsteht in der Spule eine Wechselspannung, die entsprechend der Raddrehzahl ihre Frequenz ändert.

○ **Elektronisches Steuergerät** im Aggregateraum rechts: Es verarbeitet die Informationen von den Drehzahlgebern und steuert die Hydraulikeinheit so an, daß die Räder nicht blockieren. Neben der komplizierten Signalaufarbeitung und dem Logikteil enthält das Steuergerät noch eine Sicherheitsschaltung. Damit kann sich das Gerät selbst überprüfen, Fehler außerhalb erkennen und die Betriebsspannung überwachen. Werden Fehler festgestellt, schaltet sich das Antiblockiersystem aus, und die Kontrollampe im Kombi-Instrument leuchtet auf. Das ABS-Steuergerät ist voll diagnosefähig. Gespeicherte Fehler können in der Werkstatt ausgelesen werden.

○ Der **Überspannungsschutz** sorgt für die Betriebsspannung. Das Relais hat den Überspannungsschutz mit eingebaut, oben auf dem Relais befindet sich eine Sicherung.

○ Die Anschlüsse des Steuergerätes und der Hydraulikeinheit erfolgen über Mehrfachsteckverbindungen. Zu den Drehzahlgebern führen Koaxial-Kabel, die vor den Gebern noch eine Steckverbindung haben.

ABS gestört

Die ABS-Kontrolleuchte im Armaturenbrett leuchtet mit dem Einschalten der Zündung auf. Sie muß verlöschen, wenn der Motor läuft oder spätestens, wenn schneller als 5 km/h gefahren wird. Fällt die Bordspannung unter 10 Volt, leuchtet die Kontrolle ebenfalls. Sie kann weiterhin aufleuchten, wenn ein Rad länger als 20 Sekunden durchdreht. Dann die Zündung wieder ausschalten und erneut starten.

Leuchtet die Kontrolle ständig, ist das ABS nicht betriebsbereit. Eine Mercedes- oder Bosch-Werkstatt muß mit aufwendigen Geräten nach der Ursache forschen. Als Laie können Sie allenfalls Steckverbindungen oder die Drehzahlgeber kontrollieren. Auch die Sicherung auf dem Überspannungsschutz können Sie prüfen.

Wichtig: Auch wenn die Kontrolle ständig leuchtet, das ABS also ausgeschaltet ist, kann der Mercedes wie ein Fahrzeug ohne ABS abgebremst werden.

Nachfolgend noch einige Hinweise zu unseren bisherigen Erfahrungen mit ABS-Störungen:

○ Bei hoher Geschwindigkeit (ab ca. 160 km/h) kann es vorkommen, daß die ABS-Kontrolleuchte aufleuchtet. Schuld daran sind verschiedene Raddrehzahlen an Vorder- und Hinterachse, hervorgerufen durch ungünstige Reifenkombinationen. Bei serienmäßiger Bereifung tritt dieser Effekt nicht auf.

○ Drehen z.B. auf Eisglätte die Hinterräder mehr als 20 Sekunden durch, leuchtet die ABS-Kontrolleuchte wegen der Raddrehzahlunterschiede auf.

○ Arbeitet das ABS, spürt man dies am pulsierenden Bremspedal. Pulsiert es schon bei leichtem Abbremsen bei guten Straßenverhältnissen (ABS-Kontrolleuchte brennt nicht), deutet dies auf einen Fehler hin. Nacheinan-

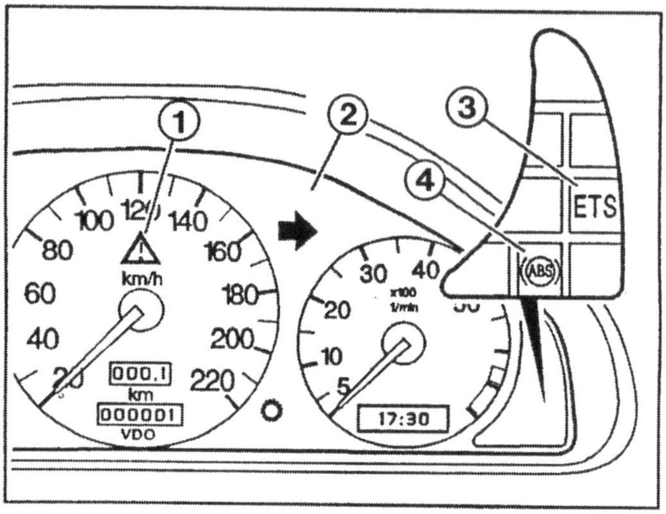

Leuchten im Kombi-Instrument (1) die Anzeigen »4« oder »3«, ist das jeweilige System ausgefallen – Werkstatt aufsuchen. Leuchtet die Warnlampe »2«, ist das ABS/ETS in Aktion, weil die Räder fast rutschen – runter vom Gas!

der erst sämtliche Drehzahlgeber prüfen, dann das Steuergerät erneuern. Bisweilen sind auch überharte, alte Reifen an diesem Effekt schuld.

○ Schaltet der Bremslichtschalter nicht, kann das ABS nicht funktionieren.

○ Beim Austausch von Differential oder Radnaben unbedingt darauf achten, daß der Rotor gleich viele Zähne hat.

Drehzahlgeber prüfen

● Zündung ausschalten. Stecker vom Steuergerät abziehen. Die Innenwiderstände der Geber und die Wechselspannungssignale an den Buchsen im Stekker messen. Die Belegung des Stecker siehe Schaltplan.

● Zuerst die Innenwiderstände der Geber messen. Es gelten vorn 1,1–2,3 kΩ und hinten 0,6–1,6 kΩ.

● Anschließend die Wechselspannung messen, die jeder Drehzahlgeber mindestens erzeugen muß, wenn das entsprechende Rad von Hand schnell durchgedreht wird. Die gemessene Wechselspannung muß größer als 100 mV sein.

● Werden die Spannungs- bzw. Innenwiderstandswerte nicht erreicht, sind die Drehzahlgeber defekt oder die Leitungen zum Steuergerät unterbrochen.

● Hier besonders die Koaxial-Steckverbindungen kontrollieren.

● Außerdem die Spitze an jedem Drehzahlgeber auf Beschädigungen und Metallspäne untersuchen.

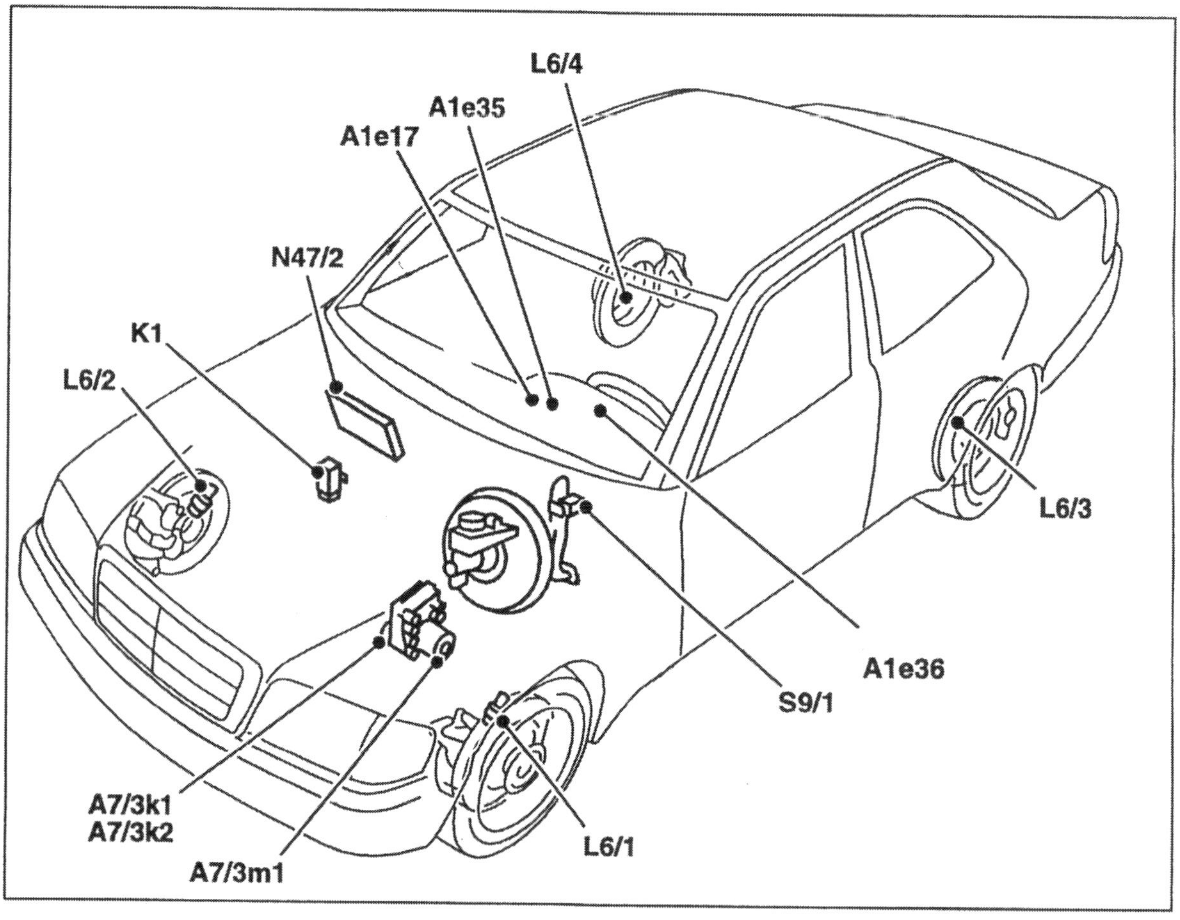

A1e17 – Kontrollleuchte ABS; A7/3k1 – Relais Magnetventil; A7/3k2 – Relais Hochdruck-/Rückförderpumpe; A7/3m1 – Hochdruck-/Rückförderpumpe; K1 – Relais Überspannungsschutz; L6/1 – Drehzahlgeber vorn links; L6/2 – Drehzahlgeber vorn rechts; L6/3 – Drehzahlgeber hinten links; L6/4 – Drehzahlgeber hinten rechts; S9/1 – Bremslichtschalter; A1e35 – Kontrollleuchte ETS; A1e36 – Warnleuchte ETS; N47/2 – Steuergerät ETS.

Die Pfeile verdeutlichen die Eingangs- und Ausgangssignale am ETS-Steuergerät.

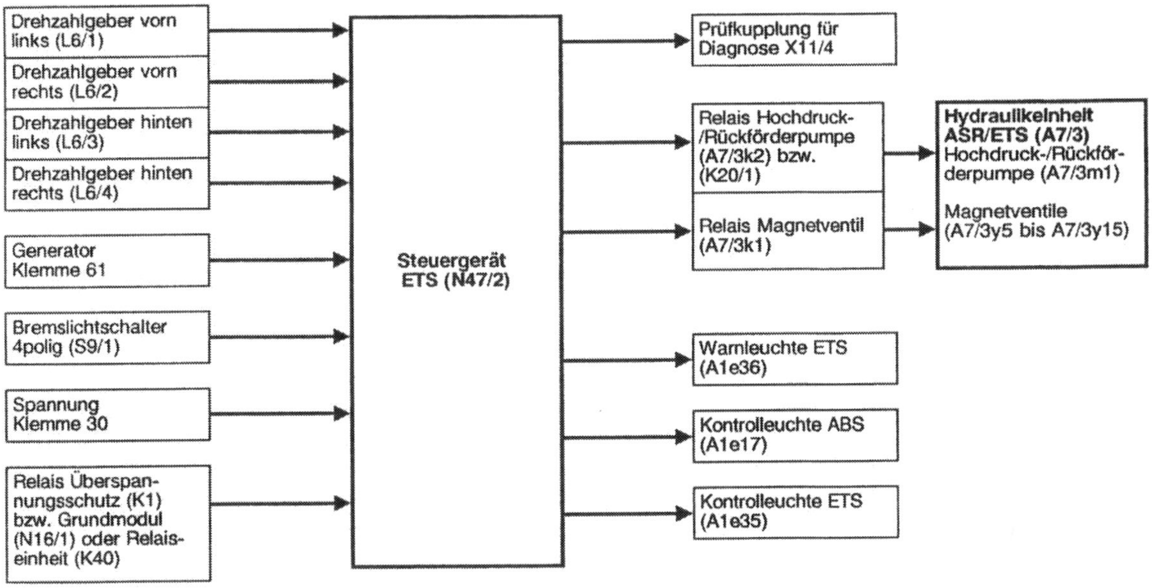

Elektronisches Traktions-System (ETS)

Lebewesen, die sich auf den Beinen fortbewegen, und Automobile haben zumindest eines gemeinsam: Verlieren sie die Traktion zum Boden, geraten sie leicht außer Kontrolle, kommen meistens folgenschwer zu Fall beziehungsweise von der Fahrbahn ab! Die Entwicklung ausgeklügelter elektronisch gesteuerter Systeme in den Bereichen Fahrsicherheit und Fahrdynamik, die den Fahrer da unterstützen sollen, wo er überfordert ist, genießt deshalb bei Mercedes schon Tradition. Das Antiblockiersystem (ABS) machte den Anfang, die Antriebs-Schlupf-Regelung (ASR) und das Automatische Sperr-Differential (ASD) folgten.
Die wichtigste Entwicklung trägt die Bezeichnung ETS (Elektronisches Traktions-System). Die elektronisch gesteuerte Traktionshilfe mit automatischem Bremseneingriff an der Hinterachse ist auf Wunsch zum Preis des früheren ASD für die C-Klasse ab 6/94 lieferbar. Das bekannte ASD läuft gleichzeitig aus.
Anders als beim ASD verbessert ETS die Fahrstabilität durch kurzzeitigen Bremseneingriff an einem oder beiden Antriebsrädern. Dies geschieht je nach Fahrsituation: Dreht eines der Hinterräder beim Anfahren auf glattem Untergrund durch, wird es mittels ETS so lange abgebremst, bis zwischen beiden Antriebsrädern eine optimale Drehzahldifferenz hergestellt ist. Durch den einseitigen Bremseneingriff entsteht eine Sperrwirkung, die das Anfahrverhalten weiter stabilisiert.
Die Anfahrhilfe arbeitet normalerweise zwischen 0 und 40 km/h. Bei besonders kritischen Fahrbahnverhältnissen wird die ETS-Regelung jedoch bis Tempo 80 fortgeführt. Die automatische Bremsdruckregelung ist zeitlich begrenzt, so daß eine Überhitzung der Hinterradbremsen zuverlässig vermieden wird. Mercedes hat dazu die Erwärmung der hinteren Bremsbeläge bei Versuchsfahrten ermittelt und ein Temperaturmodell definiert, mit dem das ETS-Steuergerät programmiert ist. Überschreitet die berechnete Bremsbelagtemperatur einen bestimmten Grenzwert, schaltet der Microcomputer die ETS-Regelung ab. In diesem Fall leuchtet im Cockpit ein Kontrollsignal auf, das den Fahrer über die temperaturbedingte ETS-Abschaltung informiert.
Auch mit Hilfe von ETS lassen sich die Gesetze der Fahrphysik nicht überlisten. Deshalb ist das Traktionssystem mit einer Warnlampe im Tachometer gekoppelt. Sie blinkt auf, wenn die Reifen ihre Haftgrenze errreichen und fordert den Fahrer auf, seine Fahrweise besser den Straßenverhältnissen anzupassen. Die Fahrerinformation erfolgt bei jeder Geschwindigkeit, also auch jenseits des ETS-Regelbereiches von 80 km/h.
Gegenüber dem ASD bietet die ETS eine ganze Reihe von Vorteilen. So ermöglicht beispielsweise der Einsatz von insgesamt vier Drehzahlgebern, je zwei pro Achse, eine höhere Regelgenauigkeit. Ein weiterer Vorteil des ETS-Systems ist die Gewichtseinsparung von mehr als neun Kilogramm, die durch die Entwicklung eines gemeinsamen Steuergeräts und einer Hydraulikeinheit für ETS und ABS erzielt wurde. ETS und ABS bilden somit eine Einheit.

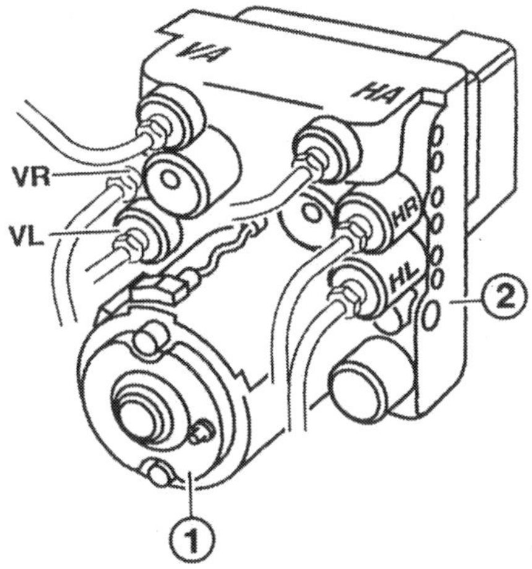

An der ABS/ETS-Hydraulikeinheit (2) im Motorraum ist hier folgendes bezeichnet:
1 – Hochdruck-/Rückförderpumpe;
VL – Anschluß zur Vorderradbremse links;
VR – Anschluß zur Vorderradbremse rechts;
HL – Anschluß zur Hinterradbremse links;
HR – Anschluß zur Hinterradbremse rechts.

Bremsen

Die Störung	– ihre Ursache	– ihre Abhilfe
A Bremsen ziehen einseitig. Das Fahrzeug bricht aus.	1 Reifendruck ungleichmäßig	Korrigieren bei kalten Reifen
	2 Reifenprofil ungleichmäßig abgefahren	Radeinstellung prüfen lassen. Evtl. Reifen wechseln
	3 Beläge verschmiert, »verglast« oder ungleichmäßig abgenutzt	Bremsklötze erneuern, Bremssättel überprüfen
	4 Bremsklötze einseitig abgenutzt	Gängigkeit der Bremskolben prüfen
	5 Unterschiedliche Bremsklötze eingebaut	Achsweise gleiche Bremsklötze einbauen
	6 Bremsklötze klemmen in ihrem Sitz	Vorn den Bremsträger, hinten die Schächte im Bremssattel reinigen
	7 Bremsscheiben stark riefig oder zu dünn	Bremsscheiben ersetzen
	8 Bremsschläuche gequollen	Schläuche ersetzen
B Bremsen quietschen	1 Falsche Bremsbeläge	Original-Beläge oder Markenfabrikate einbauen
	2 Bremskolben schwergängig	Bremssättel überprüfen lassen, ggf. ersetzen
	3 Klemmende Bremsklötze	Sitz reinigen und leicht mit Spezialschmiermittel (von Mercedes) fetten
	4 Verdrehte Bremskolben (nur hinten)	Stellung prüfen lassen
	5 Gleitbolzen festgerostet (nur vorn)	Gängig machen oder ersetzen
	6 Bremsscheibe hat Seitenschlag	Erneuern
C Bremsen rattern	1 Bremsscheiben verschlissen	Austauschen
	2 Bremssattel lose	Mit neuen Schrauben befestigen
D Schlechte Bremswirkung bei normalem Bremspedalweg	1 Bremsklötze abgenutzt	Austauschen
	2 Siehe B 2	
	3 Siehe C 1	
E Schlechte Bremswirkung trotz hohem Pedaldruck, aber langer Pedalweg	Ein Bremskreis ausgefallen a) Bremssystem undicht b) Bremsflüssigkeit im Behälter c) Hauptbremszylinder schadhaft	Bremsentest und eine Dichtheitsprüfung durchführen lassen. Schadhafte Teile ersetzen lassen
F Schlechte Bremswirkung und kurzer Pedalweg	1 Bremskraftverstärker schadhaft	Prüfen, ggf. ersetzen
	2 Unterdruckschlauch zum Bremskraftverstärker undicht oder lose	Anschlüsse nachziehen, Schlauch auf Durchscheuerungen untersuchen
	3 Rückschlagventil defekt	Prüfen, ggf. ersetzen
	4 Hauptbremszylinder schadhaft	Austauschen
G Pedalweg zu groß, Pedal läßt sich weich und federnd durchtreten	1 Luft im Bremssystem	Bremsanlage entlüften
	2 Bremssystem undicht	Dichtheitsprüfung durchführen lassen
	3 Siehe F 4	
	4 Bei starker Bremsbelastung Dampfblasenbildung (Bremsflüssigkeit zu alt)	Bremsflüssigkeit austauschen
	5 Abgenützte Bremsklötze hinten, Trägerplatten liegen an Kreuzfeder an	Bremsklötze ersetzen
	6 Belüftungslöcher im Deckel des Bremsflüssigkeitsbehälter verstopft (falls vorhanden)	Reinigen
H Eine Radbremse wird beim Rollenlassen heiß	1 Ausgleichsbohrungen im Hauptbremszylinder verstopft	Überholen lassen
	2 Feststellbremse löst nicht	Einstellen, Bremsseil bzw. Bremsbacken prüfen
	3 Siehe A 6	
	4 Siehe B 2	
I Feststellbremse wirkt einseitig oder nur schwach	1 Bremsbeläge teilweise abgeschliffen, Pedalweg zu lang	Feststellbremse einstellen
	2 Bremsbeläge verölt oder abgenutzt	Hintere Bremsscheibe ausbauen und Beläge prüfen
	3 Spreizhebel beschädigt	Bremsscheibe ausbauen und kontrollieren
	4 Bremsseil festgerostet	Ersetzen
J Kontrolleuchten ABS, ASD, ETS verlöschen nicht	System gestört	Systemdiagnose durchführen lassen

Klammeraffen

Eine etwa handtellergroße Berührungsfläche zur Fahrbahn muß den Mercedes auf Kurs halten – und dies bei jedem Wetter und bei Straßen aller Art. Auch beim Bremsen treten gewaltige Kräfte auf, die ebenfalls allein von den Reifen übertragen werden müssen. Von der Behandlung der Reifen hängt es jedoch ab, ob das ganze Sicherheitspaket, das in einen Reifen »eingebaut« ist, auch wirksam ist.

Welche Reifengrößen sind montiert?

Folgende Reifengrößen können auf unseren C-Klasse-Modellen montiert sein:

Typ	Sommerreifen, schlauchlos Bezeichnung	Winterreifen, schlauchlos Bezeichnung	Felgenbezeichnung
C 200 Diesel C 220 Diesel	185/65 R 15 88 T 195/65 R 15 91 H	185/65 R 15 88 T M+S 195/65 R 15 91 T M+S	Stahl 6 J × 15 H2 ET 31 Leichtmetall 6½ J × 15 H2 ET 37 8-Loch-Design bzw. 15-Loch-Design
C 250 Diesel	185/65 R 15 88 H 195/65 R 15 91 H	185/65 R 15 88 T M+S 195/65 R 15 91 T M+S	Stahl 6 J × 15 H2 ET 31 Leichtmetall 6½ J × 15 H2 ET 37 8-Loch-Design bzw. 15-Loch-Design
Alle mit Sportfahrwerk	205/60 R 15 91 H	205/60 R 15 91 H M+S	Leichtmetall 7 J × 15 H2 ET 37 5-Loch-Design bzw. 8-Loch-Design
Alle mit Sportfahrwerk	205/60 R 15 91 V 225/45 ZR 17	205/60 R 15 91 H M+S –	AMG Leichtmetall 7 J × 15 H2 ET 37 AMG Leichtmetall 7½ J × 17 H2 ET 35

Für Ihren speziellen Wagen gelten diejenigen Reifengrößen, die in Ihrem **Kfz-Schein eingetragen** sind. Reifen mit anderen Bezeichnungen dürfen sich an Ihrem Mercedes nicht befinden, sonst kann es Ärger mit der Polizei geben. Denn die Betriebserlaubnis des Wagens ist dann erloschen. Und das wird teuer!
Bevor ein bestimmter Reifentyp von Mercedes-Benz anerkannt wird, werden umfangreiche Fahr- und Prüfstandtests mit allen Motorisierungs- und Fahrwerksvarianten durchgeführt. Bei entsprechender Eignung erhält er eine Mercedes-Freigabe. D.h. daß der Reifen für die Montage an einem bestimmten Modell der am besten geeignete ist. Da sich solche Freigaben durch neu auf den Markt gekommene Reifentypen immer wieder ändern, sollten Sie die aktuellen Freigaben bei der Mercedes-Werkstatt erfragen.

Was so alles an Beschriftung auf eine Reifenflanke paßt, finden Sie hier in dieser Zeichnung erklärt.

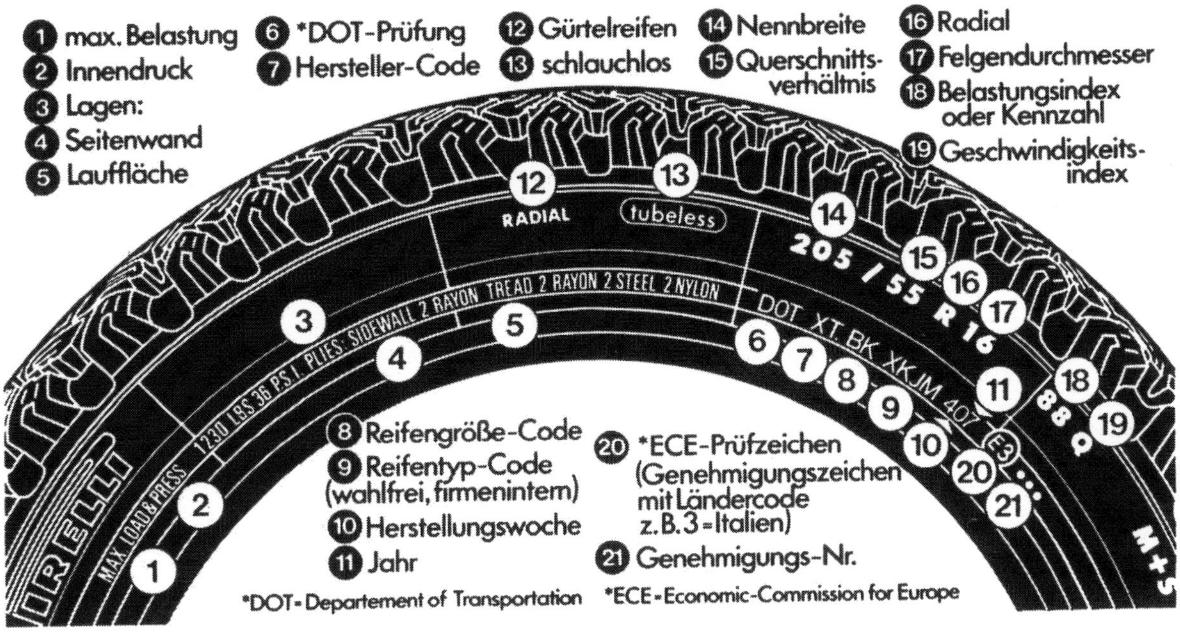

Nicht alle Größen gelten

Wollen Sie eine der in der Tabelle genannten Reifengrößen an Ihrem Wagen montieren, obwohl sie im Kfz-Schein Ihres Wagens **nicht eingetragen** ist, muß diese zuvor beim DEKRA oder TÜV in die Papiere eingetragen werden. Zuerst fragen (!), dann kaufen. Nicht alle Größen werden eingetragen.

Die Reifenbezeichnungen

Die Zahlen und Buchstaben in der Reifenbezeichnung haben die folgende Bewandtnis:
185, 195, 205: Reifenbreite in unbelastetem Zustand in mm.
65, 60, 45: Verhältnis von Reifenhöhe zu Reifenbreite = 65:100 (zum Beispiel). Entsprechend niedriger ist das Höhen/Breiten-Verhältnis bei 60er- und 45er-Reifen.
R: Kennzeichnung der Bauart als **R**adial- oder Gürtelreifen.
15: Innendurchmesser des Reifens in Zoll (").
Q: zulässige Höchstgeschwindigkeit bis 160 km/h – Geschwindigkeitsklasse für herkömmliche M+S-Reifen.
T: bis 190 km/h – u.a. Hochgeschwindigkeits-M+S-Reifen.
H: bis 210 km/h.
V: bis 240 km/h.
W: bis 270 km/h (ab ca. 11/93).
ZR: über 240 km/h bis ca. 11/93, danach über 270 km/h.

Die Felgenbezeichnungen

Die Zahlen und Buchstaben der Felgenbezeichnungen bedeuten folgendes:
6, 6½, 7, 7½: Felgenmaulweite in Zoll. Gemessen wird an der Felgenhornbasis quer zur Laufrichtung des Rades.
J: Kennzeichnung der Felgenhorn-Höhe.
x: Zeichen für Tiefbettfelge.
15: Felgendurchmesser in Zoll. Gemessen wird von Wulst zu Wulst.
ET 31, 35, 37: Ein wichtiges Felgenmaß stellt die Einpreßtiefe (ET) dar. Damit bezeichnet man den Abstand zwischen der Felgenmitte und der Anlagefläche der Felge an die Radnabe.

Fingerzeig: Felgen vom Vorgängermodell 190 E/D und auch die Felgen der E-Klasse dürfen nicht verwendet werden. Also falls ein 190er Ihr eigen war, diesen mit den Winterreifen verkaufen.

Anbau von Sonderfelgen

Sonderfelgen heißen auf Amtsdeutsch solche Räder, die in Form oder Material nicht der serienmäßigen Ausstattung entsprechen. Da es wegen nachträglich montierten Rädern und Reifen immer wieder Schwierigkeiten bei Polizeikontrollen oder der Hauptuntersuchung bei DEKRA oder TÜV gibt, hier einige Punkte, die Sie beachten müssen.

○ Keine Probleme gibt es, wenn Felgen- und Reifengröße mit den Angaben in den Fahrzeugpapieren übereinstimmen und die Felgen Original-Mercedes-Teile sind.
○ Eine Änderung der Fahrzeugpapiere durch die Zulassungsstelle ist erforderlich, wenn Felgen- und Reifengröße mit den Angaben in den Kfz-Papieren übereinstimmen und eine Rad-ABE vorliegt.
○ Ein Gutachten nach § 19 (2) StVZO (Teilgutachten) und die Berichtigung der Kfz-Papiere ist notwendig, wenn Felgen- und Reifengröße nicht mit den Angaben in den Papieren übereinstimmen und/oder für die Felgen lediglich ein TÜV-Bericht vorliegt.
○ Beim Kauf neuer Sonderfelgen muß eine Rad-ABE oder ein TÜV-Bericht beigefügt sein.
○ Vor dem Kauf gebrauchter, nicht originaler Felgen ohne entsprechende Papiere sollten Sie anhand der genauen Hersteller- und Typenbezeichnung sowie des Herstellungsdatums (es ist in der Felge eingeschlagen oder eingegossen) aus dem Räderkatalog des TÜV heraussuchen lassen, ob hierfür eine Rad-ABE oder ein TÜV-Bericht vorliegt.
○ Räder ohne ABE oder TÜV-Bericht dürfen in der Bundesrepublik nicht montiert werden.

Radschrauben und Felgen – eine Einheit

Radschrauben und Felgen stellen eine Konstruktionseinheit dar und dürfen deshalb nicht getrennt werden. Der Kegelsitz an den Befestigungslöchern der Felgen ist genau auf den Kegel der Radschrauben abgestimmt.

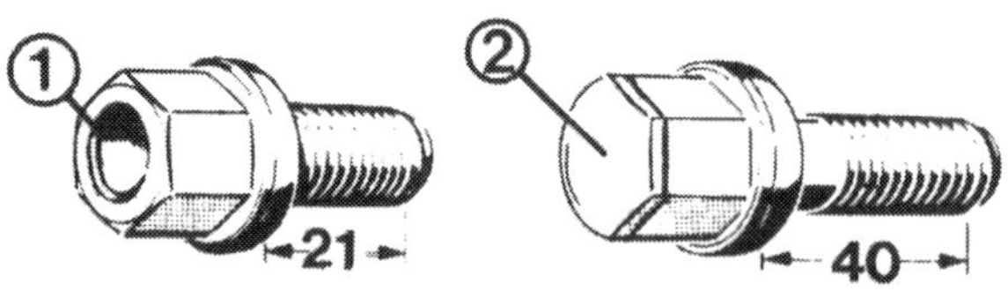

Unbedingt auf die richtige Länge der Radschrauben achten!
1 – Schraube für Stahlfelge (21 mm);
2 – Schraube für Leichtmetallfelge (40 mm).
Anzugsdrehmoment für alle Radschrauben 110 Nm.

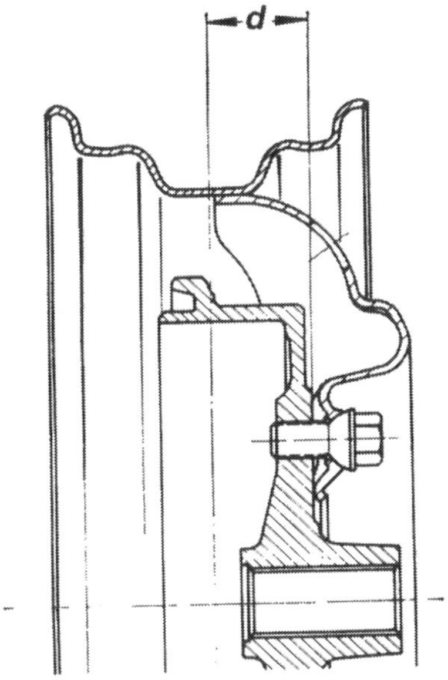

Mit der Einpreßtiefe »d« (Kurzbezeichnung »ET«) bezeichnet man den Abstand zwischen der Felgenmitte und der Anlagefläche der Felge an die Radnabe.

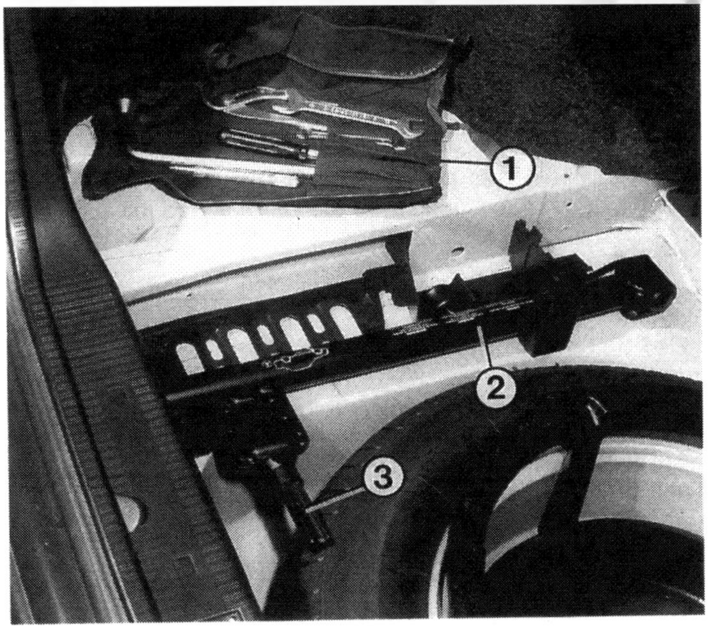

Links im Kofferraum finden Sie das Bordwerkzeug (1) und den Wagenheber (2). Der Einsteckbolzen (3) muß auf dem Reserverad aufliegen.

Andere Kegelformen können den sicheren Sitz der Schraube und damit die Befestigung des Rades nicht garantieren. Die Länge muß stimmen. Eine zu kurze Radschraube hält das Rad nicht sicher an der Nabe. Eine Schraube mit zu langem Schraubengewinde ragt zu weit in die Schraubenbohrung der Radnabe und kann nicht genügend angezogen werden. Evtl. streift sie hinten an den Bremsbacken.
Nachträglich angebaute Leichtmetallfelgen anderer Hersteller benötigen evtl. besondere Schrauben! Je nach dem, wie dick die Felge an der Anlagefläche zur Radnabe ist. Führen Sie für das Reserverad die richtigen Radschrauben mit?

Reifendruck prüfen

Ständige Kontrolle und Wartung Nr. 2

Luftdichte Reifen gibt es nicht. Deshalb ständig und auch beim Wartungsdienst alle 15000 km den Reifendruck prüfen. Selbst neuwertige schlauchlose Reifen – wie am Mercedes montiert sind – verlieren durch die Porosität des Kautschuks allmählich Luft. Deshalb wird bei der Luftdruckkontrolle meistens ein zu geringer Druck festgestellt. Am Fahrzeug finden Sie eine Luftdrucktabelle in der Tankklappe. Die Werte dort und die in unserer Tabelle gelten bei einer Reifentemperatur von rund 20°C – also bei kalten Reifen.

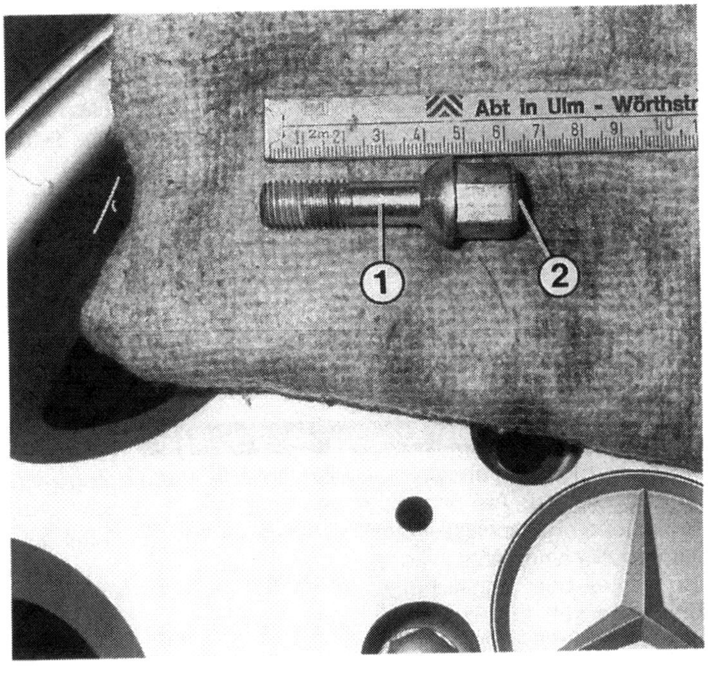

Die Radschraube (1) für die Leichtmetallfelgen von Mercedes ist 40 mm lang. Der Schraubenkopf hat eine nach außen gewölbte Kappe (2).

Unter Teillast versteht Mercedes die Besetzung mit bis zu drei Personen mit weniger als 30 kg Gepäck. Das Reserverad wird so aufgeblasen wie ein Hinterrad mit voller Belastung.

Belastung	Sommer- und Winterreifen vorn	Sommer- und Winterreifen hinten	Sportfahrwerk hinten
Teillast	2,1 bar	2,3 bar	2,5 bar
Vollast	2,3 bar	2,8 bar	3,0 bar

Luftdruck bei kalten Reifen messen

Bereits wenige Kilometer zügiger Fahrt lassen den Reifendruck um 0,2–0,3 bar ansteigen. Diese Druckerhöhung durch Erwärmung ist bei den Luftdruckempfehlungen bereits berücksichtigt worden und darf deshalb nicht abgelassen werden. Am günstigsten ist ein eigener Luftdruckprüfer, womit der Reifendruck vor Antritt der Fahrt bei kalten Reifen gemessen werden kann.

Reifenzustand prüfen

Wartung Nr. 5

Die Kontrolle geht am besten bei aufgebocktem Wagen, etwa beim Ölwechsel an der Tankstelle.

- Drehen Sie jedes Rad einmal komplett durch.
- Fremdkörper, wie kleine Steinchen, bohren Sie mit einem schmalen Schraubendreher aus den Profillamellen, ohne den Reifen dabei zu beschädigen.
- Das Reifenprofil muß seit 1992 laut Gesetzesvorschrift über die gesamte Profilbreite noch **mindestens 1,6 mm** tief sein.
- Aus Sicherheitsgründen sollten Sie jedoch die Reifen schon bei Erreichen der 3-mm-Profilgrenze wechseln lassen, denn die breiten Reifen des Mercedes »schwimmen« schon bei geringer Profiltiefe auf nasser Fahrbahn.
- Zur Verschleißkontrolle dienen in regelmäßigen Abständen quer zur Lauffläche verlaufende Erhebungen in den Profilrillen. Sie sind an der Reifenflanke durch die Buchstaben »TWI« gekennzeichnet.
- Wenn diese Erhebungen mit den Profilrippen in gleicher Höhe stehen, hat der Reifen noch 1,6 mm Restprofil. Spätestens jetzt ist es Zeit zum Reifentausch.
- Aus der Art der Profilabnutzung können Sie einiges herauslesen.

Fingerzeige: Kleine Gummiauflösungen an der Reifenseite können von einem Hochdruckreiniger stammen, deshalb Reifen nicht mit einer Runddüse (Dreckfräse) anstrahlen. Mit der Flachdüse mindestens 30 cm Abstand halten.
Sommerreifen sollten nicht älter als ca. 6 Jahre sein. Daran denken, wenn ein uraltes Reserverad montiert wird. Winterreifen lassen schon nach 3 Jahren z. B. in der Naßhaftung nach.
Runderneuerte Reifen empfiehlt das Werk nicht. Drehrichtungspfeil auf den Reifen beachten.
Mercedes fordert, daß vier gleiche Reifen (Bauart, Marke, Ausführung) am Fahrzeug montiert sind. Durch unterschiedliche Raddrehzahlen können ABS, ASD und ETS »durcheinander« kommen.

Das Reifenlaufbild

○ **An der Außenseite abgefahrene Vorderreifen** deuten auf flotte Fahrweise in Kurven hin. Einzige Abhilfe: Vorderräder regelmäßig gegen die Hinterräder austauschen.
○ **Einseitig abgefahrenes Profil** kann auch auf falsche Radeinstellung hinweisen; vor allem dann, wenn lediglich ein Reifen schräg abgelaufen ist.
○ **Starke Abnutzung in der Profilmitte** deutet auf wesentlich zu hohen Luftdruck. Oder der Wagen wird oft mit hoher Geschwindigkeit gefahren. Dann rundet sich die Lauffläche durch die auftretenden Zentrifugalkräfte. Die Bodenberührung und damit auch der Verschleiß finden verstärkt in der Laufflächen-Mitte statt.
○ Sind **beide Außenschultern** eines Reifens **stärker abgefahren als die Profilmitte**, wurde lange Zeit mit zu niedrigem Luftdruck gefahren.
○ **Gleichmäßige Auswaschungen** im Profil deuten auf einen defekten Stoßdämpfer.
○ Tritt die **ungleiche Abnutzung nur an bestimmten Stellen** auf, ist das Rad unwuchtig.

Festen Sitz der Radschrauben kontrollieren

Wartung Nr. 9

Nach ca. 1000 km Fahrtstrecke soll nach jeder Radmontage kontrolliert werden, ob die Radschrauben richtig angezogen sind. Als Anzugsdrehmoment sind 110 Nm vorgeschrieben, also nicht mit einem zusätzlich verlängerten Radschlüssel die Schrauben »anknallen«. Eine gute Gelegenheit, das eigene »Kraft-Empfinden« mit dem Drehmomentschlüssel zu überprüfen.
Zu starkes oder ungleichmäßiges Festschrauben kann im Extremfall an ungleichmäßiger Bremswirkung, Bremsenschütteln und punkt- oder flächenförmigem Reifenverschleiß schuld sein, wenn sich die Radaufnahmen verzogen haben.

In der Tankklappe (1) klebt eine Reifendrucktabelle. Sie gilt für Teilbeladung und volle Beladung sowie für warme und kalte Reifen.

Rad-Unwuchten

Unwuchtige Räder spürt man durch Vibrationen im Lenkrad oder Schütteln im Vorderwagen. Beides tritt bei bestimmten Geschwindigkeiten besonders stark auf. Ursache: Ungleichmäßige Gewichtsverteilung am Rad.

Räder auswuchten

Die Räder müssen statisch und dynamisch ausgewuchtet werden. Dazu gibt es zwei Methoden:

○ Das Rad wird am Wagen ab- und an einer Auswuchtmaschine angeschraubt. Dort läuft es zur Probe, Unwuchten werden dabei angezeigt und können durch Anbringen von Bleigewichten ausgeglichen werden.

○ Zum Ausschalten letzter Unwuchten wird bisweilen Feinwuchten empfohlen. Die am Wagen anmontierten Vorderräder werden durch einen Elektromotor mit Reibrad in die notwendige schnelle Drehung versetzt und die Restunwucht angezeigt. Das gleicht man wieder durch Bleigewichte aus. Mercedes hält diese Methode für unnötig, weil die Räder sehr gut zentriert sind.

Die Radschrauben in der gezeigten Reihenfolge mit 110 Nm festschrauben. Besser als der abgebildete Drehmomentschlüssel ist ein sogenannter »Abknicker«.

Fingerzeige: Beim Auftreten von Reifenunwuchten sollten Sie zuallererst die Felgen reinigen, besonders an der Innenseite. Vielleicht ist damit die Ursache für die Unwucht schon gefunden.
Feinwuchten ist höchstens an den Vorderrädern des Mercedes anzuraten. Dort sind selbst kleinste Unwuchten am Lenkrad zu spüren. An den Hinterrädern ist das Auswuchten am Fahrzeug eher gefährlich. Das Differential wird möglicherweise beschädigt. Deshalb die Räder mit dem Fahrzeugmotor antreiben!
Eine ganz einfache Arbeit ist das Auswuchten übrigens nicht. Man soll mit recht wenig Gewichten auskommen, was evtl. mehrfaches Umsetzen erforderlich macht. Reifen mit mehr als ca. 1 mm Höhenschlag und ca. 1,6 mm Seitenschlag sind kaum mehr sauber auszuwuchten. Das gilt auch für Reifen mit gebrochener Karkasse, z.B. wegen schnellem Überfahren eines Bordsteins oder Gegenstandes.

Radwechsel

Unterwegs ist der Radwechsel nicht ganz problemlos. Die Radschrauben können festgerostet sein oder sie wurden beim letzten Radwechsel in der Werkstatt mit einem Schlagschrauber »angeknallt« (statt mit den vorgeschriebenen 110 Nm festgezogen). Dann sind die Schrauben möglicherweise nicht einmal mit dem stabilen Radschraubenschlüssel z.B. aus dem Bordwerkzeug mehr zu lösen. Hilfe ist dann von einem Radkreuz mit aufgestecktem Rohrstück (als Verlängerung) zu erwarten.

- Feststellbremse kräftig treten.
- Unterwegs Warnblinkanlage einschalten und Warndreieck aufstellen.
- 1. Gang einlegen oder Wählhebel in Stellung »P« bringen.
- Räder der anderen Wagenseite mit Steinen, Keilen oder großen Holzstücken gegen Abrollen unterkeilen.
- Bei Stahlfelge die Rad-Vollblende oben mit Schraubendreher loshebeln und abnehmen.
- Radschrauben eine Umdrehung lösen.
- Mit Schraubendreher Spreizclips der Schutzkappe am jeweiligen Wagenheber-Einsteckrohr unten am Schweller ausbauen. Schutzkappe abnehmen.
- Wagenheber dort möglichst weit einstecken. Ersatzrad bereitlegen.
- Fahrzeug hochkurbeln und die Radschrauben vollends herausdrehen.
- Rad abnehmen.
- Wer sich das anschließende Aufsetzen des neuen Rades erleichtern will, schraubt den Zentrierbolzen aus dem Bordwerkzeug in die oberste Gewindebohrung.
- Reserverad aufstecken. Dabei das Rad nicht kippenlassen, sonst wird besonders bei Leichtmetallfelgen der Schutzlack beschädigt.
- Schrauben über Kreuz gleichmäßig anziehen. Dabei das Rad hin- und herdrehen, damit es sich einwandfrei auf der Radnabe zentriert.
- Wagen ablassen, Schrauben nachziehen (110 Nm).
- Rad-Vollblende aufdrücken. Dabei die Blende zuerst am Reifenventil »einhängen«, mit dem Fuß festhalten und anschließend an der gegenüberliegenden Seite festdrücken.
- Am besten klappt dieser Balanceakt, wenn das Reifenventil unten am Rad steht.
- Nach ca. 1000 km Radschrauben nochmals nachziehen (110 Nm).

Winterbereifung

○ Ohne Winterreifen ist der Mercedes kaum durch Matsch und Schnee zu bewegen. Relativ hohe Motorleistung und Antrieb der verhältnismäßig gering belasteten Hinterachse sorgen für nicht allzu gute Wintereigenschaften. Selbst die Beladung des Kofferraums mit einem Sandsack bringt keine überzeugende Verbesserung. Die Anschaffung von Winterreifen ist also kaum zu umgehen.
○ Bei Winterreifen haben Sie die Wahl zwischen den herkömmlichen M+S-Reifen, die lediglich 160 km/h schnell gefahren werden dürfen, und den teureren Hochgeschwindigkeitsreifen für 190 und 210 km/h Höchsttempo. Entsprechend lauten die Geschwindigkeits-Kennbuchstaben dieser Reifen »Q«, »T« oder »H«.
○ Stehen Kostengründe im Vordergrund und wird der Wagen winters vornehmlich im Kurzstreckenverkehr gefahren, so würden wir beim C 180/200 in jedem Fall auf die preisgünstige Reifendimension 185/65 R 15 T zurückgreifen.
○ Wenn der Mercedes schneller laufen kann, als es die bauartbedingte Höchstgeschwindigkeit der Winterreifen zuläßt, muß ein Hinweisschild mit der Reifen-Höchstgeschwindigkeit am Armaturenbrett angebracht werden.
○ Ein M+S-Reifen mit weniger als 4 mm Profiltiefe taugt nichts mehr im Winter. Wenn etwa im Gebirge Winterreifen vorgeschrieben sind, werden M+S-Reifen als solche nur dann anerkannt, wenn ihr Profil noch mindestens 4 mm tief ist.
○ Neue Reifen ca. 100 km weit einfahren, d.h. nicht überlasten.

Die Art des Reifenverschleißes läßt Rückschlüsse auf dessen Ursachen zu. Die Zeichnungen zeigen einige Beispiele.

Räder ab- und anschrauben, evtl. umsetzen

Wartung Nr. 14

In diesem Wartungspunkt ist alles zusammengefaßt, was rund ums Rad noch zu beachten ist:

○ Bei Stahlfelge mit Rad-Vollblende aufpassen, daß die Haltenocken gut sitzen. Dies ist vor allem dann kritisch, wenn Haltenocken und Auswuchtgewicht zusammentreffen. Kunststoff-Radblende wegen Bruchgefahr nur am Rand anklopfen. Verrostete oder fehlende Feder zur Radblendenbefestigung erneuern.

○ Die Radschrauben mit einem Schlagschrauber nur bis ca. 70 Nm anziehen. Bis 110 Nm anschließend mit dem Drehmomentschlüssel anziehen. Radschrauben nach ca. 1000 km nachziehen.

○ Radschrauben mit beschädigtem Gewinde, abgenutzter Zinkschicht an der Anlagefläche zur Felge durch neue Originalschrauben (mit Mercedes-Stern) ersetzen. Radschrauben müssen frei von Fett und Öl sein.

○ Vor dem Lösen die Räder mit Kreide kennzeichnen. Die Laufrichtung des Reifens muß beibehalten werden. Wenn man einen Reifensatz mit Reserverad gleichmäßig abnutzen möchte, die Reifen nach 10000–15000 km umsetzen. Anschließend Luftdruck anpassen.

○ Die Felgen hauptsächlich innen reinigen. Anlagefläche zur Radnabe und Radmittenzentrierung prüfen, ggf. reinigen.

○ Bei Leichtmetallfelgen mit den tiefen Befestigungslöchern den Zentrierbolzen aus dem Bordwerkzeug in das oben stehende Loch einschrauben. Dadurch werden Beschädigungen des Felgenschutzlackes beim Ansetzen des Rades verhindert.

○ Die Leichtmetallfelgen sind speziell lackiert und müssen, wie das andere Blechkleid des Mercedes, mit schonenden Mitteln gepflegt werden. Also weg mit Scheuermitteln, scharfen Reinigern, Scheuerschwamm und mit dem Dampfstrahlgerät. Am besten die Felgen wöchentlich mit Schwamm und normalem Schmutzlöser reinigen.

○ Im Zubehörhandel sind Abdeckscheiben erhältlich, welche die Verschmutzung der Leichtmetallfelgen durch Bremsenabrieb verhindern sollen. Mercedes ist jedoch gegen den Einbau, weil damit die Bremssättel überhitzen und die Radbefestigung unsicher wird.

Die »dynamische« Unwucht läßt sich durch Auspendeln des Rades nicht erkennen, denn sie liegt gewissermaßen schräg zur Radachse. Sie kommt erst beim Rotieren des Rades zur Wirkung. Das ist der Fall, wenn die übergewichtige Stelle nicht in der Mittelebene des Rades sitzt, sondern etwas nach außen bzw. innen. Beim schnellen Lauf flattert und wackelt das Rad.

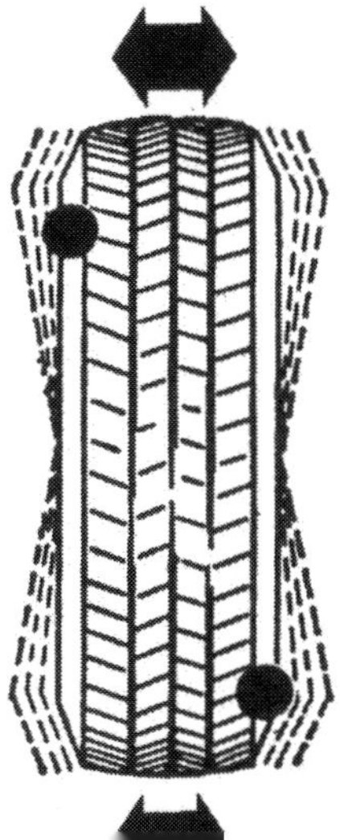

Die »statische« Unwucht erkennt man, wenn das freihängende, drehende Rad immer an derselben Stelle zu Boden sinkt und sich allmählich auspendelt. Folge während der Fahrt: Das Rad hüpft.

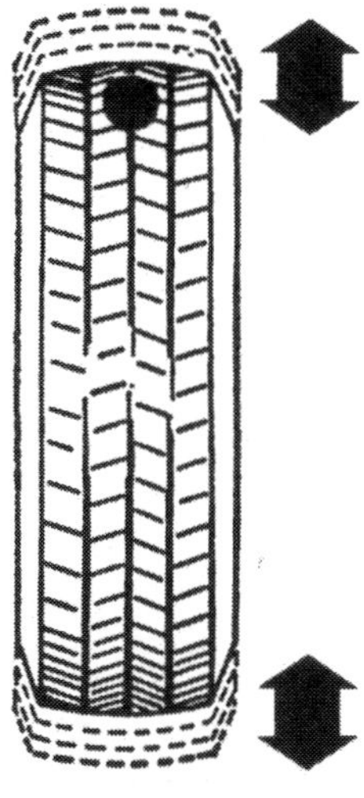

Kleine grüne Männchen

Elektrizität ist leider unsichtbar. Deshalb ist alles, was mit Strom zusammenhängt, für viele ein Buch mit sieben Siegeln. Verdeutlichen wir uns doch die Zusammenhänge von Strom und Spannung am Beispiel eines Wasserfalls: Seine Höhe stellt die elektrische **Spannung** dar (in Volt gemessen), seine Breite – also die herabfließende Wassermenge – symbolisiert den elektrischen **Strom** (in Ampere gemessen).
Steht am Fuß unseres Wasserfalls ein Mühlrad, so wird dort **Leistung** (in Watt) erzeugt. Und zwar so viel, wie sich aus dem Produkt von Höhe und Breite des Wasserfalls ergibt. Klar also, daß es egal ist, ob der Wasserfall hoch und schmal oder niedrig und dafür breiter ist. Denn erst das Ergebnis der Rechnung »Höhe mal Breite« (oder »Spannung mal Strom«) entscheidet über die abgegebene Leistung. Einleuchtendes Beispiel: Die 40-Watt-Birne zu Hause brennt genau gleich hell wie die 40-Watt-Birne am Auto, obwohl das Bordnetz statt 220 Volt nur 12 Volt aufzuweisen hat.
Bleibt noch der **Widerstand** zu erklären: Er ist mit einer Verengung in der Wasserleitung vergleichbar, durch den der Wasser(Strom-)fluß reduziert werden kann.

Grundbegriffe der Elektronik

Schon dem Wort nach basiert die Elektronik auf den Elektronen – jenen immens kleinen Bausteinen, aus denen das ohnehin schon kleine Atom zum Teil besteht. Die Elektronen sorgen in allen elektrisch leitenden Werkstoffen (Leiter) dafür, daß Strom überhaupt fließen kann. Die Elektronen wandern dabei im Leiter von Atom zu Atom.
Nichtleitende Werkstoffe besitzen zwar auch Elektronen, doch sind diese sehr stark an den Atomkern gebunden. Sie können also auch nicht weiterwandern, und somit fließt auch kein Strom.
Die dritte Werkstoffgruppe stellen die sogenannten Halbleiter dar. Das sind Kristalle (meist Germanium oder Silizium), die so nachbehandelt wurden, daß in ihrem Atomaufbau Elektronen fehlen oder überschüssige Elektronen vorhanden sind. Dadurch ergibt sich der durchaus erwünschte Effekt, daß durch die Kristallplättchen nur unter bestimmten Bedingungen Strom fließen kann. Werden diese Bedingungen nicht erfüllt, baut sich eine Sperrschicht auf, und der Stromfluß wird gehemmt.
Halbleiterbauelemente findet man natürlich nicht nur einzeln in der Fahrzeugelektrik verwendet. Meist sind sie in größerer Stückzahl zu kompletten Schaltungen zusammengefaßt, wie zum Beispiel im Steuergerät der Motronic-Zünd-/Einspritzsteuerung oder dem ABS-Steuergerät.

Halbleiter

Transistor: Er läßt nur dann Strom durchfließen, wenn an seinem dritten Anschluß eine Spannung anliegt. Ist diese Spannung hoch, fließt viel Strom durch; bei geringer Spannung entsprechend weniger. Vergleichbar ist das mit einem Wasserhahn. Je weiter das Ventil aufgedreht wird, desto mehr Wasser fließt durch.
Diode: Sie ist nur in einer Richtung für den elektrischen Strom leitend. Kommt der Strom aus der Gegenrichtung, sperrt sie den Durchgang. Das ist wie beim Reifenventil: Luft kann durchgepumpt werden, aber sie kommt nicht mehr heraus.

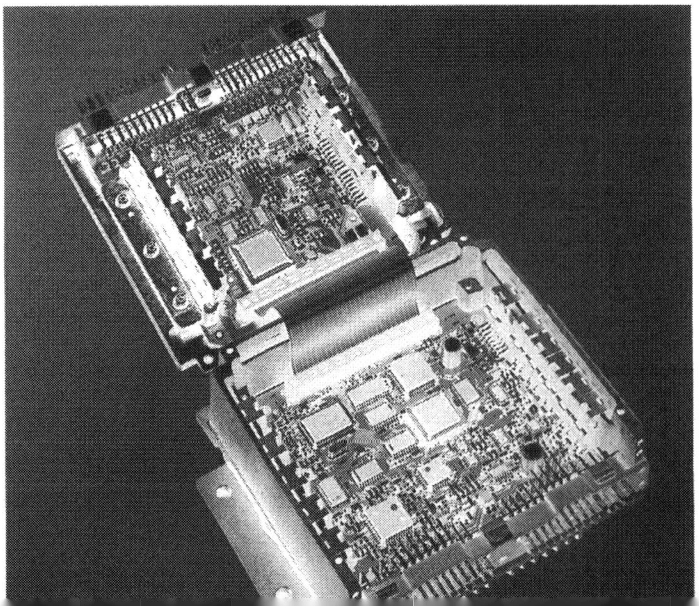

Die Motronic ist ein Musterbeispiel für die hohe Leistungsfähigkeit der Mikroelektronik. Zündung, Kraftstoffeinspritzung, Luftsteuerung, Diagnoseschaltung – kurzum alle Systeme, die für das Motormanagement erforderlich sind, bilden eine Wohngemeinschaft: Die verschiedenen Systeme sind in einem Gehäuse vereint und können somit ohne Umweg – sprich Kabelverbindungen – miteinander kommunizieren.

Mit dem Transistor und seiner Weiterentwicklung zum leistungsfähigen Halbleiterelement begann gegen Ende der sechziger Jahre der Siegeszug der Elektronik im Automobilbau. Um verschiedene Steuerfunktionen zu realisieren, mußten etliche Halbleiterelemente auf Platinen zusammengefaßt werden, mit entsprechenden Platzproblemen. Die Problemlösung heißt integrierte Schaltung, auch Mikrochip oder Mikroprozessor. Auf wenigen Quadratmillimetern vereint der Chip heute mehr als 100000 Transistorfunktionen – einschließlich aller Verbindungsleitungen und aller zusätzlichen Bauelemente, wie Widerstände und Dioden.

Leuchtdiode: Der Halbleiterkristall sendet Licht aus, sobald Spannung anliegt. Im Grund genommen ist das wie bei einer Glühlampe, aber es gibt keinen Glühfaden, der allmählich verbrennen kann.

Weitere Bauelemente

In nahezu allen elektronischen Schaltungen kommen Bauteile vor, die nicht zur Sparte der Halbleiter gehören, ohne die aber die Elektronik nicht denkbar wäre. Häufigste Vertreter sind:
Widerstand: Seine Aufgabe ist es, den Stromfluß zu hemmen, wie bereits in der Kapitel-Einleitung beschrieben.
Kondensator: Er wirkt wie eine kleine Batterie und kann elektrische Energie für eine gewisse Zeit speichern. Er wird zur Glättung von Spannungsschwankungen und zum Dämpfen von Spannungsspitzen verwendet. Wenn eine Zeitverzögerung in einer Schaltung erwünscht ist (z. B. im Blinkrelais), wird ein Kondensator mit einem Widerstand zu einem »Zeitglied« zusammengeschaltet.

Elektronische Schaltungen

Integrierte Schaltkreise (IC): Eine Vielzahl von elektronischen Bauteilen ist im kleinen Gehäuse eines IC untergebracht. Die meist schwarzen »Käfer« mit 14 und mehr Anschlußfüßen gibt es mit allen erdenklichen Funktionen.
Mikroprozessoren: Sie spielen eine wachsende Rolle in der Technik. Es sind weiterentwickelte ICs, aber wesentlich »intelligenter«. Je nach Art des elektrischen Eingangssignals können sie vorher programmierte Schaltungsvorgänge auslösen.

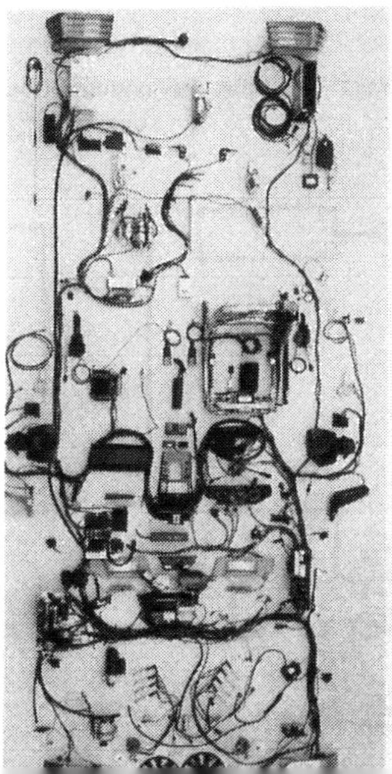

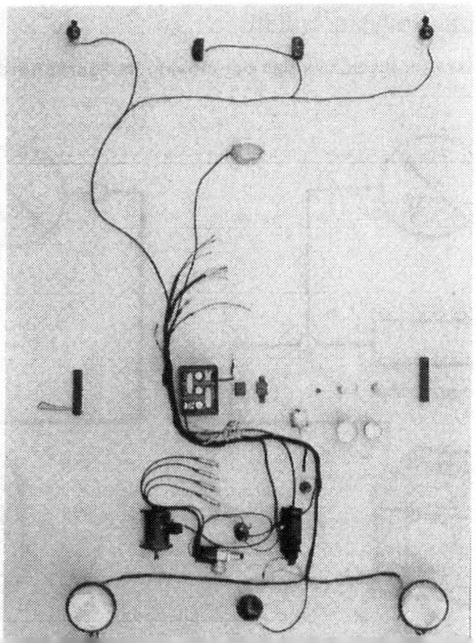

Mercedes-Benz mit Elektrik und Elektronik – gestern und heute: Der Kabelbaum des Mercedes-Benz 170V (rechts) und der Kabelbaum des Mercedes-Benz SL von 1995 (links). 100 Meter Kabellänge zu rund 3000 Meter machen die Notwendigkeit einer weiteren Integration elektronischer Funktionen im modernen Automobil sinnfällig.

Maß halten

Damit der Meßwert richtig abgelesen werden kann, bedarf es zunächst eines genauen Meßgeräts. Welche Geräte sich eignen, sehen Sie im Bild rechts. Wie man das Meßgerät richtig anschließt und was bei den einzelnen Messungen zu beachten ist, finden Sie in den folgenden Abschnitten erklärt.

Vor Beginn der Arbeit

○ Schalten Sie vor Abziehen eines Steckers im Bereich der Fahrzeugelektronik immer die Zündung aus. Noch besser ist das Abklemmen der Batterie. Denn beim Trennen eines Steckkontakts können Spannungsspitzen entstehen, die nahegelegenen empfindlichen Elektronikgeräten nicht gut bekommen.
○ Fast alle Stecker im Mercedes sind gegen unbeabsichtigtes Lockern geschützt. Zum Abziehen muß also fast immer eine Sicherung überwunden werden.

Verschiedene Messungen

Spannung messen mit Prüflampe

Praktisch ist eine Prüflampe mit Nadelkontakt, mit deren Nadel einfach die Isolierung des zu prüfenden Kabels durchstochen werden kann. Die Klemme am Kabel der Lampe wird irgendwo an blankem Fahrzeugmetall, der sogenannten Masse, angeclipst.
Die Lampe gibt in erster Linie Auskunft darüber, ob überhaupt Spannung anliegt. An ihrer Helligkeit kann man in etwa die Höhe der Spannung abschätzen.

Spannung messen mit Diodenprüfer

An elektronischen Bauteilen darf mit einer herkömmlichen Prüflampe nicht gemessen werden. Sie nimmt zu viel Leistung auf und kann so Bauteile der Elektronik beschädigen. Wer in diesem Bereich Messungen vornehmen will, sollte sich einen Spannungsprüfer mit Leuchtdioden anschaffen.

Spannung messen mit Voltmeter

Exakter ist die Spannungsmessung mit dem Volt-Meßbereich eines Zeiger- oder Digitalmeßgeräts. Durch den sehr geringen Stromverbrauch des Instruments droht auch Elektronikteilen keine Gefahr.
○ Zum Messen der Batteriespannung (als Beispiel) wird das mit »–« gekennzeichnete Meßkabel an den Minuspol der Batterie angeschlossen. Das »+«-Kabel kommt an den Pluspol:
○ Zeigt das Instrument beispielsweise nur 10,4 Volt an, hat eine der Batteriezellen Kurzschluß. Interessant kann es auch sein, die Batteriespannung zu messen, während der Anlasser betätigt wird. Sind dann nur noch 6 Volt abzulesen, steht es mit der Batterie sicher nicht zum besten.
○ Weitere Methoden, das Volt-Meßgerät einzusetzen:
○ Messen einer Spannung »gegen Masse«: »+«-Kabel des Meßgeräts an einer Klemme anschließen, an der Spannung anliegt, »–«-Kabel an ein blankes Teil der Karosserie oder des Motors anklemmen. Beide sind durch dicke Kabel mit dem Minuspol der Batterie verbunden, wodurch eine exakte Messung möglich ist.
○ Häufig wird die Spannung zwischen zwei bestimmten Kontakten (etwa an einem Steuergerät) gemessen. Wie das Meßgerät anzuschließen ist und welche Spannung anliegen soll, ist in einem solchen Fall Bestandteil der Prüfvorschriften.

Die Zeichnungen zeigen schematisch, wie das betreffende Meßgerät für die elektrischen Größen Spannung, Strom und Widerstand (von links nach rechts) angeschlossen wird.

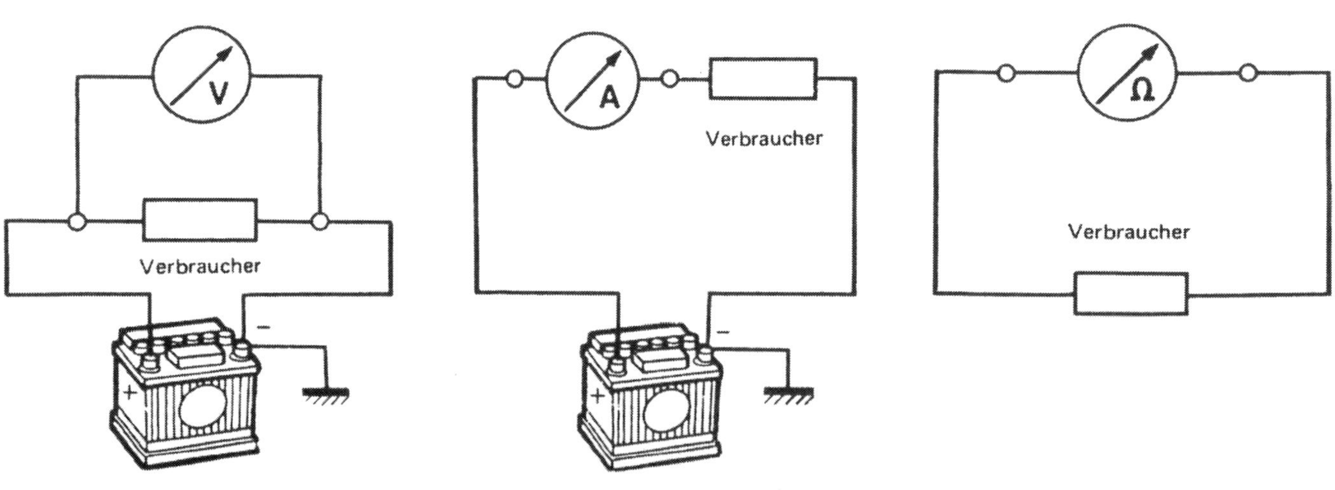

Meßgeräte für Fahrzeug- und Motorelektrik:
1 – Präzisions-Motortester mit Digitalanzeige;
2 – Krokodilklemmen;
3 – Meßspitzen;
4 – Leuchtdioden-Spannungsprüfer (auch für Elektronik-Bauteile geeignet);
5 – herkömmlicher Spannungsprüfer mit Glühlampe.

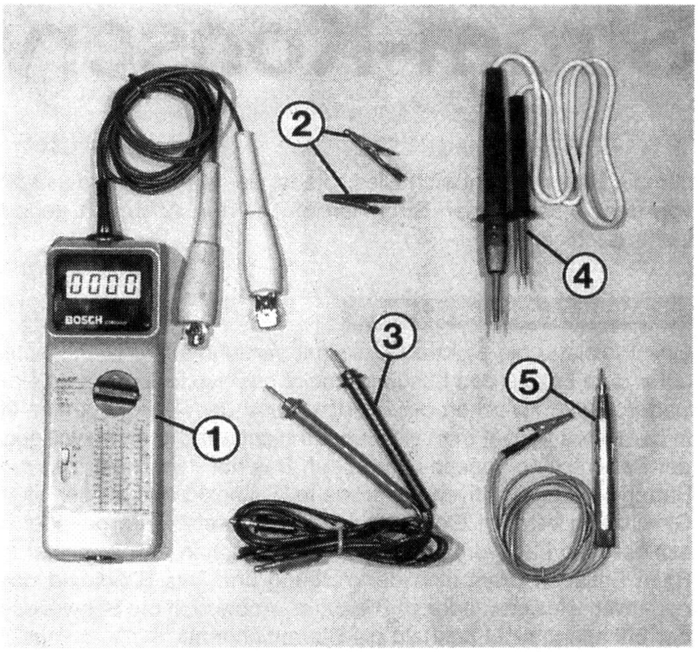

○ Mit dem Volt-Meßbereich kann auch geprüft werden, ob ein Massekabel in Ordnung ist: »+«-Kabel des Meßgeräts am Pluspol der Batterie anschließen, »–«-Kabel des Geräts am Ende des Massekabels anklemmen. Ist die Masseversorgung intakt, muß volle Batteriespannung angezeigt werden.

Strom messen

Ob Strom zu einem Verbraucher fließt, wird mit dem Amperemeter bzw. dem entsprechenden Meßbereich des Vielfach-Meßinstruments gemessen.
○ Dazu muß der Stromkreis aufgetrennt und das Meßgerät zwischen die jetzt freien Pole zwischengeschaltet werden.
○ In der Praxis sieht das so aus: Einen Steckkontakt in der Leitung zu einem Verbraucher abziehen und Meßgerät zwischen Stecker und Kontaktzunge zwischenschalten.
○ Strom wird beispielsweise gemessen, wenn der Verdacht besteht, daß ein heimlicher Stromverbraucher irgendwo im Bordnetz sitzt, der über Nacht die Batterie leersaugt. Um diese Leckstelle zu lokalisieren, nehmen Sie eine Sicherung nach der anderen heraus, klemmen stattdessen das Amperemeter an den Kontakten im Sicherungskasten an und können so feststellen, in welchem Stromkreis Verluste entstehen.
○ **Niemals** versuchen, auf diese Weise den Stromverbrauch des Anlassers zu ermitteln! Der Strom ist viel zu hoch für unser kleines Meßgerät.

Widerstand messen

Die exakte Widerstandsmessung an einem Bauteil hat nur dann einen Sinn, wenn man ein genau anzeigendes Gerät besitzt. Sonst bleiben letztlich Zweifel an der Messung.
○ Mit dem Widerstandsmeßbereich läßt sich beispielsweise erkennen, welchen Innenwiderstand ein bestimmtes Bauteil hat. Die Angaben finden Sie – wo nötig – hier im Buch.
○ Die Kabel des Meßgeräts (Polung ist dabei gleichgültig) werden dazu an zwei Anschlüssen des Bauteils angeklemmt.
○ Oder es wird der Widerstand »gegen Masse« gemessen: Ein Kabel am Bauteil, das zweite an Motorblock oder Karosserie anklemmen.
○ Ferner läßt sich mit dem Widerstands-Meßbereich eines Meßinstruments prüfen, ob eine Leitung oder ein Schalter »Durchgang« hat (der Meßwert ist dann 0 Ω) oder ob der Stromweg irgendwo unterbrochen ist (dann erhalten Sie den Meßwert unendlich = ∞).

Strom-Konserve

Um die Batterie dreht sich alles. Sie ist der Mittelpunkt der Bordelektrik im Mercedes. Ihr Energievorrat wird von den verschiedenen Stromverbrauchern in Anspruch genommen – wieder aufgeladen wird sie von der Lichtmaschine.

So funktioniert die Batterie

Eine Bleiplatte als Elektrode, die mit verdünnter Schwefelsäure (dem Elektrolyt) in Verbindung kommt, gibt unter dem Einfluß des Lösungsdrucks positive Ionen, also elektrisch geladene Teilchen an den Elektrolyt ab. Dadurch wird zwischen der Bleiplatte und dem Elektrolyt eine elektrische Spannung aufgebaut.
In der Praxis verläßt man sich jedoch nicht auf diesen freiwilligen Übertritt geladener Teilchen, sondern zwingt der Batterie eine Ladespannung auf. Das hat den Effekt, daß sich das Bleisulfat der Platten einer entladenen Batterie an der positiven Elektrode in Bleidioxid und an der negativen Elektrode in Bleischwamm umwandelt. Gleichzeitig wird im Elektrolyt wieder Schwefelsäure gebildet, und als äußeres Zeichen für den fast abgeschlossenen Ladevorgang steigen Gasbläschen auf.
Beim Entladen dreht sich der Vorgang um. Das Bleidioxid der positiven Platte und der Bleischwamm der negativen werden wieder zu Bleisulfat, wobei sich die Schwefelsäure verbraucht und Wasser gebildet wird. Mit der Entladung sinkt deshalb die Säuredichte ab.

Die richtige Batterie

Bei allen C-Klasse-Modellen ist die wartungsfreie Batterie hinten rechts im Kofferraum eingebaut. Dieser Einbauort trägt zu etwas ausgeglicheneren Gewichtsverhältnissen im Wagen bei, schafft mehr Platz im Motoraum und zusätzlich bleibt die Batterie kälter, was wiederum ihrer Lebensdauer zugute kommt.

- Serienmäßig eingebaut ist eine **12 Volt/74-Ah-Batterie**.
- Als Sonderausstattung kann die kräftigere 100-Ah-Batterie montiert sein.

Fingerzeig: Die im Kofferaum eingebauten Batterien besitzen eine sogenannte Zentralentgasung. Die beim Laden entstehenden Gase werden dabei oben im Batteriegehäuse gesammelt und über einen dünnen Schlauch nach außen geleitet.

Batterie-Daten

Spannung und Kapazität: In der Angabe 12 V/74 Ah gibt die vorangestellte 12 V natürlich die Spannung an. Hinter dem Schrägstrich ist die Stromstärke in ihrer »zeitlich lieferbaren Menge« vermerkt – »Ah« steht für Amperestunden. Das ist die Nenn-Batteriekapazität, die nach Normbedingungen gemessen wird.
Kälteprüfstrom: Die Zahl 280 A (z. B.) nennt die Stromstärke, welche die Batterie bei einer Temperatur von −18°C liefern kann.
Typnummer: Eine fünfstellige Zahl dient einheitlich bei allen deutschen Batterie-Herstellern zur Kennzeichnung. Bei der serienmäßigen 74-Ah-Batterie lautet die entsprechende Kennzahl z. B. 57 419. Die erste Zahl (5) steht für die Batteriespannung von 12 Volt. Die darauf folgenden beiden Zahlen (hier: 74) geben die Batterie-Kapazität an. Die beiden letzten Ziffern kennzeichnen Konstruktionsmerkmale, wie Bauform, Pollage und Bodenleiste.

Wie lange reichen die Reserven?

Wie lange ein Stromverbraucher mit dem Stromvorrat aus der Batterie funktionieren kann, errechnen wir aus folgender Formel:
Betriebszeit = Batteriekapazität x Bordnetzspannung : Leistung des Verbrauchers. In der Praxis sollten Sie aber nie mit der vollen Batteriekapazität, sondern nur mit ½ bis ⅔ der Nennkapazität rechnen. Es ergeben sich damit beispielsweise die in der Tabelle genannten Betriebszeiten.

Batterie	Parklicht	Standlicht	Warnblinkanlage
74 Ah	ca. 60 Stunden	ca. 24 Stunden	ca. 12 Stunden

Am ärgsten wird die Batterie natürlich vom Anlasser gestreßt. Mit einer Leistung von ca. 1400 Watt bzw. 1700 Watt beim C 280 setzt er der Batterie vor allem in dem Moment zu, in dem der Motor vom Stillstand in eine

Die Batterie ist rechts im Kofferraum zu finden:
1 – Kraftstoffpumpenrelais (Benziner);
2 – Abdeckung mit Sicherungstabelle;
3 – Sicherungshalter;
4 – Pluspolklemme;
5 – Pluspolabdeckung;
6 – Batterie;
7 – Batteriehalteblech;
8 – Reserverad;
9 – Reserveradbefestigung. In die Wanne kann ein Kraftstoffreservekanister von Mercedes eingesetzt werden. Er ist dort besonders sicher untergebracht.

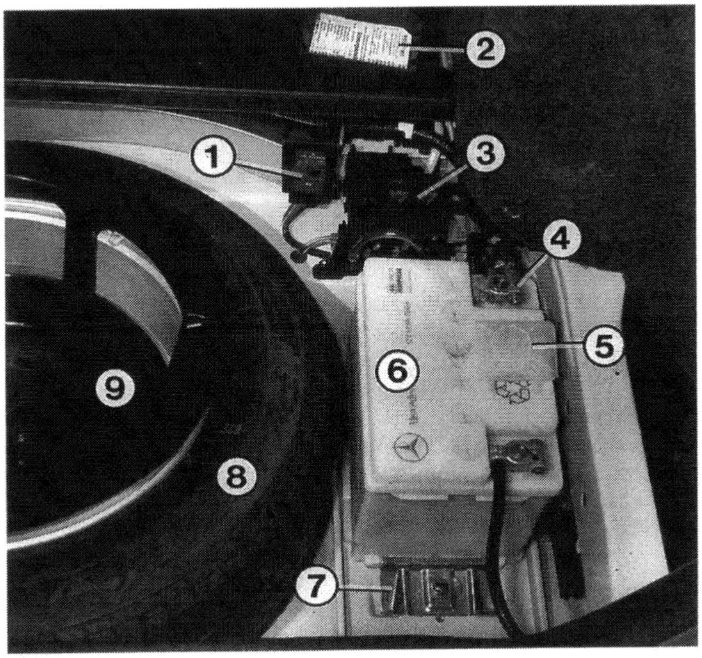

Am ärgsten wird die Batterie natürlich vom Anlasser gestreßt. Mit einer Leistung von ca. 1400 Watt bzw. 1700 Watt beim C 280 setzt er der Batterie vor allem in dem Moment zu, in dem der Motor vom Stillstand in eine Drehbewegung versetzt wird. Der Stromverbrauch steigt dann bis auf ein Vielfaches der normalen Werte an. Natürlich braucht der Anlasser weit weniger Strom, um den warmen Motor durchzudrehen als den kalten.

Temperatureinfluß auf die Batterie

Batterien haben die Eigenart, um so unwilliger auf Kälte zu reagieren, je weniger Strom sie gespeichert haben. Völlig leere Akkus sind so empfindlich, daß sie bei Frost einfrieren und platzen können. Ist die Batterie dagegen randvoll geladen, verträgt sie die Kälte verhältnismäßig gut. Vor der kalten Jahreszeit empfiehlt sich bei einem älteren Akku die Kontrolle des Ladezustands.

Wartungsfreie Batterie

Die Batterieflüssigkeit besteht aus Schwefelsäure, die mit destilliertem Wasser verdünnt ist. Ein Teil dieses Wassers kann verdunsten oder wird beim Ladevorgang in Wasserstoff und Sauerstoff zersetzt. Bei herkömm-

Starthilfekabel (1) im Einsatz. Hier hilft der »Betagte« dem »Jungen«, denn nach einem langen Urlaub hatten die Dauerstromverbraucher der Uhr, Fehlerspeicher usw. die Batterie entleert. Tip: Wenn Sie Ihren Wagen für länger als ca. drei Wochen z. B. am Flughafenparkplatz abstellen, vorsichtshalber den Minuspol an der Batterie abschrauben (Radiocode greifbar?).

lichen Autobatterien muß der Flüssigkeitsstand regelmäßig ergänzt werden. Im Mercedes ist eine wartungsfreie Batterie nach DIN 72311 eingebaut. Durch ein größeres Flüssigkeitsvolumen soll sie unter normalen Bedingungen ihr gesamtes Leben ohne Nachfüllen von destilliertem Wasser auskommen. Erhöhten Wasserverlust verursachen lediglich höhere Umgebungstemperaturen, längere Aufenthalte in heißen Regionen (Urlaub), ein defekter Lichtmaschinen-Spannungsregler, Selbstentladung bei langen Standzeiten des Fahrzeugs oder Tiefentladung, etwa durch eingeschaltetes Standlicht über Nacht.

Batteriesäurestand kontrollieren

- Die Batterieflüssigkeit muß mindestens bis zum unteren der beiden am Gehäuse auflackierten oder eingeprägten Striche reichen, zumindest aber die Plattenoberkanten gut bedecken.
- Bei abgesunkenem Flüssigkeitspegel Verschlußstopfen herausdrehen.
- Bei einer normal geladenen Batterie bis zum oberen Strich bzw. bis 15 mm über die Plattenoberkanten **destilliertes Wasser** auffüllen.
- In eine stark entladene Batterie nur so viel Wasser einfüllen, daß die Platten oben bedeckt sind. Beim Wiederaufladen steigt der Flüssigkeitsstand nämlich erheblich.
- Erst nach dem Laden bis zur oberen Marke nachfüllen.
- Die Wassermenge aus der Einfüllflasche muß gut dosierbar sein, sonst wird der Akku überfüllt.
- Eine überfüllte Batterie »kocht über«, die Säure tritt am Entgasungsschlauch aus.

Batterie ausbauen

- Kofferraumdeckel öffnen.
- Abdeckung vom Kofferraumboden herausnehmen.
- Grundsätzlich **zuerst das Massekabel** losschrauben, um beim weiteren Hantieren Kurzschlüsse zu vermeiden.
- Dazu Mutter an der Klemme des Minuskabels lösen, Klemme vom Batteriepol abnehmen.
- Pluskabel-Klemme lösen und abnehmen. Dazu Abdeckung hochklappen.
- Schraube der Halteleiste losdrehen, Schraube und Leiste abnehmen.
- Entlüftungsschlauch von der Batterie abziehen.
- Batterie aus dem Kofferraum herausheben.
- Beim Einbau Entlüftungsschlauch wieder auf den Anschluß an der Batterie aufschieben.

Kontaktpflege an der Batterie

- Oxidkristalle an den Batterieklemmen mit warmem Sodawasser abwaschen oder mit »Neutralon« von Varta behandeln.
- Batteriepolköpfe und Kabelklemmen mit Säureschutzfett (Bosch »Ft 40 v 1«) einstreichen.
- Kein Fett erhalten die Polkopfseiten und die Innenseiten der Klemmen, sonst kann es Kontaktschwierigkeiten geben.

Ladezustand der Batterie prüfen

Erscheint der Akku trotz richtigem Säurestand kraftlos, muß der Ladezustand kontrolliert werden. Auskunft darüber gibt das spezifische Gewicht der Batteriesäure. Sie brauchen für die Kontrolle einen speziellen Hebe-Säuremesser (Aräometer), den Sie sich bei der Tankstelle ausleihen können.

- Batterie-Verschlußstopfen herausdrehen.
- So viel Batteriesäure ansaugen, daß die Meßspindel frei schwimmt.
- Säuregewicht ablesen. Es bedeuten bei ca. 20°C: 1,28 kg/l = Batterie voll geladen; 1,20 kg/l = halb geladen; 1,12 kg/l = entladen.
- Die Werte der sechs Zellen dürfen einen maximalen Unterschied von 0,04 kg/l haben. Sonst Batterie erneuern.

Batterie laden

Heimladegerät anschließen

- Kofferraumabdeckung anheben. Kunststoffdeckel am Pluspol hochklappen. Pluskabel des Ladegeräts an den Pluspol anschließen, das Minuskabel an den Minuspol.
- Die Batteriestopfen können eingeschraubt bleiben. Das sich beim Laden bildende Gas kann über den Schlauch der Zentralentgasung entweichen.
- Der Ladestrom soll anfangs etwa 10% der Batteriekapazität betragen (z.B. 7,4 A beim 74-Ah-Akku) und sich während der Ladung automatisch verringern.
- Die Batterie ist voll geladen, wenn ihre Säuredichte innerhalb von zwei Stunden nicht mehr ansteigt.
- Beim Batterieladen wird das destillierte Wasser teilweise zersetzt. Es bilden sich Gasblasen aus Wasserstoff und Sauerstoff – das hochexplosive Knallgas.
- **Noch einige Tips zum Laden der Batterie in**

Mit einem Säuremesser (1) wird die Säuredichte jeder einzelnen Zelle gemessen. Zur Messung wird mit dem senkrecht gehaltenen Säuremesser so viel Säure angesaugt, daß der Schwimmer frei schwimmt. Bei einer gesunden Batterie sind die einzelnen Meßergebnisse nahezu gleich.
2 – Verschlußstopfen;
3 – destilliertes Wasser.
Je nach Batterie bis zu den Markierungen oder ca. 5 mm über die Bleiplatten nachfüllen.

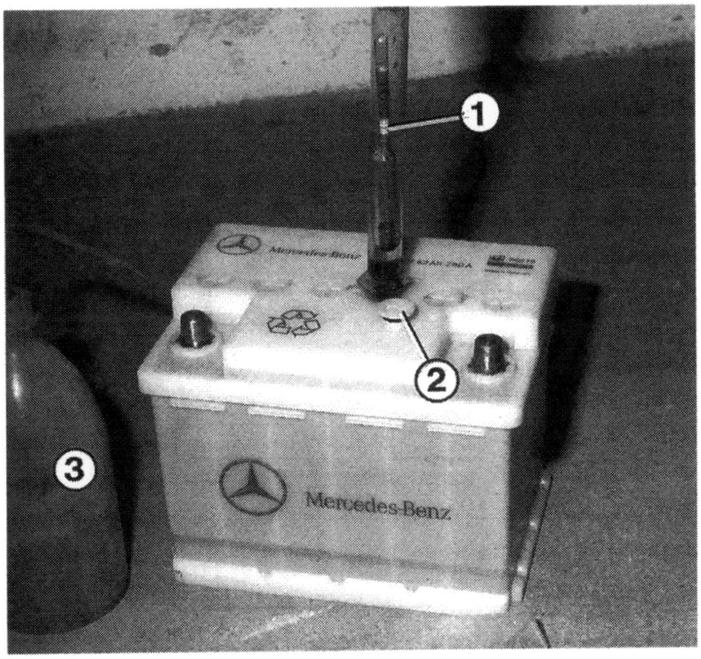

geschlossenen Räumen: Wenn mit hohem Strom geladen wird, für gute Durchlüftung des Raumes sorgen.

● Beim Laden der Batterie in deren Nähe nicht rauchen und kein offenes Feuer verwenden.

● Auch Funken beim Ab- oder Anklemmen des Laders bzw. der Batteriekabel können das Knallgas entzünden.

Schnelladen

Wer es eilig hat, kann seine Batterie bei Tankstelle oder Werkstatt schnelladen lassen. Dabei wird mit mindestens 40 Ampere geladen. Nach einer Stunde ist die Batterie wieder voll. Beachten Sie:

○ Ein älterer Akku überlebt die Schnelladung evtl. nicht, dann muß eine ohnehin bald fällige neue Batterie her.

○ Die Batterie muß zum Schnelladen ausgebaut werden. Denn zum einen können die empfindlichen elektronischen Bauteile im Auto durch den hohen Ladestrom Schaden nehmen. und zum anderen müssen die Batterie-Verschlußstopfen herausgedreht werden, da der Akku bei der Schnelladung erheblich »gast«.

Start mit leerer Batterie

Nach einer Frostnacht oder durch versehentlich eingeschaltetes Standlicht oder Radio kann es am Strom zum Motorstart fehlen. Dann bieten sich mehrere Methoden an, den Motor in Gang zu bekommen.

Fremdstrom aus dem Starthilfekabel

● Fahrzeug mit geladener Batterie so dicht heranfahren, daß die Starthilfekabel in den Kofferraum des Mercedes gelegt werden können.

● Kontrollieren Sie, ob an Ihrem stromlosen Fahrzeug alle Stromverbraucher abgeschaltet sind.

● Kabel von Pluspol zu Pluspol anschließen, Kurzschlußgefahr zur Karosserie beachten.

● Anderes Starthilfekabel zuerst am Minuspol der geladenen Fremdbatterie und dann an den Minuspol der Batterie des stromlosen Wagens anschließen.

● Motor des Hilfswagens starten und mit erhöhter Drehzahl laufen lassen, damit die Lichtmaschine kräftig Spannung liefert.

● Falls der Motor nicht gleich anspringt, zwischendurch eine Abkühlungspause für den Anlasser einlegen. Hilfsmotor weiterlaufen lassen, wodurch die leere Batterie bereits etwas nachgeladen wird.

● Beim Abklemmen der Starthilfekabel zuerst die Klemme vom Minuspol der geladenen Fremdbatterie abnehmen.

Wagen anschieben

Mit zwei bis drei Helfern läßt sich der Mercedes mit Schaltgetriebe bei gutem Motorzustand und fehlerfreier Vorglühanlage anschieben, wenn z.B. der Anlasser defekt ist. Bei leerer Batterie klappt's nicht.

● Zündung einschalten.

● 2. oder 3. Gang einlegen, in höheren Gängen wird die Lichtmaschine für kräftige Stromlieferung zu langsam durchgedreht.

● Kupplung durchtreten, Wagen anschieben lassen, bis er in Schwung ist, dabei Gefälle ausnutzen.

● Kupplung schlagartig kommen lassen. Der Motor wird abrupt durchgedreht und müßte anspringen.

● Sofort Kupplung treten und Gas geben.

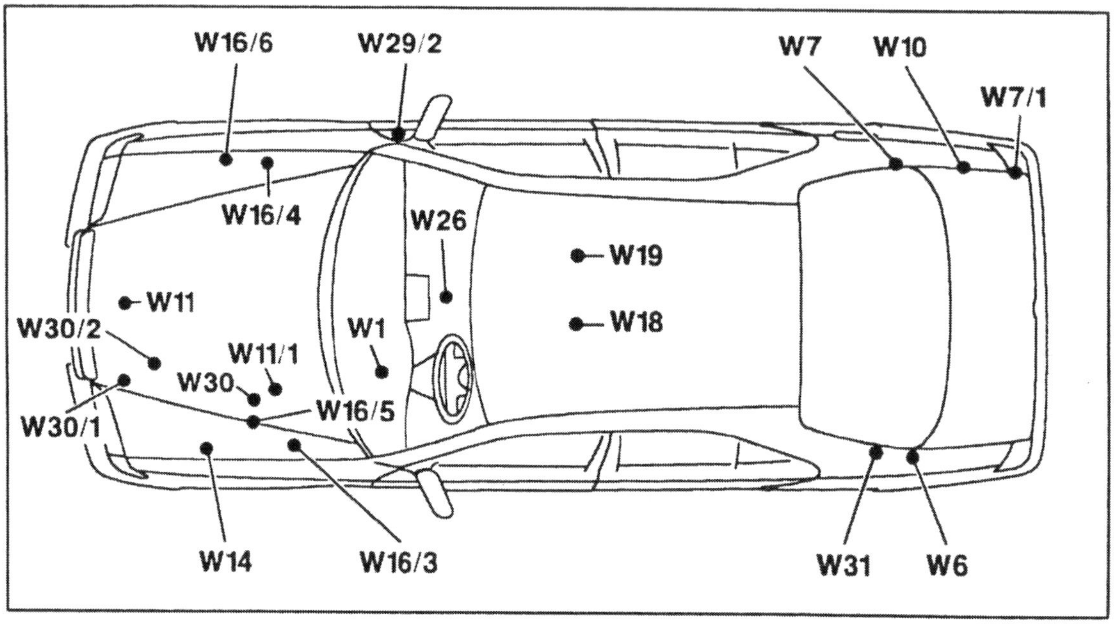

Über diese Massestellen fließt der Strom von den Verbrauchern durch die Karosserie zum Minuspol der Batterie. Diese Stromwege sind für die Funktion gleich wichtig wie die bunten stromzuführenden Leitungen.

Wagen anschleppen

Suchen Sie sich zum Anschleppen einen schlepperfahrenen Helfer aus, damit nicht durch Ungeschick größerer Schaden entsteht. Und denken Sie daran: Bei stehendem Motor arbeiten Servolenkung und Bremskraftverstärker nicht. Springt der Motor nicht sofort an, umgehend das Anschleppen stoppen (siehe Fingerzeig).

- Zündung einschalten, 2. Gang einlegen und Kupplung treten.
- Der Zugwagen muß langsam anfahren.
- Bei etwa 15 km/h die Kupplung langsam kommen lassen.
- Ist der Motor angesprungen, Kupplung treten, Gang herausnehmen und Gas geben.
- Bremsbereit sein, damit Sie dem Vordermann nicht ins Heck rollen.
- Schleppfahrer Hupsignal geben.
- Mit der Bremse zusammen mit dem Schleppwagen sanft abbremsen.

Kraftwerk auf Reisen

In der Autofahrersprache hat sich der Begriff Lichtmaschine für den Stromerzeuger fest eingebürgert, obwohl der erzeugte Strom nicht ausschließlich zur Fahrzeugbeleuchtung dient. Zahleiche andere Stromverbraucher wollen noch mit elektrischer Energie gespeist werden. Bei stehendem Motor besorgt das die Batterie. Sobald der Motor läuft und die Lichtmaschine angetrieben wird, tritt sie als Stromquelle in Aktion.

Der Drehstrom-Generator

Leistung

Unsere Mercedes-Modelle besitzen eine starke 90-A-Lichtmaschine. Und gegen Aufpreis ist für alle Modelle ein 120-A-Generator zu haben. Übrigens erzeugt der Generator eine Spannung von ca. 14 Volt. Sie ist also höher als die Batteriespannung. Denn nur so kann Strom zur Batterie fließen, wodurch diese aufgeladen wird. Spannung und Maximalstrom multipliziert ergibt die Leistung der Lichtmaschine: 1260 Watt bei 90 Ampere und 1680 Watt bei 120 Ampere.

Umgang und Vorsichtsmaßnahmen

Die Drehstrom-Lichtmaschine liefert schon bei Leerlaufdrehzahl des Motors Strom. Ferner halten ihre Schleifkohlen weit über 80000 km.

Getreu ihres Namens erzeugt sie jedoch Drehstrom, den wir im Auto nicht gebrauchen können, denn die Batterie kann natürlich nur Gleichstrom speichern. Deshalb sind im Generator drei Gleichrichter-Dioden eingebaut, die den Drehstrom in einen pulsierenden Gleichstrom umwandeln. Diese Dioden sind allerdings gegen hohe Spannungen empfindlich, und desnalb sollten Sie folgende Punkte beachten:

○ Bei laufendem Generator darf kein Kabel zwischen Akku und Lichtmaschine gelöst bzw. angeschlossen werden. Dadurch kann die Spannung schlagartig ansteigen (Spannungsspitzen) und eine Diode »verheizt« werden.

○ Ohne richtig angeschlossene, intakte Batterie darf die Drehstrom-Lichtmaschine nicht laufen. Der Akku dient als Spannungsbegrenzer für den Generator, gewissermaßen als Puffer gegen Überspannungen.

○ Sämtliche Kabelanschlüsse zwischen der Drehstrom-Lichtmaschine, der Batterie und dem Karosserieblech oder dem Triebwerkblock (Masse) müssen ganz fest sitzen. Schon ein Wackelkontakt kann zu gefährlichen Spannungsspitzen führen.

○ Beim Schnelladen der Batterie (nicht zum Aufladen mit dem Heimlader) und beim elektrischen Schweißen an der Karosserie müssen beide Kabel vom Akku abgeklemmt werden, damit die Lichtmaschinen-Dioden keinen Schaden erleiden.

Einbauverhältnisse um die Lichtmaschine (3):
1 – Leitung D+ (Klemme 61);
2 – Leitung B+;
4 – Halter mit Lagerung;
5 – Kühlmittelleitungen zum Getriebeölkühler an der Ölwanne (je nach Motor).

Die Ladekontrolle

○ Die Kontrolleuchte im Kombi-Instrument hat zwei Plus-Anschlüsse, und zwar einerseits von der Klemme D+ des Generators (blaues Kabel) und andererseits von Klemme 15 (grünes Kabel).
○ Mit dem Einschalten der Zündung führt Klemme 15 Spannung. Die Lichtmaschine steht aber noch, so daß der spannungslose D+-Kontakt als »Minus« wirkt. Als Folge leuchtet die Kontrollampe auf, denn zwischen dem von der Batterie versorgten Bordnetz und dem noch stehenden Generator herrscht eine Spannungsdifferenz.
○ Wird der Motor gestartet und hat die Lichtmaschine ihre Ladedrehzahl erreicht, verbindet der Spannungsregler den Stromerzeuger mit der Bordelektrik. Nun kommt Plusstrom von Klemme 15 und zusätzlich von Klemme D+. Damit besteht keine Spannungsdifferenz mehr, die Ladekontrolle verlöscht.
○ Beim Einschalten der Zündung muß die brennende Ladekontrolle – in Verbindung mit einem parallel geschalteten Widerstand – die Drehstrom-Lichtmaschine »vorerregen«. Nur so kann diese schon aus niedrigen Drehzahlen heraus Strom liefern. Allerdings ist die Vorerregung nur beim ersten Anlaufen des Generators erforderlich.

Nicht immer wird geladen

Ob die Batterie von der Lichtmaschine geladen wird, beweist das Verlöschen der Kontrollampe nicht. Es besagt nur, daß zwischen Batterie und Generator keine Spannungsdifferenz mehr besteht. Wenn im Motorleerlauf beispielsweise sämtliche Stromverbraucher eingeschaltet sind, leuchtet die Ladekontrolle nicht auf, obwohl mehr Strom der Batterie entnommen wird, als eine der leistungsschwächeren Lichtmaschinen liefern kann: Es besteht dennoch keine Spannungsdifferenz zur Batterie.

Fingerzeig: Vielleicht haben Sie beobachtet, daß manchmal die Ladekontrolle brennen bleibt, wenn Sie den warmgefahrenen Motor ohne Gas starten und er in niedriger Leerlaufdrehzahl weiterläuft. Hierbei ist die Vorerregung der Drehstrom-Lichtmaschine zu schwach, sie liefert noch keinen Strom. Sobald Sie auf das Gaspedal tippen, verlöscht das rote Licht – alles ist wieder in Ordnung. Diese Erscheinung ist normal und deutet keinen Schaden an.

Der Spannungsregler

Die Lichtmaschine kann man mit einem Fahrraddynamo vergleichen: Je schneller sie dreht, um so höher steigt die Spannung und somit auch der gelieferte Strom. Ein derartiges Auf und Ab würden die Stromverbraucher im Auto nicht lange ertragen, deshalb muß ein besonderer Regler die Lichtmaschinenspannung begrenzen und ein Überladen der Batterie verhindern. Dieser Regler – ein elektronischer Feldregler – ist direkt an der Drehstrom-Lichtmaschine festgeschraubt.
Über die Schleifkohlen der Drehstrom-Lichtmaschine fließt nur ein geringer Strom, außerdem laufen die Kohlen auf glatten Schleifringen. Das bewirkt nur geringen Verschleiß, die Kohlen halten mindestens 80000 km.

Selbsthilfe an Generator und Regler

Wartungsarbeiten an der Drehstrom-Lichtmaschine fallen nicht an, wenn man einmal vom wirklich selten notwendigen Schleifkohlenwechsel absieht. Tiefergehende Schäden sind mit Heimwerkermitteln nicht zu beheben.

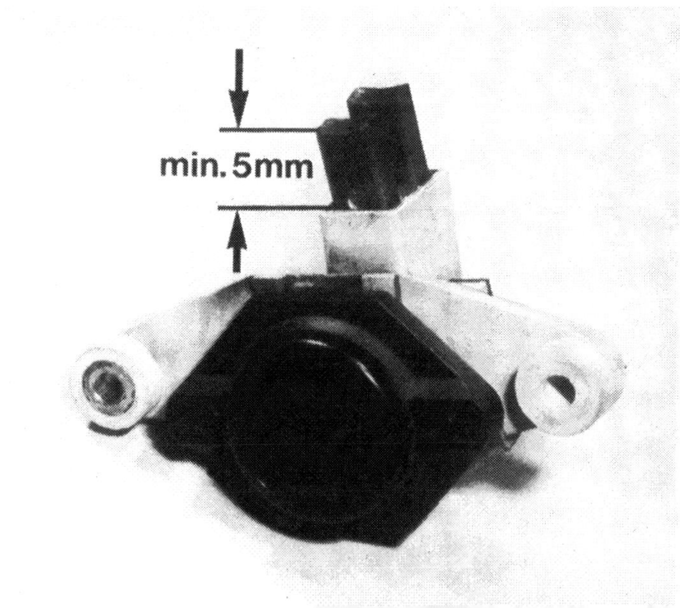

Bei ausgebautem Spannungsregler kann die Länge der Schleifkohlen gemessen werden: Kürzer als 5 mm dürfen sie nicht sein.

Zum Ausbau der Lichtmaschine (2) den Keilrippenriemen entspannen und abnehmen. Leitungen abschließen und Schrauben (1) herausdrehen.

Ladespannung prüfen

- Voltmeter zwischen +-Pol der Batterie und Masse anschließen.
- Motor mit mittlerer Drehzahl laufen lassen.
- Bei intaktem Regler sind jetzt etwa 13,0 bis 14,6 Volt abzulesen.
- Ist das nicht der Fall, Schleifkohlen kontrollieren bzw. Regler austauschen.
- Hilft das nicht, ist die Lichtmaschine selbst defekt. Austauschen.

Schleifkohlen kontrollieren

- Lichtmaschine ausbauen.
- Abdeckung an der Lichtmaschinen-Rückseite abschrauben.
- Zwei Halteschrauben am Regler losdrehen.
- Regler gewissermaßen herausklappen, damit die Kohlebürsten nicht hängenbleiben.
- Überstand der Schleifkohlen messen.
- Sind sie nur noch **5 mm** lang, müssen sie ersetzt werden.

Schleifkohlen auswechseln

Die Schleifkohlen sind mit ihren Anschlußlitzen an einem Halter angelötet. Sie brauchen als Werkzeug daher einen Lötkolben. Ersatz-Schleifkohlen gibt's beispielsweise beim Bosch-Dienst.

- Regler ausbauen.
- Anschlußlitzen auslöten, Kohlen herausziehen.
- Druckfedern von den alten Kohlen abziehen und auf die neuen stecken.
- Anschlußlitzen anlöten.
- Dabei wenig Lötzinn verwenden und schnell arbeiten, damit sich die Anschlußlitzen nicht mit Zinn vollsaugen. Sonst werden sie starr.

Fingerzeig: Bei ausgebautem Regler können Sie die Kupfer-Schleifringe des Lichtmaschinen-Ankers (auf ihnen laufen die Kohlen) ebenfalls prüfen. Haben sie schon tiefe Einlaufspuren, kann man sie in einer Autoelektrik-Werkstatt überdrehen und polieren lassen.

Lichtmaschine ausbauen

- Batterie-Massekabel abklemmen.
- Keilrippenriemen entspannen und an der Lichtmaschine abnehmen.
- Von der Fahrzeugunterseite geht der Ausbau am einfachsten.
- Untere Motorraumabdeckung abusbauen.
- Abdeckkappe hinten auf der Lichtmaschine abnehmen, darunter die Kabelanschlüsse abschrauben.
- Massekabel nicht vergessen.
- Obere und untere Halteschraube der Lichtmaschine lösen, Schrauben herausziehen. Anzugsdrehmoment 42 Nm.
- Lichtmaschine nach unten abnehmen.

Fahren mit defekter Lichtmaschine

Wenn die Lichtmaschine oder ihr Regler streikt, ist die Weiterfahrt noch nicht gefährdet, denn die Batterie kann hilfreich einspringen.

Bei Tag reicht der Batteriestrom noch eine ganze Weile, obwohl die Motronic zum Erzeugen der Zündfunken und zum Betreiben der Einspritzung (mit elektrischer Benzinpumpe) eine Mindestspannung benötigt. Zudem ist der Akku oft nur zu ⅔ geladen. Doch je nach Batteriekapazität reicht der Strom aber für mindestens vier Stunden Fahrt.

Störungsbeistand

Batterie und Lichtmaschine

Die Störung	– ihre Ursache	– ihre Abhilfe
A Rote Ladekontrolle brennt nicht beim Einschalten der Zündung	1 Batterie leer	Mit Starthilfekabeln starten oder Wagen anschleppen
	2 Batteriekabel gebrochen, Kabelklemmen lose oder oxidiert	Batteriekabel und -klemmen kontrollieren
	3 Kontrollampe defekt	Ersetzen
	4 Kabelweg zwischen Zündschloß, Kontrollampe und Lichtmaschine unterbrochen	Stromweg mit Prüflampe kontrollieren
	5 Massekabel zwischen Lichtmaschine und Motorblock gebrochen	Kabel kontrollieren
	6 Schleifkohlen abgenutzt	Schleifkohlen erneuern (lassen)
	7 Spannungsregler defekt	Regler austauschen
	8 Lichtmaschine schadhaft	Lichtmaschine instand setzen lassen
	9 Nach zu heftiger Motorwäsche: Eingedrungene Feuchtigkeit hat einen isolierenden Schmierfilm zwischen den Schleifringen und Kohlen gebildet	Lichtmaschine so gut als möglich mit Druckluft ausblasen oder Schleifringe und Kohlen sauberreiben
B Ladekontrolle brennt oder glimmt bei laufendem Motor	1 Keilrippenriemen lose	Spannvorrichtung prüfen
	2 Mangelnder Kontakt/Oxidation an Kabelanschlüssen oder unterbrochene Kabel	Kabelanschlüsse und Kabel prüfen
	3 Siehe A 6–8	
C Batterieoberfläche feucht	1 Batterie überfüllt	Zuviel eingefülltes destilliertes Wasser durch Überladen herausgasen. Keine Säure absaugen
	2 Batterieverschlüsse bzw. Zentralentgasungsschlauch verstopft	Entlüftungslöcher bzw. Schlauch säubern
	3 Siehe A 7	
D Batterie gast stark	Siehe A 7	

Start-Helfer

Dreht man den Zündschlüssel in Stellung »Start«, geschieht in unseren sogenannten Schub-Schraubtrieb-Anlasser folgendes:

○ Die Klemme 50 am Zündschloß liefert Spannung an den oben auf dem Anlasser sitzenden Magnetschalter.
○ Dadurch schiebt ein Einrückhebel das Zahnritzel des Anlassers auf einem Steilgewinde in den Zahnkranz des Motor-Schwungrades.
○ Beim Eingreifen des Ritzels schaltet der Magnetschalter den vollen, von Klemme 30 kommenden Batteriestrom ein, so daß der Anlasser den Motor erst nach dem Einspuren des Ritzels kräftig durchdreht.
○ Anlasser-Motor und Zahnritzel sind durch ein Planetengetriebe verbunden. Der Elektromotor dreht deshalb wesentlich schneller als das Ritzel. Dadurch besitzt der Anlasser mehr Schwung-Energie.
○ Ist der Motor angesprungen, wird das Ritzel aus dem Schwungrad wieder ausgespurt.

Anlasser ausbauen

- Batterie-Massekabel abklemmen.
- Den Ausbau von unten durchführen, dazu Fahrzeug auf Grube fahren oder anheben und sichern.
- Untere Motorraumabdeckung ausbauen.
- Sämtliche Kabel am Anlasser abschrauben.
- Kabelhalter und Clips der Leitungen lösen.
- Beim Sechszylinder mit Automatik muß zusätzlich das Motorlager hinten ausgebaut werden.
- Halteschrauben des Anlassers lösen (Anzugsdrehmoment 42 Nm).
- Anlasser nach unten abnehmen. Beim Sechszylinder etwas nach links lenken.
- Beim Einbau auf die korrekte Verlegung der Anlasserleitungen achten.

Schleifkohlen auswechseln

Wenn der Anlasser streikt, sind möglicherweise nur die Schleifkohlen abgenutzt. Diese Kohlebürsten können (teils nur komplett mit Halteplatte) als Ersatzteil in der Mercedes- oder Bosch-Werkstatt gekauft und ausgewechselt werden. Gebraucht werden Kenntnisse im Löten, Elektrolot und ein kräftiger Lötkolben.

- Anlasser ausbauen.
- An der geschlossenen Seite des Anlassers zwei Schlitz- oder Kreuzschlitzschrauben an dem kleinen Lagerdeckel herausdrehen, Deckel abnehmen.
- Sicherungsscheibe und Einstellscheibe(n) vom darunter liegenden Wellenstumpf abnehmen und der Reihenfolge nach ablegen.
- Beide Schrauben (oder Muttern mit Stehbolzen) am hinteren Gehäusedeckel herausdrehen und Deckel abnehmen.
- Schleifkohlenlänge messen: Mindestmaß **13 mm**.
- Andruckfedern der Kohlebürsten hochheben, zur Seite drücken und Kohlen aus der Führung ziehen.
- Bürsten-Halteplatte von der Ankerwelle ziehen.
- Alle Kohlebürsten mit ihren Anschlußkabeln auslöten bzw. abtrennen.
- Wird die komplette Halteplatte ersetzt, nur die Verbindungskabel trennen.
- Bei der Verlötung der neuen Kohlebürsten darauf achten, daß sich die Kupferlitze nicht durch einfließendes Lötzinn verhärtet. Deshalb möglichst schnell löten oder Kabel während des Lötens mit einer Zange nahe der Lötstelle zusammendrücken.
- Anlasser wieder zusammenbauen.

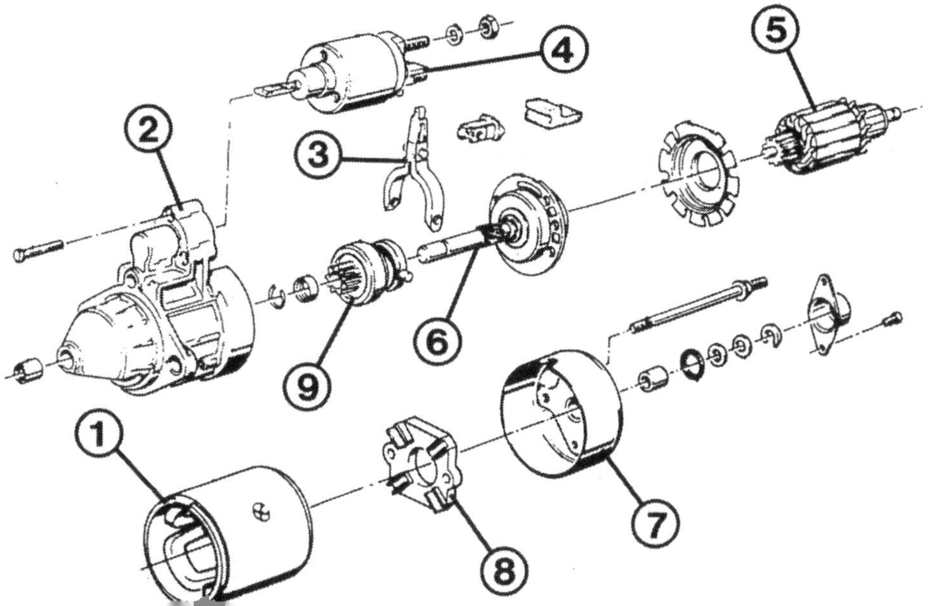

Die Teile des Anlassers:
1 – Gehäuse mit Wicklung;
2 – Lagergehäuse;
3 – Einrückhebel;
4 – Magnetschaltrer;
5 – Anker;
6 – Planetengetriebe;
7 – Gehäusedeckel;
8 – Bürstenhalter;
9 – Ritzelgehäuse.

Störungsbeistand

Anlasser

Die Störung	– ihre Ursache	– ihre Abhilfe
A Beim Drehen des Zündschlüssels in Startstellung dreht der Anlasser zu langsam oder gar nicht	1 Kontrollampen brennen schwach oder verlöschen	
	a) Batterie entladen oder defekt	Mit Starthilfekabeln starten bzw. defekte Batterie ersetzen
	b) Kabelanschlüsse lose oder oxidiert	Kabelanschlüsse kontrollieren
	c) Anlasser hat Masseschluß	Anlasser überholen lassen
	2 Kontrollampen brennen hell, Klicken aus Richtung Anlasser	Kurz auf den Magnetschalter klopfen. Dreht der Anlasser weiterhin nicht:
	a) Kohlebürsten bzw. deren Anschlüsse im Anlasser gelöst	Festschrauben bzw. anlöten
	b) Kontakte im Magnetschalter verschmort	Magnetschalter ersetzen
	c) Anlasserwicklung schadhaft Kohlebürsten überprüfen	Anlasser überholen lassen
	3 Kontrollampen brennen hell, keinerlei Geräusche	
	a) Klemme-50-Anschluß am Magnetschalter lose	Steckanschluß überprüfen
	b) Klemme-50-Leitung vom Zündschloß zum Magnetschalter unterbrochen	Leitung mit Prüflampe kontrollieren
	c) Magnetschalter klemmt	Zerlegen und fetten oder ersetzen
	d) Automatik: Startsperrschalter am Getriebe defekt	Prüfen
	e) Automatik: Parksperrenverriegelung defekt	Zugeinstellungen prüfen
B Anlasser läuft, ohne den Motor durchzudrehen	1 Einrückvorrichtung klemmt	Anlasser überholen lassen
	2 Verzahnung des Ritzels oder des Motor-Schwungrades beschädigt	Wagen bei eingelegtem Gang ein Stück vorschieben. Erneut starten. Beschädigte Teile ersetzen lassen
C Anlasser läuft weiter, obwohl Zündschlüssel losgelassen wurde	1 Magnetschalter hängt und schaltet nicht ab Zündung sofort abschalten, notfalls Batterie abklemmen.	Magnetschalter ersetzen
	2 Zünd-/Anlaßschalter defekt	Zünd-/Anlaßschalter ersetzen
D Ritzel spurt nach Anspringen des Motors nicht aus	1 Rückstellfeder des Einrückhebels lahm oder gebrochen	Zündung sofort abschalten. Reparieren lassen
	2 Verzahnung des Ritzels bzw. des Motor-Schwungrades beschädigt	Schadhafte Teile ersetzen lassen

Tief im »Keller« des Motorraums unter dem Saugrohr befindet sich der Anlasser (Pfeil). 1 – Saugrohrstütze; 2 – Motorträger; 3 – Schraube für oberen Querlenker.

1 – Stromschiene; 2 – Magnetschalter; 3 – Pluskabel; 4 – Klemme 50; 5 – Anlassermotor.

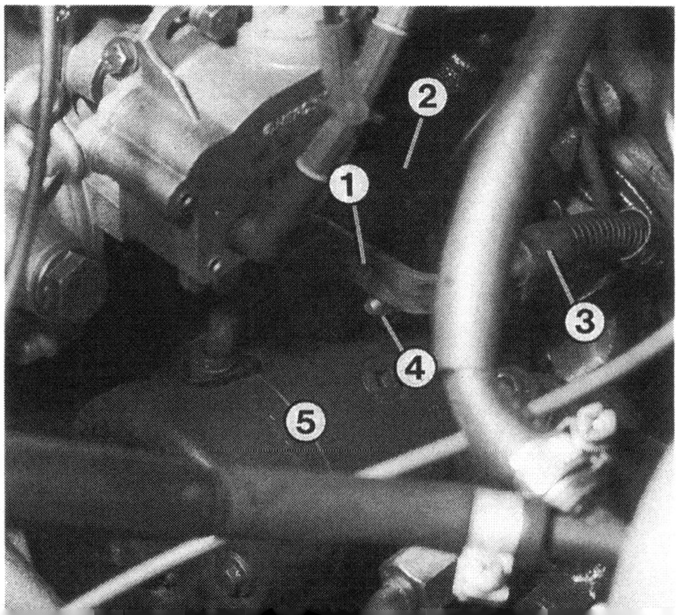

Labyrinth

Von Sicherungen, Leitungen, Relais, Schalt- und Steuergeräten handelt dieses Kapitel. Denn in einem so stark elektronifizierten Auto wie beim C-Klasse Mercedes gibt es davon mehr als genug.

Grundlagen der Fahrzeugelektrik

Minus an Masse

Strom kann nur in einem geschlossenen Kreislauf fließen. Wenn Sie zu Hause den Lichtschalter anknipsen, leuchtet das Licht auf. Genauso ist es im Auto, nur daß hier der von Batterie oder Lichtmaschine kommende Strom über den jeweiligen Stromverbraucher zurück zur Batterie oder Lichtmaschine fließt.
An die Mehrzahl der Stromverbraucher im Mercedes sind zwei Kabel angeschlossen. Doch nur eines läßt sich bis zur Batterie bzw. bis zum Generator zurück verfolgen, wie dies auch die Schaltpläne zeigen. Die andere Leitung ist dagegen schon nach wenigen Zentimetern irgendwo am Karosserieblech festgeschraubt (den sogenannten Massepunkten).
Hier hat man sich zunutze gemacht, daß die Metallteile von Karosserie und Motor bzw. Getriebe ebenfalls Strom leiten können. In der Autoelektrik bezeichnet man sie mit der »Masse«. Sie sorgen für die Stromrückleitung zum Minuspol der Batterie. Merksatz: **M**inus an **M**asse.
Wenn ein Stromverbraucher direkt auf Metall sitzt, braucht er nur ein einziges Anschlußkabel, aber im heutigen kunststoffreichen Automobil müssen fast immer kleine Verbindungsleitungen den Kontakt zur Fahrzeugmasse herstellen.

System im Wirrwarr

Normklemmen

Das bunte Kabelgewirr im Auto ist eigentlich ganz gut geordnet, denn viele Einzelheiten der Kraftfahrzeug-Elektrik sind genormt. Die Zahlen an verschiedenen Bauteilen und Kabelanschlüssen sowie in den Schaltplänen haben in allen deutschen und in manchen ausländischen Fahrzeugen dieselbe Bedeutung. Beispiele:
Klemme 15 erhält nur bei eingeschalteter Zündung (Zündschloß-Raste »II«) Strom ab Zündschloß, wobei außer der Vorglühanlage jene Stromverbraucher versorgt werden, die nur bei Betrieb des Wagens Strom erhalten sollen. Die Kabel an den Normklemmen 15 besitzen vielfach eine schwarze Ummantelung, meist noch mit farbigen Zusatzstreifen bei bestimmten Stromverbrauchern.
Klemme 15R ist eine Benennung für Anschlüsse, die in den Zündschloßrasten »I« und »II« sowie in Anlaßstellung funktionieren sollen. Die Ummantelung ist häufig schwarz mit Zusatzstreifen.
Klemme 30 erhält dauernd Strom vom Pluspol der Batterie bzw. bei laufendem Motor von der Lichtmaschine. Das kann bei unvorsichtigem Umgang mit Werkzeug zu Kurzschlüssen und Funkenregen führen, wenn das Minuskabel der Batterie nicht abgenommen wurde. Diese stets stromführenden Kabel haben meist eine rote Umhüllung, ggf. mit zusätzlichen Farbstreifen.
Klemme 30a erhält abgesichert dauernd Strom vom Pluspol der Batterie. Meist werden die Fehlerspeicher in den Steuergeräten damit versorgt.

Unter einer Abdeckung gegen Feuchtigkeit und Spritzwasser ist hinten rechts im Motorraum der sogenannte Aggregateraum zu finden.
1 – Steuergerät Abgasrückführung beim C 200 Diesel;
2 – Steuergerät Antiruckelaufschaltung beim C 200 Diesel;
3 – ABS-Steuergerät (oder ETS);
4 – Diagnosedose zum Anschluß des HHT;
5 – Steckverbindung Bremsbelagfühler;
6 – Steckverbindung Drehzahlgeber vorn rechts;
7 – Überspannungsschutz mit Sicherung (Spannungsversorgung Elektronik);
8 – Duoventil für Fahrzeugheizung.

Klemme 31 ist die Masse-Klemme, mit der ein Stromverbraucher zur Fahrzeugmasse verbunden sein muß, damit der Stromkreis geschlossen ist. Diese Kabel sind braun umhüllt.
Klemme 49 ist für die Blink- und Warnblinkanlage zuständig. Die Kabelfarbe ist schwarz/grün mit Zusatzfarbstreifen.
Klemme 50 versorgt zum Starten den Anlasser. Die Leitungen haben violett als Grundfarbe.
Klemme 53 versorgt die Scheibenwischeranlage.
Klemme 56 ist für die Spannungszufuhr des Abblendlichts mit gelben Kabel sowie des Fernlichts mit weißen Kabeln zuständig.
Klemme 58 gehört zum Standlicht vorn sowie zu den Schluß- und Kennzeichenleuchten. Die Grundfarbe der Kabelumhüllung ist grau, jeweils mit zusätzlichen Farbstreifen.
Klemme 61 gehört zur Ladekontrolle (D+) mit blauer Leitungsfarbe.
Klemme 87 erhält meist wie Klemme 15 Spannung, nur ist ein Relais zwischengeschaltet, z. B. der Überspannungsschutz.

Kabelsteckverbindungen

Lange Zeit mußte der ADAC in seiner Pannenstatistik lose Kabelsteckverbindungen als eine der häufigsten Pannenursachen vermerken – und das bei fast allen Autos.
○ Mercedes hat diesem Übel, welches meist erst nach ca. sechs Jahren lästig wird, mehrere Riegel vorgeschoben. Zunächst sind sehr häufig teure versilberte Rundstecker eingebaut. Mehrfachstecker sind zusätzlich mechanisch gesichert. Klar, daß diese Sicherungen zum Abziehen des Steckers überwunden werden müssen. Entweder sind die Stecker durch einen Drahtbügel gesichert oder haben seitlich zwei Sicherungsrasten, die zum Abziehen niedergedrückt werden müssen.
○ Manche sind mit einem Drehriegel gesichert. Wo immer möglich, sind Steckverbindung und Geräte möglichst gut gegen Feuchtigkeit geschützt.

Die Karosserie-Elektrik

Batterie-Plusleitungen

Um den Strom von der hinten eingebauten Batterie in den Motorraum zu bringen, sind an der Pluspol-Klemme zwei Leitungen angebracht.
○ Eine dicke schwarze Leitung mit 50 mm² ist im Leitungsschacht an der linken Fahrzeuge entlang verlegt. Sie endet an einer 3poligen Leitungsverbindung (X 4) beim Gaspedal. Von dort führen Leitungen zum Anlasser und zu allen anderen Verbrauchern im Fahrzeug mit Ausnahme der Steuergeräte im Aggregateraum rechts. An der Steckverbindung ist auch ein Kondensator (C 2) zur Entstörung eingebaut.
○ Eine rote Leitung mit 4 mm² führt im Leitungsschacht rechts zu den Steuergerät im rechten Aggregateraum und versorgt nur diese mit Spannung (Klemme 30 Z).

Links neben der Lenksäule bei ausgebauter Verkleidung erkennbar:
1 – rote Steckverbindung zum Airbag;
2 – Mehrfachsteckverbindung;
3 – Längenausgleich bei verstellbarer Lenksäule.

Neben dem Bremskraftverstärker (1) ist der Sicherungs- und Relaiskasten (4) angeordnet. In dieser Hauptzentrale der Fahrzeugelektrik sind vorn die Sicherungen (5) und hinten die Relais (2) untergebracht. Weiterhin:
3 – Höhenanschlag für Motorhaubenstellung hinten.

Sicherungs- und Relaiskasten

Dieses zentrale Teil der Fahrzeugelektrik findet sich links hinten im Motorraum. Dort sind unter der hinteren angeschraubten Abdeckung Relais untergebracht. Unter dem vorderen hochklappbaren Deckel sind drei Sicherungsträger zu finden: In Fahrtrichtung rechts sitzt die 12fach-Sicherungsleiste F1/1, in der Mitte die 5fach-Sicherungsleiste F2 für Maxi-Flachstecksicherungen (30–40 A) und links die 18fach-Sicherungsleiste F3. An der Unterseite des Sicherungs- und Relaiskastens sind farbig gekennzeichnete Mehrfachstecker zu finden.
Zum Abziehen der Stecker müssen seitlich Verriegelungsschieber gedrückt werden. Einige stromzuführende Leitungen sind angeschraubt.

Sicherungen im Kofferraum

Unter der Abdeckung am Kofferraumboden findet sich vorne rechts die 19fach-Sicherungsdose, in den Schaltplänen mit F4 bezeichnet.

Sicherung auf Überspannungsschutz

Auf dem Überspannungsschutz im rechten Aggregateraum finden sich unter einem Klarsichtdeckel eine oder zwei Sicherungen. Über den Überspannungsschutz werden alle Steuergeräte mit Spannung versorgt. Er verhindert, daß z. B. bei defektem Lichtmaschinenregler oder bei einem falschen Ladegerät die Steuergeräte zerstörende Überspannung abbekommen.

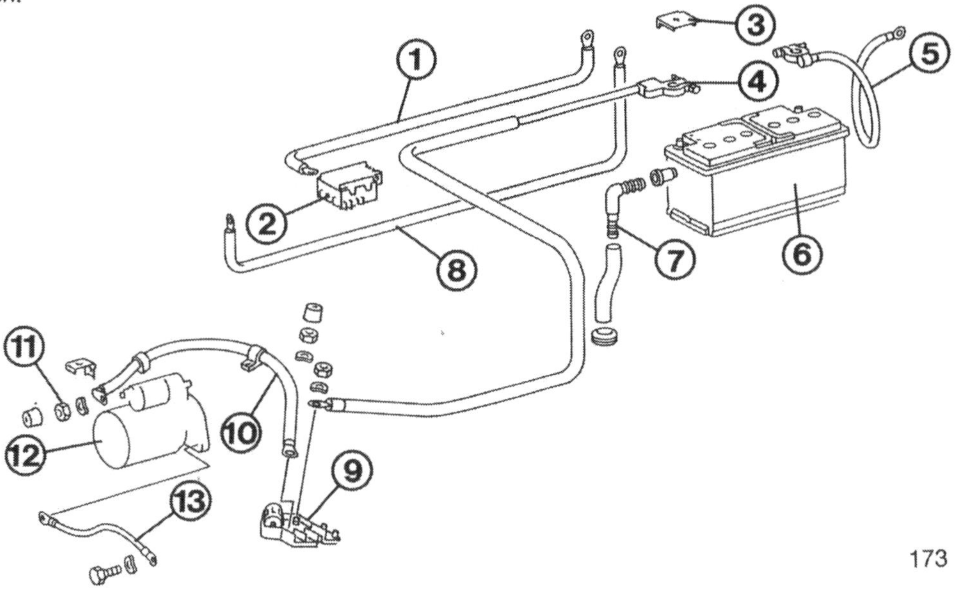

1 – Pluskabel zum Sicherungskasten im Kofferraum (2);
3 – Pluspolabdeckung;
4 – Pluspolklemme und Kabel zur Leitungsverbindung (9) beim Gaspedal;
5 – Massekabel der Batterie (6);
7 – Ablaufschlauch für Batteriesäure;
8 – Pluskabel zum Aggregateraum rechts (Steuergeräte);
10 – Pluskabel zum Anlasser (12);
11 – Verschraubung;
13 – Massekabel Motor (wird dieses Kabel nicht angeschlossen, verschmoren die dünneren braunen Kabel im Fahrzeug, sobald der Anlasser läuft).

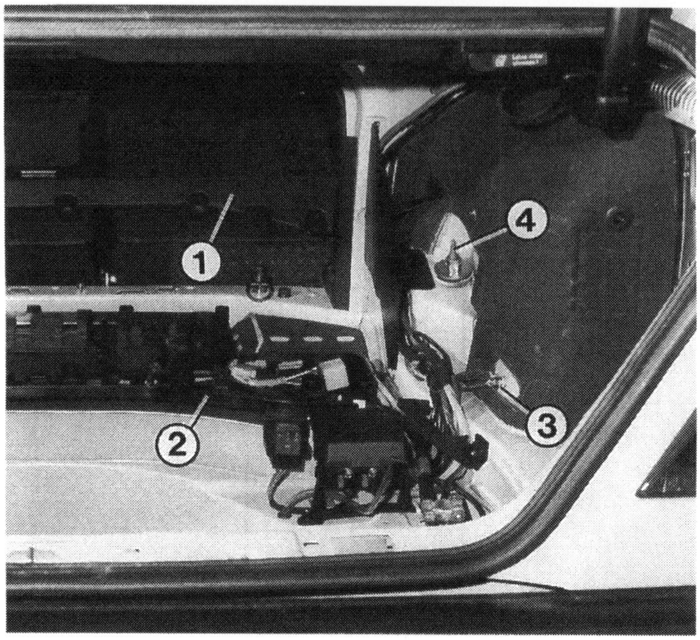

Ist die Abdeckung (1) vorn im Kofferraum auf dem breiten Kabelkanal (2) abgenommen, finden Sie darin verschiedene Steuergeräte (z. B. IFZ) und die Steckverbindung zum Tank. Weiterhin:
3 – Massestelle (W7) am Radlauf rechts;
4 – Stoßdämpferbefestigung.

Sicherungen

Erstmals werden in einem Mercedes Pkw »Flachstecksicherungen« eingebaut. In ein durchscheinendes, eingefärbtes Kunststoffteil sind zwei Flachstecker eingebettet, die durch den Schmelzfaden verbunden sind.
○ Es werden zweierlei Größen verwendet: Im Motorraum sind bis zu fünf Maxi-Sicherungen mit 30 oder 40 Ampere eingebaut. Die kleineren Sicherungen decken einen Strombereich von 7,5–30 Ampere ab. Zum leichteren Abziehen der Sicherungen ist dem Bordwerkzeug ein Werkzeug beigelegt. Reservesicherungen sind im vorderen Sicherungskasten zu finden. Besorgen Sie sich rechtzeitig Ersatz.
In Ihrem Mercedes können bis zu 56 (!) Sicherungen eingebaut sein, ein deutliches Anzeichen dafür, wie umfangreich in den letzten Jahren die Fahrzeugelektrik geworden ist.
○ Zur Unterscheidung der maximal zulässigen Nennstromstärke (Ampere) dienen die Kennfarben des Kunststoffteils: Braun – 7,5 A; rot – 10 A; blau – 15 A; gelb – 20 A; grün – 30 A.

Sicherungstabelle

Besondere Sicherungen

Einbaulage	Ampere	Klemme	Absicherung
auf Überspannungsschutz (Seite 79 unten)	10 oder 15	15/30	Spannungsversorgung der elektronischen Steuergeräte

Vorn rechts im Kofferraum finden Sie folgende Bauteile:
1 – Kraftstoffpumpenrelais (Benziner);
2 – Sicherungshalter;
3 – Ablaufschlauch für Batteriesäure.

Nummer (Ampere)	Klemme	Abgesicherte Verbraucher
1 (7,5)	56b	Abblendlicht rechts
2 (10)	15R	Handschuhfachleuchte Radio bis 9/93 Anzünder
3 (10)	30	Radio Steuer- und Bediengerät Heizungsautomatik (HAU), Klimatisierungsautomatik (KLA) oder Temperaturautomatik (TAU) Zeitrelais Motor-Restwärmeanlage (MRA)
4 (15)	30	Blinklicht mit Anhänger oder Warnblinkanlage mit Anhänger Zusatzblinklicht Uhr Warnsummer
5 (20)	15	Fanfaren Steuer- und Bediengerät Heizungsautomatik (HAU), Klimatisierungsautomatik (KLA) oder Temperaturautomatik (TAU) Zeitrelais Motor-Restwärmeanlage (MRA)
6 (7,5)	15	Blinklicht Blinklicht mit Anhänger
7 (7,5)	56b	Abblendlicht links
8 (7,5)	15R	Schalter Heckscheibenheizung Innenspiegel abblendbar
9 (7,5)	30	Beleuchtung Anzünder Kenzeichenbeleuchtung Kombi-Instrument
10	–	nicht belegt
11 (7,5)	15X	Relais Zusatzlüfter (KLA/TAU) Steuer- und Bediengerät Klimatisierungsautomatik (KLA)
12 (10)	15	Bremslicht Bremslicht Anhänger Bremssignal ABS/ASD/TPM Kombi-Instrument Lampenkontrollgerät Steuergerät Tempomat (TPM)
13 (20)	30	Relais Zusatzlüfter (KLA/TPM)
14 (30)	15X/30	Gebläsemotor Gebläseregler (KLA/TPM)
15 (30)	15R	Lichthupe Relais Scheinwerfer-Reinigungsanlage Wascherpumpe Wischermotor
16 (30)	30	Heizbare Heckscheibe
17	–	frei
18 (7,5)	58L	Stand- und Schlußlicht links Seitenmarkierungslicht links vorn und hinten Schlußlicht Anhänger
19 (7,5)	56a	Fernlicht rechts

Nummer (Ampere)	Klemme	Abgesicherte Verbraucher
20 (15)	15R	Radio Sitzheizung Sonnenrollo
21 (10)	30	Automatische Antenne Radio
22 (10)	58N	Nebellicht
23 (15)	15	Diagnosedose Kickdown-Abschaltung Relais Überspannungsschutz Umschaltventil Abgasrückführung (ARF)
24 (10)	58R	Scheinwerfer-Reinigungsanlage Schlußlicht Anhänger Stand- und Schlußlicht rechts Seitenmarkierungslicht rechts vorn und hinten
25 (7,5)	56a	Fernlicht links Fernlichtkontrolle
26 (7,5)	15R	Kontrollampe Airbag Steuergerät Komfortbetätigung (Fensterheber) Telefon
27 (7,5)	30	Ausstiegsleuchten Leseleuchte Fond Diagnosedose
28 (7,5)	58NS	Nebelschlußlicht Nebelschlußlicht Anhänger
29 (15)	15	Außenspiegelverstellung und -heizung Rückfahrlicht Rückfahrlicht automatisches Getriebe Waschwasserheizung Waschdüsenheizung
30 (10)	58R	Scheinwerfer-Reinigungsanlage
31	–	nicht belegt
32 (7,5)	30Z	Diagnosemodul
33 (15)	30	Deckenleuchte vorn Deckenleuchte Fond Kofferraumleuchte Make-up-Spiegel-Beleuchtung Zentralverriegelung
34 (7,5)	15	Fondkopfstützen-Entriegelung Spiegelgehäuse-Verstellung
35 (7,5)	15	Deckenleuchte vorn Orthopädische Sitzlehne Steuergerät Anhängererkennung Steuergerät EDW (mit/ohne Infrarot-Fernbedienung)

Ein Verzeichnis der Abkürzungen finden Sie hinten in Buch.

Sicherungen im Kofferraum

Nummer (Ampere)	Klemme	Abgesicherte Verbraucher
1 (25)	15R/30	Sitzverstellung vorn links (Kopfstütze, Rückenlehne, Sitzhöhe)
2 (25)	15R/30	Sitzverstellung vorn rechts (Sitzhöhe, Sitz vor/zurück)
3 (25)	15R/30	Sitzverstellung vorn links (Sitzhöhe, Sitz vor/zurück)
4 (25)	15R/30	Sitzverstellung vorn rechts (Kopfstütze, Rückenlehne, Sitzhöhe)
5 (25)	30	Sound-System
6 (7,5)	30	CD-Wechsler
7 (30)	(15R/30)	Fensterheber hinten
8	–	nicht belegt
9 (7,5)	30	Steuergerät Komfortbetätigung
10 (30)	15R/30	Fensterheber vorn

Nummer (Ampere)	Klemme	Abgesicherte Verbraucher
11 (20)	15R/30	Steuergerät Infrarot-Fernbedienung (IFZ) Steuergerät Infrarot-Fernbedienung (IFZ) mit EDW Steuergerät EDW Horn EDW
12 (20)	30	Sitzheizung
13 (20)	15R/30	Schiebe/Hebe-Dach
14	–	nicht belegt
15	–	nicht belegt
16	–	nicht belegt
17 (7,5)	30	Telefon D-Netz
18 (25)	30	Anhängevorrichtung
19	–	nicht belegt

Die Schaltrelais

Wozu werden Schaltrelais benötigt?

Schaltrelais verwendet man in erster Linie für leistungsstarke Stromverbraucher. Das hat folgenden Grund: Leitet man den Strom auf langen Kabelwegen über den dazugehörigen Schalter, gibt es Spannungsverlust. Außerdem werden die Schalterkontakte durch den hohen Stromfluß stark beansprucht. Bei einer Relaisschaltung benutzt man den Schalter nur für den geringen Schaltstrom, womit nicht der Verbraucher direkt, sondern dessen Relais eingeschaltet wird.
Stammt der Schaltbefehl nicht von einem Schalter, sondern vom rechten Aggragateraum, gilt dasselbe: Die empfindlichen Elektronikbauteile können hohe Ströme nicht weiterleiten, ohne Schaden zu nehmen.

Funktion der Schaltrelais

○ Beim Einschalten des betreffenden Verbrauchers wird im Relais durch den an Klemme 86 ankommenden »Schaltstrom« der Schaltstromkreis zu Klemme 85 (Masse) geschlossen.
○ Dadurch zieht eine Magnetspule einen kräftigen Kontakt gegen Federdruck an und schließt so den Stromkreis für den »Arbeitsstrom«.
○ Der Arbeitsstrom wird zur Vermeidung von Spannungsabfall auf kurzem Weg direkt an Klemme 30 des Relais herangeführt und von dort weiter – bei geschlossenen Schalterkontakten – über Klemme 87 an den Stromverbraucher weitergeleitet.
○ Bisweilen ist noch eine Klemme 87a vorhanden. Die ist fest mit Klemme 87 verbunden, hat also dieselbe Funktion.

Störungssuche Schaltrelais

● An Klemme 30 muß immer Spannung anliegen, sofern es sich nicht um ein Relais handelt, dessen Verbraucher von einem anderen abhängt. Beispiel: Das Relais der Kraftstoffpumpe erhält nur dann Strom, wenn die Einspritzanlage arbeitet.
● Zur Kontrolle der Stromversorgung Relais herausziehen und mit Prüflampennadel Klemme 30 im Relaissockel antippen. Kein Strom: Zuleitung defekt.
● Relais abziehen, Klemme 86 mit Batterie-Plus und Klemme 85 mit Masse verbinden. Die Magnetspule muß den Relaiskontakt deutlich hörbar anziehen, sonst ist das Relais defekt.

Behelf bei defektem Schaltrelais

● Relais aus dem Stecksockel abziehen.
● Klemme 30 und 87 im Relaissteckfeld mit einer Büroklammer oder einem kurzen Drahtstück überbrücken. Dadurch erhält der betreffende Verbraucher Dauerstrom.
● Zum Abschalten die Kurzschlußbrücke abziehen, da der betreffende Schalter in diesem Fall ja überbrückt.

Kombirelais

Dieses große Relais mit mehreren Arbeitskontakten reduziert den Teileaufwand in der Elektrik etwas. Es ist für das Richtungs- und Warnblinken, die Heckscheibenheizung und für die Spannungsversorgung des Wischermotors zuständig.

Folgende Relais sind im Sicherungs- und Relaiskasten zu finden:
1 – frei;
2 – frei;
3, 4 – Relais Zusatzlüfter (K9);
5 – Relais Scheinwerfer-Reinigungsanlage (SRA, K2);
6 – Relais Fanfare;
7 – frei;
8 – frei;
9 – Kombirelais (Blinker, heizbare Heckscheibe, Wischermotor, N10) bzw. Kombirelais (zusätzlich mit Blinker Anhängevorrichtung N10/2);
10 – Lampenkontrollgerät (N7).

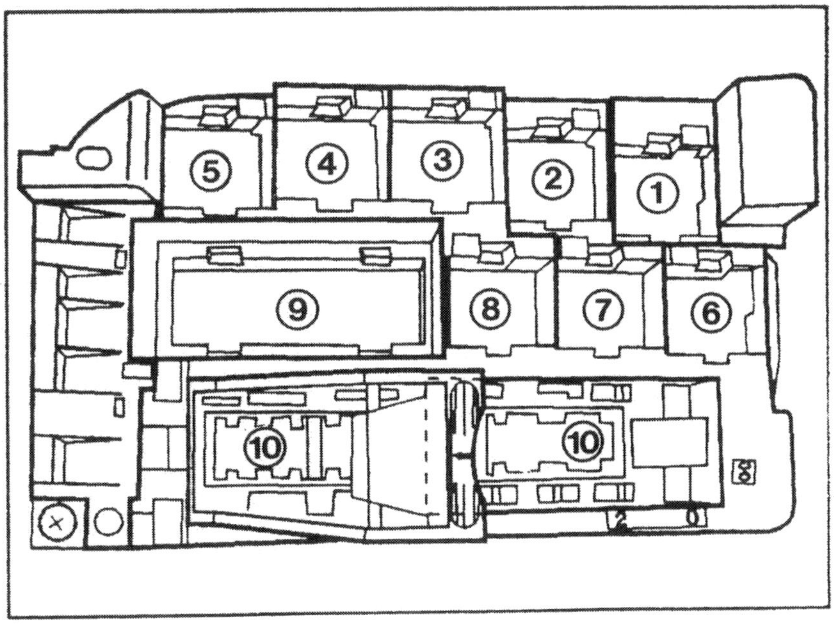

Lampenkontrollgerät

Die Glühlampen der Außenbeleuchtung für Abblendlicht, Standlicht, Schlußlichter und Bremslicht werden von dieser hilfreichen Einrichtung überwacht. Fällt eine der Lampen aus, brennt die Kontrolleuchte, bis das Licht ausgeschaltet wird. Bei defektem Bremslicht brennt die Kontrolle bis zum Ausschalten der Zündung. Das Lampenkontrollgerät erkennt einen Fehler im jeweiligen Stromkreis, wenn darin der Stromfluß zu gering wird. Bei höherem Stromfluß, wenn z. B. ein Anhänger eingesteckt ist, führt das nicht zu Fehlanzeigen.

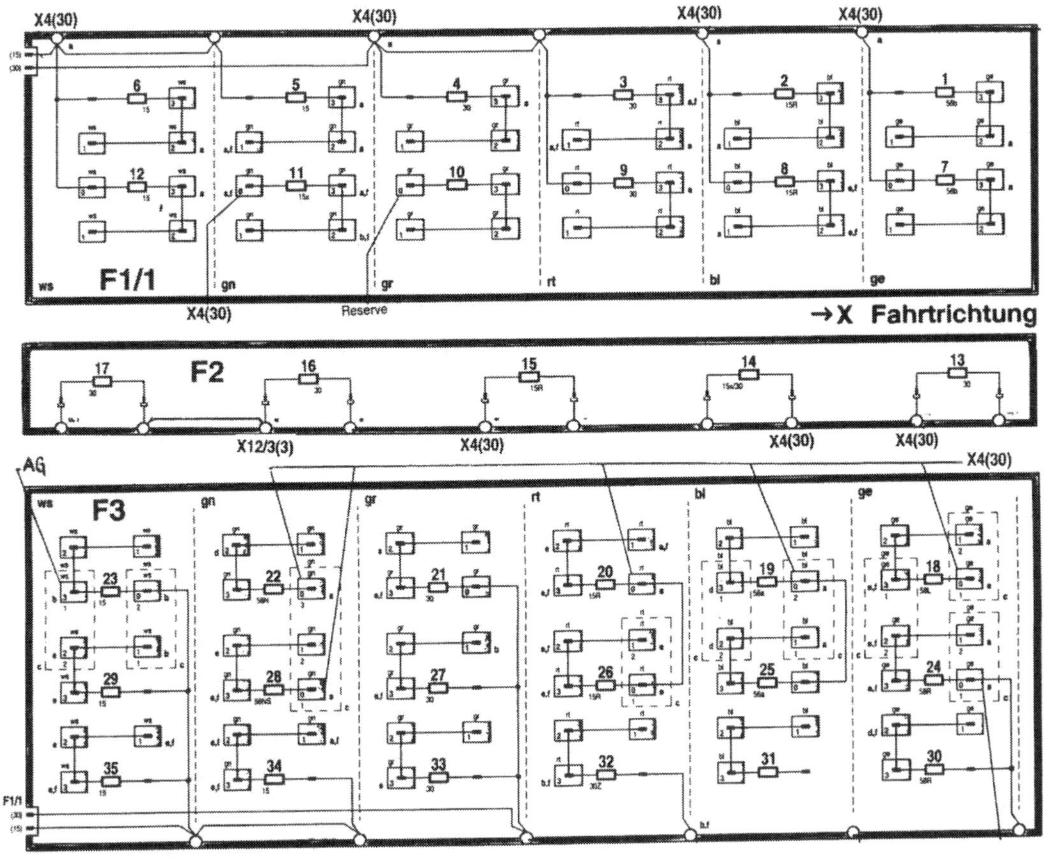

Verschaltung und Anordnung der Sicherungen. Drei Sicherungsträger sind im Sicherungs- und Relaiskasten eingebaut: F1/1, F2 und F3.

Der große Wurf

In diesem Kapitel können Sie selbst zwar nichts tun, wir wollen Ihnen aber trotzdem eine ungefähre Vorstellung darüber geben, wie umfangreich die Möglichkeiten der Werkstatt sind.
Der Hand-Held-Tester wird an die 38polige Diagnosedose im rechten Aggregateraum angeschlossen. Im Klartext erhält der Mechaniker Informationen darüber, welche Fehler erkannt sind und was zur Beseitigung getan werden muß.
Die Software im Prüfgerät wird hierzu laufend in der Kundendienstzentrale bei Mercedes-Benz aktualisiert, und die Werkstatt bekommt die neuen Programme (updates) zugesandt. Besonders interessant ist, daß zudem noch eine Vielzahl von Zuständen beim Auftreten des Fehlers gespeichert werden, um den Ursachen ganz genau auf die Schliche kommen zu können.

Fingerzeig: Die unten folgenden Fehlertabellen sind Beispiele, die von uns nach Drucklegung des Handbuches nicht mehr überarbeitet werden.

Die Diagnosedose

Diese Tür zu den Fehlerspeichern in den Steuergeräten ist mit einem Schraubdeckel gegen Feuchtigkeit geschützt. An den 38 Polen sind folgende Systeme angeschlossen:

Buchse	Steuergeräte (Abkürzungen siehe hinten im Buch)	Buchse	Steuergeräte (Abkürzungen siehe hinten im Buch)
1	Masse	17	Steuergerät EVE, ERE, ARA, Kickdown-Abschaltung oder Drehzahlaufbereitung
2	Spannung Klemme 87 vom Überspannungsschutz		
3	Klemme 30	23	Steuergerät EDW
4	Steuergerät EVE oder ERE	26	Steuergerät ASD
6	Steuergerät ABS, ETS, PML	30	Steuergerät Gurtstraffer und Airbag
7	Steuergerät EFP, TPM, LLR	31	Steuergerät Infrarotfernbedienung
16	Steuer- und Bediengerät Heizungs- bzw. Klimaanlage		

Fehlertabellen

Steuergerät EVE

Code	Überwachtes Bauteil/Fehlerursache	Code	Überwachtes Bauteil/Fehlerursache
1	Fehlerfrei	17	Sollwertgeber, Bremslichtschalter
2	Temperaturgeber Kühlmittel	18	Tastschalter Tempomat
3	Temperaturgeber Ansaugluft	19	Geschwindigkeitssignal ABS
4	Saugrohrdruckgeber	20	frei
5	Positionsgeber Kurbelwelle	21	Umschaltventil
6	frei	22	Druckwandler
7	Überspannungsschutz (Über-/Unterspannung)	23	frei
8	Regelkreis Einspritzmenge	24	Umschaltventil Modulierdruck (Automatik)
9	frei	26, 27	Steuergerät EVE
10	Druckregelklappe	29	Abschaltventil
11	Regelkreis Förderbeginn	30	Kraftstofftemperatur
12	Überspannungsschutz	31	Positionsgeber Verteilerwelle
13	Sollwertgeber, Leerlaufkontaktschalter	36, 37	Positionsgeber Nockenring
14	frei	38	Abgleichwiderstand
15	frei		
16	Bremslichtschalter		

Steuergerät Infrarotfernbedienung

Code	Überwachtes Bauteil/Fehlerursache	Code	Überwachtes Bauteil/Fehlerursache
1	Fehlerfrei	9	Mikroschalter, Kurzschluß
2	Steuergerät	10	Zündschloßeinheit, Unterbrechung
3	Kurzschluß Versorgungspumpe	11	Zündschloßeinheit, Kurzschluß
4, 5	Empfänger, Kurzschluß	12	Schaltelement Fahrertür
6	Kurzschluß Versorgungspumpe	13	Schaltelement Beifahrertür
7, 8	Empfänger, Kurzschluß	14	Schaltelement Heckdeckel

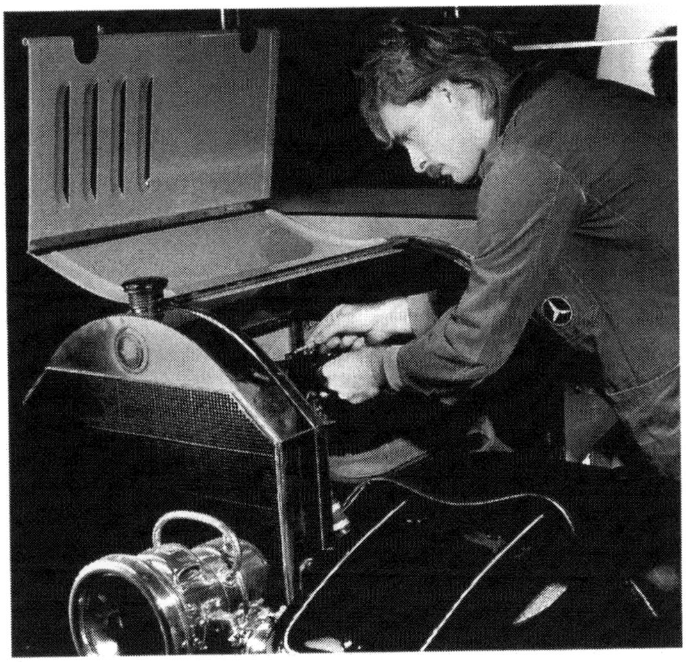

Mancher Selbstpfleger wird den früheren Zeiten nachtrauern, wo mit einfachen Werkzeugen noch etwas »verbessert« werden konnte. Doch bald wird man sich umgewöhnt haben: Heute kommuniziert man über eine Schnittstelle mit den Steuergeräten.

Mittels Hand-Held-Tester (HHT) »durchschaut« der Monteur die diversen elektronischen Systeme. Das ermöglicht eine schnelle und zielsichere Lokalisierung und Bewertung defekter Bauteile.

Steuergerät Airbag/ Gurtstraffer

Code	Überwachtes Bauteil/Fehlerursache	Code	Überwachtes Bauteil/Fehlerursache
1	Fehlerfrei	6	Gurtschloßschalter Beifahrer
2	Steuergerät	7	Widerstand Beifahrersitz
3	Zündkreis Fahrerairbag	8	Spannungsversorgung
4	Zündkreis Fahrer- und Beifahrerairbag	9	Kontrolleuchte
5	Gurtschloßschalter Fahrer	10	Steuergerät Airbagauslösung

Steuergerät Klimaautomatik

Code	Überwachtes Bauteil/Fehlerursache	Code	Überwachtes Bauteil/Fehlerursache
1	Fehlerfrei	22, 23	Poti an Seitendüse links
2, 3	Temperaturfühler innen	24, 25	Bediengerät, Poti für Seitendüse rechts
4, 5	Temperaturfühler außen	26, 27	Poti an Seitendüse rechts
6, 7	Temperaturfühler am Verdampfer	30, 70	Umwälzpumpe
8, 9	Temperaturfühler am Wärmetauscher	31	Monoventil
12, 13	Temperaturfühler Kühlmittel	33, 73	Ansteuerung Kältekompressor
16, 17	Bediengerät, Poti für Mitteldüse	34, 74	Zusatzlüfter 2. Stufe
18, 19	Poti an Mitteldüse	35, 75	Zusatzlüfter 1. Stufe
20, 21	Bediengerät, Poti für Seitendüse links	50	Ansteuerung Ventilleiste

Nervenstränge

Bei der Darstellung der elektrischen Einrichtungen und Leitungsverbindungen ist Mercedes neue Wege gegangen: Was früher noch in einem Gesamtschaltplan unterzubringen war, mußte bei der C-Klasse in zahlreiche Funktionsgruppen getrennt werden.
In dieser – aus dem gedachten Gesamtschaltplan herausgegriffenen – Teildarstellung ist dann alles enthalten, was zum Verstehen dieser Baugruppe dazugehört: Bauteilnamen, Stecker-Numerierungen, Kabelfarben etc. – eine separate Schaltplanerklärung ist nach den Schaltplänen zu finden.
Nachteil dieser Darstellungsweise ist das ständig notwendige Blättern, wenn eine Querverbindung gesucht werden soll. Die Anwendung der Schaltpläne schafft nicht immer den gewünschten Überblick, aber ohne das Vermögen, elektrisch denken zu können, werden Sie mit der Elektrik in Ihrem Mercedes ohnehin nur schwer zurechtkommen.

Fingerzeig: Die gesamten Schaltpläne für die in diesem Buch behandelten Modelle füllen zwei DIN A4-Ordner. Dieser Umfang kann natürlich hier im Buch nicht wiedergegeben werden. Wir haben uns für eine Auswahl der unserer Ansicht nach am häufigsten benötigten Pläne entschieden. Wer sich den kompletten Schaltplanordner zulegen möchte, kann ihn beim Mercedes-Händler oder einer Mercedes-Niederlassung bestellen (Bestell-Nr. 6510 1452 00).

Aufbau der Schaltpläne

Im Schaltplan ist ein Stromkreis mit dem kürzestmöglichen Kabelweg – dem Strompfad – gezeichnet ohne Rücksicht auf die Einbaulage im Fahrzeug. Bauteile mit mehreren Funktionen können auf mehrere Pfade aufgeteilt sein.
Stromzufuhr: Oben im Schaltplan ist meist die Plus-Seite dargestellt. Von hier kommt der Strom von einer Sicherung, deren Klemmenbezeichnung, Nummer und Stärke angegeben ist.
Sicherungen: Mit dem Kennbuchstaben »F« und einer nachfolgenden Zahl sind die im Sicherungshalter sitzenden Sicherungen bezeichnet. Die Numerierung entspricht ihrem Platz im Sicherungs- und Relaiskasten (siehe dazu Tabellen ab Seite 175).
Leitungen: Die elektrischen Leitungen sind vor der Farbbezeichnung mit dem Querschnitt ihrer Kupferseele angegeben. Die Kabelfarben finden Sie im Abkürzungsverzeichnis hinten im Buch.
Steckverbindungen: Sie tragen grundsätzlich den Kennbuchstaben »X«. Anhand der nachfolgenden Nummer läßt sich aus einer Tabelle herausfinden, wo der Stecker im Fahrzeug eingebaut ist.
Bauteile: Alle elektrischen Bauteile sind in den Schaltplänen mit Kennbuchstaben mit nachgestellten Unterscheidungsziffer angegeben. So bedeuten z. B. A – Baugruppen, Empfänger, Sender; B – Geber, Temperaturgeber; E – Glühlampen; F – Sicherungen; G – Stromquellen; H – Signaleinrichtungen; K – Relais; L – Spulen, Induktivgeber; M – Motoren; N – Steuergeräte; R – Widerstände; S – Schalter; T – Zündspulen; W – Massestellen; X – Stecker, Leitungsverbinder; Y – Ventile; Z – Lötstellen im Leitungssatz.
Schaltzeichen: Zur Darstellung der Bauteile werden genormte Schaltzeichen verwendet, wobei alle Schalter und Kontakte den Zustand des stehenden, abgeschlossenen Wagens mit getretener Feststellbremse zeigen.
Klemmen- oder Pinbezeichnungen: Ein- oder zweistellige Ziffern, ggf. mit Zusatzbuchstaben im Schaltplan finden sich gleichlautend an den Anschlußklemmen des entsprechenden Bauteils.
Masse: Karosserie, Motor oder Getriebe dienen in der Autoelektrik zur Rückleitung des Stromes – man spricht hier von »Masse«. Im Schaltplan ist jeder Masseanschluß mit »W« bezeichnet.
Verschiedene Ausführungen: In den Schaltplänen sind auch Unterschiede je nach Ausstattung dargestellt. Die Teile sind strichpunktiert umrahmt und mit Abkürzungen bezeichnet (siehe Abkürzungsverzeichnis). Die Leitungen sind abgebrochen dargestellt. Wenn Sie die Ausstattungsvariante Ihres Fahrzeuges gefunden haben, müssen Sie diese bildlich unter die abgebrochenen Leitungen rücken und die Leitungsverbindung so herstellen.
Auswahl: Auf den nächsten Seiten finden Sie nacheinander folgende Schaltpläne:

Geschwindigkeitssignal vom Drehzahlgeber vorn links
Geschwindigkeitssignal vom Drehzahlgeber vorn rechts
Spannungsversorgung elektron. Steuergeräte C 200 Diesel
Geschwindigkeitssignal vom Drehzahlgeber hinten
Spannungsversorgung elektron. Steuergeräte C 250 Diesel
Verteilung des Motordrehzahlsignals C 200 Diesel (MG)
Verteilung des Motordrehzahlsignals C 200 Diesel (AG), C 220 Diesel
Kopfstützenentriegelung hinten
Anhängekupplung ab Juni '94
Anlasser, Lichtmaschine, Batterie
Motorsteuerung C 200 Diesel (MG)
Heizbare Heckscheibe
Motorsteuerung C 250 Diesel (AG) Teil 1 und 2
Motorsteuerung C 220 Diesel (MG)
Spannungsversorgung elektron. Steuergeräte C 220 Diesel

Außenbeleuchtung
Innenbeleuchtung
Kombi-Instrument
Zentralverriegelung ab Dezember '93
Fensterheber/Schiebedach/Komfortbetätigung
Heizungsautomatik mit Umluft und Motor-Restwärme-Anlage

Automatisches Sperr-Differential (ASD)
Außenspiegelverstellung
Automatisches Getriebe
Antiblockiersystem (ABS)
Klimaautomatik Teil 1 und 2
Elektrische Sitzverstellung
Fahrer-, Beifahrerairbag, Gurtstraffer

Rückfahrlichtschalter (MG)
Hupen
Scheibenwischer und -wascher
Sitzheizung
Mercedes-Benz-Radio
Telefon D-Netz

...rteilung des Geschwindigkeitssignals vom Drehzahlgeber vorn links

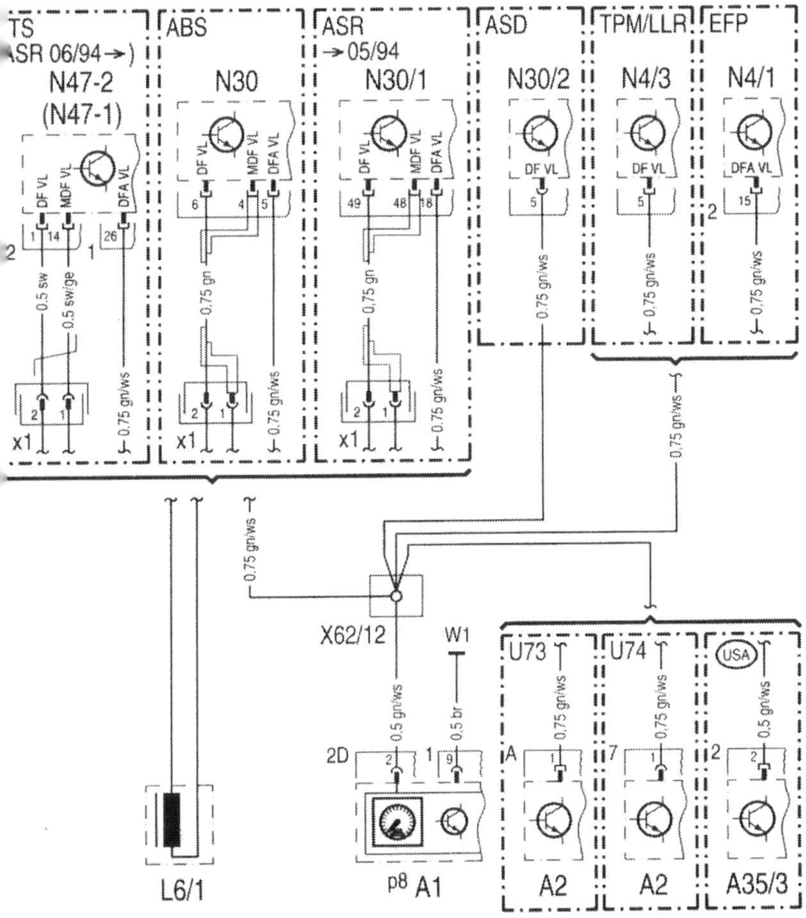

Verteilung des Geschwindigkeitssignals vom Drehzahlgeber vorn rechts

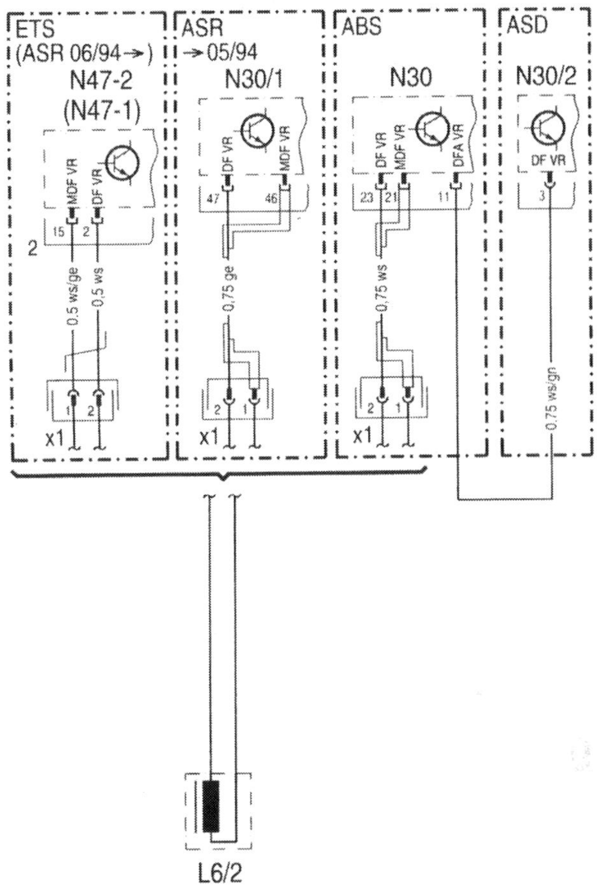

Spannungsversorgung elektronischer Steuergeräte vom Relais Überspannungschutz C 200 Diesel

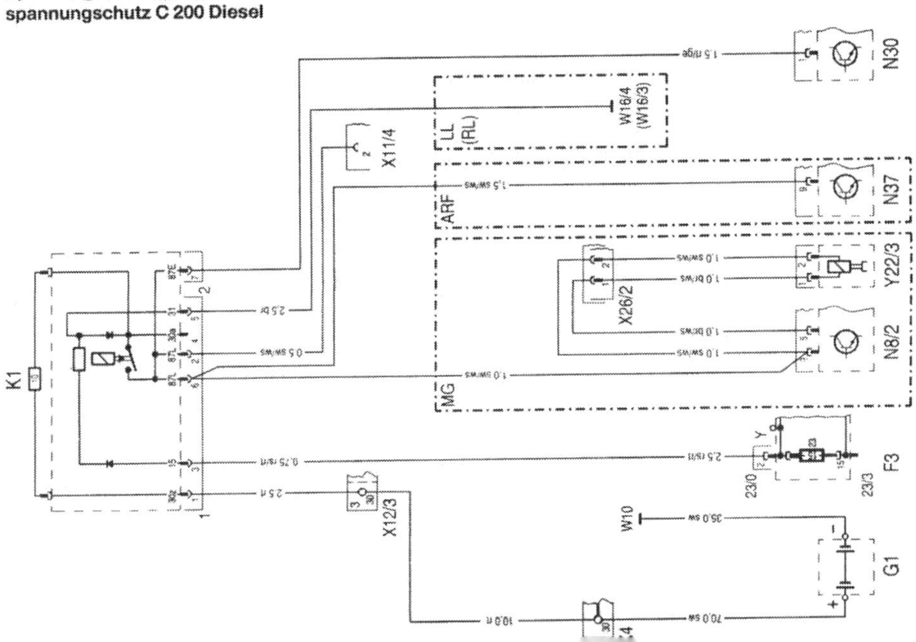

Verteilung des Geschwindigkeitssignals vom Drehzahlgeber hinten

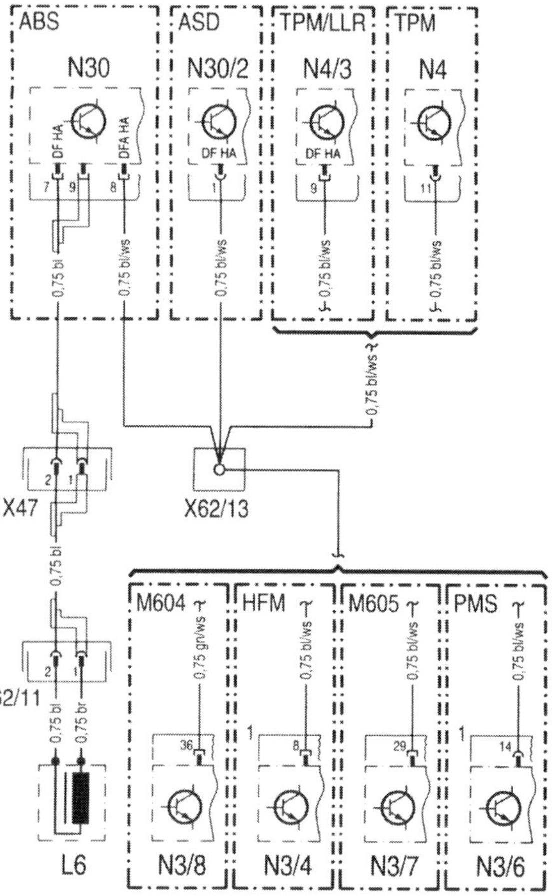

Spannungsversorgung elektronischer Steuergeräte vom Relais Überspannungsschutz C 250 Diesel

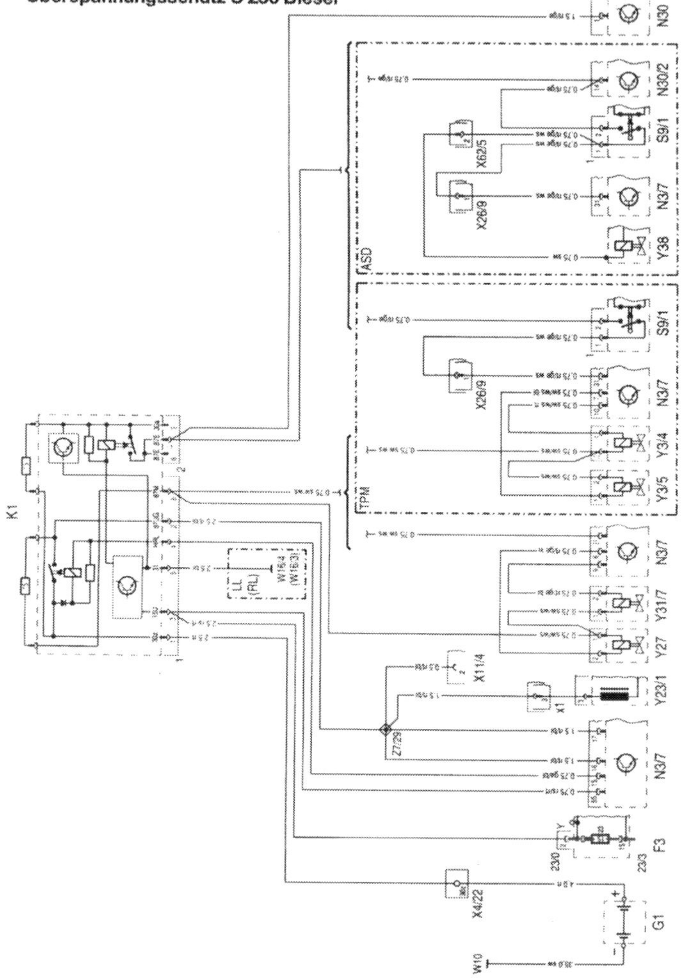

Verteilung des Motordrehzahlsignals C 200 Diesel (MG)

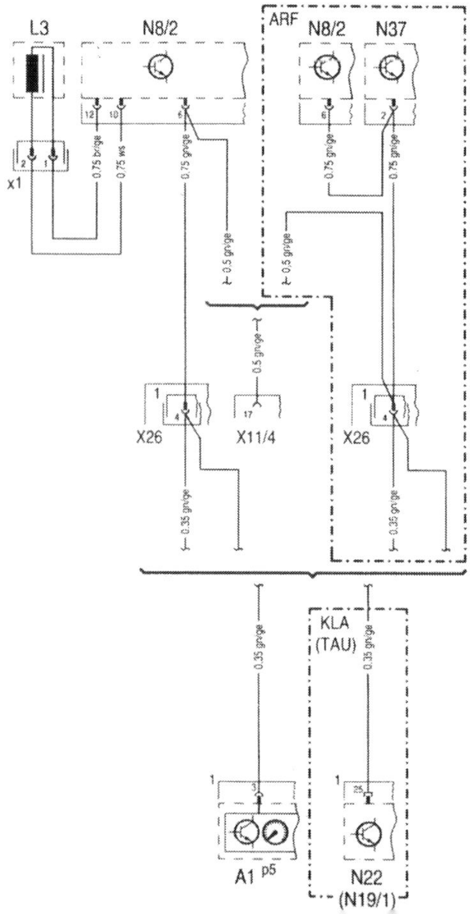

Verteilung des Motordrehzahlsignals C 200 Diesel (AG), C 220 Diesel

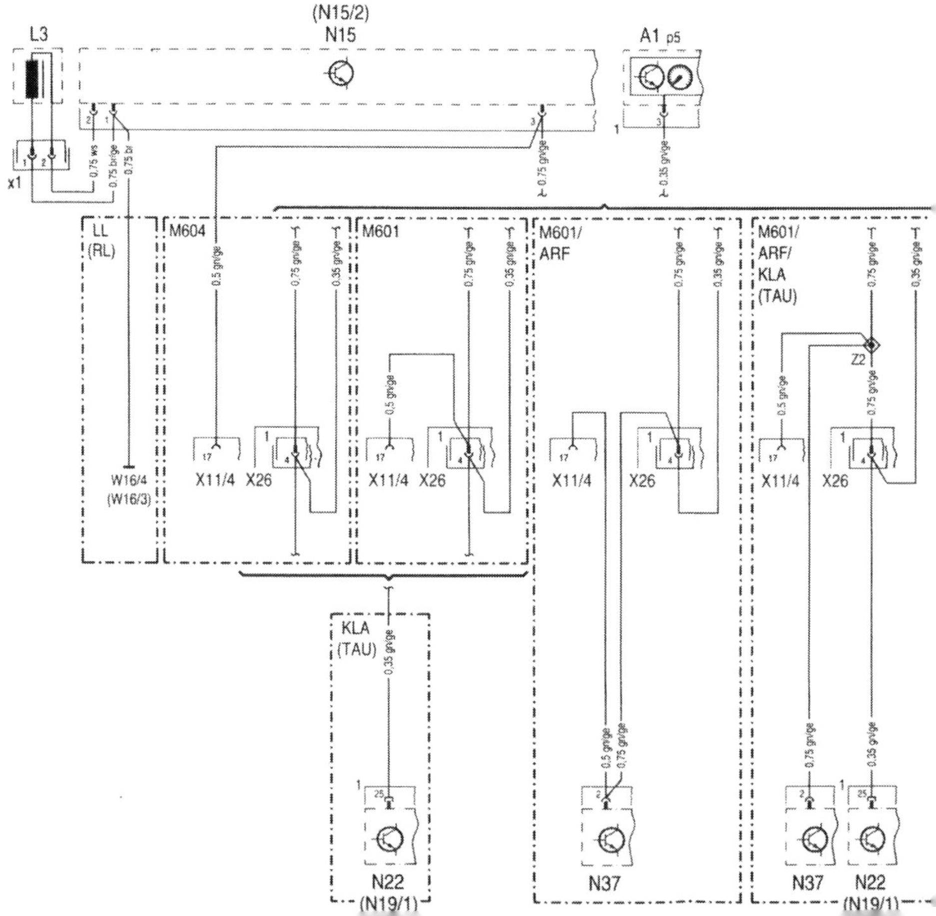

Kopfstützenentriegelung hinten

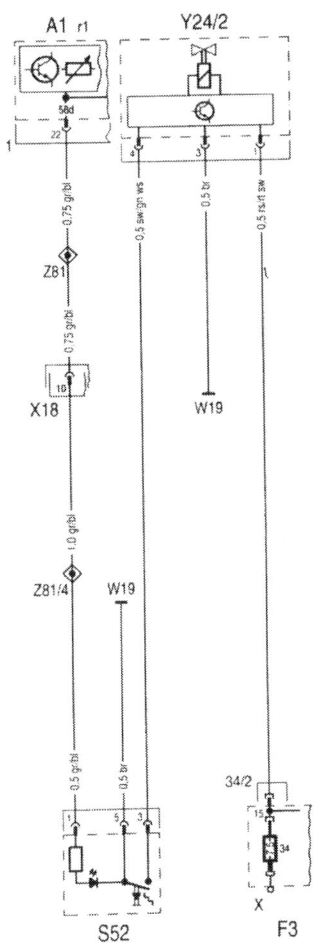

Anhängekupplung ab Juni '94

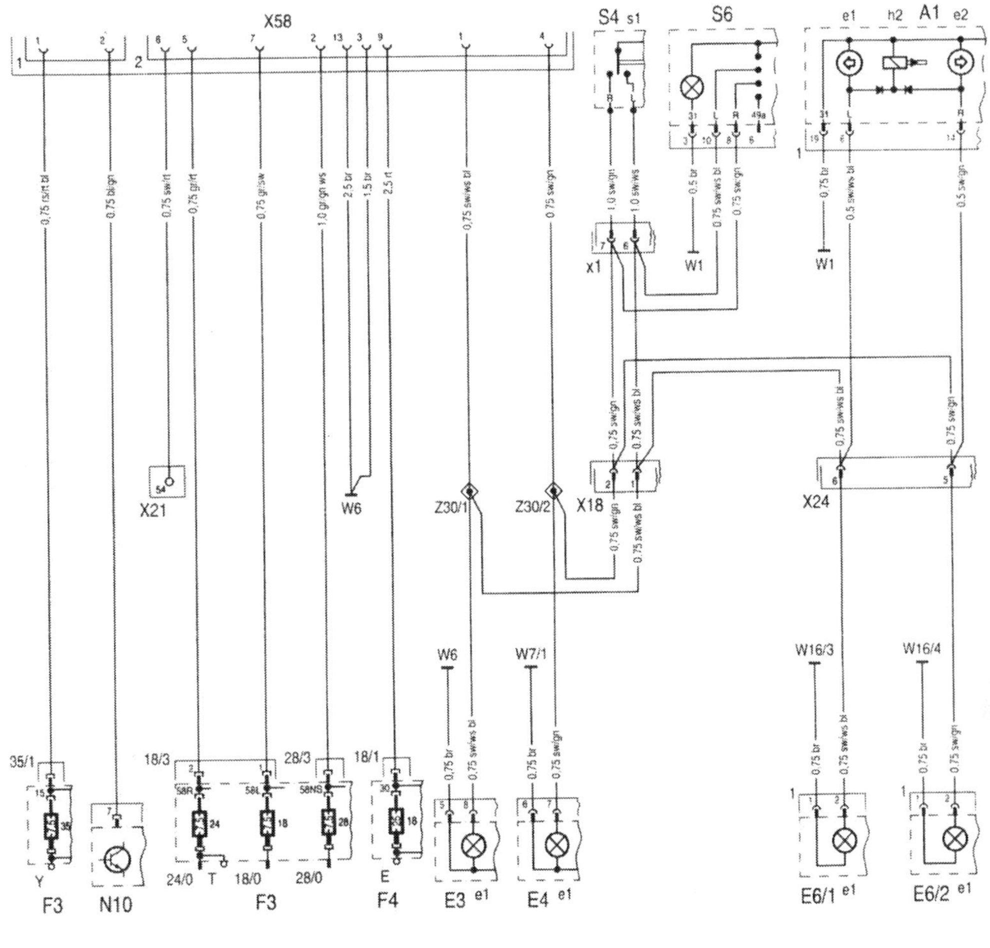

Anlasser, Lichtmaschine, Batterie

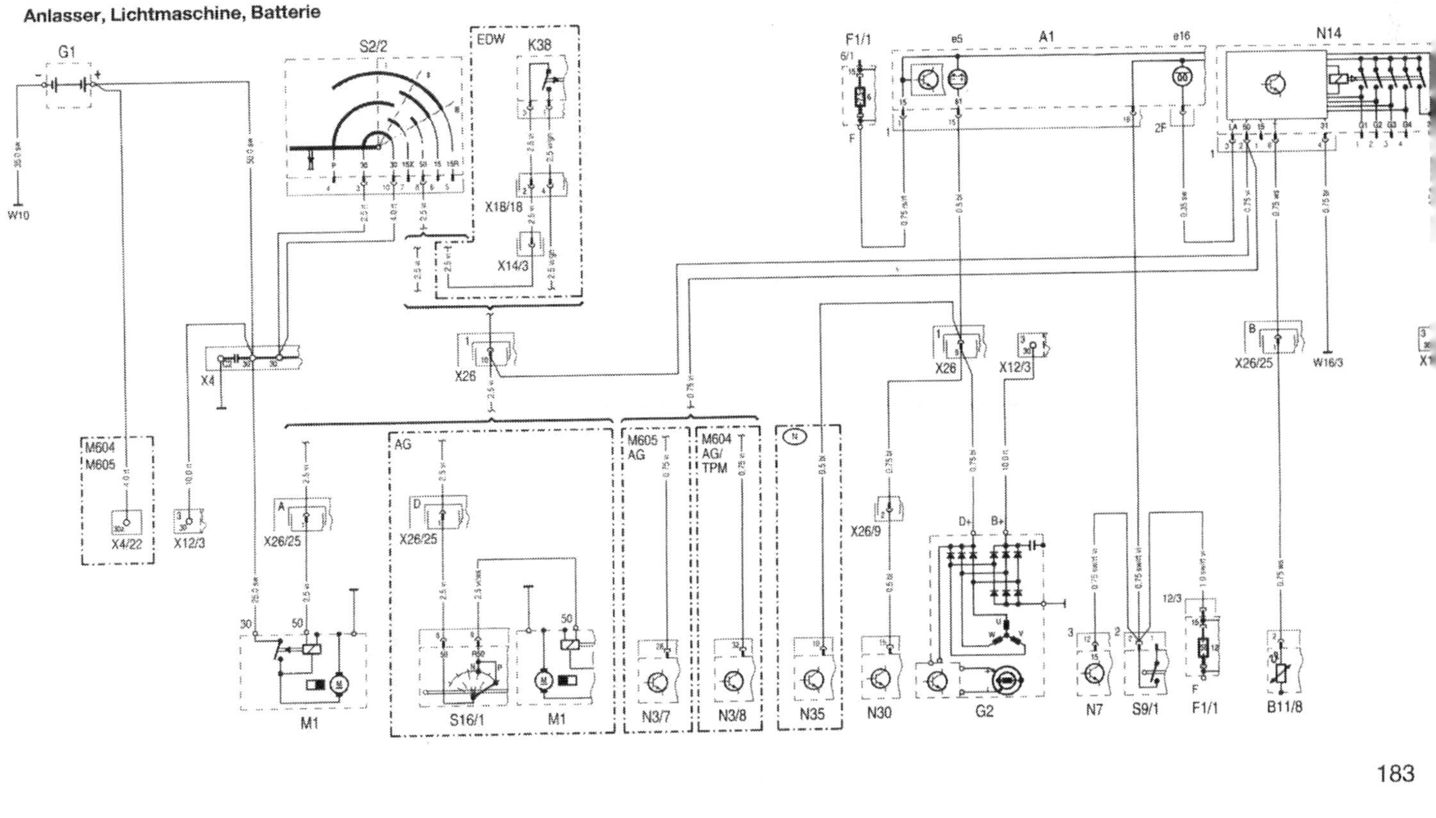

Motorsteuerung C 180/200 (PMS) Teil 1

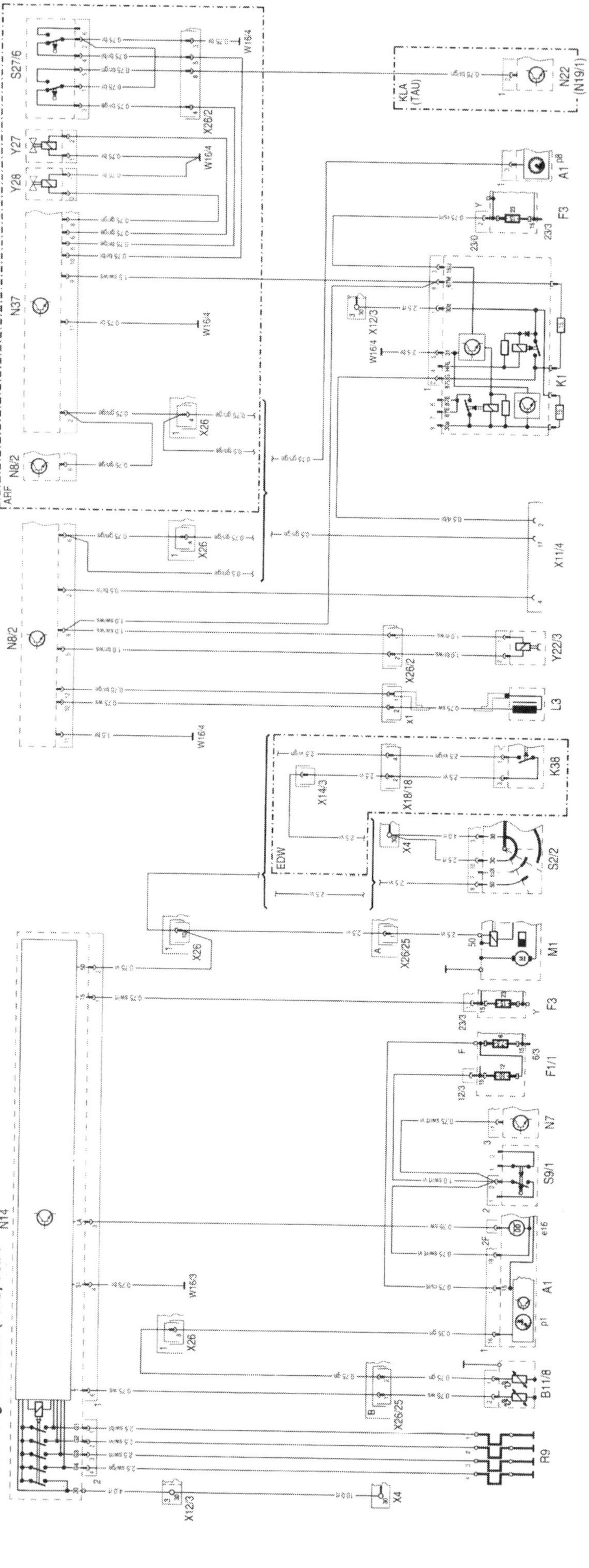

Heizbare Heckscheibe

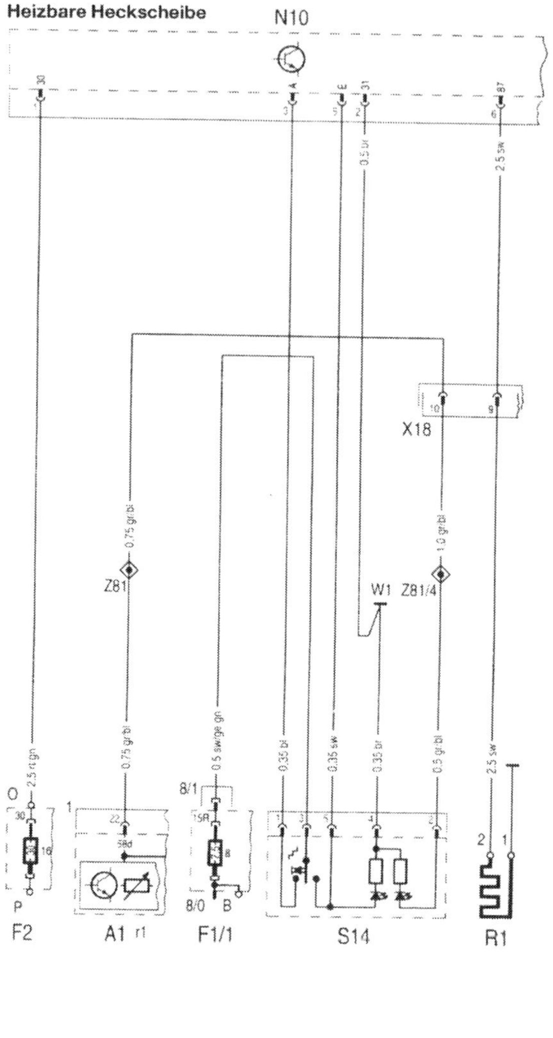

Motorsteuerung C 250 Diesel (AG) Teil 1

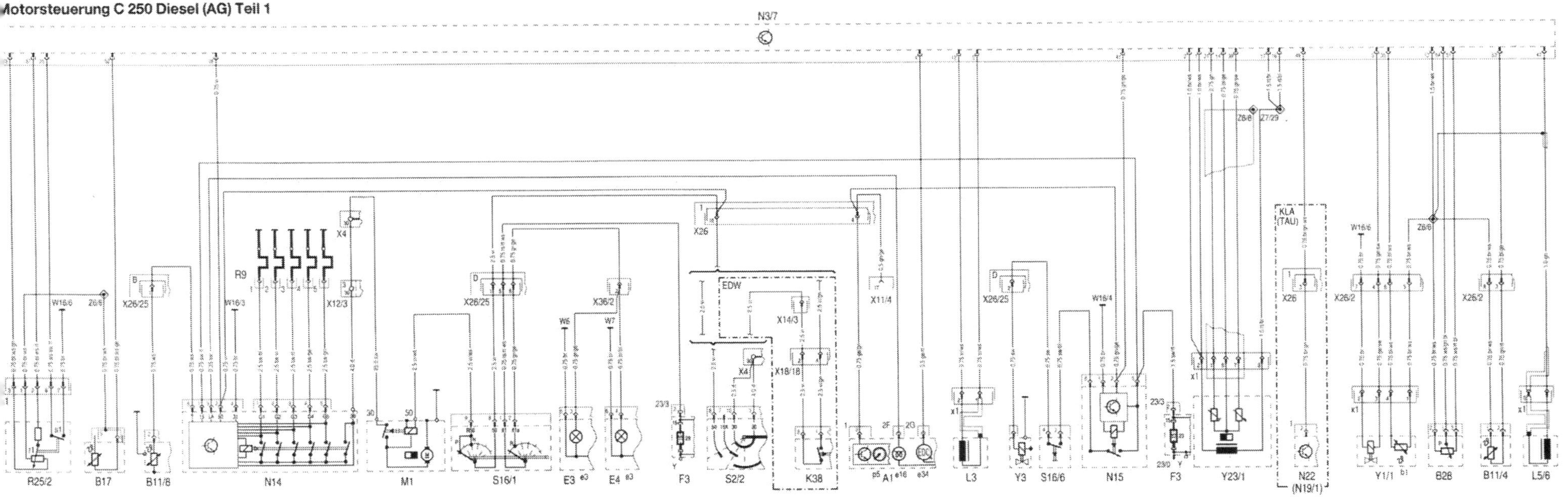

Motorsteuerung C 250 Diesel (AG) Teil 2

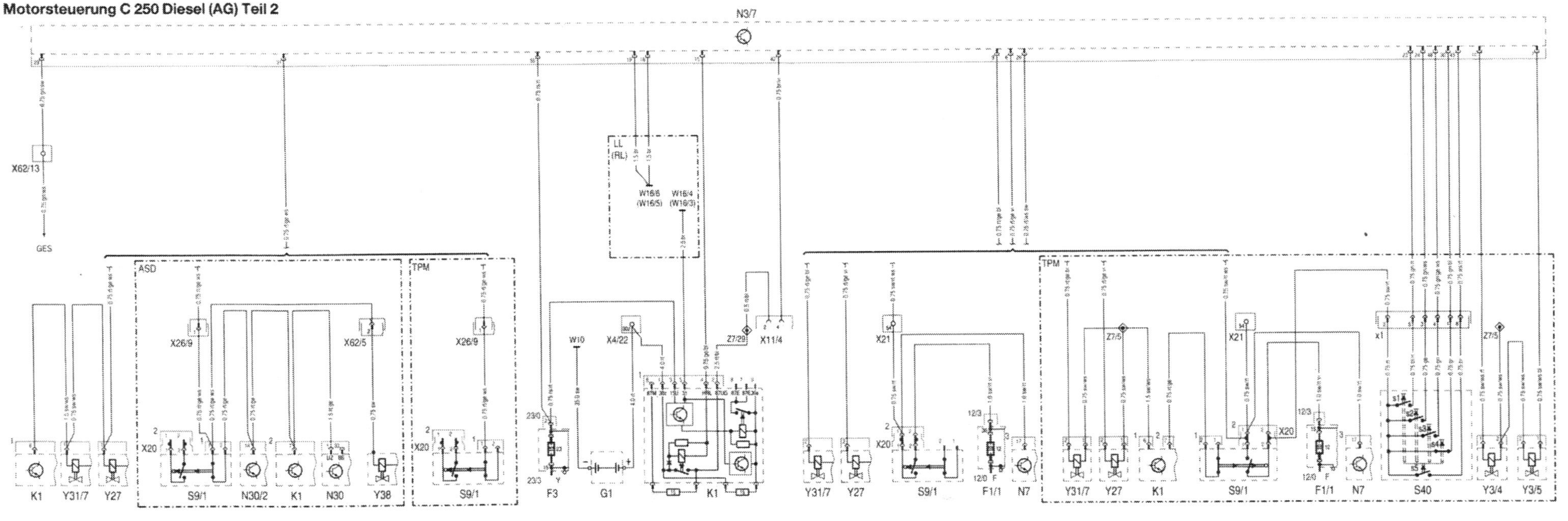

otorsteuerung C 220 Diesel (MG)

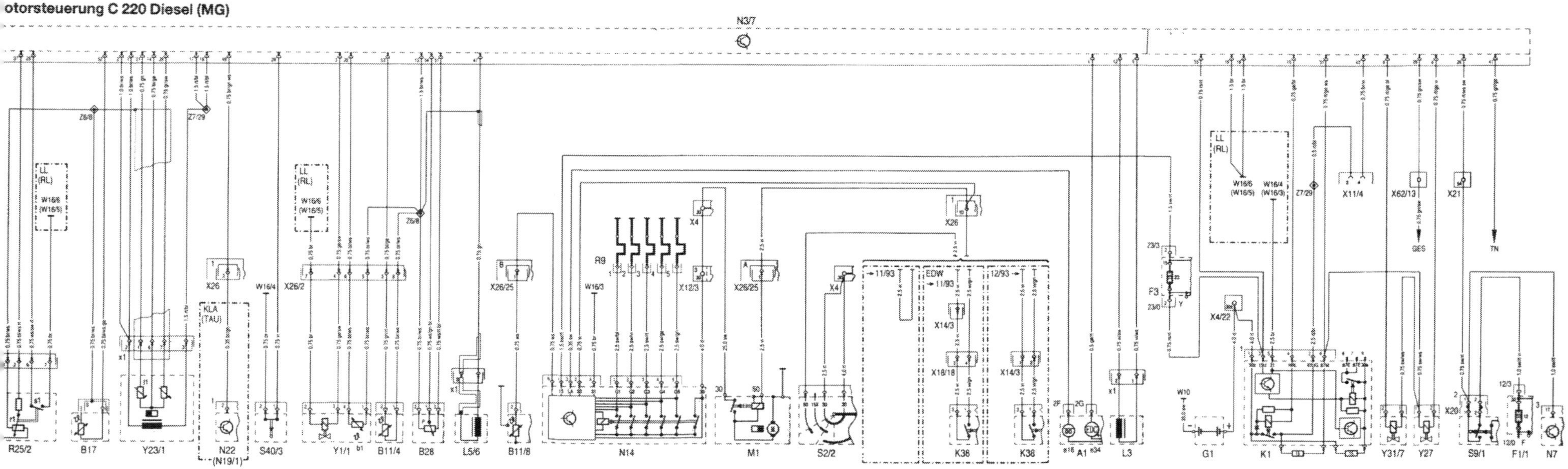

Spannungsversorgung elektronischer Steuergeräte vom Relais Überspannungsschutz C 220 Diesel

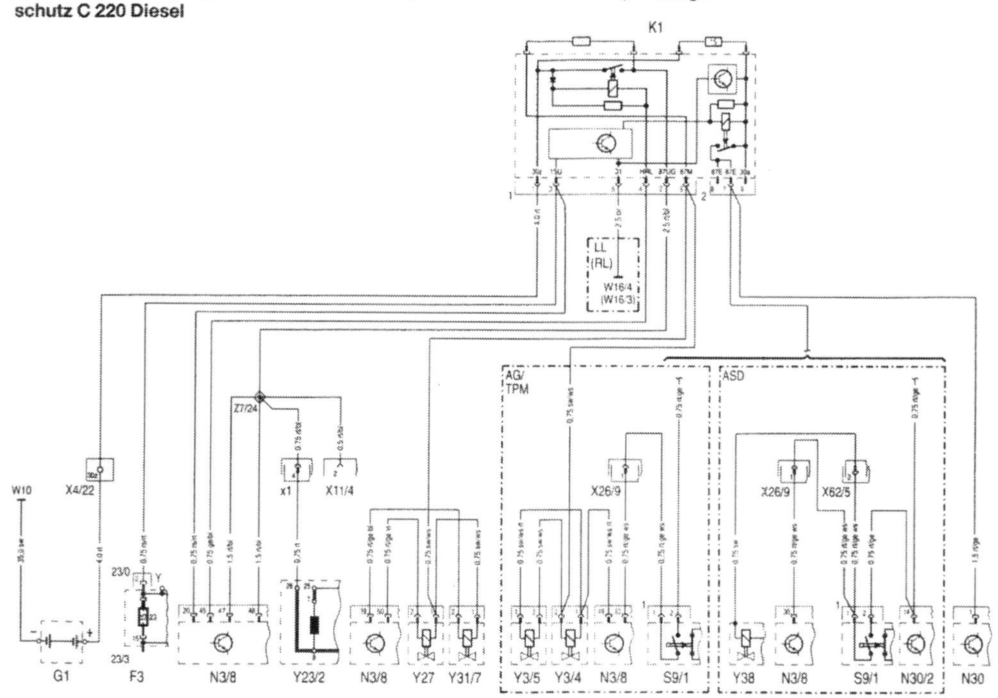

Außenbeleuchtung

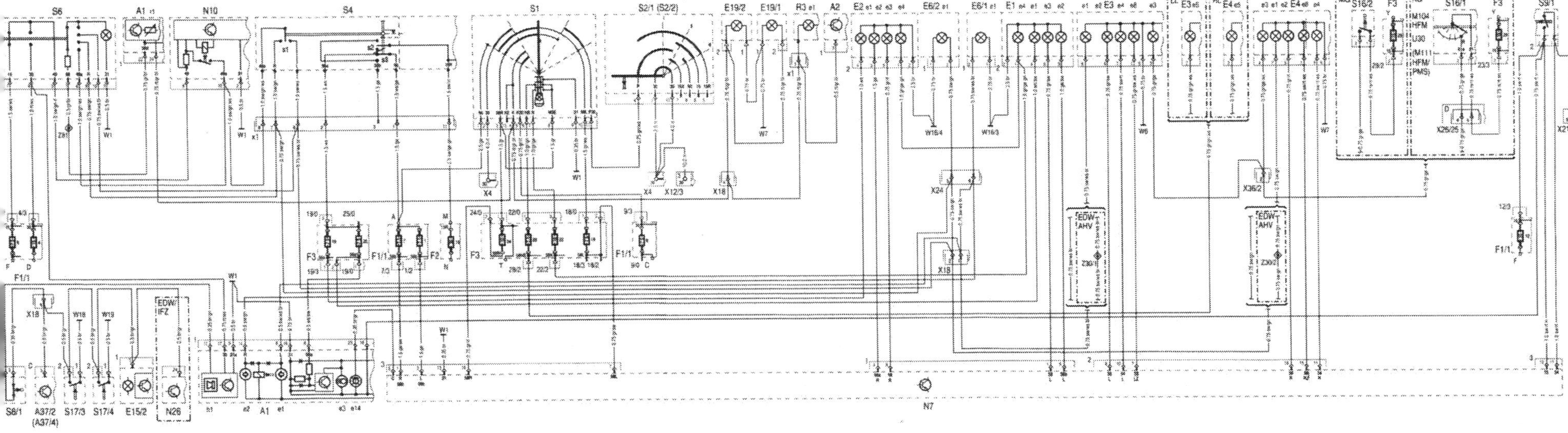

Innenbeleuchtung

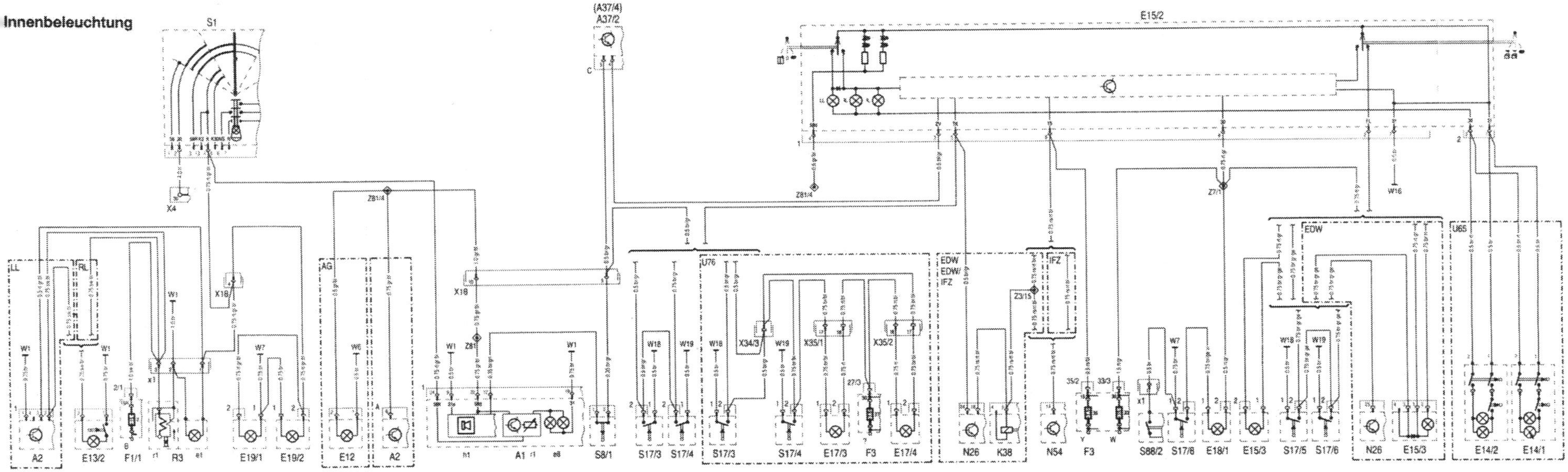

Kombi-Instrument

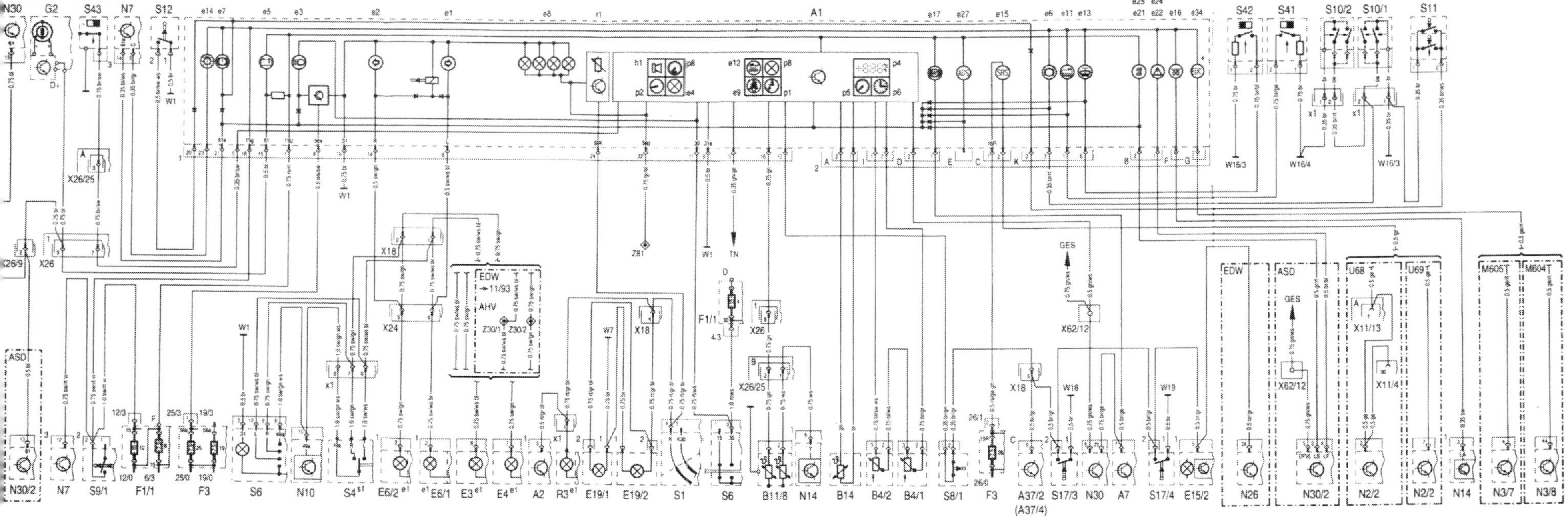

Zentralverriegelung ab Dezember '93

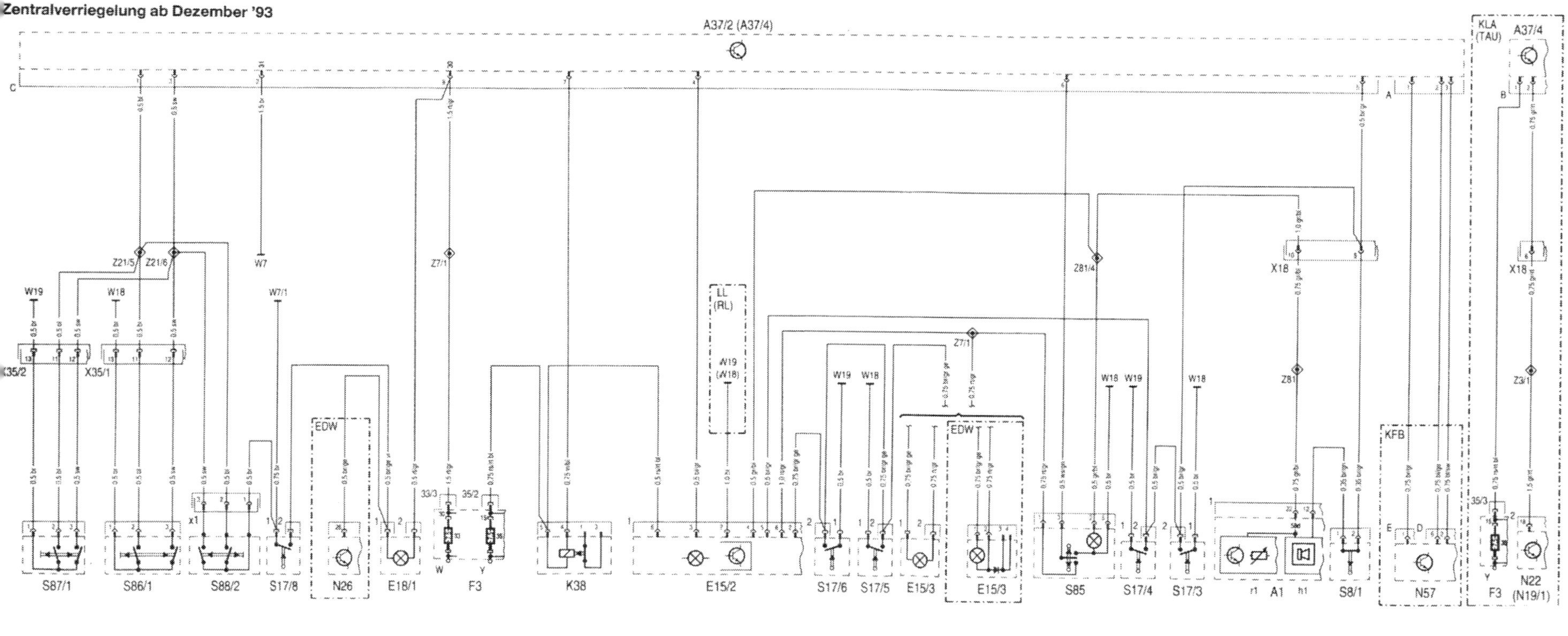

Fensterheber/Schiebedach/Komfortbetätigung

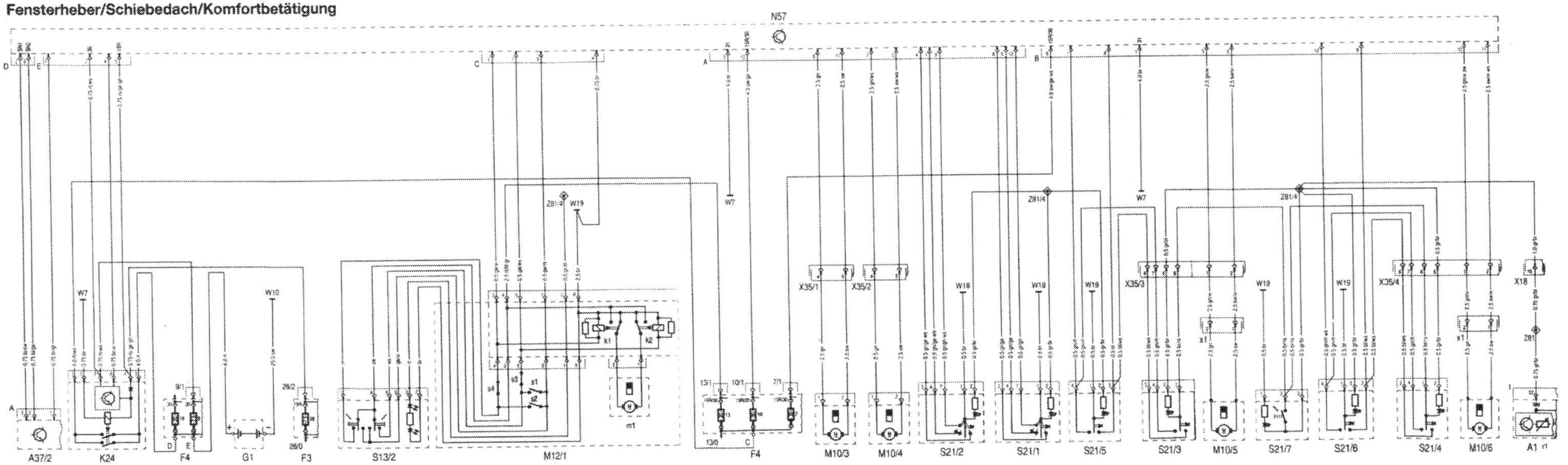

Heizungsautomatik mit Umluft und Motor-Restwärme-Anlage

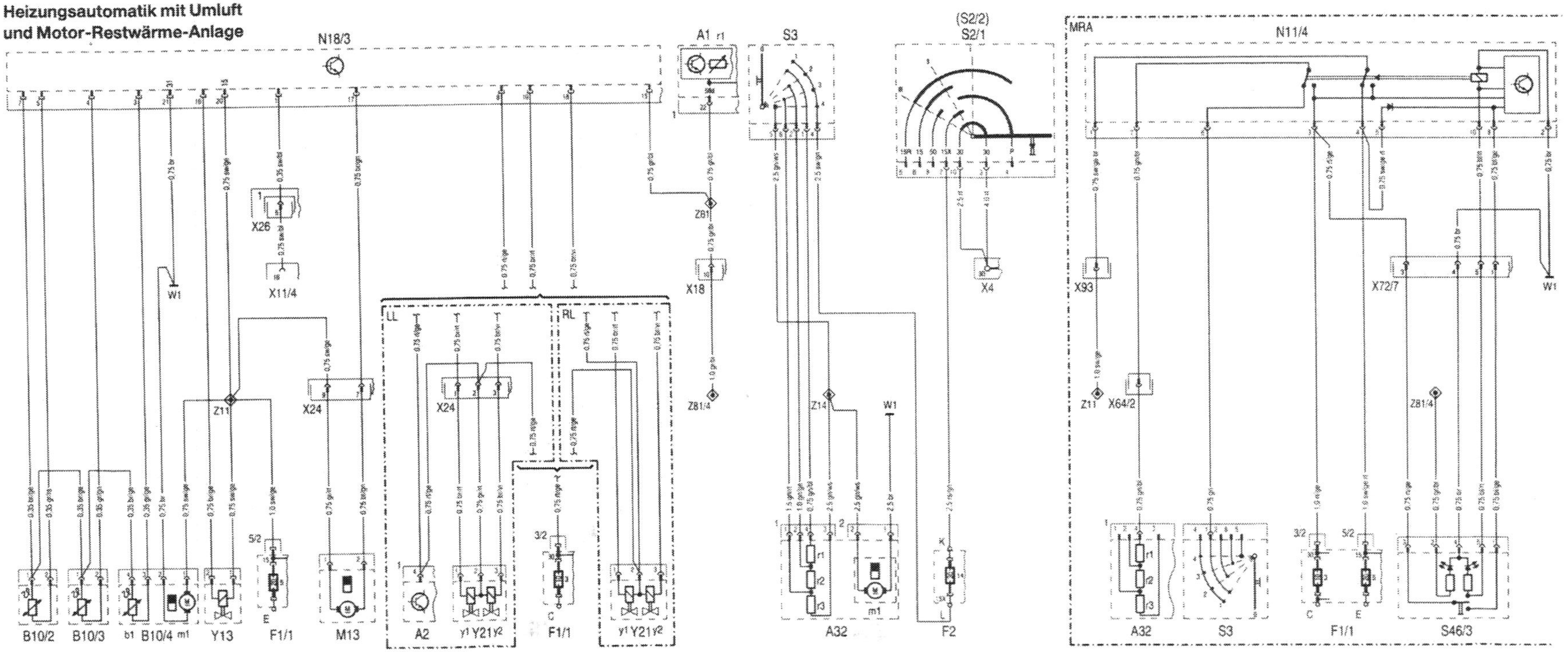

Automatisches Sperr-Differential (ASD)

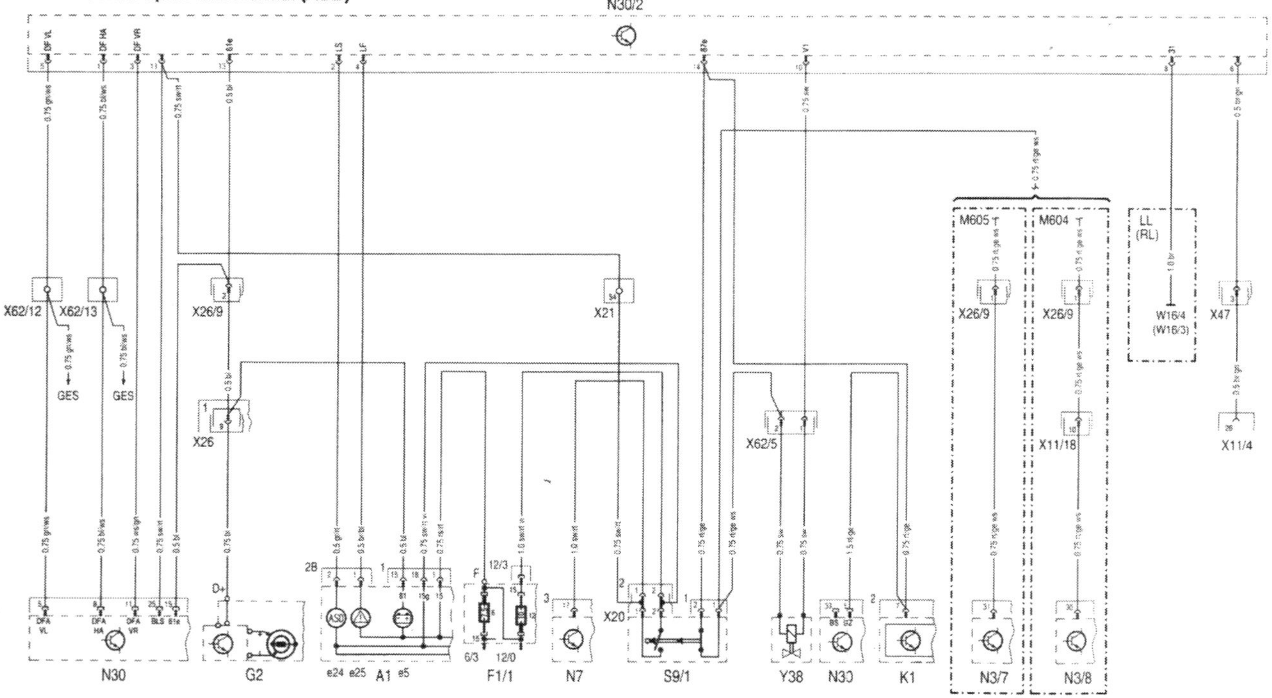

Außenspiegelverstellung

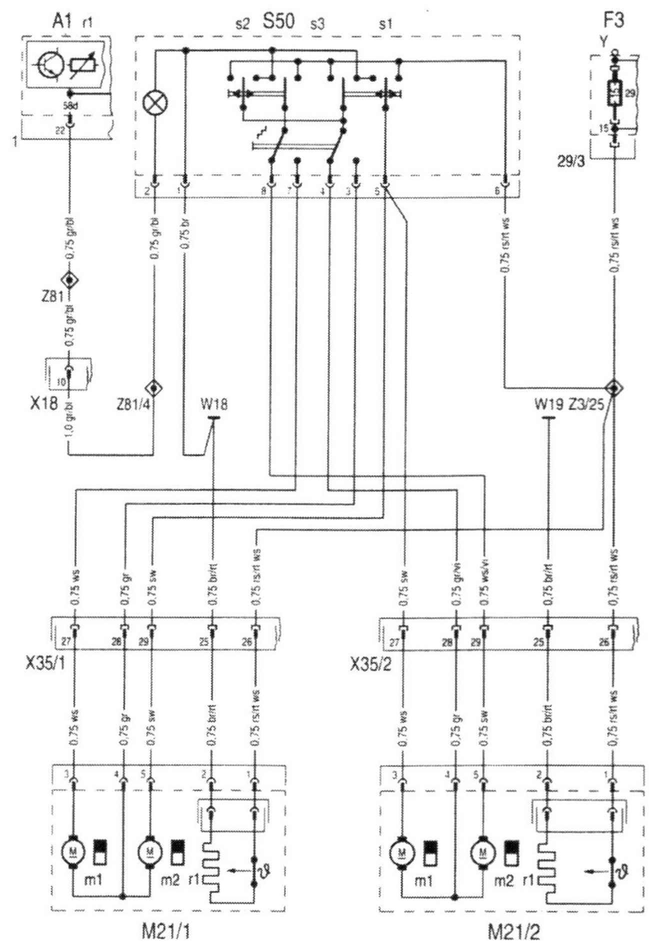

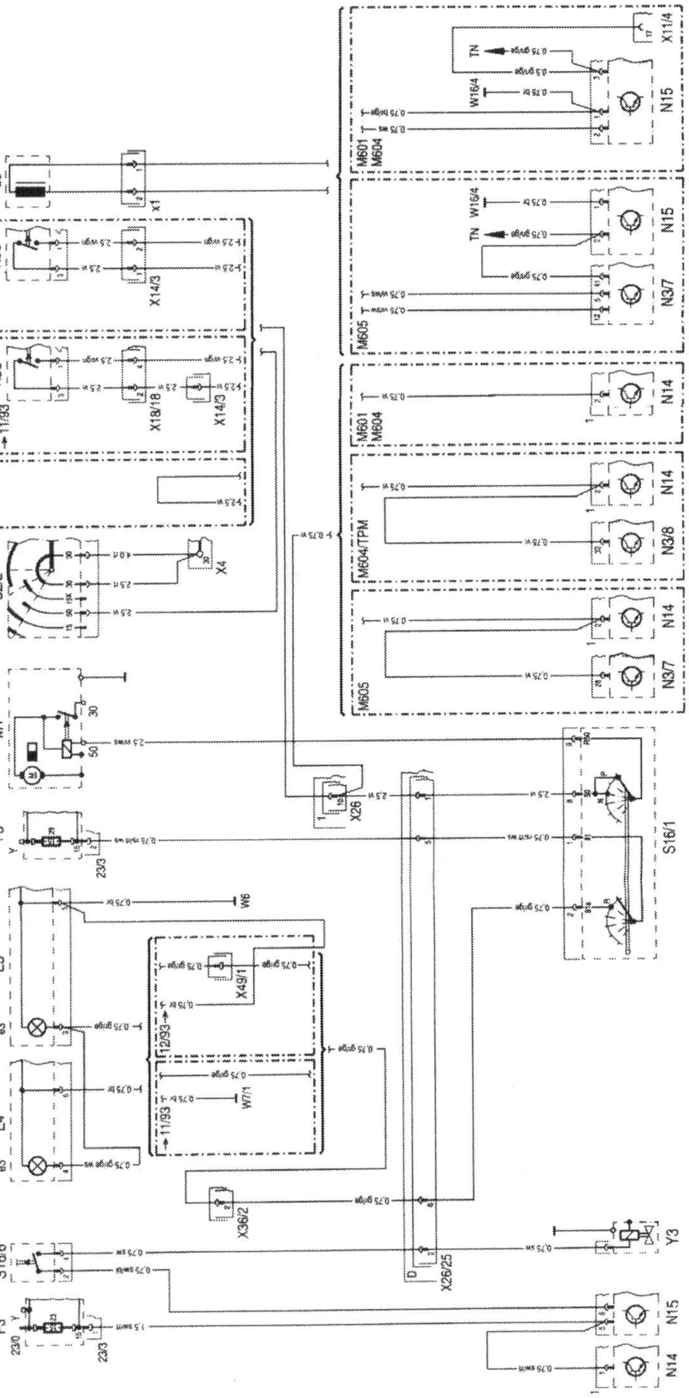

Automatisches Getriebe

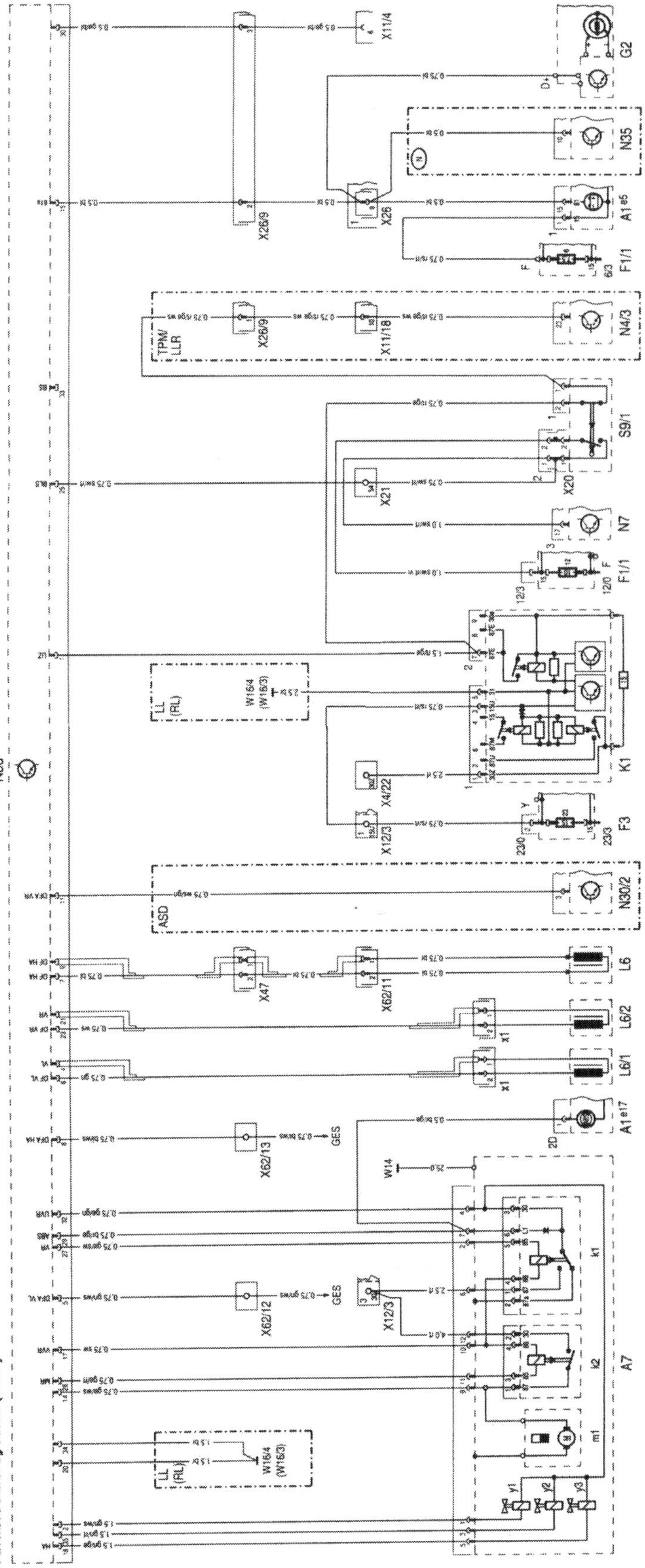

Antiblockiersystem (ABS)

Klimaautomatik Teil 1

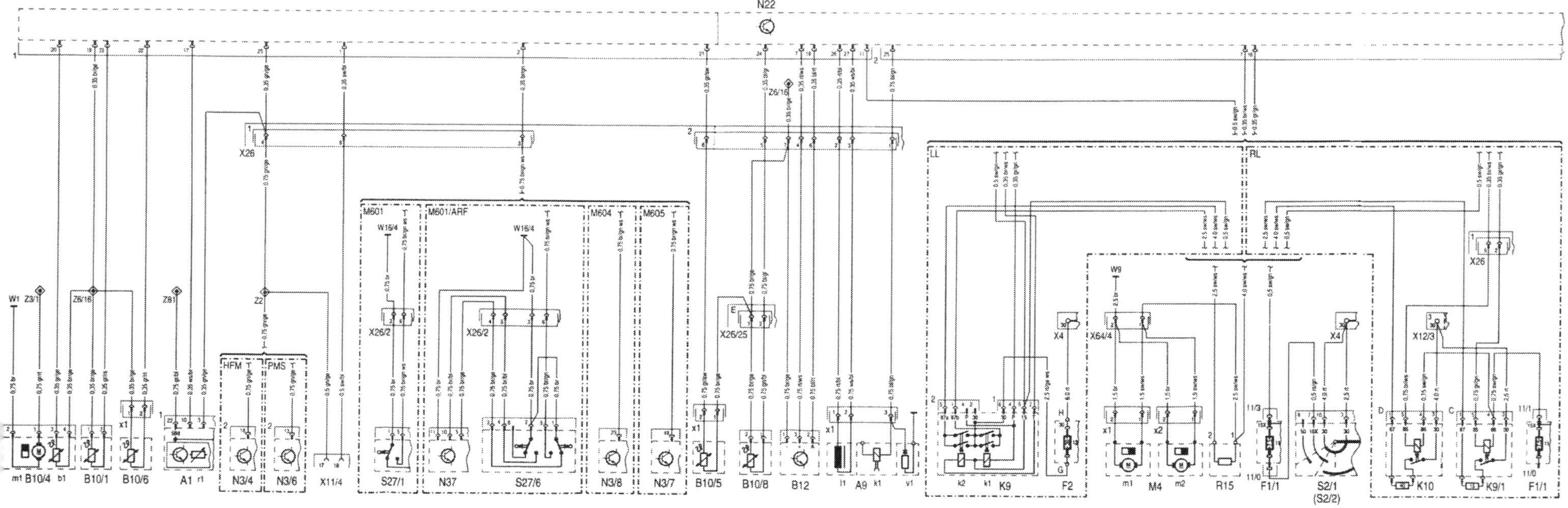

Elektrische Sitzverstellung

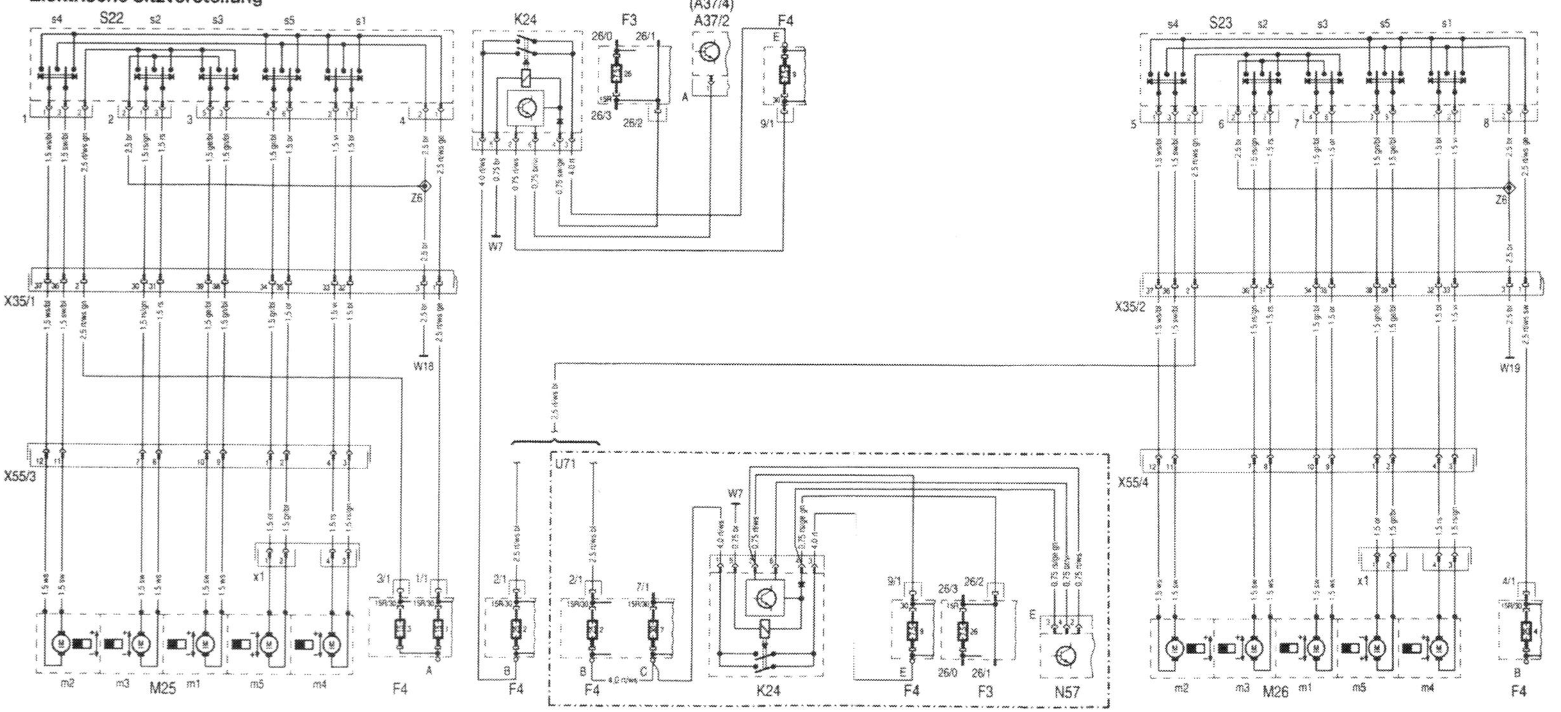

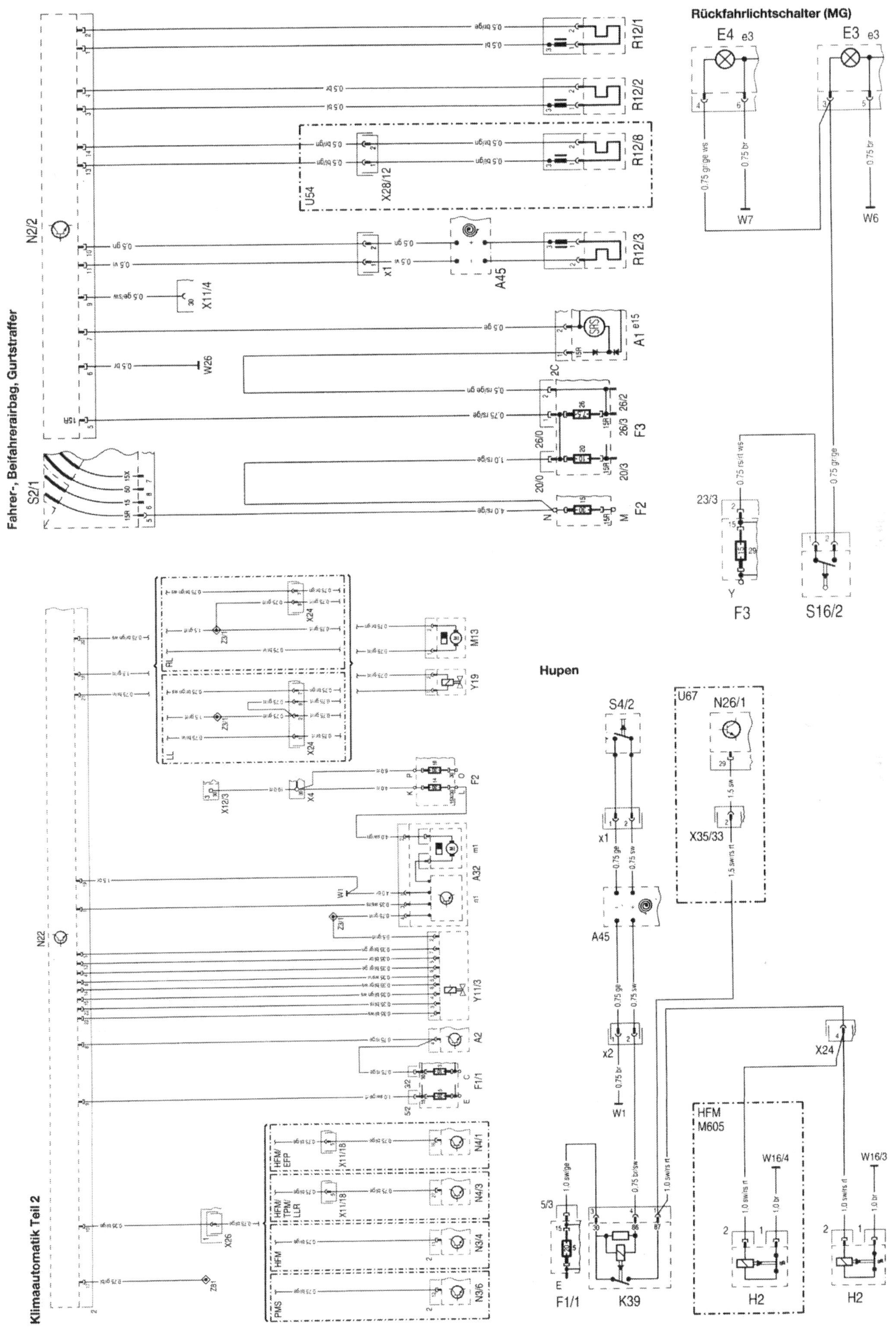

Rückfahrlichtschalter (MG)
E4 e3
E3 e3
W7
W6
F3
S16/2
Hupen
S4/2
U67
N26/1
X35/33
A45
X24
HFM M605
W16/4
W16/3
W1
F1/1
K39
H2
H2
Fahrer-, Beifahrerairbag, Gurtstraffer
N2/2
R12/1
R12/2
R12/8
X28/12
U54
R12/3
A45
X11/4
A1 e15
W26
F3
F2
S2/1
Klimaautomatik Teil 2
N22
M13
Y19
X24
X12/3
X4
F2
A32
Y11/3
A2
F1/1
N4/1
N4/3
N3/4
N3/6
X11/18
X26
Z81

Scheibenwischer und -wascher

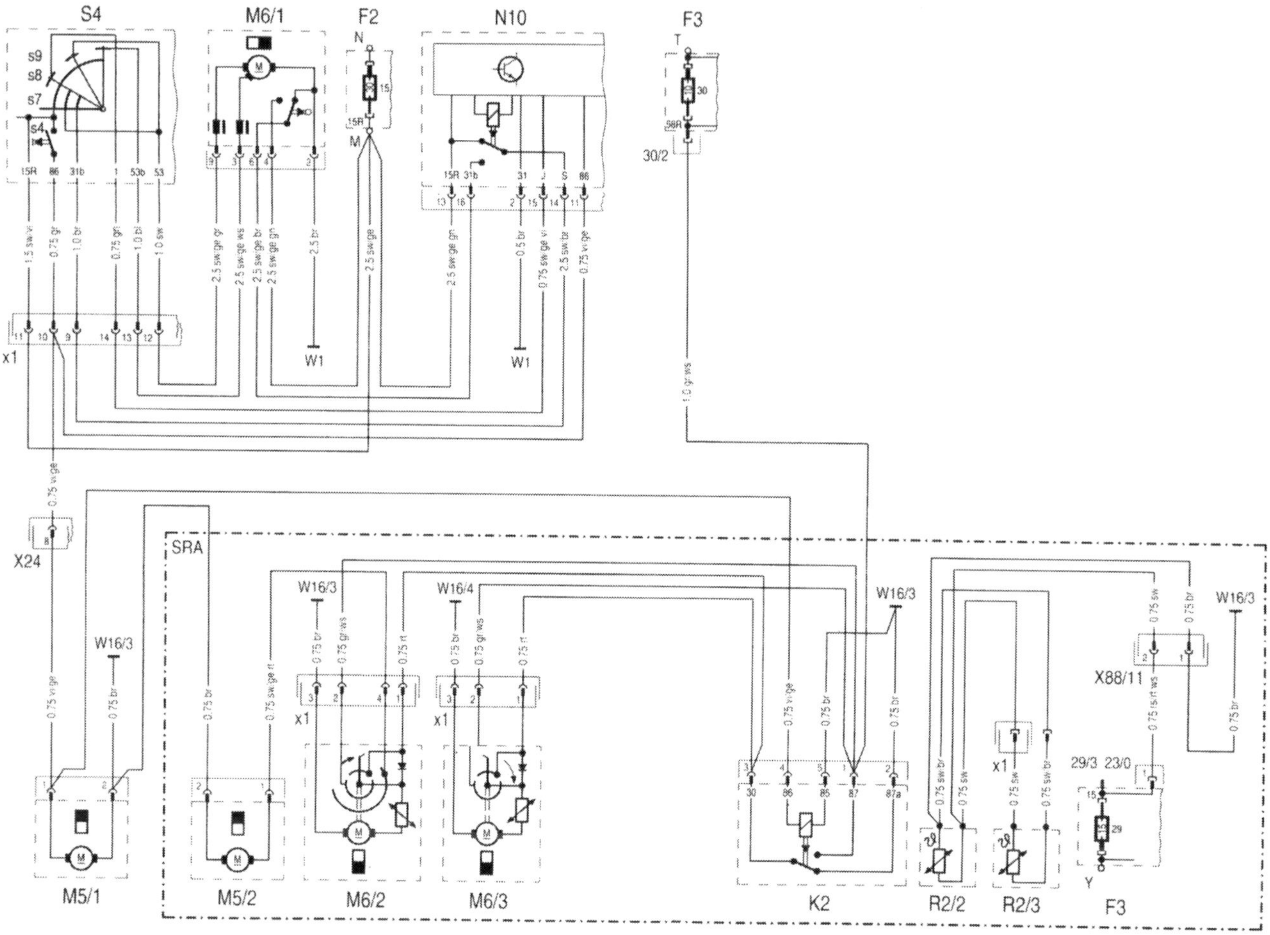

Sitzheizung

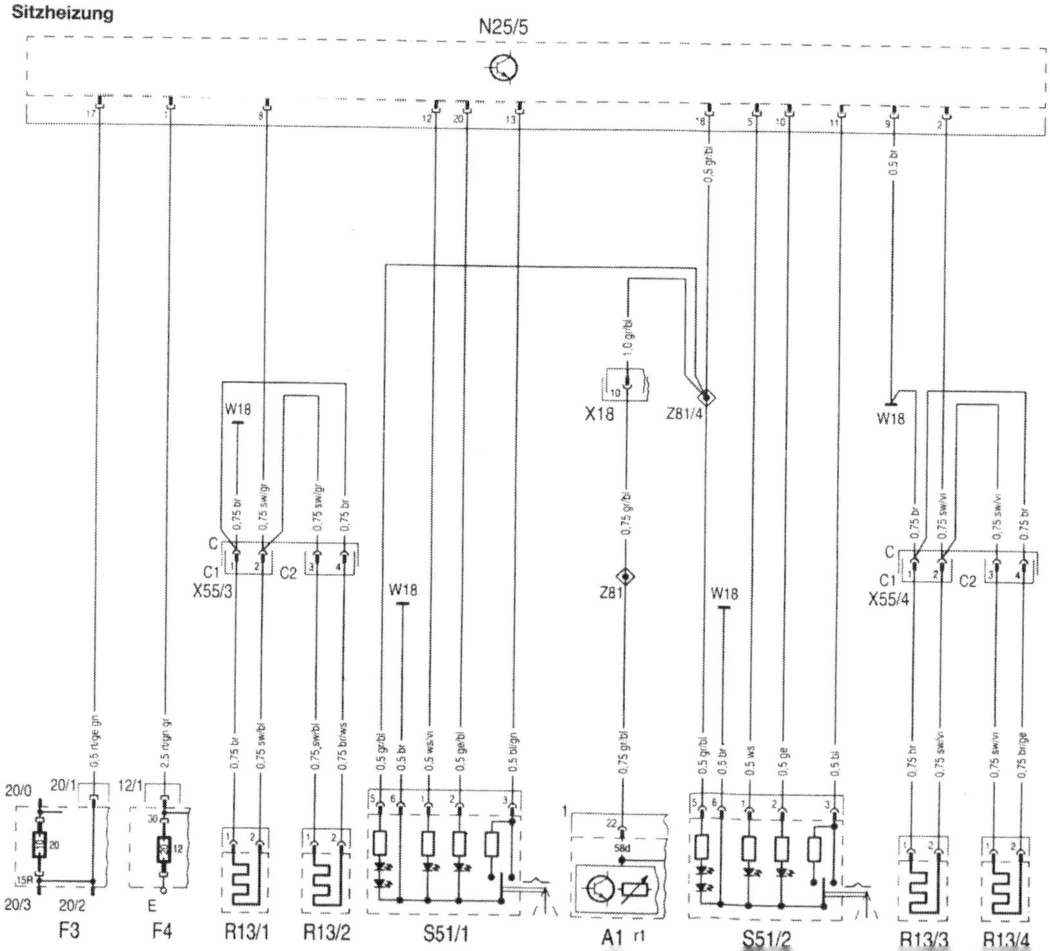

Mercedes-Benz-Radio

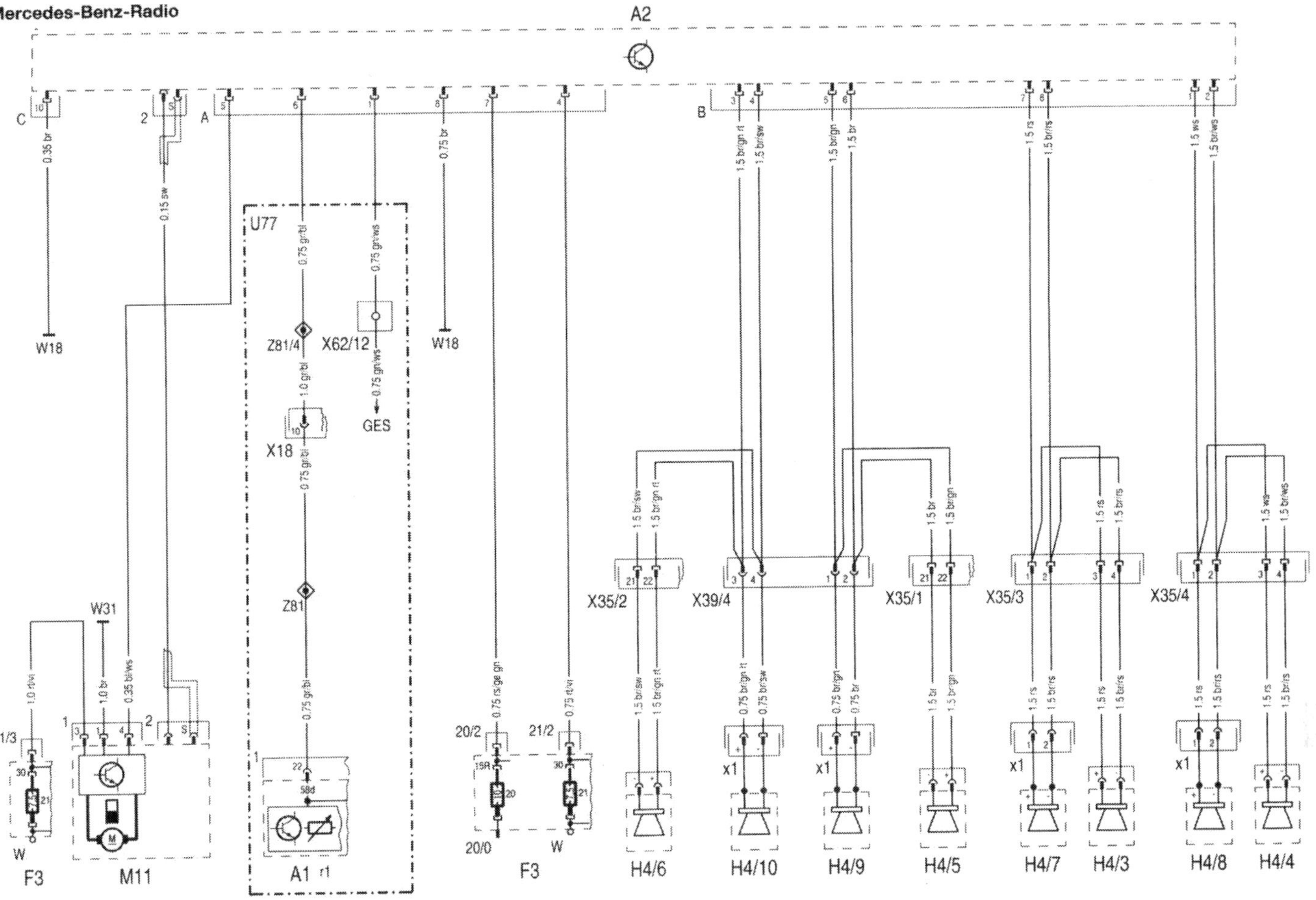

Telefon D-Netz

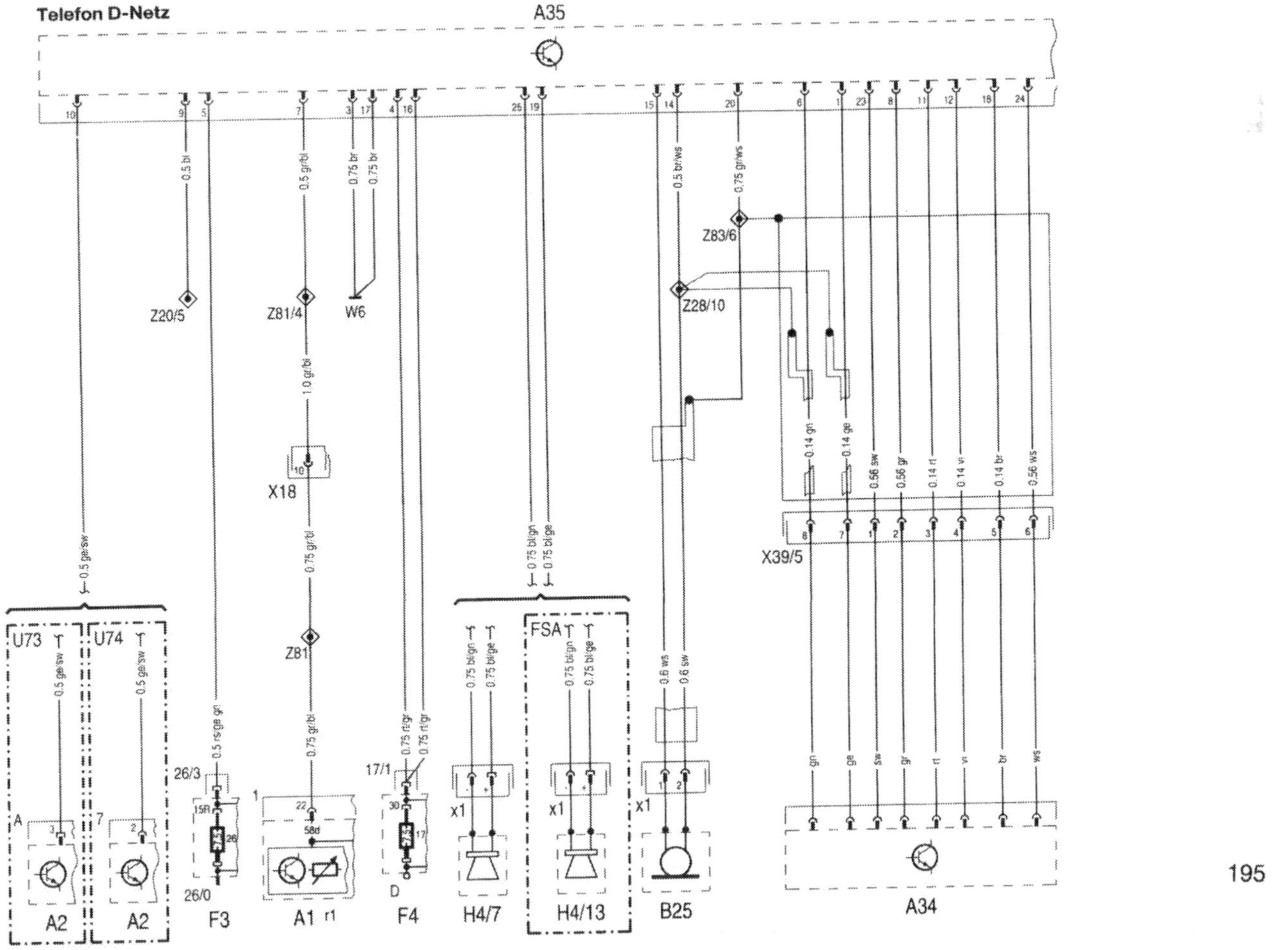

Benennung elektrischer Teile

A1	Kombi-Instrument
A1e1	Kontrolleuchte Blinker, links
A1e2	Kontrolleuchte Blinker, rechts
A1e3	Kontrolleuchte Fernlicht
A1e4	Warnleuchte Kraftstoffreserve
A1e5	Ladekontroll-/Warnleuchte Generator
A1e6	Warnleuchte Bremsbelag-verschleißanzeige
A1e7	Warnleuchte Bremsflüssigkeit/ Feststellbremse
A1e8	Instrumentenbeleuchtung
A1e9	Warnleuchte Sicherheitsgurt/ Rückenlehnenverriegelung
A1e11	Warnleuchte Kühlmittelstand
A1e12	Warnleuchte Ölstand
A1e13	Warnleuchte Scheibenwasch-wasserstand
A1e14	Warnleuchte Glühlampenausfall
A1e15	Kontroll-/Warnleuchte Airbag SRS
A1e16	Vorglühkontrolleuchte
A1e17	Kontrolleuchte ABS
A1e21	Warnleuchte ASR
A1e22	Kontrolleuchte ASR
A1e24	Warnleuchte ASD
A1e25	Funktionsleuchte ASD
A1e26	Kontrolleuchte CHECK ENGINE
A1e27	Warnleuchte ADS, Federung
A1e34	Dieselkontrolleuchte EDC (Electronic Diesel Control)
A1e35	Kontrolleuchte ETS
A1e36	Warnleuchte ETS
A1h1	Warnsummer
A1h2	Blinkerkontrolle, akustisch
A1p1	Temperaturanzeige Kühlmittel
A1p2	Kraftstoffanzeige-Instrument
A1p4	Außentemperaturanzeige
A1p5	Drehzahlmesser
A1p6	Elektronische Uhr
A1p8	Elektronischer Tachometer
A1r1	Regelwiderstand Instrumentenbeleuchtung
A2	Radio
A7	Hydraulikeinheit ABS
A7k1	Relais Magnetventil
A7k2	Relais Rückförderpumpe/ Ladepumpe
A7m1	Rückförderpumpe/Ladepumpe
A7y1	Magnetventil Vorderachse links
A7y2	Magnetventil Vorderachse rechts
A7y3	Magnetventil Hinterachse
A7/3	Hydraulikeinheit ASR/ETS/ESP
A9	Kältekompressor
A9k1	Elektromagnetische Kupplung
A9l1	Drehzahlgeber
A9v1	Löschdiode
A9x1	Steckverbindung Kältekompressor
A16	Klopfsensoren
A16g1	Klopfsensor 1 (rechte Motorseite)
A16g2	Klopfsensor 2 (linke Motorseite)
A16x1	Steckverbindung Klopfsensoren
A32	Umlufteinheit Heizungssysteme
A32m1	Gebläsemotor
A32n1	Gebläseregler
A32r1	Vorwiderstand 1. Stufe
A32r2	Vorwiderstand 2. Stufe
A32r3	Vorwiderstand 3. Stufe
A34	Bedien-Handhörer Telefon
A35	Sende-/Empfangsgerät Telefon
A35/3	Bedienelement Telefon (Kassettenfach)
A37/2	Pneumatische Steuereinheit, Zentralverriegelung (ZV)
A37/4	Pneumatische Steuereinheit , Zentralverriegelung (ZV), Saugrohrunterdruck-Unterstützung (SRU)
A45	Kontaktspirale Fanfaren/ Airbag
A45x1	Steckverbindung Kontaktspirale/ Airbag
A45x2	Steckverbindung Kontaktspirale/ Relais Fanfaren
B2/5	Heißfilm-Luftmassenmesser
B4/1	Geber Kraftstoffanzeige Tankhälfte links

B4/2	Geber Kraftstoffanzeige Tankhälfte rechts
B10/1	Temperaturfühler Wärmetauscher
B10/2	Temperaturfühler Wärmetauscher links
B10/3	Temperaturfühler Wärmetauscher rechts
B10/4	Temperaturfühler Innenluft mit Belüftungsgebläse (in E15 enthalten)
B10/4b1	Temperaturfühler
B10/4m1	Belüftungsgebläse
B10/5	Temperaturfühler Außenluft
B10/5x1	Steckverbindung Temperaturfühler Außenluft
B10/6	Temperaturfühler Verdampfer
B10/6x1	Steckverbindung Temperaturfühler Verdampfer
B10/8	Temperaturfühler Kühlmittel Klimatisierung (KLA/TAU)
B11/3	Temperaturfühler Kühlmittel, HFM/PMS
B11/4	Temperaturfühler Kühlmittel, EVE/ERE
B11/8	Temperaturfühler Kühlmittel, Nachglühen
B12	Geber Kältemitteldruck
B13	Temperaturfühler Kühlmittelanzeige
B14	Temperaturfühler Außentemperaturanzeige
B17	Temperaturfühler Ansaugluft
B25	Mikrofon Freisprechanlage
B25x1	Steckverbindung Mikrofon Freisprechanlage
B28	Druckgeber
C1	Energiespeicher Airbag (AB)
C2	Elko Entstörung-Generator/ Batterieleitung
C3	Entstörungskondensator Heckscheibe
E1	Leuchteinheit links
E1e1	Fernlicht
E1e2	Abblendlicht
E1e3	Standlicht/Parklicht
E1e4	Nebellicht
E2	Leuchteinheit rechts
E2e1	Fernlicht
E2e2	Abblendlicht
E2e3	Standlicht/Parklicht
E2e4	Nebellicht
E3	Schlußleuchte links
E3e1	Blinklicht
E3e2	Schlußlicht/Parklicht
E3e3	Rückfahrlicht
E3e4	Bremslicht
E3e5	Nebelschlußlicht
E3e8	Schlußlicht (zusätzlich)
E4	Schlußleuchte rechts
E4e1	Blinklicht
E4e2	Schlußlicht/Parklicht
E4e3	Rückfahrlicht
E4e4	Bremslicht
E4e5	Nebelschlußlicht
E4e8	Schlußlicht (zusätzlich)
E6/1	Blinkleuchte links
E6/1e1	Blinklicht
E6/2	Blinkleuchte rechts
E6/2e1	Blinklicht
E12	Beleuchtung Schaltkulisse
E13/2	Handschuhkastenleuchte mit Schalter
E14/1	Sonnenblende mit beleuchtetem Spiegel links
E14/2	Sonnenblende mit beleuchtetem Spiegel rechts
E15/2	Deckenleuchte mit Verzögerung und Leseleuchte vorne
E15/3	Deckenleuchte hinten
E17/3	Ein-/Ausstiegsleuchte, Tür vorn links
E17/4	Ein-/Ausstiegsleuchte, Tür vorn rechts
E18/1	Kofferraumleuchte
E19/1	Kennzeichenleuchte links
E19/2	Kennzeichenleuchte rechts

F1/1	Sicherungsdose 12-fach, im Sicherungs- und Relaiskasten F1
F1/1-2	Sicherung 2, Klemme 15R
F1/1-3	Sicherung 3, Klemme 30
F1/1-4	Sicherung 4, Klemme 30
F1/1-5	Sicherung 5, Klemme 15
F1/1-6	Sicherung 6, Klemme 15
F1/1-8	Sicherung 8, Klemme 15R
F1/1-11	Sicherung 11, Klemme 15X
F1/1-12	Sicherung 12, Klemme 15
F2	Maxi-Sicherungsdose 5-fach, im Sicherungs- und Relaiskasten F1
F2-13	Sicherung 13, Klemme 30
F2-14	Sicherung 14, Klemme 15X/30
F2-15	Sicherung 15, Klemme 15R
F2-16	Sicherung 16, Klemme 30
F2-17	Sicherung 17, Klemme 30
F3	Sicherungsdose 18-fach, im Sicherungs- und Relaiskasten F1
F3-18	Sicherung 18, Klemme 58L
F3-19	Sicherung 19, Klemme 56a
F3-20	Sicherung 20, Klemme 15R
F3-21	Sicherung 21, Klemme 30
F3-22	Sicherung 22, Klemme 58N
F3-23	Sicherung 23, Klemme 15
F3-24	Sicherung 24, Klemme 58R
F3-25	Sicherung 25, Klemme 56a
F3-26	Sicherung 26, Klemme 15R
F3-27	Sicherung 27, Klemme 30
F3-28	Sicherung 28, Klemme 58NS
F3-29	Sicherung 29, Klemme 15
F3-30	Sicherung 30, Klemme 58R/30
F3-33	Sicherung 33, Klemme 30
F3-34	Sicherung 34, Klemme 15R
F3-35	Sicherung 35, Klemme 15R
F4	Sicherungsdose, im Kofferraum
F4-1	Sicherung 1, Klemme 15R/30
F4-2	Sicherung 2, Klemme 15R/30
F4-3	Sicherung 3, Klemme 15R/30
F4-4	Sicherung 4, nicht belegt
F4-7	Sicherung 7, Klemme 15R/30
F4-9	Sicherung 9, Klemme 30
F4-10	Sicherung 10, Klemme 15R/30
F4-12	Sicherung 12, Klemme 30
F4-13	Sicherung 13, Klemme 15R/30
F4-17	Sicherung 17, nicht belegt
F4-18	Sicherung 18, Klemme 30
F4-19	Sicherung 19, nicht belegt
G1	Batterie
G2	Generator
G3/2	O_2-Sonde vor KAT
G3/2x1	Steckverbindung O_2-Sonde
G3/2x2	Steckverbindung Signal O_2-Sonde
H2	Fanfaren
H4/3	Lautsprecher Tür hinten links
H4/4	Lautsprecher Tür hinten rechts
H4/5	Lautsprecher Tür vorne links
H4/5x1	Steckverbindung Lautsprecher Tür vorne links
H4/6	Lautsprecher Tür vorne rechts
H4/7	Lautsprecher hinten links
H4/7x1	Steckverbindung Lautsprecher hinten links
H4/8	Lautsprecher hinten rechts
H4/8x1	Steckverbindung Lautsprecher hinten rechts
H4/9	Lautsprecher vorne links
H4/9x1	Steckverbindung Lautsprecher vorne links
H4/10	Lautsprecher vorne rechts
H4/10x1	Steckverbindung Lautsprecher vorne rechts
H4/13	Doppelspulenlautsprecher Radio/Telefon-Freisprechanlage
H4/13x1	Steckverbindung Doppelspulen-lautsprecher Radio/Telefon-Freisprechanlage
K1	Relais Überspannungsschutz
K2	Relais Scheinwerfer-reinigungsanlage (SRA)
K9	Relais Zusatzlüfter 1. und 2. Stufe
K9k1	Relais Zusatzlüfter 1. Stufe

K9k2	Relais Zusatzlüfter 2. Stufe
K9/1	Relais Zusatzlüfter 1. Stufe
K9/2	Relais Motor Restwärme Anlage
K10	Relais Zusatzlüfter 2. Stufe
K17	Relais Lufteinblasung
K24	Relais Komfortschaltung
K27	Relais Kraftstoffpumpe
K38	Relais Wegfahrsperre
K39	Relais Fanfaren
L3	Drehzahlgeber Starterzahnkranz
L3x1	Steckverbindung Drehzahlgeber Starterzahnkranz
L5	Positionsgeber Kurbelwelle
L5x1	Steckverbindung Positionsgeber Kurbelwelle
L5/1	Positionsgeber Nockenwelle
L5/1x1	Steckverbindung Positionsgeber Nockenwelle
L6	Drehzahlgeber Hinterachse
L6/1	Drehzahlgeber vorn links
L6/1x1	Steckverbindung Drehzahlgeber vorn links
L6/2	Drehzahlgeber vorn rechts
L6/2x1	Steckverbindung Drehzahlgeber vorn rechts
M1	Starter
M3	Kraftstoffpumpe
M3m1	Kraftstoffpumpe 1
M3m2	Kraftstoffpumpe 2 (teilweise)
M4	Zusatzlüfter
M4m1	Zusatzlüfter links
M4m1x1	Steckverbindung Zusatzlüfter links
M4m2	Zusatzlüfter rechts
M4m2x2	Steckverbindung Zusatzlüfter rechts
M5/1	Wascherpumpe
M5/2	Wascherpumpe Scheinwerfer
M6/1	Wischermotor
M6/1x1	Steckverbindung Wischermotor
M6/2	Wischermotor Scheinwerfer links
M6/2x1	Steckverbindung Wischermotor Scheinwerfer links
M6/3	Wischermotor Scheinwerfer rechts
M6/3x1	Steckverbindung Wischermotor Scheinwerfer rechts
M10/3	Fensterhebermotor vorn links, Spannungsversorgung
M10/3x1	Leitungsverbinder Fensterhebermotor vorn links, Spannungsversorgung
M10/4	Fensterhebermotor vorn rechts, Spannungsversorgung
M10/4x1	Leitungsverbinder Fensterhebermotor vorn rechts, Spannungsversorgung
M10/5	Fensterhebermotor hinten links
M10/5x1	Leitungsverbinder Fensterhebermotor hinten links
M10/6	Fensterhebermotor hinten rechts
M10/6x1	Leitungsverbinder Fensterhebermotor hinten rechts
M11	Automatische Antenne
M12	Schiebe-Hebe-Dach (SHD)
M12k1/2	Relais Schiebe-Hebe-Dach (SHD)
M12m1	Motor Schiebe-Hebe-Dach (SHD)
M12s1	Schalter Endabschaltung „auf"
M12s2	Schalter Endabschaltung „oben"
M12s3	SchalterEndabschaltung „unten"
M12/1s4	Schalter Endabschaltung „zu"
M13	Heißwasserumwälzpumpe
M16	Stellglied Tempomat (TPM)/Leerlaufregelung
M16k1	Magnetkupplung
M16m1	Stellmotor
M16r1	Istwert-Potentiometer
M16x1	Steckverbindung Stellglied Tempomat (TPM)
M16/6	Stellglied Leerlaufregelung (LLR)
M16/6m1	Stellmotor
M16/6r1	Istwert-Potentiometer Drosselklappe
M16/6r2	Istwert-Potentiometer Antrieb
M16/6s1	Schalter Leerlaufkontakt

M16/6x1	Steckverbindung Stellglied Leerlaufregelung (LLR)
M21/1	Außenspiegel links, elektrisch verstellbar und beheizt
M21/1m1	Motor Spiegelverstellung nach oben/unten
M21/1m2	Motor Spiegelverstellung nach innen/außen
M21/1r1	Spiegelheizung
M21/2	Außenspiegel rechts, elektrisch verstellbar und beheizt
M21/2m1	Motor Spiegelverstellung nach oben/unten
M21/2m2	Motor Spiegelverstellung nach innen/außen
M21/2r1	Spiegelheizung
M25	Motorengruppe Verstellung Vordersitz links
M25m1	Motor vor/zurück
M25m2	Motor hinten, hoch/tief
M25m3	Motor vorn, hoch/tief
M25m4	Motor Kopfstütze hoch/tief
M25m5	Motor Rückenlehne vor/zurück
M25x1	Steckverbindung Motorengruppe Verstellung Vordersitz links
M26	Motorengruppe Verstellung Vordersitz rechts
M26m1	Motor vor/zurück
M26m2	Motor hinten, hoch/tief
M26m3	Motor vorn, hoch/tief
M26m4	Motor Kopfstütze hoch/tief
M26m5	Motor Rückenlehne vor/zurück
M26x1	Steckverbindung Motorengruppe Verstellung Vordersitz rechts
M33	Elektrische Luftpumpe

N2/2	Steuergerät Gurtstraffer (GUS) mit Airbag (AB)
N3/4	Steuergerät Heißfilm Motorsteuerung (HFM)
N3/6	Steuergerät Druck-Motorsteuerung (PMS)
N3/7	Steuergerät ERE
N3/8	Steuergerät EVE
N4	Steuergerät Tempomat (TPM)
N4/1	Steuergerät Elektronisches Fahrpedal (EFP)/Tempomat (TPM)/ Leerlaufregelung (LLR)
N4/2	Steuergerät Tempomat (TPM) mit Kodierstecker
N4/3	Steuergerät Tempomat (TPM)/ Leerlaufregelung (LLR)
N7	Lampenkontrollgerät
N8/2	Steuergerät Antiruckelaufschaltung (ARA)
N10	Kombirelais (Blinker, heizbare Heckscheibe, Wischermotor)
N11/4	Zeitrelais Motor-Restwärme-Anlage
N14	Vorglühzeitrelais
N15	Relais Kick-down-Abschaltung
N15/2	Steuergerät Motordrehzahlaufbereitung
N18/3	Steuer- und Bediengerät Heizungsautomatik (HAU) mit Umluft
N19/1	Steuer- und Bediengerät Temperaturautomatik (TAU)
N22	Steuer- und Bediengerät Klimatisierungsautomatik (KLA)
N25/5	Steuergerät Sitzheizung (SIH) vorn
N26	Steuergerät EDW
N26/1	Steuergerät Notalarmanlage
N30	Steuergerät ABS
N30/1	Steuergerät ASR
N30/2	Steuergerät ASD (oder ETS, ASR)
N35	Steuergerät Tagfahrlicht (Export)
N37	Steuergerät ARF
N47-1	Steuergerät ASR/PML
N47-2	Steuergerät ETS/PML
N54	Steuergerät Infrarotfernbedienung (IFZ)
N57	Steuergerät Komfortbetätigung: Fensterheber, Schiebe-Hebe-Dach (SHD)

R1	Heizbare Heckscheibe
R2/2	Waschdüsenbeheizung links
R2/3	Waschdüsenbeheizung rechts
R2/3x1	Steckverbindung Waschdüsenbeheizung rechts
R3	Zigarrenanzünder beleuchtet
R3e1	Beleuchtung
R3r1	Heizelement
R3x1	Steckverbindung Zigarrenanzünder
R4	Zündkerzen
R9	Glühkerzen
R12/1	Zündpille Gurtstraffer (GUS) Sitz vorn links
R12/2	Zündpille Gurtstraffer (GUS) Sitz vorn rechts
R12/3	Zündpille Airbag (AB) Fahrer
R12/8	Zündpille Airbag (AB) rechts
R13/1	Heizkissen Sitz vorne links
R13/2	Heizkissen Rückenlehne vorne links
R13/3	Heizkissen Sitz vorne rechts
R13/4	Heizkissen Rückenlehne vorne rechts
R15	Vorwiderstand Zusatzlüfter
R16/5	Abgleichstecker HFM (4-Zylinder)
R16/6	Einzelabgleichstecker HFM (6-Zylinder)
R16/7	Abgleichkupplung (PMS)
R25/2	Sollwertgeber ERE/EVE
R25/2r1	Potentiometer Sollwertgeber
R25/2s1	Leerlaufkontaktschalter
R25/2x1	Steckverbindung Sollwertgeber ERE/EVE
R33	CO-Potentiometer Kennfeld-verstellung (Export, ohne KAT)
S1	Lichtdrehschalter
S2/1	Zündstartschalter
S2/2	Glühstartschalter
S4	Kombi-Schalter
S4s1	Blinkerschalter
S4s2	Lichthupenschalter
S4s3	Abblendschalter
S4s4	Wascherschalter
S4x1	Steckverbindung Kombi-Schalter
S4/2	Schalter Fanfaren
S4/2x1	Steckverbindung Schalter Fanfaren
S6	Warnblinkschalter
S8/1	Warnsummerkontakt Beleuchtung
S9/1	Bremslichtschalter 4polig (teilweise bis 4/94)
S10/1	Kontaktfühler Bremsbeläge vorne links
S10/1x1	Steckverbindung Kontaktfühler Bremsbeläge vorne links
S10/2	Kontaktfühler Bremsbeläge vorne rechts
S10/2x1	Steckverbindung Kontaktfühler Bremsbeläge vorne rechts
S10/3	Kontaktfühler Bremsbeläge hinten links
S10/3x1	Steckverbindung Kontaktfühler Bremsbeläge hinten links
S10/4	Kontaktfühler Bremsbeläge hinten rechts
S10/4x1	Steckverbindung Kontaktfühler Bremsbeläge hinten rechts
S11	Schalter Bremsflüssigkeitskontrolle
S12	Schalter Feststellbremskontrolle
S13/2	Schalter elektrisches Schiebe-Hebe-Dach (SHD)
S14	Schalter heizbare Heckscheibe
S16/1	Startsperr- und Rückfahrlichtschalter
S16/2	Rückfahrlichtschalter
S16/4	Startsperr- und Rückfahrlicht-schalter/ Erkennung 2. und 3. Wählhebelstellung
S16/5	Schalter 2. Fahrprogramm
S16/6	Kick-down-Schalter
S16/7	Kick-down-Schalter 2. Fahrprogramm

S17/3	Türkontaktschalter links
S17/4	Türkontaktschalter rechts
S17/5	Türkontaktschalter hinten links
S17/6	Türkontaktschalter hinten rechts
S17/8	Schalter Kofferraumleuchte
S21/1	Schalter Fensterheber vorne links, Mittelkonsole vorne
S21/2	Schalter Fensterheber vorne rechts, Mittelkonsole vorne
S21/3	Schalter Fensterheber hinten links
S21/4	Schalter Fensterheber hinten rechts
S21/5	Schalter Fensterheber hinten links, Mittelkonsole vorne
S21/6	Schalter Fensterheber hinten rechts, Mittelkonsole vorne
S21/7	Sicherheitsschalter Fensterheber hinten, Mittelkonsole vorne
S22	Schalter Sitzverstellung vorne links
S22s1	Kopfstütze hoch/tief
S22s2	Sitzhöhe vorne
S22s3	Sitz vor/zurück
S22s4	Sitzhöhe hinten
S22s5	Rückenlehne
S23	Schalter Sitzverstellung vorne rechts
S23s1	Kopfstütze hoch/tief
S23s2	Sitzhöhe vorne
S23s3	Sitz vor/zurück
S23s4	Sitzhöhe hinten
S23s5	Rückenlehne
S27/1	Microschalter Kompressorabschaltung
S27/6	Microschalter Kompressor-abschaltung/ARF
S40	Tastschalter Tempomat
S40s1	Wiederaufnahme aus Speicher
S40s2	Verzögern/Fixieren
S40s3	Beschleunigen/Fixieren
S40s4	Ausschalten
S40s5	Kontrollkontakt
S40x1	Steckverbindung Tastschalter Tempomat (TPM)
S40/1	Schalter Kupplungspedal Tempomat (TPM) bis 12/93, dann wie AG
S40/2	Schalter Kupplungspedal Leerlaufregelung (LLR)
S40/3	Schalter Kupplungspedal
S41	Schalter Kühlmittelstandskontrolle
S42	Schalter Scheibenwasch-wasserstandskontrolle
S43	Schalter Ölstandskontrolle
S46/3	Tastschalter Motor-Restwärme-Anlage
S50	Schalter Außenspiegel/ Innenspiegel
S50s1	Spiegelverstellung nach oben/unten
S50s2	Spiegelverstellung nach innen/außen
S50s3	Außenspiegel links/ rechts/ Innenspiegel
S51/1	Schalter Sitzheizung (SIH) vorne links
S51/2	Schalter Sitzheizung (SIH) vorne rechts
S52	Schalter Kopfstützenabsenkung (KAF) hinten
S65	Schalter Getriebe Überlastschutz
S85	Schalter Innenzentralverriegelung
S86/1	Schloßnußschalter vorne links (Komfort)
S87/1	Schloßnußschalter vorne rechts (Komfort)
S88/2	Schloßnußschalter Heckdeckel (Komfort)
S88/2x1	Steckverbindung Schloßnußschalter Heckdeckel (Komfort)

T1	Zündspule
T1/1	Zweifunkenzündspule 1, Zylinder 1 u. 4 (HFM/PMS Vierzylinder)
T1/1	Zweifunkenzündspule 1, Zylinder 2 u. 5 (HFM Sechszylinder)
T1/2	Zweifunkenzündspule 2, Zylinder 2 u. 3 (HFM/PMS Vierzylinder)
T1/2	Zweifunkenzündspule 2, Zylinder 3 u. 4 (HFM Sechszylinder)
T1/3	Zweifunkenzündspule 3, Zylinder 1 u. 6 (HFM Sechszylinder)
U39	Gültig für Ausführung ohne KAT
U54	Gültig für Beifahrer - Airbag (AB)
U67	Taxi
U68	Gültig bis Fahrzeug-Ident-End-Nr. 1 A 009 259 bzw. 1 F 004 140
U69	Gültig ab Fahrzeug-Ident-End-Nr. 1 A 009 260 - bzw. 1 F 004 141
U71	Gültig für Komfortbetätigung mit Fensteheber und Schiebe-Hebe-Dach
U73	Gültig für Radio MB
U74	Gültig für Radio Becker
U77	Gültig für Radio Spezial und Exquisit
W1	Hauptmasse (hinter Kombi-Instrument)
W6	Masse Kofferraum Radlauf links
W7	Masse Kofferraum Radlauf rechts
W7/1	Masse Kofferraum Schlußleuchte rechts
W9	Masse vorne links (bei Leuchteinheit)
W10	Masse Batterie
W11	Masse Motor (elektrische Leitung angeschraubt)
W16/3	Masse Aggregateraum links, Leistungsmasse
W16/4	Masse Aggregateraum rechts, Leistungsmasse
W16/5	Masse Aggregateraum links, Elektronikmasse
W16/6	Masse Aggregateraum rechts, Elektronikmasse
W18	Masse Querträger Sitz vorn links
W19	Masse Querträger Sitz vorn rechts
W29	Masse A-Säule links (Masseband)
W31	Masseband Antenne
X4	Leitungsverbinder Klemme 30, Fußraum links
X4/22	Leitungsverbinder Klemme 30Z, 1polig
X4/24	Steckverbindung Klemme 87 ungesichert HFM
X11/4	Prüfkupplung für Diagnose
X11/13	Prüfkupplung/Steckverbindung Airbag (AB) mit Gurtstraffer, 12polig
X11/18	Steckverbindung EFP – Karosserie
X12/3	Leitungsverbinder Klemme 30/15 ungesichert, 3polig
X14/3	Steckverbindung, Klemme 50/EDW, 2polig
X18	Steckverbindung Innenraum/ Schlußlampenleitungssatz
X18/18	Steckverbindung Warnsummer (Cockpit/Infrarot), 4polig
X20	Zwischensteckverbindung Bremslichtschalter, 2polig
X20/2	Zwischensteckverbindung Fußfeststellbremse
X21	Mehrfachsteckverbindung Bremslichtschalter
X24	Steckverbindung Scheinwerferleitungssatz

X26	Steckverbindung Innenraum/Motor
X26/2	Steckverbindung Motortrennstelle
X26/9	Steckverbindung Innenraum/Aggregateraum
X26/24	Steckverbindung Motor/Zündspulen, 3polig
X26/25	Steckverbindung Motor/Karosserie, 24polig
X28/11	Steckverbindung Gurtstraffer (GUS), Nachträglicher Einbau Airbag (AB)
X33	Steckverbindung Motorsteuergerät/Elektronisches Traktionssystem (ETS)/ASR
X33/4	Steckverbindung Kupplungsschalter/Tempomat (TPM)
X33/11	Steckverbindung Bremslichtsignal/Tempomat (TPM)
X35/1	Türtrennstelle vorne links
X35/2	Türtrennstelle vorne rechts
X35/3	Türtrennstelle hinten links
X35/4	Türtrennstelle hinten rechts
X35/33	Steckverbindung Rahmen-Boden-Anlage (RBA)/Cockpit, Einspeisung Notalarm
X36/2	Steckverbindung Kraftstoffpumpen-/ Schlußlampenleitungssatz
X36/3	Steckverbindung Kraftstoffpumpenleitungssatz, 2polig
X39/4	Zwischensteckverbindung Lautsprechersystem vorn links und rechts, 4polig
X39/5	Steckverbindung Sende-/Empfangsteil, Bedienhandhörer
X47	Steckverbindung Drehzahlgeberleitungssatz Hinterachse, 2polig (Fußraum vorn rechts)

X49/1	Steckverbindung Rückfahrlichtschalter
X55/3	Kontaktierungsleiste Sitz links
X55/4	Kontaktierungsleiste Sitz, rechts
X58	Steckdose Anhängevorrichtung, 13polig
X62/1	Steckverbindung Drehzahlgeber/ Bremsbelagverschleißanzeige hinten links
X62/2	Steckverbindung Drehzahlgeber/ Bremsbelagverschleißanzeige hinten rechts
X62/3	Steckverbindung Drehzahlgeber Hinterachse, ASR, 6polig
X62/5	Steckverbindung Ventil ASD, 2polig
X62/11	Steckverbindung Drehzahlgeber ABS, Hinterachse, 2polig
X62/12	Leitungsverbinder Drehzahlsignal vorne, 1polig
X62/13	Leitungsverbinder Drehzahlsignal hinten, 1polig
X64/2	Zwischensteckverbindung Gebläse-Motor-Restwärmeanlage
X72/7	Steckverbindung Motorrestwärme/ Innenraum, 4polig
X88/11	Steckverbindung Waschdüsenbeheizung, 2polig
X93	Leitungsverbinder Temperaturautomatik (TAU)/Motor-Restwärmeanlage, 1polig
Y1/1 (x1)	Elektrohydraulischer Absteller, ERE
Y1/1b1	Temperaturfühler Kraftstoff
Y3	Kick-down Ventil Automatisches Getriebe (AG)
Y3/2	Magnetventil Schaltpunktanhebung
Y3/3	Umschaltventil Schaltpunktanhebung
Y3/4	Umschaltventil AG/ TPM Modulierdruck

Y3/5	Umschaltventil AG/ TPM Schaltpunktanhebung
Y4	Umschaltventil, 2. Fahrprogramm
Y11/3	Ventilleiste 8fach
Y13	Umschaltventil Frischluft/Umluftklappe
Y19	Monoventil Klimatisierungsautomatik (KLA)
Y21	Duoventil
Y21/1y1	Wasserventil, linke Seite
Y21/1y2	Wasserventil, rechte Seite
Y22/3	Stellmagnet ARA
Y22/6	Umschaltventil Resonanzsaugrohr
Y23/1	Mengenstellwerk ERE
Y23/1x1	Steckverbindung Mengenstellwerk ERE
Y24/2	Ventil Kopfstützenentriegelung mit Abschaltverzögerung
Y27	Umschaltventil ARF
Y28	Umschaltventil Druckregelklappe
Y31/7	Druckwandler Druckregelklappe
Y32	Umschaltventil Luftpumpe
Y38	Magnetventil ASD
Y49	Stellmagnet Nockenwellensteuerung
Y58/1	Umschaltventil Regenerierung
Y62	Kraftstoff-Einspritzventile
Y62y1	Ventil, 1. Zylinder
Y62y2	Ventil, 2. Zylinder
Y62y3	Ventil, 3. Zylinder
Y62y4	Ventil, 4. Zylinder
Y62y5	Ventil, 5. Zylinder
Y62y6	Ventil, 6. Zylinder
Z2	Lötstelle TD
Z3	Lötstelle Klemme 15
Z3/1	Lötstelle Klemme 15 Klimatisierungsautomatik (KLA), Einspeisung aus Relais Pumpennachlauf Steuerung

Z3/15	Lötstelle Klemme 15 (EDW)
Z3/25	Lötstelle Klemme 15, Außenspiegelverstellung, Einspeisung aus Sicherung F3-29
Z6	Lötstelle Masse
Z6/8	Lötstelle Sensormasse
Z7/1	Lötstelle Klemme 30 Zentralverriegelung (ZV)
Z7/5	Lötstelle Klemme 87
Z7/24	Lötstelle Klemme 87
Z7/25	Lötstelle Klemme 87 ungesichert , Einspeisung aus Relais Überspannungsschutz (K1)
Z7/29	Lötstelle Klemme 87 ungesichert (ERE)
Z28/10	Lötstelle Schirm Empfangsteil
Z9	Lötstelle Klemme 15u
Z11	Lötstelle 3, Einspeisung aus Sicherung F3-21
Z14	Lötstelle Klemme 15x, Einspeisung aus Sicherung F2-14
Z20 (/1, /5)	Abschirmung in Isolierschlauch eingelegt
Z21/5	Lötstelle Schloßnußschalter 1 Heckdeckel, EDW/ ZV
Z21/6	Lötstelle Schloßnußschalter 2 Heckdeckel, EDW/ ZV
Z23	Lötstelle ABS Kontrolle, Einspeisung aus Steuergerät ASR
Z23/2	Lötstelle ASR Kontrolle, Einspeisung aus Steuergerät ASR
Z30/1	Lötstelle Blinker links, Einspeisung aus Kombirelais
Z30/2	Lötstelle Blinker rechts, Einspeisung aus Kombirelais
Z81	Lötstelle Klemme 58d
Z81/4	Lötstelle Klemme 58d Rahmen-Boden-Anlage (RBA)
Z83/6	Lötstelle Schirm
Z96	Lötstelle Temperaturfühler Kühlmittel
Z99/1	Lötstelle, Klemme 87 ASR/ETS

Zeichen setzen

Wie wirksam die Zeichensprache funktioniert, erlebt, wer ins Ausland reist. Nicht anders ist's im Straßenverkehr. Der Verständigung dienen international verständliche Symbole, wie Bremslicht, Blinker oder Hupe.

Blink- und Warnblinkanlage prüfen

Ständige Kontrolle

Die Warnblinkanlage muß ständig funktionieren, deshalb wird ihr Schalter über eine Sicherung direkt von der Batterie versorgt. Die Richtungsblinker erhalten dagegen nur dann Strom, wenn der Zündschlüssel auf Raste »II« gedreht ist.

● Drücken Sie den Schalter der Warnblinkanlage, während der Zündschlüssel in »0«-Stellung steht:

● Alle Blinkleuchten, die Kontrolleuchten der Richtungsblinker und das rote Fenster im Schalter leuchten im gleichen Rhythmus auf.

● Warnblinker ausschalten, Zündschlüssel auf Raste »II« drehen.

● Bei gedrücktem Blinkerhebel muß jetzt eine Blinkerseite und die dazugehörige grüne Kontrolleuchte im Kombi-Instrument aufleuchten.

<u>Fingerzeig:</u> **Das Ticken bei eingeschaltetem Blinker kommt vom Geräuschgeber im Kombi-Instrument. Denn das »Blinker-Geräusch« schreibt der Gesetzgeber als Kontrolle zusätzlich zur Kontrolleuchte vor.**

Blinker-Störungen

○ Blitzt bei eingeschalteten Richtungsblinkern die grüne Kontrolleuchte nur kurz auf, ist eine Glühlampe ausgefallen. Beim Warnblinken macht sich der Lampenausfall im Blinker-Rhythmus nicht bemerkbar. Lampenwechsel siehe Beleuchtungskapitel.

○ Brennen bei eingeschalteten Richtungs- oder Warnblinkern die Leuchten dauernd: Kombirelais defekt.

○ Leuchtet nur die Kontrollampe, aber bleiben die orangefarbenen Leuchten am Wagen dunkel, liegt es ebenfalls am Kombirelais.

○ Leuchten die Blinker mal in langsamer Folge, mal schnell und sind alle Steckverbindungen einschließlich der Massekabel zu den Leuchten in Ordnung, muß das Relais erneuert werden.

○ Funktioniert nur Warnblinken ohne Richtungsblinken oder umgekehrt, fehlt es an der Spannungsversorgung durch die betreffende Sicherung (siehe Kapitel »Die Karosserie-Elektrik«) oder der Schalter ist defekt (Ausbau siehe Kapitel »Instrumente und Geräte«).

Behelf bei defektem Kombirelais

Mit einem ausgefallenen Blinkrelais im Kombirelais ist die Weiterfahrt nicht ganz ungefährlich, denn im dichten Verkehr und vor allem bei Dunkelheit wird Ihre Abbiegeabsicht den anderen Autofahrern nicht ersichtlich. In diesem Fall:

● Kombirelais ausbauen (Relaisanordnung siehe Kapitel »Die Karosserie-Elektrik«).

● Eine Überbrückung zwischen den Klemmen 49 und 49a herstellen.

● Dazu eine Büroklammer oder ein kurzes Drahtstück um die genannten Steckerzungen am Relais schlingen und jetzt das Relais wieder einstecken.

● Bei gedrücktem Blinkerhebel leuchtet jetzt eine Blinkerseite dauernd.

● Durch Ein- und Ausschalten mit dem Blinkerhebel erhalten Sie einen Blinker-Rhythmus.

Bremsleuchten prüfen

Ständige Kontrolle

Das Lampenkontrollgerät prüft zwar auch die Bremsleuchten, doch doppelte Kontrolle kann nicht schaden:

● Zündung einschalten.

● Die Garagenwand hinter dem Wagen muß rechts und links hell rot aufleuchten, wenn Sie auf das Bremspedal treten.

● Oder in einer Kolonne prüfen Sie mit dem Rückspiegel, ob sich in den Scheinwerfer-Reflektoren oder in der Lackierung des Hintermannes beide Bremslichter spiegeln.

Der Bremslichtschalter

Beim Tritt auf das Bremspedal wandert der Druckstift des Bremslichtschalters oben am Pedalbock heraus und schließt die Schaltkontakte. Damit ist der Stromkreis zu den Bremsleuchten geschlossen. Der Bremslichtschalter stellt sich selbständig ein, deshalb beim Auswechseln die Montagehinweise beachten. Der Bremslichtschalter ist zusätzlich für das ABS, ASR, ETS und ASD wichtig.

Bremslichtschalter überprüfen

- Fußraumverkleidung ausbauen.
- Kabelstecker am Schalter abziehen.
- Mit einem Ohmmeter das Schalten kontrollieren.
- Bei Betätigen des Bremspedals muß der Stromkreis über die beiden Anschlußstifte (4 mm) geschlossen werden.
- Der Bremslichtschalter besitzt einen zusätzlichen Kontakt (Öffner). Die Anschlußstifte zum Kontakt sind kleiner (2,5 mm).
- Bei Betätigen des Bremspedals muß der Stromkreis über den Kontakt unterbrochen werden.

Bremslichtschalter auswechseln

- Fußraumabdeckung ausbauen.
- Kabelstecker abziehen.
- Kunststoffarretierung des Bremslichtschalters mit einem Schraubendreher zurückdrücken.
- Schalter drehen und herausziehen.
- Vor dem Einbau den Druckstift am Bremslichtschalter mit Kraft (ca. 50 N) ganz herausziehen.
- Bremspedal treten und Schalter einsetzen.
- Schalter so weit drehen, bis er einrastet.
- Bremspedal loslassen. Dabei stellt sich der Betätigungsweg selbsttätig ein.

Störungsbeistand

Bremsleuchten

Die Störung	– ihre Ursache	– ihre Abhilfe
A Eine Bremsleuchte brennt nicht	1 Glühbirne durchgebrannt	Austauschen
	2 Spannungszuleitung unterbrochen. Brennen alle übrigen Glühbirnen in derselben Heckleuchte? Falls nicht:	Kabel kontrollieren
	3 Unterbrechung in der Masseverbindung	Masseanschluß überprüfen
B Beide Bremslichter brennen nicht	1 Sicherung defekt	Ersetzen
	2 Bremslichtschalter defekt	Überprüfen, ggf. ersetzen
	3 Siehe A 1 und 3	
C Bremsleuchten brennen dauernd	1 Siehe B 2	
	2 Kabel zum Bremslichtschalter haben direkten Kontakt	Kabel kontrollieren

Hupen prüfen

Ständige Kontrolle

- Zündschlüssel auf Raste »I« oder »II« drehen.
- Hupplatte im Lenkrad drücken.
- Jedesmal muß es hupen.

Störungsbeistand

Hupen

Die Störung	– ihre Ursache	– ihre Abhilfe
A Hupen tönen nicht	1 Sicherung defekt	Sicherung Nr. 5 im Motorraum und bei Sonderausstattung »Fanfaren« Sicherung Nr. 11 im Kofferraum prüfen
	2 Hupen defekt	Kontrollieren
	3 Anschlüsse der Hupen oxidiert	Blankkratzen
	4 Relais defekt (bei Fanfaren)	Ersetzen
	5 Hupkontakt im Lenkrad defekt	Kontrollieren
	6 Stromzuleitung oder Masseleitung (braun) zur Hupe schadhaft	Kabel kontrollieren
	7 Kontaktleitung Lenkrad oder Massezuleitung zum Lenkrad unterbrochen	Kabel, Kontaktspirale kontrollieren
B Nur eine Hupe tönt nicht	1 Eine Hupe defekt	Ersetzen
	2 Kabel zwischen den Hupen defekt	Kabel kontrollieren
C Hupe tönt dauernd bei Zündschlüsselraste »I« oder »II«	1 Kontaktleitung Lenkrad hat Masseschluß	Kabel kontrollieren. Unterwegs: Kabel an der Hupe abziehen und isolieren
	2 Hupe hat inneren Kurzschluß	Hupe ersetzen. Unterwegs: Kabel an der Hupe abziehen und isolieren
	3 Siehe A 4 und 5	

Über dem Bremspedal (3) ist der Bremslichtschalter (1) zu finden. Weiterhin:
2 – Seilzug für Parksperrenverriegelung bei Fahrzeugen mit Automatik.

Hupe ausbauen

● Der Ausbau erfolgt von der Fahrzeugunterseite her. Fahrzeug vorn anheben und sichern.
● Abdeckung am Radlauf ausbauen. Die linke Hupe hat einen tieferen Ton (400 Hz); die rechte 500 Hz. Der C 180 hat nur die linke Hupe.
● Luftkanal zur Bremse ausbauen.
● Leitungen ausstecken.
● Hupe abschrauben.

Hupe defekt?

● Betreffende Hupe abschrauben.
● An den Steckanschlüssen der Hupe ausreichend lange Kabelstücke aufstecken und diese mit dem Plus und Minuspol einer Fahrzeugbatterie verbinden.
● Bleibt es ruhig, ist das Signalhorn defekt.
● Ertönt die Hupe, obwohl das im eingebauten Zustand nicht der Fall war, liegt der Fehler in der Zuleitung (Sicherung, Huptasten).
● Ein krächzendes oder völlig stummes Horn läßt sich bisweilen durch Drehen der Einstellschraube an der Hupenrückseite wieder stimmen oder zu neuem Leben erwecken.
● Schraube unter der Vergußmasse freilegen.
● Nach dem Einstellen die Schraube mit Karosseriedichtmasse wieder feuchtigkeitsdicht verschließen.

Lichthupe kontrollieren

Ständige Kontrolle

● Zündung einschalten und den Kombischalter zum Lenkrad ziehen.
● Leuchtet das Fernlicht und die blaue Fernlichtkontrolle auf; unabhängig von der Stellung des Lichtschalters?
● Funktioniert die Lichthupe nicht, obwohl das Fernlicht bei entsprechender Schalter- und Hebelstellung brennt, kann der Fehler im Lichthupenkontakt des Kombischalters liegen, oder Sicherung Nr. 15 im Motorraum prüfen. Schalterausbau siehe Kapitel »Instrumente und Geräte«.

Bei ausgebauten Scheinwerfer findet man auch von oben die Hupe (4). Noch bezeichnet:
1 – Schlauch für Scheinwerfer-Waschwasser;
2 – Unterdruckanschluß für Leuchtweitenregulierung;
3 – Mehrfachstecker zum Scheinwerfer.

Lichteffekte

Beleuchtungseinrichtungen sind nicht selten stilistische Mittel bei der Gestaltung der Autokarosserie. Bei allem guten Aussehen sollen die Beleuchtungseinrichtungen zusätzlich auch noch funktionieren. Das ist Anliegen dieses Kapitels.

Die HNS-Technik

Eine gute Windschlüpfigkeit verlangt eine möglichst kleine Stirnfläche des Autos. Gutes Licht benötigt jedoch möglichst große Scheinwerfer. Was könnte bei diesem Zielkonflikt helfen? Dank Computerhilfe fanden Ingenieure eine Antwort, die erstmals in Ihren C-Klasse Mercedes eingebaut wird – die HNS-Technik. Der Reflektor wird hierbei in ca. 10000 Teilflächen zerlegt. Anschließend werden die Teile gezielt so angeordnet, daß sich eine optimale Straßenausleuchtung ergibt. Beim Abblendlicht ist die Reichweite wesentlich erhöht und vor allem ist die beleuchtete Fläche etwa doppelt so breit (siehe Vergleich unten). Beim Kurvenfahren hat man so viel mehr »Durchblick«. Aber auch das Fernlicht und das Nebellicht wurden mit der neuen Methode verbessert. Nur ein Reflektor wird für Abblend-, Fern- und Nebellicht gebraucht. Diesen echten Fortschritt haben Sie wahrscheinlich gleich bei der ersten Nachtfahrt mit dem C-Klässler bemerkt.

Beleuchtung kontrollieren

Ständige Kontrolle

Die Lampenkontrolle prüft automatisch Brems-, Abblend-, Rücklicht und Standleuchten. Ein Großteil der Leuchten ist damit ständig überwacht. Trotz dieser Kontrolleinrichtung sollte man sich von Zeit zu Zeit vergewissern, ob auch wirklich die gesamte Außenbeleuchtung intakt ist:

- Zündung einschalten und nacheinander sämtliche Beleuchtungseinrichtungen einschalten:
- Standlicht, Abblendlicht, Nebelscheinwerfer, Fernlicht.
- Blinker vorn rechts und links sowie Warnblinker.
- Rück-, Kennzeichen- und Nebelschlußleuchte.
- Blinker hinten rechts und links, Warnblinker, Rückfahrleuchten.
- Bremsleuchten, wozu allerdings ein Helfer auf das Bremspedal treten muß.

Ersatzlampen

Ein Vorrat der wichtigsten Ersatzlampen gibt Ihnen unterwegs die Möglichkeit, einen Lampendefekt sofort ambulant zu behandeln:

- ○ Halogen-Einfadenlampe H1, 55 Watt (Abblend- und Fernlicht).
- ○ Halogen-Einfadenlampe H3, 55 Watt (Nebelscheinwerfer).
- ○ Kugellampe, P 21 Watt oder PY 21 Watt (Blinker vorn und hinten, mit weißem oder gelbem Glaskolben).
- ○ Kugellampe, P 21 Watt (Bremslicht, Rückfahrleuchten).

Vergleich herkömmliches Abblendlicht (oben) und mit HNS (unten).

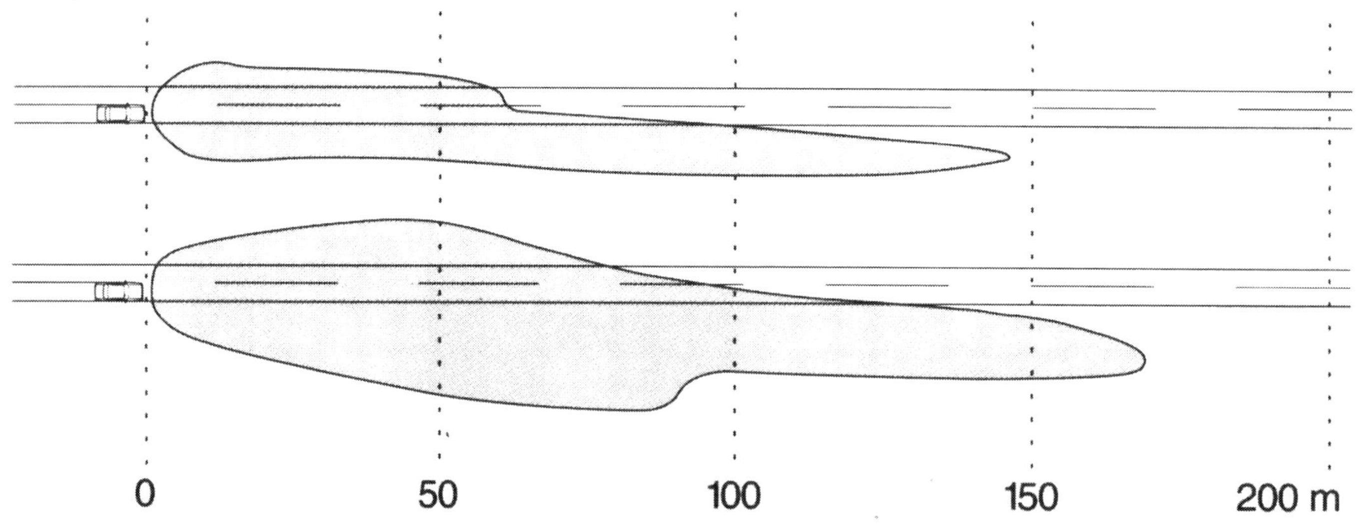

Ausgebauter linker Scheinwerfer:
1 – Seiteneinstellung Abblendlicht;
2 – Abblendlichtlampe;
3 – Höheneinstellung Abblend- und Nebellicht;
4 – Nebellicht;
5 – Verschlußbügel;
6 – Stellelement für Leuchtweitenregulierung;
7 – Standlicht;
8 – Fernlicht;
9 – Unterdruckanschluß;
10 – Wischermotor;
11 – Abdeckung.

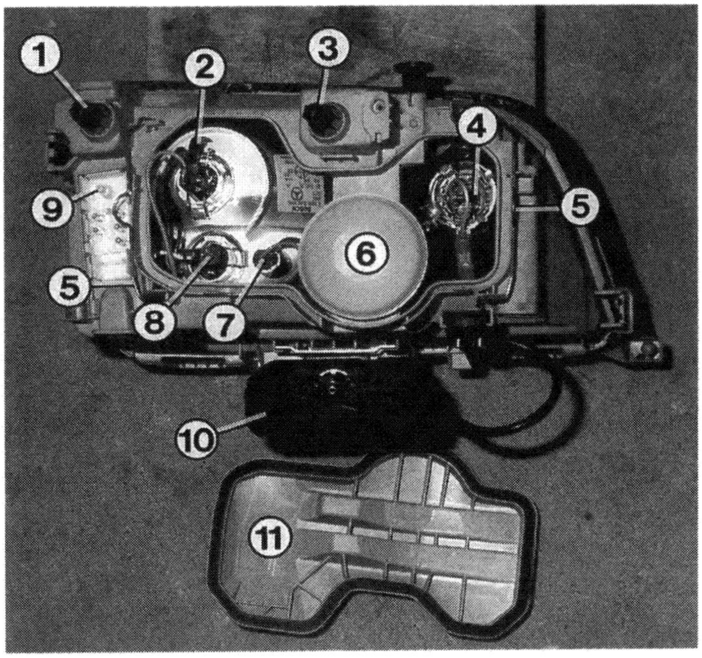

- ○ Kugellampe, P 21/4 Watt, Zweifadenlampe (Nebelschlußlicht/Rücklicht).
- ○ Kugellampe, R 5 Watt (Standlicht, Parklicht, Rücklicht).
- ○ Soffittenlampe, 5 Watt (Kennzeichenleuchten, Handschuhkasten, Sonnenblenden).
- ○ Soffittenlampe, 10 Watt (Kofferraum, Innenraum).

Scheinwerferlampen auswechseln

Alle Glühlampen in den Scheinwerfern werden vom Motorraum her ausgebaut. Zum Auswechseln der Lampen sicherstellen, daß der betreffende Lichtschalter ausgeschaltet ist.
Die Glaskolben der Glühlampen nicht mit der bloßen Hand berühren, sondern nur mit einem sauberen Lappen oder einem Papiertaschentuch anfassen.

Hauptscheinwerferlampen

- Abdeckung hinter dem betreffenden Scheinwerfer nach Umklappen der beiden Verschlußbügel abnehmen.
- Kabelstecker von der Glühlampe abziehen.
- Drahtbügel, der die Glühlampe hält, aushängen und Lampe nach hinten herausziehen.
- Beim Einsetzen der neuen Lampe darauf achten, daß der Lampensockel in die Aussparung am Reflektor paßt.

Blick auf den Freiform-Reflektor in Verbindung mit dem Vier-Lampen-System. Der Reflektor ist in drei Zonen mit eigenen Glühlampen aufgeteilt:
1 – Abblendlicht;
2 – Nebellicht;
3 – Standlicht;
4 – Fernlicht.

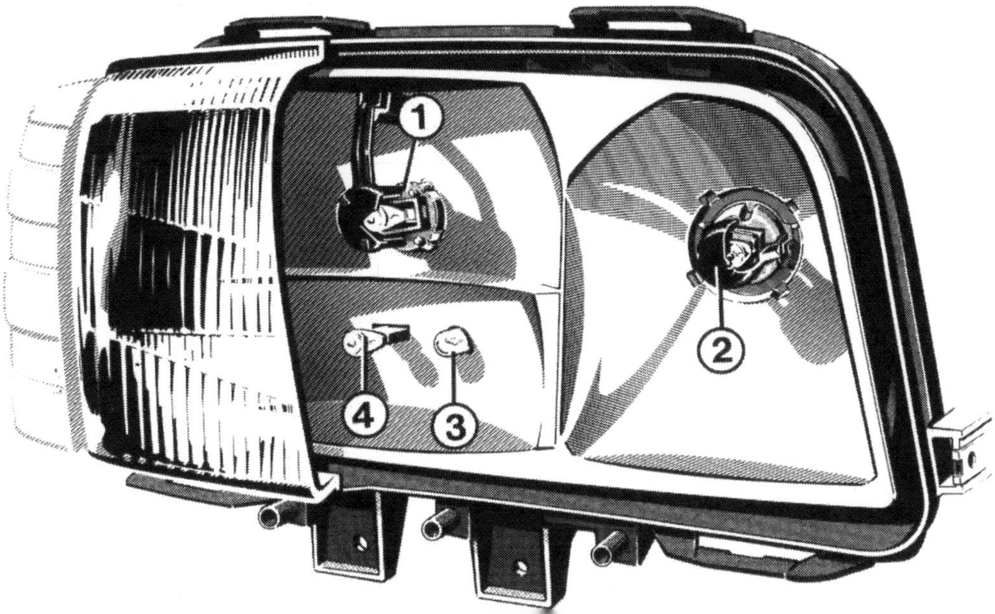

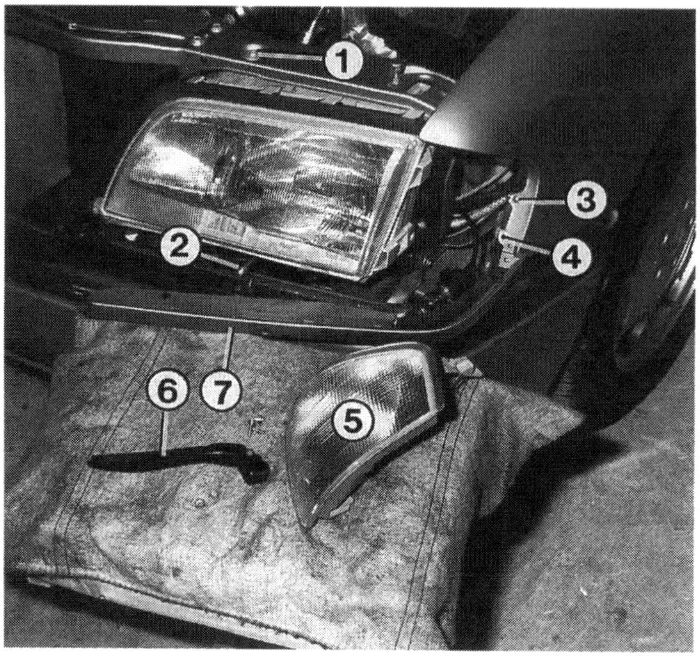

Zum Ausbau eines Scheinwerfers Blinkleuchte (5), den Wischerarm (6) und die Verkleidung (7) ausbauen. Weiterhin gezeigt:
1 – Scheinwerfer-Befestigung oben;
2 – Wischerachse;
3, 4 – Schrauben für Kotflügel.

Scheinwerfer-Einheit ausbauen

● Blinkleuchte ausrasten, nach vorne schieben, Leitung abziehen und abnehmen.
● Wischerarm am Scheinwerfer ausbauen. Dazu an der Wischerachse hochklappen.
● Verkleidung an der Unterkante des Scheinwerfers lösen und etwas vorziehen. Dazu die beiden Schrauben herausdrehen.
● Je nach Ausstattung mit oder ohne Klimaanlage die Querbrücke über dem Kühler oder das Lüftungsgitter und seitliche Abdeckung am Kühler ausbauen.
● Schrauben um den Scheinwerfer herausdrehen: zwei Schrauben im Blinkleuchtenausschnitt, Schraube seitlich am Kühler, Schraube oben.
● Leitungen ausstecken.
● Unterdruckleitung für Leuchtweitenregulierung abziehen.
● Scheinwerfer nach vorne abnehmen.
● Wasserschlauch unten abziehen.
● Wischermotor abschrauben.
● Die Streuscheibe am Scheinwerfer kann einzeln ersetzt werden. Dazu Gummidichtung abnehmen und Haltezungen um Scheinwerfer ausrasten. Beim Zusammenbau müssen diese hörbar einrasten. Dichtung an Streuscheibe mit erneuern.
● Bei ausgebauter Streuscheibe kann auch der Scheinwerfer-Reflektor ausgetauscht werden.
● Nach dem Einbau den Scheinwerfer einstellen lassen.

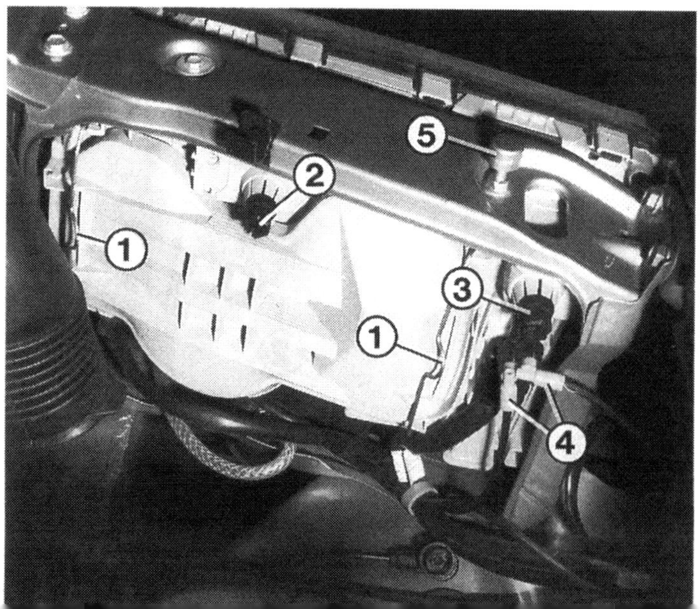

Am rechten Scheinwerfer bezeichnet:
1 – Verschlußbügel;
2 – Höheneinstellung Abblend- und Nebellicht;
3 – Seiteneinstellung Abblendlicht;
4 – Unterdruck für Leuchtweitenregulierung;
5 – Anschlagpuffer für Höheneinstellung der Motorhaube.

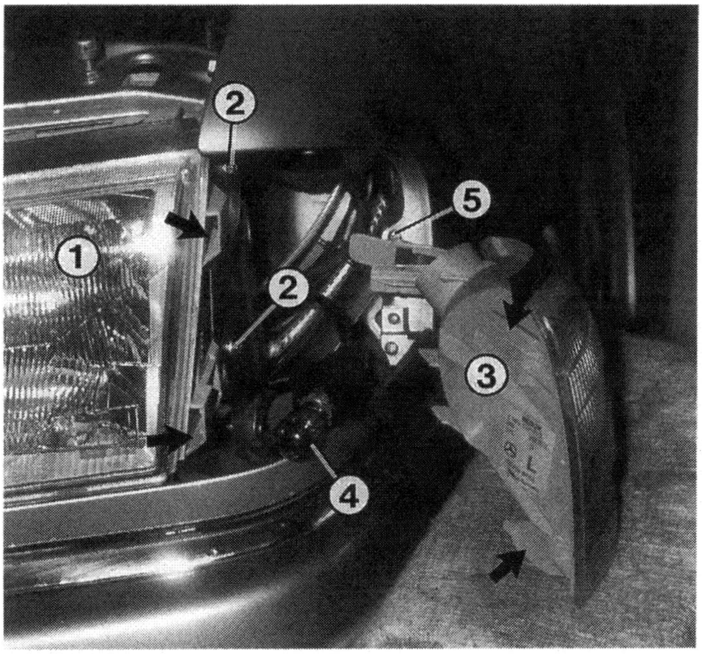

Die Blinkleuchte (3) steckt mit den Zungen in den Führungen (Pfeile) seitlich am Scheinwerfer (1). Zum Ausbau von innen die Klammer (5) zusammendrücken. Weiterhin:
4 – Blinkerlampe mit gelbem Glaskolben;
2 – Scheinwerfer-Befestigung seitlich.

Blinkerlampen vorn ausbauen

- Motorhaube öffnen.
- Blinkleuchte vom Motorraum her ausclipsen. Dazu die Klammern hinter dem Blinkergehäuse zusammendrücken.
- Blinkergehäuse nach vorne schieben.
- Stecker abziehen.
- Lampenfassung nach links drehen. Lampe aus Bajonettverschluß drehen.
- Bei weißen Blinkern muß eine Blinkerlampe mit gelbem Glaskolben eingebaut werden.
- Beim Einbau darauf achten, daß die Zungen am Blinkergehäuse in den Führungen am Scheinwerfer stecken.
- Blinklampe kräftig nach hinten drücken, bis sie hörbar einrastet.

Hintere Glühlampen ersetzen

- Die Glühlampen werden vom Kofferraum aus getauscht. Dazu die Kofferraumverkleidung der Heckleuchte wegklappen.
- Zentrale Verschlußschraube des Lampenträgers verdrehen, bis sie waagrecht steht.
- Lampenträger abnehmen.

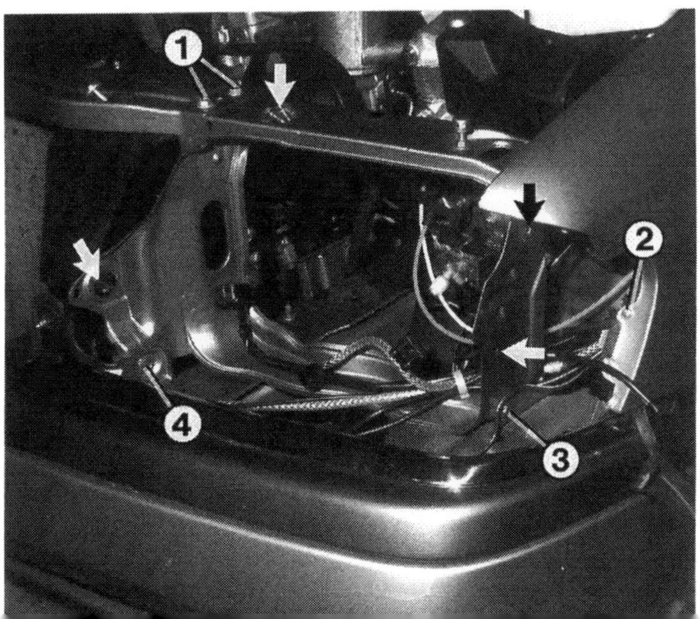

Ein Frontscheinwerfer ist an vier Stellen (Pfeile) befestigt. Bei der Unfallreparatur kann der Scheinwerferrahmen einfach ersetzt werden, er ist geschraubt (1; 3; 4). Der Kotflügel ist am Ausschnitt für die Blinkleuchte verschraubt (2).

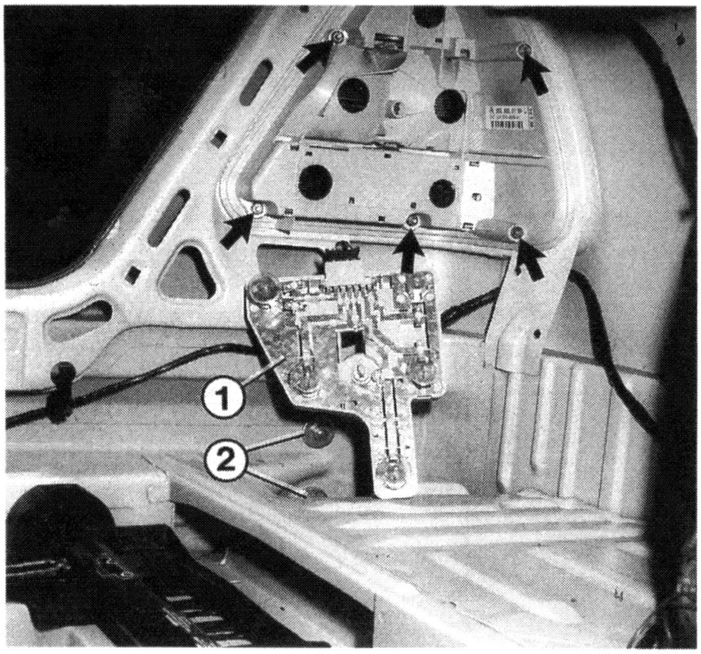

Der Lampenträger (1) ist mit einer Verschlußschraube an der Heckleuchte befestigt. Mit den sechs Muttern (Pfeile, eine Mutter sitzt ganz oben) sind Reflektor und äußere Kunststoffabdeckung der Heckleuchte zusammengeschraubt. Nach dem Abschrauben kann die Heckleuchte von der Karosserie abgenommen werden.
2 – Stoßfänger-Befestigung.

- Die auszutauschende Glühlampe etwas gegen den Lampenträger drücken, nach links verdrehen und herausziehen.
- Falls Sie keine Ersatzlampen an Bord haben, können Sie die Rückfahrleuchtenlampe ausbauen und damit eine der wichtigen Blinkerlampen ersetzen.

Weitere Glühlampen ersetzen

- **Innenleuchte:** Zum Auswechseln der Soffittenlampe die Abdeckung auf der jeweiligen Innenleuchte mit einem Schraubendreher vorsichtig ausbauen.
- **Beleuchtung der Sonnenblenden:** Mit einem Schraubendreher die Abdeckung abhebeln (Aussparung an der Unterkante).
- **Beleuchtung des Handschuhfaches:** Um die Soffittenlampe tauschen zu können, die Leuchte einfach herausziehen.
- **Kofferraumleuchte:** Bei geöffnetem Kofferraumdeckel die Leuchte von hinten aus dem Ausschnitt drücken und Soffittenlampe erneuern.

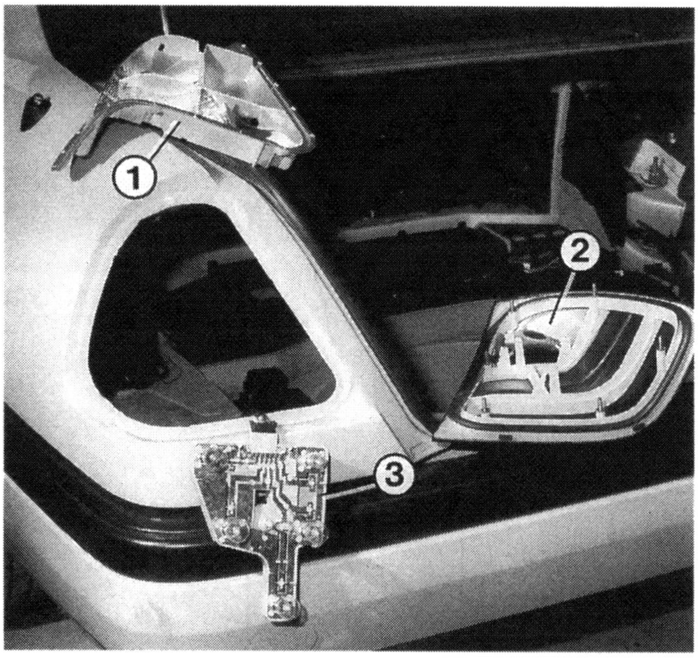

Die Heckleuchte besteht aus Reflektor (1), Kunststoffabdeckung (2) außen und dem Lampenträger (3).

Zum Austausch einer Soffittenlampe (1) der Kennzeichenbeleuchtung am besten die Griffleiste (2) an den drei Stellen (Pfeile) losschrauben.

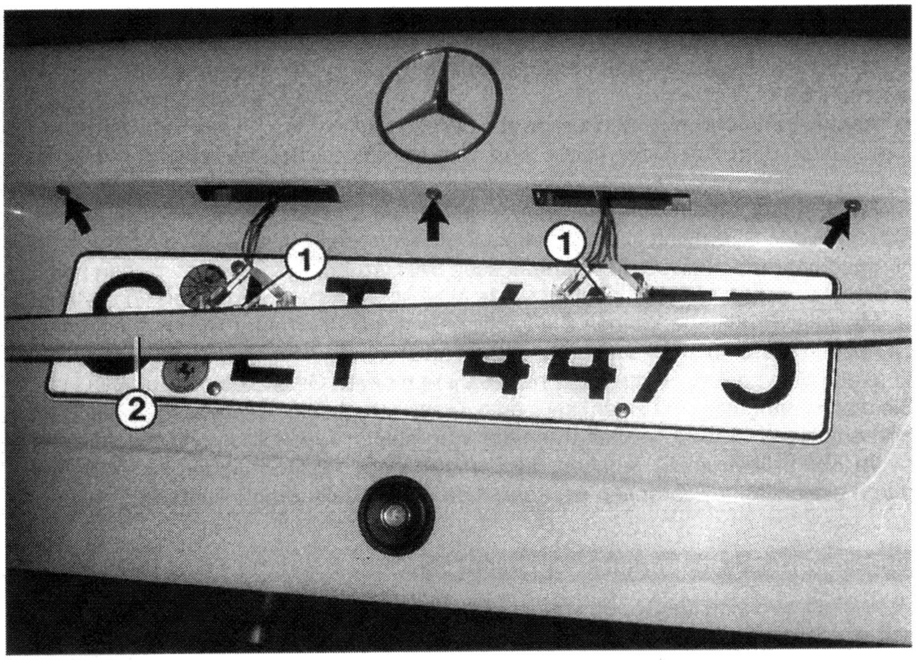

● **Kennzeichenleuchten:** Die beiden Kreuzschlitzschrauben herausdrehen und die Leuchte abnehmen.

● Die 5-Watt-Soffittenlampe ersetzen.

● **Beleuchtung des Kombi-Instruments:** Die Glassockel-Glühlämpchen zur Beleuchtung sowie die kleineren Glühlämpchen sind von hinten ins Instrument gesteckt.

● Zum Lampentausch muß demzufolge erst das Kombi-Instrument ausgebaut werden.

● **Beleuchtung der Wippschalter:** Die Schalter haben teilweise kleine Lämpchen eingelötet und müssen ersetzt werden. Andere haben Glassockellämpchen mit Steckfassung.

● Den jeweiligen Schalter erst aus dem Armaturenbrett ausbauen.

● **Beleuchtung der Heizungsregulierung:** Die beiden Drehknöpfe von Gebläseschalter und Luftverteilung mit lappenumwickelter Zange abziehen.

● Seitlich außen an der Schalterachse finden Sie eine kleine weiße Klappe.

● Diese hochschieben und das Glassockellämpchen darunter mit spitzem Werkzeug vorsichtig ersetzen.

Die Abdeckung (1) an der Innenleuchte wird mit dem Schraubendreher ausgebaut. Dazu an der Stelle mit dem weißen Pfeil nach oben drücken. Dadurch verdreht sich die Wippe, und die Abdekkung löst sich.

● **Beleuchtung des Lichtschalters:** Drehknopf abziehen. Darunter findet sich das Glassockellämpchen, das bei eingeschaltetem Nebelschlußlicht aufleuchten muß.
● **Ascherbeleuchtung:** Aschereinsatz herausnehmen. Unter dem Anzünder findet sich seitlich das Glassockellämpchen. Vorsichtig mit abgewinkelter Zange ersetzen. Backen mit Klebeband umwickeln.
● **Schaltkulisse bei Automatik:** Abdeckung auf der Mittelkonsole losschrauben und etwas anheben. Vorn links am Schaltmechanismus finden Sie die Steckerfassung mit dem Glassockellämpchen.

Hinweise zum Lampentausch

○ Nicht immer brennt eine ausgewechselte neue Lampe. Besonders bei älteren Fahrzeugen blockiert gern Korrosion den Stromweg in der Steckfassung. Man merkt dies, wenn die Lampe öfters aufleuchtet, solange sie hin- und hergedrückt wird. In solchen Fällen alle Berührungspunkte zwischen Fassung und Lampe sauberkratzen. Sicherstellen, daß die Kontaktzunge die Lampe ausreichend stark in die Fassung drückt.
○ Mit einer Prüflampe können Sie leicht prüfen, ob überhaupt Strom zur Lampenfassung gelangt. Ggf. das Lämpchen im Schaltplan suchen und die Verschaltung schrittweise mit der Prüflampe kontrollieren.
○ Wenn Sie vor dem Einbau einer neuen Lampe deren Glaskolben mit bloßen Händen angefaßt haben, sollten Sie diesen unbedingt mit einem sauberen Taschentuch wieder abwischen, denn der unvermeidbare zurückgebliebene Handschweiß verdampft später vom heißen Glaskolben und macht den Reflektor blind.
○ Im Kombi-Instrument erhalten die Lampen über »aufgedruckte« Kupferbahnen Strom. Wenn eine Bahn durch einen Riß unterbrochen ist, kann man diese Stelle durch Auflöten eines Kabelstückes überbrücken.

Scheinwerfer-Einstellung kontrollieren

Wartung Nr. 23

Von selbst wird sich die Scheinwerfer-Einstellung kaum verändern. Wenn jedoch ein Scheinwerfer ausgewechselt wurde, muß die Einstellung des Scheinwerferstrahls kontrolliert werden.
Unbedingt erforderlich ist ein Justieren natürlich auch, wenn bei einem Unfall die Wagenfront in Mitleidenschaft gezogen wurde oder nach dem Einsetzen neuer Federungsteile.
Diese billige, bisweilen sogar kostenlose Einstellarbeit überläßt man der Werkstatt, einer Tankstelle oder dem mobilen Prüfstand eines Autoclubs. Nur mit einem Einstellgerät ist eine brauchbare Einstellung gewährleistet. Doch um den Gegenverkehr nicht unnötig zu blenden, kann man sich notfalls so behelfen: Den Motor starten und die Leuchtweiten-Regulierung auf »0« stellen. Dann den Wagen rund 10 Meter vor eine helle Wand stellen und den neu einzustellenden Scheinwerfer in der Höhe mit dem unveränderten Scheinwerfer gleichstellen. Dazu die Einstellschrauben verdrehen.

Wo sitzen die Einstellschrauben?

○ Die beiden Einstellschrauben für die Scheinwerfer-Einheit sind bei geöffneter Motorhaube zu erreichen.
○ Die zur Fahrzeugmitte hin gerichteten Einstellschrauben dienen der Höheneinstellung.
○ Die weiter seitlich angeordneten Einstellschrauben dienen der Seiteneinstellung.
○ Die richtige Scheinwerfereinstellung wird durch wechselseitiges Drehen beider Schrauben angefahren.

Hier ist das Armaturenbrett links neben dem Lenkrad gezeigt:
1 – Abdeckung am Lichtschalter;
2 – Drehknopf, abziehbar;
3 – Unterdruckregler der Leuchtweitenregulierung;
4 – Entriegelung der Feststellbremse;
5 – Lämpchen der Nebelschlußlichtkontrolle in der Schalterachse;
6 – Sechskantmutter.

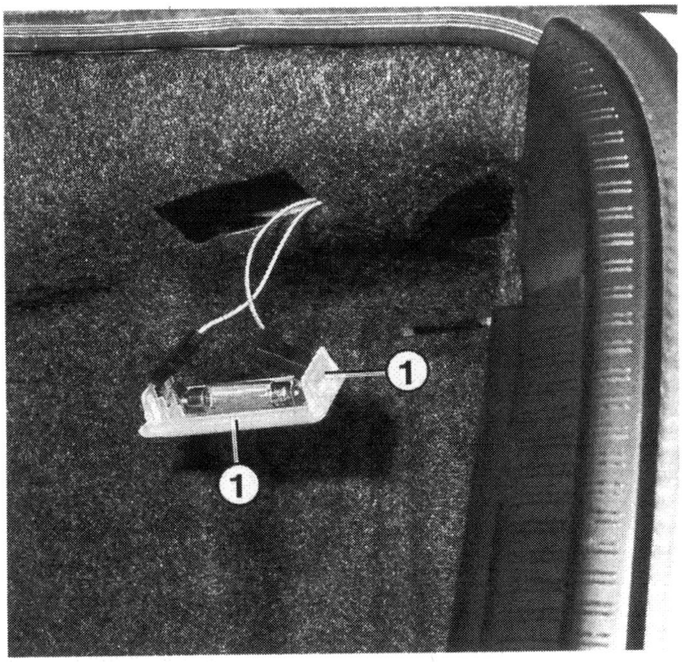

Die Kofferraumleuchte (1) wird von hinten aus ihrem Ausschnitt gedrückt. Dazu den Ausschnitt rechts neben den Leuchte nutzen.

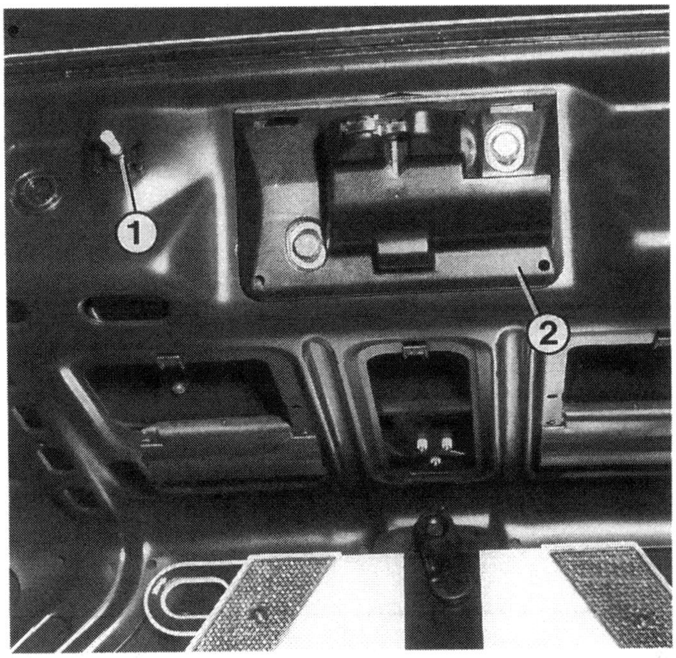

1 – Schalter für Kofferraumlicht. Zum Ausschalten der Leuchte den Stift am Schalter herausziehen; 2 – Schloß.

Leuchtweitenregulierung

Entsprechend den gesetzlichen Vorschriften ist serienmäßig eine pneumatische Leuchtweiten-Regulierung eingebaut. Die Einstellung erfolgt je nach Belastungsgrad des Fahrzeuges von einem Stellrad neben dem Lichtschalter. Mit dem Stellrad wird der Unterdruck zwischen 0,4 bar (Stellung »0«) und 0,05 bar (Stellung »3«) geregelt und gelangt dann zu den Stellelementen in den Leuchteinheiten. Diese Stellelemente haben einen Maximalhub von 3 mm.
Zum Verstellen der Scheinwerfer wird der Unterdruck von der Ansaugseite des Motors eingesetzt.

Die Heckleuchte

Jede Heckleuchte besteht aus drei Teilen – dem Lampenträger, dem Reflektor und der bunten äußeren Kunststoffabdeckung – dem »Lampenglas«. Diese Abdeckung ist mit einer Gummidichtung von außen ans Karosserieblech angesetzt und von innen zusammen mit dem Reflektorenteil mittels sechs Muttern verschraubt.
Der Lampenträger, der vom Kofferraum aus zugänglich ist, wird von einer Verschlußschraube an der Heckleuchte gehalten.

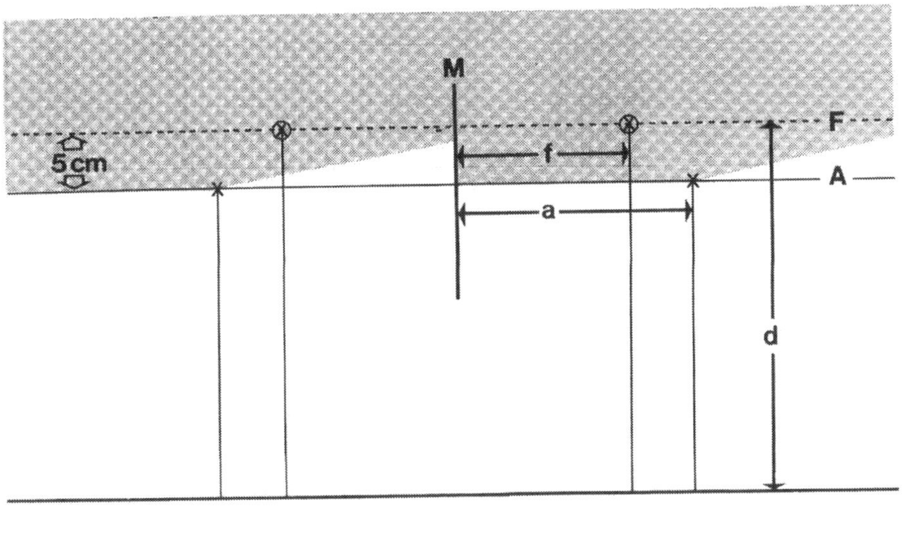

Maße für die Scheinwerfer-Einstellung:
d – Höhe der Scheinwerfer-Mittelpunkte;
F – Einstellhöhe für Zusatz-Fernscheinwerfer;
A – Einstellhöhe für die Hauptscheinwerfer;
M – Fahrzeugmitte;
f – Abstand von Zusatz-Fernscheinwerfer von der Fahrzeugmitte.

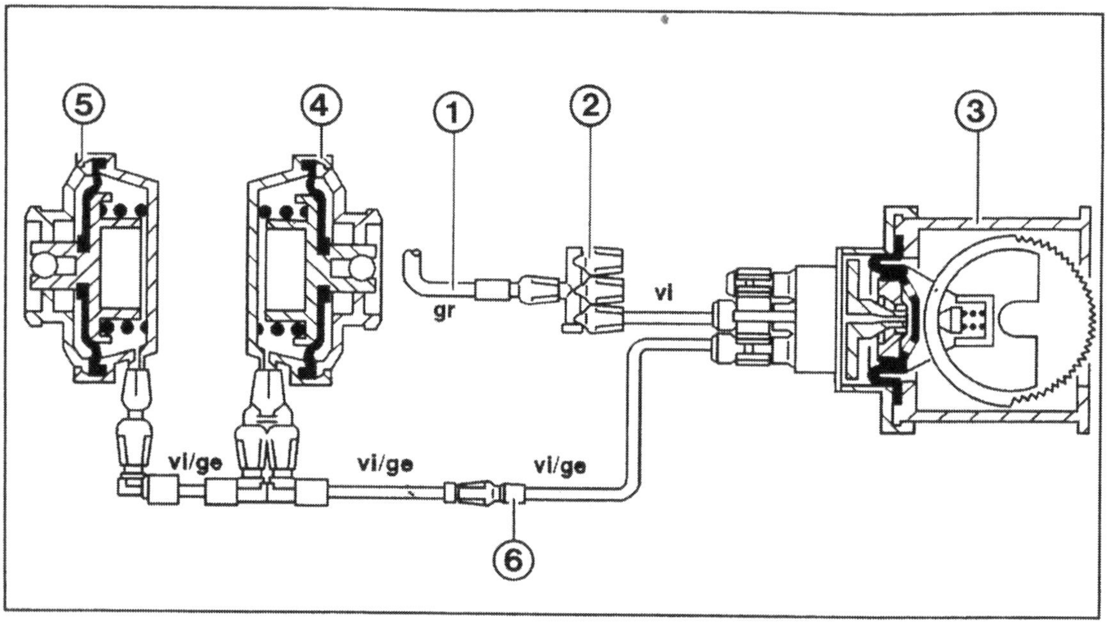

Schema der Leuchtweiten-regulierung:
1 – Unterdruck vom Saugrohr oder Unterdruckverteiler;
2 – Verteiler;
3 – Unterdruckregler neben Lichtschalter;
4 – Stellelement rechts;
5 – Stellelement links;
6 – Steckverbindung.

Die Scheinwerfer-Reinigungsanlage

Fahrzeuge, die damit ausgestattet wurden, haben im Motorraum einen größeren Wischwasser-Behälter, der mit zwei Pumpen ausgestattet ist.

○ Jeder der beiden kleinen Wischerarme hat seinen eigenen Motor.

○ Nach dem Ausschalten laufen die Wischer von selbst in die Ausgangslage zurück.

Der rechte Wischermotor besitzt einen Kontakt, welcher die Wischwasser-Pumpe während des Wischens nur kurz einschaltet.

○ Durch die Spritzdüsen im Wischerarm sprüht so nur wenig Wasser im rechten Augenblick auf die Scheinwerfergläser. Dadurch wird verhindert, daß sich nachts bei Gegenlicht eine undurchsichtige »Sprühwasserwand« bildet. Außerdem wird Wasser gespart.

○ Die Scheinwerfer-Reinigungsanlage tritt in Aktion, wenn das Licht eingeschaltet ist und am Kombihebel der Schalter für die Scheibenwaschanlage betätigt wird. Waschwasser wird durch die hohle Wischerachse zu den Düsen am Wischerarm geführt.

○ Die Wischermotoren wurden gegenüber früheren Modellreihen geändert, um ein noch besseres Einhalten der »Parkstellung« zu erreichen. Die Wischerblätter sind um 40° abgewinkelt, damit die gewischte Fläche möglichst groß ist.

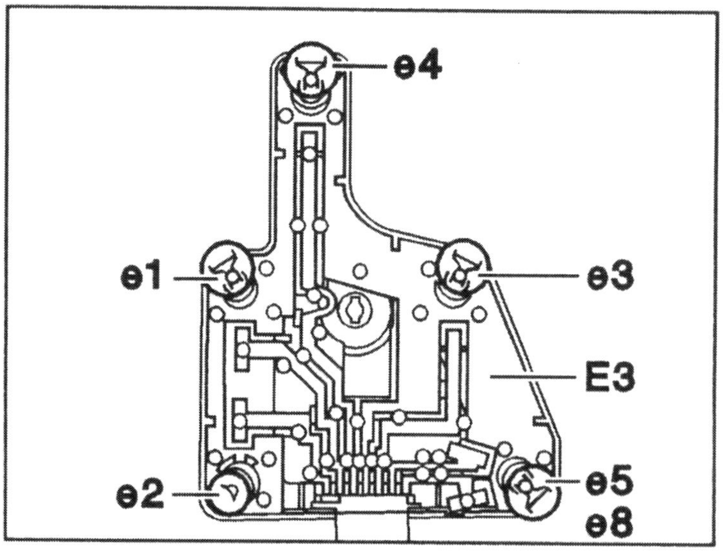

Glühlampen in der Heckleuchte:
E3 – Schlußleuchte links;
E3e1 – Blinklicht 12 V 21 W;
E3e2 – Schluß-/Parklicht 12 V 5 W;
E3e3 – Rückfahrlicht 12 V 21 W;
E3e4 – Bremslicht 12 V 21 W;
E3e5 – Nebelschlußlicht 12 V 21/4 W;
E3e8 – Schlußlicht 12 V 21/4 W.

Zwiesprache

Als Autofahrer leben Sie mit zahlreichen Anzeigeinstrumenten, Kontrolleuchten und Schaltern. Ferner sind Sie in der Lage, vom Fahrersitz aus allerlei dienstbare Geister, wie Scheibenwischer und heizbare Heckscheibe, in Betrieb zu nehmen. Von diesen und weiteren Einrichtungen handelt das folgende Kapitel.

Kontrollinstrumente und -leuchten prüfen

Ständige Kontrolle

Beim Einschalten der Zündung müssen alle Kontrollen aufleuchten. Dies ist die Überprüfung auf durchgebrannte Lämpchen. Nach einigen Sekunden (4 Sekunden bei »SRS«; sonst 30 Sekunden) oder nach dem Motorstart müssen sie verlöschen, sonst muß die Ursache ergründet werden. Führen Sie die Kontrolle z.B. beim Gebrauchtwagenkauf bewußt durch und bedenken Sie folgende Hintergründe:

○ **Kühlmitteltemperatur-Anzeige:** Unter Ausnahmebedingungen (Bergfahrt mit Anhänger, Kraftstoff mit zu geringer Oktanzahl etc.) darf die Anzeigenadel bis zur roten Marke wandern. Ab ca. 130°C kocht das Kühlmittel.

○ **Kühlmittelstands-Anzeige:** Verlöscht die Kontrolle nicht, hat der Geber im Ausgleichsbehälter bzw. am oberen Wasserkasten des Kühlers geschaltet. Jetzt Kühlmittel nachfüllen (nach Druckabbau!). Leuchtet die Kontrolle bald wieder auf, Undichtheit suchen oder Geber prüfen.

○ **Außentemperatur-Anzeige (SA):** Über einen Geber hinter dem Stoßfänger wird die Temperatur erfaßt und im Kombi-Instrument angezeigt. Die Anzeige erfolgt aber in Abhängigkeit von der Fahrzeuggeschwindigkeit und der Dauer nach Abstellen des Motors. Bei steigender Temperatur bleibt der letzte Wert gespeichert, wenn das Fahrzeug steht. Erst nach längerer Zeit wird er angezeigt. Sinkende Temperaturen werden sofort angezeigt.

○ **Blinkerkontrollen:** Die beiden Anzeigen im Kombi-Instrument für Richtungsblinken und die Leuchte im Warnblinkschalter müssen mitblinken. Bei Anhängerbetrieb muß zusätzlich die Blinkerkontrolle mitblinken.

○ **ASD- und ETS-Funktionswarnung:** Das Achtung-Zeichen im Tachometer darf beim Fahren nur leuchten, wenn z.B. wegen Straßenglätte ein Rad durchdreht.

○ **Tachometer:** Wenige Meter nach dem Anfahren muß sich die Anzeigenadel bewegen. Eine Tachowelle ist im Fahrzeug nicht mehr eingebaut.

○ **Kilometer- und Tageskilometerzähler:** Beide müssen beim Fahren weiterdrehen. Bei eingeschalteter Zündung den Rückstellknopf des Tageskilometerzählers ein Mal drücken, um die Anzeige auf »0« zu stellen; bei ausgeschalteter Zündung zwei Mal.

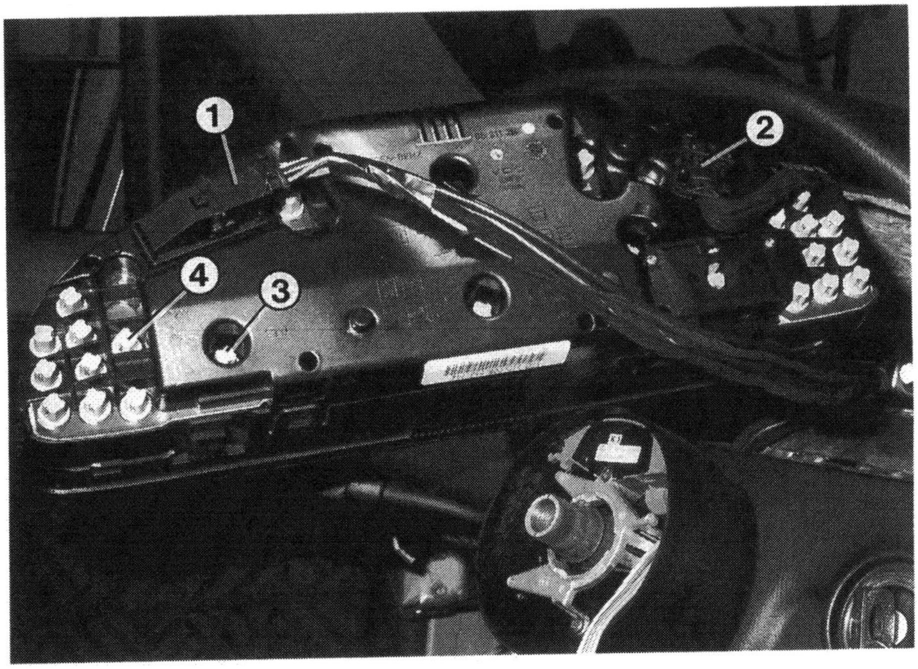

Am ausgebauten Kombi-Instrument zu erkennen: 1, 2 – Mehrfachsteckverbindung, zum Lösen Bügel hochklappen; 3 – Beleuchtungslämpchen; 4 – Kontrollämpchen. Die Lämpchenfassungen werden am besten mit den Spitzen einer Telefonzange gedreht und abgenommen. Am Kombi-Instrument sind die verschiedenen Leistungen der Lämpchen und deren Verwendungszweck eingeprägt.

○ **Drehzahlmesser:** Entsprechend den Motordrehzahlen muß die Anzeige erfolgen. Der rote Bereich sollte vermieden werden (Überdrehzahlen).
○ **Digitaluhr:** Das Verstellen erfolgt am Knopf rechts daneben. Knopf herausziehen und nach links (Stunden) oder rechts (Minuten) drehen.
○ **Fernlichtkontrolle:** Beim Lichthupen und bei eingeschaltetem Fernlicht muß das blaue Symbol aufleuchten.
○ **Motorölstand-Anzeige:** Wenn bei laufendem Motor und einer Öltemperatur über ca. 60°C die Kontrolle mit der Ölkanne aufleuchtet, ist der Ölstand bis zur unteren Marke am Ölmeßstab abgesunken.
○ **Bremskontrolle:** Das rote Zeichen mit den Bremsbacken leuchtet bei betätigter Feststellbremse und wenn der Bremsflüssigkeitsstand im Vorratsbehälter zu weit abgesunken ist.
○ **Waschwasser-Kontrolle:** Wenn im Waschwasserbehälter noch ca. ein Liter Reinigungsmittel befindet, beginnt die Kontrolle aufzuleuchten.
○ **Bremsbelag-Verschleißanzeige:** Leuchtet beim Bremsen auf, wenn die Bremsklötze vorn abgeschliffen sind.
○ **Ladekontrolle:** Nach dem Motorstart muß das Batterie-Symbol verlöschen. Sonst wird die Batterie nicht geladen oder der Keilrippenriemen ist gerissen. Sofort den Motor abstellen, wenn die Lampe auch bei leichtem Gasgeben nicht ausgeht.
○ **Lampenkontrolle:** Das gelbe Zeichen mit der Glühlampe leuchtet bei defekter Außenbeleuchtung auf. Anhalten und Außenbeleuchtung prüfen. Glühlampe ersetzen.
○ **SRS-Anzeige:** Nach dem Systemtest verlöscht die Kontrolle. Ansonsten sind Airbag und Gurtstraffer nicht einsatzbereit.
○ **Vorglüh-Kontrolle:** Beim Einschalten der Zündung leuchtet die Lampe solange auf, bis die Startbereitschaft erreicht ist. Leuchtet die Kontrolle nicht, ist die Vorglühanlage fehlerhaft.
○ **ABS-, ASD- und ETS-Kontrolleuchten:** Leuchten diese während der Fahrt, ist das jeweilige System ausgefallen. In der Werkstatt Fehlerspeicher auslesen lassen und weitere Reparaturen beraten.
○ **Heckscheibenheizung:** Die Kontrolle im Schalter in der Mittelkonsole muß beim Einschalten aufleuchten.
○ **Nebelschlußlicht-Kontrolle:** Zieht man den Lichtschalter um zwei Stufen heraus, muß das orangefarbene Licht in der Mitte aufleuchten.
○ **Sitzheizung:** Die Kontrolleuchten der Wippschalter müssen beim Einschalten aufleuchten. Bei voller Heizleistung beide Lämpchen und bei halber Leistung nur eines.

Das Kombi-Instrument

Das neu entwickelte Kombi-Instrument hat folgende Besonderheiten:
Elektronischer Tachometer: Die Geschwindigkeit bekommt das Kombi-Instrument vom ABS-Steuergerät mitgeteilt. Dieses wiederum wertet die Geberimpulse vom linken Vorderrad aus. Die Anzeige der zurückgeleg-

Das Kombi-Instrument (1) kann mit zwei geeigneten Haken, z. B. Fahrradspeichen (2), aus dem Armaturenbrett (3) herausgezogen werden. Das Lenkrad kann bei verstellbarer Lenksäule eingebaut bleiben.

Viele Schalter sind in der Verkleidung am Schalthebel (1) eingebaut:
2 – Mehrfachstecker zum Schalter;
3 – Schaltmechanismus;
4 – Schalter für Sitzheizung mit abgenommener Schaltwippe (5).

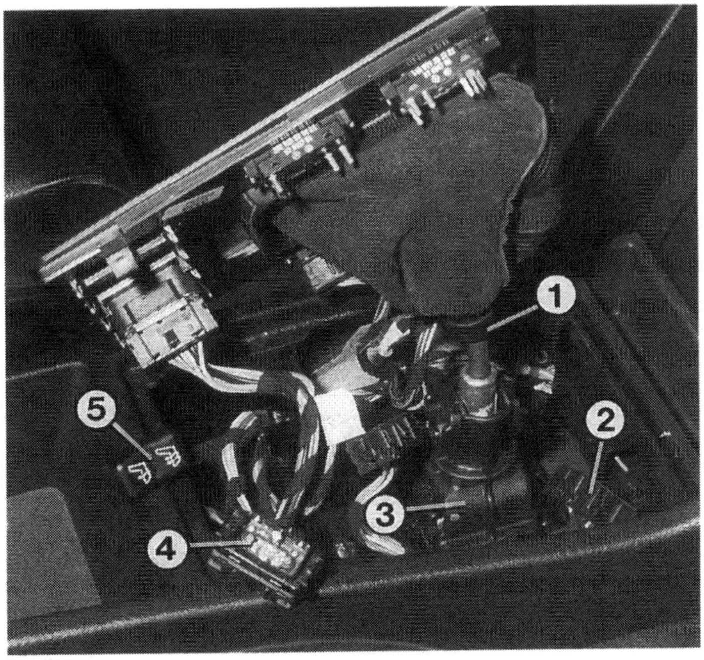

ten Strecken erfolgt über eine LCD-Anzeige. Die Strecken werden im Kombi-Instrument gespeichert, wenn der Zündschlüssel abgezogen oder die Batterie abgeklemmt wird. Drückt man bei abgezogenem Zündschlüssel auf den Knopf links unten neben dem Tacho, leuchten die LCD-Anzeigen für Strecke, Temperatur und Zeit für ca. 30 Sekunden auf.

Tankanzeige: Die gemeldeten Kraftstoffstände (Widerstandswerte der Hebelgeber) in den beiden Tankhälften werden vom Kombi-Instrument aufbereitet. Bei Störungen zeigt die Tankanzeige »Tank leer« an, und die Reservewarnlampe bleibt aus.

Drehzahlmesser: Das Drehzahlsignal wird vom Geber am Schwungrad abgenommen und im Steuergerät EVE (C 220 D), ERE (C 250 D) oder Drehzahlaufbereitung (C200 D) in ein Rechtecksignal umgeformt.

Instrumentenbeleuchtung: Die Beleuchtung erfolgt in sogenannter Drucklichttechnik. Bei ausgeschaltetem Licht leuchten die Anzeigen in maximaler Helligkeit.

Kontroll- und Warnleuchten: Diese sind seitlich in den Ecken angeordnet. Unabhängig von der Ausstattung sind überall Lämpchen eingebaut, so daß im Ersatzfall evtl. gewechselt werden kann.

Öldruckanzeige: Dieses früher übliche Anzeigeinstrument ist entfallen. Der Öldruck wird indirekt über den Ölstand überwacht.

Die Elektronikplatte hinten am Kombi-Instrument kann nur komplett erneuert werden, mit Ausnahme der Außentemperaturanzeige (SA). Die Platte ist mit Haltelaschen befestigt. Die Symbolscheiben vor den Kontrollleuchten sind je nach Fahrzeug unterschiedlich beschriftet.

Kombi-Instrument ausbauen

- Bei Fahrzeugen mit Lenkradverstellung das Lenkrad ganz herausziehen.
- Sonst Airbag und Lenkrad ausbauen, siehe Kapitel »Radaufhängung und Lenkung«.
- Untere Armaturenbrettverkleidung links ausbauen.
- Kombi-Instrument von hinten vordrücken.
- Oder mit zwei umgebogenen Fahrradspeichen das Kombi-Instrument von vorne herausziehen. Die Speichen oben am Instrument durchstecken, seitlich bis zur unteren Ecke schieben und das abgekröpfte Ende um 90° verdrehen. Haben sich die Speichen am Instrument eingehakt, kräftig ziehen.
- Bügel an den beiden Steckern hochklappen. 21- und 24poligen Stecker abziehen.

Fingerzeige: Funktionieren einzelne Instrumente im Armaturenbrett nicht, lohnt sich ein Blick in den Sicherungskasten (siehe Kapitel »Die Karosserie-Elektrik«).
Für die Instrumente im Armaturenbrett gibt es von Moto Meter und VDO einen Reparaturdienst. Die Instrumente von Moto Meter werden von der Firma Imag, Gutenbergstraße 27, 70736 Fellbach-Schmiden repariert. VDO unterhält eigene Werkstätten, Anschriften erhalten Sie von der VDO Adolf Schindling AG, Postfach 6140, 65824 Schwalbach.

Drehzahlmesser

Wie oft die Kurbelwelle des Motors in der Minute rotiert, zeigt der Drehzahlmesser an. Dazu erhält er vom Zündungsteil der Motronic die Zündimpulse übermittelt. Die werden von der Elektronik im Instrument summiert und aufbereitet an das Meßwerk der Analoganzeige weitergegeben.
Bei Störungen gilt es, die Sicherungen (siehe Kapitel »Die Karosserie-Elektrik«) und die entsprechenden Leitungen zu prüfen. Auch in der Leiterplatte des Kombi-Instruments kann der Fehler stecken. Der Drehzahlmesser selbst kann mit Eigenmitteln nicht repariert werden.

Die Schalter

Mit den Schaltern wird der Stromkreis zum jeweiligen Verbraucher geschlossen. Im Mercedes finden Sie links an der Lenksäule den Kombischalter und bei entsprechender Ausstattung noch den Bedienungsschalter für den Tempomat. Der Lichtdrehschalter sitzt ganz links im Armaturenbrett; oben in der Mittelkonsole haben bis zu sechs Wippschalter ihren Platz. Bei Klimaanlage kommen noch einige Druckschalter hinzu. Der Drehschalter für das Heizungsgebläse ist darunter eingebaut. In der Holzverkleidung um den Schalthebel befinden sich weitere Schalter. Auch hinter dem Zündschloß verbirgt sich ein Schalter.
Muß man im Rahmen einer Fehlersuche die Schalterfunktion überprüfen, zunächst den Schalter im Schaltplan suchen und an der Steckverbindung zum Schalter prüfen. Hierzu verwendet man entweder eine Prüflampe und prüft »unter Spannung«, oder man steckt die Leitungen aus und mißt mit einem Ohmmeter. Meist ist die erste Methode aufschlußreicher. Versuchen Sie, ob mit der Spitze der Prüflampe die zu prüfende Leitung in der Steckverbindung erreicht werden kann. Wenn nicht, stechen Sie mit der Prüfspitze in die Leitung.
Die Wippschalter sind nur in ihren Ausschnitt gesteckt und können ausgebaut werden, wenn die Abdeckung ausgebaut ist. Andere Schalter sind angeschraubt.

Der Kombischalter

Dieser Schalter (S4 in den Schaltplänen) ist ein wahres Meisterwerk, denn nicht weniger als zwölf Leitungen führen dorthin und werden auf die unterschiedlichste Weise miteinander verbunden. Solche Kombischalter gab es schon bei früheren Mercedes-Modellen. Dort hat sich mit den Jahren folgender Effekt eingestellt: Beim Blinken ist der Schalterhebel nicht mehr eingerastet. In diesem Fall müßte der Kombischalter ausgetauscht werden. Frühere Versuche, die Einrastung etwas nachzuarbeiten, haben oftmals nur kurzfristig Besserung gebracht.

Kombischalter ausbauen

- Armaturenverkleidung links unten ausbauen.
- Lenkrad ausbauen.
- Kontaktspirale ausbauen. Mittelstellung beibehalten.
- Halteschrauben am Schalter herausdrehen.
- Stecker unten an der Lenksäule ausstecken, Kabelstrang lösen.

Fingerzeig: Viele Schalter im Mercedes sind von innen beleuchtet. Leider lassen sich diese Lämpchen – außer beim Lichtschalter – nicht einzeln auswechseln, weil dadurch der Schalter zerstört würde.

Das Zündschloß

Der elektrische Schalter im Zündschloß ist praktisch der Hauptschalter im Mercedes. Will man das Schalten überprüfen, tut man dies am besten an der Steckverbindung unten an der Lenksäule. Direkt an den Schalter im Zündschloß gelangt man nur schwierig. Am Schaltersymbol erkennen Sie, in welcher Zündschlüsselstellung welche Anschlüsse zusammengeschaltet werden. Bei Fehlern den Schalter ersetzen lassen.
Es werden zum Ausbau des Schließzylinders und zur Demontage von der Lenksäule Sonderwerkzeuge gebraucht.

Warnblinkschalter

Der Schalter der Warnblinkanlage ist bei eingeschaltetem Licht von einer kleinen Lampe in der Schaltertaste schwach erleuchtet. Dazu erhält das Lämpchen Strom vom Lichtschalter über einen elektrischen Widerstand. Wird der Schalter niedergedrückt, ist der Widerstand nicht mehr im Stromkreis – das Lämpchen leuchtet mit voller Lichtstärke im Blinkertakt.

Schalter der elektrischen Fensterheber

Bei entsprechend ausgestatteten Wagen werden die elektrischen Fensterheber von den Schalterblöcken in der Mittelkonsole betätigt. Zwei Einzelschalter sitzen (bei elektrischen Scheibenhebern hinten) in den Verkleidungen der beiden hinteren Türen. Alle Schalter sind beleuchtet, wenn die Fensterheber einsatzbereit sind.

Das Zündschloß (1) rechts neben der Lenksäule:
2 – Rohr für Schließbolzen;
3 – Seilzug für Parksperrenverriegelung bei Automatik;
4 – Zünd/Startschalter.

Fensterheberschalter ausbauen

● Abdeckung in der Mittelkonsole lösen und über den Schalthebel anheben.
● Mit der Hand die Fensterheberschalter von unten aus der Mittelkonsole drücken.
● Die Schalter können mit und ohne Halterahmen ausgebaut werden.
● Zum Abziehen der Stecker die Halterasten mit einem Schraubendreher lösen.

Schalter für Spiegelverstellung

Der kleine Schalter für die Spiegelverstellung hat insgesamt vier Schaltkontakte zum Verstellen des Spiegels nach oben, unten, rechts und links. Zusätzlich sitzt im Schaltergehäuse der Umschalter für die Bedienung des rechten bzw. des linken Spiegels. Der Ausbau erfolgt wie bei den Schaltern für die Fensterheber.

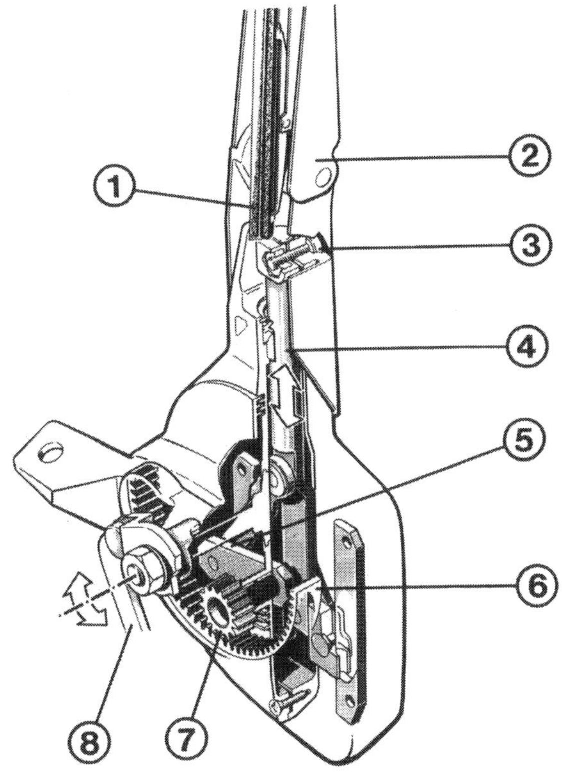

Die Zeichnung zeigt den Hub-Scheibenwischer. Durch einen zusätzlichen Kurbeltrieb im Getriebekopf werden zwei Bewegungen, nämlich eine Dreh- und eine Hubbewegung überlagert, wodurch die oberen Ecken der Windschutzscheibe besser freigewischt werden als mit einem herkömmlichen Einarm-Scheibenwischer. Das Wischfeld ist symmetrisch und beträgt 86% der Durchsichtsfläche. Der Panorama-Scheibenwischer ist strömungsgünstig angeordnet, so daß ein Abheben auch bei höheren Geschwindigkeiten vermieden wird. In Ruhestellung ist der Scheibenwischer auf der Fahrerseite abgelegt. Das Wischen beginnt so beim Fahrer und sorgt für schnelle Reinigung auf seiner Seite. Es bedeuten:
1 – Wischergummi;
2 – Wischerarm;
3 – Befestigungsschraube des Wischerarms (unter Abdeckung);
4 – Hubstange;
5 – Kurbeltrieb;
6 – Zahnsegment;
7 – Antriebsritzel;
8 – Wischergestänge vom Wischermotor.

Schalter prüfen

- Mit einer Prüflampe mit Nadelkontakt können Sie die Kabelisolierung durchstechen und feststellen, welche Kabel Spannung führen.
- Nehmen Sie den passenden Schaltplan (Näheres dazu im Kapitel »Die Schaltpläne«) zur Hand.
- Zuerst wird geprüft, ob der Schalter überhaupt Spannung geliefert bekommt; hierzu muß vielfach die Zündung oder die Beleuchtung eingeschaltet werden.
- Dann wird kontrolliert, ob der Schalter in entsprechender Stellung die Spannung weiterleitet.
- Am Beispiel des **Zünd/Anlaß-Schalters** sieht das folgendermaßen aus:
- Das rote Kabel von Batterie-Plus muß ständig Strom führen.
- Das Kabel der Zündschloß-Klemme »15 x« führt in den Zündschloßrasten »I«, »II« und in der Anlaßstellung Strom.
- Das Kabel der Zündschloßklemme 15 führt in Raststellung »II« und in Anlaßstellung Strom.
- Das violette Kabel Klemme 50 führt nur in Anlaßstellung Strom.

Anzünder

Der elektrische Anzünder erhält Dauerstrom über die zuständige Sicherung. Falls der Anzünder trotz intakter Sicherung nicht funktioniert, ist der Heizwendeleinsatz locker oder durchgebrannt. Dieser Einsatz läßt sich abschrauben und austauschen.

Heizbare Heckscheibe prüfen

Die Heizfäden erhalten über Sicherung Nr. 16 Strom, wenn das entsprechende Relais im Kombirelais seinen Kontakt schließt. Dies geschieht dann, wenn der Schalter im Armaturenbrett betätigt wurde (Kontrollampe brennt) und wenn die Bordspannung über 11 Volt liegt. Dafür sorgt die Elektronik im Kombirelais. Wird bei eingeschalteter Heckscheibenheizung die Zündung ausgeschaltet, muß danach die Heizung erneut eingeschaltet werden. Falls die Heckscheibe kalt bleibt, so vorgehen:

- Sicherung Nr. 16 prüfen.
- Sicherung Nr. 8 prüfen, sie ist für die Ansteuerung zuständig.
- Verkleidung links und rechts an der Hecksäule ausrasten. Ca. 20 cm von den unteren Ecken entfernt findet sich auf jeder Seite ein Steckanschluß.
- Den festen Sitz der Stecker an der Heckscheibe prüfen. Liefert das schwarze Kabel Strom und die Heckscheibe bleibt kalt, fehlt es an Masse. Stecker und Leitung prüfen.
- Wippschalter aus dem Armaturenbrett ausbauen und mit einer Prüflampe feststellen, ob bei eingeschalteter Zündung Strom am schwarz/gelb-grünen Kabel ankommt. Gelangt beim Betätigen des Schalters Strom zum schwarzen Kabel?
- Schaltet das Relais den Strom von Klemme 30 nach Klemme 87? Zur Probe Relais abziehen und die Buchsen überbrücken. Wenn Scheibe jetzt warm wird, ist das Kombirelais gestört. Kombirelais entweder ersetzen oder durch ein zusätzliches separates Relais die Heckscheibenheizung einschalten.
- Wenn die Heizfäden von kantigen Gegenständen auf der Hutablage unterbrochen worden sind (Beweis: Scheibe heizt nur teilweise), hilft z. B. der Leitsilberlack der Firma Doduco (im Zubehörhandel erhältlich).

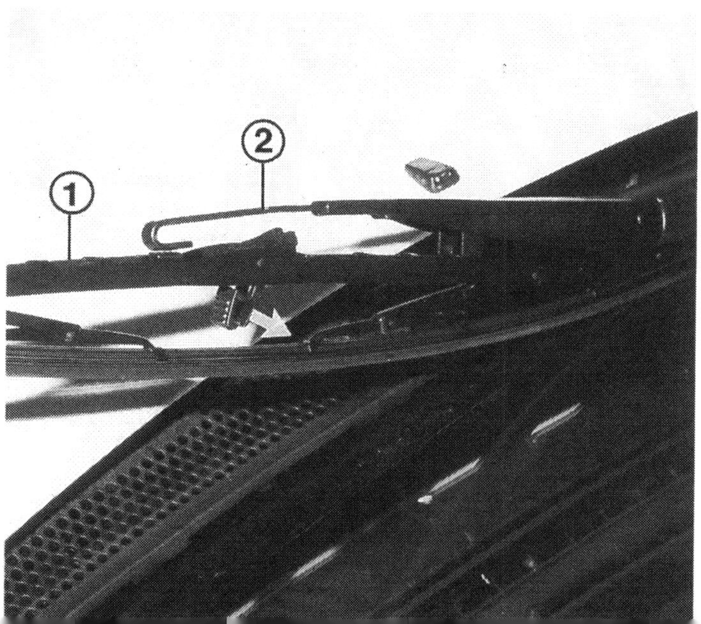

Zum Ausbau des Scheibenwischerblattes (1) vom Wischerarm (2) unbedingt die Zündung ausschalten, damit der kräftige Wischer nicht plötzlich losläuft. Zum Lösen den Arretierungsknopf drücken (Pfeil).

Das Wischerblatt zerlegt. Es bedeuten:
1 – Metallgestänge;
2 – Metallstreifen;
3 – Wischergummi.

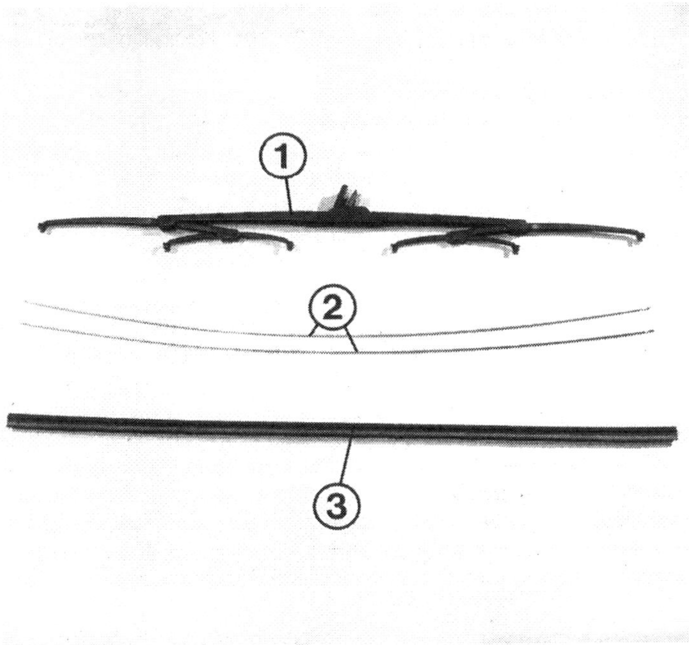

Scheibenwischer und -wascher prüfen

Wartung Nr. 3

● Zündung einschalten.
● Läuft der Scheibenwischer in beiden Geschwindigkeiten und geht er beim Ausschalten in die Parkstellung zurück?

● Funktioniert die Wischintervallschaltung und die Wisch/Wasch-Automatik?
● Spritzt Wasser aus den Wascherdüsen?

Scheibenwischer auswechseln

● Zündung ausschalten.
● Wischerarm zurückklappen.
● Geriffelten Kunststoff-Arretierungsknopf etwa 90° nach unten drücken.
● Wischerblatt in Richtung Wischerachse drücken und vom Wischerarm abnehmen.

● Beim Einbau Wischerblatt bis zum Einrasten der Haltenocke auf den Wischerarm drücken.
● Will man den ganzen Wischerarm ausbauen, Abdeckkappe am unteren Ende anheben und Schraube herausdrehen.

Wischergummi erneuern

Wartung Nr. 24

● Wischergummi nach Muster kaufen.
● An einem Ende ist der Wischergummi durch seine spezielle Ausformung mit einer Halteklammer des Wischerblattgestänges arretiert.
● Eben diese Halteklammer mit schmalem Schraubendreher ein Stück aufbiegen.

● Alten Gummi herausziehen und die beidseits eingelegten Metallstreifen am neuen Gummi einsetzen. Darauf achten, daß die Krümmung nach unten (zur Scheibe hin) zeigt.
● Neuen Wischergummi einschieben und Halteklammer wieder zusammenquetschen.

Fingerzeig: Das lästige Rubbeln des Scheibenwischers auf der Scheibe liegt nicht immer an einem austauschreifen Wischergummi, dessen Wischlippe nicht mehr elastisch genug ist. Häufig ist auch der Winkel Wischerblatt/Scheibe falsch. Der Wischergummi muß nämlich genau im rechten Winkel zur Scheibe stehen. Tut es das nicht, Wischerarm mit einer Zange in sich verbiegen, bis der Winkel stimmt. Am besten geht das, wenn man den Scheibenwischer bis in halbe Scheibenhöhe hochlaufen läßt und dann die Zündung ausschaltet.

Scheibenwaschwasser auffüllen

Ständige Kontrolle

Wenn die Kontrolleuchte im Armaturenbrett aufleuchtet, ist es Zeit nachzufüllen. Um der Schlierenbildung beim Wischvorgang entgegenzuwirken, sollten Sie stets Reinigungsmittel dem Wischwasser zugeben. Abgasrückstände, Öldunst und Silikon aus Lackpflegemittel können sich so weniger hartnäckig auf die flach eingebaute Windschutzscheibe setzen.

Es gibt von Mercedes ein besonderes Konzentrat gegen Schlierenbildung. Dabei ist zu beachten, daß hinter der Bezeichnung ein »S« oder »W« steht. Das Konzentrat darf nicht mit anderen Zusatzmitteln vermischt werden.

Spätestens beim Nachfüllen des Waschwassers sollten Sie die Windschutzscheibe gründlich reinigen (siehe folgenden Fingerzeig). Besser ist es jedoch, wenn Sie dies alle zwei Wochen tun. Damit sich Zusatzmittel und Wasser gut durchmischen, erst das Zusatzmittel, dann das Wasser in den Waschwasserbehälter einfüllen.

Wenn Ihr Fahrzeug mit der Sonderausstattung »Beheizte Scheibenwaschanlage« ausgestattet ist, abweichende Mengen beachten:

Behälterinhalt 5 Liter	Frostfreie Zeit	Bei Frost
Serie	MB-Konzentrat »S« 50 ml	MB-Konzentrat »W« 1,75 l
Sonderausstattung »Beheizte Scheibenwaschanlage«	MB-Konzentrat »S« 50 ml	MB-Konzentrat »W« 1,25 l +MB-Konzentrat »S« 25 ml

Fingerzeig: Wenn beim Wischen das Sichtfeld trotz Reinigungsmittel im Wischwasser schlierig bleibt, muß die Scheibe gründlich gereinigt werden. Dazu nach Großmutters Methode ein Scheibenreinigungsmittel (z.B. »Ajax Glasrein«) auftragen und die Scheibe anschließend mit zusammengeknülltem Zeitungspapier recht kräftig abreiben. So wird der Schlierfilm regelrecht abgeschabt. Lappen oder Fensterleder sind hierfür zu weich. Am besten diese »Ausrüstung« auch unterwegs mitführen, denn die Schlierenbildung ist besonders bei nächtlicher Regenfahrt sehr störend.

Die Spritzdüsen

Sobald die Zündung eingeschaltet wird, erhalten die dreistrahligen Spritzdüsen Strom. Die Düsen sind einfach in die Motorhaube eingerastet. Zieht man etwas an den elektrischen Leitungen, findet man die Steckverbindungen zur Düsenbeheizung.

Dort kann deren Funktion nachgemessen werden: Eine Steckverbindung auftrennen und einen Amperemeter zwischenschalten. Wenn die Zündung eingeschaltet wird, müssen Sie rund 0,3 Ampere messen. Mit zunehmender Erwärmung der Düse nimmt der Stromfluß auf rund 0,1 Ampere ab. Dies liegt am Material der Heizwendel. Es besteht aus einem Kaltleiter-Material (läßt kalt mehr Strom fließen).

Eine verstopfte Düse reinigt man mit Druckluft. Meist genügt eine Ball- oder Fahrradpumpe, um den Fremdkörper aus der Düse zu blasen. Zuvor aber den Wasserschlauch an der Düse ausstecken. Verstopft die Düse immer wieder, einen Benzinfilter in die Leitung einbauen.

Scheibenwaschwasserbehälter ausbauen

- Stecker, an der (den) Pumpe(n) abziehen.
- Kunststoff-Halteschraube(n) ganz hinten am Behälter lösen.
- Wasserschläuche vorsichtig an der (den) Pumpe(n) abziehen. Die Schlauchstutzen brechen – besonders bei Kälte – leicht ab.
- Behälter nach oben herausnehmen und über einem bereitgestellten Gefäß ausleeren.

Störungsbeistand

Scheibenwaschanlage

Die Störung	– ihre Ursache	– ihre Abhilfe
A Wasser spritzt nicht beim Druck auf den Kombischalter	1 Wascherbehälter leer	Auffüllen
	2 Im Winter: Waschwasser eingefroren	Höhere Frostschutzkonzentration verwenden
	3 Spritzdüsen verstopft	Schlauch abziehen, Düse ausbauen. Mit Preßluft durchblasen oder dünnem Draht durchstoßen. Evtl. Schlauch ebenfalls durchblasen
	4 Sicherung defekt	Ersetzen
	5 Wascherpumpe defekt	Stromversorgung bei eingeschalteter Zündung und gedrücktem Schalter kontrollieren. Ggf. austauschen
	6 Waschpumpenkontakt am Kombischalter defekt	Prüfen, ggf. Schalter austauschen
B Einseitiger Spritzstrahl	Siehe A 3	

Der Scheibenwischermotor

Für die Funktion des Wischermotors ist es nützlich zu wissen, was sich an den Klemmen des Motors tut.

Seit Dezember '94 rüstet Mercedes-Benz alle Modelle serienmäßig mit einem elektronisch gesteuerten Fahrberechtigungssystem aus, das den verschärften Anforderungen des Gesetzgebers und der Autoversicherer entspricht. Das Kernstück der neuen Wegfahrsicherung ist eine Infrarot-Fernbedienung, die als elektronischer Türschlüssel dient. Wer den Motor des Wagens starten möchte, muß die Türen zuvor mit Hilfe der Fernbedienung entriegelt haben. Andernfalls bleibt die Motorsteuerung blockiert, und das Triebwerk springt nicht an.

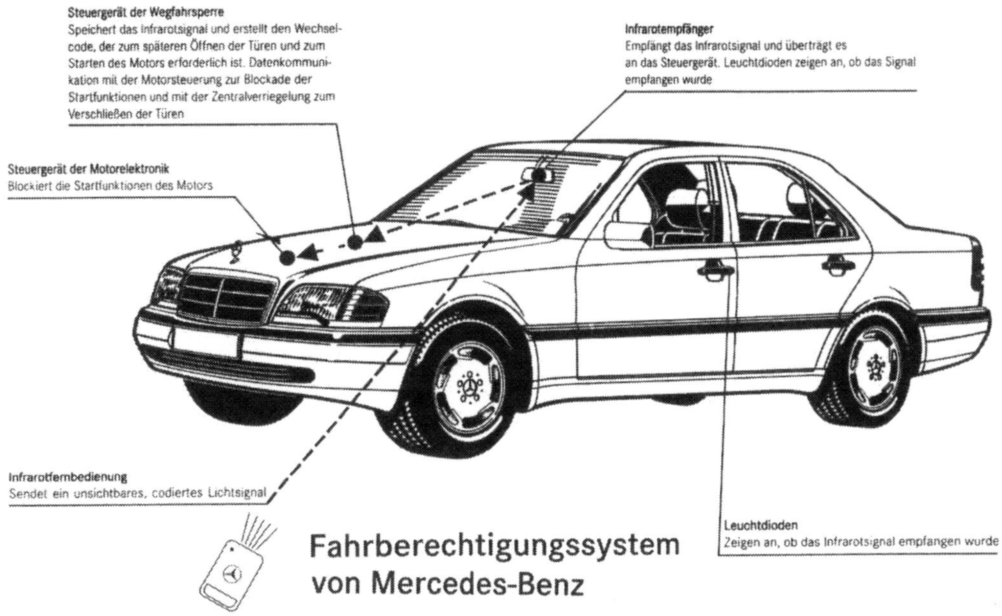

○ Klemme **15R** (Pin 4): Spannungsversorgung ab Zündschloßstellung »I« von Maxi-Sicherung Nr. 15.
○ Klemme **31** (Pin 2) ist die Masseverbindung des Motors.
○ Klemme **31b** Pin 6) ist die Steuerleitung. Sie signalisiert vom Wischermotor aus, ob sich das Wischerblatt gerade in Ruhestellung befindet oder ob es auf der Scheibe »unterwegs« ist.
○ Klemme **53** (Pin 5) hat mehrere Funktionen: Erstens liefert sie Strom für die erste Wischergeschwindigkeit. Zweitens fließt über sie auch nach Abschalten des Wischers am Schalter noch so lange Strom, bis der Wischer sich in Ruhestellung befindet.
Drittens wird diese Klemme sofort vom Wischerrelais auf Masse gelegt, wenn der Wischer in Ruhestellung gelaufen ist (Kombischalter ausgeschaltet). Das bremst den Wischermotor schlagartig ab, und er kann nicht über die Endstellung hinauslaufen.
○ Klemme **53b** (Pin 3) des Wischermotors wird mit Strom versorgt, wenn die zweite Wischergeschwindigkeit eingeschaltet ist.

Wenn die Gitter unter der Windschutzscheibe und die Abdeckung am Lufteintritt ausgebaut sind, erreicht man die Wischeranlage.
1 – Wischermotor;
2 – Befestigungsschrauben.
Pfeil – weitere Befestigungsschraube mit Verstellmöglichkeit, um den Einbauwinkel der Wischeranlage einzustellen.

Fingerzeig: Erreicht bei starkem Schneetreiben der Wischerarm nicht mehr die Endstellung, steht der Wischermotor weiter unter Spannung, da sich der Elektromotor durch das festhängende Wischerblatt nicht drehen kann, brennt er durch. Deshalb bei steckengebliebenem Wischer anhalten, Zündung ausschalten und Scheibe reinigen, damit er in seine Endstellung laufen kann.

Störungsbeistand

Scheibenwischer

Die Störung	– ihre Ursache	– ihre Abhilfe
A Scheibenwischer läuft nicht	1 Sicherung defekt 2 Kombischalter defekt 3 Wischermotor defekt 4 Wischerantriebskurbel lose 5 Kombirelais defekt	Austauschen Prüfen bzw. austauschen Prüfen (siehe folgenden Text) Festschrauben Prüfen
B Scheibenwischer läuft nicht in Stufe »II«	1 Klemme 53b des Wischermotors defekt 2 Siehe A 3 und 5	Motor austauschen
C Scheibenwischer läuft nicht im Intervallbetrieb	Siehe A 2, 3 und 5	
D Scheibenwischer hat keine definierte Ruhestellung	1 Kontakt 31b am Wischermotor schaltet nicht mehr 2 Siehe A 6	Motor austauschen
E Wischermotor läßt sich nicht ausschalten	1 Siehe D 1	2 Siehe A 2

Wischermotor oder Zuleitung defekt?

Zur Klärung, ob der Wischermotor oder die Stromzuleitung (Leitungen, Schalter, Relais) defekt ist, macht man folgende Prüfung (Vorsicht, Handverletzungen möglich):

- Steckverbindung für Wischermotor-Zuleitungskabel an der Stirnwand hinter dem Bremskraftverstärker abziehen.
- Hilfskabel legen: Vom Plus-Abgriff im Motorraum zu Klemme 53 oder 53b am Wischermotor-Stecker (Anschluß des schwarz/rot/gelben bzw. schwarz/weiß/gelben Kabels).
- Zweites Hilfskabel von einem Massepunkt am Motor zu Klemme 31 am Wischermotor-Stecker (Anschluß des braunen Zuleitungskabels).
- Der Scheibenwischermotor muß jetzt – je nach benutzter Klemme – auf Stufe »I« oder »II« laufen. Tut er das nicht, ist er defekt. Andernfalls liegt der Fehler im Schalter, in der Wischer-Steuerung oder in der Zuleitung.

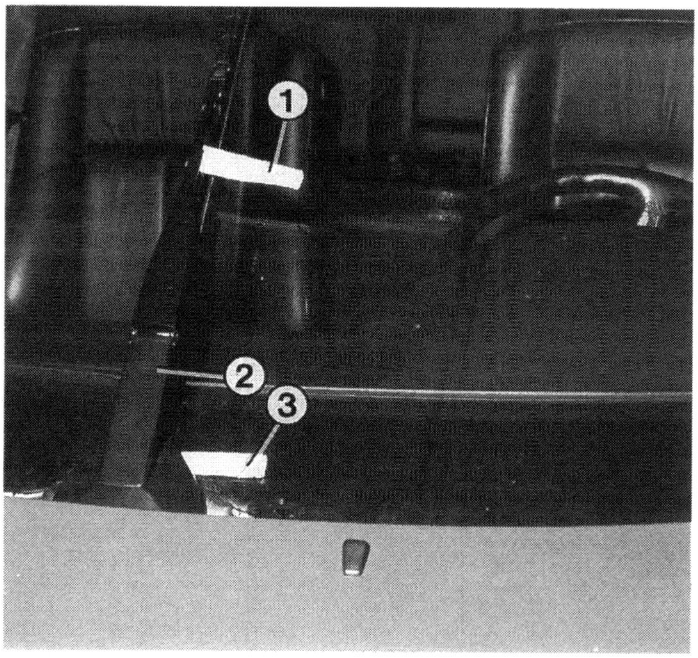

Steht der Wischerarm (2) in Mittelstellung, sollen der Getriebekopf zur Scheibe (3) und der Wischerarm zum Wischerblatt (1) an den gezeigten Stellen ca. 5–7 mm Abstand haben. Mit entsprechend dicken Holzstückchen prüfen.

Ausbau der Abdeckung am Lufteintritt (4): 1 – Abdeckgitter rechts; 2 – Abdeckung unter Wischergetriebe; 3 – Abdeckgitter links; 5 – Gummidichtung; Pfeile – Befestigsschrauben einer Seite.

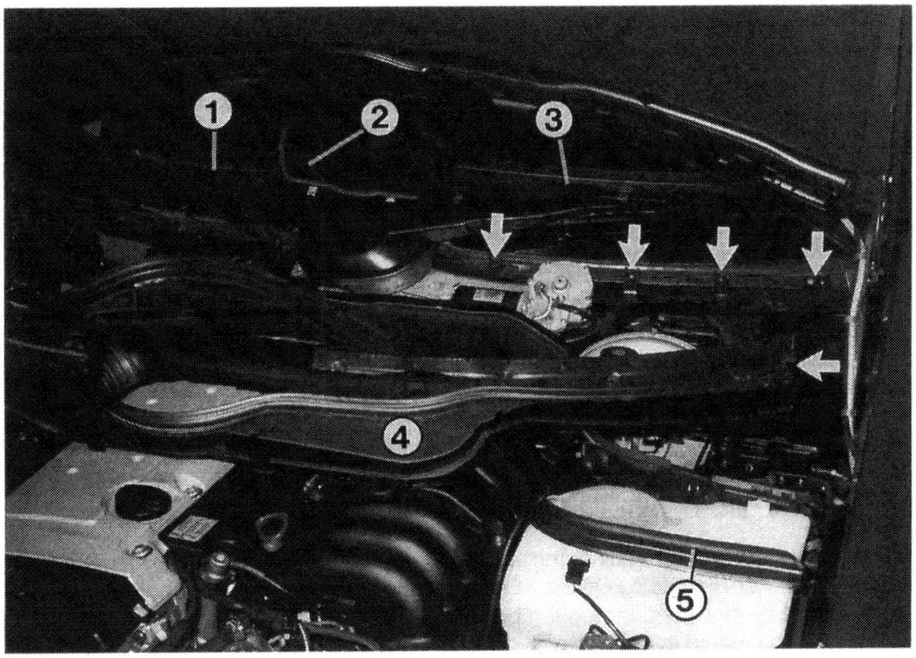

Abdeckung am Lufteintritt ausbauen

- Scheibenwischer in Endstellung.
- Zündschlüssel abziehen.
- Gummidichtung quer im Motorraum von Blechkante abziehen.
- Abdeckgitter links und rechts unter der Frontscheibe ausrasten und abnehmen.
- Ganz außen links und rechts Kunststoffschraube abdrehen.
- Kreuzschlitzschrauben (vier je Seite und zwei unterhalb dem Getriebekopf des Scheibenwischers) herausdrehen.
- Rechts Steckverbindung zum Temperaturfühler Außenluft (Klimaanlage) ausstecken.
- Abdeckung am Lufteintritt an Vorderseite ausrasten (zwölf Haken).

Wischeranlage ausbauen

- Wischerarm in Ruhestellung laufen lassen.
- Zündschlüssel abziehen, damit der Wischer nicht plötzlich loslaufen kann (Handverletzungen).
- Abdeckung am Lufteintritt ausbauen.
- Abdeckung unter der Wischeranlage abnehmen.
- Seitlich links und rechts am Getriebekopf Muttern abschrauben.
- Schlecht zugängliche Schraube am Gummilager unter dem Getriebekopf herausdrehen. Mit dieser Schraube wird auch der Winkel der Wischeranlage zur Frontscheibe eingestellt.
- Schraube unter dem Wischermotor lösen.
- Steckverbindung zum Wischermotor hinter dem Bremskraftverstärker ausstecken.
- Wischeranlage herausnehmen. Frontscheibe nicht zerkratzen, es geht eng zu.
- Bevor der Motor abgeschraubt wird, die Stellung des Getriebekopfes anzeichnen. Auf der Rückseite des Getriebekopfes ist teilweise hierzu eine Kerbe mit Bezugsstrich zu finden. Wenn nicht, Bleistiftstriche anbringen.
- Kurbel am Wischermotor und seine Befestigungsschrauben lösen.
- Neuen Motor vor dem Einbau in Ruhestellung laufen lassen.
- Die Kurbel wird am neuen Motor so montiert, daß sich Kurbel und Wischergestänge in Strecklage befinden.
- Nach dem Einbau der Wischeranlage den Wischerarm senkrecht zur Scheibe stellen. Die Unterseite des Getriebekopfes muß ca. 5–7 mm Abstand zur Scheibe haben. Mit Schraube am Gummilager einstellen.
- Zwischen Wischerarm und Wischerblatt muß der Abstand ebenfalls 5–7 mm betragen, sonst Wischerarmbügel etwas biegen.

Airbag und Gurtstraffer

Der **Airbag** ist ein in das Lenkrad eingebauter Luftsack, der sich bei einem Aufprall nach 1/30 Sekunde voll aufgeblasen hat. Bereits 1/10 Sekunde später leert sich der Luftsack wieder durch Abströmöffnungen.

Der **Beifahrer-Airbag** besteht aus einem 170-Liter-Luftsack, der aus einem sogenannten Rohrgasgenerator gefüllt wird. Dieser löst aber im Bedarfsfall nur aus, wenn der Beifahrerplatz auch besetzt ist. Unter dem Beifahrer-Airbag ist noch ein kleines Handschuhfach möglich.
Das **Auslösesystem** von Gurtstraffer, Fahrer und Beifahrerairbag ist voll diagnosefähig.
Die **Gurtstraffer** sitzen an den Aufrollvorrichtungen der vorderen Gurte. Ein Treibsatz drückt einen Kolben nach oben, der mittels Drahtseil mit der Aufrollachse des Gurtes verbunden ist. Dadurch legt sich der Gurt mit 1200 N stramm an den Körper an, und eine starke Vorverlagerung beim Aufprall wird verhindert. Airbag und Gurtstraffer benötigen für ihre Arbeit eine bestimmte Gasmenge, die beim Mercedes aus einem Fest-Treibstoff gewonnen wird.
Meldet das elektronische Auslösegerät vor dem Schalthebel eine Verzögerung, die einem Aufprall mit mehr als 15–18 km/h auf ein starres Hindernis entspricht, bekommen die Zündpillen in den Treibsätzen Strom, und schlagartig wird die Gasladung erzeugt. Das System besitzt weiterhin einen Energiespeicher, welcher die Zündpille der Gasgeneratoren selbst dann noch mit Strom versorgt, wenn die Batterie beim Aufprall herausgerissen wird.

SRS-Kontrollleuchte

Die ständige Funktionsbereitschaft wird durch ein eigenes Kontrollsystem überwacht. Beim Einschalten der Zündung leuchtet die »SRS«-Kontrolle für einige Sekunden auf und muß dann verlöschen. Tut sie dies nicht oder leuchtet sie während der Fahrt auf, liegt eine Störung vor.

Sicherheitsvorschriften

Die Gasgeneratoren der Rückhaltesysteme sind pyrotechnische Teile und unterliegen deshalb den Bestimmunghen des Sprengstoffgesetzes. Der Umgang damit ist nur geschulten Fachleuten gestattet, welche die jeweiligen Sicherheitsbestimmungen beim Ein- und Ausbau, bei der Beförderung, Lagerung und Verschrottung kennen. Nach einem Unfall ist das System zu überprüfen und ggf. müssen der Airbag oder die vorderen Gurte erneuert werden.
Vor Montagearbeiten am System, Lenkradausbau und vor Schweißarbeiten immer beachten:
○ Airbag-Einheiten dürfen nie 100° C ausgesetzt werden.
○ Fahrer-Airbag immer mit Polsterplatte nach unten ablegen.
○ Airbag-Einheiten niemals unbeaufsichtigt lassen.
○ Airbag-Einheiten sind stoßempfindlich. Fallen sie aus 50 cm und mehr Höhe auf den Boden, sind sie schrottreif.

Tempomat

Auf Wunsch können alle Fahrzeuge mit Automatik-Getriebe damit ausgestattet sein. Bei geringer Verkehrsdichte können Sie eine bestimmte Fahrgeschwindigkeit fixieren und dann den Fuß vom Gaspedal nehmen. Wird das Bremspedal betätigt oder langsamer als 40 km/h gefahren, schaltet der Tempomat aus. Weiterhin können Sie eine Fahrgeschwindigkeit speichern, die nach einem Abbremsvorgang wieder erreicht wird. Mit dem Ausschalten der Zündung wird die gespeicherte Geschwindigkeit gelöscht.
○ **Stellglied:** Es wird das Stellglied der Leerlaufregelung genutzt, welches die Drosselklappe über einen Motor bewegt.
○ **Geber:** Das Geschwindigkeitssignal wird vom Geber an der Hinterachse abgenommen und im Steuergerät ausgewertet.
○ **Elektronisches Steuergerät:** Es ist im Aggregateraum rechts untergebracht und vergleicht die augenblickliche Geschwindigkeit mit dem gewünschten Wert. Das Steuergerät befiehlt dann dem Stellglied, mehr Gas zu geben (z.B. am Berg) oder im Gefälle etwas Gas wegzunehmen. Auch die Geschwindigkeitsspeicherung erfolgt im elektronischen Steuergerät.
○ **Hebelschalter:** Er ist links hinter dem Lenkrad zu finden. Hier wird der Tempomat ein- und ausgeschaltet und die gewünschte Arbeitsweise gewählt.

Elektrische Spiegelverstellung

Störungssuche

Falls sich nach Betätigen des Schalters in der Mittelkonsole nichts tut, prüfen Sie die Stromversorgung folgendermaßen:
● Sicherung in Ordnung (Kapitel »Die Karosserie-Elektrik«).
● Spiegelschalter aus Mittelkonsole ausbauen und mit Prüflampe am grün/schwarzen Kabel kontrollieren, ob Spannung anliegt.
● Wenn ja, Schalter durchprüfen.
● Zuletzt Kabelführung zum Spiegel prüfen. Dazu Spiegelgehäuse ausbauen und Verstellmotor abschrauben.
● War bisher alles in Ordnung, ist sicher der Verstellmotor des Spiegels defekt.
● Vorübergehend läßt sich der Außenspiegel durch Verdrehen des Spiegeleinsatzes von Hand verstellen.

Am umgeklappten Außenspiegel (1) gezeigt:
2 – Federbügel zur Befestigung des Spiegelgehäuses;
3 – Befestigung des Spiegels an der Tür.

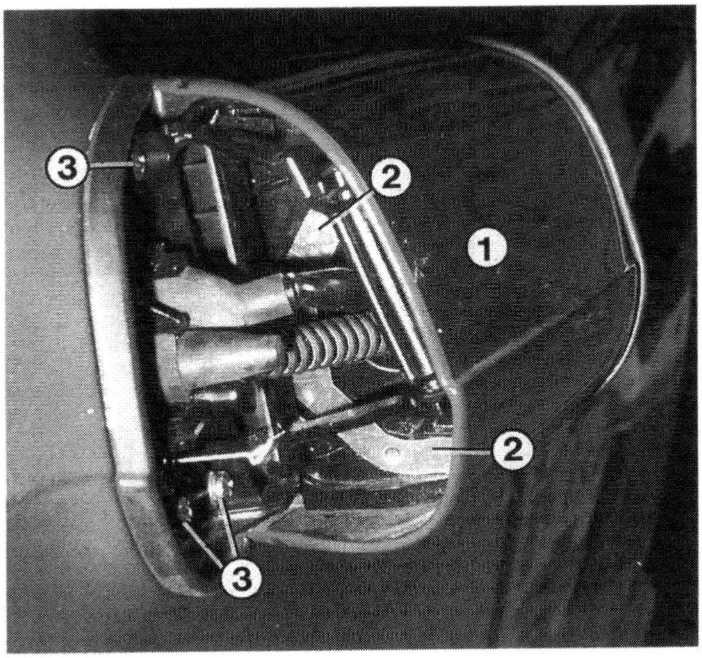

Elektrisch einstellbare Spiegel zerlegen

Die Spiegel sind auf beiden Seiten elektrisch einstellbar. Das Umschalten erfolgt am Schalter der Mittelkonsole. Die Spiegel sind mit je drei Schrauben von außen an die Tür geschraubt. Die Schrauben erreicht man, wenn der Spiegel nach hinten gedrückt wird. Das Spiegelgehäuse kann nach außen abgezogen werden.

- Spiegelglas wie folgt ersetzen: Zuerst Spiegelglas innen nach vorne drücken.
- Spiegel umklappen und mit Schraubendreher den Federbügel, der das Spiegelgehäuse hält, etwas nach außen drücken.
- Spiegelgehäuse nach außen abziehen.
- Oben am Spiegelglas die Sicherungsfeder ausrasten.
- Leitungen zur Spiegelheizung lösen.

Elektrische Fensterheber

○ Unabhängig von der Zündschlüsselstellung lassen sich die elektrischen Fensterheber auf Knopfdruck bedienen.
○ Die Sicherungen für die Fensterheber finden sich im Sicherungskasten im Kofferraum.
○ Sind vier Fensterheber eingebaut, können die hinteren durch Betätigen des mittleren Einzelschalters mit dem Kindersymbol in der Mittelkonsole abgeschaltet werden.

Hier ist das Spiegelgehäuse abgenommen:
1 – Anschluß für Heizung des Spiegelglases (2);
3 – Verstellmotor.
Pfeil – zum Ersetzen des Spiegelglases die Feder aushängen.

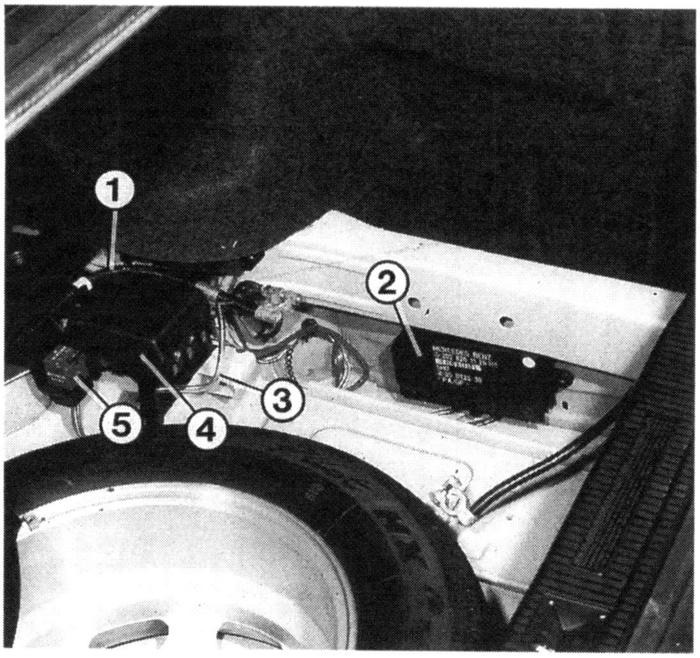

Rechts im Kofferraum mit ausgebauter Batterie:
1 – Pluskabel;
2 – Komfortrelais;
3 – Ablaufschlauch für Batteriesäure;
4 – Sicherungskasten;
5 – Kraftstoffpumpenrelais.

Störungssuche

- Wenn sich keine Fensterscheibe mehr rührt, Sicherungen im Kofferraum prüfen.
- Andere Fehlerquelle: Läuft nur ein Fensterheber nicht, bauen Sie den Schalter aus und überprüfen ihn.
- Ist der Schalter auch in Ordnung, Kabelverlauf zu den Türen kontrollieren.
- Dazu auch die Türverkleidung abnehmen und bei abgezogenem Kabelstecker prüfen, ob bei gedrücktem Schalter Spannung am Motor anliegt. Plus und Minus werden an den Kabeln umgepolt – je nachdem, ob der Fensterhebermotor vorwärts oder rückwärts laufen soll.
- Liegt Spannung wunschgemäß an, bleibt nur noch der Fensterhebermotor als Defektursache. Austauschen.
- Schlechter Lauf einer Scheibe dürfte an einer verklemmten Fensterführung liegen.
- Laufen nur die hinteren Fensterheber nicht, Kindersicherung prüfen. Dazu den Schalter aus der Mittelkonsole ausbauen.
- Wurden all diese Möglichkeiten durchprobiert, kann es eigentlich nur am Komfortrelais oder an der Zentralverriegelung liegen.

Behelf unterwegs

Bei streikendem Fensterheber brauchen Sie trotzdem nicht mit offenem Fenster durch Wind und Wetter zu fahren. Voraussetzung ist allerdings, daß der Fensterhebermotor selbst noch intakt ist und daß Sie zwei ausreichend lange Kabel zur Hand haben:

- Türverkleidung abbauen (Kapitel »Die Karosserieteile«).
- Kabelsteckverbindung in der Fensterheberleitung trennen.
- Je ein Kabel an Plus- und Minuspol der Batterie anschließen – darauf achten, sich die Enden nicht berühren.
- Kabel mit den Steckkontakten zum Fensterheber verbinden – der Motor befördert die Fensterscheibe nach oben. Läuft er nach unten, Kabel einfach gegeneinander austauschen (umpolen).
- Ist dagegen auch der Fensterhebermotor defekt, hilft nur noch eins: Fensterscheibe unten vom Fensterhebergestänge abbauen.
- Fensterscheibe nach oben schieben und mit Packband oder Isolierband über den oberen Fensterrahmen sichern.

Komfortrelais

Bei Fahrzeugen mit elektrischen Fensterhebern und/oder Schiebedach ist dieses Relais hinter der rechten Kofferraumverkleidung zu finden. Wird an einer der Vordertüren oder am Kofferraumdeckel der Schlüssel für einige Sekunden am rechten Anschlag gehalten, sorgt das Komfortrelais dafür, daß Schiebedach und Fenster schließen.

Seitlich rechts im Kofferraum erreicht man bei ausgebauter Verkleidung das Stellelement (1) der Zentralverriegelung für die Tankklappe. Läßt sich die Tankklappe nicht öffnen, am Stößel (2) ziehen.

Zentralverriegelung

Die Ansteuerung der pneumatischen Zentralverriegelung erfolgt über Schalter in den Vordertüren und am Kofferraumdeckel. Je nach Schlüsseldrehrichtung wird eine Leitung auf Masse gelegt, und die Versorgungspumpe läuft vorwärts oder rückwärts. So erzeugt sie Über- oder Unterdruck. Auf Sonderwunsch ist eine Infrarotsteuerung erhältlich. Seit Januar '95 ist sie mit dem Fahrberechtigungssystem serienmäßig. Die Zentralverriegelung arbeitet durch die Pneumatik fast geräuschlos. Man hört keine Magnete schlagen oder Elektromotoren schwirren, wie es teilweise bei anderen Fahrzeugen der Fall ist.

Pneumatische Steuereinheit

Die Versorgungspumpe am rechten hinteren Radlauf wird vom Werk als pneumatische Steuereinheit bezeichnet, denn sie hat eine ganze Reihe weiterer Aufgaben. So versorgt sie Unter- und Überdruckvorratsbehälter, die für die orthopädische Sitzlehne und die Klimaanlage gebraucht werden. Außerdem unterstützt sie

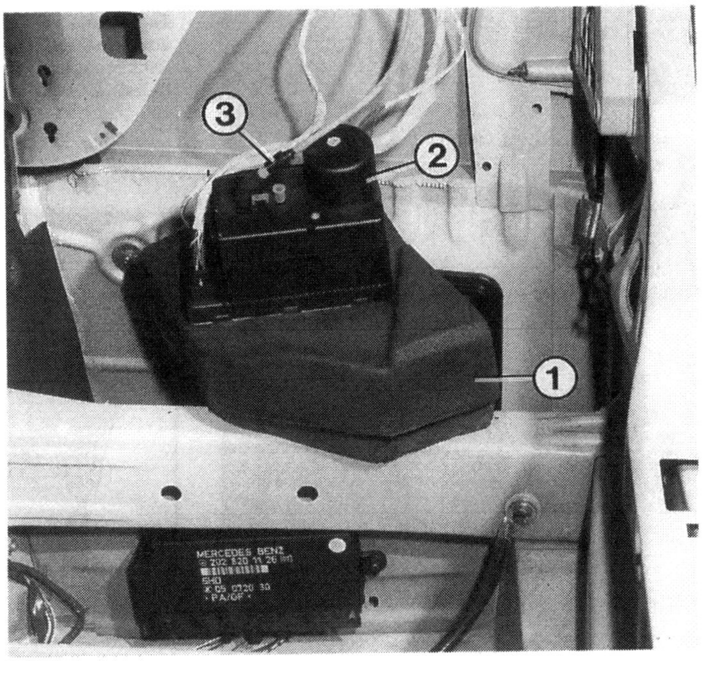

Hinten rechts im Kofferraum ist die Versorgungspumpe der Zentralverriegelung (2) in einem dicken Kunststoffblock (1) zu finden.
3 – Unterdruckleitung mit Steckanschluß.

Systeme, die vom Saugrohrdruck abhängig sind. Ist z.B. der Unterdruck in einem Vorratsbehälter unter 400 mbar gefallen, schaltet die Pumpe über einen Druckschalter ein und läuft, bis 600 mbar erreicht sind. Schaltet die Pumpe nicht mehr ab, kann eines der Systeme undicht sein. Je nach Ausstattung des Fahrzeuges sind vier verschiedene pneumatische Steuereinheiten eingebaut.

Unterdruckleitungen

Die Leitungen haben an ihren Enden einen Stecker, welcher in die Anschlüsse an der Pumpe, den Türelementen oder in die Verteilerblöcke einrastet. Die Leitungen zu den Türen sind über die Türtrennstellen geführt. Vom Verteiler an der Pumpe werden die Systeme so versorgt:
- Zu den Türen und zur Tankklappe führen gelbe Unterdruckleitungen.
- Zum Kofferraumdeckel führt eine schwarze Leitung.
- Zum Unterdruckbehälter im Kofferraum führt eine graue Leitung.
- Eine transparente Leitung führt zum Unterdruck-Verteiler im Motorraum.

Innenbetätigung

Mit einem Schalter an der Mittelkonsole kann der Mercedes von innen zentralverriegelt werden.

Notbetätigung

Bei Ausfall der Zentralverriegelung lassen sich die Türen normal mechanisch öffnen und schließen. Die Tankklappe kann am Stellelement entriegelt werden. Dazu rechte Kofferraumverkleidung ausbauen.

Fehlersuche an der Zentralverriegelung

- Zuerst klären, ob die elektrische oder pneumatische Seite der Anlage gestört ist. Dazu hinten hören, ob die Pumpe bei Schlüsseldrehung losläuft.
- Läuft die Pumpe nicht, Spannungsversorgung prüfen. Vielleicht läuft die Pumpe doch, wenn Sie das Verriegeln von einem anderen Schaltteil aus versuchen. Evtl. ist ein Schaltteil defekt oder die entsprechenden Zuleitungen sind ausgesteckt.
- Läuft die Pumpe und es wird nirgends verriegelt, so ist die Anlage undicht. Vielleicht ist irgendwo eine Schlauchleitung ausgesteckt oder eine Membran in einem der Betätigungselementen gerissen.
- Zur einfachen Bestimmung der undichten Stelle alle Fußmatten aus dem Innenraum herausnehmen und nacheinander die Schlauchleitungen zu den verschiedenen Betätigungselementen ausstecken. Dabei den Schlauchanschluß Richtung Pumpe abdichten.
- Funktioniert das Verriegeln plötzlich wieder, die undichte Stelle im gerade abgeschlossenen Bereich weiter suchen.
- Wird nur an einer Stelle nicht verriegelt, Schloßbetätigung auf Leichtgängigkeit untersuchen. An der Tankklappe prüfen, ob der Verriegelungsbolzen leicht in seiner Führungshülse läuft.

Radio

In unseren Beschreibungen gehen wir lediglich auf den Einbau ab Werk ein. Bitte beachten Sie, daß sich selbst bei diesen Geräten die Einbauweise je nach Bauzeit und Ausführung von unserer Darstellung unterscheiden kann.

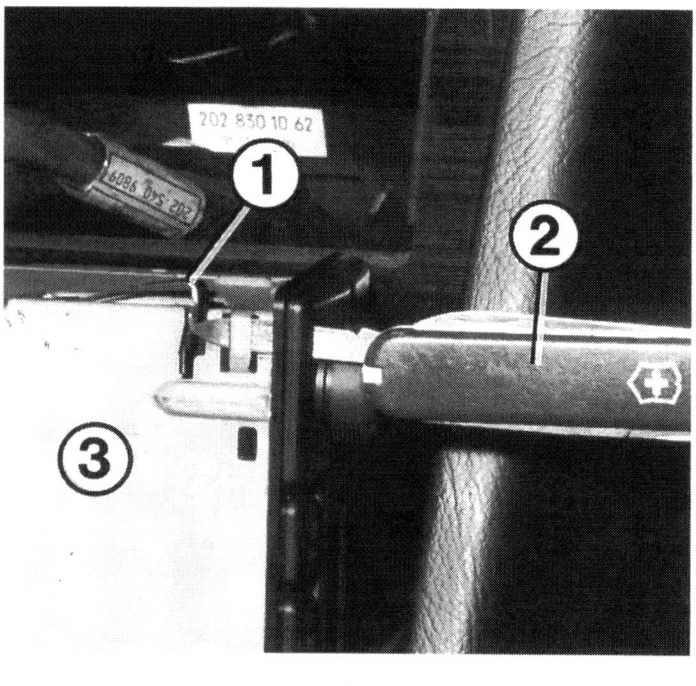

Zum Ausbau des Radios (3) müssen die seitlichen Federn (1) zurückgedrückt werden. Dies kann zur Not mit einem Messer (2) gelingen. Dazu Ascher ausbauen und das Radio von hinten aus dem Ausschnitt drücken. Besser arbeitet es sich mit den gezeigten Schlüsseln (unten).

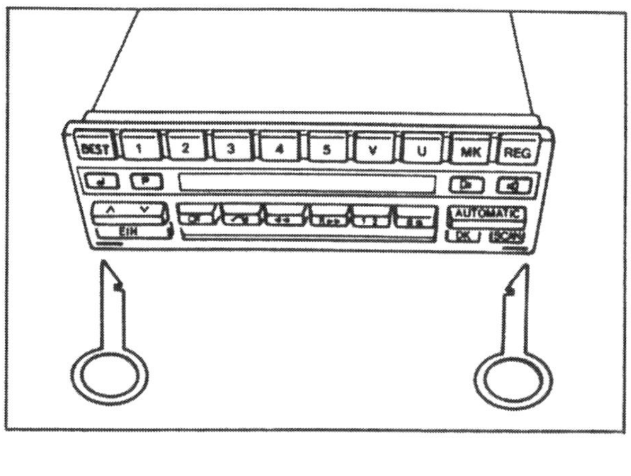

Hier ist die Motorantenne (2) links im Kofferraum gezeigt. Sie ist mit der Schraube unten im Langloch befestigt. Weiterhin:
1 – Masseanschluß.

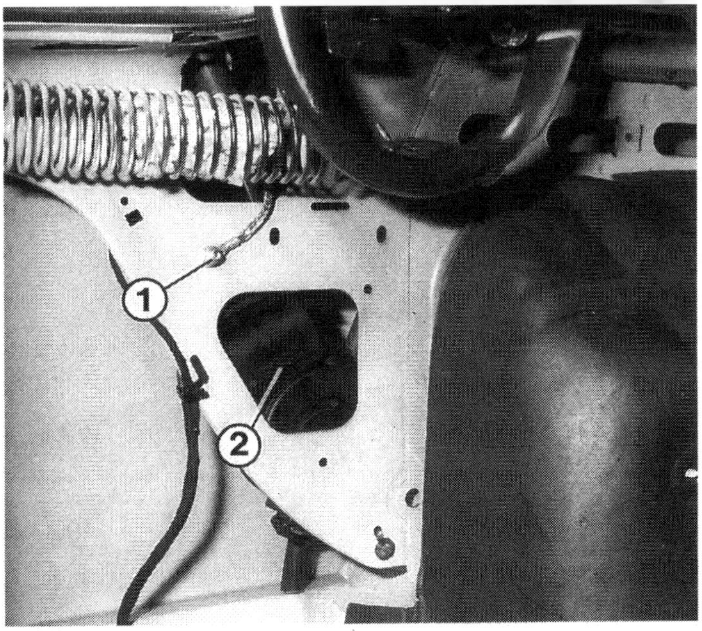

- Bei einem Radio mit Anti-Diebstahl-Codierung **sicherstellen, daß die Code-Nummer vorliegt**.
- Batterie abklemmen.
- Beim **Radio mit vier Bohrungen** seitlich in der Frontblende: Entriegelungsbügel (bisweilen bei Radio-Einbausätzen mit dabei) in die vier Bohrungen seitlich an der Frontblende stecken und Radio aus der Mittelkonsole ziehen.
- Oder vier passende Nägel oder Drahtstifte in die Bohrungen schieben und damit die Haltefedern entriegeln.
- Radio nach vorn herausziehen, evtl. zusätzlich Ascher ausbauen und von hinten drücken.
- Radio mit Schlitzen an den unteren Ecken: Dünne Ausbaubleche einschieben. Dadurch werden die seitlichen Federn zurückgedrückt. Mit Geschick können die Federn auch mit einer dünnen Klinge eines Taschenmessers errreicht werden. Dabei gleichzeitig von hinten drücken.
- Radio aus dem Einbauschacht ziehen.
- Stecker abziehen; evtl. kennzeichnen.
- Beim **Einbau** Radio bis zum Anschlag einschieben.
- Beim Einschieben darauf achten, daß der Haltebolzen an der Radio-Rückseite richtig eingeschoben wird.
- Ggf. Besitzercode eingeben.

Antenne ausbauen

- Antenne einfahren.
- Masseleitung an der Batterie abklemmen, damit es beim Hantieren nicht zu Kurzschlüssen kommt.
- Linke Kofferraumverkleidung herausnehmen.

Den Antennenstab (1) regelmäßig reinigen und ölen.

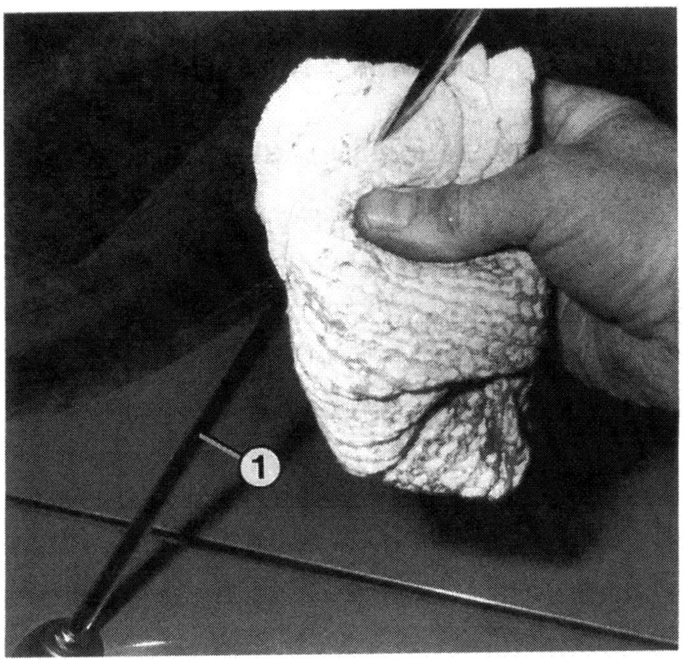

Zum Erneuern des Antennenstabes Mutter abschrauben.

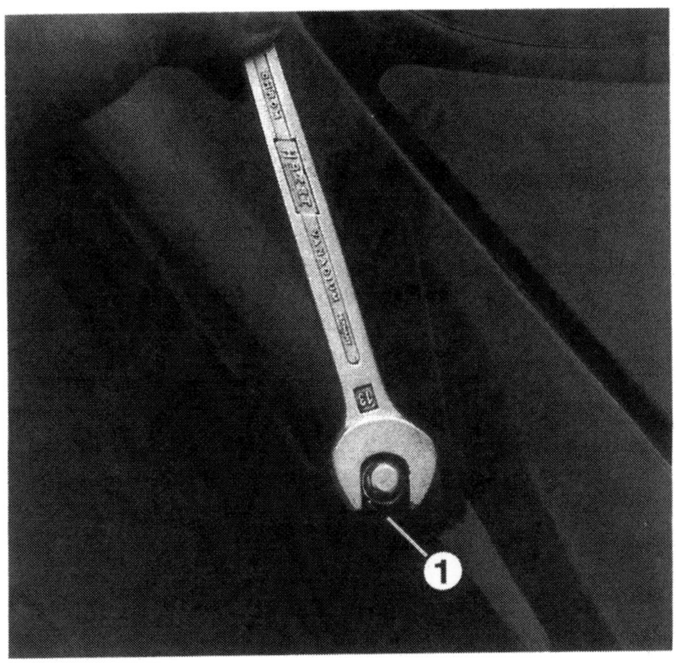

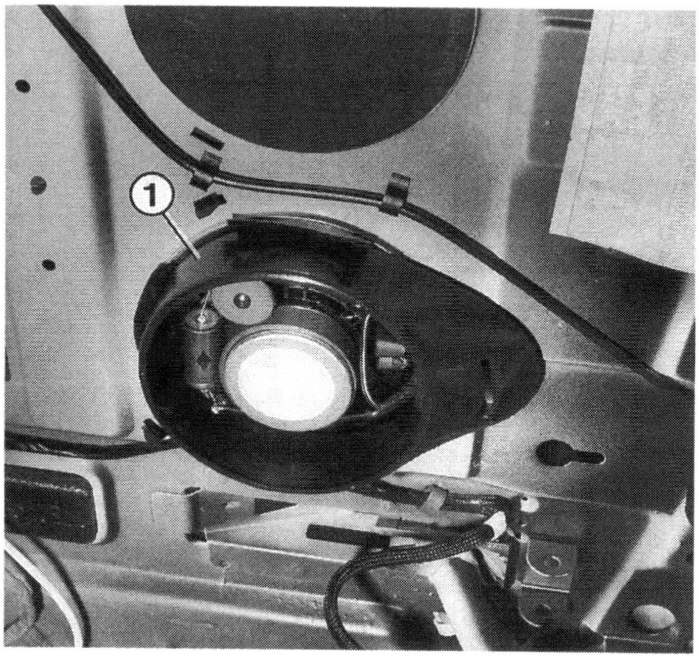

Hier ist der Lautsprecher (1) hinten in der Heckablage gezeigt.

- Schraube unter dem Motor und Schraube zur Masse herausdrehen.
- Antenne nach unten aus der Kunststofführung im Kotflügel herausziehen.
- Stecker abziehen.
- Antennenleitung abschrauben.

Teleskopstab erneuern

- Ein abgeknickter Antennenstab kann von außen erneuert werden.
- Gabelschlüssel SW 13 an die beiden Flächen am Antennenfuß ansetzen und Mutter abschrauben.
- Radio von Helfer einschalten lassen und den Teleskopstab mit Kunststoffzug herausziehen.
- Zum Einbau den Kunststoffzug mit seiner Verzahnung nach hinten ausrichten und in die Öffnung schieben.
- Radio von Helfer ausschalten lassen.
- Wenn der Teleskopstab ganz eingefahren ist, Mutter festdrehen.

Antenne reinigen

Wartung Nr. 25

Für lange, störungsfreie Funktion der automatischen Antenne ist diese Arbeit unerläßlich.

- Teleskopstab ganz ausfahren lassen und sauberreiben.
- Anschließend mit öligem Lappen leicht einölen.

Lautsprecher ausbauen

- **Vorn:** Etwa 1–2 cm breiten Holz- oder Kunststoffkeil außen am dreieckigen Abdeckgitter ansetzen.
- Steckverbindung zum Lautsprecher ausstecken.
- Lautsprecher ausrasten.
- **Hinten:** Sitzkissen hinten herausnehmen.
- Rückenlehne komplett ausbauen.
- Verkleidung am hinteren Dachpfosten beidseitig ausbauen.
- Heckablage ausbauen.
- Steckverbindungen zu den Lautsprechern lösen.
- Gehäuse der Lautsprecher lösen (vom Kofferraum aus).
- Rasten am Lautsprecher zurückdrücken und herausnehmen.
- **Vordertüren:** Abdeckung über Lautsprecher ausbauen, dazu Schraube an Unterseite herausdrehen.
- Leitung ausstecken.
- Schrauben um Lautsprecher lösen.
- Die Lautsprecher in den hinteren Türen werden erreicht, wenn die Türverkleidung ausgebaut ist.

Prima Klima

Serienmäßig ist der Mercedes mit einer elektronisch geregelten Heizungsautomatik ohne Staubfilter ausgestattet – wie immer bei Mercedes mit getrennter Regelung für Fahrer und Beifahrer. Als Sonderausstattung können der Staubfilter, eine Klimaanlage oder eine Klimatisierungsautomatik eingebaut sein.

Die Fahrzeugheizung

○ **Steuer- und Bediengerät:** Es ist in der Mitte des Armaturenbretts eingebaut und besteht aus den beiden Temperaturwählrädern und der elektronischen Temperatursteuerung. Die eingestellten Temperaturen (Sollwert) werden mit den Werten von den Temperaturgebern (Istwerte) verglichen. Entsprechend erfolgt die Ansteuerung des Duoventils. Die Öffnungsdauer ist von der Abweichung Soll-/Istwert abhängig.

○ **Duoventil:** Es ist im Aggregateraum rechts zu finden. Das Duoventil besteht aus zwei voneinander unabhängigen elektromagnetischen Ventilen, die in einem Bauteil zusammengefaßt sind. Jedes Ventil ist im Kühlmittelkreislauf vor dem jeweiligen Wärmetauscher angeordnet. Das Duoventil steuert den Kühlmitteldurchfluß durch den Wärmetauscher. Wird z. B. zum Aufheizen die volle Heizleistung benötigt, hat das Ventil ständig geöffnet. Umgekehrt sind die Ventile bei ausgeschalteter Heizung geschlossen. Wird die Temperatur von der Heizungsautomatik geregelt, hört man bei eingeschalteter Zündung das Ventil öfters takten.
Über den elektrischen Anschluß erfolgt die Spannungsversorgung zu den beiden Magnetspulen. Im stromlosen Zustand ist das Ventil geöffnet. Bei Stromfluß wird der Spulenanker nach unten gedrückt, und Dichtkegel verschließen den Kühlmitteldurchfluß.

○ **Umwälzpumpe:** Sie ist unterhalb des Luftfilters seitlich rechts im Motorraum eingebaut (serienmäßig beim C 250 Diesel). Bei eingeschalteter Zündung und bei Heizbetrieb pumpt sie das Kühlmittel durch die Wärmetauscher. Sie unterstützt dabei die Wasserpumpe. Bei Motorstillstand hält die Umwälzpumpe den Kühlmittelkreislauf über die Wärmetauscher alleine aufrecht. So kann weitergeheizt werden, bis alle Motorwärme verbraucht ist.
Die Pumpe wird über Sicherung Nr. 3 mit Spannung versorgt. Der Masseanschluß ist über das Steuer- und Bediengerät der Heizungsautomatik geführt.

○ **Innenraum-Temperaturgeber:** Der Geber ist an der vorderen Innenleuchte eingebaut. Damit Temperaturschwankungen im Innenraum schnell erkannt werden, wird ständig Innenluft über den Geber angesaugt. Hierzu ist direkt am Geber ein kleines Gebläse eingebaut.

○ **Wärmetauscher-Temperaturgeber:** Am Heizungsgehäuse unter dem Armaturenbrett ist hinter jedem der beiden Wärmetauscher ein Temperaturgeber eingebaut. Sie erfassen die Lufttemperatur unmittelbar hinter den Wärmetauschern und geben sie an das Steuer- und Bediengerät weiter. Dieses bewertet die Temperatur-Informationen vom Innenraum-Temperaturgeber und dem jeweiligen Wärmetauscher-Temperaturgeber in einem vorgegebenen Verhältnis und bestimmt so die momentane Innenraumtemperatur (Istwert). Zur Steuerung wird der Istwert mit dem eingestellten Sollwert verglichen.

○ **Staubfilter:** Auf Wunsch kann direkt hinter dem Gebläse ein Staubfilter eingebaut sein. Mit ihm wird Frischluft und Umluft gefiltert. Je nach Größe der Staubpartikel ist eine Reinigung bis zu 100% möglich. Der

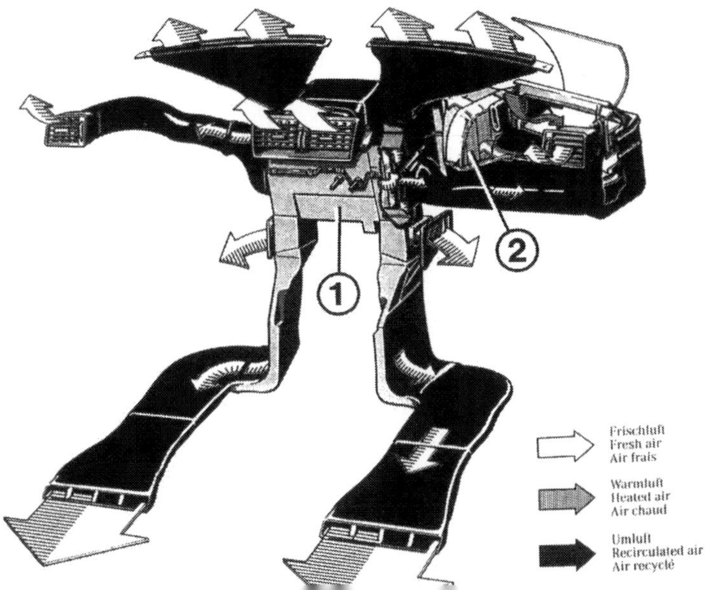

Die Heizungs- und Lüftungsanlage in der C-Klasse. Hauptteil ist der Heizungskasten (1) in der Mitte unter dem Armaturenbrett. Der großflächige Staubfilter (2) hält Staubpartikel und Blütenpollen größer als 0,005 mm zurück.

Filter besteht aus Polycarbonat und reinigt auch elektrostatisch. Er ist unempfindlich gegen Wasser und hat einen geringen Luftwiderstand. Der Filter kann nicht gereinigt werden.

○ **Abluft:** Die Abluft strömt hinter der Heckablage durch doppelwandige Blech- und Kunststoffteile hinter die rechte Auskleidung des Kofferraums. Durch eine Lüftungsklappe unter dem rechten Seitenteil des Stoßfängers verläßt sie das Fahrzeug.

Elektronische Heizungsregelung defekt?

Bei einem Defekt an Heizungsregelung oder Duoventil bleibt das Ventil voll geöffnet. Um dem Defekt auf die Spur zu kommen, prüfen wir die Komponenten der Heizungsregelung nacheinander:

● Zuerst die **Sicherung** Nr. 5 prüfen (Kapitel »Die Karosserie-Elektrik«).

● **Duoventil prüfen:** Temperaturregler am Armaturenbrett auf »Kalt« drehen.

● Stecker am Duoventil abziehen, Prüflampe zwischen grau/rotem Kabel und braun/violetten bzw. braun/roten Kabel anschließen.

● Zündung einschalten.

● Bei intakter Regelung liegt Batteriespannung an, die Prüflampe leuchtet.

● Gegenprobe: Regler auf »Warm« drehen – die Prüflampe verlöscht.

● Logische Folgerung: Sind die Spannungswerte in Ordnung, die Störung in der Heizanlage aber immer noch vorhanden, muß das Duoventil (Innenwiderstand 11–19 Ω) der Störenfried sein. Auswechseln.

● Wurde **keine** Spannung angezeigt, Spannung am Zuleitungskabel (grau/rot) gegen Masse (z.B. am Motorblock) messen.

● Zündung einschalten. Keine Spannung: Stromzufuhr von der Sicherung her unterbrochen.

● Prüfung der Massezufuhr (vom Steuergerät): Voltmeter am (Klemme 30) der Batterie anschließen, anderes Meßkabel an die braun/violette bzw. braun/rote Leitung im Stecker. Es muß bei eingeschalteter Zündung (Regler auf »Kalt«) Batteriespannung anliegen. Sonst ist ein Teil der Heizungsregelung (Temperaturgeber oder Steuergerät) bzw. das Kabel defekt.

● **Temperaturgeber prüfen**: Als Vorarbeit die Abdeckungen der Mittelkonsole ausbauen (Kapitel »Der Innenraum«).

● Ohmmeter zwischen den beiden Anschlüssen des rechten und anschließend des linken Gebers anklemmen. Es müssen bei unterschiedlichen Prüftemperaturen in etwa die genannten Widerstandswerte angezeigt werden:

○ Bei ca. 20°C (Umgebungstemperatur) 10–13 kΩ.

○ Bei ca. 30°C (in der Hand) ca. 8 Ω. Sonst den Temperaturgeber ersetzen.

● **Stromversorgung Steuergerät prüfen**: Steuer- und Bediengerät ausbauen.

● Voltmeter an Klemme 11 und 12 des Steckers hinten am Regler anklemmen. Bei eingeschalteter Zündung muß Batteriespannung anliegen. Sonst Stromversorgung samt Sicherung überprüfen.

● **Steuergerät prüfen**: Das Steuergerät selbst kann mit Eigenmitteln nicht geprüft werden. Wir gehen von folgender Überlegung aus: Sind Stromzufuhr, das Duoventil und der Temperaturgeber intakt, muß bei gestörter Heizungsregelung das Steuergerät defekt sein.

Störungsbeistand

Heizung

Die Störung	– ihre Ursache	– ihre Abhilfe
A Heizleistung ungenügend	1 Kühlmittelverluste	Auffüllen
	2 Thermostat schließt nicht mehr, Kühlmittel bleibt zu lange kalt	Thermostat erneuern
	3 Duoventil verklemmt	Duoventil erneuern
	4 Werte der Temperaturgeber falsch	Widerstandsmessung, ggf. Geber ersetzen
	5 Keine Luftabsaugung über Innenraum-Temperaturgeber	Gebläse prüfen
	6 Steuer- und Bediengerät defekt	Zur Überprüfung ausbauen, ggf. austauschen
	7 Luftgebläse nicht eingeschaltet	Luftgebläse mindestens in Stellung »I« einschalten
B Heizung läßt sich nicht abstellen	1 Keine Spannung am Duoventil, da Steuer- und Bediengerät defekt	Steuer- und Bediengerät erneuern
	2 Siehe A 3 und 4	
C Keine Heizung nach Abstellen des Motors	Umwälzpumpe läuft nicht	Bei eingeschalteter Heizung und Zündung Spannung an Pumpe messen, ggf. Pumpe ersetzen
D Luftverteilung nicht umschaltbar	1 Drehregler läßt sich schwer oder widerstandslos drehen	Bowdenzüge ausgehängt oder Betätigungsteile am Heizungsgehäuse verklemmt
	2 Scheiben beschlagen innen, weil Umluftklappe nicht mehr öffnet	Bowdenzug und Betätigungsteile prüfen

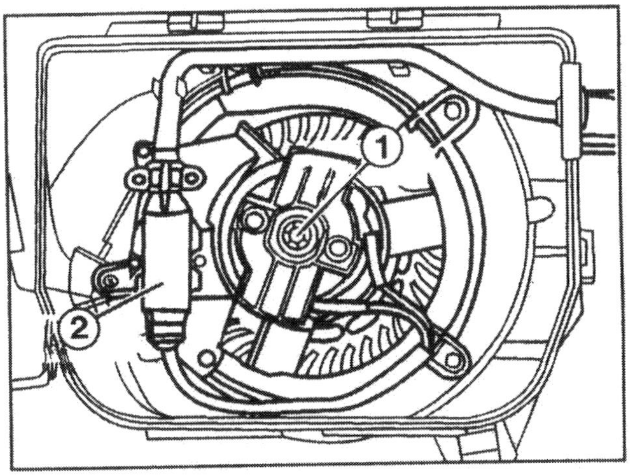

Den Gebläsemotor erreicht man nach Ausbau einer Verkleidung oben im Beifahrerfußraum. 1 – Gebläsemotor; 2 – elektronischer Drehzahlregler bei Fahrzeugen mit Klimaanlage.

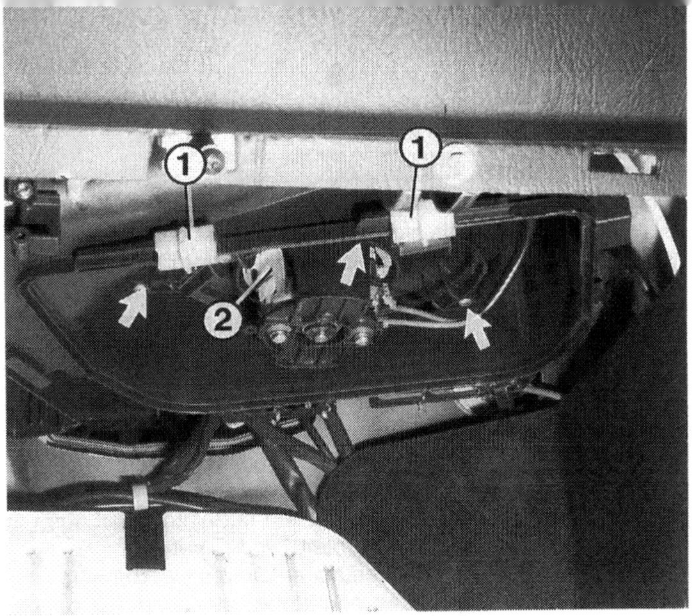

1 – Schiebeverschlüsse für Motorabdeckung; 2 – Gebläsemotor; Pfeile – Befestigungsschrauben.

Das Luftgebläse

Der Gebläsemotor läuft in vier Geschwindigkeitsstufen, die durch den Drehschalter am Armaturenbrett eingestellt werden. Die Geschwindigkeitsstufen werden durch Zuschalten verschieden großer Widerstände bzw. durch direkte Stromversorgung erreicht. Die Widerstände bewirken eine verringerte Spannung am Motor und drosseln so seine Geschwindigkeit. Die volle Drehzahl erreicht der Gebläsemotor bei direkter Stromzuleitung.

Störungssuche Gebläsemotor

● Wenn das Gebläse bei eingeschalteter Zündung **in keiner Schalterstellung** rauscht, kontrollieren Sie zuerst die zuständige **Sicherung** Nr. 14 (Kapitel »Die Karosserie-Elektrik«).

● War diese in Ordnung, Gebläseschalter prüfen – dazu muß das Steuer- und Bediengerät ausgebaut werden.

● Zündung einschalten.

● Prüflampe oder Voltmeter an guten Massekontakt anschließen. Wir prüfen jetzt, ob die am Schalter angeschlossenen Kabel Strom führen. Dazu Kabelisolierung mit Nadelkontakt durchstechen:

● Beim schwarz/grünen Kabel (Stromzufuhr) muß die Prüflampe immer brennen bzw. der Voltmeter muß Batteriespannung anzeigen. Bei den Kabeln mit grüner Umhüllung und zusätzlichen Farbstreifen ist das nur bei entsprechender Schalterstellung der Fall.

● Funktion nicht, wie beschrieben: Fehler in der Stromzufuhr beheben bzw. Schalter austauschen.

● Waren Stromzufuhr und Schalter einwandfrei, muß der **Gebläsemotor** freigelegt werden, wie unter »Gebläsemotor ausbauen« beschrieben.

● Stromzufuhr zum Motor prüfen: Liegt am grün/grauen bzw. roten Anschlußkabel des Gebläsemotors bei eingeschalteter Zündung Spannung an (zweites Prüflampen- bzw. Voltmeterkabel am Motorblock befestigen)? Wenn nicht, Stromzufuhr prüfen.

● Spannung zwischen den beiden Anschlußkontakten am Gebläsemotor messen, Gebläseschalter auf Stufe »4« stellen. Jetzt müssen ca. 12 V anliegen.

● Ist das der Fall, ohne daß sich der Gebläsemotor bewegt, ist er defekt. Austauschen.

● Ist keine Spannung vorhanden, liegt der Fehler an der **Sicherung auf der Widerstandsplatte**.

● Läuft das Gebläse nicht in allen Geschwindigkeiten oder läuft es nur auf Stufe »4«, ist möglicherweise einer der **Vorwiderstände** defekt.

● Vorwiderstände im Aggregateraum links neben dem Bremskraftverstärker ausbauen. Sichtprüfung vornehmen. Ist einer der Widerstände durchgebrannt, kompletten Widerstandsträger ersetzen. Bei Klimaanlage ist ein elektronischer Gebläseregler seitlich am Gebläsemotor eingebaut.

Gebläsemotor ausbauen

● Der Ausbau erfolgt vom Fußraum des Beifahrers. Dazu müssen Sie sich rücklinks unter das Armaturenbrett quälen.

● Verkleidung oben im Fußraum ausbauen.

● Am Heizungskasten die Verschlüsse der Abdekkung zur Seite schieben.

● Abdeckung vor Motor abnehmen.

● Drei Schrauben um Motor lösen.

● Leitungen ausstecken.

● Lüfter nicht von Motorwelle lösen oder verdrehen. Der Verbund ist gemeinsam gewuchtet.

● Der kräftige Motor hat eine max. Stromaufnahme von ca. 22 A.

Staubfilter erneuern

Wartung Nr. 21

- Da sich der Staubfilter aufgrund seines Fitermaterials nicht reinigen läßt, ist der Austausch alle 30000 km erforderlich, bei extrem staubigen »Hausstrekken« auch früher.
- Verkleidung oben im Fußraum ausbauen.
- Oben im Fußraum des Beifahrers die beide weißen Kunststoffriegel verschieben.
- Abdeckung vor dem Staubfilter abnehmen.
- Staubfilter aus dem Schacht ziehen. Einbaulage beachten.
- Erreichbaren Schmutz im Heizungskasten herauswischen.
- Neuen Filter gleich einsetzen und Abdeckung schließen.

Heizungskasten ausbauen

Diese äußerst umfangreiche und eher schwierige Arbeit wird z. B. dann erforderlich, wenn ein Wärmetauscher undicht wurde und ersetzt werden muß. Anfängern in Sachen Selbsthilfe raten wir von dieser Arbeit ab.

- Batterie abklemmen.
- Abdeckgitter am Lufteintritt ausbauen, siehe Kapitel »Instrumente und Geräte«.
- Wischeranlage komplett ausbauen.
- Stirnwandmittelteil ausbauen. Dazu alle Befestigungen lösen. Leitungen und Schläuche durchführen.
- Steuergeräteträger ausbauen.
- Kompletten Wassersammelkasten ausbauen.
- Vorwiderstand für Heizungsgebläse ausbauen.
- Heizungsschläuche abschrauben und mit Stopfen verschließen.
- Vordersitze ausbauen.
- Alle Teile der Mittelkonsole ausbauen.
- Verkleidung oben im Fahrerfußraum und Bodenbeläge links und rechts ausbauen.
- Armaturenbrett ausbauen.
- Lenkrad ausbauen.
- Mantelrohr der Lenkung ausbauen.
- Leitungsschacht oben lösen. Auf Stecksicherung am Mantelrohr achten.
- Halter zum Mitteltunnel losschrauben.
- Querrohr hinter Armaturenbrett ausbauen.
- Leitungsverbindungen zur Masse abschrauben. Stecker abziehen.
- Luftkanäle zu den Düsen ausbauen.
- Unterdruckleitungen bezeichnen, ausstecken.
- Heizungskasten vollends ausbauen.
- Deckel vor den Wärmetauschern ausbauen. Dazu vier Schrauben herausdrehen und sechs Klammern lösen.
- Wasserleitungen lösen.
- Wärmetauscher mit Rohrgruppe herausnehmen.
- Rohr am Wärmetauscher abschrauben. Später mit neuen O-Ringen einbauen.

Die Klimaanlage

Das gasförmige Kältemittel (ca. 1 kg) wird mit dem Taumelscheiben-Kompressor seitlich links am Motor verdichtet. Dessen Antrieb erfolgt über den Keilrippenriemen von der Kurbelwelle aus. Beim Verdichten durch den Kompressor verflüssigt sich das Kältemittel und strömt in den Verdampfer im Heizungsgehäuse unter

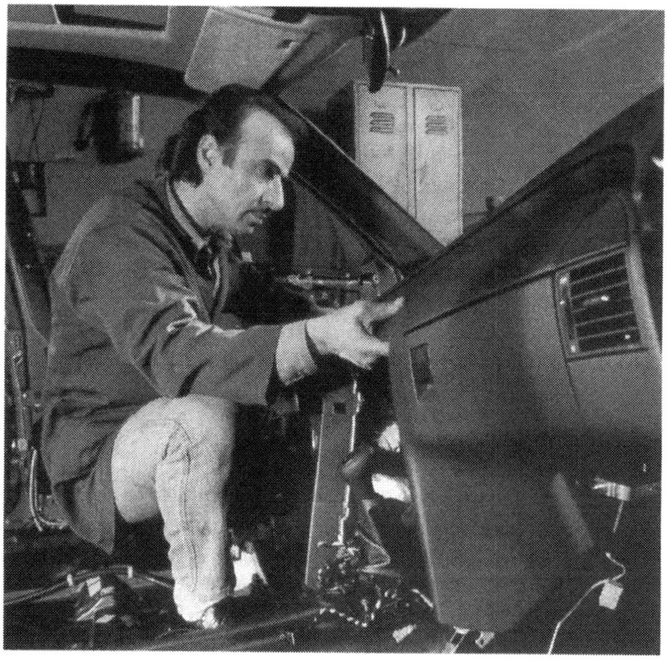

Fast die umfangreichste Arbeit am Fahrzeug: Ausbau des Heizungskastens. Im Motorraum muß unter der Windschutzscheibe der komplette Wassersammelkasten ausgebaut werden. Innen ist das komplette Armaturenbrett auszubauen.

Der Staubfilter (1) wird vom Beifahrerfußraum erneuert.
2 – Abdeckung vor Staubfilter;
3 – Schieberiegel für Abdeckung.

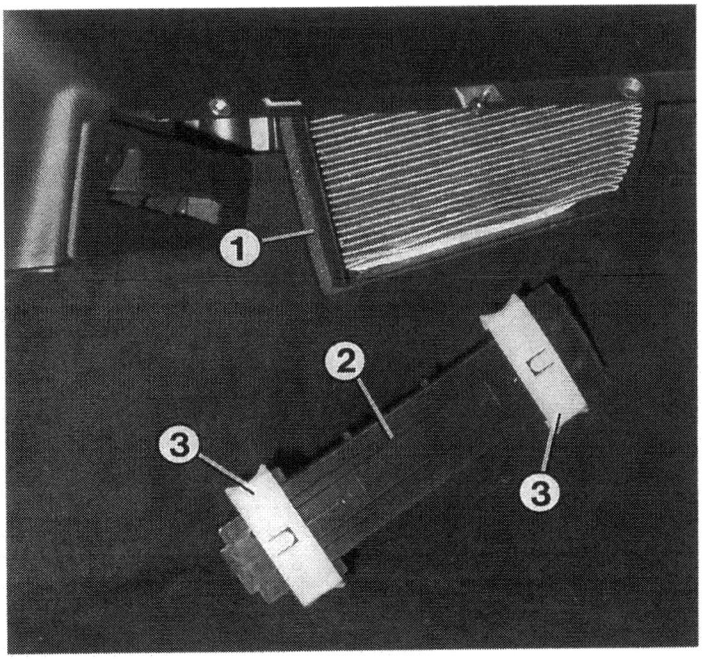

dem Armaturenbrett. Dort verdampft das Kältemittel wieder, wobei Kälte entsteht. Die durch den Verdampfer strömende Luft kühlt sich an dessen Lamellen ab. Das Kältemittel strömt vom Verdampfer weiter zum Kondensator vor dem Kühler und von dort erneut zum Kompressor. Zur besseren Kondensierung sind vor dem Kondensator noch zwei Zusatzlüfter eingebaut. Die Kälteleistung der Klimaanlage wird elektronische gesteuert. Sie hängt von der Außentemperatur, der augenblicklichen Innenraumtemperatur und der gewünschten Raumtemperatur ab.
Weiteres Wissenswerte zur Klimaanlage:

○ Die Zusatzlüfter haben zwei Stufen. Bei einem Kältemitteldruck von 20 bar schaltet ein Druckschalter. Ein Relais zieht an, und die Zusatzlüfter erhalten über einen Vorwiderstand Strom. Bei einer Motor-Kühlmitteltemperatur von mehr als 107°C laufen die Zusatzlüfter mit Maximalleistung.

○ Beim Einschalten des Kompressors wird die Motordrehzahl sofort geregelt, damit der Motor nicht abstirbt. Der Kompressor benötigt etwa 9 kW.

○ Damit der Motor thermisch nicht überlastet wird, erfolgt die Abschaltung des Kompressors bei ca. 115°C Kühlmitteltemperatur.

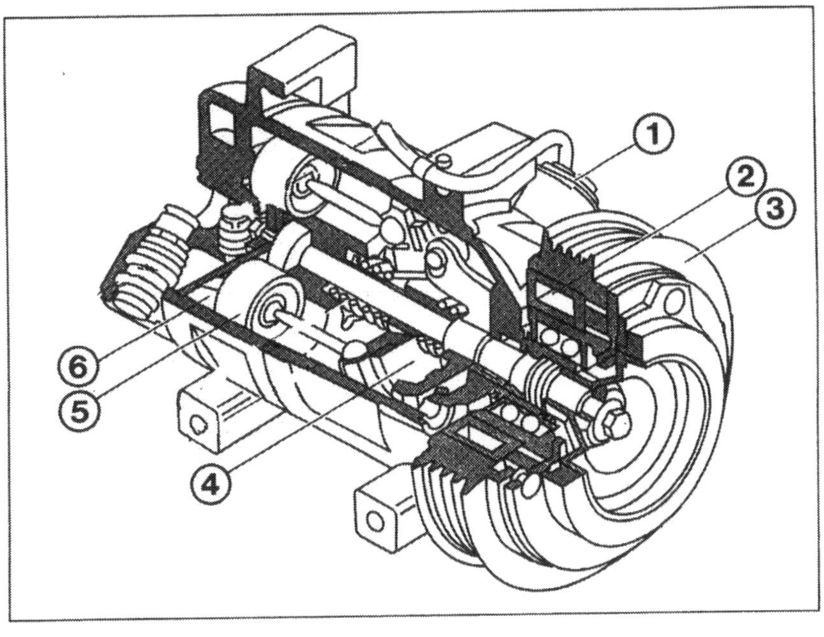

Schnitt am Taumelscheiben-Kompressor mit sechs Kolben. Es bedeuten:
1 – Hauptregelventil;
2 – Magnetkupplung;
3 – Riemenscheibe;
4 – Taumelscheibe;
5 – Kolben;
6 – Verdichtungsraum.

Fahrzeug mit Klimaanlage:
1 – Zusatzlüfter;
2 – Vorwiderstand für Zusatzlüfter;
3 – Anschluß für Kältemittel;
4 – Befestigung des vorderen Stoßfängers oben.

○ Das Bedien- und Steuergerät der Klimaanlage erfaßt die Drehzahl des Kompressors mit einem induktiven Drehzahlgeber. Die Motordrehzahl erkennt es über die TD-Signale von der Motronic. Liegt das Verhältnis der beiden Drehzahlen nicht im festgelegten Bereich, ist der Kompressor zu schwergängig, und der Keilrippenriemen rutscht auf den Riemenscheiben durch. Zum Schutz des Riemens wird jetzt der Kompessor abgeschaltet.
○ Zum Motorausbau darf der unter hohem Druck stehende Kältemittelkreislauf nicht ohne spezielle Auffanggefäße geöffnet werden. Auch das Ergänzen von Kältemitttel ist nur in der Werkstatt möglich. Beim Motorausbau deshalb Kompressor, Kältemittelleitungen und die Halter vom Motor abschrauben. Die Teile seitlich im Motorraum mit Draht befestigen.
○ Das Bedien- und Steuergerät der Klimaanlage ist diagnosefähig. Aufgetretene Fehler werden gespeichert und können später in der Werkstatt augelesen werden.
○ Hinter dem linken Scheinwerfer ist ein kleiner Flüssigkeitsbehälter mit Schauglas oben eingebaut. Zeigt sich im Schauglas Schaumbildung, ist zu wenig Kältemittel in der Anlage.

Bei Fahrzeugen mit Klimaanlage ist hinter dem rechten Scheinwerfer der Verdampfer (1) zu finden. Kommt es hinter dem Schauglas zu Schaumbildung, während der Kompressor läuft, fehlt es an Kältemittel.

Empfangssalon

Nun folgt der gemütliche Teil in unserem C-Klasse-Mercedes. Hier geht es um den wohnlichen Innenraum und wie Verkleidungen ausgebaut werden, um an die darunter versteckte Technik zu gelangen.

Sitze

Die Sitze sind gegenüber dem Vorgängermodell in der Sitzfläche vergrößert und die Kontur ist stärker ausgeformt, besonders bei den Sitzen in Sport-Ausführung. Vorn ist eine elektrische Sitzverstellung, Sitzheizung und eine orthopätische Rückenlehne möglich. Weiterhin ist eine Höhenverstellung über eine Schrittmechanik eingebaut. Der Hub beträgt stattliche 47 mm.

Vordersitze ausbauen

- Kopfstütze ausbauen. Dazu den Verriegelungsknopf an der Rückseite des Sitzes erfühlen und drücken.
- Sitz vorschieben.
- Verkleidung an äußerer Gurtbefestigung vom Sitz ausrasten.
- Gurt losschrauben. Auf Lage der Scheiben achten.
- Sitz hinten in Schiene losschrauben. Dazu ist ein Steckeinsatz für Außen-TORX E12 erforderlich.
- Sitz nach hinten schieben.
- An Sitzschienen vorn Abdeckkappen mit Schraubendreher ausrasten und abziehen.
- Außen-TORX-Schrauben vorn in Sitzschienen abschrauben.
- Steckverbindungen ausstecken.
- Sitz herausnehmen.
- Beim Einbau auf richtigen Sitz der Führungsbolzen achten. Gurt mit 35 Nm und Sitz mit 50 Nm festschrauben.

Sitzbank hinten ausbauen

- Am Sitzkissen vorn außen beidseitig die Entriegelungsfedern drücken.
- Sitzkissen herausnehmen.
- Bei nicht umklappbarer Rückenlehne drei Schrauben an der Unterkante herausdrehen.
- Rückenlehne nach oben drücken und herausnehmen.
- Beim Einbau auf richtige Lage der Gurte achten.
- Bei klappbarer Rückenlehne die Anlenkpunkte unten losschrauben.

Kopfstützen hinten

- Zum Ausbau Kopfstütze aufstellen.
- Abdeckung in Heckablage nach vorn drücken und gleichzeitig mit breitem Keil seitlich hebeln.
- Abdeckung hochschieben.
- Mit Schraubendreher beide Sperren drücken. Kopfstütze aus Lager herausziehen.

Die Sitzheizung

Die Sitzheizung wird von einem Wipptaster neben dem Schalthebel gesteuert. Der Strom (von Sicherung Nr. 10) zu den Heizdrähten wird durch ein Relais zugeschaltet. Das Relais ist im vorderen Fußraum unter der Bodenmatte zu finden.

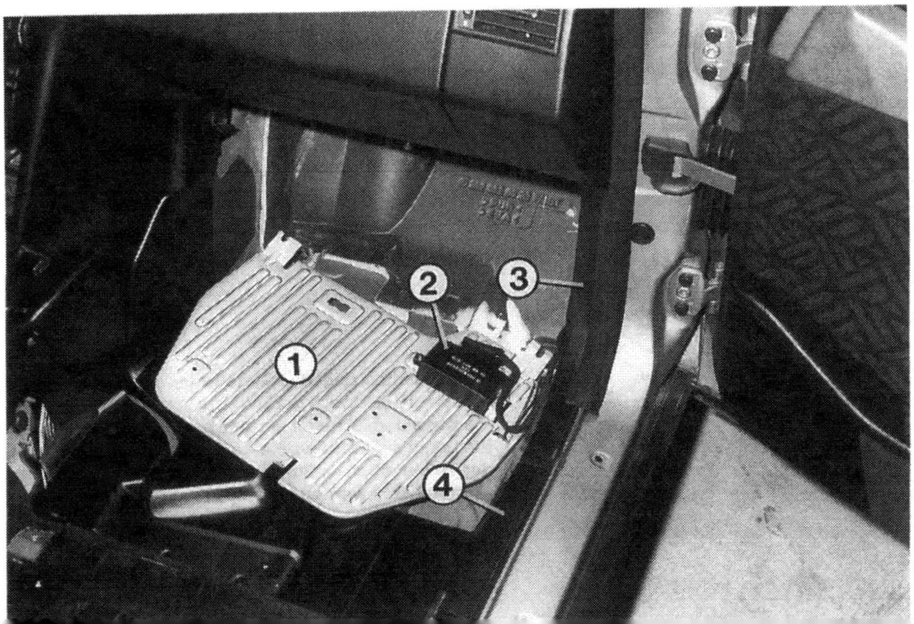

Beifahrerfußraum ohne Bodenbelag:
1 – Abschlußblech vorn;
2 – Steuergerät Sitzheizung;
3 – Seitenverkleidung im Fußraum;
4 – Abdeckung auf Kabelkanal.

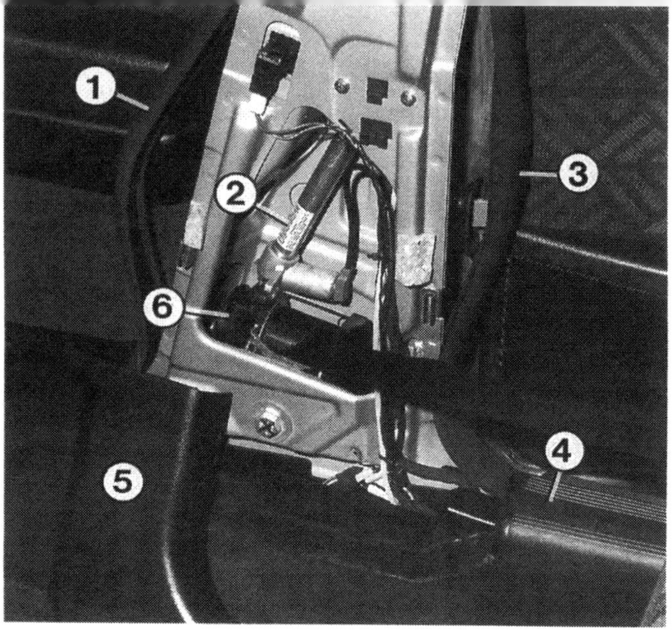

1 – Kantenschutz vorn; 2 – Gurtstraffer; 3 – Kantenschutz hinten; 4 – Trittabdeckung; 5 – Mittelsäulenverkleidung unten; 6 – Gurtrolle.

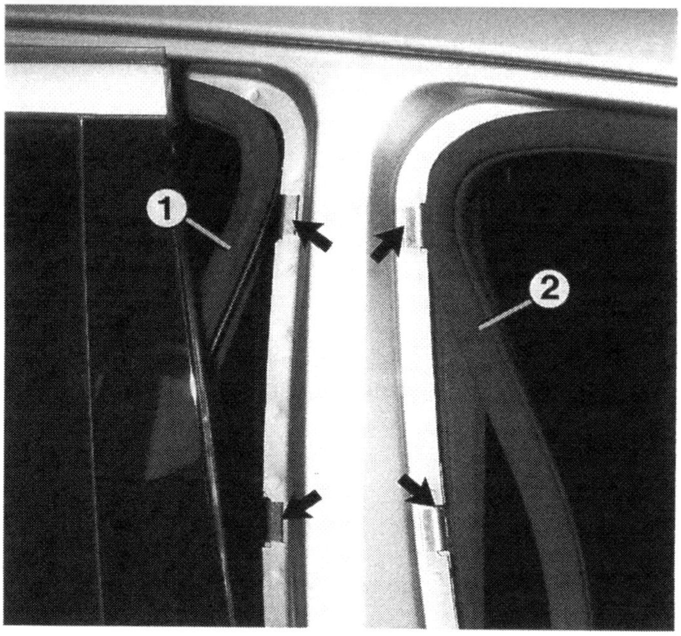

Zum Ausbau der Mittelsäulenverkleidung den Kantenschutz (1, 2) von den Klammern (Pfeile) lösen.

In der 1. Heizstufe leuchtet eine Kontrolleuchte, und die Heizleistung beträgt 20 Watt. Leuchten beide Kontrolleuchten am Schalter, ist die starke Heizstufe (60 Watt) eingeschaltet. Für die geringe Heizleistung wird die Spannung getaktet (Einschaltzeit ca. 30 %).

Sicherheitsgurte prüfen

Wartung Nr. 13

Zeigen die Gurte einen der nachfolgend genannten Mängel, sollten sie ausgewechselt werden: Welliges Gurtband, ausgefranste Kanten, aufgeriebenes Gewebe, angerissenen Nähte. Wenn ein »lahmer« Automatikgurt öfter zwischen Tür und Karosserie eingeklemmt wurde, verliert er mit der Zeit an Festigkeit.
Haben die vorderen Gurtstraffer nach einem Unfall bereits einmal ausgelöst, müssen neue Sicherheitsgurte eingebaut werden. Zur Kontrolle Verkleidung an der Mittelsäule ausbauen und nachsehen, ob die Farbmarkierung am Drahtseil noch sichtbar ist. Bei bereits gezündeten Gurtstraffern hat die Gasladung den Kolben nach oben gedrückt, und das Drahtseil hat seine Lage geändert. In der Werkstatt kann dies auch über die Diagnose erkannt werden. Zum Gurtausbau vorn Verkleidung der Mittelsäule ausbauen. Hinten Sitzkissen, -lehne und Hecksäulenverkleidung ausbauen.

Fingerzeig: Schmutzige Gurte werden ausschließlich mit Seife und Wasser gesäubert.

Handschuhfach ausbauen

- Deckel öffnen.
- Leuchte ausclipsen und ausbauen. Dazu Stecker abziehen.
- Kunststoffdübel oben und unten (vier Stück) ausbauen.
- Handschuhfach oben und unten mit Keil ausrasten und herausziehen.

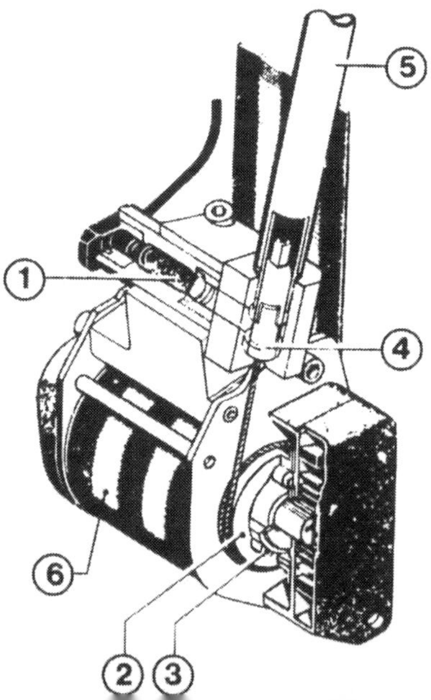

Die Zeichnung zeigt den Gurtstraffer an der Gurtaufrollvorrichtung. Wird der Gasgenerator (1) elektrisch gezündet, drückt das Gas den Kolben (4) im Rohr (5) nach oben. Die Kupplung (3) rastet ein, und der Gurt (6) wird über die Seilwinde (2) gestrafft. Der Pfeil zeigt auf eine Farbmarkierung am Seil. Ist die Markierung verschwunden, steht der Kolben oben im Rohr. Der Gurtstraffer hat dann bereits einmal ausgelöst und muß ausgetauscht werden.

Sicherheit auch für Knirpse: Der integrierte Kindersitz von Mercedes-Benz für die C-Klasse wird als Doppelpack als Sonderausstattung für die Fondsitzbank angeboten. Er zeichnet sich durch hohen Bedienungskomfort, hohe Schutzwirkung und Sicherheit aus.

Mitte links: Hinter einer Abdeckung (2) ist das Gurtende (3) an den Sitz geschraubt. 1 – Sitzhöhenverstellung.
Mitte rechts: Zum Ausbau der Kopfstützen (1) aus dem Sitz (2) an der gezeigten Stelle (Pfeil) drücken.
Unten links: Befestigungsschrauben (1) der Vordersitze hinten.
Unten rechts: 1 – Abdeckung; 2 – Schraube; 3 – Sitzschiene; 4 – TORX-Stecknuß.

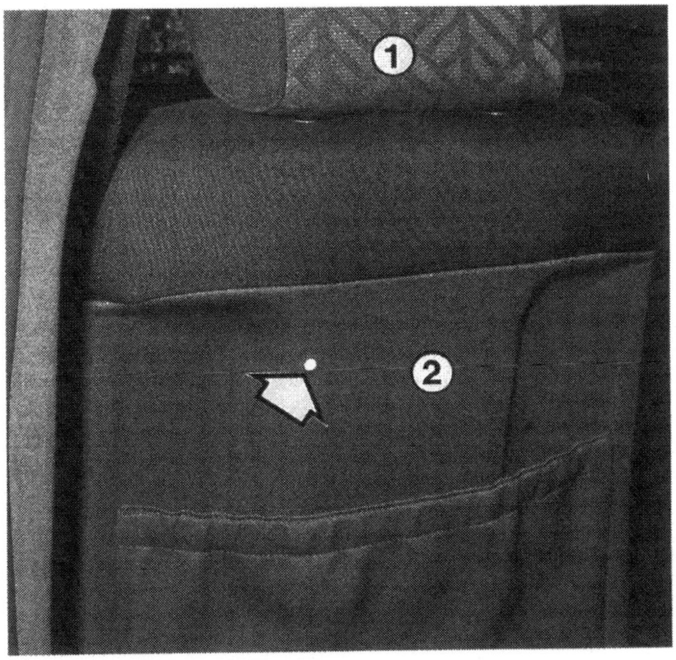

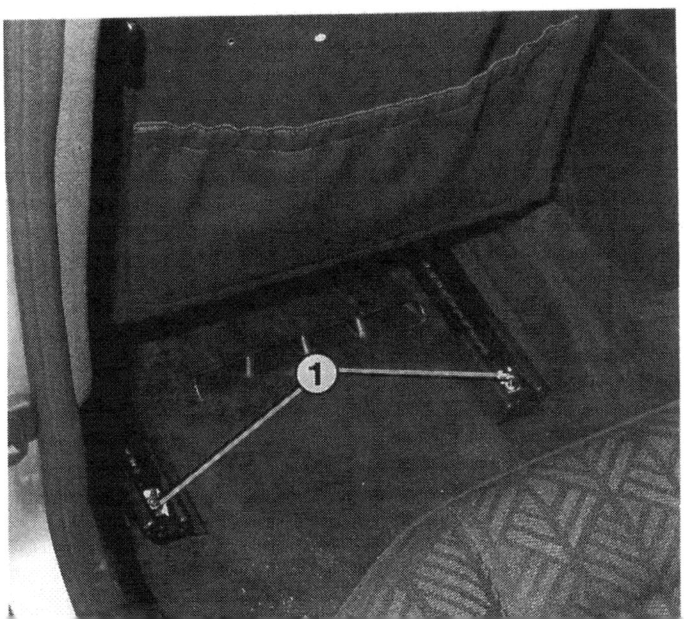

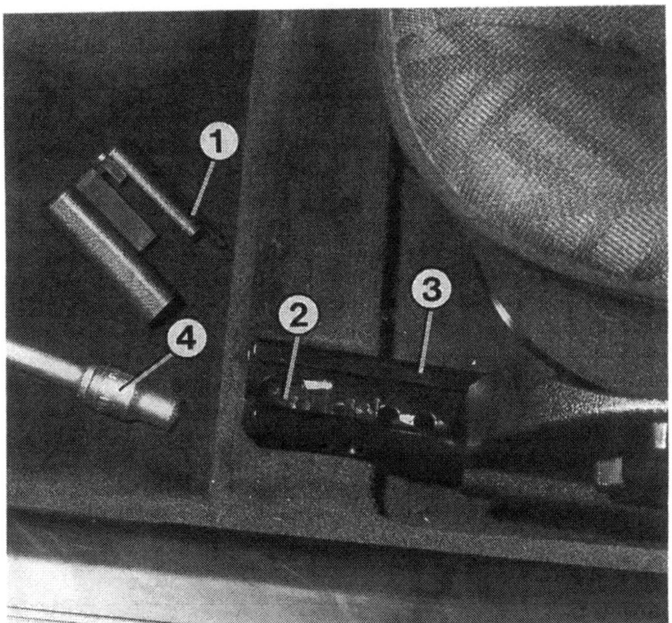

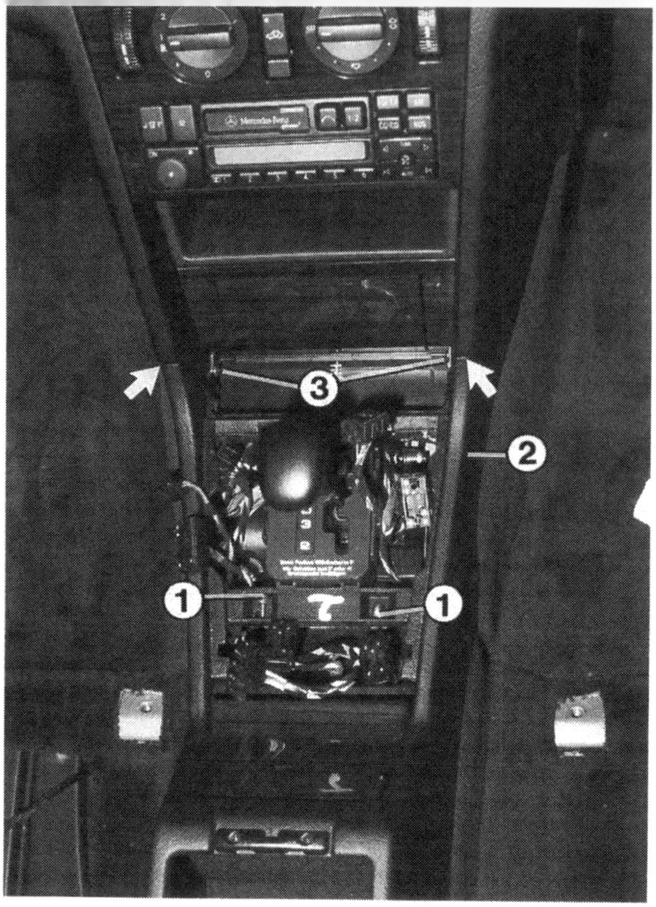

Ausbau der Mittelkonsole: 1 – Schrauben unter Abdeckung am Schalthebel; 2 – Mittelkonsole; 3 – Schrauben unterhalb Ascher.

Abdeckung am Schalthebel ausbauen

● Bei Fahrzeugen mit Mittelarmlehne das Abfallfach öffnen.

● Bei **Schaltgetriebe** den Faltenbalg nach unten schieben. Zusammen mit Faltenbalg die Verkleidung am Ausschnitt für den Schalthebel fassen und nach oben ziehen. Evtl. am Brillenfach vorn und an der Hinterkante der Verkleidung vorsichtig mit Keil loshebeln, bis die Verkleidung nach oben ausrastet.

● Bei **Automatik** den Rahmen an Schaltkulisse seitlich mit Keil loshebeln. Verkleidung an Vorderkante und an Schaltkulisse mit Keil loshebeln.

● **Alle:** Stecker auf der Rückseite der Verkleidung abziehen. Durch ihre Form können sie nicht vertauscht werden.

Ascher ausbauen

● Abdeckung um Schalthebel ausbauen bzw. an Vorderkante etwas anheben.

● Ablagefach unter Ascher herausnehmen.

● Beide Schrauben oben am Brillenfach herausdrehen.

● Am Aschergehäuse unten seitlich die beiden Kreuschlitzschrauben herausdrehen.

● Ascher mit Brillenfach herausnehmen. Stecker abziehen.

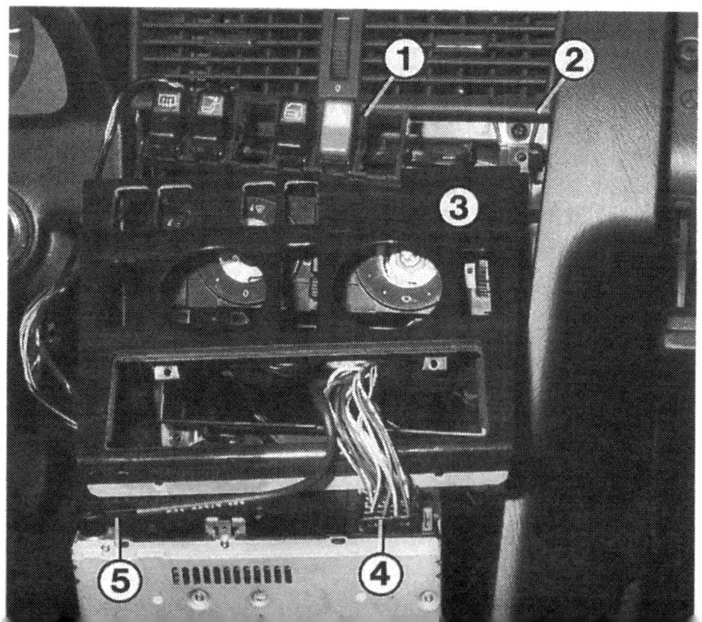

1 – Schalterleiste;
2 – hinter diese Kante wird die Verkleidung um die Heizungsregler eingesetzt;
3 – Verkleidung um die Heizungsregler;
4 – Spannungsversorgung des Radios;
5 – Antennenleitung.

Rechts: 1 – Keil zum Loshebeln; 2 – Abdeckung am Schalthebel; 3 – Rahmen um Schaltkulisse (Automatik); 4 – Schalthebel.

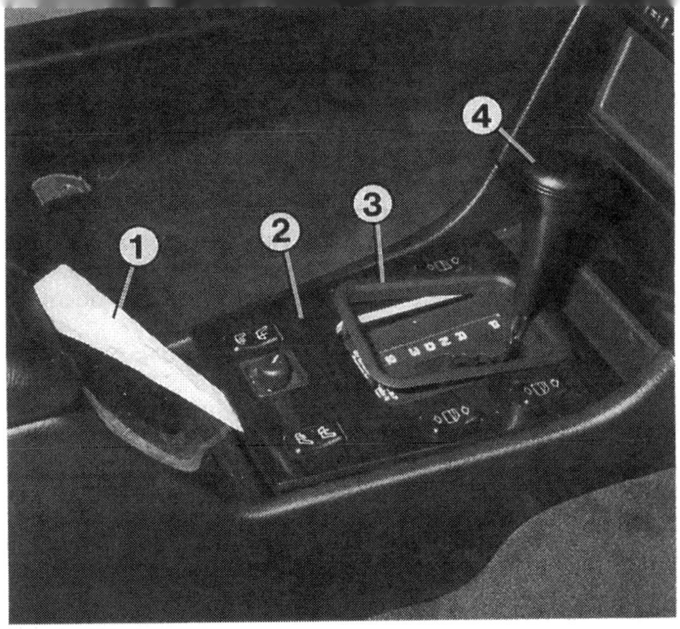

Mitte links: 1 – Verkleidung um die Heizungsregler; 2 – Montageschlitze für Radio; 3 – Brillenfach; 4 – Kreuzschlitzschrauben über Brillenfach.
Mitte rechts: Die Drehgriffe abziehen. 1 – Gebläseschalter mit Stift zum Schalter; 2 – Luftverteilung; 3 – Verkleidung um die Heizungsregler.

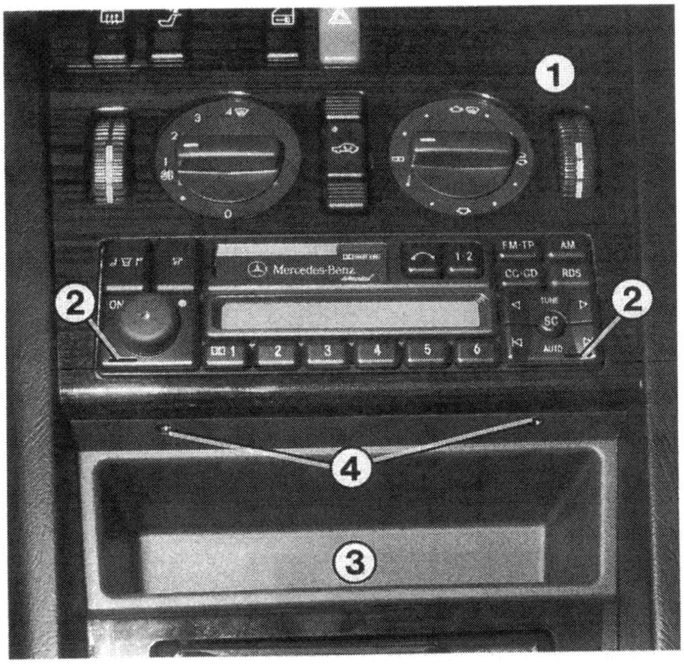

Unten links: Bei Fahrzeugen mit kleiner Mittelkonsole (1) den Teppichbelag (2) herausnehmen, um an die Schraube (Pfeil) zu gelangen.
Unten rechts: Erster Schritt zum Ausbau der Mittelkonsole (3): Das Ablagefach unter dem Ascher (1) und die Verkleidung um den Schalthebel (2) ausbauen.

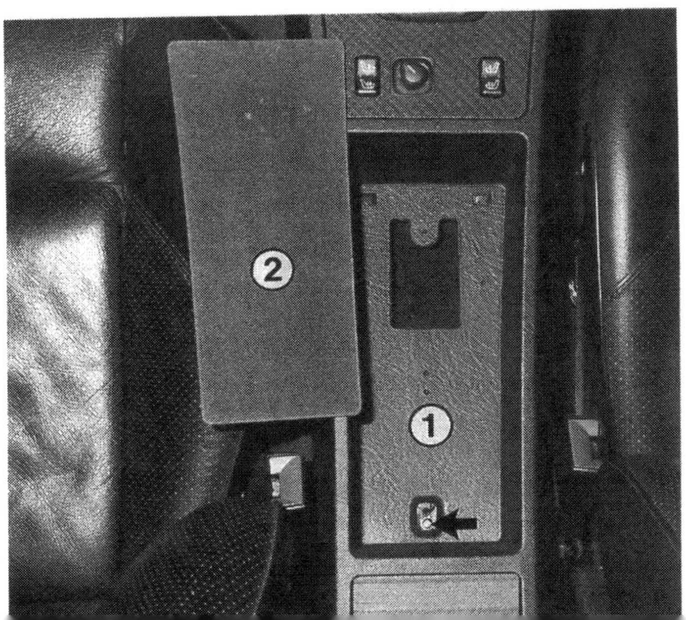

Mittelkonsole ausbauen

- Abdeckung um Schalthebel ausbauen.
- Ascher ausbauen.
- Ablagefach öffnen und Schraube am Boden herausdrehen. Oder Teppichbelag in Ablage herausnehmen (z.B. mit Staubsauger anheben), um an die Schrauben zu gelangen.
- Zwei Schrauben hinter dem Schalthebel herausdrehen.
- Mittelkonsole vorn so weit anheben, bis sie sich an der Schiebeverbindung abnehmen läßt.
- Beim Einbau Mittelkonsole vor dem Anschrauben so ausrichten, daß sie möglichst flächenglatt zu den benachbarten Teilen anschließt.

Verkleidung um die Heizungsregler ausbauen

- Ascher mit Brillenfach ausbauen.
- Radio ausbauen. Dazu zwei Entriegelungsbleche an Unterkante einschieben.
- Zwei Schrauben über dem Brillenfach herausdrehen.
- Verkleidung unten anheben, bis sie oben ausgehängt werden kann.
- Schalterleiste ausrasten. Leitungen beim Einbau wieder seitlich verlegen.

Verkleidung an der Mittelsäule ausbauen

- Kantenschutz im Türausschnitt entlang der Mittelsäule abziehen.
- Vier Klammern oben an Blechkante mit Schraubendreher ausrasten.
- Verkleidung nach oben herausziehen.
- Gurtende losschrauben.
- Verkleidung unten am Schweller ausbauen.
- Nach Einbau Gurtumlenkpunkt prüfen. Er muß in drei Stellungen einrasten.

Verkleidung an der Hecksäule ausbauen

- Kantenschutz oben im Türausschnitt abziehen.
- Mit Keil die Vorderkante der Verkleidung von den drei Haken losdrücken.
- Verkleidung hinten oben abdrücken.
- Verkleidung nach vorn aus Steckungen an Heckablage herausziehen.
- Gurtende losschrauben und Gurt aus Verkleidung ziehen.

Heckablage ausbauen

- Rücksitzbank und Rückenlehne ausbauen.
- Beide Kopfstützen ausbauen.
- Beide Verkleidungen an den Hecksäulen ausbauen.
- Drei Schrauben an Vorderkante herausdrehen.
- Ablage vorn anheben und herausziehen.

Verkleidungen im Fußraum

- Das Luftgitter am Luftaustritt der Fußraumdüsen ist mit einer Kunststoffschraube befestigt.
- Die schwarze Verkleidung oben im Beifahrerfußraum vom Armaturenbrett an der Hinterkante losschrauben.
- Die Verkleidungen zur Seitenwand sind eingerastet.

Unteres linkes Armaturenbrett (2) ausbauen: 1 – Druckknopf für Lenksäulenverstellung, zum Ausbau Verriegelung unten lösen; 3 – Entriegelung für Motorhaube; Pfeile – Befestigungsstellen.

Unteres linkes Armaturenbrett ausbauen

- Verkleidung an Luftdüse im Fußraum ausbauen.
- Roten Hebel für Haubenentriegelung ziehen. Entriegelung für Feststellbremse ziehen. Ggf. Knopf für Lenkradverstellung drücken.
- Hebel für Haubenentriegelung abschrauben.
- Kreuzschlitzschrauben am unteren Armaturenbrett herausdrehen.
- Kunststoffschrauben SW 10 herausdrehen.

Schalthebelgriff

- Bei Schaltgetriebe die Manschette über den Griff ziehen.
- Den Ring am unteren Ende des Griffs entgegen dem Uhrzeigersinn verdrehen (Seite 105).
- Griff abziehen.
- Beim Einbau den Ring wieder im Uhrzeigersinn verriegeln.

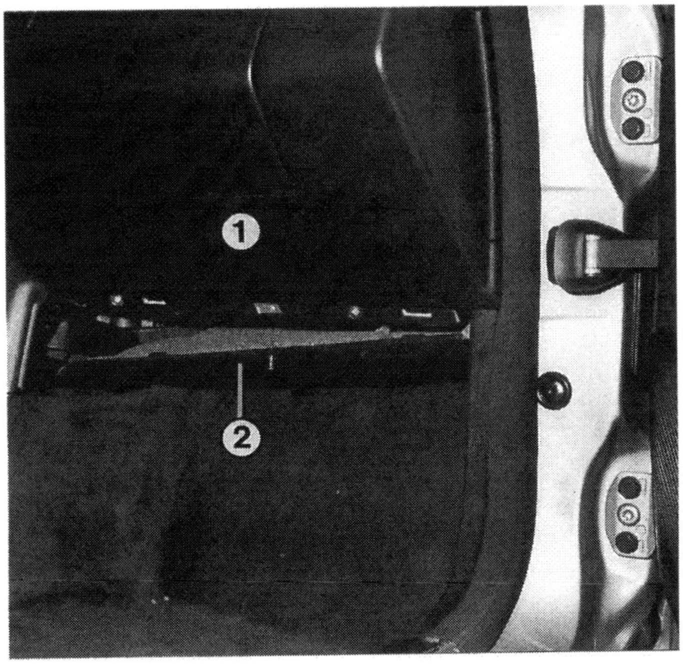

Oben: 1 – Verkleidung oben im Beifahrerfußraum. Eine Schraube lösen.
Unten: 1 – Seilzug von Zündschloß (Automatik); 2 – Steuergerät für Airbag/Gurtstraffer; 3 – Schiebeverbindung zur Mittelkonsole.

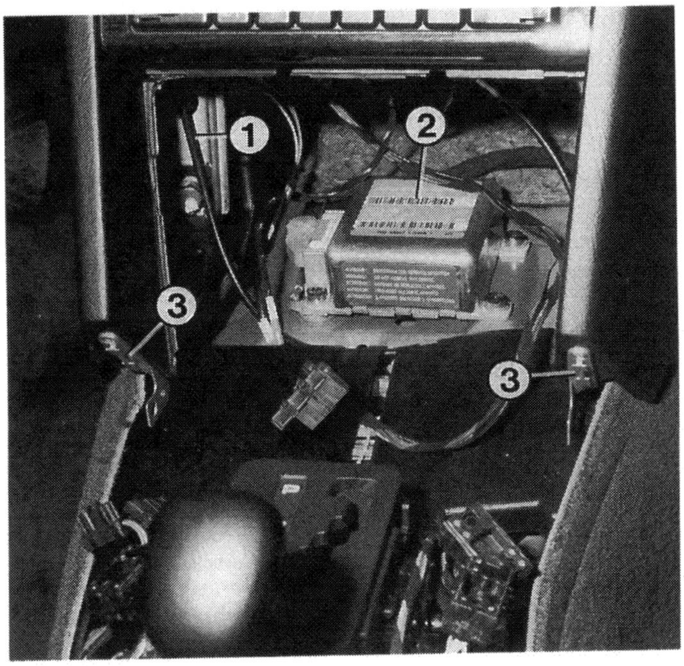

Oben: 1 – unteres linkes Armaturenbrett; Pfeile – Befestigungsstellen.
Unten: 1 – Schalterleiste; 2, 3 – Steuerung der Luftverteilung; 4 – Heizungskasten; 5 – Gebläseschalter; 6 – Steuergerät Heizung/Klima.

Blech-Moden

Die Karosserie ist weit mehr als ein »Dach über dem Kopf« für die Insassen. Sie soll geringes Gewicht, Verwindungssteifigkeit, hohe Formfestigkeit der Fahrgastzelle und energievernichtende »Knautschzonen« an Bug und Heck aufweisen.

Demontierbare Teile

Mit einiger Geschicklichkeit kann man die Stoßfänger, die Wagenfront und die vorderen Kotflügel alleine ausbauen. Wollen Sie aber die Motorhaube, Kofferraumdeckel oder Türen demontieren, brauchen Sie unbedingt einen Helfer, der diese großen und schweren Teile hält, während Sie schrauben. Andernfalls ist schnell irgendwo der Lack zerkratzt.

Fingerzeige: Den Wiedereinbau der bisherigen Motorhaube oder Kofferraumdeckel kann man sich erleichtern, wenn die Lage der Scharniere vor der Demontage angezeichnet wird.
Eine neue Motorhaube bzw. Tür oder einen neuen Kofferraumdeckel bzw. Kotflügel können Sie bereits vor der Montage lackieren lassen.

Die Motorhaube

Haube ausbauen

- An den hinteren Ecken der Haube Lappen auflegen, daß die evtl. abrutschende Haube nicht auf Blech oder Lack aufsitzt.
- Schlauch zur Scheibenwaschanlage und Kabel zu den beheizten Waschdüsen abziehen. Dazu die Abdeckungen innen an der Motorhaube abnehmen.
- Rechts und links zuerst je zwei der Scharnierhalteschrauben losdrehen.
- Jeweils dritte Schraube nur lockern.
- Von zwei Helfern die Haube links und rechts halten lassen, Schrauben vollends herausdrehen und Haube abnehmen.

Motorhaube einstellen

Bei geschlossener Motorhaube muß der Abstand zu beiden Kotflügeln und zum Windlauf unterhalb der Windschutzscheibe rundum annähernd gleich sein (ca. 5 mm). In der Höhe soll die Haube den Kotflügeln entsprechen.

- Zur Einstellung in **Längsrichtung** werden die Schrauben zwischen Scharnier und Haube gelöst.
- Haubendeckel verschieben. Damit hierbei kein Lack verkratzt wird, evtl. an den Ecken zum Windlauf Lappen unterlegen.
- In **Seitenrichtung** läßt sich der Sitz der Haube allenfalls durch vorsichtiges Biegen der Scharniere korrigieren.
- Hilft das nicht, muß der Sitz der Kotflügel korrigiert werden.
- Zur Einstellung der **Höhe** die Gummipuffer vorn am Querträger so weit hinein- bzw. herausdrehen, bis die Haube in geschlossenem Zustand in gleicher Höhe mit den Kotflügeln steht.

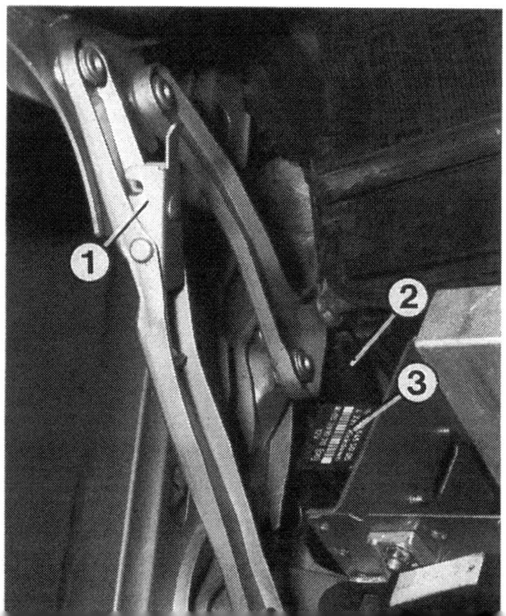

Links: 1 – Motorhaubenscharnier mit Sperrhebel für Montagestellung; 2 – Gasdruckdämpfer; 3 – Steuergerät Kickdown (C 180 Automatik). Rechts: Schrauben (1) erst lösen, wenn Lage bezeichnet (Pfeile) ist.

Im Bild gezeigt sind folgende Teile:
1 – Stoßleiste an Tür;
2 – Kreuzschlitzschraube;
3 – Kunststoff-Halteklammer.

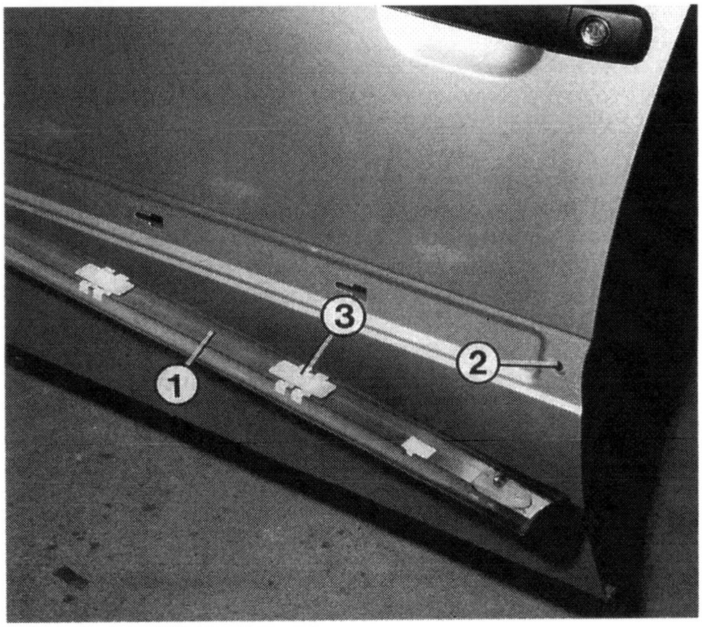

1 – Feder für Motorhaubenentriegelung;
2 – verschiebbarer Schließbügel;
3 – Motorhaube;
4 – Verschraubungen Kühlergrill/Motorhaube;
5 – Kühlergrill;
6 – Motorhauben-Entriegelung;
7 – Mercedes-Stern.

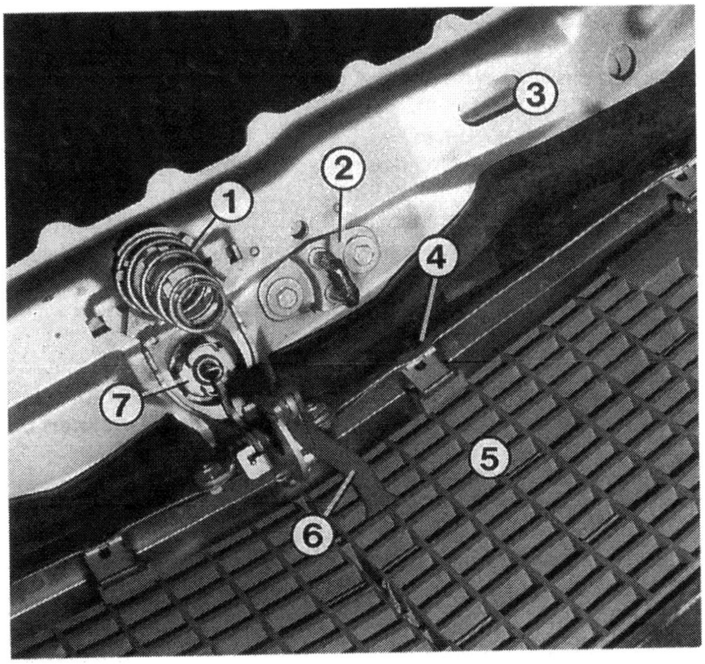

Unten links: 1 – Kofferaumdeckel;
2 – Scharnierhebel, Schraube (Pfeil) erst lösen, wenn deren Stellung markiert ist.
Unten rechts: Mit einer Zange Verriegelung des Mercedes-Sterns um 90° verdrehen und Emblem aus der Motorhaube ziehen.

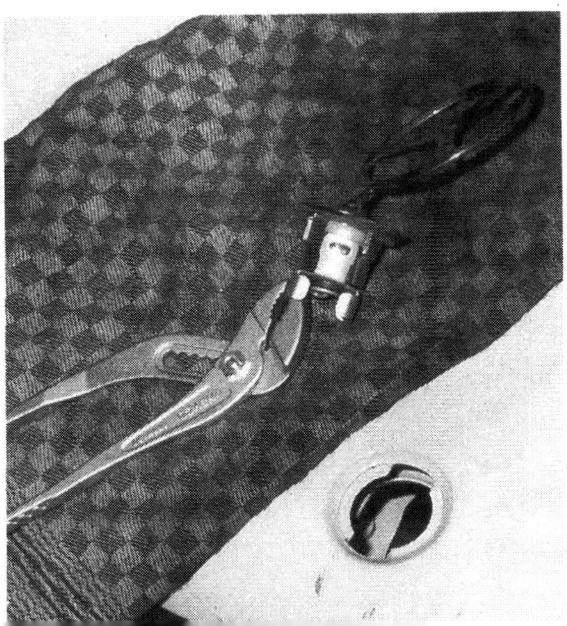

Montagestellung

● Um die Motorhaube in die senkrechte Montagestellung zu bringen, diese etwa halb öffnen.
● Dann den Sperrhebel am rechten Scharnier drükken und Motorhaube weiter nach oben drücken, damit der Sperrhebel nicht mehr einrastet.
● Anschließend den Sperrhebel am linken Scharnier drücken und Haube senkrecht stellen.
● Um die Motorhaube wieder in ihre Normalstellung bringen zu können, den Sperrhebel am linken Scharnier drücken.

Fingerzeig: Wenn Sie Dachständer anbringen, müssen die Lagemarkierungen oben an den Türausschnitten beachtet werden, sonst kann es zu sehr lauten Windgeräuschen kommen.

Kühlergrill ausbauen

● Motorhaube öffnen und die Schrauben zum Kühlergrill von innen herausdrehen.
● Das Kunststoffgitter kann vom Rahmen abmontiert werden: Hierzu die Klammern abdrücken.
● Beim Einbau des Kühlergrills darauf achten, daß die Unterlage an der Motorhaube klebt.

Mercedes-Stern ausbauen

● Der Mercedes-Stern wird bei geöffneter Motorhaube mit seinem Fußteil ausgebaut.
● Mit größerer Zange den Haltebügel fassen, nach unten ziehen und um 90° verdrehen. Die Enden des Bügels auf die vorgesehenen Nuten absetzen.
● Mercedes-Stern außen abnehmen.
● Zum Einbau den Haltebügel wieder zurückdrücken.

Kotflügel ausbauen

Lediglich die vorderen Kotflügel sind verschraubt. Die hinteren Seitenteile sind mit der restlichen Karosserie verschweißt.
● Blinkleuchten ausbauen.
● Verkleidung an der Unterkante des Scheinwerfers ausbauen.
● Radhausverkleidung ausbauen.
● Befestigungsschrauben seitlich oben im Motorraum herausdrehen.
● Schraube an der Unterkante des Kotflügels herausdrehen. Dazu Abdeckung vor der Tür ausrasten.
● Bei geöffneter Vordertür Schrauben an der Türsäule lösen.
● Bevor der Kotflügel beim Einbau festgeschraubt wird, muß er ausgerichtet werden. Dazu Motorhaube schließen und Kotflügel in der Höhe verschieben. Neues Dichtungsband verwenden.

Fingerzeig: Wenn erforderlich, Befestigungskanten an Kotflügel und Karosserie gründlich entrosten. Mit Zinkstaubfarbe vorstreichen und nach dem Trocknen überlackieren.

Radhausverkleidungen ausbauen

Die schwarzen Kunststoff-Radhausverkleidungen um die Räder verhindern, daß sich Schmutznester in den Winkeln an den Kotflügel-Innenseiten bilden, wo der Rost besonders gut gedeiht. Hinten rechts sind Teile der Tankentlüftung dahinter zu finden. Hinten links ist der Aktivkohlebehälter und vorne rechts teilweise ein Unterdruckspeicher eingebaut.
● Zum Ausbau am besten das Fahrzeug anheben und sichern.
● Jeweiliges Rad ausbauen.
● Entlang der Verkleidungen die Kreuzschlitz-Blechschrauben und die breiten Kunststoffmuttern SW 10 herausdrehen.
● Radhausverkleidung herausnehmen.

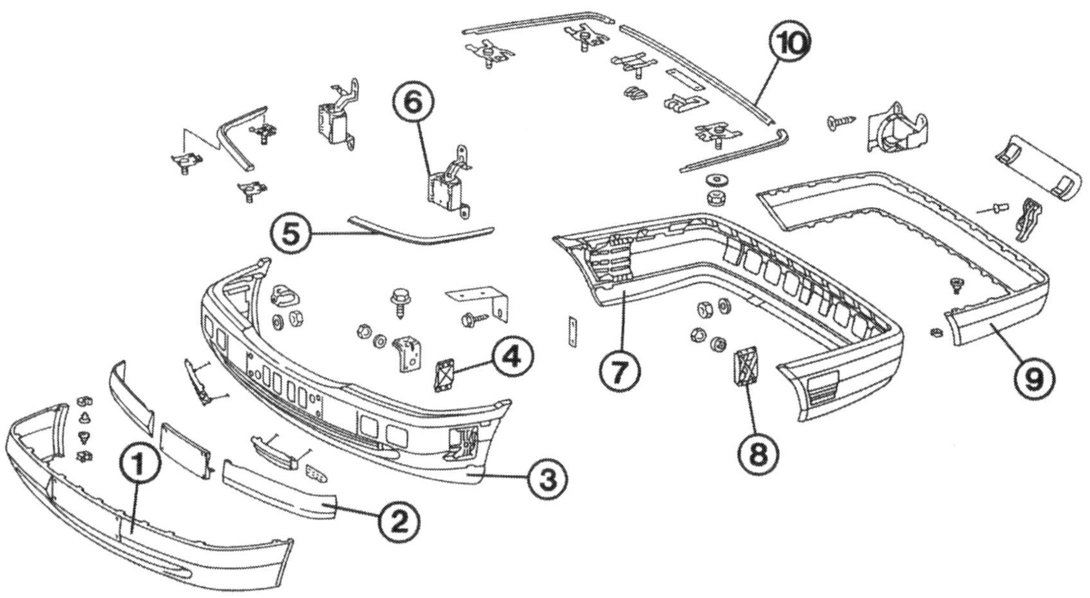

1 – Stoßfängerverkleidung vorn; 2 – Prallkörper; 3 – Stoßfängerträger vorn; 4 – Schiebestück vorn; 5 – Profile; 6 – Halter vorn; 7 – Stoßfängerträger hinten; 8 – Schiebestück hinten; 9 – Stoßfängerverkleidung hinten; 10 – Profile.

Seitlich rechts im Kofferraum:
1 – Unterdruckpumpe für Zentralverriegelung;
2 – Entüftungsklappe;
3 – Schraube zum hinteren Schiebestück (Stoßfängerbefestigung);
4 – Komfortrelais.

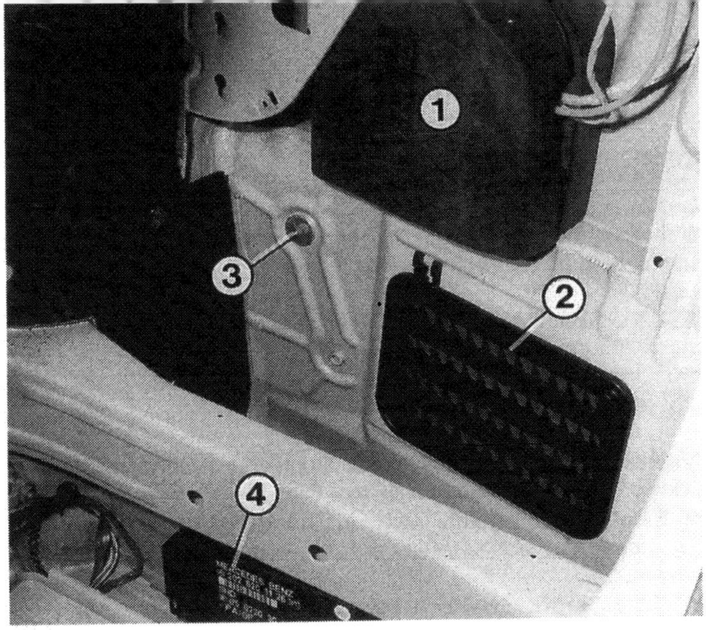

1 – Keilzapfenschloß an der Beifahrertür;
2 – Türkontaktschalter;
3 – Fahrzeugdatenschild.

Unten links: Verkleidung am Türtritt (1) mit einem breiten Werkzeug (2) abheben. Dicken Lappen o. ä. unterlegen.
Unten rechts: 1 – Abdeckung am Türfeststeller; 2 – Öffnung zum Mehrfachstecker der Türverbindungen (pneumatisch und elektrisch); 3 – Entriegelungswerkzeug.

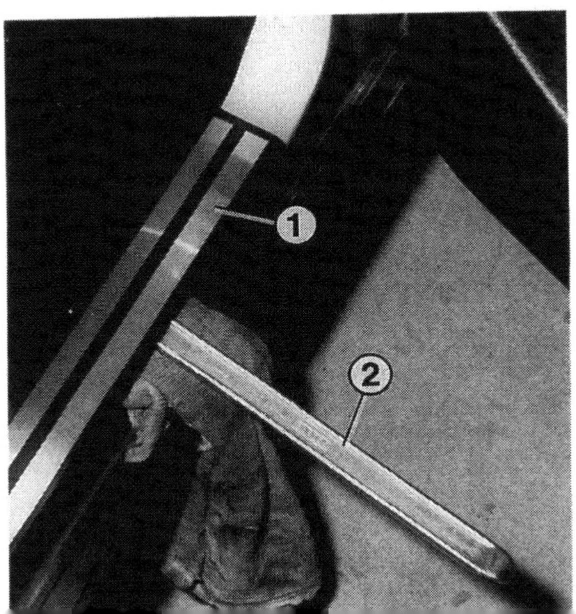

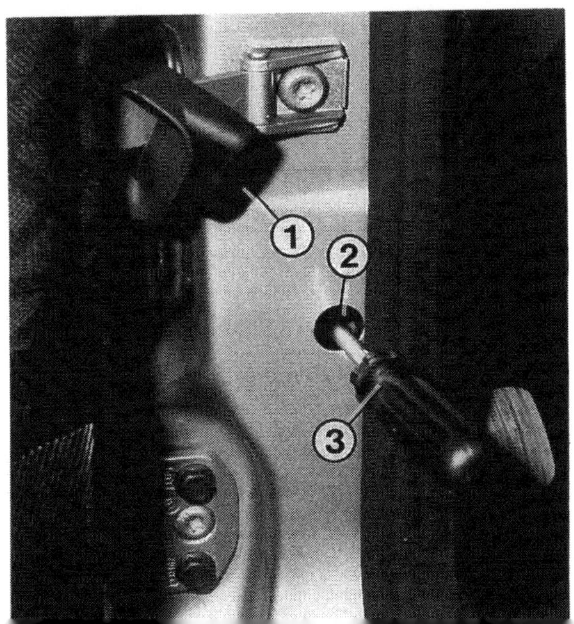

Der Kofferraumdeckel

Ausbau

- Kofferraumdeckel öffnen.
- Kunststoffverkleidung am Kofferraumdeckel mit einem breiten Schraubendreher vorsichtig ausclipsen.
- Kabelzuleitung zu den Kennzeichenleuchten, dem Kofferraumleuchten-Kontaktschalter und Unterdruckleitung zur Zentralverriegelung ausstecken. Es gibt leider keine Sammel-Steckverbindung.
- Kofferraumdeckel gemeinsam mit einem Helfer halten und links und rechts je zwei Schrauben am Scharnierbügel herausdrehen.
- Deckel von den Scharnieren abnehmen.

Kofferraumdeckel einstellen

Angestrebt wird ein gleich breiter Spalt zum rechten wie zum linken Seitenteil. An der Hinterkante muß der Deckel flächenbündig abschließen. Die Oberseite soll mit den Seitenteilen in einer Ebene liegen.

- **Einstellung seitlich und in Längsrichtung:** Schrauben am Deckelscharnier lockern und Deckel ausrichten.
- **Schließkraft:** Zwei Halteschrauben am Schließbügel lockern, bis sich der Schließbügel gerade verschieben läßt.
- Deckel zuerst schließen und in Einstell-Position bringen. Der Deckel soll nicht zu leicht schließen, sonst liegt er nicht dicht am Gummi an.
- Schrauben am Schließbügel wieder andrehen.

Fingerzeig: Wenn in den Kofferraum Staub oder Regenfeuchtigkeit eindringt, obgleich der Kofferraumdeckel rundum flächenglatt im Ausschnitt sitzt, müssen Sie einmal die Gummiumrandung unter die Lupe nehmen: Der Gummi kann mit den Jahren spröde geworden sein und schließt nicht mehr elastisch. Oder die Gummiumrandung ist eingerissen, weil im Winter der zugefrorene Kofferraumdeckel mit Gewalt aufgezerrt werden mußte. Vorbeugend hilft hier regelmäßiges Einreiben mit Glyzerin oder einem Spezialpflegemittel. Die schadhafte Gummiumrandung austauschen.

Stoßleisten seitlich

Ausbau

- An den Türen innere Kreuzschlitzschraube herausdrehen und Stoßleiste verschieben, damit sie abgenommen werden kann.
- Leiste von den Kunststoff-Halteklammern abhebeln.
- Dazu eignet sich am besten ein flacher Schraubendreher, der zum Schutz vor Lackkratzern mit einem Lappen unterlegt wird. Auch ein breiter Kunststoffkeil ist möglich.

Die Außenspiegel

- **Ausbau:** Von einem Helfer den Spiegel nach hinten drücken lassen. Die von außen eingeschraubten Befestigungsschrauben werden sichtbar.
- Drei Kreuzschlitzschrauben lösen.
- Steckverbindung trennen und Spiegel abnehmen.
- **Spiegelglas ersetzen:** Wie der Außenspiegel zerlegt wird, erfahren Sie im Kapitel »Instrumente und Geräte«.

Vorderen Stoßfänger ausbauen

- Im Frontspoiler die rechte und linke Ecke des Gitters abklappen.
- Schraube auf jeder Seite herausschrauben.
- Motorhaube öffnen.
- Schrauben links und rechts unten neben dem Kühlerausschnitt abschrauben.
- Stoßfänger nach vorn abnehmen. Die seitlichen Stoßfängerecken sind über ein Schiebestück mit der Karosserie verbunden.

Hinteren Stoßfänger ausbauen

- Verkleidungen im Motorraum ausbauen. Dabei mit der Kunststoff-Verkleidung hinten beginnen.
- Alle Spreizdübel mit einem dünnen Schraubendreher lösen, indem man das mittige Teil etwas herauszieht. Steckdübel entlang der Ladekante vorsichtig heraushebeln. Schild rechts lösen.
- Je zwei Schrauben seitlich, etwa 20 cm unter der Heckleuchte herausdrehen.
- Wenn vorhanden, noch Schraube in Fahrzeugmitte herausdrehen.
- Stoßfänger nach hinten abnehmen.

Fingerzeig: Jeder Stoßfänger besteht aus mehreren Teilen. Nicht immer muß wegen einer Beschädigung der komplette Stoßfänger erneuert werden. So könnte lediglich ein Halter verbogen sein. Zum Zerlegen die seitlichen Schrauben herausdrehen und die Haltelaschen an der Schutzleiste zurückdrücken. Die Verkleidung ist in den Träger eingeclipst. Nach ihrem Ausbau gelangt man an die Verschraubungen der Stoßfängerhalter.

1 – Stoßfängerbefestigung oben. Zum Ausbau der Querbrücke über dem Kühler die Klammern (2) abhebeln und die Schrauben (3, 4) herausdrehen.

Kofferraum mit ausgebauter Verkleidung und Batterie:
1 – Entlüftungsklappe;
2 – Stoßfängerbefestigung hinten;
3 – Massekabel;
4 – Komfortrelais.

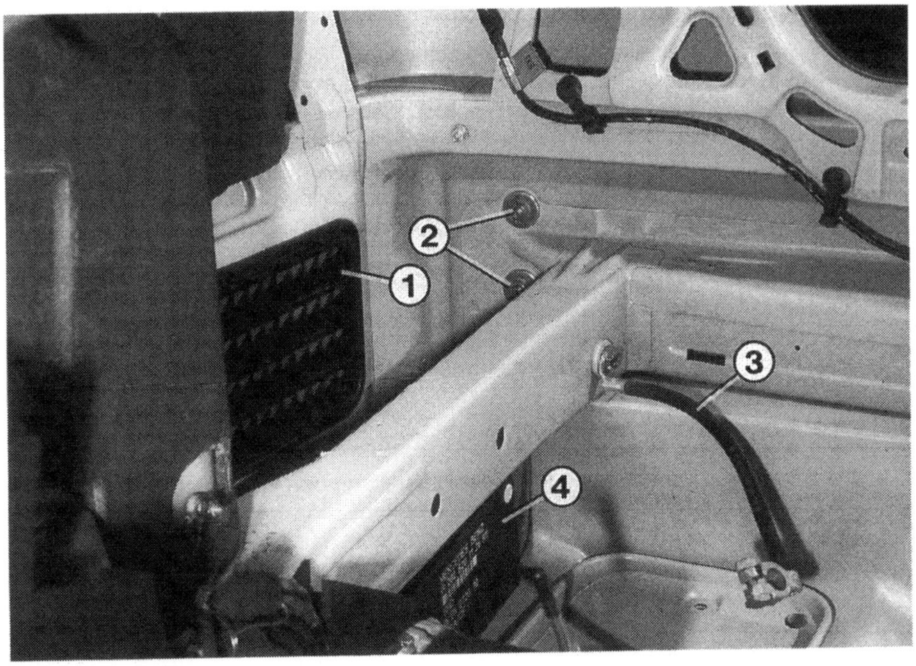

Unten links: 1, 5 – Spiegelbefestigung (weitere Schraube verdeckt);
2 – Stecker für Spiegelheizung;
4 – Federn zur Befestigung des Spiegelgehäuses (3).
Unten rechts: Der vordere Stoßfänger wird nach dem Losschrauben nach vorn abgenommen.

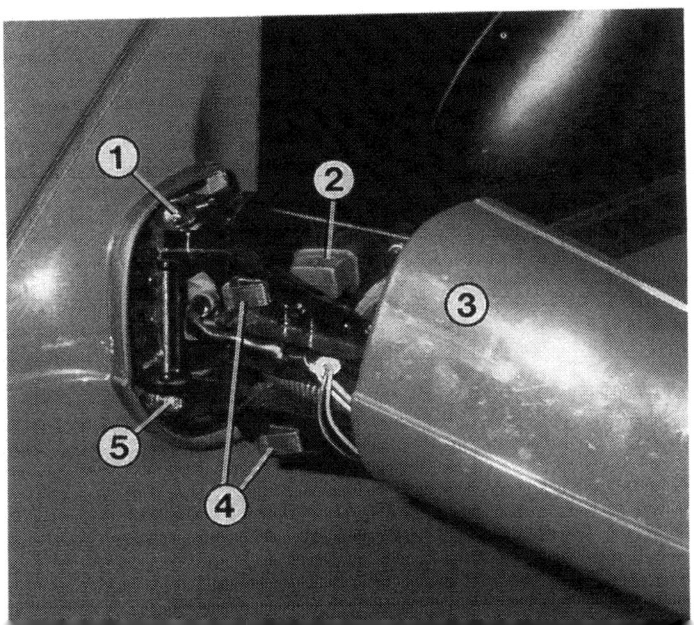

Verkleidungen im Kofferraum:
1 – Verkleidung linke Seite;
2 – Verkleidung am Abschlußblech hinten;
3 – Verkleidung rechte Seite.

Unfallschäden

Bei einem selbst verschuldeten Blechschaden können Sie bei der Reparatur kräftig sparen, wenn Sie möglichst viele Arbeiten selbst durchführen und sonst eng mit einem Karosseriebetrieb zusammenarbeiten. Am Beispiel eines Frontschadens wollen wir dies verdeutlichen. Angenommen, folgende Teile sind beschädigt: Stoßfänger, Scheinwerfer, Blinkleuchte, Kotflügel, Motorhaube und Kühler. Bauen Sie alle beschädigten Teile aus und schaffen Sie das Fahrzeug zur Karosserie-Werkstatt. Diese soll das Ausbeulen und Ausrichten verbogener Bleche, das Einschweißen neuer Bleche und letztlich die Lackierarbeiten übernehmen. Den Zusammenbau machen Sie wieder selber.

Neue Blechteile konservieren

Werden Vorderkotflügel, Türen, Motorhaube und Heckklappe ausgetauscht, darf es nicht am erforderlichen Rostschutz fehlen. Hohlräume werden nach dem Lackieren mit Sprühwachs geschützt. Zum Abdichten von Schweißnähten und kleineren Fugen verwendet man ein klebstoffähnliches Universaldichtmittel aus der Tube. Man kann auch mehrmals hintereinander Unterbodenschutz in die Fugen schmieren.

Die Türen

Mercedes baut bei der Herstellung des Wagens die Türen nach der Lackierung wieder von der Karosserie ab, damit sie in bequemer Arbeitshaltung getrennt vom Wagen bestückt werden können. Erst dann erfolgt der endgültige Einbau der kompletten Tür.
Für diese Fertigungsart wurden spezielle Türscharniere entwickelt, die ein leichtes An- und Abbauen der Türen ohne Veränderung der Türeinstellung ermöglichen. Davon profitiert auch der Heimwerker: Nach der im Folgenden beschriebenen Ausbaumethode demontiert man die Tür, ohne die Einstellung zu verändern. Natürlich bleibt noch die herkömmliche Ausbaumethode durch Abbauen der Scharniere mit anschließendem Einstellen. In diesem Fall die unbehandelten Flächen unter den Scharnieren nachlackieren.

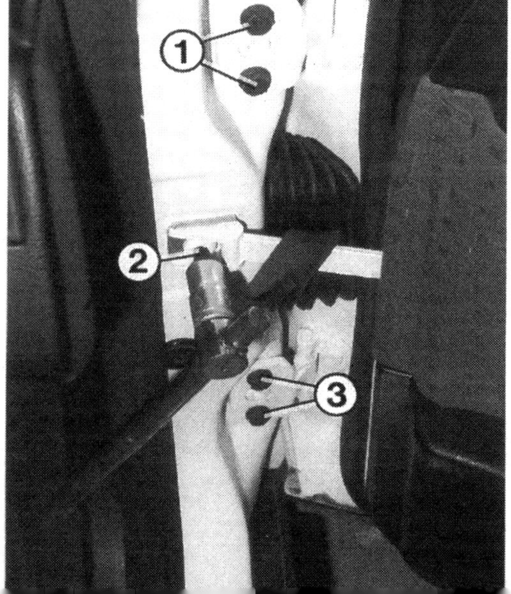

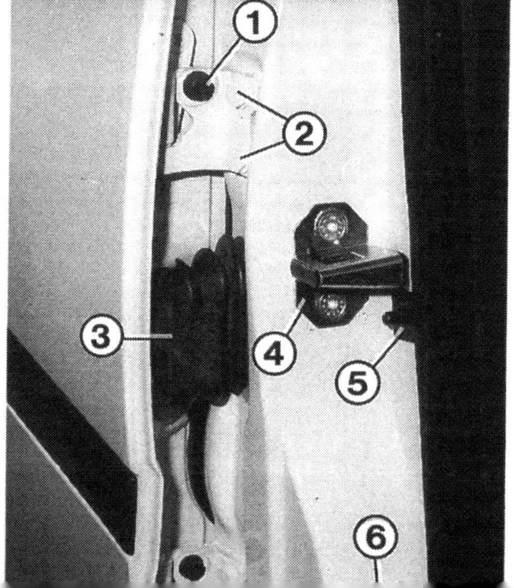

Links: 1 – Befestigung hintere Tür;
2 – Schrauben Scharnier/Mittelsäule;
3 – Faltenbalg;
4 – Türschloß;
5 – Türschalter;
6 – Datenschild.
Rechts: 1, 3 – Befestigung der Vordertür;
2 – Türfeststeller.

Zum Ausbau der Verkleidungen im Kofferraum müssen diese Spreizclips (1) gelöst werden. Links: Den eckigen Clips mit einem kleinen Schraubendreher lösen, dazu vorsichtig seitlich hebeln.
Rechts: Mit einem Messer das Innenteil (2) heraushebeln.

Alle Anschlüsse zur Tür sind über einen besonderen Mehrfachstecker geführt. Dieser wird mit einem Spezialwerkzeug geöffnet und geschlossen. Man kann auch einen Schraubendreher verwenden, der aber genau in den Ausschnitt passen muß. Zuerst die Abdeckkappe an der Türsäule abhebeln.

Tür ausbauen

- **Vordertüren:** Fenster öffnen.
- Abdeckkappe zur Mehrfachstecker-Verriegelung ausbauen. Verriegelung zum Lösen nach innen drehen.
- Am Türfeststeller die Abdeckung abnehmen. TORX-Schraube an Türsäule abschrauben.
- Je zwei Sechskantschrauben an jedem Türscharnier an der Türsäule abschrauben.
- Helfer rufen und Tür etwas von Türsäule wegziehen.
- Faltenschlauch an Türsäule ausrasten und Mehrfachsteckverbindung herausziehen.
- Tür abnehmen.
- Beim Einbau Mehrfachsteckverbindung einschieben und durch Drehen nach außen verriegeln.
- **Fondtüren:** Fenster öffnen.
- Bei geschlossener Tür oben und unten je eine Sechskantschraube an Tür herausdrehen.
- Faltenschlauch an Türsäule ausrasten.
- Mit Haken den Riegel an der Steckverbindung herausziehen.
- Tür öffnen.
- Türfeststeller wie vorn lösen.
- Mit Helfer die Tür aus den Scharnieren heben und Stecker aus Türsäule ziehen.

Türen einstellen

Die Luftspaltmaße um die Tür müssen stimmen (ca. 6 mm) und die Türen müssen flächenglatt zu Nachbarteilen stehen (max. 1 mm tiefer ist zulässig).
Zur Einstellung muß das Fahrzeug waagrecht auf den Rädern stehen.

- **Vorn:** Oben und unten je zwei Sechskantschrauben zum Türblatt etwas lösen. Maße um Tür einstellen. Schrauben festdrehen.
- Anschließend Sechskantschrauben an Türsäule lösen und mit der mittleren TORX-Schraube die Höhe zum vorderen Kotflügel ausrichten.
- Schließöse so einstellen, daß die geschlossene Tür zur hinteren Tür ausgerichtet ist.

Hier sind die Schrauben an der Fahrertür bezeichnet:
1 – Sechskantschrauben für Türbefestigung;
2 – TORX-Schraube am Türfeststeller;
3 – Sechskantschraube am Türblatt;
4 – TORX-Schraube an Türsäule (Höheneinstellung).

● **Hinten:** Oben und unten je zwei Sechskantschrauben an Mittelsäule etwas lösen. Maße um Tür einstellen. Schrauben festdrehen.
● Oben und unten je zwei TORX-Schrauben am Türblatt etwas lösen. Tür in der Höhe zur Vordertür ausrichten.
● Durch Verschieben der Schließöse die Tür zum hinteren Seitenteil ausrichten.

Türverkleidung ausbauen

● Fenster öffnen.
● Fensterkurbel ausbauen. Dazu die Abdeckung auf dem Hebel nach hinten abschieben. Mit einem Schraubendreher die Arretierung unter dem Drehknopf drücken.
● Schraube an Schloßverkleidung herausdrehen und Verkleidung nach unten abnehmen.
● Mit einem breiten Werkzeug (Keil) die Griffmulde am Türöffnerhebel abhebeln. Werkzeug oben ansetzen.
● Zwei Schrauben in Griffmulde herausdrehen.
● Abdeckkappe unter Armlehne ausbauen. Kreuzschlitzschraube darunter herausdrehen.
● Türverkleidung von Türblatt vorsichtig mit Keil loshebeln. Möglichst dicht neben den Clips hebeln.
● Oben an der Abdichtleiste zum Fensterschacht die Verkleidung nach oben drücken.
● Verkleidung abnehmen.
● Verschluß am Schloßgestänge lösen und Gestänge aushängen.
● Ggf. elektrische Anschlüsse lösen.

Fingerzeige: Wenn die Kunststoff-Folie hinter der Türverkleidung beschädigt ist, muß sie ersetzt werden. Ansonsten wird die Türverkleidung feucht und weicht auf.
Die Abdichtschienen innen und außen am Fensterschacht einer Tür sind in Blechklammern gesteckt.

Türfenster ausbauen

● Türverkleidung ausbauen.
● Folie am Türblech lösen.
● Abdichtschienen innen und außen am Fensterschacht ausbauen.
● **Vorn:** Fenster so weit öffnen, bis Schraube am Fensterheber in der unteren Schiene herausgedreht werden kann.
● Fenster nach vorn unten aus Laufschiene ziehen.
● Fenster vorsichtig nach vorn kippen und nach oben herausnehmen.
● **Hinten:** Unten in der Mitte den Sicherungsbügel an Fensterheber ausrasten.
● Fenster aus Schiene fahren und in der Tür abstellen.
● Fensterlaufschiene aus Türrahmen nehmen.
● Hinteres festes Fenster ausbauen. Dazu zwei Schrauben am Fenstersteg herausdrehen. Fenster mit Dichtung nach vorn ziehen und abnehmen.
● Anderes Fenster aus Tür nehmen.
● **Alle:** Beim Einbau können die Fenster eingestellt werden. Dabei das Fenster so an die untere Schiene schrauben, daß sie parallel zur Fensterschiene laufen.

Türgriff außen ausbauen

● Türgummi auf Höhe des Griffes aus Falz ziehen. Darunter befinden sich zwei Öffnungen im Türblech.
● In der oberen Öffnung Innensechskantschraube SW 4 lösen.
● Schließzylinderteil des Griffes nach hinten drükken und außen herausziehen.
● Handgriff mit Gummiunterlage nach hinten vom Lagerteil ausbauen.
● Damit es beim Einbau einfacher geht, die Exzenter-Kreuzschlitzschraube in der unteren Öffnung ganz nach außen drehen.
● Erst Griff, dann den Schließzylinder einsetzen.
● Innensechskantschraube SW 4 festschrauben.
● Exzenter-Kreuzschlitzschraube in der unteren Öffnung so weit nach innen drehen, bis sich beim Ziehen am Griff ein Leerweg von ca. 2 mm einstellt.

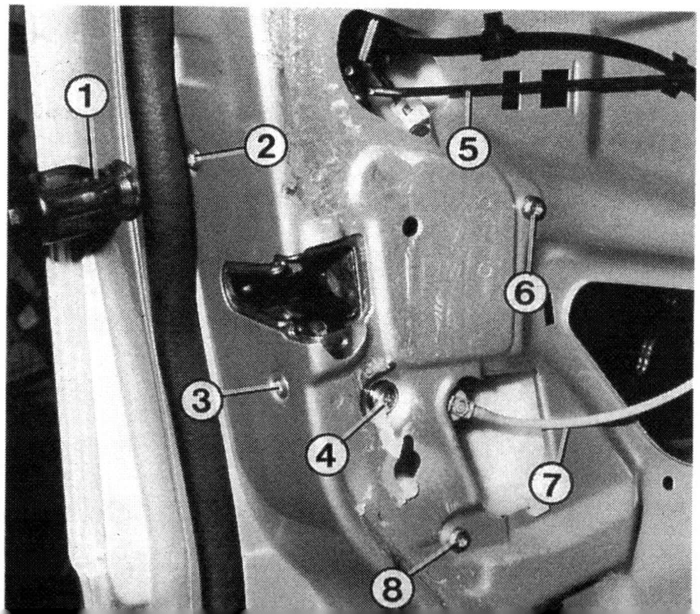

1 – Türgummi im Bereich des Schraubendrehers abziehen, darunter finden sich zwei Öffnungen;
2, 3, 6, 8 – Türschloßbefestigung;
4 – Befestigung Kunststoffabdeckung am Türschloß;
5 – Verbindungsstange zum Türgriff innen;
7 – Unterdruckleitung.

Die Pfeile zeigen auf die Befestigungsclips an der Türverkleidung (1).

1 – Abdeckkappe vor Schraube unter der Armlehne;
2 – Fensterkurbelachse;
3 – Schrauben hinter Griffmulde am inneren Türgriff.

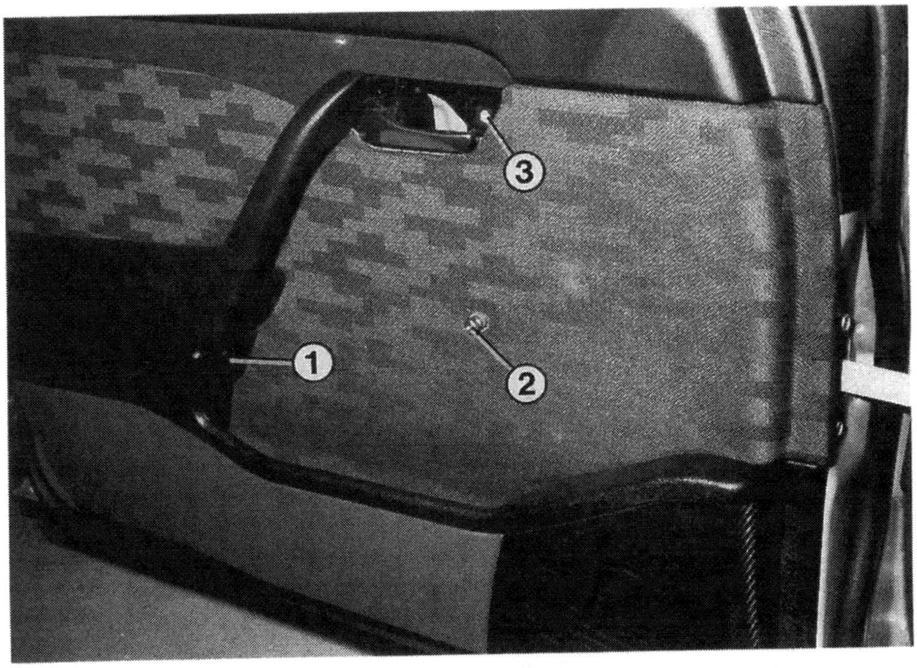

Unten links: Teile an der Innenleuchte:
1 – Kurbel im Schiebedachmotor (Notbetätigung);
2 – Lämpchenfassung für Leselicht;
3 – Innenbeleuchtung;
4 – Wippe zum Lösen der Abdeckungen;
5 – Innenraum-Temperaturfühler für Heizung;
6 – Schiebedachschalter.
Unten rechts: Zum Ausbau der Fensterkurbel (1) mit einem dünnen Schraubendreher auf die Zunge (2) drücken und die Verkleidung (3) abschieben. Kurbel in Pfeilrichtung abziehen.

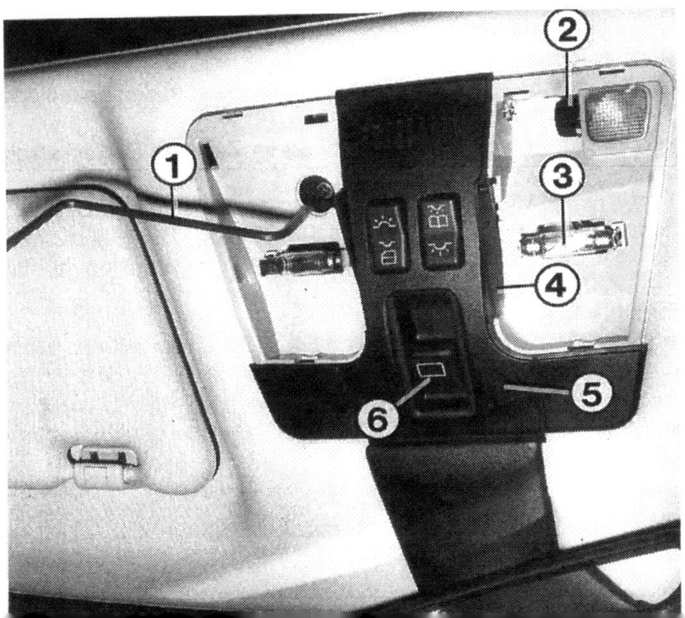

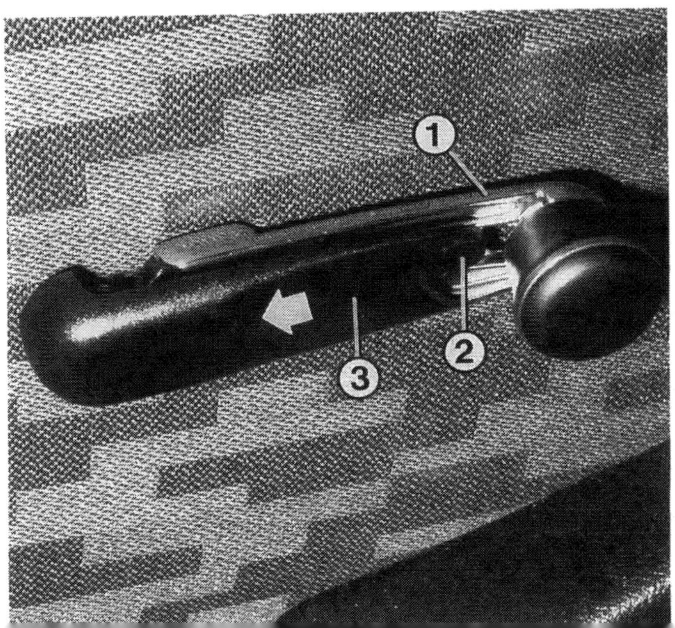

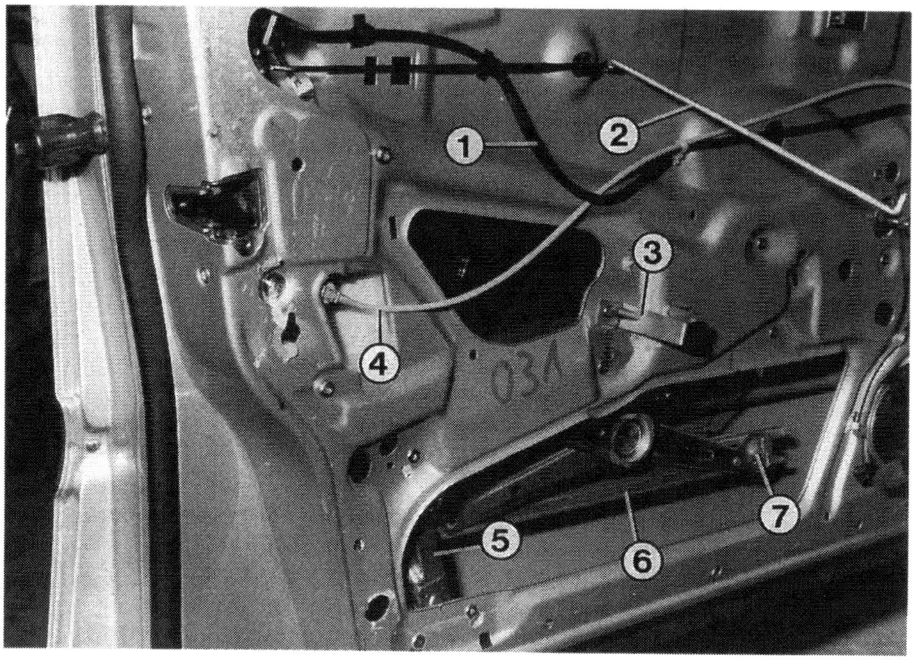

Fahrertür ohne Türverkleidung und Schutzfolie:
1 – Leitungen zum Türschloß (Verriegelung);
2 – Verbindungsgestänge zum inneren Türgriff;
3 – Konsole für Armlehne;
4 – Unterdruckleitung;
5 – Laufschiene für Fenster;
6 – Schiene unten am Fenster;
7 – Schraube am Fensterheber.

Türschloß ausbauen

- Türverkleidung ausbauen.
- Folie am Türblech abziehen.
- Türgriff außen ausbauen.
- Fenster schließen.
- Gestänge zum inneren Türöffnerhebel lösen.
- Unterdruckleitung der Zentralverriegelung am Türschloß abziehen.
- Ggf. Abdeckung am Schloß abschrauben.
- TORX-Schrauben an Türstirnseite und am Türblech herausdrehen.
- Schloß aus Öffnung nehmen.
- Beim Einbau erst Schrauben an Stirnseite anziehen.

Front- und Heckscheibe

Front- und Heckscheibe sind »kraftschlüssig verklebt«. Die Scheiben sind damit beim Mercedes ein konstruktives Element und wurden in die Festigkeitsberechnungen der Karosserie mit einbezogen. Dieses Verfahren ist bei der Suche nach möglichst glattflächigen Karosserien nahezu unumgänglich.
Für den Selbsthelfer bedeuten die geklebten Scheiben das »Aus«. Ohne Spezialwerkzeug ist da nichts zu machen – ein Fall für die Werkstatt.

Das Schiebedach

Dieses Fenster zum Himmel aus Stahl oder Glas erfordert für problemlose Funktion eine exakte Einstellung, aber die hierzu notwendigen Beschreibungen würden den Rahmen dieses Buches sprengen. Es sind auch besondere Einstellehren und Montagevorrichtungen erforderlich.
Ein undichtes Schiebedach hat seine Ursache meist in verstopften Ablaufrohren. Diese sitzen in den Ecken des Schiebedachausschnitts.
Hinter der vorderen Deckenleuchte sitzt der flache Elektromotor, welcher über einen Zug das Schiebedach bewegt.

- Bei Undichtigheit die Ablaufrohre mit einem Draht oder vorsichtig mit Preßsluft durchgängig machen.
- Dreht der Motor nicht, zuerst die Sicherung Nr. 13 im Kofferraum prüfen.
- Bewegt sich weiter nichts, das Schiebedach mit der Notbetätigung schließen (wahrscheinlich regnet es schon).
- Hierzu linke Abdeckung an der vorderen Deckenleuchte ausbauen. Die Kurbel in den Sechskant stekken und zum Schließen im Uhrzeigersinn kräftig drehen.

Gepflegte Erscheinung

Während autowaschende Familienväter in den 60er Jahren aus dem samstäglichen Straßenbild nicht wegzudenken waren, bilden sich in den 90ern eher lange Schlangen vor den Autowaschanlagen. Der Grund für diese Veränderung liegt nahe: Das Verhältnis zum Auto ist auf eine andere Ebene gerückt. Der fahrbare Untersatz ist zur Selbstverständlichkeit geworden, und anspruchsloser ist er noch dazu. Beispiel dafür ist die aufwendige Rostvorsorge, die schon ab Werk an den Mercedes-Karosserien betrieben wird.

Wagenunterseite waschen

Eine wirkungsvolle und zugleich preiswerte Pflege für die Wagenunterseite ist – vor allem im Winter – das regelmäßige Abspritzen mit einem scharfen Wasserstrahl. Auftausalz und Straßenschmutz sollen sich nicht lange in den Kanten und Ecken des Bodens festsetzen können, denn sie binden Feuchtigkeit. Die ohnehin schlecht zugänglichen Ecken trocknen nie ganz aus, was letztendlich den Rostfraß erheblich fördert.
Für die Unterwagenwäsche brauchen Sie zumindest einen Wasserschlauch mit Spritzdüse. Es gibt auch abgewinkelte Spritzdüsen (z. B. von APA), mit denen man den am Boden stehenden Wagen abspritzen kann, ohne selbst allzu naß zu werden.
Am günstigsten ist allerdings ein Dampfstrahlgerät, wie es Tankstellen und Waschparks besitzen. Erkundigen Sie sich, ob es in Ihrer Nähe ein solches Gerät zur Selbstbedienung gibt.

Wasserablauflöcher reinigen

Keine Schweißnaht ist so dicht, daß nicht Wasser eindringen kann. Aus diesem Grund sind in allen Hohlprofilen im Wagen Wasserablauflöcher angebracht. Sind diese durch Schmutz oder Unterbodenschutz verstopft, kann eindringendes Wasser nicht mehr ablaufen, sondern fördert den Rostfraß von innen heraus. Besonders gefährdet sind die Längsversteifungen der Karosserie. Deshalb die Löcher regelmäßig mit einem Pfeifenreiniger, Draht oder Schraubendreher durchstoßen.

Lackierung prüfen

Wartung Nr. 31

- Steinschlagschäden an der Lackierung müssen schon bald ausgebessert werden, bevor sich Rostansatz breitmacht, was auf den verzinkten Teilen glücklicherweise nicht ganz so schnell geht.
- Dazu eignet sich sogenannter Tupflack, den es in kleinen Fläschchen samt Pinsel zu kaufen gibt.
- Ist eine beschädigte Lackstelle bereits unterrostet, Rost abschleifen – je nach Umfang mit Glasfaser-Radierstift, Schleifpapier oder elektrischem Winkelschleifer.
- Vor dem Decklack Rostgrundierung auftragen.

Radhausverkleidungen (1) um alle Räder sind ein guter Rostschutz. Steinschlag auf den Unterbodenschutz wird verhindert, und es bilden sich keine »Drecknester«.

Unterbodenschutz kontrollieren

Wartung Nr. 33

Die Schutzschicht der Wagenunterseite muß sorgsam geprüft und ggf. nachgearbeitet werden. Das können Sie selbst machen, wenn Sie eine sichere Aufbockmöglichkeit für den Mercedes haben (Hebebühne, Auffahrrampe).

- Unterboden gründlich waschen.
- Gesamte Unterseite mit einer hellen Lampe ableuchten und auf schadhafte Stellen untersuchen.
- Beschädigte Stellen im Unterbodenschutz mit Spachtel, Schaber und Drahtbürste bis aufs blanke Blech freilegen.
- Rostansätze so weit als möglich blankschleifen.
- Gesäuberte Fläche mit Rostprimer oder Zinkstaubfarbe bestreichen.
- Ebene oder größere Flächen werden mit streichbarem Unterbodenschutzmaterial behandelt.
- Für schwer zugängliche Fugen und Ecken ist eine Sprühdose mit Unterbodenschutz günstiger.
- Nicht alle Unterbodenschutzmaterialien eignen sich für die Verwendung am Mercedes. So kann es Haftprobleme bei Materialien auf Bitumenbasis geben.
- Besser ist Wachs-Unterbodenschutz: Er kann sowohl zum zusätzlichen Konservieren der werksseitig aufgespritzten PVC-Unterbodenschutzschicht verwendet werden wie auch zum Behandeln von Reparaturstellen.

<u>Fingerzeig:</u> Beim Sprühen von Unterbodenschutz müssen die Bremsen mit Papierbogen oder Kunststoffolie gegen den schmierigen Nebel abgedeckt werden.

Die Hohlraumkonservierung

Ihr Mercedes ist werksseitig mit einer so guten Hohlraumkonservierung versehen, daß offensichtlich keine Nachbehandlung mehr nötig wird. Wir würden hier etwas Mißtrauen haben und die Hohlräume des Mercedes nach etwa sechs Jahren alle zwei Jahre in der Mercedes-Werkstatt oder in einem Karosseriebetrieb nachsehen lassen. Die Werkstätten benützen hierfür eine spezielle Betrachtungssonde, die in die Hohlräume geschoben wird. Nach solcher Voruntersuchung kann genau entschieden werden, was getan werden muß.

Werksseitiger Rostschutz

Für die Karosserie werden in großem Umfang elektrolytisch verzinkte Stahlbleche verarbeitet, die bereits im Walzwerk beschichtet worden sind. Dies gewährt eine sehr gute Verbindung zwischen dem Zinkfilm und dem Stahlblech. Die gesamte Karosserie erhält eine Phosphatierung und eine Elektrotauchlackierung. Hierbei wird die kathodische Methode angewandt, und es kommen besonders beständige Harze zur Verwendung.

Als Unterbodenschutz wird Material auf PVC-Basis verwendet, welches sehr leicht und schlagfest ist. Besonders gefährdete Stellen sind zusätzlich durch Kunststoffschalen vor Steinschlag geschützt. Nach der Phosphatierung und Tauchlackierung werden ein Steinschlagschutz, eine Spritzgrundierung, dann der Vor- und zuletzt der Decklack aufgetragen.

Bei der Hohlraumkonservierung wird sehr kriechfähiges Wachs in die Hohlräume gesprüht. Eine Nachbehandlung dieses Schutzes ist nach Werksmeinung nicht erforderlich.

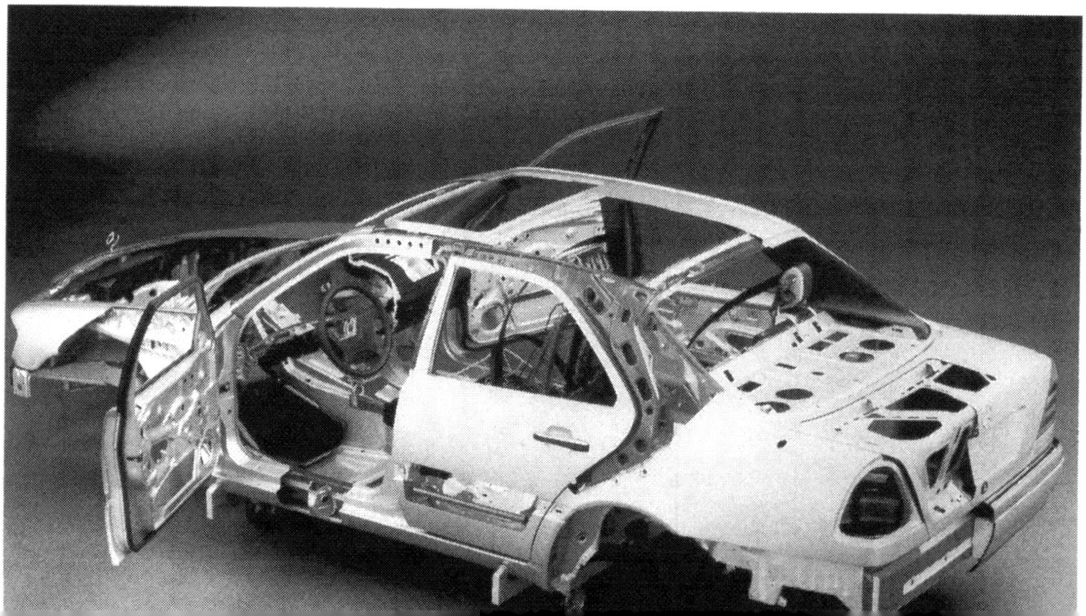

Das Schnittmodell zeigt verschiedene Versteifungen unter dem Außenblech.

Störungsdienst

Wir gehen bei unserer Fehlersuche davon aus, daß der Motor keine mechanischen Leiden hat. Weiter nehmen wir an, daß das Triebwerk unvermittelt stehenblieb bzw. nicht mehr anspringen will.

Dreht der Anlasser den Motor durch?

Tut er's nicht oder nur unwillig, lesen Sie bitte weiter unter »Fehlerquelle Elektrik«. Wird der Motor dagegen flott durchgedreht, müssen zur weiteren Eingrenzung die folgenden Fragen der Reihe nach beantwortet werden.

Wird vorgeglüht?

Beim Einschalten der Zündung muß die Vorglühkontrolle links im Kombi-Instrument (Pfeil) aufleuchten und nach 4–25 Sekunden wieder verlöschen.
Leuchtet die Vorglühkontrolle nicht, wie beschrieben, liegt ein Fehler in der Vorglühanlage vor. Weiterlesen unter »Fehlerquelle Vorglühanlage«.

Wird Kraftstoff gefördert?

Eine der Einspritzleitungen an ihrer Einspritzdüse etwas lösen. Während der Anlasser dreht, muß Kraftstoff kommen. Kommt kein Kraftstoff, unter »Fehlerquelle Kraftstoffversorgung« weiterlesen.

Zuerst die Sichtprüfung

○ Offensichtlich lose Kabel, abgerutschte Stecker oder Schläuche im Motorraum?
○ Alle Sicherungen in Ordnung? Sicherung auf Überspannungsschutz prüfen.
○ Alle Relais und Steuergeräte fest im Halter, Oxidation am Relaissockel?
○ Dieselgeruch im Motorraum? Kraftstoffschläuche undicht oder gelockert?
○ Schäden durch Marderbisse?

Fehlerquelle Elektrik

○ Die Kontrollampen im Armaturenbrett brennen nicht bei eingeschalteter Zündung: Batterie ist völlig entladen oder die Batterieklemmen sind lose.
○ Kontrollampen verlöschen beim Betätigen des Anlassers: Batterie stark entladen oder altersschwach oder Anlasser hat Kurzschluß.
○ Kontrollampen werden beim Schlüsseldreh geringfügig dunkler; Anlasser dreht sich nicht: Magnetschalter klemmt bzw. defekt oder Anlasser defekt.
○ Kontrollampen brennen hell beim Schlüsseldreh; Anlasser dreht sich nicht: Klemme-50-Kontakt im Zündschloß defekt, Klemme-50-Leitung am Magnetschalter lose oder Magnetschalter defekt. Startsperrschlter bei Automatik defekt?

Fehlerquelle Vorglühanlage

○ Eine oder mehrere Glühkerzen defekt. Zündung ca. 30 Sekunden einschalten, dann den Anlasser drehen lassen. Bei nur einer defekten Glühkerze wird der Motor trotzdem anspringen.
○ Vorglühzeitrelais defekt oder dessen Spannungsversorgung unterbrochen: Mit einer Prüflampe prüfen.
○ Vorglüh-Kontrollampe durchgebrannt: Zündung für 30 Sekunden einschalten, dann starten.
○ Totalausfall der Vorglühanlage: Fahrzeug anschleppen lassen. Dann den Motor auf der Weiterfahrt nicht mehr oder nur noch kurz abstellen.

Fehlerquelle Kraftstoffversorgung

○ Kein Diesel im Tank – das ist nicht so abwegig, wie Sie vielleicht denken. Wagen aufschaukeln und horchen, ob es im Tank plätschert.
○ Im Winter: Noch Sommerdiesel im Tank oder deutlich kälter als −25°C? Kraftstoff-Vorwärmung gestört.
○ Kraftstofffilter verstopft.
○ Motorabstellung gestört.
○ Einspritzanlage defekt.
○ Keine Kraftstoffentzündung wegen mangelhafter Kompression.
○ Kommt an den Einspritzdüsen kein Kraftstoff an, obwohl an der Kraftstoffrücklaufleitung Kraftstoff vorhanden ist, kann die Einspritzpumpe oder ihr Regler schuld sein.

Verzeichnis der Störungsbeistände

Über das Buch verteilt finden Sie Störungsbeistände zu den einzelnen Bauteilen. Hier die Zusammenstellung:

	Seite
○ **Anlasser**	170
○ **Antiblockiersystem**	145
○ **Automatikgetriebe**	107
○ **Batterie**	168
○ **Beheizte Waschdüsen**	218
○ **Blinker**	199
○ **Bremsbelag-Verschleißanzeige**	212
○ **Bremsen**	148
○ **Bremskontrolleuchte**	212
○ **Bremsleuchten**	200
○ **Einspritzanlage**	94
○ **Elektrische Fensterheber**	224
○ **Elektrische Spiegelverstellung**	222
○ **Gebläsemotor**	231
○ **Gelenkwelle**	107
○ **Getriebegeräusche**	101
○ **Glühkerzen**	71
○ **Heizbare Heckscheibe**	216
○ **Heizungsregelung**	230
○ **Hinterachswellen**	108
○ **Hupen**	200
○ **Kompressionsdruck**	51
○ **Kraftstoffpumpe**	74
○ **Kühlerventilator**	65
○ **Kühlmittel-Temperaturanzeige**	65
○ **Kühlsystem**	63
○ **Kupplung**	99
○ **Lagerschaden**	52
○ **Lenkungsspiel**	122
○ **Lichtmaschine**	168
○ **Motor-Undichtigkeiten**	50
○ **Motor zu heiß**	66
○ **Ölstandskontrolle**	49
○ **Ölverbrauch**	28
○ **Radeinstellung**	114
○ **Reifenlaufbild**	155
○ **Schalter**	216
○ **Schaltrelais**	176
○ **Scheibenwischer**	220
○ **Scheibenwaschanlage**	218
○ **Schiebedach**	252
○ **Servolenkung**	126
○ **Stoßdämpfer**	118
○ **Tankanzeige**	73
○ **Thermostat**	61
○ **Zentralverriegelung**	226
○ **Vorglühanlage**	71
○ **Zündkerzen**	93
○ **Zylinderkopfdichtung**	44

Hardware

Mit dem Autopflege-Hobby verhält es sich wie beim Computer: Die Software – also die Wissensseite – stellt dieses Handbuch dar. Mit der Hardware – dem Werkzeug – läßt sich manches in die Tat umsetzen.

Werkzeug-Grundausstattung

In der nachfolgenden Liste haben wir zusammengestellt, was uns als vielseitig verwendbare Grundausstattung empfehlenswert erscheint:

- ○ 4 Doppel-Gabelschlüssel, 6 x 7, 8 x 10, 13 x 15, 17 x 19
- ○ 2 Gabel/Ringschlüssel kurz, SW 10 bzw. 13 beidseitig
- ○ 2 Ringschlüssel gekröpft, 10 x 13 und 17 x 19
- ○ 1 Steckschlüssel 8 x 10
- ○ 1 Satz Innensechskantschlüssel, 2–8 mm
- ○ 1 Zündkerzenschlüssel, SW 16 ausziehbar
- ○ 1 Radschraubenschlüssel, SW 17
- ○ 3 Schraubendreher für Querschlitzschrauben, 3, 6 und 8 mm breit
- ○ 2 Schraubendreher für Kreuzschlitzschrauben, verschiedene Größen
- ○ 1 Schraubendreher für Querschlitzschrauben, kurz mit kräftigem Griff
- ○ 2 Winkelschraubendreher für Kreuzschlitze und Querschlitze
- ○ 1 Kombizange
- ○ 1 Rohrzange, 240 mm lang
- ○ 1 Seitenschneider
- ○ 1 Schlosserhammer, 300 g schwer
- ○ 1 Satz Fühlerblattlehren, 0,05–0,7 mm
- ○ 1 Flachmeißel
- ○ 1 Durchschlag, 3 mm Durchmesser
- ○ 1 Elektrik-Prüflampe bzw. Spannungsprüfer mit Leuchtdioden

Weitere Werkzeuge

TORX-Schlüssel: TORX-Schrauben sehen ähnlich aus wie Innensechskantschrauben, doch besitzen sie statt statt Innensechskant einen sternförmigen Einsatz. Am Mercedes häufiger verwendet sind die Größen T25, T30 und T40. Für die Sitze braucht man einen Außen-TORX-Steckschlüssel E12.

Stecknüsse mit den dazugehörigen Verlängerungsstücken und Betätigungswerkzeugen, wie Knarre (Rätsche) und Hebel, ermöglichen wesentlich schnelleres Arbeiten. Zum Einstecken der Betätigungswerkzeuge haben die Steckeinsätze ein Vierkantloch mit 1/2″ (Zoll) oder 3/8″ Kantenlänge. Die 3/8″-Ausführung ist dabei weniger verbreitet, jedoch in vielen Fällen handlicher beim Autobasteln. Für Stecknüsse ab SW 24, die es nur mit ½″-Vierkant gibt, kann man ein Adapterstück kaufen.

Drehmomentschlüssel: Für den Heimwerker genügt die Ausführung mit Skala durchaus. Unerläßlich ist der Drehmomentschlüssel bei allen Schrauben, die mit dem richtigen Drehmoment angezogen werden sollen.

Bremsleitungsschlüssel: Mit ihm lassen sich die Überwurfmuttern der Bremsleitungen leicht lösen, ohne daß die Flanken rundgedreht werden. Er sieht aus wie ein aufgesägter Ringschlüssel und ist beispielsweise im Zubehörhandel von der Firma Hazet erhältlich.

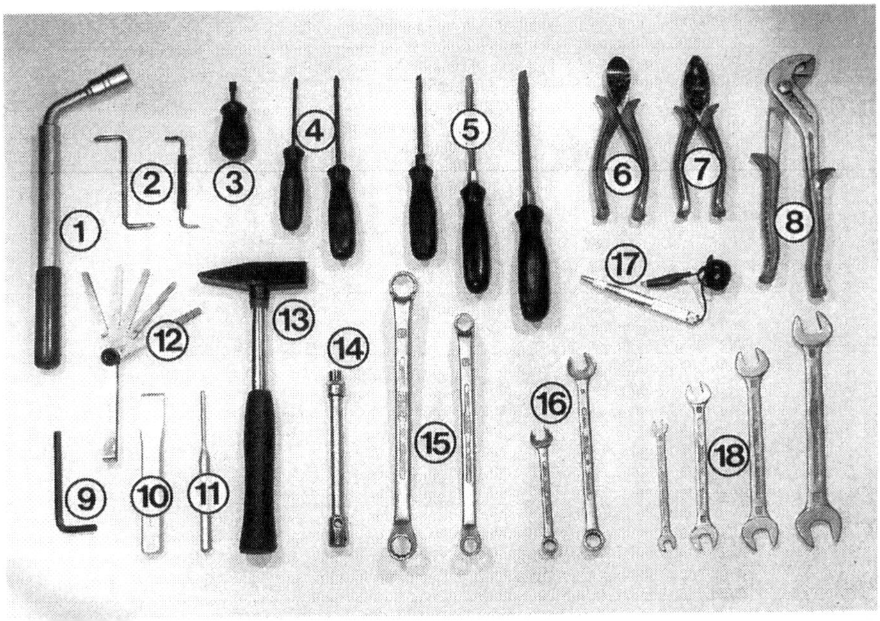

Werkzeuge der Grundausstattung:
1 – Radschraubenschlüssel;
2 – Winkelschraubendreher;
3 – kurzer Querschlitzschraubendreher;
4 – Kreuzschlitzschraubendreher;
5 – Querschlitzschraubendreher;
6 – Seitenschneider;
7 – Kombizange;
8 – Rohrzange;
9 – Innensechskantschlüssel;
10 – Flachmeißel;
11 – Durchschlag;
12 – Fühlerblattlehren;
13 – Hammer;
14 – Steckschlüssel;
15 – Ringschlüssel, hoch gekröpft;
16 – Gabel-/Ringschlüssel;
17 – Elektrik-Prüflampe;
18 – Gabelschlüssel.

Sinnvolle Hilfsmittel

Stab-Handlampe: Sie gibt helles Licht, hat an der Rückseite einen Blendschutz und kann auch auf den Boden fallen, ohne Schaden zu nehmen.
Drahtbürste: Sie ist unentbehrlich zum Reinigen von verrosteten Schraubengewinden und Fahrwerksteilen.
Waschpinsel: Er leistet gute Dienste bie der Motorwäsche und der Reinigung ölverschmierter Fahrzeugteile. Ölhaltiger Schmutz darf nur an einem Waschplatz mit Ölabscheider abgewaschen werden!
Kabelbinder: Wenn ein Kabel oder ein Bowdenzug an der Karosserie befestigt werden soll, ist ein Kunststoff-Kabelbinder die ideale Verbindung. Das eine Ende des Kabelbinders wird durch die Öse an seinem anderen Ende gezogen. Eine Sperrklinke verhindert das Herausrutschen, so daß die Schlaufe erhalten bleibt.
Karosserie-Dichtmassse: Sie wird gebraucht, um etwa ein Bohrloch in der Karosserie abzudichten oder um ein Kabel zu entklappern. Sie eignet sich aber auch für allerhand Improvisationslösungen unterwegs.
Lüsterklemmen, wie sie der Elektriker verwendet, eignen sich nicht nur zum Verbinden von zwei Kabeln. Sie können genauso gut zum Flicken des Gaszugs oder der Heizungszüge verwendet werden.

Flüssige Hilfen

Rostlöser für festgerostete Verschraubungen gibt es genügend im Angebot. Besonders gut fanden wir die sofort wirkenden Schnellrostlöser. Herkömmliche Lösemittel brauchen eine gewisse Einwirkzeit.
Isoliersprays sind ebenfalls ausgesprochen kriechfähig. Vielfach sind die Rostlöser zugleich solche Isoliersprays, die bei Feuchtigkeit in der Autoelektrik den feinen Wasserfilm unterwandern und dadurch verhindern, daß Batteriestrom über den leitenden Wasserfilm als Kurzschluß oder Kriechstrom abwandert.
Kaltreiniger dient zum Säubern des ölverschmierten Motors und sonstiger fettiger Fahrzeugteile. Die Reinigungsflüssigkeit gibt es in Spraydosen oder – billiger – in Kanistern und Dosen.
Korrosionsschutzwachs nach der Motorwäsche angewandt verhindert im Motorraum Korrosionserscheinungen unter winterlicher Streusalzeinwirkung.
Schraubensicherungsmittel; z. B. »Loctite« wird dann verwendet, wenn sich eine Verschraubung keinesfalls lösen darf. Man trägt es zunächst flüssig auf das Gewinde auf. Im festgeschraubten Zustand findet eine chemische Reaktion statt, das Sicherungsmittel wird zähhart und füllt alle Gewinde-Zwischenräume aus.

Spezial-Schmierstoffe

Haushaltsöl in kleinen Spritzkännchen ist dünnflüssiges Universalöl, das man überall dort verwenden kann, wo keine besonderen Schmieransprüche gestellt werden.
Graphitöl enthält den »Festschmierstoff« Graphit, der die Schmierwirkung des Öles verbessert. Am günstigsten ist eine Sprühdose, die einen feinen, aber langen Strahl versprüht.
Kupferfett, auch Heißschrauben-Compound genannt, verhindert das Festrosten von Verschraubungen, die extrem hohen Temperaturen ausgesetzt sind. Im Auto sind das z. B. die Auspuffschrauben. Aber auch andere Schrauben und Muttern bleiben immer gängig, wenn sie mit diesem Schmierstoff behandelt wurden.
Schmierstoff-Suspensionen liegen an der Grenze zwischen Öl und Fett. Sie sind für seltener beanspruchte Gleitflächen, wie die Sitzschienen, vorteilhaft. Nach dem Auftragen bilden sie einen wachsähnlichen Schmierfilm, der erst bei Druckbeanspruchung flüssig wird und auch gegen Rost schützt.
Silikonpaste oder -spray eignet sich für viele Schmierstellen. Sie schmutzt nicht, ist hitzefest und stößt Feuchtigkeit vollkommen ab. Die Paste eignet sich außerdem zum Abdichten.
Säureschutzfett, auch Polfett genannt, ist ein gegen elektrische Ströme, Säure und Feuchtigkeit isolierender Schmierstoff für die Pflege der Batteriepole. Konkurrenzlos ist das Bosch-Säureschutzfett »Ft 40 v 1«.

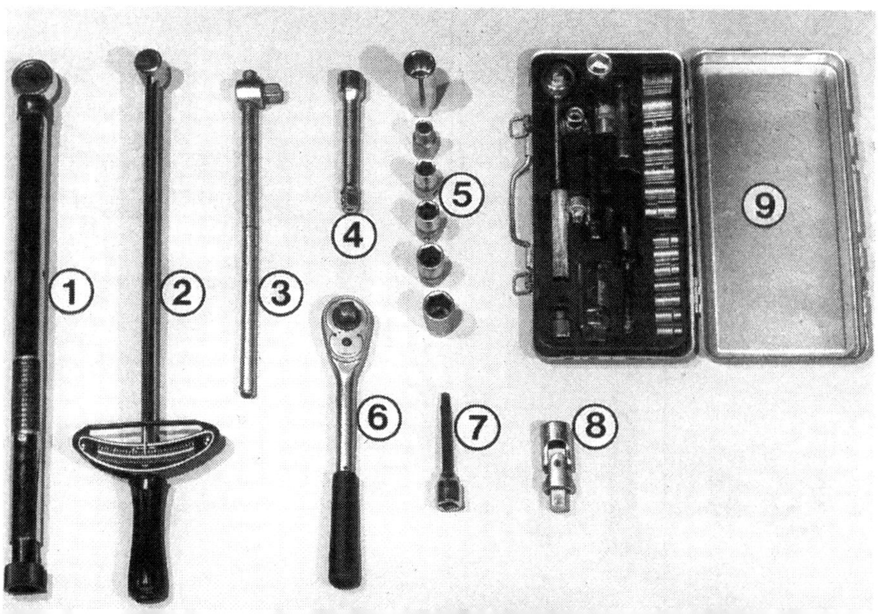

Stecknüsse und Zubehör:
1 – Drehmomentschlüssel einstellbar oder in Skalenausführung (2);
3 – Betätigungshebel;
4 – Verlängerung;
5 – Stecknüsse in allen benötigten Größen einschließlich Zündkerzen-Stecknuß SW 16;
6 – Rätsche;
7 – Steckeinsatz für TORX-Schrauben;
8 – Kardangelenk.
Alle diese Werkzeuge gibt es in ½"- und ¾"-Ausführung. Als Ergänzung empfiehlt sich ein Rätschenkasten in ¼" (9) für kleine Schlüsselweiten.

An der Leine

Nicht nur das Reparieren eines defekten Wagens will gekonnt sein, sondern auch das Schleppen desselben. Was dazugehört, will dieses Kapitel vermitteln. Doch auch das Ziehen eines Anhängers ist hier angesprochen.

Abschleppseil

Der voll beladene C 280 kann etwas mehr als 1900 kg wiegen. Das verwendete Seil muß dieses Gewicht natürlich verkraften können, sonst reißt die Verbindung.

Welche Ausführung?

○ **Perlonseile** dehnen sich beim Abschleppen und verhüten so am besten, daß beim Anrucken an den beiden Fahrzeugen etwas verbogen wird. Dafür sind Perlonseile hitze- und scheuerempfindlich. Wenn sie an den heißen Auspuff kommen oder an einer Karosserie- bzw. Stoßfängerkante schaben, sind sie schnell hin. Ein Perlonseil braucht deshalb unbedingt verschiebbare Manschetten zum Schutz vor Auspuffwärme und Kanten.
○ **Hanfseile** sind besonders preiswert, aber dick und unelastisch.
○ **Stahlseile** sind bei der Handhabung ziemlich störrisch und wenig nachgiebig. Wollen Sie ein derartiges Seil kaufen, dann nur mit »Ruckdämpfer« – ein Gummistück oder eine Stahlfeder bildet aus der Seilmitte eine dehnfähige Schlinge.

Abschleppstange

Besonders für ein ungeübtes Schleppteam ist eine Abschleppstange sehr zu empfehlen. Denn bei stehendem Motor arbeitet natürlich auch der Bremskraftverstärker nicht, und dann muß um ein Vielfaches stärker als normal auf das Pedal getreten werden. Falls Sie beim Abschleppen mit Seil zu schwach oder einen Sekundenbruchteil zu spät auf das Bremspedal treten, kann der Abstand zum Schleppwagen schon gefährlich kurz sein. Mit der Schleppstange ist es unproblematisch, da muß allenfalls der Vorausfahrende Ihren Wagen mitbremsen. Achten Sie jedoch darauf, daß die Schleppstange beim Bremsen nicht zur Seite wegknickt.

Fingerzeige: Vorn den Haken der Schleppstange immer von der Fahrzeugmitte aus in die Öse einhängen. So hat die Schleppstange mehr Spielraum und die Bugschürze wird nicht beschädigt.
Wird man abgeschleppt, Belüftung schließen, sonst atmet man die Abgase des abschleppenden Wagens ein.

Im Schlepptau

Beim Abschleppen mit einem Seil besteht der wichtigste Punkt darin, daß das Schleppseil möglichst immer straff gespannt bleibt. Abrupte Reaktionen unbedingt vermeiden. Dann bleibt auch das Rucken aus, das beim Anfahren oder Schalten die Gefahr birgt, daß das Seil reißt oder die Kräfte an den Befestigungspunkten zu

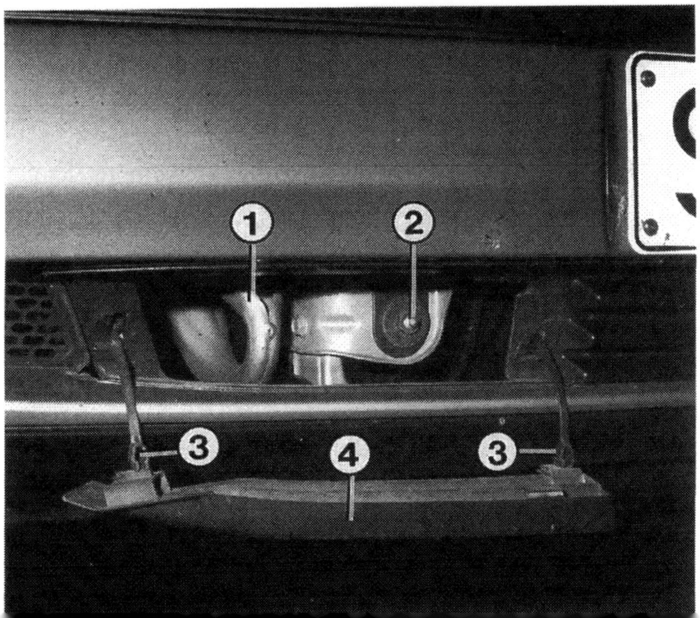

Rechts nebem dem Kennzeichen zu finden:
1 – Abschleppöse;
2 – Befestigungsschraube Stoßfänger vorn;
3 – Bänder;
4 – Klappe.

stark werden. Der Fahrer des Abschleppwagens muß viel mit der Kupplung arbeiten, um die Übergänge beim Anfahren und Schalten weich zu gestalten. Im geschleppten Wagen bleibt die Fußspitze des Fahrers stets in geringem Abstand über – nicht auf – dem Bremspedal. Er muß die Verkehrssituation vor seinem Zugwagen beobachten und beinahe vorausahnen, denn er muß eher bremsen als sein Helfer vorn; ihn also praktisch mitbremsen, damit das Seil straff bleibt.
Vereinbaren Sie vor der Schleppfahrt einige Zeichen der Verständigung untereinander. Und nicht vergessen: **Warnblinkanlage einschalten**, denn das ist laut StVO Vorschrift.

Schleppfahrt mit Automatik

Äußerst angenehm ist es, wenn der abschleppende Wagen eine Getriebeautomatik besitzt, denn damit geht die Schleppfahrt fast ruckfrei. Bei einem weniger leistungsstarken Zugwagen sollte man allerdings statt im Fahrbereich »D« in Stellung »3« fahren. Weiter ist nichts zu beachten.
Einige Probleme tauchen jedoch auf, wenn unser Mercedes mit Automatik abschleppt werden muß. Er darf nur in Wählhebelstellung »N« und nur mit einer Höchstgeschwindigkeit von 50 km/h allenfalls auf eine Entfernung von 50 km geschleppt werden. Längere Stecken sind für das Getriebe gefährlich, da dessen Ölpumpe nur bei laufendem Motor das Getriebe schmiert. Müssen weitere Entfernungen im Schlepp zurückgelegt werden, muß die Gelenkwelle ausgebaut werden.

Abschleppen nach Gesetz

Werfen wir kurz einen Blick auf die rechtliche Seite der Schlepperei: Nach den Gesetzen ist Abschleppen eine Notmaßnahme. Es darf nur dazu dienen, den aus eigener Kraft nicht fahrfähigen Wagen in die nächste zumutbare Werkstatt oder seinen nahegelegenen Heimatort zu bringen. Die Autobahn ist an der nächsten Ausfahrt zu verlassen. Für den Fahrer des abschleppenden Wagens genügt der Führerschein Klasse 3, und vom Lenker im gezogenen Auto wird gar kein Führerschein verlangt – er muß aber lenken und bremsen können. Wird allerdings ein Wagen mit leerer Batterie angeschleppt, braucht dessen Fahrer einen Führerschein; in diesem Fall gilt das Auto nämlich als fahrfähig.
Die Versicherung des Abschleppenden kommt für Schäden auf, die während der Schleppfahrt entstehen, sofern dem Lenker des abgeschleppten Autos nicht schuldhaftes Verhalten nachgewiesen werden kann. Das Anhängsel muß daher noch in verkehrssicherem Zustand sein und sein Fahrer damit umgehen können.
Soll ein Fahrzeug weiter als bis zur nächsten Werkstatt geschleppt werden, muß man sich bei der Zulassungsstelle eine Schleppgenehmigung besorgen, wozu man einige Auflagen erfüllen muß.

Fingerzeig: In zurückliegender Zeit mußte, wer einen abgemeldeten Wagen zum Schrottplatz schleppte, den Führerschein Klasse 2 und eine behördliche Schleppgenehmigung besitzen. So stimmt es nicht mehr, denn der Bundesgerichtshof hat diese Auslegung des Begriffes »Abschleppen« als zu eng aufgegeben (Az 4 StR 192/69). Danach ist nicht nur die Beseitigung eines ausgefallenen Fahrzeugs von der Straße ein »Abschleppen«, sondern auch der Abtransport eines betriebsunfähigen, abgemeldeten Wagens von seinem gewöhnlichen Standort zur Werkstatt oder zum Verschrottungsbetrieb. Allerdings muß das Abschleppen notwendig sein und darf nur über eine möglichst kurze Entfernung erfolgen.

Anhängekupplung

Wer mit seinem C-Modell einen Boots-, Last- oder Wohnanhänger ziehen will, braucht eine Anhängekupplung, die nach dem Einbau vom DEKRA bzw. TÜV begutachtet und in die Fahrzeugpapiere eingetragen wird. Solche Anhängevorrichtungen gibt es von verschiedenen Herstellern im Autozubehörhandel.

Selbsteinbau der Anhängevorrichtung

Das Nachrüsten einer Anhängerkupplung ist eine ungewöhnlich umfangreiche Arbeit, denn werksseitig ist für den Einbau nichts vorbereitet. So müssen verschiedene Löcher gebohrt und zusätzliche Versteifungen eingeschraubt werden.
Besondere Aufmerksamkeit verlangt die Fahrzeugelektrik. Es gibt Fahrzeuge, die benötigen eine Steuergerät-Anhängererkennung. Andere haben einen Mikroschalter in der Anhängersteckdose nötig. Bei Bewältigung der elektrischen Probleme hilft ein vorbereiteter Elektrosatz ganz wesentlich, und trotz des beachtlichen Preises ist seine Anschaffung unbedingt anzuraten. Wir meinen, daß der nachträgliche Einbau einer Anhängekupplung nur vom fortgeschritten Heimwerker bewerkstelligt werden kann. Eine ausführliche Einbauanweisung, wie z. B. die Fa. ORIS mitliefert, hilft hierbei. Nach dem Einbau ist die Einbauanweisung den Fahrzeugpapieren beizulegen.
Das Werk empfiehlt, den Einbau von einer Mercedes-Werkstatt ausführen zu lassen.

Kaleidoskop

Ab 1996: Nach 40 Jahren wird das SL-Thema um eine neue Variante bereichert! Mit der SLK-Studie realisierten die Mercedes-Designer ihr Konzept eines puristischen, zugleich aber sicheren Roadsters mit neuen Erlebnis-Qualitäten. Der Entwurf SLK orientiert sich am markanten Auftritt des großen Bruders SL. Aus dem Zweisitzer-Coupé wird dank Vario-Dach ein echter Roadster. Auf einfachen Knopfdruck, elektrohydraulisch und damit auf komfortable Art. Absenken oder Aufstellen dauert dabei jeweils nur etwa 25 Sekunden.

Auf Basis der C-Klasse hat Mercedes-Benz eine Elektro-Limousine entwickelt, die über nahezu das gleiche Raumangebot und Sicherheitsniveau verfügt wie eine serienmäßige C-Klasse-Limousine. Im Innenraum bietet der Wagen fünf Passagieren Platz, der Kofferraum ist nur geringfügig eingeschränkt, und die Zuladung beträgt 370 Kilogramm. Die neue ZEBRA-Hochenergie-Batterie der Konzerntochter AEG, in Modulen in Motor- und Kofferraum installiert, wiegt rund 320 Kilogramm, speichert bis zu 27,5 Kilowattstunden Energie, ausreichend für etwa 120 Kilometer Fahrstrecke.

Mit der A-Klasse kreiert Mercedes-Benz eine neue, kompakte Fahrzeugklasse. Der Technologieträger unterscheidet sich von bisherigen Kompaktmodellen, weil er trotz Außenabmessungen eines Kleinwagens die Platzverhältnisse und die Sicherheit einer Limousine bietet. Ein zukunftsweisendes »Sandwich-Konzept« macht es möglich: Die Antriebsaggregate befinden sich unterhalb der Fahrgastzelle. Die moderne Technik und der hohe Fahrkomfort machen die A-Klasse zu einem vollwertigen Automobil mit allen traditionellen Mercedes-Qualitäten.

<u>Oben:</u> Die C-Klasse in der Deutschen Tourenwagen-Meisterschaft (DTM). Das Fahrzeug wird von einem 2,5-Liter-V6-Motor angetrieben, der vom Serien-V8-Motor der E-, S- und SL-Modellreihe abstammt. Das Fahrzeug verfügt über ein sequentielles Sechsgang-Getriebe, Antriebs-Schlupfregelung (ASR), ABS und Active Body-Control (ABC).

<u>Rechts:</u> Mercedes-Benz Auto-Pilot-System: Das Bedienteil befindet sich im Radio. Es unterscheidet sich durch ein großes Anzeigedisplay von herkömmlichen Autoradios. Auf dem Display erscheinen Leithinweise, Straßennamen und Senderinformationen. Im Kofferraum befindet sich der Navigationsrechner, der mit einer speziellen CD-Rom geladen wird. Auf der digitalen Landkarte sind insgesamt 650 000 deutsche Straßen- und Autobahnkilometer gespeichert. Durch GPS-Satellitenempfang wird der Standort des Fahrzeugs auf ca. 30 Meter genau erkannt.

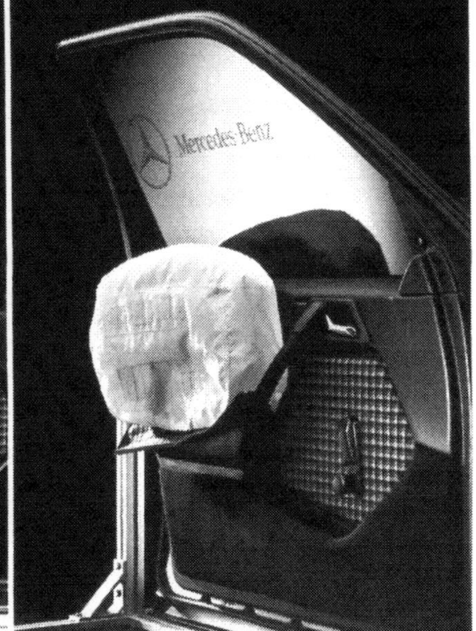

Der Verbesserung des Insassenschutzes bei einer Seitenkollision dient der Sidebag. Er ist ein in die Türinnenverkleidung integrierter Airbag, der sich bei einem Seiten-Crash blitzschnell entfaltet und so die Insassen schützt. Der Sidebag mit einem Volumen von 16 Liter dient als Ergänzung der Struktur- und Polstermaßnahmen eines Modells. Nach dem Auslöseimpuls reißt der Airbag die Stoffverkleidung auf und schiebt sich zwischen Insasse und Tür. Auf diese Weise wird der direkte Kontakt des Insassen mit der Türinnenverkleidung verhindert.

Neue Wege auch bei der Herstellung Ihres C-Klasse-Modells: Die Fahrzeuge werden in Gruppenarbeit montiert.

Das Armaturenbrett wird komplett außerhalb des Fahrzeugs vormontiert.

Die Karosserie wird größtenteils vollautomatisch hergestellt. Hier sind Schweißroboter an der Arbeit.

Wörterbuch

Jeder Auto-Verfertiger hat so seine eigene Haussprache. Neuerdings versuchen zwar Arbeitsgruppen, die mit Vertretern aller deutschen Hersteller besetzt sind, eine gemeinsame Sprache zu finden. Bis jedoch auch die Abkürzungen allgemein verständlich sind, wird noch viel Wasser den Rhein hinunterfließen. Die Tabelle nennt die »Hausabkürzungen« von Mercedes.

Bezeichnungen

AB	Airbag
ABS	Antiblockiersystem
ABW	Abstandswarner
ADA	Atmosphärendruckabhängiger Vollastanschlag
ADS	Adaptives Dämpfungssystem
AG	Automatisches Getriebe
AHV	Anhängevorrichtung
AKR	Antiklopfregelung
ALDA	Atmosphärische Ladedruckanpassung
ARA	Antiruckelaufschaltung
ARF	Abgasrückführung
ASD	Automatisches Sperrdifferential
ASR	Antriebs-Schlupfregelung
BAE	Basis-Auslöseeinheit
CAN	Control Area Network (Datenbus/CAN BUS)
EAG	Elektronische Steuerung für automatisches Getriebe (5-Gang)
EDR	Elektronische Dieselregelung
EDS	Elektronisches Dieselsystem
EDW	Elektronische Diebstahl-Warnanlage
EFP	Elektronisches Fahrpedal
ELR	Elektronische Leerlaufdrehzahlregelung
ERE	Elektronisches Reiheneinspritzsystem
ESL	Elektrische Spiegel-, Lenksäulenverstellung, Spiegelheizung
ESP	Electronic Stabilty Programm
ESV	Elektrische Sitzverstellung
ETS	Elektronisches Traktionssystem
EVE	Elektronisches Verteilereinspritzsystem
EZL	Elektronische Zündanlage mit Zündlinienverstellung
FAN	Fanfaren-Signalanlage
FBS	Fahrberechtigungssystem
FSA	Freisprechanlage
GES	Geschwindigkeitssignal
GUB	Gurtbringer
GUS	Gurtstraffer
HAU	Heizungsautomatik
HFM	Heißfilm-Motorsteuerung
HPF	Hydropneumatische Federung
IFZ	Infrarot-Fernbedienung für Zentralverriegelung
KAF	Kopfstützenabsenkung im Fond
KAT	Katalysator
KFB	Komfortbetätigung
KI	Kombi-Instrument
KLA	Klimatisierungsautomatik
KW	Kurbelwinkel
LL	Linkslenker
LLR	Leerlaufregelung
LS	Servo-Lenkgetriebe
MG	Mechanisches Getriebe
MRA	Motor-Restwärmeanlage
NV	Niederverdichtet
OSL	Orthopädische Sitzlehne
OT	Oberer Totpunkt
PLA	Pneumatische Leerlaufanhebung
PML	Parameterlenkung
PMS	Druck-Motorsteuerung
PSE	Pneumatische Steuereinheit
PSV	Partielle Saugrohrvorwärmung
RA	Reparaturanleitung
RAF	Ruß-Abbrennfilter
RFH	Rückfahrhilfe
RIV	Reglerimpulsverfahren
RL	Rechtslenker
RRE	Reiserechner
SA	Sonderausstattung
SHD	Schiebe/Hebedach
SHI	Schließhilfe
SIF	Sitzheizung Fond
SIH	Sitzheizung
SRA	Scheinwerfer-Reinigungsanlage
SRS	Rückhaltesystem
SRU	Saugrohrunterstützung
STH	Standheizung
TAU	Temperaturautomatik
TEL	Telefon
TD	Drehzahlsignal (Time Division)
TN	Drehzahlsignal
TPM	Tempomat
UT	Unterer Totpunkt
ZAE	Zentrale Auslöseeinheit
ZV	Zentralverriegelung

Farbkennzeichnungen

bl	blau
br	braun
ge	gelb
gn	grün
gr	grau
rs	rosa
rt	rot
sw	schwarz
tr	transparent
vi	violett
ws	weiß

Jedes Kind braucht einen Namen: die Fahrzeug-Identnummer (Pfeil) Ihres Mercedes befindet sich unter einer Klappe (1) vor dem Beifahrersitz.

Datendrang

Typen

Modell	C 200 Diesel	C 220 Diesel	C 250 Diesel
Werksbezeichnung	202.120	202.121	202.125

Motor

Motortyp	601.913	604.910	605.910
Zylinder	4	4	5
Motorbauart	Viertakt-ReihenDieselmotor		
Ventile pro Zylinder	2	4	4

Weitere Angaben siehe Kapitel »Die Motoren und ihr Innenleben« und »Die Einspritzanlage«

Kraftübertragung

Kupplung	Einscheiben-Trockenkupplung		
Getriebe	5-Gang-Schaltgetriebe		
Übersetzungen			
1. Gang	3,91	3,91	3,91
2. Gang	2,17	2,17	2,17
3. Gang	1,37	1,37	1,37
4. Gang	1,00	1,00	1,00
5. Gang	0,81	0,81	0,81
Rückwärtsgang	4,27	4,27	4,27
Achsantrieb	3,91	3,91	3,64
Getriebe	4-Gang-Automatikgetriebe		
Übersetzungen			
1. Gang	4,25	4,25	4,25
2. Gang	2,41	2,41	2,41
3. Gang	1,49	1,49	1,49
4. Gang	1,00	1,00	1,00
Rückwärtsgang	5,67	5,67	5,67
Achsantrieb	3,23	3,23	3,07

Maße und Gewichte

Radstand	mm	2690	2690	2690
Spurweite vorn	mm	1505	1505	1505
Spurweite hinten	mm	1476	1476	1476
Gesamtlänge	mm	4487	4487	4487
Gesamtbreite	mm	1720	1720	1720
Gesamthöhe	mm	1414	1418	1418
Wendekreis	m	10,74	10,74	10,74
Gewicht fahrfertig	kg	1380	1400	1450
Nutzlast	kg	480	480	480
Zul. Gesamtgewicht	kg	1860	1880	1930
Zulässige Anhängelast				
gebremst	kg	1275	1275	1575
ungebremst	kg	690	690	725
Dachlast	kg	100	100	100
Kofferraumvolumen	m^3	0,43	0,43	0,43
Leistungsgewicht	kg/kW	25,09	20,00	17,47

Fahrwerte mit Seriengetriebe

Modell		C 200 Diesel	C 220 Diesel	C 250 Diesel
Beschleunigung				
0–100 km/h	s	19,6	16,3	15,0
Höchst-geschwindigkeit	km/h	160	175	190
Kraftstoffverbrauch				
im Stadtzyklus	l/100 km	8,1	8,5	8,7
bei 90 km/h	l/100 km	5,0	5,3	5,4
bei 120 km/h	l/100 km	6,8	6,9	6,9

Fahrwerk

Vorderachsführung	Zwei Dreieckslenker, Bremsmomentabstützung
Vorderachsfederung	Schraubenfedern, Gasdruckstoßdämpfer, Stabilisator
Hinterachsführung	Mercedes-Benz-Raumlenkerachse, Anfahr- und Bremsmomentabstützung
Hinterachsfederung	Schraubenfedern, Gasdruckstoßdämpfer, Stabilisator
Bremsanlage	Hydraulische Zweikreisbremse mit Unterdruckverstärker, Stufenhauptbremszylinder, Scheibenbremsen vorn und hinten, Bremsbelag-Verschleißanzeige, Feststell-Trommelbremse hinten, Antiblockiersystem
Lenkung	Kugelumlauf-Servolenkung, Lenkungsdämpfer
Räder und Reifen	Siehe Kapitel »Räder und Reifen«

Elektrische Anlage

Batterie	Volt/Ah	12/74	12/74	12/74
Lichtmaschine		KC 14 V 40/70 A	KC 14 V 40/70 A	KC 14 V 40/70 A
bzw.		KC 14 V 45/90 A	KC 14 V 45/90 A	KC 14 V 45/90 A
Regler		MR4	MR4	MR4
Übersetzungsverhältnis Motor/Lichtmaschine		2,93	2,93	2,93
Anlasser		EV 12 V 2,2 kW	EV 12 V 2,2 kW	EV 12 V 2,2 kW

Füllmengen (in Liter)

Modell	Betriebsstoff	C 200 Diesel	C 220 Diesel	C 250 Diesel
Motor	Motoröl	ca. 6,0	ca. 6,5	ca. 7,0
Kühlsystem	–	ca. 8,0	ca. 8,3	ca. 9,6
Tankinhalt	Diesel 45 CZ	62	62	62
davon Reserve		7	7	7
Schaltgetriebe	ATF	1,5	1,5	1,5
Automatikgetriebe bei Ölwechsel	ATF	5,5	5,5	5,5
Niveauregulierung	Hydrauliköl Teile-Nr. 000 989 91 03/10	ca. 2,0	ca. 2,0	ca. 2,0
Hinterachsdifferential ohne ASD	Hypoid-Getriebeöl	0,7	0,7	1,1
Hinterachsdifferential mit ASD	Sperrdifferentialöl Teile-Nr. 000 583 09 04	1,1	1,1	1,1
Bremsanlage	DOT 4 Plus entsprechend Blatt 331.0	ca. 0,45	ca. 0,45	ca. 0,45
Lenkung	Lenkgetriebeöl Teile-Nr. 000 989 88 03	1,0	1,0	1,0
Klimaanlage	Kältemittel R 134a	0,95 kg	0,95 kg	0,95 kg

Betriebsstoffvorschriften (Auszug)

Motoröl (Blatt 226.5; 227.5)

Accor Husynn
Agip Universal
Agip Formula LL
Agip Sint 2000
Aral Öl P 360
Aral Super Elastic
Aral Super LL
Aral Supertronic
Augros Super Motoröl
Augros Super Leichtlauföl
Autol Grand Prix HD und LL, Targa
Avia Multigrade SG, CE, CFE
Avia Super 365 und Turbo CFE
BP Vanellus Multigrad
BP SL und TS
BP Visco 2000 Plus und Strato
Castrol Formula RS und TXT
Castrol GTX 2, 2 und Super Multigrade
Cepsa Supermultigrado
DEA Cronos XL, DX
DEA Record, FE, Ultec
Elan Elaktiv, Extra
Essolube XD-3
Esso Extra, XL, Super Oil+, Ultra
Fina Kappa DFE, TDX
Fina Motrotonic Super, Turbo LE
Karstadt HD Super Brillant
Liqui Moly Touring HD, Synthoil
Massa Real Super King
Mobil 1, Formula, Rally, Super ARX
Shell Super 3, TMO
Total Gold, GTE, LTD, LTX
Valvoline Syn Gard, XLD Plus, Top Gard FE
Veedol Super X-tra, S+, X, X-DB
Westfalen Juwel, Wega, WXD, Corda, WFS
Wintershall Magnum SL, Primalub, Viva 1

ATF für Schaltgetriebe (Blatt 236.2)

Agip Rotra ATF
Aral SGF 84
Avia Fluid ATF 66 M
BP Autran ATF
Castrol TQ
Deafluid 1585
Elan ATF Typ A
Esso ATF Typ Suffix A
Kompressol Fluid ATF
Mercedes-Benz 000 989 26 03
Mobil ATF 200
Shell Donax TM
Texamatic 1585
Valvoline ATF Typ A
Westfalen ATF 44 A
Wintershall ATF 2543 A

ATF für Automatikgetriebe (Blatt 236.6; 236.7)

Agip ATF D 309
Aral Getriebeöl ATF 22 D-22144
Autol Getriebeöl Dexron D-21523
Avia Fluid ATF 86, D-21523
Baywa ATF 3000
BP Autran DX II, D-21253 oder D-22309
BP Autran MBX
Castrol Dexron II/ATF D-22096, 22126
Castrol Dexron TQ II, D-21289
Deafluid 4011 oder 4291
Deamatic
Esso ATF D22079 oder D-21611
Fina Dexron II D-22233
Kompressol Fluid-Matic D 52
Mercedes-Benz 000 989 92 03
Shell Donax TG Plus
Shell ATF Dexron II, ATF D-21610, 21631
Texamatic 4011 Dexron II
Total Dexron II, D-212989 oder D-22184
Valvoline ATF Dexron II, D-21270
Veedol ATF Dexron II, D-22764

Öl für Hinterachsdifferential ohne ASD (Blatt 235.2)

Aral Öl P 229
Castrol Hypoy BS 2/5
Esso DB EH 590
Shell Hinterachsgetriebeöl DB
Veedol Multigear BS

Öl für Hinterachsdifferential mit ASD (Blatt 235.3)

Castrol Hypoy LS Spezial
Mercedes-Benz 000 583 09 04
Veedol Multigear Limited Slip

Bremsflüssigkeit (Blatt 331.0)

Mercedes bezeichnet die eigenentwickelte Bremsflüssigkeit als »DOT 4 plus«. Diese hat einen höheren Naßsiedepunkt, und das Wechselintervall beträgt zwei Jahre. Einzig freigegebene Marke: Mercedes-Benz-Bremsflüssigkeit 000 989 07 10.

Frost- und Korrosionsschutzmittel

Mercedes-Benz 000 999 08 25
Glysantin G 05
Genantin Super

Kühlwasser-Korrosionsschutzöl

Castrol Anticor
Mercedes-Benz 000 999 20 22
Shell Donax CC
Veedol Anorust 50

Register

	Seite
Abgase	68, 90
Abgas-Untersuchung (AU)	68
Abkürzungen	265
Abschleppen	259
Airbag	124, 221
Anhängekupplung	260
Anlasser	169
Antenne	227
Antiblockiersystem (ABS)	144
Antiruckelaufschaltung	82
Antriebswellen	109
Auspuffanlage	57
Auspuffgase	68, 90
Ausrücklager	99
Außenspiegel	246
Automatisches Sperrdifferential (ASD)	198
Automatikgetriebe	102
Batterie	160
Beifahrer-Airbag	125
Bereifung	149
Blinkanlage	199
Blinkleuchten	205
Blinkrelais	176
Bremsanlage	127
Bremsbacken	142
Bremsen entlüften	140
Bremsentest	128
Bremsflüssigkeit	128
Bremsklötze	133
Bremskraftverstärker	136
Bremsleuchten	199
Bremslichtschalter	200
Bremssattel	132
Bremsscheiben	131
Bremsseil	143
Bremsstörungen	148
Defektsuche	255
Diagnosedose	179
Dieselkraftstoff	67
Drehzahlmesser	214
Duoventil	229
Einspritzanlage	76
Einspritzdüsen	92
Einspritzpumpe	77
Einspritzzeitpunkt	91
Elektrik	171
Elektronisches Traktionssystem (ETS)	147
Ersatzlampen	202
Fahrberechtigungssystem	219
Fahrzeug-Identnummer	265
Fehlerdiagnose	178
Felgen	150
Fensterheber	223
Feststellbremse	140
Fließverbesserer	67
Gaszug	93
Gebläse	231
Gelenkwelle	107
Generator	165
Getriebe	100
Getriebeautomatik	102
Getriebeölstand prüfen	32
Glühkerzen	69
Glühlampen	202
Glühlampenkontrolle	177
Gurtstraffer	221
Halbleiter	156
Hand-Held-Tester (HHT)	24, 179
Hauptbremszylinder	137
Heckleuchten	209
Heizbare Heckscheibe	216
Heizgebläse	231
Heizung	228
Hinterachsantrieb	108
Hinterachse	199
Hinterachswelle	109
Hohlraumkonservierung	254
Hupe	200
Hydrostößel	47
Innenleuchten	206
Inspektionsarbeiten	24
Instrumente	211
Karosserieteile	242
Katalysator	68
Keilrippenriemen	52
Kennzeichenleuchten	206
Kettenspanner	44
Klimaanlage	232
Kofferraumdeckel	246
Kolben	36
Kombi-Instrument	212
Kombischalter	214
Komfortrelais	224
Kompressionsdruck	51
Kontrollampen	211
Kotflügel	244
Kraftstoff	67
Kraftstoffanzeige	73
Kraftstoffilter	75
Kraftstoffpumpe	74
Kraftstofftank	72
Kraftstoffverdunstung	73
Kraftstoff-Wärmetauscher	74
Kühler	59
Kühlmittel	61
Kühlsystem	59
Kühlthermostat	60
Kupplung	95
Kupplungsbetätigung	95
Kupplungsverschleiß	95
Kurbelgehäuse-Entlüftung	49
Kurbelwelle	37
Ladekontrollampe	166
Lagerschaden	49
Lampen	202
Lautsprecher	228
Leerlaufanhebung	81
Lenkrad	124
Lenkschloß	214
Lenkung	121
Lenkungsspiel	122
Leuchtweitenregulierung	209
Lichthupe	201
Lichtmaschine	165
Lüfterkupplung	65
Luftdruck der Reifen	151
Luftfilter	93
Magnetschalter	169
Masse	164
Mercedes-Stern	244
Meßtechnik	158
Mitnehmerscheibe	95
Motorabstellung	82, 86, 88
Motor ausbauen	53
Motorhaube	242
Motorölstand prüfen	27
Motorölwechsel	31
Motorraum-Schaubilder	22
Motorschaden	50
Motorschmierung	28
Motortypen	35
Niveauregulierung	119
Nockenwelle(n)	42
Oberer Totpunkt (OT)	46
Öldruck	49
Ölfilter	31
Ölsorten	29

	Seite
Ölpumpe	37
Ölverbrauch	28
Ölverluste	50
Ölviskosität	28
Ölwechsel	31
Parksperrenverriegelung	106
Querlenker	114
Radeinstellung	114
Radio	226
Radlagerspiel	117
Radschrauben	143, 149
Rad-Unwuchten	153
Radwechsel	154
Recycling	10
Regler	80
Regler der Lichtmaschine	166
Reifendruck	151
Reifengröße	149
Reifenzustand prüfen	152
Reihen-Einspritzpumpe	78
Relais	173, 176
Riementrieb	54
Rostschutz	254
Rückspiegel	222
Schadstoffe	68, 90
Schalter	214
Schaltgetriebe	32, 100
Schaltpläne	180
Scheibenbremsen	131
Scheibenwischer	217
Scheinwerfer-Einstellung	208

	Seite
Scheinwerferlampen wechseln	203
Schiebedach	34, 252
Schleppstange	259
Schmiersystem	27, 252
Sicherheitsgurte	236
Sicherungen	173, 175
Sitze	235
Sitzheizung	235
Spannungsregler	166
Spritzdüsen	218
Spritzversteller	81
Spurstangen	122
Spurstangenkopf	122
Spur und Sturz	115
Starten mit leerer Batterie	163
Starthilfekabel	163
Startsperrschalter	105
Staubfilter	232
Steuerkette	45
Steuerzug	104
Stickoxid	90
Stoßdämpfer	118
Stoßfänger	246
Störungsbeistände	256
Tachometer	212
Tank	72
Tank-Entlüftung	72
Temperaturanzeige	65
Temperaturgeber	70, 188
Tempomat	222
Thermostat	61
Türen	248
Türschloß	252
Türverkleidung	250

	Seite
Überspannungsschutz	171
Umwälzpumpe	229
Umweltschutz	18
Unfallschäden	248
Unterbodenschutz	254
Ventile	44
Ventilspiel-Ausgleich	47
Verkleidungen	238
Verteiler-Einspritzpumpe	86
Vierventil-Technik	35
Vorderachse	111
Vorderradlager	117
Vorglühanlage	69
Vorglühzeitrelais	69
Vorspur	115
Warnblinkanlage	199
Wartungsarbeiten	24
Wartungsplan	hinten in der inneren Umschlagseite
Wasserabläufe	253
Wasserpumpe	64
Werkzeug	257
Winterreifen	154
Wischeranlage	218
Zentralverriegelung	225
Zündschloß	214
Zylinderkopf	39
Zylinderkopfdichtung	43
Zylinderkopfhaube	38
Zylinderkopfschrauben	41